최신
공업열역학

엄기찬 지음

청문각

··· 공업열역학은 기계분야와 금속분야, 그리고 화공분야에서 다루는 영역이 조금씩 다르다. 그런데 기계계열의 전공학과에서 다루는 분야는 열에너지의 성질을 학습하고 그 성질을 이용하여 기계적 에너지로 변환하는 분야와 열에너지의 유효이용분야에 중점을 둔다. 그 작동물질의 성질에 따라서 가스와 증기에 대한 열역학의 기본법칙에 근거하여 내연 및 외연기관의 역학적 분석, 가스와 증기의 혼합물질의 조화, 열에너지의 발생원리, 열 이동의 기본을 다루어 열기관, 공기조화, 열교환기, 화력발전 등의 기초학문으로 정립되고 있다.

이 책은 각 분야별로 개념적인 면에 중점을 두었으며, 충분한 예제를 통하여 그 개념의 이해를 도모하였다. 특히 연습문제에서는 각 내용별로 문제들을 정리하여 적용분야를 확실하게 인식할 수 있게 노력하였다.

제1장에서는 순수역학과 열역학의 관계 및 단위와 물리량의 정의에 대하여 서술하였으며, 제2장에서는 열역학 제1법칙과 그에 관련되는 일의 개념과 에너지의 관계를 밀폐계 및 개방계에 대하여 각각 정리하였다. 제3장에서는 이상기체의 상태변화에 따르는 일 및 에너지의 상관관계를 기술하였고, 제4장에서는 엔트로피의 개념을 도입하여 가역과 비가역변화에 따르는 에너지의 유효이용의 개념을 정리하였다. 제5장에서는 작동유체가 증기인 경우, 증기의 성질을 각 상태변화에 따라 서술하였으며, 제6장에서는 3~4장에서 다룬 가스의 성질을 적용하는 가스동력 사이클의 종류와 이론해석 및 효율에 대하여 논하였다. 제7장에서는 증기를 작동물질로 하는 증기동력 사이클과 냉동 사이클에 대하여 해석하고, 제8장에서는 기체가 흐르는 과정에서 물리량 및 에너지의 변화에 대하여 고찰하였으며, 제9장에서는 공기조화분야에 대한 해석을 하였다. 제10장에서는 연료의 연소에 대한 에너지 변환에 대하여 기술하였고, 제11장에서는 열교환기의 기초가 되는 열 이동의 원리에 대하여 서술하였다.

이 책은 기계계열의 2년제 대학 및 4년제 대학의 기초학문으로 엮었으며, 여러 문헌을 참고하였으나 내용의 미비점이나 오류가 있을 것으로 우려되지만 독자들의 충고와 조언을 들어 수정 및 보완해 갈 예정이다.

끝으로 이 책을 출판하는 데 있어서 노력을 해주신 청문각 관계자 여러분께 감사드린다.

2014년 8월
지은이 씀

Contents
차 례

Chapter 5   증기의 성질

Chapter 8   기체의 흐름

Chapter 9   습공기와 공기조화

supplement **부 록**

Chapter

1

역학과 열역학

1 역학

뒤에 진술하는 열역학에서 밀도와 질량이라는 개념이 중요하듯이 역학에 있어서도 중요한 역할을 하고 있다. 힘의 정의로부터 질량의 정량화를 위해서는 기준질량이 필요하다.

역학은 주어진 환경에서 물체가 어떻게 운동하는가를 연구하는 분야이다. 역학에서는 외부로부터 물체에 미치는 영향이나 물체를 이루고 있는 각 부분이 서로 미치는 영향을 힘이라는 말로 표현하고, 그 힘이 서로 어떤 영향을 미치는가의 관계를 연구하는 학문이다.

우리는 물건을 들어올리면 가벼운지 무거운지 구분을 할 수 있다. 역학에서는 개개의 물체뿐 아니라 물체 간의 작용이 중요하다. 한편, 무거운 것을 움직이기도 하고 움직이고 있는 것을 정지시키기도 하는 데 힘이 필요하다.

물체를 들어올리는 힘과 물체를 움직이는 힘은 동일한 힘이지만, 역학에서 동일한 힘의 표시 방법으로서 적당한가? 이것을 해결한 것이 뉴턴역학이다. 뉴턴은 물질 고유의 양인 밀도에 그 물질의 체적을 곱한 질량을 도입하였다.

열역학에서는 일이라는 역학적 에너지와 열의 관계가 중요하므로 일이라는 관점에서 역학의 개념을 기술한다.

(1) 운동의 법칙과 만유인력

역학체계의 기초는 質點의 역학이다. 즉 물체를 질점과 剛體로 구별한다.

질점이라는 것은 물체의 크기를 생각하지 않고 물체 전체의 운동을 논할 때의 물체를 말하며, 위치를 점으로서 다루어 그 위치에 전 질량이 있다고 생각하는 것이다. 이것에 대하여 강체라는 것은 물체를 질점의 모음(질점계)이라고 생각했을 때 각 질점 간의 거리가 변화하지 않고 일정한 물체를 말한다.

일반적으로 고체는 힘이 작용하면 반드시 변형하므로 엄밀하게는 강체는 아니지만 그 변형은 물체 전체의 크기에 비해 극히 작으므로 강체로 취급한다. 강체로 취급하지 않는 탄성체나 유체에서도, 힘의 균형이 이루어지는 경우는 압축이나 팽창하여 변형이 일어나도 힘이 균형상태라면 이것을 강체로 생각하여 힘 사이의 관계를 해석할 수 있다.

질점의 운동법칙에는 다음의 3가지 법칙이 있다.

- 운동 제1법칙 : 관성의 법칙
- 운동 제2법칙 : 운동방정식 $F = ma$ (1.1)

  단, F를 힘, m을 질량, a를 가속도라 한다.
- 운동 제3법칙 : 작용반작용의 법칙

① 운동 제1법칙

운동 제1법칙(관성의 법칙)은 물체에 힘이 작용하지 않으면 운동하고 있는 물체는 운동의 방향이 변하지 않고 등속운동을 계속하려 하며, 정지하고 있는 물체는 계속 정지하려고 한다. 물체의 운동상태(속도와 방향)를 변화시키려면 힘이 필요하다. 자동차의 급브레이크 시 몸이 앞으로 쏠리는 것도 로켓(유인)이 발사될 때 $4g$(g : 중력가속도)의 중력을 받는 것도 관성의 법칙의 영향이다.

② 운동 제2법칙

운동 제2법칙(힘과 가속도의 법칙)은 뉴턴에 의해 정의된 운동방정식으로 나타낼 수 있으며, 물질 고유의 밀도와 체적의 곱인 질량을 도입하여, 식 (1.1)에 표시하였듯이 질량과 가속도의 곱을 힘으로 정의하였다. 즉 물체의 가속도는 그 물체에 작용하는 힘의 크기에 비례하고, 물체의 질량에는 반비례한다. 힘은 크기와 방향이 있으므로 벡터로 표시된다. 마찬가지로 가속도에도 방향성이 있으며, 일반적으로 벡터로 표시된다. 그러나 질량은 크기만이 존재하고 방향은 없다.

물체에 작용하는 힘의 관계는 입체공간으로 표시되므로 벡터에 의한 표현이 적용되고 있는데, x, y, z의 각 성분에 대하여 해석하면 복잡해진다. 따라서 여기서는 한 방향(x축 방향)의 작용에 대해서만 고려한다. 그와 같이 해도 결과는 일반성을 잃지 않는다. 질점이 x축의 정방향으로 힘 F를 받을 때 질점의 가속도 a는 正으로 되어 질량 m과의 사이에 식 (1.1)이 성립한다.

식 (1.1)은 한 방향(x축 방향)에 대하여 다음과 같이 쓸 수 있다.

힘 $$F = ma = m\frac{d^2x}{d\tau^2} \tag{1.2}$$

가속도 $$a = \frac{d^2x}{d\tau^2} = \frac{dw}{d\tau} \ \text{또는} \ dw = ad\tau \tag{1.3}$$

속도 $$w = \frac{dx}{d\tau} \ \text{또는} \ dx = wd\tau \tag{1.4}$$

단, τ는 시간이다. 식 (1.2)는 위치 x가 시간의 함수로 주어졌을 때 힘을 구하는 식이다.

③ 운동 제3법칙

운동 제3법칙(작용반작용의 법칙)은 "물체 1(질점 1)이 물체 2(질점 2)에 힘을 미치면 반드시 물체 2는 물체 1에 힘을 미친다. 이때 이들 2개의 힘은 크기가 같고, 일직선 상에서 움직이며, 반대방향이다"라는 법칙이다. 이 법칙은 그림 1.1(a)와 같이 A와 B의 두 물체가 서로 직접 힘을 미칠 때는 보통 성립하지만 그림 1.1(b)와 같이 A와 B 사이에 C가 들어가면 A와 C, C와 B

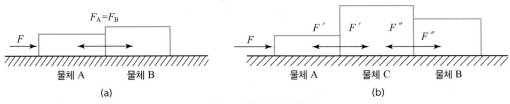

그림 1.1 힘의 작용반작용

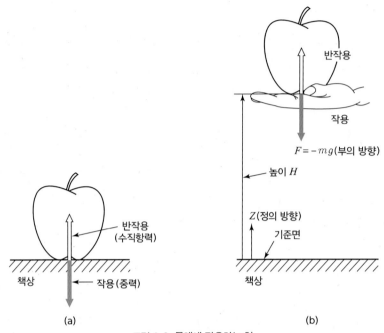

그림 1.2 물체에 작용하는 힘

사이에는 성립하지만 A와 B 사이에는 성립하지 않는다는 법칙이다.

이 법칙은 여러 가지로 해석될 수 있다. 책상 위에 놓여 있는 물체의 예를 들면, 그림 1.2(a)와 같이 "물체에 작용하는 중력에 의해 물체는 책상을 하향으로 누른다. 그 반작용의 힘으로서 책상으로부터 물체에 힘(수직항력)이 작용한다. 이와 같이 작용의 힘과 반작용의 힘은 각각 따로 물체에 작용하는 힘이다"라는 것이다.

그림 1.3과 같이 손으로 책상을 강하게 누른다고 하자. 이때 책상으로부터는 힘의 반작용이 있다. 더구나 체중을 가하면 그것에 의해 책상은 수직항력을 발생시킨다. 이와 같이 손으로 책상을 누를 때는 책상이 있으므로 반작용이 있다. 그러나 손을 책상에서 떼고 책상의 상방에서 즉, 공간에서 힘을 가하면 책상으로부터의 반작용은 없다. 책상이 없으므로 반작용을 느낄 수 없으며 힘이 들어가지 않는다. 손은 허공을 가를 뿐이다. 이와 같은 힘은 물체에 직접 접촉하지 않으면 작용반작용은 없다.

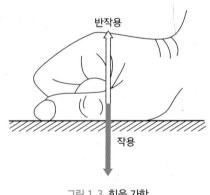

그림 1.3 힘을 가함

(2) 만유인력과 작용반작용

작용반작용의 효과는 물체끼리 반드시 직접 접촉하지 않아도 된다. 예를 들면 만유인력을 생각하자. 만유인력의 법칙은 뉴턴이 혹성의 운동에 관한 케플러의 법칙을 설명하기 위해 발견한 법칙이다. 그림 1.4와 같이 질량 m_1과 질량 m_2의 물체가 거리 r만큼 떨어져 존재할 때, 이 2개의 물체 사이에 작용하는 힘 F(인력)는 다음 식으로 주어진다.

$$F = G\frac{m_1 m_2}{r^2} \tag{1.5}$$

단, $G = 6.67259 \times 10^{-11}$ N·m²/kg²이며, 이를 만유인력 상수라고 한다. 이 식은 뉴턴에 의해서 확립된 것은 아니다.

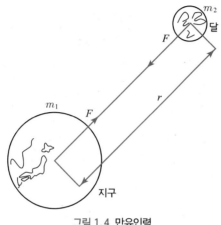

그림 1.4 만유인력

그림 1.2(a)와 같이 물체가 책상에 작용시킨 중력은 물체가 지구에 끌리고 있는 만유인력과 다르지 않다. 이 경우, 식 (1.5)에 있어서 물체 간 거리 r은 지구의 重心과 물체의 重心 간의 거리이다. 정확히 표현하면 중력은 만유인력과 지구의 자전에 의한 원심력의 합력이다. 지구의 질량이 물체의 질량보다 월등히 크므로 물체가 지구에 끌린다고 표현했지만 끌려가는 힘과 같은 크기·반대방향의 힘으로 물체가 지구를 끌고 있다고 할 수 있다. 이것도 작용반작용이다.

중력에 대해서도 책상으로부터 반작용으로서 생각할 수 있는데, 물체가 책상 위에서 지구를 끌어당기고 있는 것이다. 이 힘이 반작용의 힘(수직항력)에 상당한다. 그 물체보다 무거운 것을 얹어 놓아도 책상은 마찬가지로 그 물체의 경우보다 큰 힘(수직항력)을 반작용으로 작용하게 된다. 책상은 단지 약간 변형하지만 파괴되지 않고 물체를 지탱하고 있을 뿐이다. 지탱하기 위해서는 작용반작용이 균형을 이루어야 한다.

이 물체를 그림 1.2(b)와 같이 책상으로부터 H(m)의 높이만큼 상방으로 손으로 들어올려 공간에 지지한다고 하자. 책상 위에 놓여 있지 않아도, 즉 공간에 있어도 지구와 물체 간에는 힘이 작용하고 있다. 이 공간을 힘의 장(保存力場)이라고 한다. 電場, 磁場 등과 마찬가지로 힘이 작용하고 있는 공간이다. 높이 들어올릴수록 물체는 책상을 기준면으로 하는 퍼텐셜(퍼텐셜 에너지)을 갖고 있다고 한다. 이 퍼텐셜 E_P(위치의 좌표계만으로 결정됨)는 힘 F(벡터 표시로 3방향의 각 성분을 F_x, F_y, F_z로 생각할 수 있음)와 다음의 관계가 있다.

$$F_x = -\frac{\partial E_P}{\partial x}, \; F_y = -\frac{\partial E_P}{\partial y}, \; F_z = -\frac{\partial E_P}{\partial z} \tag{1.6}$$

식 (1.6)은 3차원에 대하여 생각한 식이며, 높이(z방향)만의 1차원에서는 다음과 같이 쓸 수 있다.

$$F = -\frac{dE_P}{dz} \;\; 또는 \;\; dE_P = -Fdz \tag{1.7}$$

책상의 표면을 기준으로 z를 正의 상방향으로 하면, 물체의 질량을 m, 중력가속도를 g라 할 때 물체에 작용하고 있는 힘 F는 하향이므로 $F = -mg$이다. 따라서 식 (1.7)로부터 다음 식을 얻을 수 있다.

$$-mg = -\frac{dE_P}{dz} \;\; 또는 \;\; dE_P = mgdz \tag{1.8}$$

식 (1.8)을 $z = 0$(책상 위, 기준면)으로부터 $z = H$(손을 들어올리는 높이)까지 적분하면, mg는 z에 대하여 일정하므로 다음 식과 같이 E_P가 구해진다.

$$E_P = \int_0^H dE_P = \int_0^H mgdz = mg\int_0^H dz = mg[z]_0^H = mg(H-0) = mgH \tag{1.9}$$

이 퍼텐셜은 물체의 위치를 나타내는 변수만으로 나타내었으므로 위치에너지(퍼텐셜 에너지)라고 한다.

식 (1.9)의 위치에너지는 물체가 획득한 에너지라고 생각할 수 있지만, E_P는 퍼텐셜(공간의 좌표에서 결정하는 양)이므로 물체의 위치에 있는 공간이 이 에너지를 획득하고 있는 것이다.

이 만유인력은 지구와 물체 사이뿐 아니라 모든 물체 간에 작용하고 있다. 뉴턴은 케플러의 법칙을 설명하기 위하여 천체현상을 관찰하고, 다음의 두 가지 사실을 확인하였다.

- 만유인력은 거리의 2승에 반비례한다.
- 지상의 중력도 만유인력이 원인이다.

뉴턴은 "지구의 표면에 있는 보통 물체는 물의 약 2배의 무게가 있으며, 조금 내부로 들어간 광산에서는 3~5배나 무거운 것이 발견되고 있으므로 지구 전체 물질의 질량은, 지구가 전부 물로 될 수 있다고 생각한 경우의 5~6배 클 것이다"라고 추정하고 있다.

이 법칙이 발표되고 나서 1세기 이상 경과하여 $G = 6.67 \times 10^{-11} \, \text{N} \cdot \text{m}^2/\text{kg}^2$을 실험적으로 구하였다. 이 측정에 의하여 식 (1.9)가 처음으로 확립되었다.

뉴턴은 만유인력에 의하여 사과는 나무로부터 떨어지는데 달은 떨어지지 않는다고 하는 의문을 갖지만, 그림 1.5에 표시하듯이 달이 물체와 마찬가지로 떨어지고 있으므로 지구의 주위를 원운동을 그리고 있다는 것이다. 떨어지지 않는다면 달이 어딘가로 날아가고 있다고 결론지었다.

중력은 지구 상의 물체에 지구가 작용시키는 힘이지만, 지구의 만유인력과 지구의 자전에 의

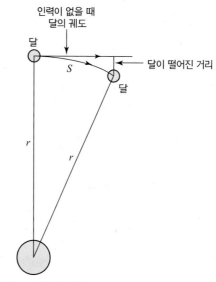

인력이 없을 때
달의 궤도

달

S

달이 떨어진 거리

달

r

r

그림 1.5 달의 움직임

한 원심력의 합력이다. 지구는 완전한 구가 아니고, 적도면이 약 0.3% 팽창된 회전타원체에 가까운 형태이므로 만유인력은 적도지방에서 작고, 남극과 북극지방에서 크다. 또 원심력은 적도지방에서 최대, 남극과 북극지방에서 최소이므로, 일반적으로 중력은 적도지방에서 최소치, 남극과 북극지방에서 최대치로 된다.

1901년에 제3회 국제도량형총회에서 북위 45°(북위 0°의 적도와 북위 90°의 북극과의 중간위도)의 지점의 평균해수면에서의 중력가속도값을 9.80665 m/s^{2}로 정하고, 자유낙하의 표준가속도(표준 중력가속도)로 하였다. 더욱이 "중량"은 힘과 마찬가지 종류의 양이며, "질량"과는 구별한다고 의결하였다. 이 값이 힘의 단위환산에 사용되고 있다. 그 후 1968년에 국제도량형위원회는 정확한 값으로 9.80651 m/s^{2}을 승인하였다.

(3) 질량

식 (1.1)의 질량을 관성질량이라고 부른다. 이에 대하여 물체의 중력(중량)으로 느끼는 질량을 중력질량이라고 한다.

관성질량과 중력질량은 구별하지 않고 질량은 하나라고 생각할지도 모르지만, 역학에서는 양자를 이론적으로도 실험적으로도 같은가 어떤가를 검증하고 있다. 현재는 이 양자가 같다는 것이 실험적으로 증명되고 있다.

중력의 질량과 관성력의 질량은 같은가 어떤가에 대해서는, 마하에 의해 고찰되었으며, 역학의 제2법칙인 식 (1.1)과 제3법칙을 조합시켜 다음과 같이 제안하였다. 그림 1.6과 같이 물체 1(질량 m_1), 물체 2(질량 m_2)가 상호작용하고 있을 때, 물체 1이 물체 2로부터 받는 힘을 F_{21}, 물체 2가 물체 1로부터 받는 힘을 F_{12}로 하여 작용반작용의 법칙을 적용하면

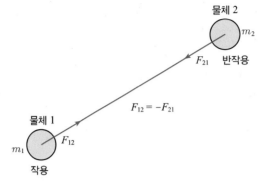

그림 1.6 작용반작용의 관계

$$F_{12} = - F_{21} \tag{1.10}$$

물체 1 및 2의 운동방정식은 다음 식으로 주어진다.

$$F_{12} = m_1 a_1 \tag{1.11}$$
$$F_{21} = m_2 a_2 \tag{1.12}$$

식 (1.11), (1.12)를 식 (1.10)에 대입하여 정리하면 다음 식을 얻을 수 있다.

$$\frac{m_2}{m_1} = - \frac{a_1}{a_2} \tag{1.13}$$

이들로부터 알 수 있는 것은 기준이 되는 질량 m_1이 1개 존재하면, 이것과 상호작용시켜 가속도 비 $a_1 : a_2$를 안다면 미지의 질량 m_2가 기준질량 m_1의 몇 배인가를 알 수 있다. 1개의 질량 기준을 결정하면 식 (1.1)에 의한 질량을, 그리고 결국엔 힘을 정량적으로 결정할 수 있다.

(4) 운동량 보존법칙

또 하나의 중요한 법칙으로 운동량 보존의 법칙이 있다. 운동량 P는 질량 m과 속도 w에 의해 다음 식으로 정의된다.

$$P = mw \tag{1.14}$$

식 (1.2), (1.3)으로부터 m은 일정하므로 힘 F를 다음 식과 같이 운동량 P로 표시할 수 있다.

$$F = m\frac{d^2x}{d\tau^2} = m\frac{dw}{d\tau} = \frac{dP}{d\tau} \text{ 또는 } dP = F\,d\tau \tag{1.15}$$

이 식은 제2법칙(식 1.1)의 또 다른 표현방법이다. 운동량은 운동하고 있는 물체의 고유한 성질을 나타내는 양이며, 운동량이 클수록 정지하기 어렵고, 정지하기 위해서는 큰 힘이 필요하다.

예를 들면 질량이 큰 물체를 움직이는(속도가 주어짐) 데는 큰 힘이 필요하지만 한 번 움직이면 정지하기 어려운 것도 자주 경험한다. 이러한 성질을 정량적으로 표현하는 양이다.

운동 제1법칙의 설명에서, 물체의 운동상태(속도, 방향)를 변화시키는 데는 힘이 필요하다는 것을 기술하였다. 물체에 힘을 작용시키면 그 물체의 속도는 변화하지만, 힘의 크기와 그 힘을 작용시킨 시간에 따라서 속도변화가 다르게 나타난다. 작은 힘을 장시간 작용시킨 경우와, 큰 힘을 단시간만 가한 경우에 그 후의 속도변화가 달라진다.

그리고 힘 F와 힘을 작용시킨 시간 $\Delta\tau$의 곱을 力積(impulse) I라 하고, 다음 식으로 표시한다.

$$I = F\Delta\tau \tag{1.16}$$

만일 힘이 작용하고 있는 동안, 힘이 시간과 더불어 변화하고 있는 경우에 역적은 다음과 같이 된다.

$$I = \int_{\tau_1}^{\tau_2} F\, d\tau \tag{1.17}$$

식 (1.15)로부터 식 (1.17)은 다음과 같이 변형된다.

$$I = \int_{\tau_1}^{\tau_2} F\, d\tau = \int_{p_1}^{p_2} dP = P_2 - P_1 = mw_2 - mw_1 \tag{1.18}$$

즉, 역적은 운동량의 차와 같아진다.

식 (1.18)에 있어서 F가 일정한 경우는

$$F(\tau_2 - \tau_1) = F\Delta\tau = mw_2 - mw_1 \tag{1.19}$$

가 되며, 식 (1.16)은 운동량의 차와 같음을 알 수 있다.

그러면 이 운동량은 어떤 성질이 있을까. 그리고 그림 1.7과 같이 2개의 물체(질량 m_1, m_2)가 충돌에 의해 서로 힘을 미치는 경우를 생각한다. 충돌 전($\tau = \tau_1$)에 각각 속도 w_1, w_2의 물체가 충돌한 결과, 충돌 후($\tau = \tau_2$)의 속도가 $w_1{}'$, $w_2{}'$로 되었다고 한다. 이 동안 마찰, 물체의 변형, 音 등은 무시하고 이들에 의한 에너지나 힘에는 변화가 없는 것으로 한다.

충돌에 의해서 물체 1이 물체 2를 힘 F로 밀 때, 물체 2도 물체 1을 반작용의 힘 $-F$로 밀고 있다. 따라서 식 (1.18)을 양 물체에 대하여 각각 적용하면

$$물체\ 1에\ 대하여 : -\int_{\tau_1}^{\tau_2} F\, d\tau = m_1 w_1{}' - m_1 w_1 \tag{1.20}$$

$$물체\ 2에\ 대하여 : \int_{\tau_1}^{\tau_2} F\, d\tau = m_2 w_2{}' - m_2 w_2 \tag{1.21}$$

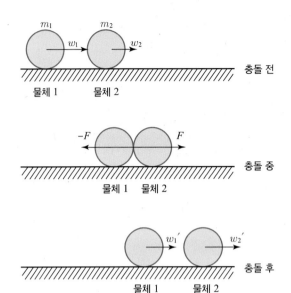

그림 1.7 충돌

식 (1.20), (1.21)을 양변에 더하여 정리하면

$$m_1 w_1 + m_2 w_2 = m_1 w_1' + m_2 w_2' \qquad (1.22)$$

즉, 충돌 전의 운동량의 합은 충돌 후의 운동량의 합과 같게 된다. 이 2개의 물체는 임의로 선택되므로 식 (1.22)는 일반성을 갖는다. 이것이 운동량 보존의 법칙이다.

식 (1.19)에 있어서 운동량변화가 극히 짧은 시간 내에 행해진 경우, 즉 $\Delta \tau = \tau_2 - \tau_1 \doteqdot 0$에 가까운 경우, 이 힘을 충격력이라고 한다.

2 열역학

열역학(thermodynamics)은 terme(열)과 dynamis의 2개의 그리스어의 합성어이다. dynamis는 본래 힘과 일의 양쪽의 의미를 갖는다. 역학에는 "dynamics", "kinetics", "mechanics" 등의 표현이 있지만 "thermodynamics"의 말이 만들어졌던 시점에서는 명백히 "dynamics"는 "일"이었다. 즉, 열역학은 열과 일의 변화상태에 대한 관계를 다루며, 열·일학문이다.

열역학은 에너지 보존의 법칙(열역학 제1법칙)과 자연현상의 변화에 대한 방향성을 규정하는 법칙(열역학 제2법칙)의 2개의 법칙으로 이루어진다고 할 수 있다. 그런데 물체의 상태를 논하는 경우에는, 그 물체를 구성하는 각각의 분자의 거동을 문제로 하지 않고 그들의 통계적인 결과로서 나타나는 여러 가지 성질, 즉 거시적(macroscopic)인 척도에서 측정되는 양으로 정하게 된다. 예를 들면, 일정량의 공기의 상태는 온도와 체적으로 정해진다.

각각의 분자의 거동으로 보는 미시적(microscopic)인 입장으로 말하면 수많은 분자의 집합이므로 단지 2개의 양으로 물질의 상태를 정할 수 있다는 의미는 아니지만, 일정량의 공기의 온도와 체적이 동일한 두 개의 상태는 여러 현상에 대하여 동일한 상태라고 볼 수 있다는 것이 실험에서 확인되고 있다.

거시적인 관점에서는, 물체가 분자로 이루어진다고 하는 것은 전혀 염두에 두지 않고 소위 물질의 연속성을 가정하는 것이다. 다시 말하면 물체의 작은 부분을 취해도 큰 부분과 동일한 성질이 있다고 보는 것이다. 또 거시적 관점에서 상태를 정하는 데 이용되는 물리적 양 중에는 온도, 압력 등 엄밀하게는 평형상태에서만 정의할 수 있는 양이 있다. 따라서 "거시적인 관점에서의 열역학이 취급할 수 있는 것은 주로 평형상태, 또는 그것과 동일하다고 볼 수 있는 상태만으로 제한한다."

거시적인 입장에서 상태를 정하는 물리량의 대부분은, 미시적인 입장을 취하는 분자운동론에 의하면 구성분자에 대한 어떤 양의 평균치이다. 예를 들면 압력(거시적)은 분자가 용기벽에 미치는 力積의 합에 대한 시간적 변화의 평균치이다. 이 사실로부터 거시적 입장으로의 취급이 타당하기 위해서는 많은 수의 분자가 포함되지 않으면 안된다. 따라서 열역학은 거시적인 입장으로부터 열과 역학적(기계적) 일과의 사이의 일반적인 관계를 논하는 학문이라고 할 수 있다.

열은 에너지의 일종이며, 관계되는 분야가 넓으므로 화력이나 원자력발전소, 각종 엔진, 냉동 및 공조기, 열펌프, 압축기, 로켓, 미사일, 항공기, 선박의 추진계 등 외에도 비나 바람 등의 자연현상, 일상생활의 여러 면까지 관계되고 있다. 열역학은 이들의 연구에 기초가 되며, 새로운 기기의 개발이나 형상의 해명에 필요할 뿐 아니라 연소, 열전달 등을 통하여 에너지의 절약과도 깊은 관계가 있다.

③ 계와 열역학적 상태량

그림 1.8 및 그림 1.9를 참조한다.

열역학에서는 특정한 영역 내에 있는 물질의 상태변화에 대하여 고찰하게 되는데 그 대상이 되는 영역 내의 물질군을 계(system)라 하며, 물질을 작동매체(working substance)라 한다. 계를 둘러싸고 있는 영역을 주위(surrounding), 계와 주위의 경계를 경계(boundary)라고 한다. 경계를 사이에 두고 계와 주위 간에 열량과 일량 등의 에너지 수수, 물질의 유출입에 대한 유량변화 등을 다루게 된다.

계는 밀폐계(비유동계), 개방계(유동계) 및 고립계로 분류한다.

밀폐계(비유동계, closed system)는 경계를 사이에 두고 주위와의 사이에 열량과 일량의 교환은 있지만, 물질교환이 없는 경우의 계이다. 개방계(유동계, open system)는 경계를 사이에 두고 주위와의 사이에 열량과 일량의 교환과 더불어 물질교환도 존재하는 경우의 계이며, 고립계(isolated system)는 경계를 사이에 두고 주위와의 사이에 일량의 교환은 있지만 열량과 물질교환은 존재하지 않는 계이다.

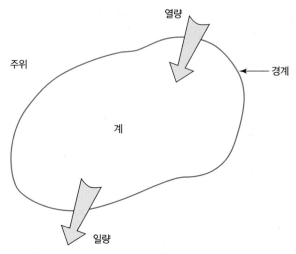

그림 1.8 에너지의 정(正)의 방향(case 1)

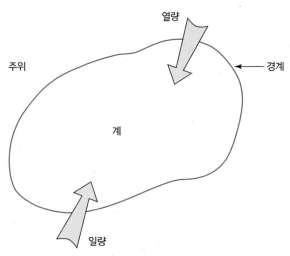

그림 1.9 에너지의 정(正)의 방향(case 2)

계 내에는 완전진공 이외는 물체(물질, matter, substance)가 존재한다. 물체는 분자(molecule)로 구성되어 있으며, 분자는 많은 소립자(素粒子)로 구성되어 있다. 분자 및 소립자의 미시적인 상태변화는 복잡하게 서로 얽혀 있지만 종합해 보면 미시적인 변화의 시간적 평균치가 거시적인 상태변화의 결과로서 나타난다. 그 거시적인 상태량은 온도계나 압력계 등에서 측정하고 있다. 이러한 온도나 압력, 비체적 등 그 상태를 규정할 수 있는 양을 열역학적 상태량(thermodynamic properties)이라고 한다.

열역학적 상태량은 시강성(示强性) 상태량(강도성 상태량, intensive properties)과 시량성(示量性) 상태량(용량성 상태량, extensive properties)으로 분류한다.

시강성 상태량은 압력, 온도, 농도(밀도) 등이며, 시량성 상태량은 1 kg당 등의 단위량당 표시되는 양으로서 비체적, 비내부에너지, 비엔탈피, 비엔트로피 등이다.

상태량에는 열역학적 상태량 외에 역학적 상태량, 전기적 상태량, 광학적 상태량 등이 있다.

상태를 해석하기 위해서는 온도나 압력에 의하여 변화하는 많은 성질을 필요로 한다. 이와 같은 성질을 열물성(熱物性, thermophysical properties)이라고 한다. 열물성은 열역학적 성질, 수송적 성질, 전기적 성질, 광학적 성질 등으로 분류한다. 상태량은 열물성치이며, 위에서 언급한 열역학적 상태량은 열역학적 성질이다.

수송적 성질은 점성률, 열전도율, 열확산율 등이다. 점성률이라는 것을 점성계수, 점도 등이라 하는 경우가 있다. "률"과 "계수"는 정의방법의 차이에 따른다. 점성률은 다음의 뉴턴의 점성법칙에 도입된 계수이다. 흐름방향에 수직인 방향(y방향)으로 존재하는 속도분포 w를 갖고 흐르는 경우, 유체 중의 미소요소(미소부분)에 전단응력 τ가 작용한다. 다음의 식을 뉴턴의 점성법칙이라고 한다.

$$\tau = \mu \frac{dw}{dy} \tag{1.23}$$

위 식에서는 μ는 점성계수로서 도입되고 있다. 한편, μ를 열물성치로서 정의할 때는 위 식을 다음과 같이 쓸 수 있다.

$$\mu = \frac{\tau}{\left(\dfrac{dw}{dy}\right)} \tag{1.24}$$

이 식은 전단응력과 속도구배의 비율을 μ로 정의하고 있으며, 이와 같이 생각하여 점성률이라고 한다. 열전도율, 열확산율도 마찬가지 형태이다. 점도는 일반적으로 동점도 ν에 대하여 사용하는 경우가 많고, 점성률과 구별하는 편이 좋다. 동점도는 다음과 같이 정의된다.

$$\nu = \frac{\mu}{\rho}$$

ρ는 유체의 밀도이며, 동점도를 점성률이라고도 한다.

4 과정과 상태변화

한 계의 물질이 다른 상태량으로 변화하는 것을 상태변화(change of state), 또는 과정(process)이라고 한다. 1의 상태로부터 2의 상태로 되고, 다시 2로부터 1의 상태로 되돌아갈 수 있는 변화를 가역변화(reversible change)라고 한다. 이것은 변화의 전 과정에 있어서, 마찰을 동반하지 않으며 주위에 영향을 남기지 않는다는 것을 의미한다. 그러나 어떠한 방법으로도 완전하게 원래의 상태로 되돌아갈 수 없는 변화를 비가역변화(irreversible change)라고 한다.

실제로 가역변화는 존재하지 않지만, 상태량변화의 기준으로서 취급하면 편리하므로 가역변화가 열역학의 기본이 되는 변화로서 취급되고 있다. 그러나 조금씩 압력차나 온도차를 극히 작게 하여 비평형상태가 가능한 작아지도록 변화시키는 것이 불가능한 것은 아니다. 이와 같이 가역변화에 근접하게 하는 변화를 준정적변화(quasistatic change)라고 한다. 이 변화에서 마찰을 동반하지 않는 경우는 가역변화와 마찬가지로 취급할 수 있다.

다음에, 과정 중에서 극단적인 조건이 몇 개 있으면, 실제의 변화는 그 중간이라든가 조합한다든가 하는 것이 되므로 상태변화를 기술하는 데 그들을 조사해 두면 유용하다. 즉 체적이 일정하면서 상태변화를 하는 경우를 정적변화(isovolumetric change), 압력이 일정하면서 상태변화를 하는 경우는 정압변화(isobaric change), 온도가 일정한 조건에서 상태가 변화할 때 등온변화(isothermal change)라 한다. 계와 주위 사이에 열의 출입이 전혀 없는 경우의 상태변화는 단열변화(adiabatic change)라고 하며, 모든 과정을 포함하는 변화를 폴리트로프 변화(polytropic change)라고 한다. 이들에 대한 열 및 일의 관계는 뒤에 설명하기로 한다.

5 단위

단위에는 공학단위와 절대단위(물리계 단위)인 SI 단위(국제단위, International Sysytem of Units)가 있다. SI 단위는 에너지의 종류가 달라도 같은 단위가 사용되며, 에너지의 종류에 의한 단위의 변환을 필요로 하지 않는다. 기본단위로서, 절대단위에서는 길이(m), 질량(kg), 시간(s)이며, 공학단위에서는 길이(m), 힘(kg_f), 시간(s)이다. 이 두 단위의 차이는 질량(kg)과 힘(kg_f)인데, 이것은 중력의 표준이 되는 가속도($9.80665 \ m/s^2$)를 힘의 변환계수(g_c, conversion factor)로서 두 단위가 연결되어 다음 식으로 표시할 수 있다.

$$[kg_f] = [kg] \times 9.80665 \ [m/s^2] \tag{1.25}$$

이것은 밀도 $\rho(kg/m^3)$에 대하여 비중량 $\gamma(kg_f/m^3)$ 등에도 g_c를 사용하면 된다.

SI 단위는 1960년에 국제회의에서 설정된 이래 1998년에 제7판까지 개정·보완되었고, 1999년에 조립단위에 일부 단위가 추가되었다.

SI 기본단위로서는 길이(m), 질량(kg), 시간(s) 외에, 전류(A), 열역학 온도(K), 물질량(mol), 광도(cd)가 있으며, SI 보조단위 및 조립단위가 있고, SI 단위와 병용해도 좋은 종래의 단위가 추가된다. 표 1.1로부터 표 1.6까지 그들을 표시하였다.

표 1.1 SI 기본단위

양	명칭	기호
길이	미터	m
질량	킬로그램	kg

(계속)

양	명 칭	기 호
시간	초	s
전류	암페어	A
열역학적 온도	켈빈	K
물질량	몰	mol
광도	칸델라	cd

표 1.2 SI 보조단위

양	명 칭	기 호
평면각	라디안	rad
입체각	스테라디안	sr

표 1.3 고유명칭을 갖는 SI 조립단위

양	명 칭	기 호	SI 기본단위, 보조단위 외의 SI 조립단위에의 표시방법
주파수	Hertz	Hz	$1 \text{ Hz} = 1 \text{ s}^{-1}$
힘	Newton	N	$1 \text{ N} = 1 \text{ kg} \cdot \text{m/s}^2$
압력, 응력	Pascal	Pa	$1 \text{ Pa} = 1 \text{ N/m}^2$
에너지, 일, 열량	Joule	J	$1 \text{ J} = 1 \text{ N} \cdot \text{m}$
동력	Watt	W	$1 \text{ W} = 1 \text{ J/s}$
전하, 전기량	Coulomb	C	$1 \text{ C} = 1 \text{ A} \cdot \text{s}$
전위, 전위차, 전압, 기전력	Volt	V	$1 \text{ V} = 1 \text{ J/C}$
정전용량, 커패시턴스	Farad	F	$1 \text{ F} = 1 \text{ C/V}$
전기저항	Ohm	Ω	$1 \text{ Ω} = 1 \text{ V/A}$
컨덕턴스	Siemens	S	$1 \text{ S} = 1 \text{ Ω}^{-1}$
자속	Weber	Wb	$1 \text{ Wb} = 1 \text{ V} \cdot \text{s}$
자속밀도, 자기유도	Tesla	T	$1 \text{ T} = 1 \text{ Wb/m}^2$
인덕턴스	Henry	H	$1 \text{ H} = 1 \text{ Wb/A}$
광속	Lumens	Lm	$1 \text{ Lm} = 1 \text{ cd} \cdot \text{sr}$
조도	Lux	Lx	$1 \text{ Lx} = 1 \text{Lm/m}^2$

표 1.4 고유명칭을 사용하여 표시하는 SI 조립단위

양	기 호	기본단위에 의한 표시방법
점도	Pa·s	$\text{m}^{-1} \cdot \text{kg} \cdot \text{s}^{-1}$
힘의 모멘트	N·m	$\text{m}^2 \cdot \text{kg} \cdot \text{s}^{-2}$

(계속)

양	기호	기본단위에 의한 표시방법
표면장력	N / m	$kg \cdot s^{-2}$
열유속	W / m^2	$kg \cdot s^{-3}$
열용량, 엔트로피	J / K	$m^2 \cdot kg \cdot s^{-2} \cdot K^{-1}$
비열	J / (kg · K)	$m^2 \cdot s^{-2} \cdot K^{-1}$
열전도율	W / (m · K)	$m \cdot kg \cdot s^{-3} \cdot K^{-1}$
열전달률	W / ($m^2 \cdot$ K)	$kg \cdot s^{-3} \cdot K^{-1}$

표 1.5 단위의 정수배인 접두어

단위에 붙여지는 배수	명칭	기호	단위에 붙여지는 배수	명칭	기호
10^{12}	테라	T	10^{-2}	센티	c
10^9	기가	G	10^{-3}	밀리	m
10^6	메가	M	10^{-6}	마이크로	μ
10^3	킬로	k	10^{-9}	나노	n
10^2	헥토	h	10^{-12}	피코	p
10	데카	da	10^{-15}	펨토	f
10^{-1}	데시	d	10^{-18}	아토	a

표 1.6 SI와 병용해도 되는 종래의 단위

양	명칭	기호	정의
시간	분 시 일	min h d	1 min=60 s 1 h=60 min 1 d=24 h
평면각	도 분 초	° ′ ″	1°=$(\pi/180)$ rad 1′=$(1/60)$° 1″=$(1/60)$′
체적	리터	L	1 L=1 dm^3
질량	톤	t	1 t=10^3 kg
유체의 압력	바 –	bar	1 bar=10^5 Pa

예제 1.1

지구 상에서 100 N의 물건이 있다. 중력가속도 $g = 9.81 \, \text{m/s}^2$이다. 다음을 각각 구하라.

(1) 이 물건의 질량을 구하라.

(2) 이 물건이 $w = 5 \, \text{m/s}$의 속도로 움직일 때 운동에너지를 SI 단위와 공학단위로 각각 구하라.

(3) 이 물건이 $z = 5 \, \text{m}$의 높이에 있을 때 위치에너지를 SI 단위와 공학단위로 각각 구하라.

(4) 이 물건이 달 표면(중력가속도 $1.67 \, \text{m/s}^2$)에 있을 때 무게를 구하라.

풀이 (1) $m = \dfrac{G}{g} = \dfrac{100}{9.81} = 10.194 \, \text{kg}$

(2) SI 단위 : $E_K = \dfrac{mw^2}{2} = \dfrac{10.194 \times 5^2}{2} = 127.425 \, \text{J}$

공학단위 : $E_K = \dfrac{mw^2}{2g} = \dfrac{10.194 \times 5^2}{2 \times 9.81} = 12.99 \, \text{kg}_\text{f} \cdot \text{m}$

(3) SI 단위 : $E_P = mgz = 10.194 \times 9.81 \times 5 = 500.01 \, \text{J}$

공학단위 : $100 \, \text{N} = 100 \, \text{kg} \cdot \text{m/s}^2 = \dfrac{100}{9.81} \, \text{kg}_\text{f} = 10.19 \, \text{kg}_\text{f}$

$\therefore E_P = 10.19 \times 5 = 50.95 \, \text{kg}_\text{f} \cdot \text{m}$

(4) $G = mg = 10.194 \times 1.67 = 17.02 \, \text{N}$

6 압력

압력(pressure) p는 유체의 단위면적당 수직방향의 힘(force)으로 정의된다.

$$p = \frac{F}{A} \quad [\text{N/m}^2] \tag{1.26}$$

따라서 그 단위는 $[\text{N/m}^2]$이며, 이것을 Pascal[Pa]이라고 한다. 즉

$$1 \, \text{Pa} = 1 \, \text{N/m}^2 \tag{1.27}$$

Pascal 단위의 값은 너무 작은 값이므로 일반적으로 $\text{kPa}(= 10^3 \, \text{Pa})$이나 $\text{MPa}(= 10^6 \, \text{Pa})$의 단위가 흔히 사용되고 있다.

다른 종류의 압력단위로는 bar, 표준대기압[atm]과 함께 종래의 공학단위계에서 사용되고 있는 공학압력[at]($\text{kg}_\text{f}/\text{cm}^2$)이 있으며, 이들은 다음의 값을 갖는다.

$1 \, \text{bar} = 10^5 \, \text{Pa} = 0.1 \, \text{MPa} = 100 \, \text{kPa}$

$1 \, \text{atm} = 101{,}325 \, \text{Pa} = 101.325 \, \text{kPa} = 1.01325 \, \text{bar} = 760 \, \text{mmHg}$

$$1 \text{ kg}_f/\text{cm}^2 = 9.807 \text{ N/cm}^2 = 9.807 \times 10^4 \text{ N/m}^2 = 9.807 \times 10^4 \text{ Pa} \qquad (1.28)$$
$$= 0.9807 \text{ bar} = 0.96788 \text{ atm} = 735.56 \text{ mmHg} = 1 \text{ at}$$
$$1 \text{ mAq} = 0.1 \text{ kg}_f/\text{cm}^2 = 9.807 \times 10^3 \text{ Pa}$$

주어진 위치에서의 압력은 절대진공(즉, 절대압력 0)을 기준으로 나타내는 경우, 절대압력 (absolute pressure)이라고 한다. 그러나 대부분의 압력측정 장치는 대기압이 0이 되도록 눈금이 만들어져 있다. 그 차를 게이지 압력(gage pressure)이라고 한다. 대기압보다 낮은 압력은 진공압 력(vacuum pressure)이라 하며, 절대압력과 대기압의 차를 지시하는 진공 게이지에 의해 측정된 다. 절대압력 p_{abs}, 게이지 압력 p_{gage}, 진공압력 p_{vac} 사이에는 다음과 같은 관계가 있다.

$$p_{gage} = p_{abs} - p_{atm} \quad (p_{atm}\text{보다 높은 압력의 경우}) \qquad (1.29)$$
$$p_{vac} = p_{atm} - p_{abs} \quad (p_{atm}\text{보다 낮은 압력의 경우}) \qquad (1.30)$$

이것을 도식적으로 나타내면 그림 1.10과 같다.

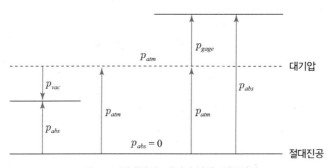

그림 1.10 절대압력, 게이지 압력, 진공압력

대기압을 기준으로 할 때 그 압력보다 큰 경우에는 정(+)의 값으로 표시하지만, 일반적으로 대기압보다 낮은 진공압력의 경우는 부(-)의 값으로 표시한다. 열역학의 관계식과 물성치 표 (table)에서는 대부분 절대압력이 사용되며, 간단히 하기 위해 절대압력을 p_a, 게이지 압력을 p_g 로 표시하는 경우도 많다.

예제 1.2

용기 속에 들어 있는 가스의 압력을 측정한 결과 6.48 atg였다. 이때의 절대압력을 구하라. 단, 대기압은 750 mmHg이다.

[풀이] 대기압 $\quad p_{atm} = 101{,}325 \times (750/760) = 99.992 \times 10^3 \text{ Pa} = 99.992 \text{ kPa}$

게이지 압력 $\quad p_{gage} = 6.48 \times 10^4 \text{ kg}_f/\text{m}^2 = 6.48 \times 10^4 \times 9.8 \text{ Pa} = 635.04 \text{ kPa}$

절대압력 $\quad p_{abs} = p_{atm} + p_{gage} = 99.992 + 635.04 = 735.032 \text{ kPa}$

예제 1.3

용기 내 가스압력이 700 mmHg의 진공압력을 나타낼 때 가스의 절대압력을 구하라. 단, 대기압은 760 mmHg이다.

풀이 대기압 $p_{atm} = 101.3 \text{ kPa}$

게이지 압력 $p_{vac} = -101.325 \times (700/760) = -93.33 \text{ kPa}$

절대압력 $p_{abs} = p_{atm} + p_{vac} = 101.3 - 93.33 = 7.97 \text{ kPa}$

7 비체적, 밀도

비체적(specific volume) v는 물질의 단위질량당 체적[m³/kg]이며, 밀도(density) ρ는 단위체적당 질량[kg/m³]을 말한다. 그러므로 비체적은 밀도와 역수의 관계에 있다.

또, 비중량 γ[N/m³]는 밀도와 중력가속도의 곱으로 나타낸다.

중력장 내에서 계의 비체적은 위치에 따라 변할 수 있다. 예로서 대기를 계로 하면 높이 올라갈수록 비체적은 증가하며 밀도는 감소한다.

계의 체적이 V[m³], 질량이 m[kg]일 때 비체적 v[m³/kg]와 밀도 ρ[kg/m³]와의 관계는 다음과 같다.

$$v = \frac{V}{m} \tag{1.31}$$

$$\rho = \frac{m}{V} = \frac{1}{v} \tag{1.32}$$

SI 단위계에서 체적의 기본단위는 [m³]이지만, 흔히 사용하는 단위로 리터(liter) L과의 관계는 $1 \text{ L} = 10^{-3}$ [m³]이다.

예제 1.4

직경 150 mm인 실린더 내를 피스톤이 100 mm 움직여서 질량 30 g의 가스를 흡입할 때 그 가스의 비체적과 비중량을 구하라.

풀이 식 (1.31)로부터 $v = \dfrac{V}{m} = \dfrac{\pi \times (0.15^2/4) \times 0.1}{30 \times 10^{-3}} = 0.0589 \text{ m}^3/\text{kg}$

식 (1.32)로부터 $\rho = \dfrac{1}{v} = \dfrac{1}{0.0589} = 16.98 \text{ kg/m}^3$

비중량 $\gamma = \rho g = 16.98 \times 9.81 = 166.574 \text{ N/m}^3$

8 온도

온도(Temperature)라는 말은 우리가 느끼는 따뜻함 또는 차가움이라는 감각으로부터 생긴 것이며, 냉온의 정도를 표시하는 물리적인 척도라고 할 수 있다.

열은 높은 온도로부터 낮은 온도로 이동하며, 결국에는 양쪽이 동일한 온도로 되어 열의 이동이 정지한다. 이와 같은 상태를 열평형(thermal equilibrium)에 달했다고 한다.

온도는 어떤 일정한 온도와 비교하여 결정하는 것이 편리하며, 그것을 누구라도 재현할 수 있는 것이 좋다. 그리하여 Celsius는 대기압 하에서의 물의 어는점을 0으로 하고, 끓는점을 100으로 하여 그 사이를 100등분한 Celsius의 섭씨눈금(Celsius degree, ℃)을 1742년에 제안하였다.

또 Fahrenheit는 물, 얼음, NH_4Cl의 혼합물에서 당시 얻어진 최저온도를 0으로 하고, 물의 어는점을 32°, 인간의 체온을 96°로 하여 그 사이를 등분하는 눈금온도를 1724년에 제안하였는데(당시에는 12진법이 널리 이용되고 있었음) 이것을 화씨눈금(Fahrenheit degree, °F)이라 하여 유럽에서 사용되어 왔다.

섭씨온도를 $t〔℃〕$, 화씨온도를 $t_F〔°F〕$라 하면 상호관계를 다음과 같이 표시할 수 있다.

$$t = \frac{5}{9}(t_F - 32), \quad t_F = \frac{9}{5}t + 32 \tag{1.33}$$

온도를 측정하기 위해서는 온도계(thermometer)가 필요하고 온도계에는 온도눈금(temperature scale)이 장착되어 있다. 온도에 따라서 물성치가 변화하는 것을 이용하여 측정할 수 있지만, 엄밀히 말하면 물성치의 변화는 등분한 온도눈금으로 나타나지는 않는다. 이에 대해서는 뒤에 설명하는 열역학적 온도눈금에서 상세히 기술하기로 한다.

이상과 같은 온도를 열역학적으로 내릴 수 없는 절대 0도를 기준으로 하는 온도눈금을 Kelvin의 절대온도(absolute temperature)라 하여 $T〔K〕$로 표시한다. 섭씨온도와의 관계는 다음과 같다.

$$T〔K〕= t〔℃〕+ 273.15 \tag{1.34}$$

또 화씨온도에서의 절대온도는 $T_R〔R〕$로 표시하고 Rankin 온도라고 한다. Rankin 온도 T_R과 화씨온도 t_F와의 관계는 다음 식으로 표시된다.

$$T_R〔R〕= t_F〔°F〕+ 459.67 \tag{1.35}$$

온도계의 눈금을 정하기 위한 온도를 온도정점이라고 한다. 용이하게 재현할 수 있고, 일정한 조건 하에서 얻어지는 평형상태에서 항상 일정한 온도를 나타낼 필요가 있다. 실용 온도눈금을 위한 온도정점을 1968년에 국제도량형위원회에서 표 1.7과 같이 정의하였다.

표 1.7 국제 실용온도정점

온도		상태
K	℃	
13.81	− 259.34	수소의 3중점(고체, 액체, 기체의 3상 공존)
17.042	− 256.108	25/76 atm에서 수소의 끓는점
20.28	− 252.87	표준기압에서 수소의 끓는점
27.102	− 246.048	표준기압에서 네온의 끓는점
54.361	− 218.789	산소의 3중점
90.188	− 182.962	표준기압에서 산소의 끓는점
173.16	0.010	물의 3중점
373.15	100.0	표준기압에서 물의 끓는점
692.73	419.58	아연의 응고점
1235.08	961.93	은의 응고점
1337.58	1064.43	금의 응고점

또 물의 기체, 액체 및 고체의 3상이 평형상태에 있는 물의 3중점(0.01℃=273.160 K)이나 0 K가 공히 기준온도로 되어 있다.

예제 1.5

등분한 눈금을 가지는 수은온도계가 있다. 1 atm에서 물의 어는점 및 끓는점에 있어서 표시하는 온도가 각각 $t_0{}^\circ$, $t_{100}{}^\circ$라 할 때, 이 온도계의 표시가 t°를 나타낸다면 올바른 온도는 몇 도가 되는가? 단, 수은의 팽창계수의 온도에 의한 변화는 무시한다.

풀이 이 온도계는 0℃로부터 100℃까지 섭씨눈금법에 있어서 100개의 눈금의 간격이 $(t_{100} - t_0)$개의 눈금의 간격으로 표시되고 있다. 또 이 온도계의 표시온도 t°와 어는점의 표시온도 $t_0{}^\circ$ 사이의 눈금의 수는 $(t - t_0)$개이다. 따라서 구하는 온도를 θ°라 하면 다음과 같다.

$$\theta = \frac{100}{t_{100} - t_0} \times (t - t_0)$$
$$= \frac{t - t_0}{t_{100} - t_0} \times 100$$

9 열량과 비열

(1) 열량과 열역학 제0법칙

열은 눈에 보이지 않지만, 고온으로부터 저온으로 전달되며, 그 역방향으로는 전달되지 않는다. 열이 전달되는 방법으로는 열전도, 열대류, 열복사의 3종류가 있으며, 현상적으로는 이들이 복합적으로 발생되는 경우가 많다. 이와 같이 전달된 열은, 계를 구성하고 있는 물체에 그 분자의 열운동으로서 축적된다.

계(system)는 지금 주목하고 있는 영역이며, 물체에 축적된 열에 의해 물체가 몇 도가 되는가는 물체의 상태와 열적 성질에 따라 다르다. 물체는 고체, 액체, 기체 중 어느 상태이지만 어떤 상태에 있어서도 물체 내에 열을 축적하는 능력을 가지고 있다. 이 능력을 열용량(heat capacity) C [kJ/K]라 하며, 물체의 온도를 1 K[1℃] 올리는 데 필요한 열량이다. 1 kg당의 열용량을 비열용량(c), 또는 비열(specific heat) c [kJ/kgK]이라고 한다. 질량을 m [kg]이라 하면 열용량과 비열의 관계는 정의로부터 다음과 같다.

$$C = mc \tag{1.36}$$

열을 축적시키는 능력(열용량, 비열)을 온도와 관련지으면, 열량 Q [kJ]를 다음 식으로 표시한다. 이 열량은 열에너지(heat energy)라 하며, 열에너지를 물리량으로 취급할 때 특히 열량(quantity of heat)이라고 한다.

$$Q = C(T_2 - T_1) = mc(T_2 - T_1) \tag{1.37}$$

일반적으로 1 kg당의 양을 소문자로 표시하고, 그 양의 이름 앞에 "비"라는 말을 붙인다. 따라서 비열량 q [kJ/kg]는 다음 식으로 표시한다.

$$q = c(T_2 - T_1) \tag{1.38}$$

SI 단위에서는 열량단위로서 Joule[J]이 사용되는데, 공학단위의 열량단위 calorie[cal]와는 다음의 관계가 있다.

$$1\ \text{cal} = 4.1868\ \text{J}, \quad 1\ \text{J} = \frac{1}{4.1868}\ \text{cal} \tag{1.39}$$

그림 1.11에서 보듯이 용기의 단면적을 열용량 또는 비열, 용기의 높이를 온도라 하고, 이 용기 내에 충진된 물질(예로 물)의 양은 식 (1.37) 또는 식 (1.38)로 열량을 표시한다.

이와 같이 물질은 열량을 넣을 수 있는 물질 고유의 용기를 가지고 있다고 생각할 수 있다. 그림 1.12와 같이 비열(단면적)이 작은 물질 A(용기 A)의 온도(높이 H_A)가 높고, 비열(단면적)이 큰 물질 B(용기 B)의 온도(높이 H_B)가 낮을 때 양자를 충분히 긴 시간동안 접촉시키면(파이

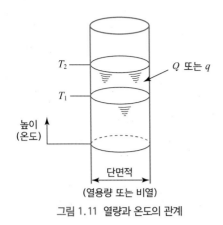

그림 1.11 열량과 온도의 관계

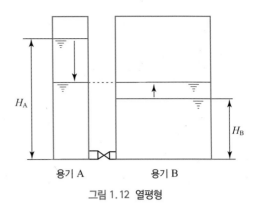

그림 1.12 열평형

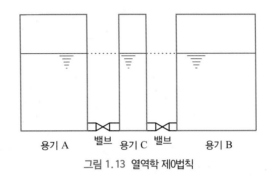

그림 1.13 열역학 제0법칙

프로 연결) 물질 A(용기 A) 내의 열(물)은 물질 B(용기 B)로 이동하며, 온도(높이)가 같아지는 상태에서 열(물)의 이동은 정지한다. 이 그림 1.12로부터 열평형의 상태라는 것은 열량이 같아진 상태가 아니라 열이동이 일어나지 않게 된 상태임을 알 수 있다. 즉, 온도가 같아진 상태이다. 따라서 열평형상태라고 표현함보다 온도평형의 상태라고 표현하는 편이 옳다.

열역학에는 4개의 법칙이 있는데, 열역학 제0법칙은 열평형의 법칙이다. 열역학 제1법칙(1842년 Meyer, 에너지 보존), 제2법칙(1850년 Clausius, 1851년 W.Thomson, 1877년 Boltzmann), 제3법칙(1906년 Nernst, 열정리)이 모두 설정된 후에 이들 법칙보다도 훨씬 기초적인 열평형의 법칙을 열역학 제0법칙(Zeroth of Thermodynamics)으로 설정하였다. 이 법칙은 다음과 같이 표현된다. "2개의 물체가 각각 제3의 물체와 열평형상태에 있으면 그들 2개의 물체도 열평형상태에 있다"

이 물체의 온도평형 상태를 조사하는 데 사용된 제3의 물체를 온도계로 하는 것이 가능하며, 물체의 온도를 측정하는 데는 온도계의 온도를 물체의 온도와 같게 해야 한다. 온도계의 온도는 어디까지나 온도계의 온도를 나타내는 것이어서 물체의 온도와 같은지 어떤지는 온도계의 사용 방법에 따라 다르다.

열역학 제0법칙을 그림 1.13에 의하여 설명한다.

열용량(단면적)이 다른 물질 A, B, C(용기 A, B, C)가 그림 1.13과 같이 파이프에 의해 연결되고 중간에 밸브가 설치되어 있다고 하자. 물질 A(용기 A)와 물질 C(용기 C)의 밸브를 열어서 열평형상태가 되었다(수위의 변동이 없음)고 한다(밸브를 닫음). 마찬가지로 물질 B(용기 B)와 물질 C(용기 C)의 밸브를 열어서 열평형상태가 되었다(수위의 변동이 없음)고 하면(밸브를 닫음), 물질 A(용기 A)와 물질 B(용기 B)를 연결하지 않아도 열평형상태에 있음을(수위가 같음) 알 수 있다.

(2) 현열과 잠열

물체가 보유하는 열을 현열과 잠열로 분류한다. 식 (1.37), (1.38)에 따라서 표시되는 열은 현열이다. 온도차로서 나타나는 열이라는 것이다. 한편, 잠열은 온도변화로 나타나지 않는 열이다.

그림 1.11과 같이 현열(顯熱, sensible heat)은 온도를 높이로 한 용기로 표현할 수 있지만, 마찬가지로 잠열을 포함하여 그림에서 표현하면 그림 1.14와 같이 된다. 그림 1.14(a)는 대기압 하에서 물(얼음, 물, 수증기)의 비열의 변화와 잠열(latent heat, 潛熱 : 융해잠열, 증발잠열)을 고려한 용기를 나타내는 것이며, 그림 1.14(b)는 물의 초임계압력 하에서 비열의 변화를 나타내는 것이다. 비열과 잠열의 값이 다름에 따라 단면적이 변화하므로 용기의 형태가 변화하고, 열용량이 변화한다. 이와 같이 물질의 비열은 온도에 따라 변화하므로 물질의 열용량은 온도변화에 대응하여 취급할 필요가 있다.

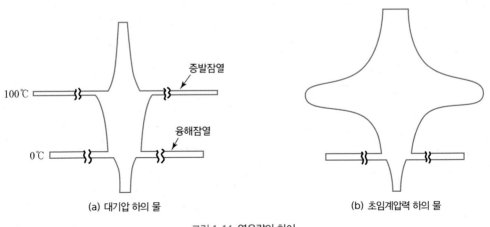

(a) 대기압 하의 물   (b) 초임계압력 하의 물

그림 1.14 열용량의 차이

(3) 온도변화를 동반하는 열량의 표시방법

그림 1.15와 같이 물질(용기)의 열용량(단면적) C가 온도(높이) T에 따라서 변화하는 경우, 미소한 온도(높이) dT를 고려하여 그 열량(체적) dQ를 구하면 다음 식으로 주어진다.

$$dQ = CdT = mcdT \tag{1.40}$$

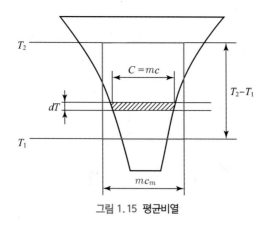

그림 1.15 평균비열

이 미소열량(체적)을 온도(높이) T_1으로부터 T_2까지 적분하면 이 사이에 열량변화(체적변화) Q_{12}[kJ]는 다음 식으로 주어진다.

$$Q_{12} = \int_{T_1}^{T_2} C\, dT = m \int_{T_1}^{T_2} c\, dT \tag{1.41}$$

이와 같이 비열(단면적)의 온도변화(높이변화)를 고려하여 열량(체적)을 구할 필요가 있다. 이 식은 비열(단면적)이 일정한 경우(식 1.37)도 포함하고 있다.

(4) 평균비열

그림 1.15와 같이 높이(온도)에 대하여 용기(온도변화에 대하여 물질)의 단면적(비열)이 일정하지 않은 경우, 높이(온도)를 같게 하고 단면적(비열)도 일정한 용기(물질)에, 같은 양의 물(열량)을 넣도록 하면 그 단면적(비열)을 평균단면적(평균비열)이라고 한다. 따라서 평균비열 c_m [kJ/kgK]은 다음 식으로 주어진다.

$$c_m = \frac{q}{T_2 - T_1} = \frac{1}{T_2 - T_1} \int_{T_1}^{T_2} c\, dT \tag{1.42}$$

예제 1.6

20 L의 물을 10℃로부터 80℃까지 올리는 데 필요한 열량은 몇 kJ 인가? 또, kcal로 환산하면 얼마인가?

풀이 물의 평균비열은 4.1868 kJ/kgK이므로 식 (1.41)로부터

$$Q_{12} = mc_m(t_2 - t_1)$$
$$= 20 \times 4.1868 \times (80 - 10) = 5861.52 \text{ kJ}$$
$$Q_{12} = mc_m(t_2 - t_1)$$
$$= 20 \times 1 \times (80 - 10) = 1,400 \text{ kcal}$$

예제 1.7

단열용기 속에 들어 있는 온도 $t_1 = 15$℃의 물 $m_1 = 31.7$ kg에 질량 $m_2 = 5$ kg, 온도 $t_2 = 500$℃의 철편을 넣어 평형상태에 도달한 후의 온도를 구하라. 단, 물의 비열은 4.1868 kJ/kg℃, 철편의 비열은 0.473 kJ/kg℃이다.

풀이 평형상태의 온도를 t_m이라 하면 $Q_{12} = m_1 c_1 (t_1 - t_m) = m_2 c_2 (t_m - t_2)$이므로

$$t_m = \frac{m_1 c_1 t_1 + m_2 c_2 t_2}{m_1 c_1 + m_2 c_2}$$

$$= \frac{31.7 \times 4.1868 \times 15 + 5 \times 0.473 \times 500}{31.7 \times 4.1868 + 5 \times 0.473} = 23.49 \, ℃$$

예제 1.8

수당량(그 물질의 질량에 비열을 곱한 값) $W = 0.06$ kJ인 은제용기 내에 온도 $t_1 = 15$℃의 물 $m_1 = 0.8$ kg이 들어 있다. 여기에 알루미늄 합금제 시편 $m_2 = 0.197$ kg을 100℃로 가열하여 넣고 열평형이 된 후의 온도 $t_m = 19.6$℃가 되었다. 이 경우 열손실이 없다고 하면 알루미늄 합금제 시편의 비열 c_2를 구하라.

풀이 $m_1 c_1 t_1 + W t_1 + m_2 c_2 t_2 = (m_1 c_1 + W + m_2 c_2) t_m$

$$\therefore c_2 = \frac{(m_1 c_1 + W)(t_m - t_1)}{m_2 (t_2 - t_m)}$$

$$= \frac{(0.8 \times 4.1868 + 0.06)(19.6 - 15)}{0.197 \times (100 - 19.6)} = 0.9902 \, \text{kJ/kgK}$$

예제 1.9

단열용기 내에 35℃의 물 10 L가 들어 있다. 여기에 0℃의 얼음 3 kg을 넣었을 때 이 혼합물의 온도는 몇 ℃가 되는가? (단, 얼음의 융해잠열 $r = 334$ kJ/kg이다.)

풀이 물 1 L는 1 kg이므로 35℃의 물 10 kg이 0℃의 물로 변할 때 방출하는 열량은

$$mc(35 - 0) = 10 \times 4.1868 \times (35 - 0) = 1465.38 \, \text{kJ}$$

3 kg의 얼음이 녹아서 0℃의 물이 될 때 얼음이 받는 열량은

$$3 \times 334 = 1,002 \, \text{kJ}$$

1,465.38 > 1,002이므로 얼음이 모두 녹아서 t(℃)가 되었다면 에너지 평형으로부터

$$10 \times 4.1868 \times (35 - t) = 3 \times 334 + 3 \times 4.1868 \times (t - 0)$$

$$\therefore t = 8.514 \, ℃$$

❿ 일, 에너지, 동력

물체가 힘을 받아 이동할 때, 힘은 물체에 일을 했다고 한다. 그림 1.16과 같이 일정한 힘 F [N]가 물체에 작용하여, 물체가 거리 x[m]만큼 이동했을 때 이 힘이 한 일량 W[N·m, J]는 다음 식으로 정의된다.

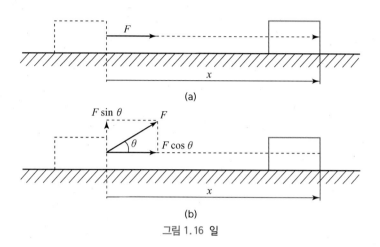

그림 1.16 일

$$W = Fx \tag{1.43}$$

여기서 힘 F의 방향과 각 θ를 이루는 방향으로 이동했을 때는 다음 식으로 정의된다.

$$W = Fx \cos\theta \tag{1.44}$$

즉, 힘의 이동방향 성분 $F\cos\theta$와 이동거리 x의 곱이다.

힘이 이동 중에 변화하는 경우를 생각하자. 간단히 하기 위해 이동방향을 x축 방향이라 하자. 즉, 물체에 힘 F가 작용하여 dx만큼 이동했을 때 물체에 행한 일 dW는 식 (1.43)과 같은 형태로 다음 식으로 주어진다.

$$dW = F\,dx \tag{1.45}$$

따라서 물체가 거리 x만큼 이동하기까지 행한 일 W는 다음과 같다.

$$W = \int_0^W dW = \int_0^s F\,dx \tag{1.46}$$

에너지(energy)는 "일을 하는 능력"을 의미하는 말로서, 베르누이에 의해 처음으로 사용되었다고 한다. 에너지는 일을 하는 능력이 물체 또는 상태에 잠재적으로 존재하고 있는 것을 나타내고 있다.

질량 m의 물체가 속도 w로 운동상태에 있을 때, 이 물체는 어느 정도의 일을 할 수 있는가를 구해 보자. 물체에 힘 F가 작용하여 운동이 정지하기까지 일 W를 구한다.

$$-F = ma = m\frac{dw}{d\tau} \tag{1.47}$$

식 (1.45)에 식 (1.47)과 $dx = wd\tau$를 대입하여 변형하면

$$dW = Fdx = F(wd\tau) = -m\frac{dw}{d\tau}wd\tau = -mwdw \tag{1.48}$$

따라서 물체가 정지하기까지 행하는 일 W는

$$W = \int_0^W dW = -\int_w^0 mwdw = -m\int_w^0 wdw$$

$$= -m\left[\frac{1}{2}w^2\right]_w^0 = -\frac{m}{2}(0 - w^2) = \frac{1}{2}mw^2 \tag{1.49}$$

즉, 속도 w로 운동하고 있는 물체는 그 시점에서 $W = \frac{1}{2}mw^2$이라는 일을 하는 능력, 즉 에너지를 갖게 된다. 이 에너지는 역학적 에너지의 하나이며, 운동 에너지 E_K라 한다.

$$E_K = \frac{1}{2}mw^2 \tag{1.50}$$

식 (1.9)에서 구한 위치에너지 E_P도 역학적 에너지의 하나이다.

$$E_P = mgH \tag{1.51}$$

상태 1로부터 상태 2까지 식 (1.50)의 변화를 고려하면 식 (1.48)로부터

$$dW = Fdx = m\frac{dw}{d\tau}wd\tau = mwdw$$

$$W = \int_1^2 Fdx = \int_{w_1}^{w_2} mwdw$$

$$= \frac{m}{2}[w^2]_{w_1}^{w_2} = \frac{1}{2}mw_2^2 - \frac{1}{2}mw_1^2 \tag{1.52}$$

이 되어, 상태 1로부터 상태 2까지 변화하고 있어도 그 도중의 상태변화에 관계없이 시작점과 끝점의 상태만으로 결정된다. 이와 같이 물체가 갖는 운동에너지의 변화가 그 사이에 물체에 가해진 힘이 한 일과 같다는 것을 에너지의 원리라고 한다.

중력이나 탄성력과 같이 힘이 한 일량이 도중의 과정이나 경로에 따르지 않을 때는 퍼텐셜(위치에너지) E_P를 정의할 수 있으며, 다음과 같이 된다.

$$W = \int_1^2 F \, dx = E_{P_1} - E_{P_2} \tag{1.53}$$

식 (1.52), (1.53)에 의해

$$\frac{1}{2} m w_1^2 + E_{P_1} = \frac{1}{2} m w_2^2 + E_{P_2} \tag{1.54}$$

가 성립한다. 다른 물체에 일을 하는 능력을 주면, 물체가 갖는 운동에너지도 위치에너지도 동등하므로 이 총합은 계가 갖는 전 능력이다. 그래서

$$E = \frac{1}{2} m w^2 + mgH \tag{1.55}$$

를 역학적 에너지라 정의하면, 식 (1.54)는 상태 1의 역학적 에너지와 상태 2의 역학적 에너지가 같음을 의미한다. 즉 역학적 에너지가 보존됨을 나타내고 있다. 물체가 보존력을 받아 운동하는 경우는 운동하는 동안 보통 전 역학적 에너지는 일정하게 보존되게 된다. 이것을 역학적 에너지 보존의 법칙이라고 한다.

따라서 마찰력이나 저항력과 같이 비보존력이 작용하는 경우는 그 사이에 작용하는 역학적 에너지는 보존되지 않는다.

중력에 의한 위치에너지는

$$E_P = mgH$$

탄성력에 의한 위치에너지는 스프링 상수를 k라 하면

$$E_P = \frac{1}{2} k x^2$$

등이 사용되고 있다.

열역학에서 사용되는 에너지는 역학적 에너지(운동에너지와 위치에너지)와 압력에너지, 열에너지이다. SI 단위에서는 일, 에너지, 열량이 모두 같은 단위로 사용되며, Joule〔J〕이 사용된다.

$$1 \text{ J} = 10^7 \text{ erg} = 0.102 \text{ kg}_f \cdot \text{m} \tag{1.56}$$

Joule과 종래로부터 사용되어 온 Calorie의 열량단위와의 관계는 다음과 같다.

$$1 \text{ kJ} = \frac{1}{4.1868} \text{ kcal}, \ 1 \text{ kcal} = 4.1868 \text{ kJ} \fallingdotseq 427 \text{ kg}_f \cdot \text{m} \tag{1.57}$$

단위시간에 하는 일을 동력(Power)이라 하며, Watt〔W〕의 단위로서 다음의 관계가 있다.

$$1 \text{ kW} = 1 \text{ kJ/s} = 1 \text{ kN} \cdot \text{m/s} = 10^{10} \text{ erg/s} = 1.36 \text{ PS} = 102 \text{ kg}_f \cdot \text{m/s} \tag{1.58}$$

또한 1 kW 또는 1 PS의 동력으로서 1시간동안 행한 일량을 kcal의 열량으로 환산하면 다음과 같다.

$$1 \text{ kWh} = 860 \text{ kcal}, \ 1 \text{ PSh} = 632.3 \text{ kcal} \tag{1.59}$$

예제 1.10

무게 1,000 N의 물체가 시속 60 km로 이동할 때 이 물체의 운동에너지는 얼마인가?

풀이 질량 $m = \dfrac{G}{g} = \dfrac{1,000}{9.81} = 101.94 \text{ kg}$

속도 $w = 60 \text{ km/h} = \dfrac{60 \times 1,000}{3,600} = 16.67 \text{ m/s}$

$\therefore E_K = \dfrac{mw^2}{2} = \dfrac{101.94 \times 16.67^2}{2} = 14163.997 \text{ N} \cdot \text{m} = 14.164 \text{ kJ}$

예제 1.11

hoist로 1톤의 철재를 10 m 들어올릴 때 일량은 몇 $kg_f \cdot m$인가? 이것을 열량(kcal)으로 환산하면 얼마인가? 이 일을 1분 동안에 한다면 몇 kW의 동력이 필요한가?

풀이 일량 $W = 1,000 \times 10 = 10,000 \text{ kg}_f \cdot \text{m}$

$1 \text{ kg}_f \cdot \text{m} = 9.81 \text{ J}$이므로 $W = 1,000 \times 9.81 = 98,100 \text{ J} = 98.1 \text{ kJ}$

$1 \text{ kJ} = 1/4.1868 \text{ kcal}$이므로 $W = 98.1/4.1868 = 23.43 \text{ kcal}$

$1 \text{ kWh} = 860 \text{ kcal}$이므로 $23.43 \times \dfrac{60}{860} = 1.635 \text{ kW}$

연습문제

1 어떤 용기 내의 압력이 −500 mmH₂O의 부압이었다. 이때의 절대압력은 몇 kPa인가. 단, 대기압은 760 mmHg이다.

2 용기 중의 가스압력이 대기압에 대하여 47.2%의 압력을 나타내는 진공도이었을 때 가스의 절대압력을 구하라. 단, 대기압을 758.4 mmHg로 한다. 다음에, 용기에 가스를 주입하여 압력을 322.4 mmHg로 했다면 절대압력은 얼마인가?

비체적, 밀도

3 체적 100 L의 압력용기에 0.5 kg의 기체가 들어 있다. 이 기체의 비체적과 밀도를 각각 구하라.

열량과 비열

4 비열 c가 $c = \alpha + \beta t(\alpha, \beta$는 상수)로 표시될 때, 온도 $t_1 \sim t_2$ 범위의 평균비열은 $c_m = \alpha + \beta \dfrac{t_1 + t_2}{2}$ 가 됨을 유도하라.

5 20℃의 물 10 kg이 들어 있는 수조에 교반기로 1시간 동안 교반시켰다. 이때 소요동력은 100 W이며, 물로부터 외부로 열손실이 없다면 수온은 몇 ℃가 되는가? 단, 물의 비열은 4.1868 kJ/kgK이다.

6 30℃의 물 50 L 속에 −10℃의 얼음 3 kg을 넣어 완전히 용해시켰다. 외부와 완전히 단열되어 있을 때 물의 온도는 몇 ℃가 되는가? 단, 물의 비열은 4.1868 kJ/kgK, 얼음의 비열은 2.1 kJ/kgK, 융해잠열은 332 kJ/kg이다.

7 0℃의 수은 5 kg을 50℃로 가열하는 데 필요한 열량을 구하라. 단, 수은의 비열은 0℃에서 0.1404 kJ/kgK, 50℃에서는 0.1385 kJ/kgK이며, 그 사이의 온도에 대하여 직선적인 변화를 한다고 본다.

8 출력 100 kW의 내연기관을 시험할 때, 마찰브레이크로 기관의 출력을 흡수하여 브레이크에서 발생한 마찰열의 70%를 냉각수로 전달시키려고 한다. 이 경우 물의 온도상승을 50℃로 하려면 매시 사용해야 할 냉각수량은 얼마인가? 단, 냉각수의 비열은 4.1868 kJ/kgK이다.

9 단열용기 중에 20℃의 공기를 400℃까지 상승시키기 위해서 0.5 kW의 히터를 용기 속에 넣어 가열하였다. 몇 분 동안 가동하면 되는가? 단, 공기의 열용량은 0.85813 kJ/K(열용량은 질량× 비열임)이다.

일, 에너지, 동력

10 Joule의 실험에서, 물의 양 5 L, 추의 질량 50 kg일 때 추를 높이 10 m에서 낙하하면 물의 온도 는 몇 ℃나 상승하는가?

11 0.406 kJ/kgK의 비열을 갖는 질량 10 kg의 물체가 있다. 다음을 각각 구하라.
(1) 수직상방향으로 10 m 들어올리는 데 필요한 일량[J]
(2) 4 m/s의 속도로 등속운동을 할 때의 운동에너지[J]
(3) 온도를 50℃ 높이는 데 필요한 열에너지[J]
(4) 1분 동안에 수직상방향으로 180 m 올릴 때의 동력[W]
(5) 매초 0.5℃ 높일 때의 동력[W]

12 매분 회전수 $n = 800$ rpm의 내연기관에 수동력계를 직결하여 브레이크를 걸어, 그 torque T 를 측정했더니 $T = 10,000$ N·m이었다. 만일 동력계를 흐르는 수량이 10 m^3/h, 그 입구온도 는 15℃로 하고, 일량이 전부 열로 변하여 물에 주어진다고 하면 물의 출구온도는 몇 ℃인가? 단, 물의 비열은 4.1868 kJ/kgK이다.

13 열기관의 축이 230 N·m의 토크를 내면서 3,200 rpm으로 회전하고 있다. 이때 기관의 출력은 몇 kW인가?

질량과 힘

14 그림과 같이 내경 $d = 1$ m인 2개로 분할된 球型 탱크의 내부 에 있는 공기를 배출하여 90%의 진공도로 하였다. 이때 추의 질량 m[kg]을 구하라. 여기서 대기압은 740 mmHg이다.

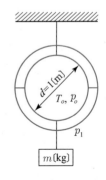

그림 [연습문제 1.14]

15 중력가속도는 1,000 m 상승함에 따라 0.003 m/s² 감소한다. 해면에서 $g_o = 9.81$ m/s²일 때 고도 10,000 m에서 60 kg의 물체의 무게는 얼마인가? 또 무게가 해면 상에서의 1/10 이 되려면 고도는 어느 높이이어야 하는가?

16 15 kg의 강철제 가스용기에 300 L의 액체 가솔린이 들어 있다. 가솔린의 밀도는 800 kg/m³이다. 이 용기를 4 m/s²로 가속하려면 얼마의 힘이 필요한가?

17 그림과 같이 두 개의 피스톤-실린더 장치 A, B의 가스실이 관으로 연결되어 있다. A의 단면적은 75 cm², B의 단면적은 25 cm²이며, A의 피스톤 질량이 25 kg이다. 외기압은 100 kPa이며, 표준 중력가속도일 때 양쪽 피스톤 모두 실린더 바닥에 닿지 않는다. 피스톤 B의 질량을 구하라.

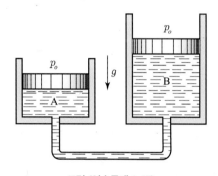

그림 (연습문제 1.17)

• 정답 •

1. 96.425[kPa]

2. $p_{a1} = 0.0472$ MPa, $p_{a2} = 0.1422$ MPa

3. $v = 0.2$[m³/kg], $\rho = 5$[kg/m³]

4. 생략

5. 28.6[℃]

6. 23.5[℃]

7. 34.86[kJ]

8. 1,203.8[kg/h]

9. 10.87[min]

10. 0.234[℃]

11. (1) 980[J]   (2) 80[J]   (3) 203[kJ]
    (4) 294[W]   (5) 2.03[kW]

12. 87.03[℃]

13. $\dot{W} = 77.07$ kW

14. 7,114.345[kg]

15. $G = 588.42$[N], $z = 2,943$[km]

16. 1,020[N]

17. 8.33[kg]

Chapter

2

열역학 제1법칙

1 물체가 갖는 에너지

1장에서 기술한 바와 같이 물체가 갖는 에너지는 여러 종류가 있다. 즉 역학적 에너지(운동에너지, 위치에너지), 전기적 에너지, 화학적 에너지 등이다. 그러나 보통 열역학에서 취급하는 에너지는 역학적 에너지와 내부에너지이다. 이 절에서는 역학적 에너지 외에 내부에너지에 대하여 기술하기로 한다.

고온물체와 저온물체가 접촉하면 고온물체의 온도가 강하하고 저온물체의 온도는 상승한다는 것은, 그에 상당하는 고온물체의 에너지를 감소시켜 저온물체의 에너지를 증가시키는 것이다. 지금, 고온물체가 갖는 에너지와 저온물체가 갖는 에너지의 총합이 변하지 않는다고 하면 이 두 물체는 물체 전체가 운동하기 위해 갖는 운동에너지와, 높은 장소에 존재하기 위해 갖는 위치에너지 외에 그 내부상태에 따라서 결정되는 에너지를 갖는다고 생각하지 않으면 안된다. 예를 들면 체적이 일정한 상태에 있는 한 물체가 외부로부터 열의 형태의 에너지를 받는다면 온도가 상승한다. 결국 이 물체의 에너지는 증가한다. 이와 같이 물체의 내부상태에 의하여 결정되는 에너지를 내부에너지(internal energy)라고 한다.

각종 에너지는 각각 물체의 운동형태와 연관된다. 예를 들면 역학적 에너지는 역학운동에, 전기에너지는 전류로 되는 물체(電子)의 위치나 운동상태와 연관된다. 이와 같이 생각하면 내부에너지는 물체를 구성하고 있는 분자(또는 원자)의 위치나 운동형태로 정해지는 에너지라고 할 수 있다. 따라서 내부에너지는 물체의 분자(또는 원자)의 운동에너지와 분자간(또는 원자간)의 결합력에 관계되는 위치에너지에 따라 결정되는 것이며, 물체의 위치나 물체 전체로서의 상태와 물체 전체의 위치(높이 등)에는 연관되지 않는다.

내부에너지의 변화는 물질의 집합상태를 변화시킴에 따라 일어난다. 예를 들면 2개의 얼음덩어리를 마찰시킨 경우에 발생하는데, 마찰은 물체의 운동에너지를 감소시켜 물체의 온도를 높인다. 결국, 물체를 구성하고 있는 분자의 운동에너지를 증가시키므로 내부에너지가 증가하고, 그 결과로서 얼음이 물로 된다. 이와 같이 물체의 내부에너지의 변화는 물체의 성질을 변화시키기도 하고 그 물리적 상태를 변화시키기도 한다. 어떤 계의 내부에너지의 변화는 역학적 운동 외에 화학적, 또는 전기적 방법에 의하여 일어난다.

열역학에서는 내부에너지를 변화시키는 데 두 가지 방법이 있다. 즉 일을 행하는 경우와 전열기나 버너로 열을 가하는 경우이다. 예를 들면 뒤에 설명하는 Joule의 실험에 있어서 용기 내의 물의 온도를 상승시키기 위해, 결국 물의 내부에너지를 증가시키기 위해 추를 낙하시켜 일을 공급하였다. 그러나 물의 가열은 다른 방법인 버너로 직접 가열해도 실현할 수 있다. 두 개의 물체를 마찰시키는 예에서도 내부에너지를 변화시키는 방법은 두 가지이다. 즉 마찰에 의한 일과 물체를 직접 가열하는 것이다.

이와 같이 열역학에 내부에너지의 개념을 도입함에 따라 역학적 에너지의 보존법칙을 비역학적 현상에도 확장할 수 있는 것이다.

내부에너지를 변화시키는 두 가지 방법인 일과 열량은 내부에너지의 양을 측정하는 척도일 수 있다. 이상 기술한 것을 다음과 같이 요약할 수 있다.

(역학적 에너지 + 내부에너지)의 증가 = 행한 일량 + 흡수한 열량

이것은, 결국 에너지 보존의 법칙이라 할 수 있다.

물체가 갖는 운동에너지와 위치에너지와는 관계없이 내부에너지는 열량과 관계되는 온도나 일량과 관계되는 압력에 따라 결정되며 U〔J〕로 표시한다. 내부에너지는 상태량이며, 단위질량의 물체가 갖는 내부에너지를 비내부에너지(specific internal energy) u〔J/kg〕라 하며, 질량 m〔kg〕의 물체가 갖는 내부에너지는 다음과 같이 표시된다.

$$U = mu, \ u = U/m \tag{2.1}$$

2 일

(1) 밀폐계에서 유체가 하는 일과 유체에 행해지는 일

유체는 기체와 액체를 총칭한다. 일반적으로 기체를 가열하면 기체의 압력이 상승함과 더불어 체적이 팽창한다. 그 팽창을 이용하여 일을 얻을 수 있으며, 또 압력이 상승한 유체를 풍차 등으로 흡입시켜 압력강하를 이용함으로써 일을 얻을 수 있다.

기체를 고압으로 하려면 기체를 가열하거나 또는 압축하는 방법이 있으며, 기체를 압축하는 장치로서 압축기가 있다. 액체를 고압으로 하기 위해서는 마찬가지로 액체를 가열하든가 압축하며, 액체를 압축하는 장치로서 압축기 또는 펌프가 있다.

이들 기체 및 액체의 팽창·수축의 비율은 물질의 종류와 그 상태에 따라 다르다. 즉 각 물질의 열적 성질에 의존하며 어떤 물질도 똑같지는 않다. 따라서 물질의 열적인 성질(열물성)을 정확하게 아는 것이 중요하다.

① 체적팽창에 의하여 유체가 하는 일

그림 2.1에 표시하였듯이 피스톤과 실린더로 이루는 계를 생각하자. 피스톤과 실린더의 간극에서 마찰이 없고 유체의 누설도 없는 것으로 한다. 마찰이 있는 경우나 누설이 있는 경우는 그들의 정도를 고려하여 보정하게 된다.

실린더 내 유체의 압력(절대압력)을 p, 주위의 압력(대기압)을 p_o라 한다. 압력계의 0점을 대기압 하에서 조정하면 압력계의 지시는 유체의 절대압력과 대기압의 압력차로 표시된다. 이 압력차를 게이지압 p_g라 하며 다음 식이 성립한다.

$$p_g = p - p_o \tag{2.2}$$

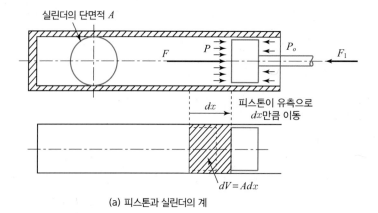

(a) 피스톤과 실린더의 계

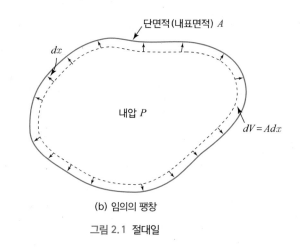

(b) 임의의 팽창

그림 2.1 절대일

피스톤의 단면적을 A, 피스톤의 미소변위를 dx, 피스톤의 미소 체적변화를 dV라 하면 다음의 관계를 얻을 수 있다.

$$dV = A \, dx \tag{2.3}$$

피스톤의 단면적 A는 피스톤의 위치 x에 따라서 변화하여 x의 함수$A(x)$로 주어져도 식 (2.2)는 성립한다. 예를 들면 그림 2.1(b)와 같이 유체를 포함하고 있는 경계면이 변형하고 있어도 마찬가지이며, 식 (2.3)은 피스톤 – 실린더계 이외의 경우에도 일반적으로 성립하는 관계식이다.

유체가 피스톤에 작용하는 힘 F는 다음 식으로 주어진다.

$$F = pA \tag{2.4}$$

이 힘에 따라 피스톤이 움직이기 시작하면 피스톤과 실린더 간의 마찰, 피스톤과 공기 등의 사이의 마찰, 유체 내의 와류발생에 의한 에너지 손실 등에 따라서 그에 상당하는 에너지가 열로 변환된다. 일단, 주위온도와 같은 온도의 열로 변환되면 그대로는 에너지를 재이용할 수 없으며 비가역변화가 된다. 비가역의 정도는 각각의 운동과 주위의 상황에 따라 다르다. 그러므로 변화의 과정에서는 상술한 에너지 손실을 동반하지 않는 가역변화를 생각하자. 비가역의 정도는 최종적인 에너지의 균형을 고려할 때 효율 등에 의해 고려한다.

그래서 가역과정에서의 힘의 균형을 고려하기 위해 피스톤을 정지시키고, 그 균형의 상태를 거의 파괴하지 않는 정도로 힘의 차를 두어 피스톤을 이동시킨다. 이와 같은 변화를 준정적 변화라고 한다.

준정적 변화를 행하는 경우는 피스톤을 힘의 균형상태로 유지하여 정지시킬 필요가 있으며, 피스톤에 가하는 작용과 반작용의 힘을 고려한다. 피스톤에 내측으로부터 작용하는 힘은 식 (2.4)의 F이므로 반작용의 힘(균형의 힘)을 F_o라 하면 힘의 크기만을 고려하여 다음 식과 같이 된다.

$$F_o = F = pA$$

주위의 압력(대기압) p_o가 피스톤에 작용하고 실린더 내의 유체압력 p와 피스톤을 정지시키기 위해 외부로부터 지지하는 힘 F_1이 균형상태에 있을 때 다음 식이 성립한다.

$$F_1 = p_g A = (p - p_o)A = pA - p_oA$$
$$\therefore F_o = F_1 + p_oA = pA \tag{2.5}$$

즉, 피스톤에 작용하는 반작용의 힘 F_o는 피스톤을 지지하는 균형의 힘 F_1과 대기압 p_o에 의한 힘 p_oA의 합력이다.

대기압 p_o는 기상상태에 따라서 변화한다. 따라서 p_o의 영향을 포함하여 외부로부터 지지하는 힘(합력) F_o를 힘의 균형의 대상으로 선택한다.

체적팽창에 의해서 유체가 일을 행할 때는, 피스톤이 주위를 향해 이동한다. 여기서 체적팽창이라 표현했지만 유체의 체적은 용기의 용적에 따라서 결정되므로 유체 자신이 체적을 자유로 변화시키는 것은 가능하지 못하다. 피스톤은 유체의 팽창에 따라서 주위 방향으로 밀려나므로 피스톤은 유체로부터 일을 받고 있다. 유체의 입장에서는 주위에 일을 하게 되며, 피스톤의 입장에서는 유체에 의해서 일을 받게 된다. 이와 같이 같은 일을 하여도 일이 正(행한 일)인가, 負(받은 일)인가가 다르다.

열역학에서는 보통 유체 측 입장에서 판단한다. 피스톤 입장에 서면 유체로부터 피스톤으로의 에너지 전달에 손실을 동반하기 때문이며, 유체의 온도, 압력 등의 상태변화로서 유체가 하는 일을 해석한다.

유체가 주위에 대하여 행하는 미소일량 dW_{12}는 역학의 일량의 정의로부터 식 (2.3), (2.4)를 고려하여 다음 식과 같이 구할 수 있다.

$$dW_{12} = Fdx = pAdx = pdV \tag{2.6}$$

상태 1로부터 상태 2까지 체적팽창을 하는 동안에 주위에 대해 하는 일량 W_{12}는 이 미소일량 dW_{12}를 적분하면 된다.

$$W_{12} = \int_1^2 dW_{12} = \int_1^2 p\,dV \tag{2.7}$$

이 식은 실린더 내의 일정량의 유체(주로 기체)가 가역변화로 주위에 행하는 일을 표시하고 있으며, 이 일량 W_{12}는 절대일(absolute work)이라 한다. 압력 p는 절대압력이며, 주위압력 $p=0$를 기준으로 한 팽창을 상정한 일량이다.

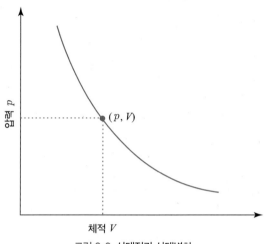

그림 2.2 상태점과 상태변화

유체의 압력 p는 체적 V의 변화에 따라서 변화한다. 이 모양을 선도에 나타낼 수 있으며 pV 선도라고 한다. pV 선은 그림 2.2와 같이 일정량의 유체의 상태변화를 나타내는 것이며, 종축에 압력 p, 횡축에 체적 V를 취하여 p와 V의 변화모양을 선으로 그려 표시한다.

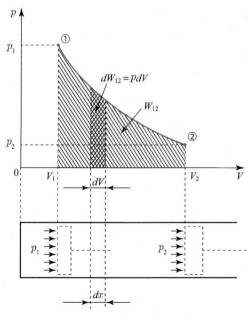

그림 2.3 선도에 표시한 절대일

그림 2.3에 식 (2.6), (2.7)을 사선으로 표시하였듯이 가역변화에 따라 얻을 수 있는 절대일량은 pV 선도 상의 곡선과 횡축 V와의 사이의 면적에 의하여 표시된다.

체적이 팽창할 때 $dV > 0$이므로 식 (2.6)으로부터 알 수 있듯이 $dW_{12} > 0$이다. 식 (2.7)에 의하여 正(+)의 양을 적분한 절대일은 $W_{12} > 0$이다. 즉 팽창일은 正(+)의 일이다.

또 이 적분을 하기 위해 p와 V의 관계, 즉 pV선도 상의 변화를 표시하는 곡선의 관계식이 필요하다. 이 관계식이 상태 1부터 상태 2까지의 변화를 나타내는 상태방정식이다.

② 압축에 의하여 유체에 행하는 일

유체의 체적이 압축되면, $dV < 0$이므로 식 (2.6)으로부터 $dW_{12} < 0$이다. 식 (2.7)에 따라 負(−)의 양을 적분한 절대일은 $W_{12} < 0$이다. 즉, 압축일은 負(−)의 일이다.

③ 正의 일과 負의 일

팽창에 의하여 유체가 주위에 행하는 일이나 압축에 의하여 유체에 행해지는 일, 모두 식 (2.6) 및 (2.7)에 의하여 구할 수 있다. 이와 같이 일량이 正(+)인가, 負(−)인가에 따라서 팽창일과 압축일을 구별할 수 있다.

그러나 負(−)의 일이라는 개념은 일반적으로는 이해하기 어렵다. 정(+)의 일과 부(−)의 일은 식 (2.6), (2.7)의 dV의 부호로 결정되지만, 일의 正負는 계의 에너지의 부호의 결정방법에 따라 정해진다.

열역학의 역사는 증기기관과 더불어 발전하였다. 증기기관은 동력발생 기관으로서 열로부터 동력을 발생한다. 이와 같이 열로부터 동력, 즉 시간당 일을 발생하는 것을 고려하면 에너지의 부호 결정방법은 그림 2.4와 같이 계가 열량을 획득하여 그 일부를 일량으로 변환한다고 하는 에너지 흐름(case 1)을 正(+)의 방향이라고 생각하게 되었다. 이 방법에 따른 절대일의 식이 식 (2.6) 및 식 (2.7)이다.

더욱이 열역학이 진전함에 따라, 계 내의 물질의 상태변화에 주목되게 되었으며, 열기관에서도 물질의 열적 성질(열물성)의 중요성이 인식되었다. 그리하여 에너지의 부호 결정방법도 그림 2.5

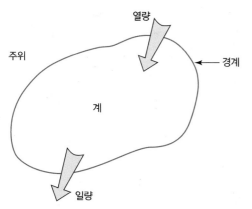

그림 2.4 에너지의 정(正)의 방향(case 1)

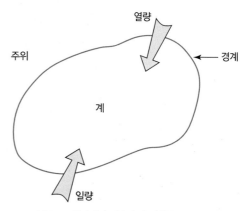

그림 2.5 에너지의 정(正)의 방향(case 2)

와 같이 계가 획득하는 모든 에너지는 正(+), 계로부터 주위로 나오는 에너지를 負(-)로 부호를 붙이게 되었다.

냉동공조 분야(그림 2.5 참조)에서는 압축기에 의해서 온도와 압력을 높이는데, 압축기의 일이나 동력이 負(-)의 양으로 다음과 같이 계산되어야 한다.

$$dW_{12} = -Fdx = -pAdx = -pdV \tag{2.8}$$

$$W_{12} = -\int_1^2 dW_{12} = -\int_1^2 pdV \tag{2.9}$$

식 (2.8), (2.9)와 같이 부호를 붙임에 따라 일의 正負가 역전되어 正負의 에너지 흐름(case 2)이 역으로 되는 의미이다. 그림 2.4 또는 그림 2.5를 선택해도 최종적인 에너지식은 같다.

예제 2.1

어떤 기체가 초압 $p_1 = 6,000 \text{ kPa}$, 체적 $V_1 = 3 \text{ m}^3$인 상태로부터 압력 $p_2 = 500 \text{ kPa}$, 체적 $V_2 = 36 \text{ m}^3$의 상태로 가역적으로 팽창하였다. 도중의 과정이 (1) $p - V$ 선도 상에 직선적으로 변화할 때, (2) 쌍곡선 $pV = $(일정)에 따라 변화할 때, 각각의 일량을 구하라.

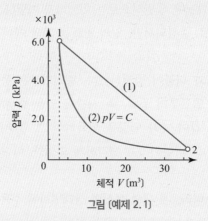

그림 〔예제 2.1〕

풀이 (1) 그림에서 사다리꼴 면적으로 계산하면

$$W_{12} = \frac{1}{2} \times (6,000 + 500) \times (36 - 3)$$

$$= 1.0725 \times 10^5 \text{ kJ}$$

(2) 적분으로 면적을 계산하면, 먼저

$pV = p_1 V_1 = p_2 V_2 = C$이므로

$$W_{12} = \int_1^2 pdV = \int_1^2 C\frac{dV}{V} = C\ln\frac{V_2}{V_1} = p_1 V_1 \ln\frac{V_2}{V_1}$$

$$= 6,000 \times 3 \times \ln\frac{36}{3} = 4.473 \times 10^4 \text{ kJ}$$

예제 2.2

초기상태가 압력 $p_1 = 10$ bar, 체적 $V_1 (= 1 \text{ m}^3$로 표시되는 기체가 정압 하에서 압축(수축)되어 그 체적이 $V_2 = V_1/2$ 으로 되며, 또 내부에너지가 감소하여 $\Delta U = U_2 - U_1 = -500$ kJ로 되었다. 이 과정에서 기체가 외부에 한 일량 및 기체가 외부로부터 받은 열량을 구하라.

풀이 기체가 외부에 한 일량은

$$W_{12} = \int_1^2 p\,dV = p_1 \int_1^2 dV = p_1(V_2 - V_1) = 10 \times 10^5 \times (0.5 - 1)$$

$$= -10 \times 10^5 \times 0.5 = -500{,}000 \text{ J} = -500 \text{ kJ}$$

또 기체가 외부로부터 받은 열량은 내부에너지의 변화량과 외부에 한 일량의 합이므로

$$Q_{12} = U_2 - U_1 + W_{12}$$

$$= -500 - 500 = -1{,}000 \text{ kJ}$$

3 에너지 보존의 원리와 열역학 제1법칙

자연계에는 열에너지, 일, 기계적 에너지(운동에너지, 위치에너지, 압력에너지), 전기에너지, 화학에너지 등 여러 가지 형태의 에너지가 있다. 이들 각종 에너지는 단지 그 형태가 다를 뿐이며, 본질적으로는 동일한 것이어서 한 형태로부터 다른 형태로 서로 전환이 가능하다. 어떠한 경우에도 자연계의 에너지는 창조되거나 소멸되지 않으므로 에너지의 총량은 변화하지 않고 일정하다. 이 사실을 에너지 보존의 원리(law of conservation of energy)라고 하며, 다음과 같이 표현할 수 있다.

"한 계가 보유하는 에너지의 총합은 외부와의 사이에 에너지 교환이 없는 한 일정불변이며, 외부와의 사이에 교환이 있는 경우는 교환한 양만큼 증가 또는 감소한다."

이 원리에 따라 열역학 제1법칙은 다음과 같이 표현할 수 있다.

"열은 본질상 일과 마찬가지로 에너지의 한 형태이며, 열을 일로 변환할 수 있고 그 역도 가능하다."

열을 일로 변환할 수 있는 경우는 외연기관인 증기기관이나 내연기관 등의 열기관의 동력발생 기관에서 행해지는 현상으로부터 이해할 수 있다.

그리고 그 역으로서 일을 열로 변환할 수 있는 경우의 입증은 다음의 예에서 이해할 수 있다. 즉 손을 비비는 일을 하게 되면 손을 따뜻하게 할 수 있다. 이것은 손을 마찰에 의하여 열로 변환하게 되는 것이다. 이와 같이 일로부터 열로의 에너지 변환은 일상생활 중에서 자연적으로 행해지는 것이다.

또 하나의 실험 예는 다음의 Joule의 실험에서 이해할 수 있다.

그림 2.6과 같이 Joule의 실험장치는 중앙의 롤러에 감겨 있는 줄이 좌우의 활차의 회전에 의

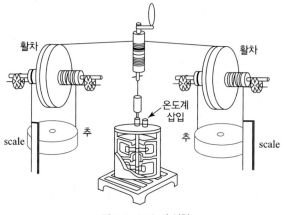

그림 2.6 Joule의 실험

해서 인장되어 중앙의 롤러를 회전시켜 이 롤러의 밑에 설치한 銅製의 용기 속의 물을 혼합시키도록 되어 있다. 좌우의 활차에는 추가 달려 있어서 추의 낙하거리를 측정할 수 있게 스케일을 부착해 놓았다. 용기 속에는 황동제의 날개차가 장착되어 있으며 용기에 넣은 온도계에 의해 물의 온도를 측정한다. 날개차는 8매의 날개가 2단으로 설치되어 있다.

물의 질량은 약 6 kg, 추는 약 13 kg인 것을 2개, 낙하거리는 약 1.6 m이고 20회 정도 반복하여 생기는 온도증가가 약 0.32 K이었다.

결국 활차의 회전에 의한 일이 물의 온도를 상승시켜 열에너지로 변환되는 결과를 보여 주었다.

동력을 발생하는 기관에 있어서, 에너지 보존의 원리를 고려하면 기관이 동력을 발생할 때는 그와 동시에 반드시 다른 형태의 에너지를 소비하지 않으면 안된다. 다시 말하면 에너지의 소비 없이 연속적으로 동력을 발생할 수 있는 기관은 불가능하며, 만일 그와 같은 기관이 존재한다면 그것을 제1종 영구운동(perpetual motion of the first kind)을 할 수 있는 기관이라 한다. 이와 같은 기관은 에너지 보존의 원리를 부정하므로 존재할 수 없다.

4 개방계의 유동일과 엔탈피

밀폐계에서 행하는 일은 전술한 바와 같이 경계를 통해 물질이동이 없으며, 체적팽창에 의한 일을 절대일로 정의하였다. 그러나 개방계는 밀폐계와 달리 경계를 통해 물질의 이동이 일어나므로 제어체적의 내외로 물질을 이동시키기 위한 일이 필요하며, 이 일을 유동일(flow work) 또는 유동에너지(flow energy)라 한다.

유동일에 대한 실험은 Joule-Thomson에 의해 그림 2.7과 같은 실험장치를 이용하여 행해졌다. 이 실험은 외부로부터 열의 출입을 완전히 차단할 수 있는 관의 일부에 다공성 물질로 채운 다공질 플러그(그림에서 C)를 설치하고 AC 사이에 일정량의 기체를 넣어 압력을 일정하게 유지

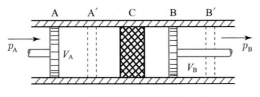

그림 2.7 유동일의 실험

하면서 피스톤 A를 천천히 밀어가면, 기체가 다공질 플러그를 통과할 때 압력이 저하하여 CB 사이를 흐른다. 피스톤을 연속적으로 작동시켜 관내 기체의 이동이 정상적으로 되게 하고 A쪽과 B쪽의 압력 p_A, $p_B(p_A > p_B)$ 및 온도 T_A, T_B를 측정한다.

다공질 플러그를 통과함에 따라 기체의 상태가 어떻게 변화하는지를 고찰한다. AB 사이의 기체부분이 A′ B′ 사이로 유동하게 되면 결과적으로 AA′ 사이의 기체가 BB′ 사이로 이동한 것과 동일하다. 지금, AA′ 사이 및 BB′ 사이의 체적을 각각 V_A, V_B라 하면 이때 외력이 기체에 행한 일은 $p_A V_A$이며, 기체가 외부에 대해 행한 일은 $p_B V_B$이다.

따라서 기체가 외부에 한 정미일은 다음과 같으며, 이를 유체를 유동시키기 위한 유동일(flow work)이라 한다.

$$W_f = p_A V_A - p_B V_B \tag{2.10}$$

그리고 이 사이에 외부로부터 열의 출입은 없으므로 에너지 보존의 원리에 따라 이 일은 이 사이에 있어서 기체의 내부에너지의 증가 $U_B - U_A$와 같다. 따라서

$$U_B - U_A = p_A V_A - p_B V_B \tag{2.11}$$

또는

$$U_A + p_A V_A = U_B + p_B V_B \tag{2.12}$$

가 된다. 이 관계는 다공질 플러그의 실험에 있어서 p_A, p_B의 값에 관계없이 성립하므로

$$U + pV = \mathrm{const} = H \tag{2.13}$$

로 표기할 수 있다.

일반적으로 $U + pV = H$〔J〕는 엔탈피(enthalpy) 또는 Gibbs의 열함수라고 한다. 내부에너지 U 및 유동일 pV가 상태량이므로 엔탈피 H도 상태량이다.

단위질량당 엔탈피는 비엔탈피 h〔J/kg〕로 표시한다.

$$h = u + pv \tag{2.14}$$

유동일은 그 유체를 제어체적 내로 유입시키거나 제어체적으로부터 유출시키는 데 필요한 일을 의미하므로 압력변화를 동반한다. 따라서 개방계에서 외부에 하는 일은 계의 경계일(dw_{12})로

부터 유동일(dw_f)을 빼 주어야 하므로 미분형으로 표시하면

$$d(w_t) = d(w_{12}) - d(w_f) = pdv - d(pv) = -vdp \tag{2.15}$$

적분하면 w_t 및 W_t는 각각 다음과 같으며 공업일(technical work)이라 한다.

$$w_t = -\int_1^2 vdp, \ \ W_t = -m\int_1^2 vdp = -\int_1^2 Vdp \tag{2.16}$$

식 (2.15), (2.16)에서 부($-$)의 부호는 dw_t, w_t의 부호를 정($+$)의 값으로 하기 위해 사용한다. 유동일은 유동유체에 대해서만 에너지로 나타내고 비유동계(밀폐계)에 대해서는 에너지의 형태로 나타내지 않는다.

예제 2.3

예제 2.1에서 (1), (2)의 각 경우, 공업일을 구하라.

풀이 $p-V$ 선도에서 공업일은 상태 1과 상태 2에서 p축에 수선을 그어 이루는 면적에 해당하므로

(1) $W_t = \dfrac{1}{2} \times (36+3) \times (6,000-500) = 1.0725 \times 10^5 \ \text{kJ}$

(2) $W_t = -\displaystyle\int_1^2 Vdp = -\int_1^2 C\dfrac{dp}{p} = C\ln\dfrac{p_1}{p_2}$

$\quad\quad = p_1 V_1 \ln\dfrac{p_1}{p_2} = 6,000 \times 3 \times \ln\dfrac{6,000}{500} = 4.473 \times 10^4 \ \text{kJ}$

---

5 밀폐계의 에너지식(열역학 제1법칙)

밀폐계가 갖는 전 에너지는 운동에너지와 위치에너지의 합인 역학적 에너지와, 계에 포함되어 있는 열에너지, 화학에너지 등의 합인 내부에너지로 구성된다. 만일 화학변화가 일어나지 않는다면 계가 열에너지를 보유할 때의 에너지를 내부에너지로 취급한다. 이 내부에너지는 계의 순간적인 상태에 의해서 결정되는 상태량이다.

여기서 물질의 출입이 없는 밀폐계로서 내연기관의 피스톤-실린더 장치를 생각하자. 그 실린더의 흡배기밸브가 닫혀 있을 때 실린더 내의 가스가 계의 외부로부터 열을 받으면 그 열의 일부는 계의 온도를 상승시키는 현열로서 저장되며, 만일 가열과정 중에 증발과 같은 상변화가 일어난다면 가해진 열의 일부는 잠열로서 저장되어 이들은 계 내의 내부에너지를 증가시키게 된다. 그 나머지 열은 피스톤을 밀어 체적을 증가시킴으로써 외부에 일을 한다. 그 개념도를 그림 2.8

에 표시하였으며, 계가 정지하고 있는 상태에서 운동에너지와 위치에너지의 변화는 없으므로 에너지 보존의 원리를 표시하면 다음과 같이 된다.

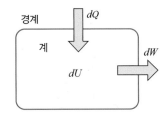

그림 2.8 밀폐계에서의 열역학 제1법칙

$$dU = dQ - dW = dQ - pdV \qquad (2.17)$$

계가 변화를 일으켜 상태 1로부터 상태 2로 변했다고 하면 식 (2.17)을 적분하여 밀폐계에서의 에너지 보존의 원리를 다음과 같이 나타낼 수 있다.

$$\int_1^2 dU = \int_1^2 dQ - \int_1^2 dW = \int_1^2 dQ - \int_1^2 pdV$$

$$U_2 - U_1 = Q_{12} - W_{12} = Q_{12} - \int_1^2 pdV \qquad (2.18)$$

단위질량에 대하여 표시하면 다음과 같다.

$$du = dq - dw = dq - pdv \ \text{또는} \ u_2 - u_1 = q_{12} - w_{12} = q_{12} - \int_1^2 pdv \qquad (2.19)$$

평형상태 1로부터 평형상태 2로 상태변화를 할 때 외부에 하는 일은 그 변화과정, 즉 경로에 따라 달라진다. 따라서 W_{12}는 경로의 함수이므로 Q_{12}도 결국 경로에 따라 변한다. 따라서 일 및 열은 경로함수이며 상태량이 아니다. 이때 경로함수의 적분은 그 경로를 아래첨자로 표기하여 상태량과 구분해서 표시한다.

식 (2.18) 및 식 (2.19)를 밀폐계의 열역학 제1법칙이라 하며, 밀폐계에 대한 에너지 보존의 식으로서 그 의미는 어떤 물체 또는 계에 가해진 열에너지는 그 일부가 내부에너지를 증가시키는 데 이용되고 나머지는 외부에 일을 하는 데 소비됨을 의미한다.

외부에 일을 하지 않는 경우는, 계에 가한 열량 모두가 내부에너지로 축적된다. 열을 가하지 않는 경우에도 계 내에 충분히 내부에너지가 축적되어 있다면 외부에 일을 할 수 있으며, 이 경우에는 내부에너지가 소비되므로 $(U_2 - U_1)$은 부(−)의 값을 갖는다. 또한 계에 가한 열량이 모두 외부 일에 쓰인다면 그 계에는 내부에너지의 변화가 없게 된다.

질량 m의 물체가 상의 변화를 하는 경우, 즉 고체 ⇄ 액체, 액체 ⇄ 기체, 고체 → 기체로 변화하는 경우에는 융해열, 응고열, 증발열, 응축열, 기화열 등을 계가 흡수 또는 방열하게 된다. 이와 같이 물체가 상변화를 위해 흡수 또는 방열하는 열량을 변태열(heat of transformation)이라고 한다.

상변화는 일반적으로 체적변화를 동반하므로 그 계는 외부에 일을 하거나 받게 된다. 또한 상변화는 일정온도, 일정압력 하에서 일어나므로 계가 하는 일은 단위질량에 대하여 표시하면 다음과 같다.

$$w_{12} = p(v_2 - v_1) \tag{2.20}$$

엔탈피의 식 (2.14)를 미분하면 $dh = du + pdv + vdp$로부터 $du = dh - pdv - vdp$를 식 (2.19)에 대입하면

$$dq = dh - vdp = dh + dw_t \tag{2.21}$$

적분하면

$$q_{12} = (h_2 - h_1) - \int_1^2 vdp = (h_2 - h_1) + w_t \tag{2.22}$$

전체질량에 대하여 표시하면 다음과 같다.

$$Q_{12} = (H_2 - H_1) - \int_1^2 Vdp = (H_2 - H_1) + W_t \tag{2.23}$$

예제 2.4

실린더 내의 기체 2 kg을 압축하는 데 10 kJ의 일이 소요되었다. 이때 기체의 비내부에너지가 2 kJ/kg이 증가했다면, 이 압축과정에서 외부로 방출된 열량은 몇 kJ인가?

풀이 압축 시의 일은 부(-)의 기호를 적용하므로 $W_{12} = -10$ kJ

내부에너지의 변화 $U_2 - U_1 = m(u_2 - u_1) = 2 \times 2 = 4$ kJ

식 (2.18)로부터 $Q_{12} = U_2 - U_1 + W_{12} = 4 - 10 = -6$ kJ

부(-)의 기호는 열이 외부로 방출되었음을 의미한다.

예제 2.5

기체를 게이지 압력 6 kPa로 유지하면서 400 kJ의 열을 외부로 방열한다면, 체적 10 m³에서 4 m³까지 압축할 때 내부에너지의 변화는 얼마인가?

풀이 외부에 한 일 $W_{12} = \int_1^2 pdV = p(V_2 - V_1)$

$$= (6 + 101.3) \times (4 - 10) = -643.8 \text{ kJ}$$

열역학 제1법칙식 $U_2 - U_1 = Q_{12} - W_{12} = -400 + 643.8 = 243.8$ kJ

예제 2.6

표준대기압 하에서 물의 증발잠열은 2,256.9 kJ/kg이며, 이때 포화수로부터 포화증기로 변화할 때 비체적은 0.0010437 m³/kg으로부터 1.6730 m³/kg으로 변화한다. 이 증발과정에서 비내부에너지와 비엔탈피의 변화량을 각각 구하라.

풀이 증발과정에서는 압력과 온도가 일정하므로 $dp = 0$이다. 따라서 식 (2.21)로부터 $dq = dh$, 즉 엔탈피의 변화량은 가해진 열량과 같다.

$$\therefore q_{12} = \int_1^2 dh = h_2 - h_1 = 2,256.9 \text{ kJ/kg}$$

다음에 $u = h - pv$를 미분형태로 표시하면 $p = \text{const}$이므로

$$du = dh - d(pv) = dh - pdv - vdp = dh - pdv$$

위 식을 적분하면 비내부에너지의 변화량은

$$u_2 - u_1 = \int_1^2 dh - p \int_1^2 dv = h_2 - h_1 - p(v_2 - v_1)$$
$$= 2,256.9 - 101.325 \times (1.673 - 0.0010437) = 2,087 \text{ kJ/kg}$$

예제 2.7

1 kg의 어떤 가스가 압력 70 kPa, 체적 3 m³의 상태로부터 압력 800 kPa, 체적 0.4 m³의 상태로 압축되었다. 만일 가스의 내부에너지의 변화가 없다고 하면 엔탈피의 변화량은 얼마인가?

풀이 $h = u + pv$의 식을 상태 1과 상태 2에 적용하면

$$h_2 - h_1 = u_2 - u_1 + (p_2 v_2 - p_1 v_1)$$
$$= 0 + (800 \times 0.4 - 70 \times 3) = 110 \text{ kJ/kg}$$

6 개방계의 에너지식 (열역학 제1법칙)

(1) 정상유동계의 에너지식

정상유동(steady flow)이란 유동과정 중에 어느 위치에서도 유체의 모든 물성치 및 유속 등이 시간에 따라 변화하지 않는 유동을 말한다. 또한 에너지 보존의 원리에 따르면 정상유동의 과정이 수행되는 제어체적(개방계)의 전 에너지 함유량은 일정하게 유지된다($E_{CV} = \text{const}$). 따라서 그 제어체적의 에너지 변화는 일어나지 않는다($\Delta E_{CV} = 0$). 즉 단위시간에 제어체적으로 유입하는 전 에너지량은 제어체적으로부터 방출하는 전 에너지량과 같아야 한다. 따라서 정상유동 과정에 대한 일반적인 에너지 평형의 식은 다음과 같이 표시된다.

$$\dot{E}_{in} - \dot{E}_{out} = \Delta \dot{E}_{sys} = 0 \text{ (steady flow)} \tag{2.24}$$

또는 $\dot{E}_{in} = \dot{E}_{out}$ (2.25)

식 (2.24)에서 좌변은 열, 일, 질량의 유출입에 의한 정미 에너지 전달률을 나타내며, 우변은 내부에너지, 운동에너지, 위치에너지 등의 변화율을 나타낸다.

제어체적의 경계를 통해 물질전달이 일어나게 되면 그에 따른 에너지 전달이 생기며, 그 에너지는 단위질량당 에너지를

$$ e = u + \frac{w^2}{2} + gz \ \text{[kJ/kg]} $$ (2.26)

로 표시할 때 단위질량이 갖는 내부에너지 u, 운동에너지 $\frac{w^2}{2}$, 위치에너지 gz를 포함한다.

그 외에 물질(질량)전달에 의한 제어체적의 표면에 작용하는 응력, 압력, 점성전단력에 기인하는 에너지가 포함되어야 한다. 그러나 전단응력은 제어표면에 접선방향의 힘에 의한 에너지이므로 제어체적의 에너지 산출에 포함되지 않으며, 압력에 의한 에너지는 제어체적으로 유체가 $\left[\dot{m}\frac{p}{\rho}\right]_i$의 압력에너지로 들어가고 $\left[\dot{m}\frac{p}{\rho}\right]_e$의 압력에너지로 방출할 때 그 유동을 위해 필요한 에너지를 의미하므로, 에너지의 시간변화율 $\dot{E}$는 다음과 같은 항들로 구성된다.

$$ \dot{E} = \dot{Q} + \dot{W} + \sum \dot{m}\left(\frac{p}{\rho} + e\right) = \dot{Q} + \dot{W} + \sum \dot{m}\left(\frac{p}{\rho} + u + \frac{w^2}{2} + gz\right) $$ (2.27)

식 (2.27)을 식 (2.25)에 적용하면 다음의 에너지 평형식이 얻어진다.

$$ \dot{Q}_{in} + \dot{W}_{in} + \sum \dot{m}_i\left(\frac{p_i}{\rho_i} + u_i + \frac{w_i^2}{2} + gz_i\right) $$
$$ = \dot{Q}_{out} + \dot{W}_{out} + \sum \dot{m}_e\left(\frac{p_e}{\rho_e} + u_e + \frac{w_e^2}{2} + gz_e\right) $$ (2.28)

여기서 첨자 "in"은 제어체적으로의 유입, "out"은 제어체적으로부터의 유출을 의미하며, i는 제어체적의 입구, e는 출구를 뜻한다.

예로서, 그림 2.9에 나타내었듯이 정상적으로 작동하는 전기온수가열기를 생각하자. 질량유량 $\dot{m}$의 냉수가 연속적으로 온수가열기로 유입하고 동일한 질량의 온수가 연속적으로 유출한다 ($\dot{m}_i = \dot{m}_e = \dot{m}$). 전기가열기는 $\dot{W}_{in}$의 전기적 일(가열)을 물에 공급하고 제어체적(온수가열기)은 주위로 $\dot{Q}_{out}$의 열손실이 생기고 있다. 이 경우 에너지 보존의 원리에 의하여 물이 이 제어체적 (온수가열기)을 통과하여 흐름에 따라 전 에너지가 증가하며, 그것은 물에 공급된 전기에너지에서 열손실을 뺀 양과 같을 것이다.

이 에너지 평형식은 열과 일의 크기 및 방향을 알면 이용하기 쉽지만 그 상호작용을 알지 못하

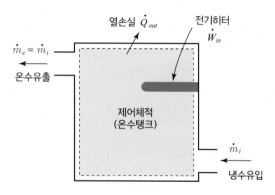

그림 2.9 정상유동계 내의 전기온수가열기

는 경우에는 열이나 일의 상호작용을 위한 방향을 가정할 필요가 있다. 이러한 경우, 입력열량 $\dot{Q}\,(=\dot{Q}_{in}-\dot{Q}_{out})$이 계에 들어간다고 가정하고, 일은 $\dot{W}\,(=\dot{W}_{out}-\dot{W}_{in})$의 비율로 계에 의해 생성된다고(출력일량) 가정한다. 그런 경우 정상유동계에 대한 제1법칙 혹은 에너지 평형식은 다음과 같이 표시된다.

$$\dot{Q} - \dot{W} = \sum \dot{m}_e\left(\frac{p_e}{\rho_e}+u_e+\frac{w_e^2}{2}+gz_e\right) - \sum \dot{m}_i\left(\frac{p_i}{\rho_i}+u_i+\frac{w_i^2}{2}+gz_i\right) \qquad (2.29)$$

즉 계로 유입된 열전달량으로부터 계에 의해 생성된 동력을 뺀 값은 유동유체의 에너지의 정미 변화량과 같다. 여기서 $\frac{p}{\rho}+u=pv+u=h$이고, 정상유동에서는 $\dot{m}_i=\dot{m}_e=\dot{m}$이므로 식 (2.29) 에서 그림 2.10과 같은 개방계의 모델에서 입구 i를 1로, 출구 e는 2로 나타내면 정상유동계의 에너지 보존식은 다음과 같이 표시된다.

$$\dot{Q}_{12}- \dot{W}_{12}= \dot{m}\left[\left(h_2+\frac{w_2^2}{2}+gz_2\right)-\left(h_1+\frac{w_1^2}{2}+gz_1\right)\right] \qquad (2.30)$$

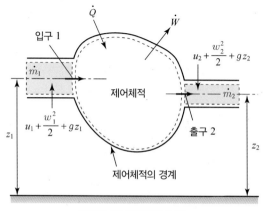

그림 2.10 개방계의 모델

시간을 고정시킨 상태로 표시하면

$$Q_{12} - W_{12} = \left(H_2 + \frac{mw_2^2}{2} + mgz_2\right) - \left(H_1 + \frac{mw_1^2}{2} + mgz_1\right) \tag{2.31}$$

단위질량에 대하여 표시하면

$$q_{12} - w_{12} = \left(h_2 + \frac{w_2^2}{2} + gz_2\right) - \left(h_1 + \frac{w_1^2}{2} + gz_1\right) \tag{2.32}$$

로 나타낼 수 있으며, 유체가 계를 통과할 때 운동에너지와 위치에너지의 변화를 무시할 수 있는 경우에는

$$q_{12} - w_{12} = h_2 - h_1 \;\; \text{또는} \;\; dq - dw = dh \tag{2.33}$$

로 된다. 여기서 W_{12} 및 w_{12}는 각각 제어체적 내의 전 질량 및 단위질량에 대한 외부일, w_1 및 w_2는 입구 및 출구의 유속을 의미한다. 식 (2.30)~(2.32)를 정상유동계(steady flow system)의 제1법칙식이라 하며, 에너지 보존의 식이다.

여기서 식 (2.30)의 각 항에 대하여 고찰해 보자.

좌변 첫째항 $\dot{Q}_{12}$는 제어체적과 주위 사이의 열전달량이며, 제어체적으로부터 열이 방열되는 경우에는 부(-)의 값으로 계산한다. 만일 제어체적이 단열된 상태라면 $\dot{Q}_{12} = 0$이다. 좌변 둘째항 $\dot{W}_{12}$는 동력으로서, 정상유동 장치에서는 제어체적이 일정하므로 경계일은 포함되지 않는다. 그림 2.11에 나타낸 바와 같이 계에 입력동력 $\dot{W}_i$가 가해지고 축동력 $\dot{W}_{sh}$가 계에 의해 행해진 다면 $\dot{W}_{12} = \dot{W}_{sh} - \dot{W}_i$이 되며, 이들 장치가 없다면 $\dot{W}_{12} = 0$이 된다. 우변의 엔탈피 변화 $\Delta h = h_2 - h_1$은 입·출구의 유체온도가 결정되면 물성치표로부터 엔탈피값을 얻을 수 있다. 우변의 운동에너지의 변화 $\Delta E_K = \left(\frac{w_2^2 - w_1^2}{2}\right)$와 위치에너지의 변화 $\Delta E_P = g(z_2 - z_1)$는 각각 입·출구의 유속과 위치를 측정함으로써 구할 수 있다.

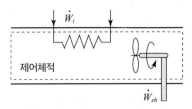

그림 2.11 정상유동계

예제 2.8

그림과 같은 공기압축기에서 101.3 kPa, 280 K의 공기를 600 kPa, 400 K로 압축·가열하고 있다. 공기의 질량유량은 0.03 kg/s이며 과정 중 열손실량은 18 kJ/kg이다. 운동에너지 및 위치에너지를 무시할 때 압축기에 공급해야 할 동력을 구하라.

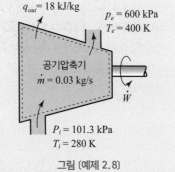

그림 [예제 2.8]

풀이 정상유동계로서 $\dot{m}_i = \dot{m}_e = \dot{m} = 0.03$ kg/s,

부록 7로부터 280 K의 $h_i = 280.13$ kJ/kg,

400 K의 $h_e = 400.98$ kJ/kg이므로 식 (2.29)로부터

$\dfrac{p}{\rho} + u = h$로 표시하면 다음과 같다.

$$\dot{Q} - \dot{W} = \dot{m}\left[\left(h_e + \frac{w_e^2}{2} + gz_e\right) - \left(h_i + \frac{w_i^2}{2} + gz_i\right)\right]$$

속도에너지와 위치에너지를 무시하면

$$\therefore \dot{W} = \dot{Q} - \dot{m}(h_e - h_i)$$
$$= \dot{m}q_{out} - \dot{m}(h_e - h_i)$$
$$= 0.03 \times (-18) - 0.03 \times (400.98 - 280.13)$$
$$= -4.1655 \text{ kW}$$

$\therefore$ 공급해야 할 동력은 4.1655 kW

예제 2.9

그림과 같은 증기터빈의 질량유량은 2 kg/s이며, 터빈으로부터의 방열량은 8.5 kW이다. 터빈 입구(첨자 i) 및 출구(첨자 e)에서 각각 증기의 상태는 $h_i = 3,137$ kJ/kg, $w_i = 45$ m/s, $z_i = 5$ m, $h_e = 2,675.5$ kJ/kg, $w_e = 180$ m/s, $z_e = 2$ m일 때 터빈 출력을 구하라.

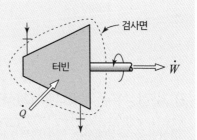

그림 [예제 2.9]

풀이 식 (2.29)로부터

$$\dot{W} = \dot{Q} + \dot{m}\left[h_i - h_e + g(z_i - z_e) + \frac{w_i^2 - w_e^2}{2}\right]$$
$$= -8.5 + 2\left[3,137 - 2,675.5 + \frac{9.8(5-2)}{10^3} + \frac{45^2 - 180^2}{2 \times 10^3}\right]$$
$$= 884.184 \text{ kW}$$

예제 2.10

정상상태로 운전되고 있는 압축기에 공기가 101.3 kPa, 288.15 K, 5 m/s의 상태로 입구(단면적 0.1 m^2)에 유입하고, 출구에서는 6 atm, 450 K, 2 m/s로 유출된다. 공기압축기로부터 열손실은 170 kJ/min일 때 압축기에 공급해야 할 동력을 구하라(그림 참조).

p_1 = 101.3 kPa
T_1 = 288.15 K
w_1 = 5 m/s
A_1 = 0.1 m^2

공기압축기

$\dot{W}_{12}$

p_2 = 6 atm
T_2 = 450 K
w_2 = 2 m/s

$\dot{Q}_{12}$ = −170 kJ/min

그림 [예제 2.10]

[풀이] $\dot{W}_{12} = \dot{Q}_{12} + \dot{m} \left[(h_1 - h_2) + \dfrac{w_1^2 - w_2^2}{2} \right]$

$\dot{m} = \rho_1 A_1 w_1 = \dfrac{A_1 w_1 p_1}{RT_1} = \dfrac{0.1 \times 5 \times 101,300}{287 \times 288.15} = 0.6125 \text{ kg/s}$

$\therefore \dot{W}_{12} = -170/60 + 0.6125 \left[(288.3 - 451.8) + \dfrac{5^2 - 2^2}{2 \times 1,000} \right] \fallingdotseq -102.97 \text{ kW}$

(부록 7에서 288.15 K의 h_1 = 288.3 kJ/kg, 450 K의 h_2 = 451.8 kJ/kg임)

예제 2.11

매시 1,000 kg의 증기를 공급하여 터빈을 회전시킨다. 터빈 입구 증기의 압력 3 MPa, 온도 500℃, 출구의 압력 300 kPa, 온도 150℃이었다. 이때 얻어지는 동력은 얼마인가? 단, 열은 외부로 방열되지 않는다. 또, 출입구의 운동에너지는 무시한다. 증기의 비엔탈피는 입구에서 3,456.2 kJ/kg, 출구에서 2,760.4 kJ/kg이다.

[풀이] 이때의 일은 단열과정이므로 엔탈피의 차, 즉 식 (2.30)으로부터

$\dot{W}_{12} = \dot{m}(h_1 - h_2)$

$= \dfrac{1,000}{3,600} \times (3,456.2 - 2,760.4) = 193.28 \text{ kW}$

(2) 비정상유동계의 에너지식

정상유동 과정에서는 제어체적 내에 아무 변화가 일어나지 않지만, 비정상유동 과정에서는 제어체적의 질량 및 에너지량이 시간에 따라 변화한다. 그 변화량은 과정동안에 계의 경계를 통한 물질의 유출입, 열, 일에 의한 에너지 전달, 물질의 유출입에 의한 에너지와 관련된다. 또 비정상 유동 과정을 해석할 때 계에 들어오고 나가는 유동유체의 에너지뿐 아니라 제어체적의 에너지 함유량을 계산해야 한다.

따라서 일반적인 질량평형 및 에너지 평형에 따라 다음과 같이 표시할 수 있다.

$m_{in} - m_{out} = \Delta m_{sys}$ (2.34)

$$\sum m_i - \sum m_e = (m_2 - m_1)_{sys} \qquad (2.35)$$

$$E_{in} - E_{out} = \Delta E_{sys} \qquad (2.36)$$

여기서 첨자 i는 입구, e는 출구, 1은 최초상태, 2는 최종상태이다.

비정상유동 과정은 일반적으로 해석하기가 복잡하다. 왜냐하면 그 과정동안 제어체적의 입구와 출구의 물성치가 변화할 수 있기 때문이다. 그러나 대부분의 비정상유동 과정들은 합리적으로 균일유동과정(uniform flow process)으로 취급할 수 있다. 어느 입구나 출구에서의 유체유동이 균일하고 정상류이며, 따라서 입구나 출구의 단면적에 걸쳐 시간 또는 위치에 따라 유체 물성치가 변화하지 않는다고 생각하는 것이다. 만일 그들이 변화한다면 전 과정동안 평균하여 일정하다고 취급한다. 제어체적의 최초상태와 최종상태의 물성치들은 그 상태를 알면 결정된다.

비정상유동계(unsteady flow system)는 계의 입구 및 출구를 유출입하는 질량이 시간에 따라 변화하므로 계 내에 함유하고 있는 질량의 증감이 발생하며, 따라서 에너지량도 변화한다.

정상유동계와 비정상유동계의 또 다른 차이점은, 정상유동계는 제어체적의 공간, 크기, 모양이 고정되어 있지만 비정상유동계는 그렇지 않다는 점이다. 비정상유동계는 공간적으로 고정되어 있더라도 경계가 이동되므로 경계일이 포함된다.

정상유동 과정과 달리 비정상유동 과정은 무한히 연속적이 아니라 어떤 한정된 시간에 걸쳐 해석한다. 그러므로 단위시간당 변화(변화율) 대신에 어떤 시간간격 Δt에 걸쳐 일어나는 변화를 다룬다.

비정상유동계의 균일유동에 대한 에너지 평형식은 다음과 같이 계에 대한 최초상태(첨자 1의 상태)와 최종상태(첨자 2의 상태)의 에너지 변화를 고려하여 다음과 같이 표시할 수 있다.

$$\left[Q_{in} + W_{in} + \sum m_i \left(\frac{p_i}{\rho_i} + u_i + \frac{w_i^2}{2} + gz_i \right) \right]$$
$$- \left[Q_{out} + W_{out} + \sum m_e \left(\frac{p_e}{\rho_e} + u_e + \frac{w_e^2}{2} + gz_e \right) \right]$$
$$= \left[m_2 \left(u_2 + \frac{w_2^2}{2} + gz_2 \right) - m_1 \left(u_1 + \frac{w_1^2}{2} + gz_1 \right) \right]_{sys} \qquad (2.37)$$

여기서 $Q_{in} - Q_{out} = \Delta Q$로 표시하고 계에 대한 정미 열전달량으로, $W_{out} - W_{in} = \Delta W$로 표시하여 계에 대한 정미일로 표시하면

$$\Delta Q - \Delta W + \sum m_i \left(h_i + \frac{w_i^2}{2} + gz_i \right) - \sum m_e \left(h_e + \frac{w_e^2}{2} + gz_e \right)$$
$$= m_2 \left(u_2 + \frac{w_2^2}{2} + gz_2 \right) - m_1 \left(u_1 + \frac{w_1^2}{2} + gz_1 \right) \qquad (2.38)$$

식 (2.38)은 비정상유동계(unsteady flow system)의 제1법칙식이라 하며, 에너지 보존의 식이다. 여기서 첨자 i는 입구, e는 출구, 1은 최초상태, 2는 최종상태를 표시한다.

만일 단일출입구의 제어체적에서 운동에너지의 변화 및 위치에너지의 변화가 무시될 수 있다면, 위 식은 다음과 같이 된다.

$$\Delta Q - \Delta W + m_i h_i - m_e h_e = m_2 u_2 - m_1 u_1 \tag{2.39}$$

한 과정 중에 제어체적으로 질량의 유출입이 없다면 $m_i = m_e = 0$, $m_1 = m_2 = m$이 되므로 밀폐계의 에너지 평형식, 즉 밀폐계의 제1법칙식이 된다.

$$\Delta Q - \Delta W = m(u_2 - u_1) = \Delta U \tag{2.40}$$

예제 2.12

그림과 같이 체적 1.5 m³인 강제(鋼製) 용기에 300 kPa, 300 K의 공기가 들어 있다. 밸브를 열어 압력이 대기압(100 kPa)까지 공기를 유출시킨다. 이때 과정은 $pV^{1.2} = C$의 폴리트로프 과정이며, 균일유동으로 가정하여 열전달량을 구하라.

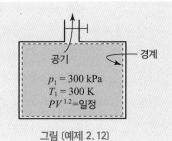

그림 [예제 2.12]

풀이 제어체적으로 들어오는 질량은 없으므로 $\sum m_i = 0$

질량보존에 의해 $-\sum m_e = (m_2 - m_1)_{sys}$

$$\therefore m_e = (m_1 - m_2)_{sys}$$

$$T_2 = T_1 \left(\frac{p_2}{p_1} \right)^{(n-1)/n} = 300 \times \left(\frac{100}{300} \right)^{0.2/1.2} = 249.8 \text{ K}$$

$$m_1 = \frac{p_1 V_1}{RT_1} = \frac{300 \times 1.5}{0.287 \times 300} = 5.2265 \text{ kg}$$

$$m_2 = \frac{p_2 V_2}{RT_2} = \frac{100 \times 1.5}{0.287 \times 249.8} = 2.0923 \text{ kg}$$

$$\therefore m_e = (m_1 - m_2)_{sys} = 5.2265 - 2.0923 = 3.1342 \text{ kg}$$

에너지 보존식 (2.38)로부터

$$\Delta Q = \sum m_e h_e + (m_2 u_2 - m_1 u_1)_{sys} = m_e h_e + (m_2 u_2 - m_1 u_1)_{sys}$$

부록 7로부터 300 K에서 $u_1 = 214.07$ kJ/kg

249.8 K에서 $u_2 = 178.14$ kJ/kg

평균온도 274.9 K에서 $h_e = 275.02$ kJ/kg

$$\therefore \Delta Q = 3.1342 \times 275.02 + (2.0923 \times 178.14 - 5.2265 \times 214.07)$$

$$= 115.85 \text{ kJ}$$

즉 이 과정동안 115.85 kJ의 열이 용기 내의 공기로 전달된다. 이 과정동안 249.8 K 즉 −23.35℃로 떨어진다.

연습문제

1 하루에 300톤의 석탄을 소비하는 화력발전소가 있다. 발전효율(출력/총발열량)이 30%일 때, 이 발전소의 출력은 몇 kW인가? 단, 석탄의 발열량은 1,800 kJ/kg이다.

2 절대압력 $p_1 = 3.6 \, \text{MPa}$, 체적 $V_1 = 1.33 \, \text{m}^3$의 공기가, $pV^{1.3} =$ 일정 하에서 체적이 3배로 팽창하였다. 이때 외부일을 구하라.

3 대기압 760 mmHg, 밀도 1.2 kg/m³의 공기가 20 m³/min를 압축하여 게이지 압력 800 kPa로 송출하는 압축기가 있다. 압축과정이 $pv =$ 일정에 따른다고 할 때, 압축기를 구동하는 데 필요한 동력은 몇 kW인가? 단, 공기의 출입속도에 의한 운동에너지의 차는 무시한다.

4 출력이 100 MW인 화력발전소가 있다. 공급한 열량의 40%가 유효일로 될 때, 이 발전소를 1시간 운전하려면 중유연료는 몇 L가 필요한가? 단, 중유의 발열량은 37.8 MJ/kg, 비중은 0.94이다.

5 제트엔진의 추력은, 엔진에 매초 출입하는 공기의 운동량의 차이다. 추력 12,000 N의 엔진을 갖는 비행기가 속도 700 km/h로 비행할 때, 그 출력은 몇 kW에 해당되는가? 또 제트엔진이 분출하는 가스유량을 40 kg/s 라 하면 가스의 분출속도는 몇 m/s인가?

6 밀도 10 kg/m³인 기체 3 L를 팽창시켜 2 kJ의 일을 하였다. 이때 기체의 내부에너지는 120 kJ/kg 만큼 감소하였다. 변화 중에 열량의 변화량을 구하라.

7 어느 물체가 제1변화를 한 후 제2변화를 하여 원래상태로 되돌아간다. 제1변화에서는 행한 일이 30 kJ, 받은 열량은 −20 kJ이며, 제2변화에서는 받은 열량이 없다면 제2변화에서의 일량은 얼마인가?

8 다음 4개의 과정으로 한 사이클이 이루어질 때, 아래 표(kJ) 중 (a)~(e)의 값을 구하고, 또 사이클의 일량을 구하라.

과 정	가한 열량	한 일량	내부에너지 변화량
1 → 2	400	160	(a)
2 → 3	200	(b)	280
3 → 4	−150	(c)	(d)
4 → 1	20	80	(e)

9 그림과 같이 $p = 1\,\text{MPa}$의 일정압력 하에서 $m\,\text{kg}$의 가스가 단면 1−1과 2−2 사이를 흐르는 동안 $Q = 100\,\text{kJ}$의 열량을 공급하였다. 단면 1−1및 2−2에서의 체적이 각각 $V_1 = 0.1\,\text{m}^3$, $V_2 = 0.13\,\text{m}^3$이면 이 과정에서의 엔탈피의 변화량과 내부에너지의 변화량은 각각 얼마인가?

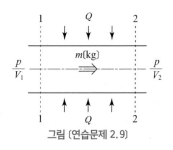

그림 [연습문제 2.9]

10 어떤 열기관을 출력 $100\,\text{kW}$로 5시간 운전하였더니 $300\,\text{kg}$의 연료가 소비되었다. 이 연료의 발열량이 $42\,\text{MJ/kg}$일 때, 이 엔진으로부터 외부로 방출된 열량은 몇 kJ인가?

11 어느 공장을 18℃로 유지하기 위한 난방을 위해서 매시 $450\,\text{MJ}$의 열량을 건물에 공급해야 한다. 그런데 공장 내의 기계류의 마찰에 의해서 발생하는 열도 난방에 이용된다면, 전동기에 의해 기계류를 작동시키기 위해 $70\,\text{kW}$의 동력을 연속적으로 공급하는데, 이것은 85%의 효율에 상당한 것이라면, 내부에서 발생하는 열량과 외부에서 공급해야 할 열량을 구하라.

12 압력 $3\,\text{MPa}$, 체적 $0.3\,\text{m}^3$인 기체 $3\,\text{kg}$을 체적 $3\,\text{m}^3$까지 팽창시켰다. 그 과정이 $pV = $일정에 따라 이루어질 때 일량을 구하라. 또, 이때 내부에너지가 $500\,\text{kJ}$ 감소하였다면 외부로부터 가한 열량은 얼마인가?

13 출력 $50\,\text{kW}$, 열효율 28%로 운전하고 있는 엔진이 있다. 1시간당 연료소비량을 구하라. 단, 연료의 저발열량은 $40.2\,\text{MJ/kg}$이다.

14 어떤 엔진의 출력을 수동력계로 측정할 때, 매분회전수 $n = 1,500\,\text{rpm}$, torque $T = 900[\text{N} \cdot \text{m}]$이며, 수동력계에는 $t_1 = 20℃$의 냉각수를 매시 $3,500\,\text{L}$ 순환시키려면, 엔진의 출력[kW]과 냉각수의 출구온도 t_2는 각각 얼마인가?

15 어떤 복수기에서 비엔탈피 3 MJ/kg의 증기가 유입하여, 비엔탈피 0.2 MJ/kg의 복수가 배출된 다고 한다. 냉각수의 온도상승을 5℃로 하기 위해서는 증기 1 kg당 냉각수는 몇 kg이 필요한 가? 단, 냉각수의 비열은 4.1868 kJ/kgK이다.

16 100 m의 깊이에 있는 우물 속의 펌프로 매분 500 L의 물을 퍼올린다. 이 펌프의 소요동력이 25 kW일 때, 이 계에서 열로 방출되는 에너지(일)는 몇 kJ/h인가? 물의 밀도는 1,000 kg/m³이다.

개방계의 유동일과 엔탈피

17 어떤 기체 10 kg의 상태는 압력 800 kPa, 비체적 1.2 m³/kg, 비내부에너지 200 kJ/kg이다. 이 기체의 엔탈피는 몇 kJ 인가?

밀폐계의 에너지식 (열역학 제1법칙)

18 피스톤이 있는 실린더 속에 질량 0.3 kg의 기체가 들어 있다. 이것을 압축하는 데 15 kJ의 일이 소비되고, 그때 7 kJ의 열이 주위로 방출되었다면, 이 기체의 비내부에너지의 변화량은 얼마인가?

19 수직으로 놓여 있는 실린더의 상단에 누설되지 않는 질량 m_p의 피스톤이 있다. 처음 실린더 속에 압력 p_1의 기체가 피스톤 무게와 평형되어 있다. 피스톤 위에 질량 m_w의 추를 갑자기 올려놓았더니 피스톤은 몇 회 상하운동을 반복한 후 높이 z만큼 하방향에 정지하여 실린더 내의 기체도 평형상태가 되었다. 실린더는 완전히 단열되어 있다고 하면 피스톤의 하강에 의한 기체의 내부에너지 증가량을 구하라. 또 평형 후 기체의 압력을 구하라.

20 용기 내의 유체를 회전날개에 의해 섞고 있다. 날개에 의한 일은 4,500 kJ이며, 탱크의 방열량은 1,000 kJ이다. 내부유체의 내부에너지 변화량을 구하라.

개방계의 에너지식 (열역학 제1법칙)

21 연소가스가 0.3 m²의 면적을 갖는 입구에서 35 m/s의 속도로 가스터빈으로 들어간다. 입구에 서 가스의 비체적은 0.338 m³/kg이다. 터빈의 출력이 420 kW로서, 터빈에서 연소가스의 엔탈 피 강하량을 구하라.

22 증기터빈에서 입구증기의 엔탈피는 3,200 kJ/kg, 출구증기의 엔탈피는 2,500 kJ/kg, 출구유속 은 380 m/s이며 정상유동일 때 외부에 하는 일은 450 kJ/kg이다. 위치에너지와 입구증기 속도 를 무시하면 증기 1 kg당 손실열량은 얼마인가?

23   8 kW의 모터로 구동되는 압축기에서 공기 3 kg/min 를 압축할 때 200 kJ/min 의 열이 냉각수로 방열된다. 이때 압축기의 입출구 사이의 공기 1 kg당 엔탈피차를 구하라.

24   수평관 내를 기체가 8 kg/h로 흐르고 있다. 입구의 속도는 40 m/s이며, 이 도중에 250 kJ/kg의 열을 가했더니 출구속도가 250 m/s가 되었다. 이 과정에서의 엔탈피 변화량은 몇 J/s인가?

25   증기터빈에 30 kg/s의 증기가 공급될 때 터빈의 입출구에서의 엔탈피는 각각 700, 500 kJ/kg일 때 터빈에서의 일은 몇 kW인가? 단, 터빈에서 열손실은 없고 터빈의 유출입속도는 같으며, 높이차 $z_1 - z_2 = 8$ m이다.

26   8,000 kg/h의 증기를 350 m/s의 속도로 분출시켜 900 kW의 동력을 얻고 있는 터빈이 있다. 입구증기 속도는 50 m/s이며, 도중에 15 MJ/h의 열이 외부로 방열되면 입구의 비엔탈피는 출구보다 얼마나 더 커야 하는가?

27   증기터빈의 수증기유량은 1.5 kg/s이며, 터빈으로부터의 방열량은 8.5 kW이다. 다음은 터빈 입구 및 출구에서의 수증기에 대한 데이터이다. 터빈의 출력을 구하라. 단, 입구 및 출구의 엔탈피는 각각 3,137, 2,675.5 kJ/kg이다.

구 분	입구	출구
압력	2.0 MPa	0.1 MPa
온도	350℃	
건도		100%
속도	50 m/s	100 m/s
기준면으로부터의 높이	6m	3 m

28   가스터빈의 원심식 공기압축기는 290 K, 1 bar의 대기 중의 공기를 흡입하여, 온도 500 K, 압력 4 bar, 속도 100 m/s로 송출한다. 압축기의 공기질량 유량은 10 kg/s이다. 압축기구동에 필요한 동력을 구하라. 단, 압축기는 단열이다.

1. 1,875[kW]
2. 4,481.2[kJ]
3. − 73.816[kW]
4. 25.329[kl/h]
5. 494.44[m/s]
6. − 1.6[kJ]
7. − 50[kJ]
8. (a) 240[kJ]　　(b) − 80[kJ]
   (c) 310[kJ]　　(d) − 460[kJ]
   (e) − 60[kJ],　W_c = 470[kJ]
9. 100[kJ], 70[kJ]
10. 1.08×107[kJ]
11. 153.54[MJ/h]
12. 2,072.33[kJ], 1,572.33[kJ]
13. 15.99[kg/h]
14. 141.37[kW], 54.73[℃]

15. 133.75[kg]
16. 60,600[kJ/h]
17. 11,600[kJ]
18. 26.67[kJ/kg]
19. $U_2 - U_1 = (m_p + m_w)gz$,
    $p_2 = p_1(m_p + m_w)/m_p$
20. 3,500[kJ]
21. 12.91[kJ/kg]
22. − 177.8[kJ/kg]
23. 93.33[kJ/kg]
24. 487.9[J/s]
25. 8352[kW]
26. 463.51[kJ/kg]
27. 678.17[kW]
28. − 21,786[kW]

Chapter

3

이상기체의
성질과 상태변화

1 이상기체

일반기체, 특히 공기에 대하여 온도, 압력, 체적 간의 관계를 실험하여 그 성질에 관한 법칙으로부터 이상기체가 정의되고 있다. 이상기체(ideal gas)는 완전기체(perfect gas)라고도 하는데, 현재는 이상기체로 통일시키고 있다.

기체는 압축 및 팽창이 용이하므로 열을 일로 또는 일을 열로 변환시키는 동작매체로 여러 분야에서 이용되고 있다. 예를 들면 내연기관 및 가스터빈에서 사용되는 공기나 연소가스 그리고 수소나 헬륨 등의 많은 기체는 상압, 상온의 범위에서 기체를 구성하는 분자간의 상호작용(인력 등)이 극히 작으므로 이상기체(ideal gas)로 취급된다. 이에 반하여 증기터빈의 동작유체인 수증기, 냉동기의 냉매로 이용되고 있는 프레온 증기, 암모니아 증기 등은 상온의 영역에서도 포화상태에 가까우며, 분자간의 인력이 작용하므로 이상기체의 성질과 다르다. 공업상으로는 이와 같은 성질을 갖는 기체를 증기(vapor), 또는 이상기체와 구별하기 위하여 실제기체(real gas)라 한다.

그러나 이와 같은 증기에서도 압력을 저압으로, 온도를 고온으로 변화시키면 이상기체의 성질에 가까워진다. 왜냐하면 기체는 일반적으로 저압에서는 각각의 분자가 차지하는 체적이 기체 전체에 대하여 작아지며, 분자간의 인력도 무시할 수 있게 된다. 또 고온이 될수록 분자활동이 활발해지므로 분자간 인력의 영향이 작아져 이상기체의 성질에 접근하는 경향을 갖는다.

이상기체는 분자간의 거리가 멀고 분자의 크기와 분자간에 작용하는 인력을 무시할 수 있는 기체를 말하며, 비열이 온도에 관계없이 일정하다. 결국 이상기체는 다음 절에서 언급하는 보일-샤를(Boyle-Charles)의 법칙을 만족하는 기체로 정의할 수 있다.

2 이상기체의 상태식

Boyle은 1662년에 기체의 온도가 일정한 상태에서 기체를 압축하는 실험으로부터 압력 p와 체적 V의 관계가 서로 역비례하는 것을 발견하였으며, Mariotte도 1676년에 동일한 현상을 발견하여 다음의 관계식으로 표시하였다.

$$pV = f(T) \text{ 또는 } pV = \text{const} \tag{3.1}$$

이 관계를 Boyle 또는 Mariotte의 법칙이라고 한다. 이 것을 $p-v$ 선도에 나타내면 그림 3.1과 같이 쌍곡선으로 나타낼 수 있다.

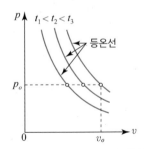

그림 3.1 Boyle 또는 Mariotte의 법칙 설명도

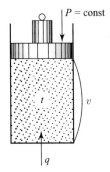

그림 3.2(a) Charles의 실험

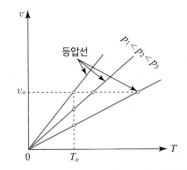

그림 3.2(b) Gay-Lussac 또는 Charles의 법칙 설명도

한편 Charles는 1782년에 그림 3.2(a)와 같이 압력이 일정한 상태에서 1 kg의 기체를 가열하여 온도와 체적과의 관계를 조사한 결과, 온도가 1℃ 변함에 따라 0℃ 체적의 1/273씩 변하는 것을 발견하였으며, Gay-Lussac도 1802년에 동일한 현상을 발견하여 다음의 관계식으로 나타내었다.

$$V = V_o\left(1 + \frac{t}{273}\right) \tag{3.2}$$

단, V_o는 0℃의 경우에 기체의 체적을 나타내며, 1/273은 체적팽창 계수이고 현재는 1/273.15이다. 따라서 T를 절대온도($T = t + 273.15$, $T_o = 0 + 273.15$)라 할 때, 식 (3.2)로부터 다음의 관계식을 얻을 수 있다.

$$\frac{V}{T} = \frac{V_o}{T_o} = \text{const} \tag{3.3}$$

여기서, T_o는 0℃의 절대온도이다. 이것을 $v - T$선도에 나타내면 그림 3.2(b)와 같이 비체적 v는 절대온도 T에 비례한다. 이 관계를 Charles 또는 Gay-Lussac의 법칙이라고 한다.

식 (3.1)과 식 (3.3)을 합하면 $\frac{pV}{T} = \text{const}$가 되며, 비체적 v로 표시하면 다음의 식으로 표시할 수 있다.

$$pv = RT \tag{3.4}$$

이 식을 이상기체의 상태방정식(ideal gas equation of state)이라고 한다. $v = V/m$이므로 식 (3.4)는 다음 식으로 표시할 수 있다.

$$pV = mRT \tag{3.5}$$

여기서, p : 절대압력〔Pa〕　　　　　v : 비체적〔m³/kg〕

　　　　V : 체적〔m³〕　　　　　　m : 기체의 질량〔kg〕

　　　　T : 절대온도〔K〕　　　　　R : 가스상수〔J/kgK〕이다.

아보가드로(Avogadro)의 법칙에 의하면 표준상태(0℃, 1 atm=101.3 kPa) 하에서 모든 기체는 1 kmol이 차지하는 체적이 22.4134 m^3이므로 이것을 몰비체적 $v_{mol}=22.4134$〔m^3/kmol〕이라고 하며, $v=v_{mol}/M$의 관계가 성립하므로 식 (3.4)는 다음과 같이 표시할 수 있다.

$$pv_{mol}=MRT=R_u T \tag{3.6}$$

여기서 R_u는 일반기체 상수(universal gas constant)로서 모든 기체가 동일한 값을 가지며, 그 값을 표준상태에서 구하면 다음과 같다.

$$R_u=MR=\frac{pv_{mol}}{T}=\frac{101,325 \times 22.4134}{273.15}=8,314.3 \ 〔\text{J/kmol}\cdot\text{K}〕 \tag{3.7}$$

기체의 kmol수를 n이라 하면 $n=m/M$의 관계가 있으므로, 식 (3.5)는 몰수(kmol수)를 포함하는 식으로 다음과 같이 표시할 수 있다.

$$pV=nMRT=nR_u T \tag{3.8}$$

여러 기체의 분자량, 가스상수는 부록 6에 수록되어 있다.

실제적으로 공기, 질소, 산소, 수소, 헬륨, 아르곤, 네온 그리고 더 무거운 기체인 이산화탄소 등의 많은 기체들은 1% 미만의 오차 내에서 이상기체의 상태식을 만족하므로 이상기체로 취급된다. 그러나 증기동력 플랜트의 작동유체인 수증기와 냉동기의 냉매증기 등은 이상기체로 취급할 수 없으며, 후술하는 물성치표(부록)를 이용해야 한다.

예제 3.1

체적 0.15 m^3인 용기 내에 온도 15℃, 압력 1 MPa의 공기를 압력 2.5 MPa로 하기 위해 가열한다. 이때 공기의 질량 m, 승압 후의 온도 T_2, 가열량 Q_{12}를 구하라. 단, 공기의 기체상수 $R=0.287$ kJ/kgK, 정적비열 $c_v=0.7171$ kJ/kgK이다.

[풀이] 질량 $m=\dfrac{p_1 V_1}{RT_1}=\dfrac{1 \times 10^6 \times 0.15}{287 \times 288.15}$

$$=1.814 \text{ kg}$$

체적이 일정하므로 식 (3.5)를 이용하여

$$T_2=T_1\frac{p_2}{p_1}=288.15 \times \frac{2.5}{1}$$

$$=720.375 \text{ K}$$

$$=447.225℃$$

가열량 $Q_{12}=mc_v(T_2-T_1)$

$$=1.814 \times 0.7171 \times (447.225-15)$$

$$=562.25 \text{ kJ}$$

예제 3.2

분자량이 40인 아르곤가스 30 kg이 체적 3 m³인 탱크 내에 온도 15℃의 상태로 있을 때 압력은 얼마인가?

풀이 기체상수는 식 (3.7)로부터

$$R = \frac{R_u}{M} = \frac{8,314.3}{40} = 207.86 \text{ J/kgK}$$

$$\therefore p = \frac{mRT}{V} = \frac{30 \times 207.86 \times 288.15}{3}$$

$$= 598,948.59 \text{ Pa} = 598.95 \text{ kPa}$$

예제 3.3

온도 30℃, 게이지 압력 500 kPa의 산소 60 kg이 봄베에 충만되어 있다. 이 산소를 사용한 후에 온도 20℃, 게이지압력 300 kPa이 되었다면 사용한 산소질량은 얼마인가?

풀이 사용 전후의 상태를 첨자 1, 2로 표시한다.

가스상수는 $R = \dfrac{R_u}{M} = \dfrac{8,314.3}{32} = 259.82 \text{ J/kgK}$

봄베의 체적은 $V = \dfrac{m_1 R T_1}{p_1} = \dfrac{60 \times 259.82 \times 303.15}{(500 + 101.325) \times 10^3} = 7.859 \text{ m}^3$

$$m_2 = \frac{p_2 V}{R T_2} = \frac{(300 + 101.325) \times 7.859}{259.82 \times 293.15} = 41.41 \text{ kg}$$

$$\therefore \text{사용량} = m_1 - m_2 = 60 - 41.41 = 18.59 \text{ kg}$$

예제 3.4

그림과 같이 체적 $V_1 = 20 \text{ m}^3$인 탱크 내의 가스가 90%의 진공상태이다. 이 속에 $p_2 = 5.1 \text{ atg}$, $V_2 = 10 \text{ m}^3$의 가스를 유입하면 이 용기의 최종압력은 얼마인가? 이때 온도는 일정하다고 한다.

그림 [예제 3.4]

풀이 $p_1 = p_o (1 - 0.9) = 101,325 \times 0.1$

$$= 10,132.5 \text{ Pa}$$

유입한 후의 압력을 p라 하면

$$p V_1 = (m_1 + m_2) RT = p_1 V_1 + p_2 V_2$$

$$\therefore p = p_1 + p_2 \left(\frac{V_2}{V_1} \right) = 10,132.5 + (101,325 + 5.1 \times 9.8 \times 10^4) \times \frac{10}{20}$$

$$= 310,695 \text{ Pa} = 310.7 \text{ kPa}$$

그림과 같이 피스톤-실린더 내에 산소가 들어 있다. 실린더는 직경 3 cm, 높이 10 cm이며 피스톤(중량추)은 질량 15 kg이고 산소의 질량은 0.09 g이다. 이 산소의 온도를 구하라. 대기압은 101 kPa이다.

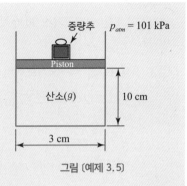

그림 [예제 3.5]

풀이 $F = F_{atm} + m_p g$ (m_p : 피스톤(중량추)의 질량)

$$p = p_{atm} + \frac{m_p g}{A} = p_{atm} + \frac{m_p g}{\pi D^2 / 4}$$

$$= 101 \times 10^3 + \frac{15 \times 9.8}{\pi (0.03)^2 / 4} = 3.0907 \times 10^5 \, \mathrm{Pa}$$

$$\therefore \ p V = m R T = m \frac{R_u}{M} T$$

$$\therefore \ T = \frac{M p V}{m R_u} = \frac{32 \times 3.0907 \times 10^5 \times [\pi (0.03)^2 / 4] \times 0.1}{(0.09 \times 10^{-3}) \times 8.314 \times 10^3}$$

$$= 933.83 \, \mathrm{K} = 660.68 \, \mathrm{℃}$$

3 이상기체의 비열, 내부에너지, 엔탈피

(1) 비열의 일반적인 정의

일반적으로 비열은 식 (1.38)을 미분하여 다음과 같이 표시할 수 있다.

$$c = \frac{dq}{dT} \tag{3.9}$$

그런데, 비열은 가열하는 방법, 즉 가열할 때의 물체의 압력, 온도 등에 따라서 달라진다. 특히 체적일정 하에서 가열한 경우의 비열을 정적비열(specific heat at constant volume), 압력일정인 경우의 비열을 정압비열(specific heat at constant pressure)이라고 하며 각각 c_v, c_p로 표시한다.

$$c_v = \left(\frac{\partial q}{\partial T} \right)_v, \ c_p = \left(\frac{\partial q}{\partial T} \right)_p \tag{3.10}$$

식 (2.19) 및 식 (2.21)을 이용하면 다음과 같이 표시할 수 있다.

$$c_v = \left(\frac{\partial u}{\partial T} \right)_v, \ c_p = \left(\frac{\partial h}{\partial T} \right)_p \tag{3.11}$$

비열은 상태량으로서 일반적으로 압력 p, 온도 T의 함수이다. 고체 또는 액체의 비열은 가열방법에 따라 그다지 차이가 없으므로 $c_p \fallingdotseq c_v$라고 할 수 있지만 기체에서는 $c_p > c_v$이다.

정적몰비열 C_v와 정압몰비열 C_p는 분자량을 M이라 할 때 다음과 같이 표시한다.

$$C_v = Mc_v, \;\; C_p = Mc_p \tag{3.12}$$

(2) Joule의 법칙

Joule은 그림 3.3과 같은 실험장치를 구성하여 실험을 하였다. 즉 단열된 수조 속에 두 개의 용기를 파이프로 연결하고 그 중간에 콕(cock)을 설치하였다. 용기 1에는 22 atm의 공기가 들어 있고 용기 2는 진공상태로 하여 열평형상태에 도달한 후, 콕을 열면 용기 1 내의 온도는 강하하고, 용기 2 내의 온도는 상승하지만, 최종적으로 용기 1, 2 내의 온도는 최초의 온도와 같아지는 것을(온도의 변화가 없음) 확인하였다.

용기 1과 용기 2 내의 기체는 외부와 열교환이 없다. 또 일도 하지 않으므로 열역학 제1법칙으로부터 내부에너지의 변화가 없다. 따라서 실험결과는 다음과 같이 표현할 수 있다.

$$\left(\frac{\partial T}{\partial v}\right)_u = 0 \tag{3.13}$$

그런데 내부에너지는 상태량이므로 다른 2개의 상태량의 함수이며, $u = u(T, v)$라고 놓으면

$$du = \left(\frac{\partial u}{\partial T}\right)_v dT + \left(\frac{\partial u}{\partial v}\right)_T dv = 0 \tag{3.14}$$

식 (3.11)로부터 $c_v = (\partial u / \partial T)_v$이므로 식 (3.13)은 다음과 같이 표시할 수 있다.

$$\left(\frac{\partial T}{\partial v}\right)_u = -\left(\frac{\partial u}{\partial v}\right)_T \Bigg/ \left(\frac{\partial u}{\partial T}\right)_v = -\frac{1}{c_v}\left(\frac{\partial u}{\partial v}\right)_T$$

따라서

$$\left(\frac{\partial u}{\partial v}\right)_T = 0 \tag{3.15}$$

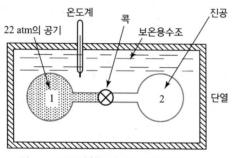

그림 3.3 Joule의 내부에너지 실험(1844년)

즉 이상기체의 내부에너지는 온도만의 함수임을 확인할 수 있다. 이것을 Joule의 법칙(Joule's law)이라고 한다.

정적비열은 식 (3.10), (3.11)로부터

$$c_v = \left(\frac{\partial q}{\partial T} \right)_v = \left(\frac{\partial u}{\partial T} \right)_v = \frac{du}{dT} \tag{3.16}$$

또 비엔탈피 h는 식 (2.14)로부터

$$h = u + pv = u + RT \tag{3.17}$$

이므로, 엔탈피도 온도만의 함수이다. 따라서 정압비열은 식 (3.10), (3.11)로부터

$$c_p = \left(\frac{\partial q}{\partial T} \right)_p = \left(\frac{\partial h}{\partial T} \right)_p = \frac{dh}{dT} \tag{3.18}$$

따라서 정적 하에서는 열역학 제1법칙식을 다음과 같이 표현할 수 있다.

$$dq = du + pdv = du = c_v dT \quad \text{또는} \quad q_{12} = u_2 - u_1 = c_v(T_2 - T_1) \tag{3.19}$$

또, 정압 하에서는 열역학 제1법칙식은 다음과 같다.

$$dq = dh - vdp = dh = c_p dT \quad \text{또는} \quad q_{12} = h_2 - h_1 = c_p(T_2 - T_1) \tag{3.20}$$

다음에는 정압비열 c_p와 정적비열 c_v의 관계에 대하여 알아본다.

열역학 제1법칙식은

$$dq = c_v dT + pdv = c_p dT - vdp$$

이며, 이상기체의 상태식 $pv = RT$를 미분하면 $pdv + vdp = RdT$이므로 이 식을 위 식에 적용하면 다음의 관계가 얻어진다.

$$c_p - c_v = R \tag{3.21}$$

식 (3.16), (3.18)로부터 c_p, c_v도 온도만의 함수임을 알 수 있다. 실제기체에서는 보통 온도가 증가하면 비열도 증가한다. 따라서 넓은 온도범위를 취급하는 경우에는 온도에 따른 비열의 변화를 고려할 필요가 있다. 그러나 좁은 온도범위에서는 평균치를 이용하여 일정하다고 볼 수 있다.

정압비열과 정적비열의 비는 비열비(ratio of specific heats) k라 정의한다.

$$k = \frac{c_p}{c_v} \tag{3.22}$$

따라서 식 (3.21) 및 (3.22)로부터 다음의 관계가 성립한다.

$$c_p = \frac{k}{k-1}R \tag{3.23}$$

$$c_v = \frac{1}{k-1}R \tag{3.24}$$

분자운동론으로부터 유도된 k의 값은 기체의 분자를 구성하는 원자수에 따라 다르며, 다음과 같다.

$$\begin{aligned} 단원자 기체 \qquad & k = \frac{5}{3} = 1.67 \\[6pt] 2원자 기체 \qquad & k = \frac{7}{5} = 1.40 \\[6pt] 3원자 기체 \qquad & k = \frac{4}{3} = 1.33 \end{aligned} \tag{3.25}$$

부록 6과 비교하면 단원자와 2원자기체의 경우는 잘 일치하지만, 3원자 이상의 기체는 상당히 차이가 난다.

1 kmol의 기체의 비열을 몰비열 C 〔kJ/kmol·K〕라 하고, 분자량을 M이라 하면 비열 c 〔kJ/kg·K〕와의 관계는 다음과 같다.

$$C = Mc \tag{3.26}$$

정압몰비열 C_p와 정적몰비열 C_v의 차는 일반기체상수 R_u가 된다.

$$C_p - C_v = M(c_p - c_v) = MR = R_u = 8,314.3 〔J/kmol·K〕 \tag{3.27}$$

따라서 $C_p = Mc_p = \dfrac{k}{k-1}R_u \tag{3.28}$

$$C_v = Mc_v = \frac{1}{k-1}R_u \tag{3.29}$$

비열 c_p, c_v가 온도에 따르지 않는다고 하면 식 (3.16), (3.18)로부터 각각 비내부에너지 u와 비엔탈피 h는 다음과 같다.

$$u = \int c_v dT = c_v T + u_o \tag{3.30}$$

$$h = \int c_p dT = c_p T + h_o \tag{3.31}$$

여기서 u_o, h_o는 적분상수이며, 식 (3.17)로부터 $h_o = u_o + RT_o$이다. 필요하다면 적당한 기준 상태, 예를 들면 온도 0 K를 선택하여 $u_o = h_o = 0$으로 하면 된다. 따라서 어떤 계가 상태 1에서 상태 2로 변화하는 경우, 내부에너지 및 엔탈피의 변화량은 식 (3.16) 및 (3.18)을 정적분하여 다음과 같이 표시할 수 있다.

$$u_2 - u_1 = c_v(T_2 - T_1), \quad U_2 - U_1 = mc_v(T_2 - T_1) \tag{3.32}$$

$$h_2 - h_1 = c_p(T_2 - T_1), \quad H_2 - H_1 = mc_p(T_2 - T_1) \tag{3.33}$$

예제 3.6

어떤 기체의 밀도가 1.25 kg/m³, 정압몰비열은 28 kJ/kmol K이다. 이 기체가 완전기체라면 분자량, 기체상수, 정압비열은 각각 얼마인가?

풀이 모든 기체의 1 kmol이 차지하는 체적은 22.41 m³이므로

$$M = 1.25 \times 22.41 = 28.013$$

$$\therefore \text{식 (3.27)로부터 } R = \frac{R_u}{M} = \frac{8,314.3}{28.013} = 296.8 \text{ J/kg K}$$

$$\text{식 (3.28)로부터 } c_p = \frac{C_p}{M} = \frac{28}{28.013} = 0.9995 \text{ kJ/kgK}$$

예제 3.7

어떤 이상기체 3 kg을 300℃ 만큼 상승시키는 데 필요한 열량이 압력일정의 경우와 체적일정의 경우에 258 kJ의 차가 있다. 이 기체의 기체상수를 구하라.

풀이 $Q_p - Q_v = mc_p\Delta T - mc_v\Delta T = m(c_p - c_v)\Delta T$

$$\text{식 (3.21)로부터 } R = c_p - c_v = \frac{Q_p - Q_v}{m\Delta T}$$

$$= \frac{258 \times 10^3}{3 \times 300} = 286.67 \text{ J/kgK}$$

예제 3.8

압력 $p = 7$ bar 인 산소 2 kg의 최초온도 $T_1 = 280$℃이었다. 이것을 정압 하에서 냉각열량 506 kJ만큼 냉각했더니 체적이 1/2로 줄었다. 이 산소의 정압비열, 정적비열을 구하고, 외부에 한 일량, 내부에너지의 변화량, 엔탈피의 변화량을 각각 구하라.

풀이 기체상수 $R = \dfrac{R_u}{M} = \dfrac{8,314.3}{32} = 259.82$ J/kgK

정압 하에서 $T_2 = T_1\dfrac{V_2}{V_1} = (280 + 273.15) \times \dfrac{1}{2} = 276.575$ K $= 3.425$ ℃

$$\therefore V_1 = \frac{mRT_1}{p} = \frac{2 \times 259.82 \times (280 + 273.15)}{7 \times 10^5} = 0.4106 \text{ m}^3$$

(계속)

정압 하의 냉각열량은 $Q_{12} = m c_p (T_2 - T_1)$

$$\therefore c_p = \frac{Q_{12}}{m(T_2 - T_1)} = \frac{-506}{2 \times (3.425 - 280)} = 0.9148 \text{ kJ/kgK}$$

$$c_v = c_p - R = 0.9148 - 0.25982 = 0.65498 \text{ kJ/kgK}$$

외부일 $W_{12} = p(V_2 - V_1) = 7 \times 10^5 \times \left(\frac{0.4106}{2} - 0.4106 \right)$

$$= -143,710 \text{ J} = -143.71 \text{ kJ}$$

내부에너지 변화량은 식 (3.32)로부터

$$\Delta U = m c_v (T_2 - T_1)$$

$$= 2 \times 0.65498 \times (3.425 - 280) = -362.302 \text{ kJ}$$

엔탈피 변화량은 식 (3.33)으로부터

$$\Delta H = m c_p (T_2 - T_1)$$

$$= 2 \times 0.9148 \times (3.425 - 280) = -506.02 \text{ kJ}$$

예제 3.9

1.5 kg의 수소($k = 1.409$)가 압력 3 MPa, 온도 180℃의 상태로부터 정적 하에서 냉각되어 압력이 2 MPa까지 강하하였다. 이 수소의 최종온도와 엔탈피 변화량을 구하라.

풀이 최종온도는 $T_2 = T_1 \dfrac{p_2}{p_1} = (180 + 273.15) \times \dfrac{2}{3} = 302.1 \text{ K} = 28.95℃$

식 (3.23)으로부터 정압비열은

$$c_p = \frac{k}{k-1} R = \frac{k}{k-1} \frac{R_u}{M}$$

$$= \frac{1.409}{1.409 - 1} \times \frac{8,314.3}{2} = 14,321.33 \text{ J/kgK} ≒ 14.32 \text{ kJ/kgK}$$

$\therefore$ 엔탈피 변화량은 식 (3.33)으로부터

$$H_2 - H_1 = m c_p (T_2 - T_1)$$

$$= 1.5 \times 14.32 \times (28.95 - 180) = -3,244.554 \text{ kJ}$$

4 이상기체의 상태변화에 의한 일량 및 열량

기체의 일반적인 상태변화는 복잡한 경우가 많다. 그러나 이것을 기본적인 몇 개의 상태변화를 조합시켜 치환하고, 또 기체도 이상기체로 보면 Boyle-Charles의 식을 비롯하여 많은 관계식을 적용할 수 있으며, 여러 가지 변화에 대하여 계산할 수 있다.

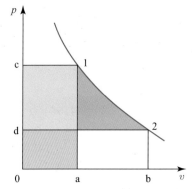

그림 3.4 정상유동계의 절대일과 유동일의 관계

이 절에서는 이와 같은 경우에 사용되는 기본적인 5가지 상태변화, 즉 정적변화, 정압변화, 등온변화, 단열변화, 폴리트로프 변화에 대하여 단위질량에 대한 밀폐계의 절대일(팽창일) w_{12}와 개방계의 공업일 w_t, 그리고 열량 q_{12}의 표시방법에 대하여 고찰한다.

우선, 단위질량에 대한 유동일을 $p-v$ 선도 상에 표시하면 그림 3.4에서 상태 1로부터 상태 2로 상태변화를 했을 때 절대일은 체적변화에 의한 일이므로 면적 12 ba로 표시된다.

$$w_{12} = \int_1^2 pdv = \text{면적 } 12\,\text{ba} \tag{3.34}$$

유동일은 압력변화에 관계가 있으므로 선도의 면적 12 dc에 상당한다.

$$w_t = -\int_1^2 vdp = \text{면적 } 12\,\text{dc} \tag{3.35}$$

(1) 정적변화

그림 3.5에 있어서 질량 $m\,[\text{kg}]$의 이상기체가 체적 $V\,[\text{m}^3]$의 용기 속에 있을 때 1의 상태로부터 열량 $q_{12}\,[\text{J/kg}]$를 받아 일정한 체적 하에서 상태 2로 변화하는 경우, 즉 정적변화(constant volume change, or isochoric change)에서는 $p-v$ 선도 상에 직선으로 나타난다. 예로서 일정한 용기 내에서 기체의 가열 또는 연소과정 등을 들 수 있다.

이상기체의 상태식 $pv = RT$에서 $v = \text{const}$이므로 압력과 절대온도는 비례하며 다음의 관계가 성립한다.

$$\frac{p}{T} = \text{const} \quad \text{또는} \quad \frac{T_2}{T_1} = \frac{p_2}{p_1} \tag{3.36}$$

그림 3.5의 용기에 열을 가하여 온도가 상승하면 압력도 비례적으로 증가하고, 용기를 냉각하여 방열하다면 온도가 하강하고 기체의 압력도 하강한다.

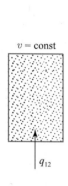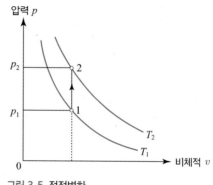

그림 3.5 정적변화

밀폐계의 절대일은 체적변화 $dv = 0$이므로

$$w_{12} = \int_1^2 p\,dv = 0 \tag{3.37}$$

개방계에서의 공업일은

$$w_t = -\int_1^2 v\,dp = v(p_1 - p_2) = R(T_1 - T_2) \tag{3.39}$$

가열량 q_{12}는 식 (3.19)로부터

$$\begin{aligned}
q_{12} &= u_2 - u_1 \\
&= c_v(T_2 - T_1) \\
&= \frac{1}{k-1}R(T_2 - T_1) \\
&= \frac{1}{k-1}R(T_2 - T_1) \\
&= \frac{1}{k-1}v(p_2 - p_1)
\end{aligned} \tag{3.40}$$

밀도가 일정한 정상유동계에서 단위시간에 계를 통과하는 질량유량이 $\dot{m}$〔kg/s〕이라면 단위시간당 공업일 $\dot{W}_t$〔W〕 및 가열량 $\dot{Q}$〔W〕는 각각 다음과 같다.

$$\dot{W}_t = \dot{m}R(T_1 - T_2) \tag{3.41}$$

$$\begin{aligned}
\dot{Q} &= \dot{m}(u_2 - u_1) \\
&= \dot{m}c_v(T_2 - T_1)
\end{aligned} \tag{3.42}$$

따라서 가열량은 내부에너지의 증가에만 사용된다.

예제 3.10

체적 2 m³의 밀폐용기에 공기가 $T_1 = 30℃$, $p_1 = 600$ kPa이었다. 이 용기를 가열하여 내압이 $p_2 = 1,000$ kPa까지 상승하였다면 최종온도와 가열량을 구하라. 단, 공기의 가스상수 및 정적비열은 각각 0.2872 kJ/kgK, 0.7171 kJ/kgK이다.

[풀이] 정적상태이므로 $T_2 = T_1 \dfrac{p_2}{p_1} = (30 + 273.15) \times \dfrac{1,000}{600} = 505.25$ K $= 232.1℃$

질량은 $m = \dfrac{p_1 V}{R T_1} = \dfrac{600 \times 2}{0.2872 \times 303.15} = 13.783$ kg

$\therefore Q_{12} = m c_v (T_2 - T_1)$

$\qquad = 13.783 \times 0.7171 \times (232.1 - 30) = 1,997.514$ kJ

예제 3.11

송풍기에서 압력 101.3 kPa의 공기가 1.5 kg/s의 비율로 흡입되어 압력 450 kPa의 상태로 송출된다. 이 송풍기를 구동하는 데 요하는 동력을 구하라. 단, 공기를 비압축성 유체로 보고, 공기의 밀도는 1.253 kg/m³이다.

[풀이] 식 (3.41)로부터

$\dot{W}_t = \dot{m} R (T_1 - T_2) = \dot{m} v (p_1 - p_2)$

$\qquad = 1.5 \times \dfrac{1}{1.253} \times (101.3 - 450) = -417.44$ kW

(2) 정압변화

그림 3.6과 같이 피스톤-실린더 내에 기체가 들어 있을 때, 그 계에 열을 가하면 체적이 팽창하고 온도가 상승하지만 압력은 일정하다. 이 변화는 $p - v$ 선도 상에 수평선으로 표시된다. 이와 같은 상태변화를 정압변화(constant pressure change or isobaric change)라고 한다. 예로서 등압연소 과정 등을 들 수 있다.

정압 하에서 상태 1로부터 상태 2로 상태변화를 했다고 하면 이상기체의 상태식 $pv = RT$로부터 $p = $const를 적용하면 다음의 관계가 성립한다.

$$\frac{v}{T} = \text{const} \quad \text{또는} \quad \frac{T_2}{T_1} = \frac{v_2}{v_1} \tag{3.43}$$

따라서 계에 열을 가하여 온도가 상승하면 체적이 비례적으로 증가한다.

밀폐계의 절대일은 $p - v$ 선도 상에 선 12의 하부면적에 상당하며, 다음 식으로 표시할 수 있다.

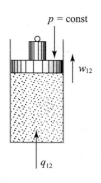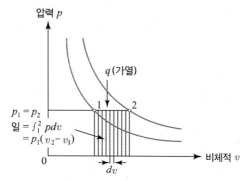

그림 3.6 정압변화

$$w_{12} = \int_1^2 pdv = p(v_2 - v_1) = R(T_2 - T_1) \qquad (3.44)$$

개방계의 공업일은

$$w_t = -\int_1^2 vdp = 0 \qquad (3.45)$$

가열량은 식 (3.20)으로부터

$$q_{12} = h_2 - h_1 = c_p(T_2 - T_1) = \frac{k}{k-1}R(T_2 - T_1)$$

$$= \frac{k}{k-1}p(v_2 - v_1) = u_2 - u_1 + p(v_2 - v_1) \qquad (3.46)$$

이 변화에서 가한 열량은 엔탈피 변화량과 같으며, 즉 일부가 내부에너지로 축적되고 나머지는 외부에 일을 하는 데 사용된다.

가열량에 대한 외부일의 비율은

$$\frac{w_{12}}{q_{12}} = \frac{R(T_2 - T_1)}{c_p(T_2 - T_1)} = \frac{k-1}{k} = 1 - \frac{1}{k} \qquad (3.47)$$

예제 3.12

공기가 0.412 MPa 하에서 43℃로부터 15.5℃까지 냉각되었다. 최초의 체적이 0.79 m³이었다고 하면, 이 변화과정에서 (1) 외부일, (2) 내부에너지의 변화량, (3) 냉각열량을 각각 구하라.

풀이 (1) 식 (3.43)으로부터 $V_2 = V_1 \dfrac{T_2}{T_1} = 0.79 \times \dfrac{288.5}{316} = 0.721 \ \text{m}^3$

$$W_{12} = p_1(V_2 - V_1)$$

$$= 0.412 \times 10^6 \times (0.721 - 0.79) = -28,428 \ \text{J} = -28.428 \ \text{kJ}$$

(계속)

(2) 공기의 $R = 0.287 \text{ kJ/kgK}$, $c_v = 0.717 \text{ kJ/kgK}$이므로

$$m = \frac{p_1 V_1}{RT_1} = \frac{0.412 \times 10^3 \times 0.79}{0.287 \times 316} = 3.59 \text{ kg}$$

$$\Delta U = mc_v(T_2 - T_1)$$

$$= 3.59 \times 0.717 \times (288.15 - 316) = -71.7 \text{ kJ}$$

(3) 식 (3.46)으로부터

$$\Delta Q = \Delta U + p_1(V_2 - V_1)$$

$$= -71.7 + 0.412 \times 10^3 \times (0.721 - 0.79) = -100.1 \text{ kJ}$$

예제 3.13

프레온 134 a를 냉매로 하는 냉동기의 수냉식응축기(열교환기)에서 입구로부터 질량유량은 0.015 kg/s이고, 압력은 1 MPa, 온도는 60℃이며, 출구에서는 0.95 MPa, 35℃의 액체상태이다. 이 응축기의 냉각수는 10℃로 들어가서 20℃로 나온다. 냉각수의 질량유량 및 냉매의 단위시간당 방열량을 구하라. 이 응축기의 과정은 정압과정으로 본다. 단, 냉매의 입출구의 비엔탈피는 각각 441.89, 249.1 kJ/kg, 냉각수의 입출구의 비엔탈피는 각각 42, 83.95 kJ/kg이다. 문제의 설명도는 그림과 같다.

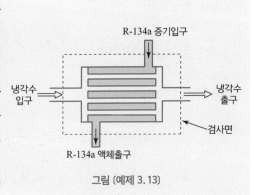

그림 [예제 3.13]

풀이 정상유동계의 에너지식에서 속도에너지 및 위치에너지를 무시하고, 이 응축기에 가열량도 없고 외부일도 없으므로

$$\sum \dot{m}_1 h_1 = \sum \dot{m}_2 h_2$$

냉매 및 냉각수의 아래첨자를 각각 r, w로 표시하면

$$\dot{m}_r h_{1r} + \dot{m}_w h_{1w} = \dot{m}_r h_{2r} + \dot{m}_w h_{2w}$$

$$\therefore \dot{m}_w = \dot{m}_r \frac{(h_1 - h_2)_r}{(h_2 - h_1)_w}$$

$$= 0.015 \times \frac{441.89 - 249.1}{83.95 - 42} = 0.0689 \text{ kg/s}$$

식 (3.46)으로부터

$$\dot{Q}_r = \dot{m}_r (h_2 - h_1)_r = 0.015 \times (249.1 - 441.89) = -2.892 \text{ kW}$$

(3) 등온변화

등온변화(isothermal change)는 온도가 일정한 상태에서 변화하는 경우로, 이상기체를 가열하면서 팽창시키거나 냉각하면서 압축시키는 경우에 해당한다.

이상기체의 상태식에서 온도 $T = \text{const}$이면 $pv = \text{const}$의 관계가 성립하므로

$$p_1 v_1 = p_2 v_2 \quad \text{또는} \quad \frac{p_2}{p_1} = \frac{v_1}{v_2} \tag{3.48}$$

이 변화는 그림 3.7에서 $p-v$선도 상에 쌍곡선으로 나타난다.

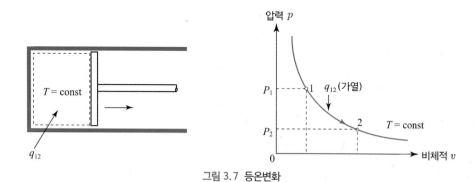

그림 3.7 등온변화

밀폐계의 절대일 w_{12}는

$$w_{12} = \int_1^2 p \, dv = p_1 v_1 \int_1^2 \frac{dv}{v}$$

$$= p_1 v_1 \ln \frac{v_2}{v_1} = p_1 v_1 \ln \frac{p_1}{p_2} = RT \ln \frac{p_1}{p_2} = RT \ln \frac{v_2}{v_1} \tag{3.49}$$

개방계의 공업일은 다음과 같다.

$$w_t = -\int_1^2 v \, dp = -p_1 v_1 \int_1^2 \frac{dp}{p} \tag{3.50}$$

$$= p_1 v_1 \ln \frac{p_1}{p_2} = RT \ln \frac{p_1}{p_2} = RT \ln \frac{v_2}{v_1}$$

따라서 절대일과 공업일의 값이 동일하다.

가열량 q_{12}는 다음 식으로 표시할 수 있으며,

$$q_{12} = (u_2 - u_1) + \int_1^2 p \, dv = c_v (T_2 - T_1) + \int_1^2 p \, dv$$

$$= 0 + w_{12} = RT \ln \frac{p_1}{p_2} = RT \ln \frac{v_2}{v_1} = w_{12} = w_t \tag{3.51}$$

등온과정 중 가한 열량은 모두 외부에 일(절대일)을 하는 데 사용되고, 등온압축의 경우는 압축에 필요한 일에 상당하는 열을 외부에 방출한다.

예제 3.14

압력 0.101 MPa, 온도 21℃의 공기가 0.057 m³의 용기에 들어 있다. 이것을 등온 하에서 최종체적이 0.0071 m³가 되기까지 압축하였다. (1) 최종압력은 얼마인가? (2) 또 이 사이에 한 일량은 얼마인가? (3) 등온상태를 유지하기 위해 가열 또는 냉각해야 할 열량은 얼마인가?

풀이 (1) $p_2 = p_1 \dfrac{V_1}{V_2} = 0.101 \times \dfrac{0.057}{0.0071} = 0.811$ MPa

(2) $W_{12} = p_1 V_1 \ln \dfrac{V_2}{V_1}$

$$= 0.101 \times 10^3 \times 0.057 \ln \dfrac{0.0071}{0.057} = -12.0 \text{ kJ} : 압축일$$

(3) $Q_{12} = W_{12} = -12.0$ kJ : 냉각열량

예제 3.15

공기압축기에서 $p_1 = 1$ bar, $T_1 = 15℃$의 공기를 흡입하여 $p_2 = 10$ bar까지 등온압축한다. 매시 800 m³N의 압축공기를 송출한다면, 이 압축기를 운전하는 데 필요한 동력과 단위시간당 냉각해야 할 열량을 구하라.

풀이 $\dfrac{p_1 \dot{V}_1}{T_1} = \dfrac{p_N \dot{V}_N}{T_N}$, 800 m³N의 첨자 N은 표준상태(0℃, 1 atm)에서의 값을 의미한다. 따라서 공기의 흡입체적 유량은

$$\dot{V}_1 = \dot{V}_N \dfrac{p_N}{p_1} \dfrac{T_1}{T_N} = 800 \times \dfrac{101,325}{1 \times 10^5} \times \dfrac{288.15}{273.15} = 855.114 \text{ m}^3/\text{h}$$

식 (3.50)으로부터

$$\dot{W}_t = p_1 \dot{V}_1 \ln \dfrac{p_1}{p_2} = 1 \times 10^2 \times 855.114 \times \ln \dfrac{1}{10}$$

$$= -1.969 \times 10^5 \text{ kJ/h} = -54.7 \text{ kW}$$

$$\dot{Q}_{12} = \dot{W}_t = -54.7 \text{ kW}$$

(4) 단열변화

이상기체가 상태 1로부터 상태 2로 변화하는 과정에서 계가 외부와 열의 출입이 없고 마찰 등의 내부열의 발생이 없는 변화를 가역 단열변화(reversible adiabatic change) 또는 등엔트로피

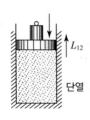
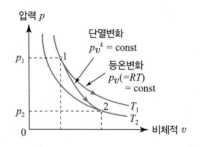

그림 3.8 단열변화

변화(isentropic change)라고 한다. 이 변화과정은 그림 3.8과 같이 실린더 외벽이 단열되어 있고 외부에 일을 하는 경우에 이미 보유하고 있는 내부에너지를 소비하여 행하고 피스톤과 실린더 벽과의 마찰이 없는 과정으로서, $p-v$ 선도 상에서 등온선보다 기울기가 크게 표시된다.

단열변화에서 상태량 p, v, T의 상호관계를 구하여 보자.

단열변화는 $dq = 0$으로 나타낼 수 있으므로 열역학 제1법칙 식 (2.19)는 다음과 같이 나타낼 수 있다.

$$dq = du + pdv = c_v dT + pdv = 0 \tag{3.52}$$

이상기체의 상태식 $pv = RT$를 미분하면 $dT = (pdv + vdp)/R$ 이 되며, 식 (3.21)의 $c_p - c_v = R$을 적용하여 식 (3.52)를 정리하면

$$c_p pdv + c_v vdp = 0 \tag{3.53}$$

$c_p/c_v = k$를 이용하면 다음과 같이 된다.

$$k\frac{dv}{v} + \frac{dp}{p} = 0 \tag{3.54}$$

위 식을 적분하면 다음과 같이 압력 p와 체적 v의 관계가 얻어진다.

$$k\ln v + \ln p = \text{const}$$
$$\therefore \quad pv^k = p_1 v_1^k = p_2 v_2^k = \text{const} \tag{3.55}$$

이상기체의 상태식 $p = \dfrac{RT}{v}$를 식 (3.55)에 대입하고, $R = \text{const}$를 적용하면 다음 식으로 표시할 수 있으며 온도 T와 체적 v의 관계를 나타낸다.

$$Tv^{k-1} = T_1 v_1^{k-1} = T_2 v_2^{k-1} = \text{const} \tag{3.56}$$

또 $v = \dfrac{RT}{p}$를 식 (3.55)에 대입하여 정리하면 온도 T와 압력 p의 관계가 다음과 같이 성립한다.

$$Tp^{\frac{1-k}{k}} = T_1 p_1^{\frac{1-k}{k}} = T_2 p_2^{\frac{1-k}{k}} = \text{const} \tag{3.57}$$

이들 관계로부터, 가역 단열팽창 과정에서는 식 (3.55)와 (3.56)으로부터 온도 및 압력이 감소함을 알 수 있으며, 가역 단열압축 과정에서는 식 (3.55)와 (3.57)로부터 체적이 감소하지만 온도가 증가한다.

밀폐계의 절대일 w_{12}는 열역학 제1법칙 $dq = du + dw = 0$으로부터 $dw = -du = -c_v dT$를 적분하여 구할 수 있다.

$$w_{12} = u_1 - u_2 = c_v(T_1 - T_2) = \frac{R}{k-1}(T_1 - T_2)$$

$$= \frac{1}{k-1}(p_1 v_1 - p_2 v_2)$$

$$= \frac{R}{k-1}T_1\left(1 - \frac{T_2}{T_1}\right) = \frac{R}{k-1}T_1\left[1 - \left(\frac{v_1}{v_2}\right)^{k-1}\right]$$

$$= \frac{R}{k-1}T_1\left[1 - \left(\frac{p_2}{p_1}\right)^{\frac{k-1}{k}}\right] \tag{3.58}$$

개방계의 공업일은 열역학 제1법칙 $dq = dh - vdp = dh + dw_t = 0$에 $dq = 0$를 적용하면 $dw_t = -dh$를 적분하여 구할 수 있다.

$$w_t = -\int_1^2 vdp = h_1 - h_2 = c_p(T_1 - T_2)$$

$$= \frac{k}{k-1}R(T_1 - T_2) = kw_{12} \tag{3.59}$$

$$\therefore \; w_t = h_1 - h_2 = \frac{k}{k-1}R(T_1 - T_2)$$

$$= \frac{k}{k-1}(p_1 v_1 - p_2 v_2)$$

$$= \frac{k}{k-1}RT_1\left(1 - \frac{T_2}{T_1}\right)$$

$$= \frac{k}{k-1}RT_1\left[1 - \left(\frac{v_1}{v_2}\right)^{k-1}\right]$$

$$= \frac{k}{k-1}RT_1\left[1 - \left(\frac{p_2}{p_1}\right)^{\frac{k-1}{k}}\right] \tag{3.60}$$

따라서 공업일은 엔탈피 변화량과 같으며, 절대일의 k배의 값을 갖는다.

예제 3.16

어느 이상기체 1 kg이 $p_1 = 100$ kPa, $t_1 = 20$℃의 상태로부터 $t_2 = 850$℃까지 정적 하에서 가열되고, $p_3 = 100$ kPa까지 단열적으로 팽창하였다. 이 기체의 c_p, c_v를 각각 1.043, 0.745 kJ/kgK라 하면 p_2/p_1, v_3/v_1는 각각 얼마인가? 또 Q_{12}, W_{23}은 각각 얼마인가?

풀이 이 기체의 $k = c_p/c_v = 1.043/0.745 = 1.40$이다. 1~2 과정은 정적과정이므로

$$Q_{12} = mc_v(t_2 - t_1)$$
$$= 1 \times 0.745 \times 830 = 618.4 \text{ kJ}$$

또 $p_2/p_1 = T_2/T_1 = 1,123.15/293.15 = 3.8313$

2~3 과정은 단열과정이므로 $p_2v_2^k = p_3v_3^k$, 또 $p_3 = p_1$, $v_2 = v_1$이므로

$$v_3/v_1 = (p_2/p_1)^{1/k} = 3.8313^{1/1.4} = 2.6102$$

식 (3.58)로부터

$$W_{23} = \frac{m}{k-1}(p_2v_2 - p_3v_3)$$
$$= \frac{mp_1v_1}{k-1}\left(\frac{p_2\,v_2}{p_1\,v_1} - \frac{p_3\,v_3}{p_1\,v_1}\right) = \frac{mRT_1}{k-1}\left(\frac{p_2}{p_1} - \frac{v_3}{v_1}\right)$$

이 기체의 가스상수 $R = c_p - c_v = 0.298$ kJ/kgK이므로

$$W_{23} = \frac{1 \times 0.298 \times 293.15}{0.4}(3.8313 - 2.6102)$$
$$= 2.667 \times 10^2 \text{ kJ}$$

예제 3.17

공기압축기에서 $p_1 = 1$ bar, $T_1 = 15$℃의 공기를 흡입하여 $p_2 = 10$ bar까지 단열압축한다. 매시 800 m^3_N의 압축공기를 송출한다면 이 압축기를 운전하는 데 필요한 동력을 구하라.

풀이 공기의 흡입체적유량은 $\dot{m}_1 = \dot{m}_N$에서 $\dot{V}_1 = \dot{V}_N \dfrac{p_N}{p_1} \dfrac{T_1}{T_N}$이므로

(m^3_N은 표준대기압, 0℃)

$$\dot{V}_1 = 800 \times \frac{101,325}{1 \times 10^5} \times \frac{288.15}{273.15} = 855.114 \text{ m}^3/\text{h}$$

식 (3.60)으로부터

$$\dot{W}_t = \frac{k}{k-1}p_1\dot{V}_1\left[1 - \left(\frac{p_2}{p_1}\right)^{\frac{k-1}{k}}\right]$$
$$= \frac{1.4}{0.4} \times 1 \times 10^2 \times 855.114 \times [1 - 10^{0.4/1.4}]$$
$$= -2.7855 \times 10^5 \text{ kJ/h} = -77.375 \text{ kW}$$

(5) 폴리트로프 변화

전술한 바와 같이 단열변화에서는 열의 출입이 전혀 없으며, 반대로 등온변화에서는 기체가 외부에 하는 일량만큼 외부로부터 열을 공급받는다. 그러나 실제의 변화과정에서는 완전한 단열이나 등온변화는 거의 이루어지지 않는다. 따라서 일반적으로는 다음과 같은 형태로 표시하여 여러 가지 변화를 나타내게 하고 있다.

$$pv^n = \text{const}, \quad Tv^{n-1} = \text{const}, \quad Tp^{\frac{1-n}{n}} = \text{const} \tag{3.61}$$

앞에서 기술한 4가지의 상태변화는 식 (3.61)에서의 n의 값이 특정 값을 갖는 경우로서 다음과 같이 정리할 수 있다.

$$n = 0 \ : \ pv^0 = p = \text{const} \ : \ \text{정압변화} \qquad n = 1 \ : \ pv^1 = RT = \text{const} \ : \ \text{등온변화}$$

$$n = k \ : \ pv^k = \text{const} \ : \ \text{단열변화} \qquad n = \infty \ : \ pv^\infty = \text{const} \ : \ \text{정적변화}$$

따라서 n에 적당한 값을 부여하면 모든 변화를 나타낼 수 있게 된다. 이들로부터 식 (3.61)에 따라 보다 일반적인 변화를 표시할 수 있으며, 이를 폴리트로프 변화(polytropic change)라 하고 지수 n을 폴리트로프 지수(polytropic index)라고 한다. 이들의 관계를 그림 3.9에 나타내었다.

$n \neq 1$(등온변화 제외)인 경우의 절대일 w_{12}는 식 (3.58)과 같은 형태로 표시하면

$$w_{12} = \frac{1}{n-1}(p_1 v_1 - p_2 v_2) = \frac{R}{n-1}(T_1 - T_2) = \frac{R}{n-1} T_1 \left(1 - \frac{T_2}{T_1} \right)$$

$$= \frac{R}{n-1} T_1 \left[1 - \left(\frac{p_2}{p_1} \right)^{\frac{n-1}{n}} \right] = \frac{R}{n-1} T_1 \left[1 - \left(\frac{v_1}{v_2} \right)^{n-1} \right] \tag{3.62}$$

$n \neq 1$(등온변화 제외)인 경우의 공업일 w_t는 식 (3.60)과 같은 형태로 표시하면

$$w_t = \frac{n}{n-1}(p_1 v_1 - p_2 v_2) = \frac{n}{n-1} R(T_1 - T_2) = \frac{n}{n-1} RT_1 \left(1 - \frac{T_2}{T_1} \right)$$

$$= \frac{n}{n-1} RT_1 \left[1 - \left(\frac{p_2}{p_1} \right)^{\frac{n-1}{n}} \right] = \frac{n}{n-1} RT_1 \left[1 - \left(\frac{v_1}{v_2} \right)^{n-1} \right] \tag{3.63}$$

가열량 q_{12}는 $dq = du + dw = c_v dT + dw$를 적분하면

$$q_{12} = c_v(T_2 - T_1) + w_{12} = c_v(T_2 - T_1) + \frac{R}{n-1}(T_1 - T_2)$$

$$= \left(c_v - \frac{c_p - c_v}{n-1} \right)(T_2 - T_1) = c_v \frac{n-k}{n-1}(T_2 - T_1) = c_n(T_2 - T_1) \tag{3.64}$$

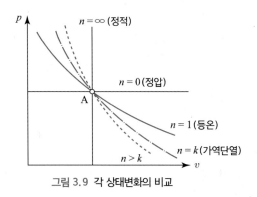

그림 3.9 각 상태변화의 비교

여기서

$$c_n = \frac{n-k}{n-1} \tag{3.65}$$

를 폴리트로프 비열(polytropic specific heat)이라고 한다.

식 (3.61)과 (3.64)를 고려하여 열량변화 q_{12}는 n과 k의 크기의 상대적인 관계에 따라 표 3.1에 나타내듯이 정(+), 부(−)의 값을 갖는다. 즉 그림 3.9에서 점 A로부터 팽창, 압축을 한다고 하면 가역 단열변화 곡선 $n = k$를 경계로 하여 $n > k$ 영역과 $1 < n < k$ 영역에서의 열량변화가 가열인가, 방열인가를 표시하고 있다.

표 3.1 폴리트로프 변화

n과 k의 관계	과정	q_{12}
$n > k$	팽창과정($T_2 < T_1$)	$q_{12} < 0$: 방열
	압축과정($T_2 > T_1$)	$q_{12} > 0$: 가열
$1 < n < k$	팽창과정($T_2 < T_1$)	$q_{12} > 0$: 가열
	압축과정($T_2 > T_1$)	$q_{12} < 0$: 방열

예제 3.18

그림과 같이 피스톤-실린더 장치가 $pV^n = \text{const}$에 따라 팽창하고 있다. 최초의 압력 $p_1 = 101.3$ kPa, 체적 $V_1 = 0.1$ m³, 최종체적 $V_2 = 0.2$ m³일 때 그 과정이 (a) $n = 1.5$, (b) $n = 1.0$, (c) $n = 0$인 경우 각각 일량을 구하라.

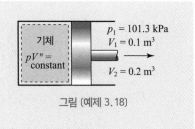

그림 [예제 3.18]

풀이 (a) $p_2 = p_1 \left(\frac{V_1}{V_2} \right)^n = 101.3 \left(\frac{0.1}{0.2} \right)^{1.5} = 35.815$ kPa

(계속)

식 (3.62)로부터
$$W_{12} = \frac{1}{n-1}(p_1 V_1 - p_2 V_2)$$
$$= \frac{1}{1.5-1}(101.3 \times 0.1 - 35.815 \times 0.2) = 5.934 \text{ kJ}$$

(b)
$$W_{12} = \int_1^2 p\,dV = C\int_1^2 \frac{dV}{V} = p_1 V_1 \ln\frac{V_2}{V_1}$$
$$= 101.3 \times 0.1 \ln\frac{0.2}{0.1} = 7.022 \text{ kJ}$$

(c)
$$W_{12} = \int_1^2 p\,dV = p\int_1^2 dV = p(V_2 - V_1)$$
$$= 101.3 \times (0.2 - 0.1) = 10.13 \text{ kJ}$$

예제 3.19

일산화탄소가 그림과 같이 $p_1 = 100 \text{ kPa}$, $v_1 = 0.91$ m^3/kg으로부터 등온적으로 $p_2 = 400 \text{ kPa}$까지 압축하고, 다음에 $p_3 = 2 \text{ MPa}$까지 단열적으로 압축한다. 이것이 상태 1에서 상태 3으로 폴리트로프 변화를 한다면 폴리트로프 지수 n을 구하라. 또 $1 \rightarrow 2 \rightarrow$ 3의 과정의 일량과 방열량을 구하라. 단, 일산화탄소의 가스상수 $R = 296.95 \text{ J/kgK}$이다.

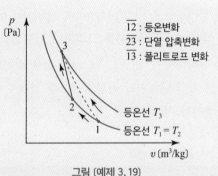

그림 [예제 3.19]

풀이 $T_2 = T_1 = \dfrac{p_1 v_1}{R} = \dfrac{100 \times 0.91}{0.29695} = 306.45 \text{ K}$

$T_3 = T_2\left(\dfrac{p_3}{p_2}\right)^{\frac{k-1}{k}} = 306.45 \times \left(\dfrac{2,000}{400}\right)^{0.4/1.4} = 485.36 \text{ K}$

등온과정($1 \rightarrow 2$), 식 (3.49) 및 식 (3.51)로부터

$$w_{12} = p_1 v_1 \ln\frac{p_1}{p_2} = 100 \times 0.91 \ln\frac{100}{400} = -126.15 \text{ kJ/kg}$$

$$q_{12} = w_{12} = -126.15 \text{ kJ/kg}$$

단열과정($2 \rightarrow 3$), 식 (3.58)에서

$$w_{23} = \frac{1}{k-1} R(T_2 - T_3) = \frac{1}{0.4} \times 0.29695 \times (306.45 - 485.36)$$
$$= -132.82 \text{ kJ/kg}$$

$$q_{23} = 0$$

$$\therefore w_{123} = w_{12} + w_{23} = -258.97 \text{ kJ/kg},$$

$$q_{123} = q_{12} + q_{23} = -126.15 \text{ kJ/kg}$$

(계속)

폴리트로프 변화(1 → 3)

$T_1 p_1^{\frac{1-n}{n}} = T_3 p_3^{\frac{1-n}{n}}$ 을 ln를 취하면

$$\ln T_1 + \frac{1-n}{n} \ln p_1 = \ln T_3 + \frac{1-n}{n} \ln p_3$$

$$\therefore n = \frac{1}{1 + \dfrac{\ln T_1/T_3}{\ln p_3/p_1}} = \frac{1}{1 + \dfrac{\ln 306.45/485.36}{\ln 2,000/100}} = 1.181$$

식 (3.62) $w_{13} = \dfrac{1}{n-1} R(T_1 - T_3)$

$$= \frac{1}{1.181 - 1} \times 0.29695(306.45 - 485.36) = -293.52 \text{ kJ/kg}$$

식 (3.64) $q_{13} = c_v \dfrac{n-k}{n-1}(T_3 - T_1) = \dfrac{R}{k-1} \dfrac{n-k}{n-1}(T_3 - T_1)$

$$= \frac{0.29695}{0.4} \times \frac{1.181 - 1.4}{1.181 - 1}(485.36 - 306.45) = -160.7 \text{ kJ/kg}$$

5 이상기체의 혼합

이상기체의 혼합은 상태변화를 가역변화로서 취급하는 것이 보통이지만 이상기체에도 비가역변화로서 취급해야 하는 경우가 있다. 그것은 유동하는 경우의 마찰과, 정지체로서 취급하는 경우와 다른 기체의 혼합이다. 다른 기체를 인접시켜 그 경계(예로서 칸막이 등)를 없애 혼합시키면 원래로 되돌아가는 것은 열역학적으로 불가능하다. 즉 비가역변화이다(단, 특정기체만을 투과할 수 있는 반투막을 이용하는 혼합과 분리 등은 가역변화가 가능하다.). 이와 같이 서로 다른 이상기체의 혼합(mixing of ideal gas)을 생각하자.

화학변화가 일어나지 않는 경우, "각종 이상기체가 혼합하고 있어도 각종 기체는 단독으로 존재하는 것과 마찬가지로 거동하며, 서로 간섭하지 않으면서 존재한다."는 것으로 알려져 있으며, 돌턴의 법칙(Dalton's law)이라고 한다. 이 법칙에 의하면 혼합기체의 에너지(내부에너지 또는 엔탈피)는 각 기체의 에너지의 합과 같으며, 혼합기체의 전압 p(total pressure)는 각 기체의 분압 p_i(partial pressure)의 합과 같다. 이것을 다음 식으로 표시한다.

$$p = \sum_{i=1}^{n} p_i \tag{3.66}$$

그림 3.10과 같이 압력, 온도 등이 다른 n 종류의 이상기체를 여러 개의 칸으로 구성된 공간에 각각 넣고 후에 그 칸의 벽을 제거하면 각 기체는 확산에 의해 혼합되며, 결국 균질 혼합기체로

된다.

혼합 전의 각 성분기체의 질량 m_i, 체적 V_i, 압력 p_i, 온도 T_i, 분자량 M_i, 몰수 n_i ($i = 1, 2, \cdots, n$)라 하고 혼합 후의 각 양을 m, V, p, T, M, n이라 하면

$$m = m_1 + m_2 + \cdots + m_n = \sum_{i=1}^{n} m_i \tag{3.67}$$

$$V = V_1 + V_2 + \cdots + V_n = \sum_{i=1}^{n} V_i \tag{3.68}$$

각 성분기체는 이상기체이므로 각 성분의 상태식 및 혼합 후의 상태식은 각각 다음과 같이 나타 낼 수 있다.

$$p_i V_i = m_i R_i T_i \tag{3.69}$$

$$p V = m R T \tag{3.70}$$

(1) 혼합 후의 온도

계 전체로서는 일정한 체적 V 하에서 혼합하므로 계가 외부에 대하여 일을 하지 않으며, 그 용기가 단열되어 있다면 열의 이동이 없다. 따라서 열역학 제1법칙에 의해 혼합 전후에 계 전체 의 내부에너지는 각 성분의 내부에너지의 합과 같다.

$$m u = \sum m_i u_i \tag{3.71}$$

$$\therefore \; T \sum m_i c_{vi} = \sum m_i c_{vi} T_i \tag{3.72}$$

따라서 혼합 후의 온도 T는 다음과 같이 표시된다.

$$T = \frac{\sum m_i c_{vi} T_i}{\sum m_i c_{vi}} \tag{3.73}$$

그 계의 전체체적 V에 어느 한 기체만이 존재할 때의 압력은 p_i로부터 $p_i{}'$로 변하며, $p_i{}'$를 그

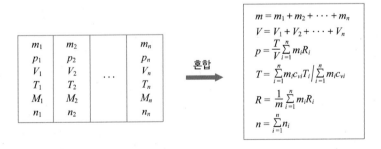

그림 3.10 일정 체적 하에서의 혼합

기체의 분압(partial pressure)이라 하며, $p_i{}'$라 표시하면 식 (3.69)로부터 $p_i{}'V = m_i R_i T$가 되어, $p_i V_i = m_i R_i T_i$와의 상관관계는 다음과 같다.

$$p_i{}' = p_i \frac{V_i}{V} \frac{T}{T_i} \tag{3.74}$$

(2) 혼합 후의 기체상수

Dalton의 법칙으로부터 혼합기체의 압력(전압) p는 각 성분기체의 분압의 합과 같으므로 다음과 같이 정리할 수 있다.

$$p = \sum p_i{}' = \frac{T}{V} \sum \frac{p_i V_i}{T_i} = \frac{T}{V} \sum m_i R_i = \frac{mRT}{V} \tag{3.75}$$

$$\therefore R = \frac{1}{m} \sum m_i R_i = \sum g_i R_i = R_1 \frac{m_1}{m} + R_2 \frac{m_2}{m} + \cdots \tag{3.76a}$$

또는 $R = \dfrac{1}{\sum r_i / R_i} = \dfrac{1}{\dfrac{1}{R_1} \dfrac{V_1}{V} + \dfrac{1}{R_2} \dfrac{V_2}{V} + \cdots}$ $\tag{3.76b}$

$$\left(\because \sum m_i = \frac{p}{T} \sum \frac{V_i}{R_i} = \frac{pV}{RT}, \quad \therefore R = \frac{V}{\sum V_i / R_i} = \frac{1}{\sum r_i / R_i} \right)$$

여기서 $g_i = \dfrac{m_i}{m}$ 로서 질량비, $r_i = \dfrac{V_i}{V}$ 로서 체적비라고 한다.

(3) 혼합 후의 밀도 및 분자량

혼합에 의해서 화학변화가 일어나지 않는다는 가정을 하였으므로 혼합 전후의 기체 전체의 분자수, 즉 몰수는 변화가 없다. 따라서 몰수 n과 분자량 M과의 관계는 $n = m/M$이므로, 혼합 후의 몰수는 다음과 같이 구할 수 있다.

$$n = \sum n_i = \sum \frac{m_i}{M_i} = \frac{m}{M} \tag{3.77}$$

또 전체질량은 $m = m_1 + m_2 + \cdots = \rho_1 V_1 + \rho_1 V_2 + \cdots = \rho V$로부터 밀도 ρ는

$$\rho = \rho_1 \frac{V_1}{V} + \rho_2 \frac{V_2}{V} + \cdots = \sum \rho_i r_i \tag{3.78}$$

분자량은 밀도와 비례관계가 성립하므로 $\dfrac{\rho_i}{\rho} = \dfrac{M_i}{M}$ 이다. 이것을 식 (3.78)에 적용하면

$$M = M_1 \frac{V_1}{V} + M_2 \frac{V_2}{V} + \cdots = \sum M_i r_i \tag{3.79a}$$

또 식 (3.77)로부터

$$M = \cfrac{1}{\dfrac{m_1}{m}\dfrac{1}{M_1} + \dfrac{m_2}{m}\dfrac{1}{M_2} + \cdots} = \frac{1}{\sum g_i / M_i} \tag{3.79b}$$

여기서 혼합 후의 상태식 $m = \dfrac{PV}{RT}$, 혼합 전의 각 기체의 압력과 온도가 같은 상태로부터 혼합하는 경우에는 압력과 온도는 각각 P, T이므로 각 기체의 상태식은 $m_i = \dfrac{PV_i}{R_i T}$이 되며 $\dfrac{R}{R_i} = \dfrac{R_u / M}{R_u / M_i} = \dfrac{M_i}{M}$의 관계를 이용하면 다음 식을 얻는다.

$$g_i = r_i \frac{R}{R_i} = r_i \frac{M_i}{M} \tag{3.80}$$

(4) 혼합 후의 비열, 내부에너지 및 엔탈피

혼합기체의 온도를 정압 또는 정적 하에서 1℃ 상승시키는 데 필요한 열량은 각 성분기체의 온도를 각각 1℃씩 상승시키는 데 필요한 열량의 합과 같으므로 각 경우의 비열은

$$m c_p = \sum m_i c_{pi} \ \ \text{또는} \ \ c_p = \sum g_i c_{pi} = c_{p1}\frac{m_1}{m} + c_{p2}\frac{m_2}{m} + \cdots \tag{3.81}$$

$$m c_v = \sum m_i c_{vi} \ \ \text{또는} \ \ c_v = \sum g_i c_{vi} = c_{v1}\frac{m_1}{m} + c_{v2}\frac{m_2}{m} + \cdots \tag{3.82}$$

혼합 전후의 내부에너지 또는 엔탈피는 각 성분기체의 내부에너지 또는 엔탈피의 합과 같으므로 다음과 같이 표시된다.

$$u = \sum g_i u_i = u_1 \frac{m_1}{m} + u_2 \frac{m_2}{m} + \cdots \tag{3.83}$$

$$h = \sum g_i h_i = h_1 \frac{m_1}{m} + h_2 \frac{m_2}{m} + \cdots \tag{3.84}$$

예제 3.20

체적이 10 m³인 탱크 내에 건조공기가 들어 있다. 그 압력은 720.86 kPa이며, 온도는 37.2℃이다. 대기압이 764.2 mmHg일 때 다음의 체적비율의 성분을 갖는 공기의 각 성분가스의 분압과 질량비율을 구하라. 단, 공기의 분자량은 28.97, 가스상수는 287.04 J/kgK이다.

성 분	O_2	N_2	CO_2	Ar
체적비율	0.21	0.7805	0.0003	0.0092
분자량	32	28.02	44	39.94

[풀이] 혼합가스(공기) 중의 성분가스의 체적을 V_1, V_2, $\cdots$라 하면 $p_1 V = p V_1$, $p_2 V = p V_2$, $\cdots$의 관계가 성립한다. 대기압은 $101.3 \times \dfrac{764.2}{760} = 101.86$ kPa이다. 따라서 각 성분의 분압은

$$O_2 : p_1 = p\frac{V_1}{V} = (720.86 + 101.86) \times 0.21 = 172.77 \text{ kPa}$$

$$N_2 : p_2 = p\frac{V_2}{V} = (720.86 + 101.86) \times 0.7805 = 642.13 \text{ kPa}$$

$$CO_2 : p_3 = p\frac{V_3}{V} = (720.86 + 101.86) \times 0.0003 = 0.247 \text{ kPa}$$

$$Ar : p_4 = p\frac{V_4}{V} = (720.86 + 101.86) \times 0.0092 = 7.567 \text{ kPa}$$

식 (3.80)을 이용하여 각 성분의 질량비율을 구하면 다음과 같다.

$$O_2 : g_1 = r_1 \frac{M_1}{M} = 0.21 \times \frac{32}{28.97} = 0.232$$

$$N_2 : g_2 = r_2 \frac{M_2}{M} = 0.7805 \times \frac{28.02}{28.97} = 0.755$$

$$CO_2 : g_3 = r_3 \frac{M_3}{M} = 0.0003 \times \frac{44}{28.97} = 0.00046$$

$$Ar : g_4 = r_4 \frac{M_4}{M} = 0.0092 \times \frac{39.94}{28.97} = 0.0127$$

예제 3.21

공기의 체적조성이 산소 21%, 질소 79%라면, 공기의 분자량, 각각의 질량비, 가스상수, 정압비열을 각각 구하라.

[풀이] 산소 및 질소의 첨자를 1, 2로 표시하면 분자량 $M_1 = 32$, $M_2 = 28$이다. 따라서 공기의 분자량 M은 식 (3.79a)로부터

$$M = \sum M_i r_i = 32 \times 0.21 + 28 \times 0.79 = 28.84$$

(계속)

질량비는 식 (3.80)으로부터 $g_1 = r_1 \dfrac{M_1}{M} = 0.21 \times \dfrac{32}{28.84} = 0.233$

$$g_2 = r_2 \dfrac{M_2}{M} = 0.79 \times \dfrac{28}{28.84} = 0.767$$

공기의 가스상수 $R = \dfrac{R_u}{M} = \dfrac{8,314.3}{28.84} = 288.3 \ \text{J/kgK}$

산소와 질소의 $k = 1.4$ 로 하면 정압비열은 각각

$$c_{p1} = \dfrac{k}{k-1}\left(\dfrac{R_u}{M_1}\right) = \dfrac{1.4}{0.4}\left(\dfrac{8,314.3}{32}\right)$$

$$= 909.38 \ \text{J/kgK}$$

$$c_{p2} = \dfrac{k}{k-1}\left(\dfrac{R_u}{M_2}\right) = \dfrac{1.4}{0.4}\left(\dfrac{8,314.3}{28}\right)$$

$$= 1,039.29 \ \text{J/kgK}$$

공기의 정압비열은 식 (3.81)로부터

$$c_p = \sum c_{pi} g_i = 909.38 \times 0.233 + 1,039.29 \times 0.767$$

$$= 1,009.02 \ \text{J/kgK}$$

예제 3.22

질량비가 $CO : H_2 : N_2 = 0.475 : 0.0144 : 0.5106$일 때 각각의 체적비를 구하고, 혼합가스의 가스상수를 구하라. 단, CO, H_2, N_2의 분자량은 각각 28, 2, 28이다.

풀이 혼합가스의 분자량은 식 (3.79b)로부터

$$M = \dfrac{1}{\sum \dfrac{g_i}{M_i}}$$

$$= \dfrac{1}{\dfrac{0.475}{28} + \dfrac{0.0144}{2} + \dfrac{0.5106}{28}} = 23.585$$

$$\therefore R = \dfrac{R_u}{M} = \dfrac{8,314.3}{23.585} = 352.5 \ \text{J/kgK}$$

식 (3.80)으로부터 체적비 $r_i = g_i \dfrac{M}{M_i}$ 이므로

$$CO \ : \ r_1 = 0.475 \times \dfrac{23.585}{28} = 0.4$$

$$H_2 \ : \ r_2 = 0.0144 \times \dfrac{23.585}{2} = 0.17$$

$$N_2 \ : \ r_3 = 0.5106 \times \dfrac{23.585}{28} = 0.43$$

예제 3.23

압력 4 bar, 온도 40℃, 체적 1 m³의 메탄가스(CH_4)와 압력 2 bar, 온도 20℃, 체적 2 m³의 공기를 혼합하면 최종온도는 몇 ℃가 되는가? 또 최종압력은 얼마인가? CH_4와 공기의 가스상수는 각각 0.5187, 0.2872 kJ/kgK로 한다.

풀이 메탄가스 및 공기의 첨자를 각각 1, 2로 표시하면

$$m_1 = \frac{p_1 V_1}{R_1 T_1} = \frac{4 \times 10^2 \times 1}{0.5187 \times (40 + 273.15)} = 2.463 \text{ kg}$$

$$m_2 = \frac{p_2 V_2}{R_2 T_2} = \frac{2 \times 10^2 \times 2}{0.2872 \times (20 + 273.15)} = 4.751 \text{ kg}$$

식 (3.73)으로부터

$$T = \frac{m_1 c_{v1} T_1 + m_2 c_{v2} T_2}{m_1 c_{v1} + m_2 c_{v2}}$$

$$= \frac{2.463 \times 1.736 \times 313.15 + 4.751 \times 0.717 \times 293.15}{2.463 \times 1.736 + 4.751 \times 0.717}$$

$$= 304.28 \text{ K} = 31.13 ℃$$

혼합기체의 가스상수는 식 (3.76a)로부터

$$R = R_1 \frac{m_1}{m} + R_2 \frac{m_2}{m}$$

$$= 0.5187 \times \frac{2.463}{2.463 + 4.751} + 0.2872 \times \frac{4.751}{2.463 + 4.751}$$

$$= 0.3662 \text{ kJ/kgK}$$

$$p(V_1 + V_2) = (m_1 + m_2)RT$$

$$\therefore p = \frac{m_1 + m_2}{V_1 + V_2} RT$$

$$= \frac{2.463 + 4.751}{1 + 2} \times 0.3662 \times 304.28 = 267.9 \text{ kPa}$$

예제 3.24

질량비가 산소 23%, 질소 77%인 공기 1 kg이 101.3 kPa, 20℃로부터 등온적으로 450 kPa로 압축된 후 정적 하에서 220℃로 가열되었다. 이 혼합기체의 분자량, 가스상수, 체적비, 전 과정에서 가열된 열량을 각각 구하라.

풀이 식 (3.79b)로부터

$$M = \frac{1}{\sum \frac{g_i}{M_i}} = \frac{1}{\frac{0.23}{32} + \frac{0.77}{28}} = 28.83,$$

$$R = \frac{R_u}{M} = \frac{8,314.3}{28.83} = 288.39 \text{ J/kgK}$$

(계속)

식 (3.80)으로부터 체적비 $r_i = g_i \dfrac{M}{M_i}$ 이므로

$$r_{O_2} = 0.23 \times \frac{28.83}{32} = 0.207$$

$$r_{N_2} = 0.77 \times \frac{28.83}{28} = 0.793$$

등온변화 1~2의 가열량은 식 (3.51)로부터

$$q_{12} = RT\ln \frac{p_1}{p_2} = 288.39 \times (20 + 273.15)\ln \frac{101.3}{450}$$

$$= -126,065.04 \text{ J/kg}$$

$$= -126.065 \text{ kJ/kg}$$

정적변화 2~3의 가열량은

$$q_{23} = c_v(T_3 - T_2) = \frac{1}{k-1}R(T_3 - T_2)$$

$$= \frac{1}{0.4} \times 288.39 \times (220 - 20)$$

$$= 144,195 \text{ J/kg}$$

$$= 144.195 \text{ kJ/kg}$$

$\therefore$ 전 과정의 가열량은

$$q = q_{12} + q_{23} = -126.065 + 144.195$$

$$= 18.13 \text{ kJ/kg}$$

연습문제

이상기체의 상태식

1 체적 $V_1 = 0.056\,\text{m}^3$의 탱크에 압력 $p_1 = 700\,\text{kPa}$, 온도 $T_1 = 32\,°\text{C}$의 공기가 들어 있다. 다른 탱크에는 체적 $V_2 = 0.064\,\text{m}^3$, 압력 $p_2 = 300\,\text{kPa}$, 온도 $T_2 = 15\,°\text{C}$의 공기가 들어 있으며, 이 두 탱크 사이의 밸브를 열어 공기가 평형상태 $T = 21\,°\text{C}$로 되었다면 이때 압력은 몇 kPa로 되겠는가?

2 디젤기관의 시동용 공기탱크에 압축 공기탱크로부터 압축공기를 송입하려고 한다. 공기탱크의 체적 $V_1 = 0.5\,\text{m}^3$, 압력 $p_1 = 101.3\,\text{kPa}$, 압축 공기탱크의 체적 $V_2 = 0.05\,\text{m}^3$, 압력 $p_2 = 10$ MPa이다. 이때 공기탱크내의 압력을 $p = 2\,\text{MPa}$로 하기 위해 압축 공기탱크를 몇 개 사용해야 하는가? 단, 공기온도는 $T = 20\,°\text{C}$로 변하지 않는다고 한다.

3 자동차 타이어 체적 $V = 1.25\,\text{m}^3$에 $T_1 = 15\,°\text{C}$, $p_1 = 200\,\text{kPa}$의 공기가 들어 있다. 이 공기의 온도가 $T_2 = 56\,°\text{C}$로 상승하면 공기압력 p_2는 얼마가 되는가? 또 내압을 원래의 압력 p_1으로 되게 하려면 공기를 몇 kg 빼내면 되는가? 단, 타이어는 팽창하지 않는 것으로 한다.

4 5 kg의 공기가 온도 15°C, 압력 5 bar의 상태로 용기에 들어 있는데, 후에 용기 내 공기의 온도는 10°C, 압력은 2 bar가 되었다. 이 경우 몇 kg의 공기가 방출되었는가?

5 8 MPa, 30°C의 상태에서 20 L의 내압용기에 들어 있는 산소는, 표준상태(101.3 kPa, 0°C)에서는 체적이 얼마가 되는가?

6 $0.6\,\text{m}^3_\text{N}$의 $CO_2(M = 44)$의 질량은 얼마인가? 또 $T = 100\,°\text{C}$, $p = 2\,\text{bar}$일 때 체적을 구하라.

7 공기가 온도 15°C, 압력 101.3 kPa의 상태로 공기압축기에 흡입된다. 압축기에 사용되는 윤활유의 인화점은 175°C이다. (1) 압축이 가역단열적이라면 최고 허용온도를 윤활유의 인화점보다 25°C 낮게 할 때 압축기의 최고허용압력을 구하라. (2) 압축이 $pv^{1.3} = $일정에 따른다면 최고 허용압력은 얼마인가?

8 수소氣球를 높이 6 km(대기압력 0.05 MPa, 온도 0℃)까지 띄우려고 한다. 자중 및 적재물의 총 중량이 3 ton이라 할 때 (1) 높이 6 km에서 기구의 소요체적, (2) 충진해야 할 수소량, (3) 지상(101.3 kPa, 25℃)에서 氣球의 체적을 구하라.

9 체적 200,000 m³인 비행기의 가스실에는 경우에 따라 수소 또는 헬륨을 충진하는데, 그 충진방법은 기온 0℃, 기압 400 mmHg의 고도에서 비행기의 내외상태가 평형상태로 된다고 한다. 이때 충진해야 할 수소 또는 헬륨의 질량은 각각 몇 kg인가? 또 압력 760 mmHg, 온도 20℃의 지상에서 이들의 체적은 각각 얼마인가? 또 이 비행기의 골조 및 다른 하물의 합계를 지상으로부터 몇 kg이나 띄울 수 있는가?

10 체적 0.1 m³의 강제용기 속에 10 MPa, 20℃의 산소가 들어 있다. 용기의 밸브를 급히 열어 용기 내의 압력이 3 MPa가 될 때까지 산소를 방출하고 밸브를 잠근다. 이대로 장시간 방치하여 실온 20℃와 평형된 후의 용기 내 산소압력은 얼마로 되는가?

이상기체의 비열, 내부에너지, 엔탈피

11 공기를 분자량 $M = 29$, 비열비 $k = 1.4$인 이상기체라 하면 가스상수, 정압비열, 정적비열은 각각 얼마인가?

12 연관 보일러의 입구온도는 1,500 K, 출구온도는 800 K이다. 가스의 정적비열이 $c_v = 0.816$ $+0.000142\,T$ kJ/kgK(T : 절대온도), 가스상수는 0.196 kJ/kgK이면 (1) 물에 가해진 열량은 가스 1 kg당 얼마인가? (2) 비열비의 변화는 얼마인가?

13 처음에 압력 3 bar, 체적 0.3 m³인 기체가 $R = 0.3776$ kJ/kgK, $c_p = 1.063$ kJ/kgK의 5 kg이 있다. 압력, 체적이 공히 2배로 되었을 때 내부에너지의 변화량을 구하라.

14 체적 0.23 m³, 압력 0.5 MPa이던 공기의 체적이 0.51 m³, 압력 0.26 MPa로 변하였다. 내부에너지의 변화량을 구하라.

15 어떤 연소장치로부터 배출되는 연소가스를 채취하여 질량과 정압비열을 측정했더니 각각 1.5 kg/m³$_N$, 3 kJ/kgK이었다. 이 가스를 이상기체로 보고 가스상수 R, 분자량 M, 정적비열 c_v를 각각 구하라.

16 공기 5 kg을 15℃로부터 100℃까지 정압 하에서 가열하는 데 필요한 열량을 구하라. 또, 이때 내부에너지 및 엔탈피의 증가는 얼마인가? 단, c_p, c_v는 각각 1.0045, 0.7175 kJ/kgK이다.

17 초기압력 5 bar, 온도 200℃인 2 kg의 산소가 정압 하에서 체적이 1/2로 되었을 때 (1) 가열량, (2) 내부에너지의 변화량을 구하라.

18 공기 3 kg이 상태 1에서 상태 2까지 등온, 또 상태 2에서 상태 3까지 정압 하에서 압축된다. $T_1 = 50℃$, $p_1 = 1$ bar, $p_2 = p_3 = 5$ bar, $V_3 = 0.9\,V_2$일 때 (1) ΔH_{12}, ΔH_{23}, ΔH_{13}, (2) Q_{12}, Q_{23}를 구하라.

19 20℃, 0.1 MPa의 2원자 이상기체를 300℃까지 가역단열적으로 압축한다. 최종압력은 얼마가 되는가?

20 300 K, 0.1 MPa의 공기 1 kg이 폴리트로프 변화를 하여 내부에너지가 125 kJ 증가하였다. $n = 1.2$라 하면 최종온도, 압력, 비체적은 각각 얼마인가? 단, 공기의 가스상수는 0.2872 kJ/kgK, 정적비열은 0.7171 kJ/kgK이다.

21 어떤 이상기체 2 kg을 15℃, 0.1 MPa로부터 3 MPa까지 압축한다. 상태변화가 등온 또는 가역단열이라 하면, 압축비(V_1 / V_2) 및 압축에 요하는 일은 각각 얼마가 되는가? 단, 가스상수는 0.2872 kJ/kgK, 비열비는 1.4이다.

22 15℃, 100 kPa인 이상기체 1 m³를 $pV^{1.2} = $일정 하에서 300 kPa까지 압축시켰다. 이 이상기체의 $R = 0.2$ kJ/kgK, $k = 1.3$으로 하여 다음을 구하라. (1) 기체의 질량, (2) 압축 후의 온도, (3) 압축에 필요한 일량, (4) 내부에너지의 변화량, (5) 외부와의 열교환량

23 $k = 1.3$의 이상기체가 $p_1 = 1$ MPa, $v_1 = 0.5$ m³/kg으로부터 $p_2 = 0.1$ MPa, $v_2 = 2.5$ m³/kg까지 팽창하였다. 이 변화가 폴리트로프 변화라면 폴리트로프 지수 n은 얼마인가? 또 이 과정에서 외부와 교환한 열량 및 일량을 구하라.

24 어떤 氣球가 101.3 kPa, 온도 15℃의 수소가스로 충만되어 있다. 기구는 구형으로 내경은 8 m이다. 후에 온도는 변하지 않았으며, 기구 내 가스의 압력은 처음의 0.95배로 떨어졌다. (1) 기구의 직경이 일정하다면 처음의 가스질량의 몇 %가 방출되었는가? (2) 비열이 일정하다면 방출 없이 체적도 일정할 때 압력을 같은 값(0.95배)으로 강하시키기 위해 방출해야 할 열량은 얼마인가? (3) (2)의 상태 하에서는 최종온도가 얼마인가?

25 온도 20℃, 압력 0.098 MPa인 공기 5 kg을 0.49 MPa까지 등온압축했을 때 (1) 압축 후의 체적, (2) 소요일량, (3) 냉각열량을 구하라.

26 질소를 분자량 28인 2원자의 이상기체로 생각하여 비열비, 기체상수를 구하라. 이 질소가 큰 탱크에서 200℃, 1.5 bar의 상태로부터 관로로 흘러나온다. 관로 내에서는 가역단열변화로서 압력 1 bar의 상태에서 온도와 유속을 구하라.

27 어떤 이상기체가 $p_1 = 10$ bar, $V_1 = 0.04$ m^{3}의 상태에서 등온팽창하여 그 팽창비가 3일 때 (1) 최종체적, (2) 외부일, (3) 가열량을 구하라.

28 (1) 초기상태 15℃, 101.3 kPa의 이상기체 0.2 m^{3}를 7 bar까지 압축하는 데 요하는 공업일은 단열적일 때와 등온적일 때 어느 쪽이 큰가? (2) 각각의 경우에 내부에너지 증가량은 얼마인가?

29 공기압축기에 p_1=1 bar, $T_1 = 20$℃의 공기를 흡입하여, 15 bar의 압축공기 1,000 m^{3}N를 매시 공급하려면 손실이 없다고 가정할 때 압축기를 구동하는 데 필요한 동력(kW)을 (1) 등온압축, (2) 단열압축, (3) $n = 1.3$의 폴리트로프 압축에 대하여 구하고, 또 (1)과 (3)의 경우에 제거해야 할 열량을 구하라.

30 (1) 0.1 MPa, 25℃의 공기를 흡입하여 3.6 MPa까지 압축하는 공기압축기가 있다. 압축기가 단열변화를 한다면 공기 1 kg당 구동일량을 구하라. (2) 또 2대의 압축기를 이용하여, 우선 제1 압축기에서 공기를 0.1 MPa로부터 0.6 MPa로 압축하고, 다음에 열교환기에서 공기온도를 25℃까지 냉각한 후 제2압축기에서 3.6 MPa까지 압축할 때 공기 1 kg당 구동일량 및 열교환기에서의 방열량을 구하라.

31 2.5 kg의 산소가 $pv^{1.25}$ =일정에 따라 압력 0.85 bar, 온도 10℃의 초기상태로부터 온도가 150℃가 되기까지 압축된다. 다음 값을 구하라. (1) 최종압력, (2) 최초체적, (3) T와 V의 관계로부터 구한 최종체적, (4) $pV = mRT$로부터 구한 최종체적, (5) 내부에너지의 변화량

32 정상유동으로 100 kPa, 280 K의 공기를 600 kPa, 400 K까지 압축한다. 공기의 질량유량은 0.02 kg/s이고, 이 과정에서의 열손실은 16 kJ/kg이다. 운동에너지 및 위치에너지를 무시하면 압축기에 필요한 동력은 몇 kW인가? 단, 공기의 정압비열은 1.005 kJ/kgK로 일정하다고 한다.

33 그림과 같이 덕트로 구성되는 가정용 전기난방장치로 저항선이 설치되어 있다. 공기가 17 kW의 저항선으로부터 가열될 때 입구에서 101.3 kPa, 15℃의 공기가 120 m³/min의 비율로 유입하여 출구로 나가는 동안 200 W의 열손실이 생긴다면 출구에서 공기온도는 몇 ℃인가?

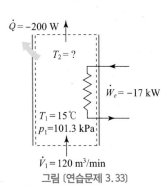

그림 (연습문제 3.33)

34 그림과 같이 응축기에서 냉매 $R-12$가 물에 의해 냉각된다. 1 MPa, 70℃에서 질량유량이 0.1 kg/s인 냉매가 응축기로 들어가서 35℃의 상태로 나간다. 냉각수는 300 kPa, 15℃로 들어가서 25℃의 상태로 나간다. 압력강하를 무시하고 (1) 필요한 냉각수량, (2) 냉매로부터 냉각수로 전달되는 열전달량을 구하라. 단, 냉각수와 냉매의 입출구에서의 비엔탈피는 $h_1 = 62.99$, $h_2 = 104.89$, $h_3 = 225.32$, $h_4 = 69.49$ kJ/kg이다.

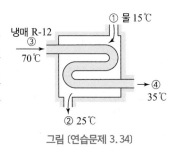

그림 (연습문제 3.34)

35 공기가열기에서 일정압력 $p = 784.5$ kPa 하에서 1,000 m³/h의 공기가 -10℃로부터 60℃까지 가열되었다. 이 경우 가열기 출구에서 공기의 체적, 대기 중으로의 팽창에 의한 일량, 공기가열기의 가열량을 각각 구하라.

36 체적 $V_1 = 0.2$ m³, $t_1 = 12$℃, $p_1 = 97.576$ kPa의 공기를, $p_2 = 787.474$ kPa까지 단열압축할 때 다음의 값을 각각 구하라. (1) 최종체적, (2) 최종온도, (3) 공기 1 m³당 압축일, (4) 내부에너지 변화량, (5) 엔탈피 변화량을 각각 구하라. 공기의 가스상수는 $R = 287.04$ J/kgK이다.

37 유량 $\dot{m}_a = 1,000$ kg/h의 공기가 대기압 $p_1 = 101.3$ kPa로부터 $p_2 = 15,000$ kPa까지 압축되었다고 한다. 이때 온도는 23℃ = 일정하다고 한다. 냉각수의 수온상승을 0.3℃로 유지하려면 냉각수량 $\dot{V}_w$(m³/h)을 얼마로 해야 하는가? 공기의 가스상수 $R = 287.04$ J/kgK이다.

38   가솔린엔진의 기화기에서 30℃의 가솔린이 액적으로서 공기에 가해진다. 기화기에서 공기는 온도 25℃, 압력 96.2 kPa이다. 가솔린은 공기에 대해 중량으로 1/15 만큼 가해지므로서 가솔린이 혼합, 증발한 후 온도를 구하라. 단, 가솔린의 증발잠열은 364 kJ/kg, 그 증기의 비열은 1.88 kJ/kgK이다.

39   체적비 H_2 : 50%, CH_4 : 30%, CO : 15%, CO_2 : 3%, N_2 : 2%인 도시가스의 가스상수, 평균 분자량, 질량비 및 25℃, 750 mmHg에서의 밀도를 구하라.

40    $1 m^3$의 공기 중에는 $0.21 m^3$의 산소와 $0.79 m^3$의 질소가 포함되어 있다. 양 기체의 가스상수 및 질량비, 공기의 가스상수, 20℃, 750 mmHg일 때 양 기체의 밀도, 공기 중의 O_2 및 N_2의 분압을 구하라. 또 양 기체 및 공기의 비열 c_p와 c_v를 구하라. 단, 단열지수 $k = 1.4$, 분자량은 산소 32, 질소 28이다.

41   어떤 연소가스의 성분이 질량비로 CO_2 : 19.5%, CO : 0.1%, O_2 : 6.2%, N_2 : 74.2%이었다. 이 경우 250℃에서 정압비열 c_p를 구하라. 단, $C_P = a + bT + cT^2$ (kJ/kmol K)의 식에서 상수 a, b, c는 표와 같으며, T는 절대온도(K)이다.

구분	a	b	c
CO_2	22.26	5.98×10^{-2}	-3.501×10^{-5}
CO	28.16	0.1675×10^{-2}	0.5372×10^{-5}
O_2	25.48	1.52×10^{-2}	-0.7155×10^{-5}
N_2	28.90	-0.1571×10^{-2}	0.8081×10^{-5}

42   탄소 1 kg에 공기 $4.445 m^3_N$을 혼합하여 가스화하려고 한다. 이때 $5.379 m^3_N$의 가스가 발생하여, 그 가스의 체적이 N_2는 $3.512 m^3_N$, CO가 $1.867 m^3_N$이었다. 이 혼합가스의 분자량 M과 가스상수 R을 구하라.

43   체적비율로 CO : 25%, CO_2 : 50%, H_2 : 25%의 혼합가스가 있다. 이 혼합가스의 분자량, 가스상수, 질량비를 구하라. 또 표준상태에서의 비체적을 구하라.

44   문제 43번에서 혼합가스를 정압 하에서 100℃까지 상승시키는 데 필요한 열량은 얼마인가? 또 CO_2의 분압은 얼마인가?

1. 478.225〔kPa〕

2. 3개

3. 228.46〔kPa〕, 0.3764〔kg〕

4. 2.9646〔kg〕

5. 1.422〔m³〕

6. 1.178〔kg〕, 0.4153〔m³〕

7. (1) 388.75〔kPa〕　　(2) 535.47〔kPa〕

8. (1) 5,055.6〔m³〕　　(2) 222.6〔kg〕
   (3) 2,724.05〔m³〕

9. • 충진할 양

   수소 : 9,390.5〔kg〕

   헬륨 : 18,781〔kg〕

   수소 및 헬륨체적 : 11,970.5〔m³〕

   • 띄울 수 있는 양

   수소 : 126,526.96〔kg〕

   헬륨 : 117,122.17〔kg〕

10. 4.2318〔MPa〕

11. $R = 286.7$〔J/kgK〕

    $c_p = 1003.45$〔J/kgK〕

    $c_v = 716.75$〔J/kgK〕

12. (1) $q_{12} = 822.71$〔kJ/kg〕
    (2) $k = 1.2108 \sim 1.1905$

13. 490.1〔kJ〕

14. 32.5〔kJ〕

15. $M = 33.6$ kg/kmol, $R = 0.247$ kJ/kgK

    $c_v = 2.753$ kJ/kgK

16. $Q_{12} = 426.9$〔kJ〕, $\Delta U = 304.94$〔kJ〕

    $\Delta H = 426.9$〔kJ〕

17. (1) $Q_{12} = -430.27$〔kJ〕
    (2) $\Delta U = -307.34$〔kJ〕

18. (1) $\Delta H_{12} = 0$,
    $\Delta H_{23} = \Delta H_{13} = -97.45$〔kJ〕
    (2) $Q_{12} = -448.11$〔kJ〕,
    $Q_{23} = -97.45$〔kJ〕

19. 1.045〔MPa〕

20. $T_2 = 201.6$〔℃〕　　$p_2 = 1.562$〔MPa〕
    $V_2 = 0.0872$〔m³〕

21. 등온 : 30, -562.94〔kJ〕
    단열 : 11.352, -679.62〔kJ〕

22. $m = 1.7352$〔kg〕　　$T_2 = 72.9$〔℃〕

    $W_{12} = -100.47$〔kJ〕

    $\Delta U = 66.98$〔kJ〕

    $Q_{12} = -33.49$〔kJ〕

23. $n = 1.431$

    $q_{12} = -253.29$〔kJ/kg〕

    $L_{12} = 580.05$〔kJ/kg〕

24. (1) 5%　　　　　(2) $-3,316.94$〔kJ〕
    (3) 0.5925〔℃〕

25. (1) 0.8591〔m³〕　　(2) -677.5〔kJ〕
    (3) -677.5〔kJ〕

26. $k = 1.4$　　　　　$R = 296.94$〔J/kgK〕
    $T_2 = 148.24$〔℃〕　　$w_2 = 328$〔m/s〕

27. (1) 0.12〔m³〕　　(2) 43.944〔kJ〕
    (3) 43.944〔kJ〕

28. (1) 단열이 등온보다 13.116〔kJ〕만큼 더
    필요함
    (2) 단열 : 37.34〔kJ〕, 등온 : 0

29. (1) $W_t = -81.78$〔kW〕
    $\dot{Q} = -294,418.4$〔kJ/h〕
    (2) $W_t = -123.44$〔kW〕
    (3) $W_t = -113.61$〔kW〕
    $\dot{Q} = -7,8651.8$〔kJ/h〕

30. (1) -534.644〔kJ/kg〕
    (2) 일량 : -400.7〔kJ/kg〕
    냉각열량 : 200.36〔kJ/kg〕

31. (1) 6.336〔bar〕　　(2) 2.164〔m³〕
    (3) 0.434〔m³〕　　(4) 0.434〔m³〕
    (5) 227.344〔kJ〕

32. -2.732〔kW〕

33. 21.83〔℃〕

34. (1) 0.372〔kg/s〕　　(2) 15.587〔kJ/s〕

35. $V_2 = 1,266$ m³/h

    $W_{12} = 208,677$ kJ/h

    $Q_{12} = 730,369.5$ kJ/h

36. (1) $V_2 = 0.0446\,\mathrm{m}^3$

    (2) $T_2 = 517.8\,\mathrm{K}$

    (3) $-199.03\,\mathrm{kJ/m}^3$

    (4) $\Delta U = 39.806\,\mathrm{kJ}$

    (5) $\Delta H = 55.412\,\mathrm{kJ}$

37. $\dot{V}_w = 338.7\,\mathrm{m}^3/\mathrm{h}$

38. $4.086(\mathrm{℃})$

39. $R = 699.857(\mathrm{J/kgK}),\ M = 11.88$

    $g_{H_2} = 0.084,\ g_{CH_4} = 0.404,$

    $g_{CO} = 0.3535,\ g_{CO_2} = 0.11,$

    $g_{N_2} = 0.047,\ \rho = 0.4792(\mathrm{kg/m}^3)$

40. $R_{O_2} = 259.82(\mathrm{J/kgK})$

    $R_{N_2} = 296.94(\mathrm{J/kgK})$

    $g_{O_2} = 0.233,\ g_{N_2} = 0.767$

    $R_{air} = 288.29(\mathrm{J/kgK})$

    $\rho_{O_2} = 1.313(\mathrm{kg/m}^3)$

$\rho_{N_2} = 1.149(\mathrm{kg/m}^3)$

$p_{O_2} = 21(\mathrm{kPa})$

$p_{N_2} = 79(\mathrm{kPa})$

$c_{pO_2} = 909.37(\mathrm{J/kgK})$

$c_{vO_2} = 649.55(\mathrm{J/kgK})$

$c_{pN_2} = 1,039.29(\mathrm{J/kgK})$

$c_{vN_2} = 742.35(\mathrm{J/kgK})$

$c_{pair} = 1,009.01(\mathrm{J/kgK})$

$c_{vair} = 720.72(\mathrm{J/kgK})$

41. $0.9708(\mathrm{kJ/kgK})$

42. $M = 28,\ R = 296.94(\mathrm{J/kgK})$

43. $M = 29.5,\ R = 281.84(\mathrm{J/kgK})$

    $g_{CO} = 0.2373,\ g_{CO_2} = 0.7458$

    $g_{H_2} = 0.017,\ v = 0.75997(\mathrm{m}^3/\mathrm{kg})$

44. $q_{12} = 109.74(\mathrm{kJ/kg}),$

    $p_{CO_2} = 50.65(\mathrm{kPa})$

Chapter 4

열역학 제2법칙과 엔트로피

1 열의 이동방향과 비가역변화

(1) 열의 이동방향

열역학 제1법칙은 상태의 변화과정에서 어떤 종류의 에너지가 다른 종류의 에너지로 변환하는 경우에 단순히 그 에너지가 보존된다는 것을 나타낼 뿐이며, 변화의 방향에는 언급이 없다. 예를 들면 온도가 다른 두 물체를 접촉시키면 고온물체는 온도가 강하하고(내부에너지 감소), 저온물체는 온도가 상승(내부에너지 증가)한다. 그러나 에너지 전체로서 보존되면 되므로 저온물체로부터 고온물체로 열의 형태로서 에너지가 이동하여도 제1법칙은 성립한다.

그런데 우리는 열의 형태로 에너지의 이동은 반드시 고온으로부터 저온을 향해 진행함을 경험한다. 그 열의 이동이 열전도, 대류, 열복사의 어느 경우에도 열의 이동에 있어서 방향성이 있는 것을, 즉 저온물체의 방향으로 향하는 일정한 방향을 갖는 것을 알고 있다.

열이동의 이러한 특징을 조사하기 위해 에너지라는 개념을 이용한다. 제1법칙의 경우는 변화하는 동안의 에너지량이 변화하지 않는다고 하면 에너지의 어떤 전환도 무조건 허락되는 데 반하여, 열이동의 방향성은 에너지의 종류의 전환에 대한 조건이 있다고 생각할 수 있다. 예로서 어떤 높이에서 물체를 떨어뜨리는 경우, 지면에 낙하하면 물체가 갖는 역학적 에너지는 충돌순간에 일부가 물체 및 지면의 내부에너지로 변환되어 물체와 지면의 온도를 상승시킨다. 즉 역학적 에너지는 물체의 내부에너지를 변화시킬 수 있다. 역으로 물체의 내부에너지는 전부 역학적 에너지로 변환된다고 할 때 자연적으로는 용이하게 변환되지 못하며, 열기관을 통해서만 내부에너지의 극히 일부밖에 역학적 에너지로 전환할 수 없다.

이로부터 열과 일과는 어떤 물체로부터 다른 물체로 에너지를 전달하는 2가지 대응되는 형태가 있는데, 역학적 일은 물체의 내부에너지를 증가시키기 위해 소비할 수 있음에 비해, 열은 그것과 같은 역학적 에너지를 얻을 수 없으므로 이 양자가 등가는 아니다. 열역학 제2법칙은 이러한 자연현상에 대한 변화의 방향성을 규정하는 법칙이다.

(2) 가역변화와 비가역변화

열이동의 방향성과 유사한 변화가 있다. 예로서 확산이라는 현상이다. 이 현상은 컵에 들어 있는 물에 한 방울의 포도주를 떨어뜨렸을 때 시간이 지나면 일정한 상태로 용해되어 간다. 이 현상은 액체의 혼합물이 평형상태가 되었을 때 정지한다. 다음에 이와 같이 용해되어버린 포도주가 어느 시간이 지나도 포도주만이 자발적으로 분리되는 역변화는 일어나지 않는다. 이처럼 확산현상은 열이동과 마찬가지로 한 방향으로만 진행하며 언젠가는 평형상태에 달한다는 공통의 특징을 갖는다.

비가역변화(irreversible change)라는 것은 이러한 현상을 말하며, 엄밀하게는 물체에 어떤 변화를 시킨 후에 그 상태를 원래의 상태로 되돌리는 과정을 실시할 때 주위에 반드시 어떤 변화를 일으키게 된다. 이러한 비가역과정의 예로는 마찰, 온도차에 의한 열이동(전도, 대류, 복사), 서로 다른 물질의 혼합, 기체의 자유팽창, 화학반응, 소성변형 등을 들 수 있다.

비가역변화가 아닌 변화를 가역변화(reversible change)라고 한다. 즉, 한 계가 어떤 열역학적 상태 P1으로부터 출발하여 P2에 이를 때 만일 어떤 방법에 의해 이 계의 상태를 P2로부터 P1으로 되돌리고, 그때 사용할지도 모르는 다른 물체도 사용초기의 상태로 되돌릴 수 있다면 P2 → P1의 변화는 가역변화이다.

그 한 예로서 마찰을 일으키지 않는 순수한 역학적 문제(임의의 속도의 운동, 단진자의 진동 등)가 그러하다. 진공 중에서 진동하고 있는 단진자의 경우, 마찰력에 저항하는 에너지의 손실을 고려하지 않는다면 위치에너지와 운동에너지는 서로 전환하고 있고, 단진자는 주기적으로 처음의 상태로 되돌아간다. 따라서 이와 같은 단진자의 경우, 임의의 역학적 상태로부터 다른 임의의 역학적 상태로 변화하며 가역변화이다.

그러나 실제로는 반드시 마찰과 변형이 동시에 생기며, 물체의 내부에너지를 증가시켜 그 에너지가 열이동의 형태로 주위의 물체로 이동하여 주위 물체의 열역학적 상태를 변화시키며 이 운동을 비가역으로 하고 있다. 따라서 가역변화는 비가역변화를 이상화시킨 변화라고 생각할 수 있다.

(3) 열역학 제2법칙

전 절에서 자연계 현상의 변화는 한 방향으로 진행하는 방향성을 가지며, 원래의 상태로 돌아가지 못하는 비가역변화임을 검토하였다. 즉 스스로 주위에 어떠한 변화를 남기지 않으면서 원래의 상태로 변화가 일어날 수 없으며, 또한 모든 방법, 즉 열적, 역학적, 전기적, 화학적 방법을 이용해도 주위에 변화를 남기지 않고 원래의 상태로 되돌아갈 수 없다.

열역학 제2법칙은 이러한 변화의 방향성이 결정되어 있는 것을 기술한 것으로서, 열이라면 고온으로부터 저온으로 향해 전달되도록 변화의 방향이 결정되어 있다는 것이다. 그 방향은 질서의 어떤 상태로부터 무질서의 상태로 향한다는 것이다. 이 무질서의 척도를 표시하는 상태량이 후술하는 엔트로피이며 Clausius에 의해 도입된 상태량이다.

열역학 제2법칙은 여러 가지 표현이 있으며, Clausius의 표현은 다음과 같다.

"자연계에 어떠한 변화도 남기지 않고 열을 저온의 물체로부터 고온의 물체로 계속하여 이동시키는 기계는 실현 불가능하다."

Kelvin-Planck의 표현은 다음과 같다.

"자연계에 아무런 변화를 남기지 않고 일정온도인 어떤 열원의 열을 계속하여 일로 변환시킬 수 있는 기계는 실현 불가능하다."

이러한 표현들은 다음과 같은 의미를 내포하고 있다.

▪ 모든 과정은 손실을 동반한다.

- 영구 운동기관을 만드는 것은 불가능하다.
- 100%의 효율로 열을 일로 전환시킬 수 없다.

일반적으로 열원으로부터 온도가 강하하지 않으면서 외부에 변화를 남기지 않고 열을 지속적으로 기계적 일로 변환시킬 수 있다고 생각하는 기관을 제2종 영구 운동기관(perpetual motion engine of the second kind)이라고 하며, 제2법칙은 이러한 기관이 존재할 수 없음을 의미한다. 왜냐하면 작동유체가 고온열원으로부터 받은 열에너지의 일부는 저온열원에 버리게 되며, 따라서 그에 상당하는 열은 일로 변환되지 않는다. 즉 열에너지를 100% 일로 변환할 수 없으므로 제2종 영구 운동기관은 존재할 수 없다.

열역학 제2법칙은 자연계에 있어서 모든 현상이 비가역현상임을 나타내는 법칙으로서, 그 대표적인 예인 실제의 열기관에 있어서 열을 일로 변환시키지만 100% 일로 변환되는 것은 아니며, 또 냉동기에 있어서는 일을 열로 변환시키지만 그 변환에 제한이 따른다. 즉 냉동기에서는 저열원으로부터 고열원으로 열을 이동시킬 수 있지만, 그때의 열은 외부의 도움 없이 스스로 이동하는 것이 아니라 압축기를 구동시키는 일을 필요로 한다. 이러한 현상이 비가역현상이다.

이러한 사실을 표시하기 위해 새로운 물리량이 필요하며, 그것은 후술하는 엔트로피(entropy)이다. 이와 같은 자연현상은 비가역변화이므로 새로 도입되는 물리량인 엔트로피가 증가한다(가역변화인 경우는 엔트로피의 양이 일정하다). 즉, 자연적으로 일어나는 현상은 엔트로피가 증대하는 방향으로 진행되며, 이것을 엔트로피 증대의 원리라고 한다. 이 원리는 후술하기로 한다.

2 열기관 사이클

열을 일로 변환하는 방법으로서, 제1장에서 기술한 이상기체의 준정적 변화에서 가스의 체적 팽창을 이용하는 것이 가장 간단하다. 예를 들면 등온팽창을 이용하면 식 (3.51)과 같이 $q_{12} = w_{12}$가 되며, 열을 모두 일로 변환할 수 있다.

그러나 이 방법에서는 연속적으로 일을 얻을 수 없다. 왜냐하면 연속적으로 일을 얻기 위해서는 무한히 큰 체적이 필요하지만 실현할 수 없다. 폭발현상과 같이 1회에 한하여 열을 일로 변환하는 것은 가능하지만 인간이 계속하여 유용한 일을 얻을 수는 없다. 연속적으로 일을 얻으려면 가스가 어느 정도까지 팽창하여 열을 일로 에너지 변환을 한 후 다시 최초의 상태로 되돌아가는 별도의 과정이 있어야 된다. 이와 같이 하여 이루어지는 과정이 사이클이다(그림 4.1 참조).

열기관(heat engine)이란 온도 T_H의 고온열원으로부터 열량 Q_H를 받아(단위시간당 열량은 $\dot{Q}_H$) 온도 T_L의 저온열원으로 열량 Q_L을 방출하는 과정을 연속적으로 수행하면서 외부로 일 W를 하는 장치이다. 예로서 자동차의 엔진이나 원자력발전소 등이 열기관의 대표적인 예이다.

그림 4.2는 열기관을 추상화하여 표시한 것이다. 우선 제1단계로서 중앙의 원형으로 표시한 열기관은 출입하는 열량과 일만을 고려한다. 또 열원(thermal reservoir)은 열용량이 무한대인

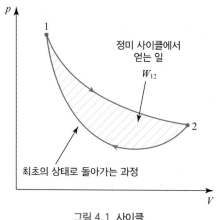

그림 4.1 사이클

이상적인 밀폐계이며, 어떤 열의 출입이 있어도 온도가 항상 일정하게 유지된다고 가정한다. 실제로는 고온열원은 연소가스나 고온의 증기로, 그리고 저온열원은 바다나 대기 등에 상당하는데, 열역학적 모델화에서는 열원에 대한 내용에 대하여 관심을 두지 않고, 그 최고온도 및 최저온도만을 고려한다.

이 열기관 사이클이 그림 4.2(b)와 같이 $p-V$선도 상의 폐곡선으로 표시된다고 하면 이 곡선의 시계방향으로 1회전이 1사이클에 대응되며, 1사이클 당의 열의 수수는 화살표로 표시한 바와 같이 되고, 외부로의 일량은 폐곡선으로 둘러싸인 면적에 상당한다.

사이클(cycle)은 열기관 내의 작동유체가 도중에 여러 가지 변화를 하고 또 원래의 상태로 되돌아가는 과정을 반복적으로 수행한다. 작동유체(working fluid)란 사이클을 행하는 장치의 내부에서 열의 수수나 체적팽창에 의해 일을 발생하는 매체이며, 구체적으로는 가솔린엔진의 연소가스, 증기터빈의 물(수증기), 또 공기조화기에서는 HFC-134a 등의 냉매가 작동유체이다.

열기관의 성능을 표시하는 가장 중요한 지표로서, 다음 식 (4.1)로 표시되는 열효율(thermal efficiency) η이다.

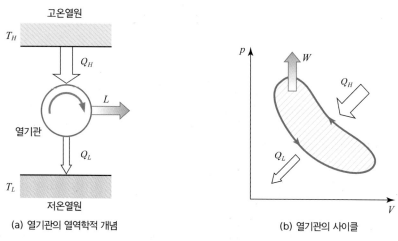

(a) 열기관의 열역학적 개념

(b) 열기관의 사이클

그림 4.2 열기관의 열역학적 개념과 사이클

$$\eta = \frac{정미일}{입력열량} = \frac{W}{Q_H} \qquad (4.1)$$

이 관계는 $W[\mathrm{J}]$를 $\dot{W} = dW/dt\,[\mathrm{W}]$로, $Q_H[\mathrm{J}]$를 $\dot{Q}_H = dQ_H/dt\,[\mathrm{W}]$로 치환함에 따라 단위시간당의 값으로 사용할 수 있다. 열역학 제1법칙에 의해

$$W = Q_H - Q_L \qquad (4.2)$$

가 성립하므로 식 (4.1)에 대입하면 열효율은 다음과 같이 표시할 수 있다.

$$\eta = \frac{Q_H - Q_L}{Q_H} = 1 - \frac{Q_L}{Q_H} < 1 \qquad (4.3)$$

열기관을 역으로 작동시키면, 그림 4.3에 나타내었듯이 자연적인 열의 흐름과 역으로 저온의 열원으로부터 고온열원으로 열을 이동시킬 수 있다($p - V$선도 상에서 반시계방향으로 상태가 변화한다).

이 장치의 경우, 공학적으로 두 가지 용도를 생각할 수 있다. 저온열원으로부터 열 Q_L을 빼앗는(냉각) 목적인 경우가 냉동기(refrigerator)이며, 고온열원으로 열 Q_H를 퍼올리는(난방) 것이 목적인 경우가 열펌프(heat pump)이다.

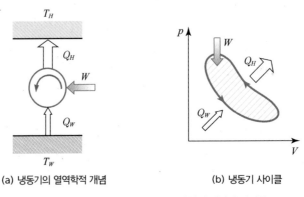

(a) 냉동기의 열역학적 개념   (b) 냉동기 사이클

그림 4.3 냉동기 및 열펌프의 열역학적 개념과 사이클

이들 장치는 열기관의 역사이클이므로 외부로부터 일 W를 공급할 필요가 있다. 이것은 압축기를 작동시키는 모터가 소비하는 동력에 상당한다. 냉동기와 열펌프의 성능은, 각각 다음 식 (4.4) 및 (4.5)로 정의하는 성적계수(coefficient of performance : COP)에 의해 표시된다.

$$냉동기 : \varepsilon_R = \frac{Q_L}{W} = \frac{Q_L}{Q_H - Q_L} \qquad (4.4)$$

$$열펌프 : \varepsilon_H = \frac{Q_H}{W} = \frac{Q_H}{Q_H - Q_L} \qquad (4.5)$$

두 개의 성적계수 사이에는 동일한 Q_H, Q_L의 경우 다음의 관계가 성립한다.

$$\varepsilon_H = \varepsilon_R + 1 \tag{4.6}$$

따라서 열펌프의 성적계수는 1보다 크며, 실제로 사용되고 있는 열펌프에서는 평균 3~4 정도이다. 결국 열펌프라는 것은 1의 일을 입력함에 따라 3~4배의 열을 퍼올릴 수 있는 환경부하가 작은 장치인 것이다(전기히터로 난방하는 경우는 1의 전기입력에서 1의 열량밖에 얻을 수 없는 것과 비교된다).

예제 4.1

출력 100 kW의 열기관이 매시 28 kg의 연료를 소비한다. 연료의 발열량을 41,870 kJ/kg이라면 열효율은 얼마인가?

풀이 1 kWh=3,600 kJ이므로, 열기관이 1시간에 하는 일량과 이 동안에 소비하는 연료가 발생하는 열량을 고려하면 식 (4.1)로부터

$$\eta = \frac{W}{Q_H} = \frac{100 \times 3,600}{28 \times 41,870} = 0.307$$

예제 4.2

어떤 냉동기가 1 kW의 동력을 사용하여 13,230 kJ/h의 열을 저열원으로부터 제거한다면, 이 냉동기의 성적계수는 얼마인가?

풀이 식 (4.4)로부터

$$\varepsilon_R = \frac{Q_L}{W} = \frac{13,230}{3,600} = 3.675$$

---

3 Carnot 사이클

열기관은 어떤 기관이라도 작동물질을 이용하여 고열원으로부터 열을 받아 그 일부는 기관을 통해 외부에 일을 하고, 나머지 열을 저열원으로 방열하며 또 원래의 상태로 되돌아가서 동일한 과정을 반복한다. 그리고 작동물질도 어떤 방법으로라도 원래의 상태로 되돌아가므로 주기적인 작업을 하게 되므로 사이클이라고 한다.

열기관의 효율은 전 절에서 기술한 바와 같이 사이클에 있어서 고열원으로부터 얻은 열량을 Q_1, 그리고 외부에 W의 일을 하고, 저열원으로 Q_2의 열량을 방출한다면 다음과 같이 표시된다.

$$\eta = \frac{W}{Q_1} \tag{4.7}$$

흡수열량 Q_1의 전부를 외부일로 변환시킬 수 있다면 그 효율은 100%가 된다는 의미이다. 그러나 현실적으로는 열량 Q_2를 저열원으로 버리지 않으면 안 된다. 또 실제 문제로서는 열기관 각 부분의 열전도, 마찰에 의한 손실이 있는데, 이것을 어떻게 제거하여 어느 정도까지 열효율을 증대시킬 수 있는지를 Carnot은 思考實驗에 의해 조사하였다. 이것을 일반적으로 Carnot 사이클이라 부르며, 당시의 문제로서 어떻게 효율이 우수한 열기관을 제작할 수 있을까라는 기술적 과제로 하나의 이론적 지침을 제공한 점, 그 외에 Thomson의 원리를 이용하여 자연현상의 비가역성을 증명하기도 하고, 또 가역 사이클과 비가역 사이클의 성질을 비교하는 데 이용되기도 하고, 더욱이 Clausius가 이들을 이용하여 엔트로피를 도입하였으며, 열역학 제2법칙을 이해하기 위해 필요하다고 생각되므로 고찰하기로 한다.

Carnot 사이클(Carnot cycle)은 하나의 작업물질, 예를 들면 어떤 기체가 그림 4.4와 같이 2개의 등온변화(1-2 : 등온(흡열)팽창, 3-4 : 등온(방열)압축)와 2개의 단열변화(2-3 : 단열팽창, 4-1 : 단열압축)(등온팽창, 단열팽창, 등온압축, 단열압축의 순서로 변화시켜 최종적으로는 처음의 상태로 되돌아가는 변화)를 한다. 그리고 그 변화는 극히 서서히(결국 준정적으로 변화시킴) 진행하며, 작업물질이 항상 평형상태에 있고, 동시에 용기의 열전도와 마찰이 없는 이상적인 사이클이다.

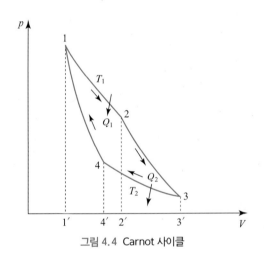

그림 4.4 Carnot 사이클

Carnot 사이클을 수행시키려면 다음과 같은 조작을 하면 된다. 즉, 그림 4.5에 표시하듯이 완전히 열을 투과하는 실린더 헤드벽을 제외하고 모든 면을 단열벽으로 둘러싼 실린더에 열이 통하지 않는 피스톤을 장착하고 그 속에 기체를 채운다. 그 외에 열용량이 충분히 커서 기체와 열의 교환이 있어도 그 온도가 전혀 변화하지 않는 두 개의 열원(온도가 각각 T_1, $T_2(T_1 > T_2)$)과, 완전히 열이 통하지 않는 단열블록 S를 준비하여 다음의 순서로 변화시킨다.

① **등온(흡열)팽창(1 → 2) :** 실린더 헤드부를 고열원 T_1에 접촉시키면서 준정적으로 등온팽창시킨다. 이때 기체는 열원으로부터 Q_1의 열을 흡수한다.

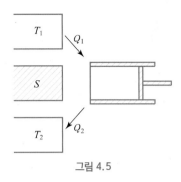

그림 4.5

② **단열팽창(2 → 3)** : 실린더를 고열원으로부터 분리하여 단열블록 S에 접촉시키고 온도가 T_2 로 될 때까지 준정적으로 단열팽창시킨다.

③ **등온(방열)압축(3 → 4)** : 실린더 헤드부를 저열원 T_2에 접촉시켜 온도를 T_2로 유지하면서 준정적으로 압축한다. 이때 기체는 열원 T_2에 열량 Q_2를 방출한다.

④ **단열압축(4 → 1)** : 실린더를 단열블록 S에 접촉시켜 온도가 T_1으로 될 때까지 준정적으로 단열압축시킨다.

이상의 4개의 변화에 있어서 ①의 과정에서는 기체가 열을 흡입하여 팽창하므로 외부에 일을 한다. 그 일의 크기는 그림 4.4에서 면적 122′1′에 상당한다. ②의 과정에서도 결국 팽창하므로 외부에 일을 한다. 그 크기는 233′2′이다. ③의 과정에서는 기체가 압축하기 때문에 외부로부터 일을 받는다. 일의 크기는 344′3′이다. ④의 과정에서도 압축되므로 외부로부터 일을 받는다. 그 크기는 411′4′이다. 종합하면 한 주기의 사이클에 있어서 결국 1234의 면적만큼의 일을 외부에 하게 된다.

다음에 이상기체 1 kmol에 대하여 각 과정의 변화에서의 일량을 계산해 보자.

① $1(P_1, V_1) \rightarrow 2(P_2, V_2)$의 변화에서는, 상태방정식 $pV = RT$이므로 외부에 대하여 하는 일 W_1은

$$W_1 = \int_{V_1}^{V_2} pdV = \int_{V_1}^{V_2} \frac{RT_1}{V} dV = RT_1 \ln \frac{V_2}{V_1} \tag{4.8}$$

가 된다.

이상기체에서, 내부에너지는 온도만에 의해 의존하고, 체적에는 의존하지 않으므로, 등온변화에 있어서 내부에너지는 변화하지 않는다. 결국 $dU = 0$, 따라서 제1법칙으로부터 흡수한 열량 Q_1은 기체가 외부에 한 일량 W_1과 같아진다. 즉

$$Q_1 = RT_1 \ln \frac{V_2}{V_1} \tag{4.9}$$

② $2(P_2, V_2) \rightarrow 3(P_3, V_3)$의 변화에서는, 열원과 접촉하지 않으므로 열의 출입은 없다. 결국 $dQ = 0$가 된다. 따라서 제1법칙으로부터 $-dU = pdV$가 된다. 그런데 이상기체의 내부에너지의 변화 $dU = c_v dT$이므로 외부에 하는 일 W_2는 다음과 같이 된다.

$$W_2 = \int_{V_2}^{V_3} pdV = -\int_{T_1}^{T_2} dU = -\int_{T_1}^{T_2} c_v dT = c_v(T_1 - T_2) \tag{4.10}$$

③ $3(P_3, V_4) \rightarrow 4(P_4, V_4)$의 변화는 등온압축이므로 ①의 경우와 전혀 반대이며, 외부로부터 받는 일 W_3는

$$W_3 = -\int_{V_3}^{V_4} pdV = RT_2 \ln \frac{V_3}{V_4} \tag{4.11}$$

가 되며, 방출하는 열량 Q_2는 외부로부터 받는 일과 같으므로 다음과 같다.

$$Q_2 = RT_2 \ln \frac{V_3}{V_4} \tag{4.12}$$

④ $4(P_4, V_4) \rightarrow 1(P_1, V_1)$의 변화에서는 단열압축이므로, ②의 경우와 역으로서 외부로부터 받는 일량 W_4는 다음과 같이 표시된다.

$$W_4 = -\int_{V_4}^{V_1} pdV = \int_{T_2}^{T_1} dU = c_v(T_1 - T_2) \tag{4.13}$$

식 (4.8), (4.10), (4.11), (4.13)으로부터 1사이클 후 외부에 대하여 행한 일 W는

$$W = W_1 + W_2 - W_3 - W_4 = RT_1 \ln \frac{V_2}{V_1} - RT_2 \ln \frac{V_3}{V_4} \tag{4.14}$$

로 되며, 식 (4.9), (4.12)를 고려하면 다음과 같이 표시할 수 있다.

$$W = Q_1 - Q_2 \tag{4.15}$$

그런데 V_1, V_2, V_3, V_4의 관계는, 단열변화 2-3의 과정에서는 $T_1 V_2^{k-1} = T_2 V_3^{k-1}$이므로 이것을 변형하여

$$\frac{T_1}{T_2} = \left(\frac{V_3}{V_2} \right)^{k-1} \tag{4.16}$$

을 얻을 수 있고, 단열변화 4-1의 과정에서는 $T_2 V_4^{k-1} = T_1 V_1^{k-1}$로부터

$$\frac{T_1}{T_2} = \left(\frac{V_4}{V_1}\right)^{k-1} \tag{4.17}$$

가 된다. 식 (4.16), (4.17)로부터

$$\frac{V_4}{V_1} = \frac{V_3}{V_2} \ \text{또는} \ \frac{V_2}{V_1} = \frac{V_3}{V_4} \tag{4.18}$$

따라서 식 (4.14)의 우변 ln항은 같으므로

$$W = Q_1 - Q_2 = R(T_1 - T_2)\ln\frac{V_2}{V_1} \tag{4.19}$$

가 된다. 이상으로부터 Carnot 사이클의 효율 η_c는 다음과 같이 표시된다.

$$\eta_c = \frac{W}{Q_1} = \frac{Q_1 - Q_2}{Q_1} = \frac{R(T_1 - T_2)\ln\dfrac{V_2}{V_1}}{RT_1\ln\dfrac{V_2}{V_1}} = \frac{T_1 - T_2}{T_1} = 1 - \frac{T_2}{T_1} \tag{4.20}$$

즉, 이상기체를 작업물질로 하는 Carnot 사이클의 효율은 고열원과 저열원의 온도의 함수임을 알 수 있다. 위 식으로부터 $1 - \dfrac{Q_2}{Q_1} = 1 - \dfrac{T_2}{T_1}$ 이므로 다음의 관계가 성립한다.

$$\frac{Q_1}{T_1} = \frac{Q_2}{T_2} \tag{4.21}$$

이 사이클은 열을 일로 변환하므로 일종의 열기관으로 볼 수 있으며, 이를 Carnot 기관 (Carnot's engine)이라고 한다. 또 Carnot 사이클은 준정적 변화이므로 이 사이클을 완전히 역으로 조작할 수 있다. 즉, 저열원으로부터 Q_2의 열량을 흡수하여 외부로부터 W의 일을 받아 고열원으로 Q_1의 열량을 방출한다는, 방향이 전혀 역방향인 사이클도 가능하다. 이와 같은 사이클을 역사이클이라 하며, 이와 같은 기관을 가역기관(reversible engine)이라고 한다.

Carnot의 열기관 외에도 여러 가지 가역열기관을 고려할 수 있다. 어떤 가역기관에서도 고열원의 온도 T_1과 저열원의 온도 T_2가 각각 같다면 그 효율은 같다. 즉 가역기관의 효율은 두 열원의 온도(절대온도)만의 함수이다.

온도가 T_1과 T_2인 동일한 열에너지 저장조간에 작동하는 실제 열기관(후술하는 비가역열기관, 열효율 η_a)과 가역열기관의 열효율(η_c)을 비교하면 다음의 관계가 있다.

- 실제 열기관(비가역열기관) : $\eta_a < \eta_c$ (4.22)
- 가역열기관 : $\eta_a = \eta_c$ (4.23)

- 불가능한 열기관 : $\eta_a > \eta_c$ (4.24)

예제 4.3

질소를 작동유체로 하는 Carnot 기관의 1사이클당 가열량이 6 kJ이고, 단열변화에서의 체적팽창비가 15이다. 만일 저열원(대기)의 온도가 18℃이고, 이 사이클을 매분 3,000회 행하게 하면 이 기관의 열효율과 출력은 얼마인가?

[풀이] 그림 4.4에서 $T_2 = 18 + 273.15 = 291.15$ K, $\dfrac{V_3}{V_2} = 15$,

$$\text{사이클수 } n = 3,000/\text{min} = 50/\text{s}$$

$$2-3\text{은 단열과정이므로 } T_1 = T_2\left(\frac{V_3}{V_2}\right)^{k-1} = 291.15 \times 15^{0.4} = 860.11 \text{ K}$$

$$\text{식 (4.20)으로부터 } \eta_c = 1 - \frac{T_2}{T_1} = 1 - \frac{291.15}{860.11} = 0.6615$$

$$1\text{사이클당 일량 } W = \eta_c Q_1 = 0.6615 \times 6 = 3.969 \text{ kJ}$$

$$3,000\text{사이클의 경우 } \dot{W} = nW = 50 \times 3.969 = 198.45 \text{ kW}$$

4 역 Carnot 사이클

위에서 언급한 Carnot 열기관 사이클은 가역 사이클이므로, 그것을 구성하는 모든 과정은 역 방향으로 할 수 있으며, 이것을 역 Carnot 사이클(reversed Carnot cycle) 혹은 Carnot 냉동 사이클(Carnot refrigeration cycle)이라 한다. 그림 4.6과 같이 역 Carnot 사이클로 작동하는 경우, Carnot 냉동기(Carnot refrigerator) 또는 Carnot 열펌프(Carnot heat pump)라고 한다.

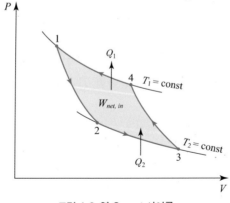

그림 4.6 역 Carnot 사이클

가역이든, 비가역이든 냉동기 혹은 열펌프의 성적계수(coefficient of performance)는 전술한 바와 같이 "원하는 출력/요구되는 입력"의 정의를 역 Carnot 사이클에 적용하면 냉동기의 성적계수는

$$\varepsilon_R = \frac{Q_2}{W_{net}} = \frac{Q_2}{Q_1 - Q_2} = \frac{T_2}{T_1 - T_2} \tag{4.25}$$

열펌프의 성적계수는 다음과 같이 표시된다.

$$\varepsilon_H = \frac{Q_1}{W_{net}} = \frac{Q_1}{Q_1 - Q_2} = \frac{T_1}{T_1 - T_2} \tag{4.26}$$

따라서 모든 가역냉동기나 열펌프의 성적계수는 고열원과 저열원의 절대온도로서 나타낼 수 있다.

동일한 온도의 열원(고열원의 절대온도 T_1, 저열원의 절대온도 T_2) 사이에서 작동하는 실제 냉동기(성적계수 ε_{Ra})와 가역 카르노 냉동기(성적계수 ε_{RC})의 성적계수를 비교하면 다음과 같다.

- 실제 냉동기(비가역냉동기) : $\varepsilon_{Ra} < \varepsilon_{RC}$ (4.27)
- 가역냉동기 : $\varepsilon_{Ra} = \varepsilon_{RC}$ (4.28)
- 불가능한 냉동기 : $\varepsilon_{Ra} > \varepsilon_{RC}$ (4.29)

예제 4.4

역 Carnot 사이클에서, 저온 측 온도가 −10℃, 고온 측 온도가 25℃일 때, 저온 측으로부터 매분 7,500 kJ의 열을 취하기 위해서는 얼마의 동력이 필요한가? 또 고온 측으로부터 방출하는 열량은 얼마인가?

[풀이] 그림 4.6에서 $T_1 = 25 + 273.15 = 298.15$ K,

$$T_2 = -10 + 273.15 = 263.15 \text{ K}$$

저열원으로부터 흡수열량 $\dot{Q}_2 = 7,500$ kJ/min

$$= 125 \text{ kJ/s}$$

식 (4.25)로부터 $\varepsilon_R = \dfrac{\dot{Q}_2}{\dot{W}} = \dfrac{\dot{Q}_2}{\dot{Q}_1 - \dot{Q}_2} = \dfrac{T_2}{T_1 - T_2}$

$$\therefore \dot{W} = \dot{Q}_2 \left(\frac{T_1}{T_2} - 1 \right) = 125 \times \left(\frac{298.15}{263.15} - 1 \right)$$

$$= 16.625 \text{ kW}$$

$$\dot{Q}_1 = \dot{Q}_2 + \dot{W}$$

$$= 125 + 16.625 = 141.625 \text{ kW}$$

예제 4.5

겨울철에 집을 난방하기 위해 열펌프를 사용할 때, 외기온도가 −7℃이고 140,000 kJ/h의 열손실이 일어난다면 집 내부의 온도를 22℃로 유지하기 위해서는 몇 kW의 동력이 필요한가?

풀이 집 내부온도가 일정하도록 하기 위해서는 열손실량만큼 열펌프로부터 열을 공급해야 하므로 그림 4.6에서 $\dot{Q}_1 = 140,000 \text{ kJ/h} = 38.89 \text{ kJ/s}$, $T_1 = 295.15$ K, $T_2 = 266.15$ K 식 (4.26)으로부터

$$\varepsilon_H = \frac{\dot{Q}_1}{\dot{W}} = \frac{\dot{Q}_1}{\dot{Q}_1 - \dot{Q}_2} = \frac{T_1}{T_1 - T_2} = \frac{295.15}{295.15 - 266.15} = 10.18$$

$$\therefore \dot{W} = \frac{\dot{Q}_1}{\varepsilon_H} = \frac{38.89}{10.18} = 3.82 \text{ kW}$$

5 비가역기관

Carnot 기관과 같은 가역기관과 달리, 유한속도로 사이클을 수행하고, 동시에 열전도, 마찰 등의 에너지 손실이 있는 실제의 열기관은 작업물질이 평형상태가 아니므로 작업물질의 변화의 방향은 한 방향이다. 또 열전도나 마찰 등에 의한 에너지의 이동방향도 보통 손실로서 작용하므로 열기관을 역으로 조작시켰을 때 그것이 행하는 사이클은 가역 사이클과 같이 방향이 모두 역으로 되는 것은 아니다. 실제의 기관은 모두 비가역기관(irreversible engine)이다.

비가역열기관의 효율은 같은 고열원(온도 T_1)과 저열원(온도 T_2)의 사이에 작용하는 가역기관의 효율보다 작다. 이것은 어떤 가역기관에서도 고열원과 저열원이 같다면, 그 효율은 모두 같다고 하는 두 가지의 명제를 합하여 Carnot의 정리라고 한다.

다음에 비가역기관의 효율이 그것과 같은 조건의 가역기관보다 작다는 것은 열역학 제2법칙을 이용하여 다음과 같이 증명할 수 있다.

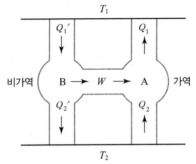

그림 4.7 가역기관-역사이클, 비가역기관-정사이클 작동

지금, 효율을 비교하려고 하는 가역기관과 비가역기관을 고열원(온도 T_1)과 저열원(온도 T_2) 사이에서 그림 4.7과 같이 가역기관을 역사이클로, 비가역기관을 정사이클로 작동시킨다.

간단히 하기 위해, 두 기관은 한 사이클 후에 같은 일을 외부에 하는 것으로 한다. 비가역기관 B는 고열원으로부터 Q_1'의 열량을 흡수하고, 저열원으로 Q_2'의 열량을 방출한다고 한다. 그때 행하는 일은 W이고, 다른 쪽의 가역기관 A를 역조작시키는 데 사용한다. 그렇게 하면 가역기관 A는 저열원으로부터 Q_2의 열량을 흡수하고, 비가역기관 B로부터 W의 일을 받으며 고열원으로 Q_1의 열량을 방출한다.

지금 비가역기관 B의 효율이 가역기관 A보다 크다고 가정하자. A, B 두 기관은 모두 원래의 상태로 되돌아가므로 내부에너지의 변화는 결국 없게 되어 $Q_1 - Q_2$, $Q_1' - Q_2'$의 열량은 일로 사용되는 것이다. 그런데 이 일량은 전술한 대로 같다고 가정하였으므로 다음의 관계가 성립한다.

$$Q_1 - Q_2 = Q_1' - Q_2' = W \tag{4.30}$$

우리가 지금, $\eta_B > \eta_A$, 즉 $\dfrac{W}{Q_1'} > \dfrac{W}{Q_1}$ 라고 가정하고 있지만, 이것을 바꾸어 쓰면(식 4.30을 이용하여) 다음의 관계로 정리할 수 있다.

$$Q_1 - Q_1' = Q_2 - Q_2' > 0 \tag{4.31}$$

식 (4.31)이 성립하면, 두 개의 기관을 동시에 고려할 때 한쪽의 기관이 하는 일은 다른 쪽에서 소비하게 되므로 두 개의 기관을 합친 것을 하나의 기관으로 생각 할 수 있다. 이와 같은 기관이 다른 쪽으로부터 에너지를 조금도 공급받지 않고 저열원으로부터 고열원으로 열량이 이동하게 되어 Clausius의 원리 형태의 열역학 제2법칙에 위배된다. 따라서 식 (4.31)은 옳지 않다. 즉

$$Q_1 \le Q_1', \quad Q_2 \le Q_2'$$

또는 $\eta_A \ge \eta_B$ $\tag{4.32}$

로 되지 않으면 안된다.

다음에 $\eta_A = \eta_B$로 가정하면, $\dfrac{W}{Q_1} = \dfrac{W}{Q_1'}$ 로부터

$$Q_1 - Q_1' = Q_2 - Q_2' = 0 \tag{4.33}$$

로 되며, 전체가 가역기관으로 되어 비가역기관을 포함하는 것과 모순이 된다. 따라서

$$\eta_A > \eta_B \tag{4.34}$$

로 되지 않으면 안된다. 따라서 비가역기관의 효율(η_B)은 가역기관의 효율(η_A)보다 작다고 결론을 내릴 수 있다.

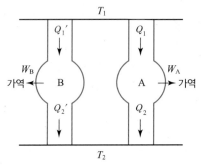

그림 4.8 가역기관-정사이클, 비가역기관-역사이클 작동

다음에는 가역기관의 효율이 작동물질의 종류에 의존하지 않는다는 것을 증명하기로 한다.

그림 4.8은 그림 4.7의 비가역기관 B도 가역기관이라고 하여 동일온도의 범위에서 작동하는 두 개의 구조가 다른 가역기관이라고 하자.

최초에는 A, B 두 개의 가역기관이 각각 고열원으로부터 각각 Q_1, $Q_1{}'$의 열량을 받아 저열원으로 각각 Q_2, $Q_2{}'$의 열량을 방열하고 각각 외부에 W_A, W_B의 일을 한다. 이때 하나의 고열원으로부터 받는 흡입열량 $Q_1 = Q_1{}'$이 된다.

먼저 가역기관 A가 외부에 하는 일 W_A와 가역기관 B가 하는 일 W_B는 각각 다음과 같다.

$$W_A = Q_1 - Q_2 \tag{4.35}$$
$$W_B = Q_1{}' - Q_2{}' \tag{4.36}$$

여기서 $W_B > W_A$라고 가정하면, 기관 A는 가역기관이므로 역방향으로 운전하면 열펌프가 되며, 이때는 외부로부터 열량 W_A를 받아 저온열원으로부터 Q_2를 흡수하여 고온열원에 Q_1을 방출하게 된다. 여기서 기관 B의 일을 이용하여 기관 A를 구동하게 하면 식 (4.35), (4.36)을 이용하고 $Q_1 = Q_1{}'$이므로 다음의 관계가 성립한다.

$$\Delta W = W_B - W_A = Q_2 - Q_2{}' = \Delta Q > 0 \tag{4.37}$$

즉, 기관 A와 기관 B를 조합하여 하나의 장치로 하면, 이 장치는 전체로서 저온열원으로부터 열량 ΔQ를 흡수하여 이것을 전부 일 ΔW로 변환하게 된다. 이것은 명백히 열역학 제2법칙에 위배되므로 최초의 가정이 잘못되었다. 따라서 $W_A \geq W_B$이어야 한다.

다음에 $W_A > W_B$로 가정하여 기관 B를 열펌프로 하고, 기관 A를 열기관으로 작동하여 같은 방법으로 고찰하면 역시 열역학 제2법칙에 위배되는 결과를 얻게 되어 $W_B \geq W_A$임이 요구된다.

위의 두 경우로부터 동시에 만족하는 조건은 $W_A = W_B$이며, 따라서 가역기관 A의 열효율 $\eta_A = W_A/Q_1$와 가역기관 B의 열효율 $\eta_B = W_B/Q_1{}'$와는 같은 값이 된다.

이상을 종합하면 가역기관의 열효율이 비가역기관의 열효율보다 크다. 그리고 가역기관의 열효율은 두 열원의 온도(절대온도)만의 함수이며, 그 작동물질의 종류에는 무관하다.

6 열역학 온도눈금과 CLausius의 식

(1) 열역학 온도눈금

일반적으로 온도계는 물질의 물성적 성질의 온도변화를 이용하여 온도를 측정한다. 그리고 이용하는 물질의 성질이 온도에 따라서 변화하고, 그 변화의 방식도 각 물질 간에 다르므로 온도계의 종류에 따라 조금 다른 온도를 표시하게 된다. 그래서 온도계의 종류에 관계없는 절대적인 온도눈금이 필요하다.

전술한 바와 같이 Carnot 사이클의 이론열효율은 고온열원의 온도 T_1과 저온열원의 온도 T_2에만 관계되며, 작동 이상기체의 종류에는 관계없다. 이것을 이용하여 절대적인 온도눈금을 만든 것이 열역학 온도눈금(thermodynamic temperature scale) 또는 절대온도눈금이라고 한다.

Carnot 사이클의 이론열효율은 $\eta_{th} = 1 - \dfrac{Q_2}{Q_1} = 1 - \dfrac{T_2}{T_1}$로 표시되며, 따라서 다음의 관계가 성립한다.

$$\frac{T_2}{T_1} = \frac{Q_2}{Q_1} \tag{4.38}$$

식 (4.38)은 온도와 열이 비례관계에 있음을 나타내며, 작동물질의 종류에 관계없다. 따라서 이 온도눈금을 절대온도눈금으로서 식 (4.20)으로 표시한 Carnot 사이클의 이론열효율로 정의되는 온도를 절대온도라고 한다. 즉 온도 T_1과 T_2의 열원에 접하고 있는 Carnot 사이클의 열기관의 열효율이나, Q_1과 Q_2를 알면 (T_1/T_2)를 알 수 있다. 단, 이것은 比이므로 절대치를 필요로 한다.

표준기압에 있어서 물의 끓는점과 어는점과의 사이를 100등분한 절대온도눈금은 Kelvin의 절대온도눈금(K)이며, T_1을 물의 끓는점, T_2를 어는점으로 하는 Carnot 사이클의 열기관을 고려하면, 이론열효율 η_{th}는 이상기체에 가까운 기체에서의 실험에 의해 0.26799로 구해진다. 즉 식 (4.39)로 표시되게 된다.

$$\eta_{th} = 0.26799 = 1 - (T_2/T_1), \ \ T_1 - T_2 = 100\,(\mathrm{K})$$
$$\therefore \ T_2/T_1 = 0.73201$$
$$\therefore \ T_1 = 373.15\,(\mathrm{K}), \ \ T_2 = 273.15\,(\mathrm{K}) \tag{4.39}$$

식 (4.39)로부터, 섭씨온도(℃)의 T는 다음 식으로 된다.

$$T\,(K) = 273.15 + t\,(℃) \tag{4.40}$$

한편, Rankine의 절대온도 눈금(R)에서는, 물의 끓는점(T_1)과 어는점(T_2)의 차 $(T_1 - T_2) = 180(R)$로 하고, 180등분하여 표시하므로 다음 식으로 된다.

$$T_2/T_1 = 0.73201, \quad T_1 - T_2 = 180\,(R)$$

$$\therefore \ T_1 = 671.67\,(R), \quad T_2 = 491.67\,(R) \tag{4.41}$$

화씨온도(°F)의 T는 다음 식으로 표시된다.

$$T_2 = 32\,(°F)$$

$$\therefore \ T(R) = 459.67 + t\,(°F) \tag{4.42}$$

(2) Clausius의 식

고열원, 저열원의 온도는 각각 T_1, T_2이며 이 사이에서 임의의 기관을 작동시키는 경우, 고열원으로부터 Q_1의 열량을 흡수하여 Q_2의 열량을 저열원에 방출할 때, 이 기관의 효율은 가역기관의 경우는

$$\eta_r = \frac{Q_1 - Q_2}{Q_1} = \frac{T_1 - T_2}{T_1} \tag{4.43}$$

이 되며, 또 비가역기관의 경우는 식 (4.34)로부터 다음과 같이 표시할 수 있다.

$$\eta_{irr} = \frac{Q_1 - Q_2}{Q_1} < \frac{T_1 - T_2}{T_1} \tag{4.44}$$

식 (4.43)과 식 (4.44)를 다시 정리하면 다음과 같이 된다.

$$\text{가역} : \ \frac{Q_1}{T_1} = \frac{Q_2}{T_2}, \quad \text{비가역} : \ \frac{Q_1}{T_1} < \frac{Q_2}{T_2} \tag{4.45}$$

지금 Q_1, Q_2의 부호를 흡수의 경우는 정(+), 방출의 경우는 부(−)로 하면, 식 (4.45)는 다음 식으로 정리된다.

$$\frac{Q_1}{T_1} + \frac{Q_2}{T_2} \leq 0 \tag{4.46}$$

여기서 등호(=)는 물론 가역변화의 경우이고, T_1, T_2는 물체의 온도이면서 동시에 작업물질의 온도이다. 한편, 부등호(<)는 비가역변화의 경우이며 각각의 온도 T_1, T_2는 물체의 온도가 아니라 열원의 온도이다. 식 (4.46)이 의미하는 것은 열기관이 가역적으로 한 사이클을 마치면 환산열량(뒤에 설명하는 엔트로피 변화량)의 대수합은 0이라는 것이다. 마찬가지로 비가역의 경우는 부(−)가 된다는 것이다.

이상의 경우는 1개의 사이클에 관계하는 열원이 2개인 경우이지만, 그림 4.9와 같이 1개의

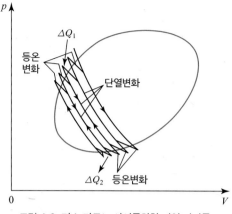

그림 4.9 미소 카르노 사이클화한 가역 사이클

사이클에 n개의 열원 $R_1(T_1)$, $R_2(T_2)$, $\cdots$, $R_n(T_n)$이 관계할 때에도 이 사이클이 가역적이라면 일반적으로 위의 관계는 다음과 같이 된다.

$$\frac{Q_1}{T_1} + \frac{Q_2}{T_2} + \cdots + \frac{Q_n}{T_n} = \sum_{i=1}^{n} \frac{Q_i}{T_i} = 0 \tag{4.47}$$

T_1, T_2, $\cdots$, T_n은 본래 열원의 온도이지만, 이것이 가역 사이클인 이상열원과 물체 사이의 열교환은 양쪽의 온도가 같은 상태로 수행되어야 하는 것이다. 따라서 식 (4.47)의 각각의 T_i는 각각의 Q_i의 교환이 행해지고 있는 물체의 온도와 같다고 보면 된다. 따라서 이 T_i는 물체의 온도로서 식 (4.47)이 성립한다.

비가역 사이클의 경우에도 식 (4.47)에 대응하여

$$\frac{Q_1}{T_1} + \frac{Q_2}{T_2} + \cdots + \frac{Q_n}{T_n} = \sum_{i=1}^{n} \frac{Q_i}{T_i} < 0 \tag{4.48}$$

가 된다. 여기서 이번에는 T_i는 열원의 온도라는 것에 주의할 필요가 있으며, 2개의 열원의 경우에도 마찬가지이다.

그런데 열원 R_1, R_2, $\cdots$, R_n이 연속적으로 온도가 다른 경우, 식 (4.47), (4.48)의 합은 적분으로 표시할 수 있다. 온도 T에 있어서 물체가 흡수하는 열량을 dQ라 하면

$$\sum_{i=1}^{n} \frac{Q_i}{T_i} = \oint \frac{dQ}{T} \tag{4.49}$$

로 쓸 수 있다. 여기서 $\oint$는 사이클의 전부에 대하여 적분함(사이클 적분)을 의미한다. 따라서 식 (4.47)과 식 (4.48)은 다음과 같이 사이클 적분기호를 이용하여 표시할 수 있다.

$$\text{가역 사이클} : \oint \frac{dQ}{T} = 0$$

$$\text{비가역 사이클} : \oint \frac{dQ}{T} < 0 \tag{4.50}$$

이것을 Clausius의 식이라 한다.

즉 가역 사이클에 있어서는 $\oint \frac{dQ}{T} = 0$이 성립하고, 비가역 사이클에 있어서는 $\oint \frac{dQ}{T} < 0$이 성립한다. Clausius의 식이 의미하는 것은 임의의 사이클 중에서 얻어지는 전 환산열량은 정(+)으로 될 수 없다. 가역 사이클에 한해서 0으로 된다.

예제 4.6

어느 열기관이 온도 1,000 K인 고열원으로부터 600 kJ의 열을 공급받아 200 kJ의 일을 하고, 나머지 400 kJ의 열을 온도 300 K인 저열원에 방출한다. 이 열기관이 열역학 제2법칙에 위배되는지를 (1) Clausius 부등식과 (2) Carnot의 원리를 각각 이용하여 검토하라.

[풀이] Clausius의 부등식에 위배되는 사이클은 곧 열역학 제2법칙을 위배한다. 열의 공급과 방열이 있는 열기관의 경계면의 온도가 열원의 온도와 같다고 하면, 사이클 적분은 다음과 같다. 고열원과 저열원을 각각 1, 2로 표시한다.

$$\oint \frac{dQ}{T} = \frac{Q_1}{T_1} - \frac{Q_2}{T_2} = \frac{600}{1,000} - \frac{400}{300} = -0.733 \text{ kJ/K}$$

$\therefore$ Clausius의 부등식 (4.50)을 만족하므로 열역학 제2법칙을 만족한다.

이 열기관의 열효율 $\quad \eta = 1 - \dfrac{Q_2}{Q_1} = 1 - \dfrac{400}{600} = 0.333$

Carnot 기관의 열효율 $\quad \eta_c = 1 - \dfrac{T_2}{T_1} = 1 - \dfrac{300}{1,000} = 0.7$

$\therefore \eta_c > \eta$ 이므로 열역학 제2법칙을 만족한다.

예제 4.7

1 kg의 이상기체가 실린더 내에 있을 때 상태 1(p_1, V_1)에서 상태 3 (p_3, V_3)까지 그림과 같이 두 개의 경로를 따라 준정적으로 변화시킨다.

경로 Ⅰ : 1~2(등온팽창), 2~3(정적냉각)
경로 Ⅱ : 1~3(단열팽창)

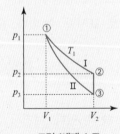

그림 [예제 4.7]

(1) 경로 Ⅰ과 Ⅱ에서 $\displaystyle\int_1^3 dQ$ 와 $\displaystyle\int_1^3 \frac{dQ}{T}$ 를 구하라. 단, dQ는 계에 유입되는 미소열량, T는 계의 온도이며, 일반적으로 열의 유입에 의해 계의 온도 T는 변화한다.

(계속)

(2) 계의 상태변화가 1-2-3-1에 따라 다시 최초로 되돌아갈 때 $\oint dQ$, $\oint \dfrac{dQ}{T}$ 를 구하라.

풀이 (1) 경로 Ⅰ의 1~2 과정

$$\int_1^2 dQ = mRT_1 \ln \frac{V_2}{V_1} = p_1 V_1 \ln \frac{V_2}{V_1}$$

$$\int_1^2 \frac{dQ}{T} = \frac{1}{T_1} \int_1^2 dQ = \frac{1}{T_1} mRT_1 \ln \frac{V_2}{V_1} = mR \ln \frac{V_2}{V_1}$$

경로 Ⅰ의 2~3 과정

$$\int_2^3 dQ = m \int_2^3 c_v dT = mc_v(T_3 - T_1) = \frac{c_v}{R}(p_3 V_2 - p_1 V_1)$$

$$\int_2^3 \frac{dQ}{T} = mc_v \int_2^3 \frac{dT}{T} = mc_v \ln \frac{T_3}{T_1}$$

$$= mc_v \ln \left(\frac{V_1}{V_2}\right)^{k-1} = mc_v(k-1) \ln \frac{V_1}{V_2} = -mc_v(k-1) \ln \frac{V_2}{V_1}$$

$$\therefore \int_1^3 dQ = \int_1^2 dQ + \int_2^3 dQ = p_1 V_1 \ln \frac{V_2}{V_1} + \frac{c_v}{R}(p_3 V_2 - p_1 V_1)$$

$$\int_1^3 \frac{dQ}{T} = \int_1^2 \frac{dQ}{T} + \int_2^3 \frac{dQ}{T} = mR \ln \frac{V_2}{V_1} - mc_v(k-1) \ln \frac{V_2}{V_1} = 0$$

경로 Ⅱ

$$\int_1^3 dQ = 0, \quad \int_1^3 \frac{dQ}{T} = 0$$

(2) $$\oint dQ = \int_{Ⅰ 1}^3 dQ + \int_{Ⅱ 3}^1 dQ = p_1 V_1 \ln \frac{V_2}{V_1} + \frac{c_v}{R}(p_3 V_2 - p_1 V_1) + 0 = 0$$

$$\oint \frac{dQ}{T} = \int_{Ⅰ 1}^3 \frac{dQ}{T} + \int_{Ⅱ 3}^1 \frac{dQ}{T} = 0$$

7 엔트로피

(1) 엔트로피의 정의

가역 사이클에서는 식 (4.50)에서와 같이 $\oint \dfrac{dQ}{T} = 0$ 이 된다. 그림 4.10에 밀폐계로 수행되는 두 개의 가역 사이클을 나타내었다. 한 사이클은 상태 1로부터 상태 2로의 내부 가역과정 A와, 상태 2에서 상태 1로의 내부 가역과정 C로 이루어진다(1-A-2-C-1). 또 다른 사이클은 상태

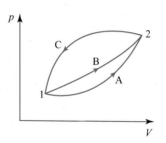

그림 4.10 밀폐계의 두 가역 사이클

1에서 상태 2로의 내부 가역과정 B와, 상태 2에서 상태 1로의 내부 가역과정 C로 이루어진다 (1-B-2-C-1).

첫 번째 사이클(1-A-2-C-1)에 대하여 가역 사이클에 대한 식 (4.50)을 적용하면

$$\oint \frac{dQ}{T} = \int_{1A}^{2} \frac{dQ}{T} + \int_{2C}^{1} \frac{dQ}{T} = 0 \tag{4.51}$$

두 번째 가역사이클(1-B-2-C-1)에 대해서는

$$\oint \frac{dQ}{T} = \int_{1B}^{2} \frac{dQ}{T} + \int_{2C}^{1} \frac{dQ}{T} = 0 \tag{4.52}$$

식 (4.51)와 식 (4.52)를 비교하면 다음의 관계가 성립하며,

$$\int_{1A}^{2} \frac{dQ}{T} = \int_{1B}^{2} \frac{dQ}{T} \tag{4.53}$$

위의 식은 dQ/T의 적분치가 두 과정에서 같다는 것을 보여준다. 두 상태 사이에 내부적으로 가역과정에 대해서는 과정에 관계없이 dQ/T의 적분치가 동일함을 의미한다(과정 A와 과정 B). 다시 말해 적분치는 최초상태에만 의존한다. 따라서 그 적분은 계의 어떤 물성치의 변화를 나타낸다고 결론지을 수 있다. 이 물성치를 S로 표시하여 엔트로피(entropy)라 하며, 그 변화량은

$$S_2 - S_1 = \left(\int_{1}^{2} \frac{dQ}{T} \right)_{rev} \text{〔kJ/K〕} \tag{4.54}$$

로 나타낼 수 있다. 여기서 "rev"는 적분이 두 상태를 연결하는 내부적으로 가역과정에 대하여 수행됨을 의미한다.

식 (4.54)는 "엔트로피 변화의 정의"이다. 미분형태로 표시하면 다음과 같다.

$$dS = \left(\frac{dQ}{T} \right)_{rev} \tag{4.55}$$

엔트로피는 시량성(示量性) 물성치(extensive property)이며, 단위는 J/K 또는 kJ/K이다. 단위질량당 엔트로피, 즉 비엔트로피(specific entropy)는 다음과 같다.

$$s = \frac{S}{m} \text{〔kJ/kgK〕} \tag{4.56}$$

만일 그림 4.10에서 1-B-2의 과정이 비가역과정이라고 하면 사이클 1-B-2-C-1은 비가역 사이클이므로 Clausius의 식 (4.50)으로부터 $\oint \frac{dQ}{T} < 0$이 되어 다음과 같이 표시할 수 있다.

$$\oint \frac{dQ}{T} = \int_{1B}^{2} \frac{dQ}{T} + \int_{2C}^{1} \frac{dQ}{T} < 0 \qquad (4.57)$$

여기서 가역 사이클과 비가역 사이클에 대한 표현을 동시에 등가의 식으로 표현하기 위해 엔트로피 생성(entropy generation) S_{gen}을 도입하여 다음과 같이 표시한다.

$$\oint \frac{dQ}{T} = -S_{gen} \qquad (4.58)$$

이때 S_{gen}의 값은 내부 비가역성이 존재하는 경우에는 정(+)의 값이고, 내부 비가역성이 존재하지 않는 경우에는 0이며, 부(−)의 값은 있을 수 없다. 즉 한 계에 의해 수행되는 사이클의 본질은 S_{cycle}에 대한 값으로 다음과 같이 나타낸다.

- $S_{gen} = 0$: 계 내에 비가역성이 존재하지 않음
- $S_{gen} > 0$: 계 내에 비가역성이 존재함
- $S_{gen} < 0$: 불가능

따라서 S_{gen}은 사이클을 수행하는 계 내에 존재하는 비가역성의 영향을 나타내는 척도이다.

예제 4.8

그림과 같이 온도 20℃, 압력 150 kPa인 공기 3 kg이 단열용기 내에 들어 있으며, 이 공기를 히터로 60℃가 될 때까지 가열할 때, 이 과정동안 엔트로피 변화량을 구하라. 단, 공기의 정적비열은 0.7171 kJ/kgK이다.

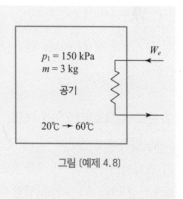

그림 〔예제 4.8〕

풀이 정적상태이므로 $dQ = mc_v dT$

∴ 식 (4.54)로부터

$$S_2 - S_1 = \int_1^2 \frac{dQ}{T} = \int_1^2 \frac{mc_v dT}{T} = mc_v \ln \frac{T_2}{T_1}$$

$$= 3 \times 0.7171 \ln \frac{60 + 273.15}{20 + 273.15}$$

$$= 0.275 \text{ kJ/K}$$

(2) 엔트로피의 일반식

엔트로피에 대하여 정의한 식 (4.54)는 한 기준상태로부터 상대적인 엔트로피를 계산하는 식이다. 기준상태와 기준치는 임의로 선택할 수 있으며, 기준상태 x에서의 값에 대한 상대적인 상태 y의 엔트로피는 다음 식으로부터 구할 수 있다.

$$S_y = S_x + \left(\int_x^y \frac{dQ}{T} \right)_{rev} \tag{4.59}$$

여기서, S_x는 기준상태에서의 엔트로피값이다.

① Tds의 관계식

순수한 물질 m〔kg〕으로 구성되는 밀폐계에 대하여 준정적과정(내부 가역과정)의 열역학 제1 법칙은 식 (2.17)과 같이 표시되며, 단위질량에 대하여 표시하면

$$dq = du + pdv \tag{4.60}$$

가역과정에서는 엔트로피의 정의 식 (4.55)로부터 단위질량에 대하여 표시하면

$$dq = Tds \tag{4.61}$$

이므로 식 (4.60)은 다음과 같이 된다.

$$Tds = du + pdv \tag{4.62}$$

또 엔탈피 $h = u + pv$를 미분하면

$$dh = du + pdv + vdp \tag{4.63}$$

식 (4.62)와 식 (4.63)을 연관지으면 다음의 식으로 표시할 수 있다.

$$Tds = dh - vdp \tag{4.64}$$

② 온도-엔트로피($T-S$)선도 및 엔탈피-엔트로피($h-s$)선도

제1법칙에 관련하여 $p-V$선도는 2장의 2절에서 다루었으며, 제2법칙을 도식적으로 이용하기 위해서는 선도의 한 축을 엔트로피로 설정할 필요가 있다. 구체적으로는 $T-s$선도(온도-엔트로피선도)와 $h-s$선도(엔탈피-엔트로피선도)가 널리 이용되고 있다.

엔트로피의 정의 식 (4.55)를 다시 고쳐 쓰면

$$dQ_{rev} = TdS \tag{4.65}$$

이다. 이 관계를 $T-S$선도, 즉 종축에 온도 T, 횡축에 엔트로피 S를 취하여 그래프 상에 그리면 그림 4.11과 같이 되며, dQ_{rev}는 미소면적에 대응한다. 따라서 1 → 2의 내부 가역과정에 의한 열의 이동량은 다음과 같이 적분하여 표시되며

$$Q_{rev} = \int Tds \tag{4.66}$$

$T-S$선도 상에서는, 과정을 표시하는 곡선의 하부면적이 된다.

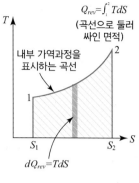

그림 4.11 $T-S$ 선도

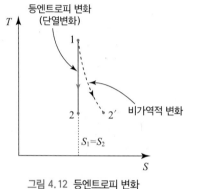

그림 4.12 등엔트로피 변화

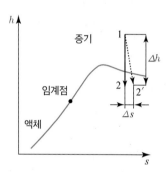

그림 4.13 $h-s$ 선도 상의 비가역과정

또 가역단열변화는 등엔트로피 과정(isentropic process)이 되므로, 그림 4.12에 나타낸 바와 같이 $T-S$ 선도 상에서 수직선으로 표시된다.

비가역과정에서 엔트로피 변화량이 증가하는 예는 그림 4.12의 점선과 같이 표시된다. 그림 중 비가역과정을 점선으로 나타내는 것은 과정 도중의 경로가 선도 상에서는 정해지지 않기 때문이다.

또 하나의 엔트로피를 축으로 하는 유용한 선도는 $h-s$ 선도이다. $h-s$ 선도는 비엔탈피 h를 종축에, 비엔트로피 s를 횡축으로 하여 작동유체(예를 들면 물)의 상태식으로부터 계산하여 그린 곡선을 몰리에선도(Mollier diagram)라고 부른다(그림 4.13 참조).

엔탈피 h는 정상유동 과정에서 제1법칙의 특징적인 상태량이며, 엔트로피 s는 정량적으로 제2법칙을 표현하는 상태량이므로, $h-s$ 선도는 정상유동 과정의 증기 사이클, 예를 들면 랭킨 사이클(Rankine cycle) 등의 평가에 실용적이다. $h-s$ 선도에서는 $T-s$ 선도와 마찬가지로 가역단열변화를 수직선으로 표시할 수 있으며, 사이클에서 열 → 일로 변환되는 엔탈피량(낙차)을 종축에 대한 선분의 길이로서 표현할 수 있다.

③ 이상기체의 가역변화에 대한 엔트로피 변화

이상기체의 엔트로피 변화량을 표시하는 일반식을 구해보자.

이상기체에 대하여 상태식 $pv = RT$, 내부에너지 변화 $du = c_v dT$, 엔탈피 변화 $dh = c_p dT$ 를 식 (4.62)와 식 (4.64)에 각각 대입하면

$$ds = \frac{dq}{T} = c_v \frac{dT}{T} + R \frac{dv}{v} \tag{4.67}$$

$$ds = \frac{dq}{T} = c_p \frac{dT}{T} - R \frac{dp}{p} \tag{4.68}$$

이 식들을 각각 적분하여, 이상기체의 엔트로피 변화를 나타내는 다음 식들을 얻을 수 있다.

$$s_2 - s_1 = \int_1^2 c_v(T) \frac{dT}{T} + R \ln \frac{v_2}{v_1} \tag{4.69}$$

$$s_2 - s_1 = \int_1^2 c_p(T) \frac{dT}{T} - R \ln \frac{p_2}{p_1} \tag{4.70}$$

이상기체에 대한 엔트로피 변화는 표를 이용하여 편리하게 구할 수 있다. 기준상태 및 기준치는 온도 0 K, 압력 1 atm인 상태에서 비엔트로피를 0으로 취한다. 그리고 식 (4.70)의 우변 제1항은 압력 1 atm, 온도 T의 상태인 기준상태에서의 기준치에 상대적인 값으로 다음과 같이 표기한다.

$$\int_0^T c_p(T) \frac{dT}{T} = s^o(T) \tag{4.71}$$

여기서 $s^o(T)$는 압력 1atm, 온도 T에서의 비엔트로피를 표시하며, s^o는 온도에만 의존하므로 온도에 대하여 표로 수록할 수 있고, 공기에 대해서는 부록 7에 kJ/kgK의 단위로 수록되어 있다.

따라서 식 (4.70)의 우변 제1항에 대한 적분은 s^o의 항으로 표시할 수 있다.

$$\int_1^2 c_p \frac{dT}{T} = \int_0^{T_2} c_p \frac{dT}{T} - \int_0^{T_1} c_p \frac{dT}{T} = s^o(T_2) - s^o(T_1) \tag{4.72}$$

따라서 식 (4.70)을 다시 쓰면 다음과 같이 된다.

$$s_2 - s_1 = s^o(T_2) - s^o(T_1) - R \ln \frac{p_2}{p_1} \tag{4.73}$$

비열(c_p 및 c_v)이 일정하다고 하면 식 (4.69)와 식 (4.70)은 각각 다음과 같이 표시된다.

$$s_2 - s_1 = c_v \ln \frac{T_2}{T_1} + R \ln \frac{v_2}{v_1} \tag{4.74}$$

$$s_2 - s_1 = c_p \ln \frac{T_2}{T_1} - R \ln \frac{p_2}{p_1} \tag{4.75}$$

여기서 식 (3.21)의 $c_p - c_v = R$과 이상기체의 식으로부터 $T = pv/R$의 관계를 식 (4.67)에 적용하면 다음 식을 얻는다.

$$s_2 - s_1 = c_v \ln \frac{p_2}{p_1} + c_p \ln \frac{v_2}{v_1} \tag{4.76}$$

다음에 각 상태변화에 대하여 엔트로피의 변화량을 구해 보자.

▪ 정적변화

정적변화를 $T-s$선도에 표시하면 그림 4.14와 같은 곡선으로 표시된다. 엔트로피의 변화량은 식 (4.74)와 (4.76)으로부터 다음과 같이 표시된다.

$$s_2 - s_1 = c_v \ln \frac{T_2}{T_1} = c_v \ln \frac{p_2}{p_1} \tag{4.77}$$

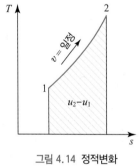

그림 4.14 정적변화

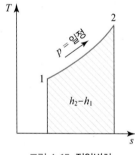

그림 4.15 정압변화

그림에서 단위질량당 열량의 변화량은 $1 \rightarrow 2$ 곡선의 하부면적에 상당하며, 열역학 제1법칙으로부터 $dv = 0$을 적용하여

$$dq = du + pdv = du = c_v dT$$
$$\therefore \; q_{12} = u_2 - u_1 = c_v(T_2 - T_1) \tag{4.78}$$

이 되며, 그 면적은 동시에 내부에너지의 변화량과 같다.

▪ 정압변화

정압변화는 $dp = 0 (p_1 = p_2)$이며, $T-s$선도 상에서 그림 4.15와 같은 곡선으로 표시된다. 엔트로피의 변화량은 식 (4.75), (4.76)로부터 다음 식을 얻을 수 있다.

$$s_2 - s_1 = c_p \ln \frac{T_2}{T_1} = c_p \ln \frac{v_2}{v_1} \tag{4.79}$$

열량은 $1 \to 2$ 곡선의 하부면적에 상당하며, $dp = 0$을 열역학 제1법칙에 적용하면

$$dq = dh - vdp = dh = c_p dT$$

$$\therefore q_{12} = h_2 - h_1 = c_p(T_2 - T_1) \tag{4.80}$$

가 되며, 그 면적은 동시에 엔탈피의 변화량과 같다.

■ 등온변화

등온변화는 $dT = 0(T_1 = T_2)$이며, $T-s$선도 상에서는 그림 4.16과 같이 s축에 평행한 직선으로 표시된다. 엔트로피의 변화량은 식 (4.74), (4.75)로부터 다음 식으로 된다.

$$s_2 - s_1 = R \ln \frac{v_2}{v_1} = R \ln \frac{p_1}{p_2} \tag{4.81}$$

열량의 변화량은 $dq = Tds$로부터 적분하고, 식 (4.81)을 적용하면

$$q_{12} = T(s_2 - s_1) = RT \ln \frac{v_2}{v_1} = RT \ln \frac{p_1}{p_2} \tag{4.82}$$

이 되며, 그 열량은 $1 \to 2$선의 하부면적에 해당한다.

■ 가역 단열변화

이 과정은 열량의 변화가 없으므로 $dq = Tds = 0$으로부터 $ds = 0$이 되어 등엔트로피 변화라 한다. 따라서 그림 4.17에 표시하는 바와 같이 s축에 수직선으로 표시된다.

$$s_2 - s_1 = 0 \tag{4.83}$$

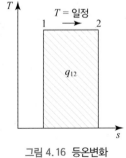

그림 4.16 등온변화

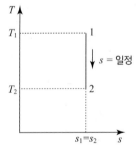

그림 4.17 단열변화

▪ 폴리트로프 변화

폴리트로프 변화 중의 열량변화량은 식 (3.64)로부터

$$ds = \frac{dq}{T} = c_n \frac{dT}{T} = c_v \frac{n-k}{n-1} \frac{dT}{T}$$

를 적분하고, $T_2/T_1 = (v_1/v_2)^{n-1} = (p_2/p_1)^{(n-1)/n}$의 관계를 이용하면 다음 식을 얻을 수 있다.

$$s_2 - s_1 = c_n \ln \frac{T_2}{T_1} = c_v \frac{n-k}{n-1} \ln \frac{T_2}{T_1} = c_v \frac{n-k}{n-1} \ln \left(\frac{p_2}{p_1} \right)^{\frac{n-1}{n}}$$

$$= c_v \frac{n-k}{n-1} \ln \left(\frac{v_1}{v_2} \right)^{n-1} \tag{4.84}$$

지금 폴리트로프지수 n의 값이 특정 값을 가질 때의 상태변화는 다음과 같으며, $T-s$선도 상의 각 변화를 표시하면 그림 4.18과 같다.

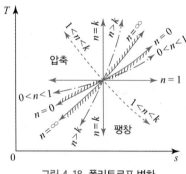

그림 4.18 폴리트로프 변화

▪ $n = 0$: 정압변화 ▪ $n = 1$: 등온변화 ▪ $n = k$: 단열변화
▪ $n = \infty$: 정적변화 ▪ $1 < n < k$: 폴리트로프 변화

예제 4.9

공기 1.5 kg을 250 K로부터 500 K까지 가열 할 때, 압력은 350 kPa에서 250 kPa로 하강한다. 엔트로피 변화량을 구하라. 단, 공기의 정압비열은 1.0035 kJ/kgK로 일정하며, 가스상수는 0.2872 kJ/kgK이다.

풀이 식 (4.75)로부터

$$S_2 - S_1 = m c_p \ln \frac{T_2}{T_1} - m R \ln \frac{p_2}{p_1}$$

$$= 1.5 \times 1.0035 \ln \frac{500}{250} - 1.5 \times 0.2872 \ln \frac{250}{350} = 1.1883 \text{ kJ/K}$$

예제 4.10

수소 3 kg이 정압 하에서 체적이 $2 \, \text{m}^3$로부터 $0.8 \, \text{m}^3$로 되기까지 냉각했을 때 엔트로피의 변화량을 구하라. 수소의 정압비열은 14.2 kJ/kgK이다.

[풀이] 식 (4.79)로부터

$$S_2 - S_1 = mc_p \ln \frac{V_2}{V_1} = 3 \times 14.2 \ln \frac{0.8}{2} = -39.03 \, \text{kJ/K}$$

예제 4.11

공기 2 kg이 정적 하에서 초기온도 15℃로부터 엔트로피 증가가 1.2 kJ/K로 되기까지 가열한다면, 이때 가해진 열량과 내부에너지 증가량을 구하라. 단, 공기의 정적비열은 0.7171 kJ/kgK이다.

[풀이] 식 (4.77)로부터

$$S_2 - S_1 = mc_v \ln \frac{T_2}{T_1} = 2 \times 0.7171 \ln \frac{T_2}{T_1} = 1.2 \, \text{kJ/K}$$

$$\therefore \ln \frac{T_2}{T_1} = 0.8367$$

$$\therefore \frac{T_2}{T_1} = 2.3087$$

$$\therefore T_2 = 2.3087 \times T_1 = 2.3087 \times 288.15 = 665.25 \, \text{K}$$

$$Q_{12} = mc_v(T_2 - T_1) = 2 \times 0.7171 \times (665.25 - 288.15) = 540.84 \, \text{kJ}$$

정적과정에서는 일을 하지 않으므로 $U_2 - U_1 = Q_{12} = 540.84 \, \text{kJ}$

예제 4.12

공기 2 kg이 폴리트로프 변화($n = 1.2$)를 하여 온도 $T_1 = 200℃$로부터 $T_2 = 20℃$까지 팽창하였다. 이때 공기에 가해진 열량, 내부에너지의 변화량, 엔트로피의 변화량을 각각 구하라. 단, 공기의 정적비열은 0.7171 kJ/kgK이다.

[풀이] 식 (3.64)로부터

$$Q_{12} = mc_n(T_2 - T_1) = mc_v \frac{n-k}{n-1}(T_2 - T_1)$$

$$= 2 \times 0.7171 \times \frac{1.2 - 1.4}{1.2 - 1} \times (20 - 200) = 258.156 \, \text{kJ}$$

$$U_2 - U_1 = mc_v(T_2 - T_1) = 2 \times 0.7171 \times (20 - 200) = -258.156 \, \text{kJ}$$

식 (4.84)로부터

$$S_2 - S_1 = mc_n \ln \frac{T_2}{T_1} = mc_v \frac{n-k}{n-1} \ln \frac{T_2}{T_1}$$

$$= 2 \times 0.7171 \times \frac{1.2 - 1.4}{1.2 - 1} \ln \frac{293.15}{473.15} = 0.6866 \, \text{kJ/K}$$

예제 4.13

공기 1 kg을 표준상태(0℃, 101.3 kPa)에서 1,200 kPa까지 압축할 때 (1) 등온변화, (2) 단열변화, (3) 폴리트로프 변화($n = 1.25$)의 각 경우에 각각 엔트로피 변화량을 구하라.

풀이 (1) 식 (4.81)로부터

$$s_2 - s_1 = R \ln \frac{p_1}{p_2} = 0.2872 \ln \frac{101.3}{1,200} = -0.71 \text{ kJ/kgK}$$

(2) $s_2 - s_1 = 0$

(3) 식 (4.84)로부터

$$s_2 - s_1 = c_v \frac{n-k}{n-1} \ln \left(\frac{p_2}{p_1} \right)^{(n-1)/n}$$

$$= 0.7171 \times \frac{1.25 - 1.4}{1.25 - 1} \ln \left(\frac{1,200}{101.3} \right)^{0.25/1.25} = -0.2127 \text{ kJ/kgK}$$

예제 4.14

질소가스가 150 kPa, 120℃에서 500 kPa, 40℃로 압축되었다. 이때의 엔트로피 변화량을 구하라. 단, 질소가스의 분자량은 28이다.

풀이 $R = \dfrac{R_u}{M} = \dfrac{8,314.3}{28} = 296.94 \text{J/kgK} = 0.29694 \text{ kJ/kgK}$

$c_p = \dfrac{k}{k-1} R = \dfrac{1.4}{0.4} \times 0.29694 = 1.0393 \text{ kJ/kgK}$

식 (4.75)로부터

$$s_2 - s_1 = c_p \ln \frac{T_2}{T_1} - R \ln \frac{p_2}{p_1}$$

$$= 1.0393 \ln \frac{313.15}{393.15} - 0.29694 \ln \frac{500}{150} = -0.594 \text{ kJ/kgK}$$

(3) 비가역변화와 엔트로피 증대

① 엔트로피 증대의 원리

엔트로피의 변화량을 하나의 계에 국한시켜 생각하면, 열이 계로부터 방출되는 경우는 엔트로피가 감소할 수도 있다. 그러나 열이 계로 유입하거나 방출되는 경우는 모두 주위와 관계가 있으므로 계와 주위를 전체로서 생각하면, 그 전체에서의 엔트로피 변화량에 대하여 고찰한다.

그림 4.19는 온도 T_o인 주위로부터 온도 T인 계로 열량 ΔQ가 전달되는 상황이다. 이 과정에서 계가 한 일은 ΔW라 한다. 이 과정을 해석하기 위해 식 (4.54)를 계와 주위에 각각 적용하면 다음과 같다.

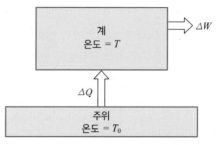

그림 4.19 계와 주위의 엔트로피 변화

$$\text{계의 엔트로피 변화} : \Delta S_{sys} = \frac{\Delta Q}{T}$$

$$\text{주위의 엔트로피 변화} : \Delta S_{surr} = -\frac{\Delta Q}{T_o}$$

따라서 계와 주위의 전체에 대한 엔트로피 변화량은 다음과 같이 표시된다.

$$\Delta S_{tot} = \Delta S_{sys} + \Delta S_{surr} = \frac{\Delta Q}{T} - \frac{\Delta Q}{T_o} = \Delta Q \left(\frac{1}{T} - \frac{1}{T_o} \right) \tag{4.85}$$

$T_o > T$ 이므로

$$\Delta S_{tot} = \Delta S_{sys} + \Delta S_{surr} > 0 \tag{4.86}$$

이 되어 전 엔트로피는 증가한다.

만일 $T > T_o$ 인 경우라면 열이 계로부터 주위로 전달되며 식 (4.85)의 우변 괄호 내의 부호가 반대로 되어 다음과 같이 쓸 수 있다.

$$\Delta S_{tot} = \Delta S_{sys} + \Delta S_{surr} = -\frac{\Delta Q}{T} + \frac{\Delta Q}{T_o} = \Delta Q \left(-\frac{1}{T} + \frac{1}{T_o} \right) > 0 \tag{4.87}$$

따라서 엔트로피가 증대하는 결과는 마찬가지임을 알 수 있다.

이 사실로부터 계와 주위를 포함하는 고립계에 있어서 전 엔트로피 변화량은 곧 엔트로피의 생성이라고 할 수 있다. 즉

$$\Delta S_{tot} = \Delta S_{sys} + \Delta S_{surr} = \Delta S_{gen} \geq 0 \tag{4.88}$$

이 식에서 등호는 가역과정인 경우이며, 부등호는 비가역과정의 경우에 성립한다. 이 식을 엔트로피 증대의 원리라고 한다.

계 내의 상태변화는 일반적으로 비가역변화를 동반하므로 계의 전 엔트로피는 증가하는 방향으로 진행하며, 또 계가 외부와 열이나 일을 교환하면서 상태변화를 하는 경우에도 변화에 관계되는 모든 계를 포함하는 전체 계를 고려하면, 이것을 고립계로 취급할 수 있다. 이와 같은 계에

서는 계를 구성하는 각각의 계의 엔트로피에는 증감이 있어도 그들의 엔트로피의 총합은 증가하는 방향으로 변화한다.

이들의 결과로부터 엔트로피의 증가는 비가역성을 나타냄에 따라 비가역성의 존재를 나타내는 열역학 제2법칙은 엔트로피 증대의 법칙이라고도 하며, 다음과 같이 표현할 수 있다.

"고립계의 엔트로피 총합은 그 계 내의 변화가 가역이면 불변이지만, 비가역이면 증가한다." 이것을 엔트로피 증대의 원리(principle of increase of entropy)라고 한다. 엔트로피의 총합은 계와 주위온도가 동일온도가 될 때까지 증가하며, 양측의 온도가 동일할 때 최대가 된다.

② 비가역변화

실제의 모든 변화는 비가역변화이며, 몇 가지 비가역과정에서의 엔트로피 변화를 고찰해 보자.

▪ 열전달(heat transfer)

온도 T_1과 T_2인 두 물체 간의 열전달량 Q인 경우, 고온물체(T_1)의 엔트로피 감소(열이 손실됨) $\Delta S_1 = -Q/T_1$이고, 저온물체(T_2)의 엔트로피 증가 $\Delta S_2 = Q/T_2$이다. 이 계 전체의 엔트로피 변화량은

$$\Delta S = \Delta S_2 + \Delta S_1 = Q[(1/T_2) - (1/T_1)] > 0 \tag{4.89}$$

이 되어 엔트로피가 증가한다.

▪ 마찰(friction)

마찰에 의해 손실되는 일 W는 물체 그 자신으로 되돌아간다(열로 변화함). 이 경우에 물체의 열용량이 대단히 크고, 그 온도 T가 변화하지 않는다면 엔트로피의 변화 ΔS는 다음 식으로 표시되며 증가한다.

$$\Delta S = W/T > 0 \tag{4.90}$$

▪ 교축(throttling)

유로에 저항체가 있어서 유로의 압력이 강하($p_1 > p_2$)하는 현상을 교축이라 하는데, 이 경우 온도는 변화하지 않는다. 따라서 식 (4.81)로부터 엔트로피 변화량은 다음 식으로 표시되며 그 값은 증가하고 있다.

$$\Delta S = R\ln\frac{p_1}{p_2} > 0 \tag{4.91}$$

▪ 기체의 혼합(mixing)

온도가 다른 동일기체의 두 부분이 접촉하여 혼합하면서 온도가 균일해지는 경우에는 각각의 질량 m_1, m_2, 비열 c_1, c_2, 온도 T_1, T_2일 때 최종온도 T_m은 다음과 같다.

$$T_m = \frac{m_1 c_1 T_1 + m_2 c_2 T_2}{m_1 c_1 + m_2 c_2}$$

이 온도의 균일화에 의한 엔트로피의 변화는 $T_1 < T_2$라 하면, 제1의 기체는 열을 받으므로 엔트로피가 증가하고, 제2의 기체는 열을 빼앗기므로 엔트로피가 감소하여 전체의 엔트로피 변화량은 다음 식으로 표시된다.

$$\Delta S = m_1 c_1 \int_{T_1}^{T_m} \frac{dT}{T} + m_2 c_2 \int_{T_2}^{T_m} \frac{dT}{T}$$

$$= m_1 c_1 \ln \frac{T_m}{T_1} + m_2 c_2 \ln \frac{T_m}{T_2} > 0 \tag{4.92}$$

▪ 기체의 자유팽창

이상기체가 체적 V_1으로부터 V_2까지 일을 하지 않으면서 팽창하는 경우에는 Joule의 법칙에 의해 온도는 변하지 않으므로, $V_2 > V_1$이므로 식 (4.81)로부터

$$\Delta S = R \ln \frac{V_2}{V_1} > 0 \tag{4.93}$$

이 되어 엔트로피가 증가한다.

예제 4.15

실내의 공기온도는 23℃, 실외의 대기온도는 12℃로 각각의 온도가 일정하다. 벽을 통해 매시 6,000 kJ의 열이 외부로 방출된다면 실내외의 매시 엔트로피 변화량 및 전 엔트로피 변화량은 얼마인가?

풀이 실내외의 매시 엔트로피 변화량을 각각 ΔS_1, ΔS_2라 하면, 열이 실내로부터 실외로 흐르므로 $\Delta S_1 < 0$, $\Delta S_2 > 0$이다.

$$\Delta S_1 = \frac{Q}{T_1} = \frac{-6,000}{296.15} = -20.26 \text{ kJ/hK kJ}$$

$$\Delta S_2 = \frac{Q}{T_2} = \frac{6,000}{285.15} = 21.04 \text{ kJ/hK}$$

$$\Delta S_{tot} = \Delta S_1 + \Delta S_2 = -20.26 + 21.04 = 0.78 \text{ kJ/hK}$$

예제 4.16

질량 1,000 kg의 우주선이 속도 10 km/s로 대기권에 돌입하여 속도가 100 m/s까지 감속하였다. 이 감속이 대기와의 마찰에 의한 것이라면 발생한 열은 모두 −45℃인 주위에 전달되었을 때 엔트로피의 변화량을 구하라.

풀이 $$\Delta Q = \frac{m}{2}(w_1^2 - w_2^2) = \frac{1,000}{2}(10,000^2 - 100^2)$$

$$= 4.9995 \times 10^{10} \text{ J} = 4.9995 \times 10^7 \text{ kJ}$$

$$\Delta S = \frac{\Delta Q}{T} = \frac{4.9995 \times 10^7}{228.15} = 2.1913 \times 10^5 \text{ kJ/K}$$

예제 4.17

700℃의 공기 1 kg이 일정압력 하에서 100℃의 공기 0.5 kg과 혼합한다. 정압비열 $c_p = 1.05$ kJ/kgK로 일정하다면, 이 과정의 엔트로피 변화량은 얼마인가?

풀이 혼합 후의 온도 T_m은

$$T_m = \frac{m_1 c_p T_1 + m_2 c_p T_2}{m_1 c_p + m_2 c_p} = \frac{m_1 T_1 + m_2 T_2}{m_1 + m_2}$$

$$= \frac{1 \times 973.15 + 0.5 \times 373.15}{1 + 0.5} = 773.15 \text{ K}$$

$$\therefore \Delta S_{tot} = \Delta S_1 + \Delta S_2 = m_1 c_p \ln \frac{T_m}{T_1} + m_2 c_p \ln \frac{T_m}{T_2}$$

$$= 1 \times 1.05 \ln \frac{773.15}{973.15} + 0.5 \times 1.05 \ln \frac{773.15}{373.15} = 0.141 \text{ kJ/K}$$

예제 4.18

이상기체가 체적 V_1의 상태 1에서 단열적으로 진공팽창하여 체적 $V_2 (> V_1)$의 상태 2가 될 때 엔트로피 변화량 ΔS를 구하고, 이 과정이 비가역과정임을 밝혀라.

풀이 진공팽창은 주위로부터 일이 없으며, 단열로서 열의 출입이 없다. 따라서 내부에너지의 변화도 없다. 내부에너지는 온도의 함수이므로 변화 전후의 온도도 같다.

따라서 식 (4.81)로부터 $V_2 > V_1$이므로

$$\Delta S = mR \ln \frac{V_2}{V_1} > 0$$

$\therefore \Delta S > 0$ 이므로 비가역과정이다.

예제 4.19

2 kg의 포화증기가 대기압 하에서 100℃로부터 주위로 열을 방출하여 100℃의 포화액으로 응축하였다. 이때 계의 엔트로피 변화량과, 계와 주위를 전체계로 하는 전 엔트로피 변화량을 구하라. 주위의 온도는 20℃이며, 포화증기 및 포화액의 비엔트로피는 각각 7.35538, 1.30687 kJ/kgK이며, 비엔탈피는 각각 2,676,419 kJ/kg이다.

풀이 $\Delta S_{sys} = \frac{\Delta Q}{T_1} = \frac{m(h_w - h_v)}{T_1} = \frac{2 \times (419 - 2,676)}{373.15} = -12.1 \text{ kJ/K}$

$$\Delta S_{surr} = \frac{\Delta Q}{T_o} = \frac{m(h_v - h_w)}{T_o} = \frac{2 \times (2,676 - 419)}{293.15} = 15.4 \text{ kJ/K}$$

$$\therefore \Delta S_{tot} = \Delta S_{sys} + \Delta S_{surr} = -12.1 + 15.4 = 3.3 \text{ kJ/K}$$

(4) 밀폐계의 엔트로피 변화

밀폐계는 경계를 통한 질량의 유출입이 없으며, 엔트로피 변화는 단순히 계의 초기와 최종상태의 엔트로피 차이다. 밀폐계의 엔트로피 변화는 열전달에 관련되는 엔트로피 전달과 계의 경계 내에서 일어나는 엔트로피의 생성에 기인한다.

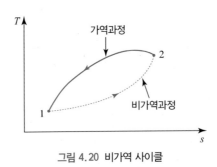

그림 4.20 비가역 사이클

그림 4.20의 비가역 사이클에서 초기상태를 1, 최종상태를 2로 하는 비가역과정(1 → 2)을 고려하고, 다른 경로를 통한 역방향의 가역과정(2 → 1)을 이루어 전체로서는 비가역 사이클을 생각하자. 이 사이클에 Clausius의 식 (4.50)이 성립하므로 다음과 같이 표시할 수 있다.

$$\oint \frac{dQ}{T} = \int_1^2 \frac{dQ}{T} + \int_2^1 \frac{dQ_{rev}}{T} \leq 0 \tag{4.94}$$

식 (4.54)를 위 식에 대입하면

$$\oint \frac{dQ}{T} = \int_1^2 \frac{dQ}{T} + (S_1 - S_2) \leq 0 \ \ 또는 \ \ S_2 - S_1 \geq \int_1^2 \frac{dQ}{T} \tag{4.95}$$

가 얻어진다. 일반적으로 비가역과정에서는 식 (4.95)의 엔트로피 변화량$(S_2 - S_1)$은 그 경로에 따르는 dQ/T의 적분치보다 크다. 그 차를 전술한 엔트로피 생성(entropy generation) S_{gen}을 도입하여 표시하면 다음과 같다.

$$S_{gen} = (S_2 - S_1) - \int_1^2 \frac{dQ}{T} \geq 0 \ \ 또는 \ \ S_2 - S_1 = \int_1^2 \frac{dQ}{T} + S_{gen} \tag{4.96}$$

또는 미분형태로 다음과 같이 표시할 수 있다.

$$dS_{gen} = dS - \frac{dQ}{T} \tag{4.97}$$

식 (4.96)의 좌변 $S_2 - S_1$은 엔트로피 상태량, 우변 $\int_1^2 \frac{dQ}{T}$는 엔트로피 수송량으로서 비상태량(非狀態量), 우변의 S_{gen}은 생성된 엔트로피이다.

모든 비가역과정에 있어서 $S_{gen} > 0$이며, 가역과정에서는 $S_{gen} = 0$이 되어 엔트로피가 일정하게 보존된다. $S_{gen} < 0$은 존재할 수 없다.

만일 계의 경계면에서 온도가 부분적으로 다른 경우에는 식 (4.96)의 적분항을 다음과 같이 합산항으로 표시한다.

$$S_2 - S_1 = \sum_{k=1}^{N} \frac{Q_k}{T_k} + S_{gen} \tag{4.98}$$

또한 각 항을 단위시간에 대한 항으로 표시하면 다음 식으로 나타낼 수 있다.

$$\frac{dS}{dt} = \sum_{k=1}^{N} \frac{\dot{Q}_k}{T_k} + \dot{S}_{gen} \tag{4.99}$$

위 식의 좌변은 엔트로피의 시간변화율, 우변 제1항은 엔트로피 수송의 시간변화율, 우변 제2항은 엔트로피 생성의 시간변화율이며, 이 식을 밀폐계의 엔트로피 평형식(entropy balance equation)이라고 한다.

예제 4.20

용기 내에 온도 T_1(K)인 질량 m(kg)의 액체가 들어 있다. 이 액체를 다음과 같이 두 가지 다른 방법으로 최종 평형온도 T_2까지 상승시키려고 한다. 각각의 방법에 대하여 엔트로피 변화량과 엔트로피 생성량을 구하라. 단, 액체의 비열 c(J/kgK)는 일정하며 온도에 의존하지 않는다. 또 액체가 비압축성이며 상변화가 일어나지 않는다고 본다.

(1) 외부로부터 준정적으로(내부 가역적으로) 액체를 가열하는 경우
(2) 외부로부터 열공급은 없고, 내부에 있는 스크류로 액체를 교반하는 경우

[풀이] 어느 경우도 밀폐계이므로 엔트로피 생성의 정의식을 조합하면 다음 식으로 표시할 수 있다.

$$S_2 - S_1 = mc \ln(T_2/T_1) + S_{gen} \tag{a}$$

(1) 준정적으로 열이동되므로 계 내의 비가역과정이 없어서 $S_{gen} = 0$, 엔트로피 변화는 등온 열이동에 따르는 엔트로피 수송뿐이다. 따라서 식 (a)로부터 엔트로피 변화량은 $S_2 - S_1 = mc \ln(T_2/T_1)$, 엔트로피 생성량은 $S_{gen} = 0$이다.

(2) 이 경우는 모두 교반이라는 비가역과정이므로 식 (a)의 우변 제1항의 열이동에 따르는 엔트로피 수송의 항은 0이 된다. 그러나 최종상태는 가역과정에 의한 (1)의 경우와 같아진다. 따라서 엔트로피 변화량은 엔트로피 생성량과 같으며 $S_2 - S_1 = S_{gen} = mc \ln(T_2/T_1)$이 된다.

(5) 개방계의 엔트로피 평형

실제의 계는 계 내외로 물질 및 열의 출입이 일어나는 개방계이다. 계 내의 물질은 에너지뿐 아니라 엔트로피도 가지므로 상태량의 양은 물질의 질량에 비례한다.

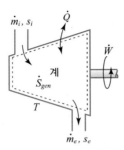

그림 4.21 개방계

지금 그림 4.21과 같은 개방계에서 계로 전달되는 열전달의 방향을 정(+)으로 할 때 식 (4.98) 의 우변에 물질의 유출입에 대한 엔트로피의 관계를 적용하면 다음 식으로 정리할 수 있다.

$$(S_2 - S_1)_{sys} = \sum_k \frac{Q_k}{T_k} + \sum_i m_i s_i - \sum_e m_e s_e + S_{gen} \tag{4.100}$$

시간변화율로 나타내면 다음과 같이 표시할 수 있다.

$$\Delta \dot{S}_{sys} = \sum_k \frac{\dot{Q}_k}{T_k} + \sum_i \dot{m}_i s_i - \sum_e \dot{m}_e s_e + \dot{S}_{gen} \tag{4.101}$$

이 식을 개방계의 엔트로피 평형식이라 하며, 좌변은 시스템의 엔트로피 변화율, 우변 제1항은 열전달에 의한 엔트로피 전달의 변화율, 우변 제2 및 3항은 물질유동에 의한 시스템으로 수송되는 엔트로피 전달의 변화율, 우변 제4항은 시스템 경계 내에서 비가역성으로 인한 엔트로피 생성의 변화율을 의미한다.

실제의 시스템인 터빈, 압축기, 노즐, 디퓨저, 열교환기 등에서는 정상상태로 운전되므로 시스템의 엔트로피 변화가 없게 된다. 따라서 정상유동의 개방계에서는 식 (4.101)에서 $\Delta \dot{S}_{sys} = 0$으로 취하여 다시 정리하면 다음과 같다.

$$\text{정상유동의 개방계} : \sum_k \frac{\dot{Q}_k}{T_k} + \sum_i \dot{m}_i s_i - \sum_e \dot{m}_e s_e + \dot{S}_{gen} = 0 \tag{4.102}$$

입구와 출구가 각각 하나씩인 단일흐름을 갖는 정상유동계에 대해서는 다음과 같이 표시된다.

$$\text{정상유동, 단일흐름의 개방계} : \sum_k \frac{\dot{Q}_k}{T_k} + \dot{m}(s_i - s_e) + \dot{S}_{gen} = 0 \tag{4.103}$$

입구와 출구가 각각 하나씩인 단일흐름을 갖는 정상유동계가 단열된 상태라고 하면 위 식의 좌변 제1항이 소거되어 다음과 같이 간단하게 표시할 수 있다.

정상유동, 단일흐름, 단열의 개방계 : $\dot{m}(s_i - s_e) + \dot{S}_{gen} = 0$ (4.104)

이 경우에 단열된 장치를 작동유체가 흐를 때 $\dot{S}_{gen} \geq 0$이므로 작동유체의 비엔트로피는 증가함 $(s_e \geq s_i)$을 알 수 있으며, 가역단열인 경우는 엔트피가 일정하다.

예제 4.21

그림과 같이 수증기가 25 bar, 450℃의 상태로 속도 150 m/s로 터빈에 유입하여 100℃의 포화증기로서 85 m/s로 유출한다. 정상상태에서 터빈은 500 kJ/kg의 일을 한다. 터빈과 주위 사이에 열전달은 평균 외측 표면온도 350 K에서 발생한다. 수증기 단위질량당 엔트로피 생성률을 구하라. 단, 위치에너지는 무시한다.

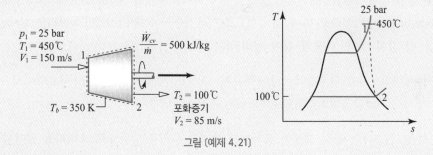

그림 〔예제 4.21〕

[풀이] 식 (4.101)로부터 $\dot{m}_i = \dot{m}_e = \dot{m}$

$$\therefore 0 = \frac{\dot{Q}}{T_b} + \dot{m}(s_1 - s_2) + \dot{S}_{gen}$$

$$\therefore \frac{\dot{S}_{gen}}{\dot{m}} = -\frac{\dot{Q}/\dot{m}}{T_b} + (s_2 - s_1) \cdots (1)$$

에너지식으로부터 $\dfrac{\dot{Q}}{\dot{m}} = \dfrac{\dot{W}}{\dot{m}} + (h_2 - h_1) + \dfrac{w_2^2 - w_1^2}{2}$

$$= 500 + (2{,}676.0 - 3{,}350.8) + \frac{85^2 - 150^2}{2}$$

$$= -182.44 \text{ kJ/kg}$$

$\therefore$ 식 (1)에서 $\dfrac{\dot{S}_{gen}}{\dot{m}} = -\dfrac{-182.44}{350} + (7.3554 - 7.1746)$

$$= 0.7021 \text{ kJ/kgK}$$

(부록 8로부터 $h_2 = h'' = 2{,}676.0$ kJ/kg, $s_2 = s'' = 7.3554$ kJ/kgK, 부록 10으로부터 25 bar(=2.5 MPa), 450℃의 $h_1 = 3{,}350.8$ kJ/kg, $s_1 = 7.1746$ kJ/kg임)

8 유효에너지(엑서지)

열이나 일은 에너지의 일종이며 서로 변환이 가능하다. 그러나 그 변환이 100% 이루어지는 것은 아니며, 일부는 무효하게 버려지고 있다. 일반적으로 일은 그 전량을 열로 변환시킬 수 있음에 반하여 열은 그 전량을 일로 변환시킬 수 없다. 다른 형태의 에너지도 일로의 변환이 쉬운 에너지와 어려운 에너지가 있다.

유효에너지(available energy)는 열역학 제2법칙의 제약 하에 이론적으로 일로 변환할 수 있는 최대의 에너지를 말하며, 엑서지(exergy)라고도 한다. 그러나 실제일은 비가역에 의한 에너지 손실, 즉 비가역성(irreversibility)으로 인하여 유효에너지(엑서지)의 전체보다 작아진다. 따라서 전 에너지로부터 무효에너지를 제외한 유효에너지(엑서지)로부터 비가역성에 의한 손실 에너지를 제외한 일이 실제일이 된다.

무효에너지(unavailable energy, anergy)는 일로 변환할 수 없는 에너지이며, 주어진 상태에서 계의 전 에너지와 엑서지의 차이다.

실제일 중에도 대기압을 이기기 위한 일은 공업적으로 이용할 수 없는 일이므로 이 일을 주위일(surrounding work)이라고 하며, 공업적으로 이용가능한 유용일(useful work)은 실제일로부터 주위일을 뺀 값이 된다. 다음과 같이 정리된다.

전 에너지= 유효에너지(엑서지) + 무효에너지=(실제일 + 비가역성) + 무효에너지
=(유용일 + 주위일 + 비가역성) + 무효에너지

현재 석유, 천연가스 등의 재생이 불가능한 에너지 자원을 대량으로 소비하고 있어서 에너지 고갈문제와 그에 따른 에너지 절약문제가 대두되고 있으므로 공학적 측면에서도 유효에너지의 해석과 에너지 개발 및 변환의 신기술이 요구되고 있다. 예로서 터빈이나 열펌프 등의 에너지 변환 시스템에 있어서 에너지가 쓸모없이 버려지는 부분을 정량적으로 명백히 하여 시스템의 개선이나 새로운 시스템의 개발이 필요한 실정이다.

열역학 제1법칙은 에너지 보존의 법칙으로서 에너지의 양을 다루고 있으므로 에너지의 유효이용과는 거리가 있다. 그러나 열역학 제2법칙은 에너지의 질을 취급하여 에너지의 무효화, 즉 비가역성에 의한 엔트로피의 생성 등을 취급함으로써 유효에너지의 향상에 대한 방향을 제시한다고 할 수 있다. 여기서 비가역성이란 비가역적 요소에 의해 잃게 되는 잠재일을 의미한다.

(1) 열역학 제2법칙과 엑서지

4.3절에서 언급한 최고의 열효율을 갖는 이상적인 열기관 사이클인 Carnot 사이클의 경우에도 열역학 제2법칙에 따라 열을 저열원에 버릴 필요가 있으므로 열기관에 주어진 열량 Q_H와 Carnot 열효율을 곱한 양만큼만 일로 변환시킬 수 있으며, 그 나머지의 열량은 저열원에 버려진

다. 여기서 얻을 수 있는 최대일을 $W_{\max}$ 이라 하면

$$W_{\max} = Q_H \cdot \eta_{Carnot} = Q_H \left(1 - \frac{T_L}{T_H}\right) \tag{4.105}$$

Carnot 열효율은 열기관 내에서 모든 과정이 가역과정인 경우의 열효율이다. 그러나 실제의 기관에서는 손실이 동반되므로 실제기관에서 얻는 일인 실제일 W 는 $W_{\max}$(Carnot 기관에서 얻을 수 있는 일)보다 작아져 그 차가 결국 에너지 손실 W_{lost} 가 된다.

$$W_{lost} = W_{\max} - W > 0 \tag{4.106}$$

연소가스의 최고온도와 최저온도 사이에서 작동하는 Carnot 열효율은 약 55~65%이며, 실제 자동차 엔진의 열효율은 20~35%에 불과하다. 따라서 에너지 손실은 20~45% 정도가 되며, 이 양이 비가역적 요소에 의해 잃어버리는 잠재일로서 이 에너지도 유용하게 공학적으로 이용할 수 있게 하는 개념으로 엑서지를 도입하게 되었다.

주위와 열역학적 평형(열적, 역학적, 화학적 평형)이 아닌 비평형계는 대기(압력 p_o, 온도 T_o)와 접촉시켜 자연적으로 방치시키면 외부에 아무 일도 하지 않고 평형상태로 되돌아간다. 그러나 그곳에 어떤 장치를 설치하면 이들 계는 얼마만큼의 일을 발생시킬 가능성을 갖고 있다.

엑서지(exergy)는 주위와 비평형상태에 있는 계가 주위와 접촉하여 평형상태가 될 때까지 발생 가능한 최대일(maximum work)을 의미한다. 이때 과정에서의 최종상태가 주위의 상태(압력 p_o, 온도 T_o, 엔탈피 H_o, 내부에너지 U_o, 엔트로피 S_o)이다. 이 엑서지와 같은 내용을 표현하는 용어로서 유효에너지(available energy, availability)가 자주 이용되며, 전 에너지로부터 엑서지를 뺀, 즉 이용 불가능한 에너지를 무효에너지(anergy)라고 한다.

또 운동에너지, 위치에너지, 전기에너지 등은 모두 엑서지이다. 즉 이들이 가진 모든 것이 일로 변환될 수 있으므로, 운동에너지와 위치에너지의 엑서지는 그 자체 값이 되며 주위온도(T_o), 주위압력(p_o)과 관계가 없다.

그러나 계의 내부에너지 U 와 엔탈피 H 는 모두 일이 되지는 않는다. 후술하듯이 내부에너지의 일부인 $U - T_o S$ 나 엔탈피의 일부인 $H - T_o S$만이 일로서 유효하다.

(2) 가역일과 비가역성, 체적변화에 의한 엑서지

엑서지의 해석은 시스템의 에너지가 갖는 유효한 잠재일을 결정하는 데 이용된다. 또한 에너지의 질(quality)을 결정하거나 다른 에너지원 사이의 잠재일을 비교하는 데도 이용된다. 엑서지의 해석에서는 최종상태가 항상 주위상태(p_o, T_o)와 동일한 상태가 되어야 하지만 실제의 시스템에서는 그렇지 못한 경우가 대부분이다.

그림 4.22와 같이 피스톤-실린더 장치의 가스가 팽창할 때 가스가 하는 일의 일부는 대기를

미는 데 이용되어 유용하게 공업적 일로 이용할 수 없으며, 전술한 바와 같이 그 일을 주위일 (surrounding work)이라 하고, 결국 잃게 되는 일로서 다음과 같이 표시된다.

$$W_{surr} = p_o(V_2 - V_1) \tag{4.107}$$
$$= mp_o(v_2 - v_1)$$

그런데 이 장치에서 외부에 하는 일은 가역과정인 경우, 다음과 같이 표시할 수 있다.

$$dW = pdV \tag{4.108}$$
$$\text{또는} \quad W_{12} = \int_1^2 pdV \tag{4.109}$$

이 경우, W_{12}는 외부(진공)에 대한 절대일이며, 그것에 대하여 그림 4.22와 같이 압력 p_1(상태 1)으로부터 대기압 p_o(상태 2)까지 가역적으로 팽창시킬 때 외부에 하는 유용한 일(useful work) W_{12u}는 실제일 W_{12}와 주위일 W_{surr}의 차로 나타내며 다음과 같이 된다.

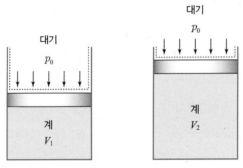

그림 4.22 가스의 팽창

$$W_{12u} = W_{12} - W_{surr} = \int_1^2 pdV - W_{surr}$$
$$= \int_1^2 pdV - p_o(V_2 - V_1) = \int_1^2 (p - p_o)dV = E_V \tag{4.110}$$

미분형으로 나타내면

$$dE_V = dW_u = dW - p_o dV = (p - p_o)dV \tag{4.111}$$

가 되며, 이 유용한 일의 최댓값이 체적변화에 의한 엑서지 E_V(가역과정으로 설정하였으므로 비가역성이 없다고 할 수 있음)에 해당된다. 식 (4.111)은 절대일인 식 (4.109)로부터 주위일 $p_o(V_2 - V_1)$의 항을 뺀 값이며, $p_o(V_2 - V_1)$의 항은 피스톤이 내외의 압력차가 없이 대기를 배제시킬 뿐으로서 유효한 일로 이용되지 못하므로 유용한 일인 최대일에 포함될 수 없다.

그림 4.23에 그 관계를 도식적으로 나타내었으며, 계의 압력이 대기압보다 낮은 경우도 같은 방법으로 취급할 필요가 있다.

가역일(reversible work) W_{rev}는 주어진 초기상태와 최종상태 사이의 과정에서 계가 얻을 수 있는 최대유동일과 같은 의미이며, 그 과정이 완전히 가역적일 때 얻을 수 있다. 만일 과정의 최종상태가 주위와 동일하다면 가역일은 엑서지가 된다.

가역일 W_{rev}와 유용한 일 W_u의 차이는 과정의 비가역성 때문이다. 이 차를 비가역성(irreversibility, I) 또는 엑서지 손실이라 부르며, 다음과 같이 나타낸다.

$$I = W_{rev} - W_u \text{ 또는 } i = w_{rev} - w_u \tag{4.112}$$

가역과정인 경우에는 실제일과 가역일이 동일하고 비가역성은 0이 되며 엔트로피 생성도 0이 된다. ($S_{gen} = 0$)

사이클에서 발생하는 일을 계산하는 경우에는 절대일을 이용하지만, 사이클에서는 원래의 상태로 되돌아가는 과정이 있으며 $p_o(V_2 - V_1)$의 항은 항상 삭제되므로 진공에 대해 하는 일에 대해서는 문제시되지 않는다. 이에 반하여 엑서지의 경우에는 반드시 사이클을 전제하지 않는 1회의 과정을 대상으로 하기 때문에 대기압과의 역학적 비평형(압력차)을 이용하는 계의 엑서지는 식 (4.110) 및 식 (4.111)로 표시되어 주위압력 p_o의 영향을 받는다.

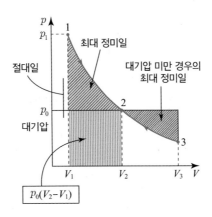

그림 4.23 체적변화에 의한 엑서지

(3) 열의 엑서지

열역학 제2법칙에서 우리는 주위와 동일한 온도의 물체가 갖는 내부에너지를 이용하여 외부에 일을 할 수 없음을 알고 있다. 따라서 내부에너지로부터 일을 얻기 위해서는 물체의 온도(T_H)가 주위온도(T_o)보다 높아야 한다. 이 경우 엑서지는 식 (4.105)에서 나타낸 바와 같이 Carnot 사이클에 의해 얻을 수 있는 일이 된다.

여기서는 제1법칙과 제2법칙을 사용한 일반적인 방법으로 엑서지를 구해보자.

그림 4.24(a)와 같이 온도 T_H의 고온열원과 주위온도 T_o를 저온열원으로 한 가역열기관을 생각하자.

고열원으로부터 얻는 열량을 Q_H, 저열원으로 버리는 열량을 Q_o라 하면 그 열기관으로부터 얻는 일량은 다음과 같다.

$$W = Q_H - Q_o \tag{4.113}$$

또 밀폐계의 제2법칙 식 (4.96)

$$S_2 - S_1 = \int_1^2 \frac{dQ}{T} + S_{gen} \tag{4.114}$$

을 이 계에 적용하면, 한 사이클에서 엔트로피는 원래의 값으로 돌아가므로

$$S_2 - S_1 = 0, \quad \text{사이클} \tag{4.115}$$

$$T_L < T_o < T_H \ (T_o : \text{주위온도})$$

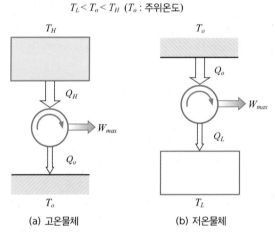

(a) 고온물체 (b) 저온물체

그림 4.24 열의 엑서지

이 된다. 또 열의 유입에 따르는 엔트로피 수송량은 열량의 부호를 고려하면 다음과 같이 된다.

$$\int_1^2 \frac{dQ}{T} = \frac{Q_H}{T_H} - \frac{Q_o}{T_o} \tag{4.116}$$

식 (4.115) 및 식 (4.116)을 식 (4.114)에 대입하면

$$S_{gen} = \frac{Q_o}{T_o} - \frac{Q_H}{T_H} \geq 0 \tag{4.117}$$

이 된다. 식 (4.117)을 식 (4.113)에 대입하여 Q_o를 소거하면 다음 식이 얻어진다.

$$W = Q_H\left(1 - \frac{T_o}{T_H}\right) - T_o S_{gen} \quad \text{또는} \quad W \leq Q_H\left(1 - \frac{T_o}{T_H}\right) \tag{4.118}$$

엑서지는 열기관 내부가 모두 가역과정일 때 얻을 수 있는 최대일이므로 식 (4.118)의 왼쪽 식에서 비가역과정에 의한 엔트로피 생성 $S_{gen} = 0$(또는 오른쪽 식의 부등호를 등호로)으로 하면 열의 엑서지 E_Q는 다음 식으로 나타낼 수 있다.

$$E_Q = W_{max} = Q_H\left(1 - \frac{T_o}{T_H}\right) \tag{4.119}$$

즉, 열의 엑서지는 열량에 Carnot 효율을 곱한 것이라는 것을 증명한 것이다. 따라서 열의 엑서지는 주위온도 T_o의 영향을 받는다.

예제 4.22

3,000 kW의 열을 가하여 1,100 K의 온도가 되는 큰 로에서 열전달로 인한 엑서지량을 구하라. 주위온도는 25℃이다.

풀이 $\eta_{th,\,max} = \eta_{th,rev} = 1 - \dfrac{T_L}{T_H} = 1 - \dfrac{T_o}{T_H} = 1 - \dfrac{298}{1,100} = 0.729$

$\dot{E}_Q = \dot{W}_{max} = \eta_{th,rev} \cdot \dot{Q}_H = 0.729 \times 3,000 = 2,187 \text{ kW}$

예제 4.23

그림과 같이 1,000 K의 고열원으로부터 열기관이 450 kJ/s의 열을 받아 150 kW의 일을 하고, 300 K의 저열원에 나머지 열을 버린다. 가역동력(reversible power)과 비가역성(irreversibility)을 구하라.

풀이 식 (4.105)로부터

$$\dot{W}_{rev} = \eta_{th,rev} \cdot \dot{Q}_H = \left(1 - \frac{T_L}{T_H}\right)\dot{Q}_H$$
$$= \left(1 - \frac{300}{1,000}\right) \times 450 = 315 \text{ kW}$$

식 (4.112)로부터

$$\dot{I} = \dot{W}_{rev} - \dot{W}_u = 315 - 150 = 165 \text{ kW}$$

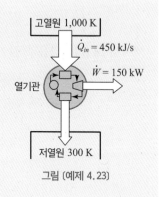

그림 〔예제 4.23〕

(4) 엑서지 효율(제2법칙 효율)

엑서지라는 개념을 도입하면 지금까지 사용해 온 열효율의 정의와 다른 개념의 효율을 생각하게 되는데, 그것은 열효율의 최댓값 η_{max} 이라는 개념으로서 고열원으로부터 얻는 열에너지에

대한 열의 엑서지의 비이다. 즉

$$\eta_{max} = \frac{E_Q}{Q_H} = \left(1 - \frac{T_o}{T_H}\right) = \eta_{Carnot} \tag{4.120}$$

결국, 열효율은 최대일을 발생하는 경우에도 상한은 Carnot 효율(η_{Carnot})이며 1보다 작다. 종래부터 사용해 온 열효율을 제1법칙 효율(first law efficiency) $\eta_I \left(\eta_I = \frac{W}{Q_H},\ W = Q_H - Q_o\right)$ 이라 하며, $0 < \eta_I < \eta_{Carnot}$의 관계에 있다.

이에 대하여 제2법칙 효율(2nd law efficiency) 또는 엑서지 효율(exergy efficiency)은 최대가능일(가역일)에 대한 유용한 일의 비로서 다음과 같다.

$$\eta_{II} = \frac{W_u}{W_{rev}} = \frac{W}{E} \tag{4.121}$$

엑서지 효율을 이용하면 열기관의 경우 최고효율은 1이 되며, 제1법칙 효율과는 다음의 관계가 성립한다.

$$\eta_I = \eta_{II} \cdot \eta_{Carnot} \tag{4.122}$$

그림 4.25는 두 효율의 관계를 도식적으로 나타낸 것이다.

냉동기 혹은 열펌프의 사이클 기기에 대한 엑서지 효율은 성능계수로 다음과 같이 정의할 수 있다.

$$\eta_{II} = \frac{COP}{COP_{rev}} \tag{4.123}$$

엑서지 효율은 다음과 같이 정의되기도 한다.

$$\eta_{II} = \frac{회복된\ 엑서지}{공급된\ 엑서지} = 1 - \frac{소멸된\ 엑서지(비가역성)}{공급된\ 엑서지} \tag{4.124}$$

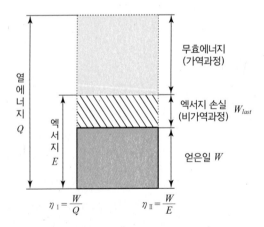

그림 4.25 제1법칙 효율과 제2법칙 효율의 관계

따라서 엑서지 효율을 구할 때 얼마나 많은 엑서지 또는 잠재일이 과정 중 소비되었는가를 결정해야 한다. 가역과정에서는 비가역성이 0이므로 공급된 엑서지는 모두 회수할 수 있다. 공급 엑서지 중 아무것도 회수하지 못하면 엑서지 효율은 0이다. 엑서지는 열, 일, 운동에너지, 위치에너지, 내부에너지, 엔탈피 등 여러 가지 형태로 공급 또는 회수할 수 있다. 어떻든 회복 엑서지와 소멸 엑서지(비가역성)를 합하면 공급 엑서지가 된다.

열기관의 경우, 공급 엑서지는 엔진에 전달되는 열의 엑서지의 감소, 즉 공급열의 엑서지와 방출열의 엑서지의 차가 되며, 출력일이 회복 엑서지이다.

냉동기, 열펌프의 경우, 사이클 기기에서의 일은 전량 유효하므로 공급 엑서지는 입력일이 되며, 회복 엑서지는 열펌프의 경우 고열원에 전달되는 에너지, 냉동기의 경우는 저열원으로부터 전달되는 에너지이다.

비혼합 열교환기에서는 일반적으로 공급 엑서지는 고온유체의 에너지 감소량, 회복 엑서지는 저온유체의 에너지 증가량에 상당한다.

예제 4.24

가스스토브에 의해 실내를 난방하는 경우, 엑서지 효율을 구하라. 단, 열원의 화염온도 $T_H = 2,000$ K, 이용온도 $T_u = 310$ K, 주위온도 $T_o = 298$ K이다. 또 열손실은 없는 것으로 한다.

풀이 열의 엑서지는 식 (4.119)로부터 $E_{Q_s} = Q_H \left(1 - \dfrac{T_o}{T_H} \right)$

이용계의 엑서지는 $E_{Qu} = Q_u \left(1 - \dfrac{T_o}{T_u} \right)$

열손실이 없으므로 $Q_H = Q_u$

식 (4.121)로부터 $\eta_{\mathrm{II}} = \dfrac{W_u}{W_{rev}} = \dfrac{1 - T_o/T_u}{1 - T_o/T_H} = \dfrac{1 - 298/310}{1 - 298/2{,}000} = 0.0455 = 4.55\%$

예제 4.25

실내난방을 위한 전기히터가 효율 100%이며, 실내온도 21℃, 외기온도 10℃인 경우, 전기히터의 엑서지 효율을 구하라.

풀이 $COP = \dfrac{Q_H}{Q_H - Q_L} = 1 \, (\because 효율\ 100\%이므로\ Q_L = 0임)$

$COP_{rev} = \dfrac{T_H}{T_H - T_L} = \dfrac{294}{294 - 283} = 26.7$

$\therefore$ 식 (4.123)으로부터 엑서지 효율 $\eta_{\mathrm{II}} = \dfrac{COP}{COP_{rev}} = \dfrac{1}{26.7} = 0.037 = 3.7\%$

(5) 밀폐계의 엑서지 해석

그림 4.26에 표시한 바와 같은 밀폐계의 엑서지(exergy)를 생각하자. 계는 주위에 대하여 정지하고 있다고 한다. 초기상태 1에서의 상태량은 p_1, T_1, V_1, U_1, S_1이며, 최종평형상태 2에서의 상태량은 주위상태로서 p_o, T_o, V_2, U_2, S_2가 되는 과정을 생각한다.

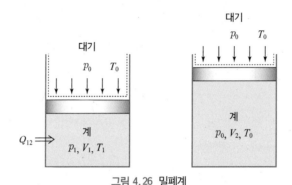

그림 4.26 밀폐계

이 계에 대한 제1법칙은 다음과 같다(식 4.111을 이용).

$$dQ = dU + dW = dU + dW_u + p_o dV \tag{4.125}$$
$$(\because dW = pdV = (p - p_o)dV + p_o dV = dW_u + p_o dV)$$

또 제2법칙은 열의 출입이 주위온도 T_o의 등온 하에서 행해진다고 생각하므로

$$dS_{gen} = dS - \frac{dQ}{T_o} \geq 0 \tag{4.126}$$

이 된다. 식 (4.125)에 식 (4.126)을 대입하여 dQ를 소거시키면 다음 식이 얻어진다.

$$dW_u = -dU + T_o dS - p_o dV - T_o dS_{gen} \tag{4.127}$$
$$또는 \ dW_u \leq -dU + T_o dS - p_o dV \tag{4.128}$$

엑서지는 가역과정의 경우에 얻을 수 있는 유용한 일의 최대치이므로 식 (4.127)의 엔트로피 생성 dS_{gen}을 0으로 하든지, 식 (4.128)을 등호로 하면 밀폐계의 엑서지 dE_{closed}가 다음 식으로 표시된다.

$$dE_{closed} = -dU + T_o dS - p_o dV \tag{4.129}$$

이것은 밀폐계의 체적팽창에 의한 일이며, E_V(체적변화에 의한 엑서지, 식 (4.110))와 구별하기 위해 E_{closed}로 표시하였다.

계의 초기상태를 1, 최종상태를 2라 하여 식 (4.129)를 1~2 상태 사이에서 적분하면

$$E_{closed} = (U_1 - U_2) - T_o(S_1 - S_2) + p_o(V_1 - V_2) \qquad (4.130)$$

이 식은 밀폐계의 엑서지(유효에너지)를 나타내며, 계가 이론적으로 할 수 있는 에너지의 최대치, 즉 최대일이다.

식 (4.130)에서 상태 2를 주위(첨자 0으로 표시)와 평형이 되었을 때의 상태량(2 → 0으로 치환)이라고 생각하여 통일시켜 표시하면 다음과 같이 된다.

$$E_{closed} = (U_1 - U_o) - T_o(S_1 - S_o) + p_o(V_1 - V_o) \qquad (4.131)$$

엑서지는 시량성 상태량으로 생각해도 문제가 없으므로 위 식을 단위질량에 대하여 나타내면

$$e_{closed} = (u_1 - u_o) - T_o(s_1 - s_o) + p_o(v_1 - v_o) \qquad (4.132)$$

$$\text{또는} \quad de_{closed} = -du + T_o ds - p_o dv \qquad (4.133)$$

이며, 이를 비엑서지(specific exergy)라고 한다.

정지한 밀폐계가 어떤 과정 동안의 엑서지의 변화량, 즉 유효에너지의 변화량은 식 (4.131)로부터 다음과 같이 표시된다.

$$\begin{aligned}
\Delta E_{closed} &= E_{2\ closed} - E_{1\ closed} \\
&= (U_2 - U_1) - T_o(S_2 - S_1) + p_o(V_2 - V_1) \\
&= (H_2 - H_1) - T_o(S_2 - S_1) \qquad (4.134)
\end{aligned}$$

만일 계가 운동에너지($\dfrac{mw^2}{2}$, w : 유속)와 위치에너지(mgz)를 갖는 상태라면, 식 (4.134)의 우변에 $m\dfrac{w_2^2 - w_1^2}{2} + mg(z_2 - z_1)$가 추가되어 다음 식으로 표시된다.

$$\Delta E_{closed} = (H_2 - H_1) - T_o(S_2 - S_1) + m\frac{w_2^2 - w_1^2}{2} + mg(z_2 - z_1) \qquad (4.135)$$

밀폐계의 비가역성은 다음 식으로 표시된다.

$$\begin{aligned}
I = W_{rev} - W_u &= T_o S_{gen} \qquad (4.136) \\
&= T_o\left[(S_2 - S_1) + \int_1^2 \frac{dQ}{T}\right]
\end{aligned}$$

예제 4.26

2 MPa, 200℃의 공기 5 kg이 1 MPa, 15℃의 주위에 대하여 갖는 유효에너지(엑서지)는 얼마인가?
단, 공기의 정적비열은 0.7171 kJ/kgK, 정압비열은 1.005 kJ/kgK이다.

풀이 단위질량의 엑서지는 식 (4.132)로부터 $e = (u - u_o) - T_o(s - s_o) + p_o(v - v_o)$

여기서 $u - u_o = c_v(T - T_o) = 0.7171 \times (473.15 - 288.15) = 132.6635$ kJ/kg

$$T_o(s - s_o) = T_o\left[c_p \ln\frac{T}{T_o} - R\ln\frac{p}{p_o}\right]$$

$$= 288.15\left[1.005\ln\frac{473.15}{288.15} - 0.2872\ln 2\right] = 86.225 \text{ kJ/kg}$$

$$p_o(v - v_o) = p_o\left[\frac{RT}{p} - \frac{RT_o}{p_o}\right]$$

$$= 1 \times 10^3 \times \left[\frac{0.2872 \times 473.15}{2 \times 10^3} - \frac{0.2872 \times 288.15}{1 \times 10^3}\right]$$

$$= -14.812 \text{ kJ/kg}$$

$$\therefore E = me = 5 \times (132.6635 - 86.255 - 14.812) = 157.98 \text{ kJ}$$

예제 4.27

실린더의 체적 1,000 cm³인 피스톤-실린더 장치에서 배기밸브를 열기 직전의 온도 700℃, 압력 500 kPa의 연소가스가 남아 있다. 이 연소가스의 비엑서지를 구하라. 단, 미연소물질은 남아 있지 않으며 연소가스를 공기로 가정하여 가스상수 $R = 287.13$ J/kgK, 비열 $c_p = 1.005$ kJ/kgK, $c_v = 0.718$ kJ/kgK로 일정하다고 가정한다. 외기온도 $T_o = 25$℃, 외기압력 $p_o = 1$ atm이다.

풀이 식 (4.129)를 단위질량에 대하여 표시하면

$$de_{closed} = -du + T_o ds - p_o dv$$

$$= -c_v dT + T_o\left(c_p\frac{dT}{T} - R\frac{dp}{p}\right) - p_o dv$$

적분하면

$$e_{closed} = c_v(T - T_o) + T_o\left(c_p\ln\frac{T_o}{T} - R\ln\frac{p_o}{p}\right) - p_o(v_o - v)$$

$$= c_v(T - T_o) + T_o\left(c_p\ln\frac{T_o}{T} - R\ln\frac{p_o}{p}\right) - RT_o\left(1 - \frac{T}{T_o}\frac{p_o}{p}\right)$$

$$= 0.718(973 - 298) + 298\left(1.005\ln\frac{298}{973} - 0.28713\ln\frac{101.3}{601.3}\right)$$

$$- 0.28713 \times 298\left(1 - \frac{101.3}{298} \cdot \frac{973}{601.3}\right)$$

$$= 244.16 \text{ kJ/kg}$$

(6) 정상유동계의 엑서지 해석

터빈, 압축기, 노즐, 디퓨저, 열교환기와 같은 정상유동계가 그림 4.27과 같이 질량유량의 유출입량이 각각 $\dot{m}_i$, $\dot{m}_e$, 입출구의 유속을 각각 w_i, w_e, 위치는 z_i, z_e, 주위의 상태 T_o, p_o인 주위와 열교환을 하며, 외부에 $\dot{W}$의 일을 한다고 생각하자.

이 계에 대한 열역학 제1법칙 식을 표시하면

$$\dot{Q} - \dot{W} = \sum \dot{m}_e \left(h_e + \frac{w_e^2}{2} + gz_e \right) - \sum \dot{m}_i \left(h_i + \frac{w_i^2}{2} + gz_i \right) \tag{4.137}$$

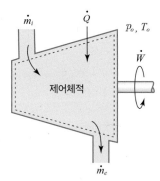

그림 4.27 정상유동계

열역학 제2법칙 식을 표시하면

$$\dot{S}_{gen} = \sum \dot{m}_e s_e - \sum \dot{m}_i s_i - \frac{\dot{Q}}{T_o} \tag{4.138}$$

식 (4.138)를 식 (4.137)에 대입하여 정리하면 다음과 같이 표시된다.

$$\dot{W} = \sum \dot{m}_i \left(h_i + \frac{w_i^2}{2} + gz_i - T_o s_i \right)$$

$$- \sum \dot{m}_e \left(h_e + \frac{w_e^2}{2} + gz_e - T_o s_e \right) - T_o \dot{S}_{gen} \tag{4.139}$$

이 식은 실제일임과 동시에 유용한 일이다(고정경계면을 가지므로 주위일을 하지 않기 때문임).

가역일은 식 (4.139)에서 $\dot{S}_{gen} = 0$으로 취하면 되므로

$$\dot{W}_{rev} = \sum \dot{m}_i \left(h_i + \frac{w_i^2}{2} + gz_i - T_o s_i \right) - \sum \dot{m}_e \left(h_e + \frac{w_e^2}{2} + gz_e - T_o s_e \right) \tag{4.140}$$

이 식에서 $\dot{m}_i = \dot{m}_e = \dot{m}$이고, 첨자를 $i \rightarrow 1$, $e \rightarrow 0$으로 표시하면 다음 식으로 된다.

$$\dot{W}_{rev} = \dot{m}\left[(h_1 - h_o) - T_o(s_1 - s_o) + \frac{w_1^2 - w_o^2}{2} + g(z_1 - z_o)\right] \qquad (4.141)$$

가역일의 최종상태가 주위상태이면 그 일은 엑서지이며, 엑서지를 동력항으로 나타내면 다음 식으로 표시된다.

$$\dot{E}_{flow} = \dot{m}\left[(h_1 - h_o) - T_o(s_1 - s_o) + \frac{w_1^2 - w_o^2}{2} + g(z_1 - z_o)\right] \qquad (4.142)$$

이 식을 에너지항으로 표시하면 다음과 같으며, 정상유동계의 엑서지(유효에너지)라고 한다.

$$E_{flow} = (H_1 - H_o) - T_o(S_1 - S_o) + m\frac{w_1^2 - w_o^2}{2} + mg(z_1 - z_o) \qquad (4.143)$$

$$= (U_1 + p_1 V_1) - (U_o + p_o V_o) - T_o(S_1 - S_o) + m\frac{w_1^2 - w_o^2}{2} + mg(z_1 - z_o)$$

예제 4.28

그림과 같은 압축기에 냉매 R-134a가 0.2 MPa, −10℃의 상태로 유입하여 1.0 MPa, 40℃의 상태로 유출한다. 주위의 조건은 20℃, 95 kPa일 때, 이 과정동안 냉매의 엑서지 변화량과 압축기에 공급하기 위해 필요한 최소일량을 단위질량에 대하여 구하라.

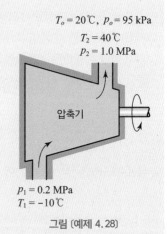

$T_o = 20℃, \ p_o = 95 \text{ kPa}$

$T_2 = 40℃$

$p_2 = 1.0 \text{ MPa}$

압축기

$p_1 = 0.2 \text{ MPa}$
$T_1 = -10℃$

그림 [예제 4.28]

[풀이] 부록 12로부터

$p_1 = 0.2$ MPa, $T_1 = -10℃$에서의 $h_1 = 392.68$ kJ/kg

$s_1 = 1.7337$ kJ/kgK

$p_2 = 1.0$ MPa, $T_2 = 40℃$에서의 $h_2 = 419.86$ kJ/kg

$s_2 = 1.7135$ kJ/kgK

속도에너지와 위치에너지를 무시하면 식 (4.143)을 단위질량의 에너지항으로 표시하면 엑서지 변화량은

$$\Delta e_{flow} = e_{2flow} - e_{1flow} = (h_2 - h_1) - T_o(s_2 - s_1)$$
$$= (419.86 - 392.68) - 293.15(1.7135 - 1.7337)$$
$$= 33.1 \text{ kJ/kg}$$

주어진 주위조건에 대한 엑서지 변화량은 그 주위에서의 가역적 일을 나타낸다. 그것은 압축기와 같은 일을 소비하는 장치를 위해 필요한 최소일이다.

∴ 냉매의 엑서지 증가량은 압축기에 공급하기 위한 최소일과 같으므로

$$w_{in.min} = \Delta e_{flow} = 33.1 \text{ kJ/kg}$$

9 자유에너지

(1) 자유에너지의 개념과 종류

엑서지(exrgy)와 자유에너지(free energy)는 모두 계로부터 얻을 수 있는 최대일을 나타내지만 그 과정 및 최종 평형상태가 다르다. 즉 자유에너지의 경우는 등온·정압 혹은 등온·정적조건에서의 최대일이고, 엑서지의 경우는 가역과정의 최대일이며 가역과정이라면 어떤 경로라도 관계없다. 또 엑서지의 최종 평형상태는 주위와 평형상태이지만 자유에너지는 그러한 제약이 없다. 그런데 연소, 연료전지와 같은 화학반응의 최대일이나 평형조건을 기술할 때는 자유에너지가 보다 적합하다.

계의 상태를 지정하는 변수로서 압력 p, 체적 V 외에 열역학 제0법칙에서의 온도 T, 제1법칙의 내부에너지 U, 제2법칙에서의 엔트로피 S 등이 개념적으로는 사용되지만, 실제 변화를 대상으로 할 때 새로운 함수를 이용하면 그 현상을 보다 한층 명료하게 이해할 수 있다. 예를 들면 엔탈피(enthalpy), 후술하는 자유에너지 등이다. 이들을 열역학적 함수라고 한다.

열역학적 함수의 하나인 자유에너지(free energy)에 대하여 고찰해 보기로 한다.

실제로 자연계에 일어나는 변화는 비가역적이므로 다음 식이 성립한다.

$$TdS \geq dQ \tag{4.144}$$

가역변화의 경우는 등호가 적용된다. 어느 물질의 계가 열량 dQ를 받고 외부로부터 dW의 일을 받는다면($-dW$는 외부에 하는 일임) 열역학 제1법칙으로부터

$$dQ = dU - dW \tag{4.145}$$

식 (4.144)와 (4.145)로부터 $TdS \geq dU - dW$이므로 다음 식을 얻을 수 있다.

$$dU - TdS \leq dW \tag{4.146}$$

다음에 특별한 조건 하에서 변화하는 여러 가지 경우를 생각해 보기로 한다.

① 단열변화의 경우

이 경우는 $dQ = TdS = 0$이므로 식 (4.145)는

$$dU = dW \tag{4.147}$$

따라서 식 (4.146)으로부터

$$dS \geq 0 \tag{4.148}$$

즉, 비가역 단열변화에서는 엔트로피가 증가하고, 가역 단열변화에서는 엔트로피의 변화가 없고 일정하다.

② 등온변화의 경우

등온변화에서는 $T=$const이므로 식 (4.146)에서 좌변항을 $d(U-TS)$로 표시할 수 있다. 여기서 $(U-TS)$를 하나의 물리량으로서 도입하면, U, S가 상태량이므로

$$F = U - TS \qquad (4.149)$$

로 표시할 때 F도 하나의 상태량이 된다. 이것을 이용하면 식 (4.146)은 다음과 같이 표시할 수 있다.

$$dF \leq dW \qquad (4.150)$$

이 결과는 다음과 같이 표현할 수 있다. "한 계가 등온변화에 있어서 외부로부터 받은 일은 상태량 F의 증가량보다 크다. 특히 가역변화라면 외부로부터 받은 일은 F의 증가량과 같다."

식 (4.150)을 다시 쓰면

$$-dF \geq -dW \qquad (4.151)$$

과 같이 되며, 좌변은 F의 감소량이고, 우변의 $-dW$는 외부에 하는 일이므로 이 식은 다음과 같은 의미를 갖는다. "한 계가 등온변화에 있어서 외부에 하는 일은 F의 감소량보다 크지는 않다. 특히 가역변화라면 F의 감소량과 같다." 결국 F의 감소량은 외부에 하는 최대일이 된다.

이와 같이 생각하면 F는 등온가역적으로 그 계를 통해 자유롭게 일로 변화할 수 있는 에너지라고 할 수 있다. 이것을 Helmholtz의 자유에너지(Helmholtz free energy)라고 한다.

식 (4.149)로부터 $U = F + TS$에서 보면 등온가역적으로 계가 방출하는 내부에너지는 두 가지 부분으로 나눌 수 있으며, 그 하나는 외부에 역학적 일을 하는 자유에너지(F)와 나머지 부분은 열의 이동에 의해 주위와 관계되는 에너지이다. 후자의 에너지는 속박에너지(bound energy)라 부르는 경우가 있으며, 속박에너지의 척도가 엔트로피라는 것이다.

다음에 등온변화에 있어서 외부에 하는 일이 없는 경우를 생각하면 $dW = 0$이므로 식 (4.150)으로부터

$$dF \leq 0 \qquad (4.152)$$

즉 "외부에 일을 하지 않는 등온 비가역변화에서는 Helmholtz의 자유에너지는 반드시 감소하며 가역변화에서는 그 감소량이 0이다."

우리가 경험하는 이와 같은 경우는 體系에 외부로부터 일정한 압력이 작용하고 있지만 체적이 일정하여 일이 0인 경우이며, 화학변화 등에서 많이 볼 수 있다. 즉, 이와 같은 예에서 등온·정적변화에서는 F가 반드시 감소한다.

③ 등온·정압변화의 경우

이 경우는 외부로부터의 힘이 정수압(靜水壓)뿐으로, 온도와 압력이 일정하게 유지되는 경우

이며, 실제는 대기압을 받으면서 또 일정한 온도로 유지하면서 변화하는 경우에 상당한다. 이때의 일(압축일이므로 체적이 감소)은

$$dW = -pdV \tag{4.153}$$

이것을 식 (4.150)에 대입하여 변형하면 $dF \leq -pdV$이므로

$$dF + pdV \leq 0 \tag{4.154}$$

등온·정압변화이므로 식 (4.154)를 다시 쓰면 다음과 같다.

$$d(F + pV) \leq 0 \tag{4.155}$$

여기서 $\ G = F + pV = U - TS + pV$ \tag{4.156}

로 정의되는 상태량 G를 도입하여 Gibbs의 자유에너지(Gibbs free energy)라고 한다. 따라서 식 (4.155)는 다음의 관계가 있다.

$$dG \leq 0 \tag{4.157}$$

즉 "등온·정압 비가역변화에서는 Gibbs의 자유에너지는 반드시 감소하며, 가역변화에서는 그 감소량이 0으로 된다."

위 식으로부터 Gibbs의 자유에너지란 그 일부가 내부에너지(U)로서 계에 저장되며, 일부는 압력을 구성하는 위치에너지(pV)로서, 그리고 나머지 부분(TS)은 열원으로 주게 된다. 따라서 Gibbs의 자유에너지는 등온·정압적으로 계의 물질을 변화시킬 때의 퍼텐셜 에너지와 같은 것이라고 생각할 수 있다. 이 에너지는 화학반응 시에 중요한 역할을 한다.

예제 4.29

물질 A, B가 양 상태에 있어서 Helmholtz의 자유에너지를 각각 F_A, F_B라 하면, 이 물질이 A로부터 B로 등온 가역적으로 이동하는 경우 외부에 대하여 하는 일을 구하라.

풀이 식 (4.151)에서 $-dW$는 외부에 하는 일로 정의하였으므로 가역인 경우

$$-dW = -dF = -(U - TS)$$

따라서 외부에 하는 일 $\ -W = -\int_{F_A}^{F_B} dF = F_A - F_B$ 가 된다.

물론 외부에 일을 하지 않으면 $F_A = F_B$가 된다.

---

(2) Gibbs의 자유에너지와 화학반응 일

주위와 열역학적 평형이 아닌 계로부터 유효일을 얻는 방법으로서, 지금까지는 열 → 매체의 온도상승(내부에너지의 증가) → 매체의 체적팽창 → pV일 발생의 과정에 의한 것이었다. 그러나

에너지 변환방법으로서 화학결합 에너지 → 전기에너지(연료전지), 열에너지 → 전기에너지(熱電素子), 화학결합 에너지 → 열에너지(연소)와 같은 화학반응에 의한 일의 발생에 대해서도 고찰해야 한다.

한 밀폐계가 체적변화에 의한 일 이외에 화학반응에 의한 일 dW_{ch}가 가능하다고 하면, 이 계에 대한 Gibbs의 식(제1법칙+가역의 제2법칙)은 다음과 같이 나타낼 수 있다.

$$TdS = dU + pdV + dW_{ch} \tag{4.158}$$

화학반응은 온도와 압력이 일정한 경우(등온·정압과정)가 많으므로 위의 식에서 $T = \mathrm{const}$, $p = \mathrm{const}$의 조건 하에 $1 \to 2$ 상태 사이에 적분하면

$$T \int_1^2 dS = \int_1^2 dU + p \int_1^2 dV + \int_1^2 dW_{ch} \tag{4.159}$$

가역변화의 일이 최대가 되므로, 위 식을 적분하여 최대일은 다음 식으로 표시할 수 있다.

$$
\begin{aligned}
-(W_{ch})_{\max} &= (U_2 - U_1) + p(V_2 - V_1) - T(S_2 - S_1) \\
&= (U_2 + pV_2 - TS_2) - (U_1 + pV_1 - TS_1)
\end{aligned} \tag{4.160}
$$

식 (4.160)의 우변 괄호 내의 변수를 다음과 같이 정의한다.

$$G \equiv U + pV - TS = H - TS \tag{4.161}$$

이 G를 Gibbs의 자유에너지(Gibbs free energy) 또는 Gibbs 함수(Gibbs function)라고 하며, 시량성(示量性) 상태량이다. 단위질량에 대하여 표시하면 비Gibbs 자유에너지(specific Gibbs free energy) g는 다음과 같다.

$$g = h - Ts \tag{4.162}$$

따라서 식 (4.160)을 다시 쓰면 최대일은 다음과 같이 된다.

$$(W_{ch})_{max} = G_1 - G_2 = -\Delta G \quad (T = \mathrm{const}, \ p = \mathrm{const}) \tag{4.163}$$

즉 등온·정압 하의 가역 화학반응에 의한 최대일은 Gibbs의 자유에너지의 감소량과 같다.

밀폐계의 엑서지와 Gibbs의 자유에너지의 관계는, 식 (4.131)에서 만일 최종 평형온도, 압력이 일정하지만 주위상태와는 반드시 일치하지는 않는다고 하면 첨자 $0 \to 2$로 고쳐 쓰면

$$
\begin{aligned}
[E_{closed}]_{T_o \to T_2,\, p_o \to p_2} &= (U_1 - U_2) - T(S_1 - S_2) + p(V_1 - V_2) \\
&= G_1 - G_2 = -\Delta G
\end{aligned} \tag{4.164}
$$

와 같이 되어, 자유에너지이지만 엑서지와의 관계를 나타낸다.

(3) Helmholtz의 자유에너지와 화학반응 일

한 밀폐계가 등온·정적과정인 경우는 Gibbs의 자유에너지의 경우와 마찬가지로 체적팽창 이외의 화학반응에 의한 일 dW_{ch}를 체적이 일정하다고 생각하면 가역과정에서의 제1법칙＋제2법칙은 식 (4.158)에서 $dV=0$이므로

$$TdS = dU + dW_{ch} \tag{4.165}$$

가 되며, $T=$const에서 상태 $1 \to 2$ 사이에서 적분하면 다음 식을 얻는다.

$$-(W_{ch})_{max} = (U_2 - TS_2) - (U_1 - TS_1) \tag{4.166}$$

여기서 식 (4.166)의 우변에서 괄호 내의 변수를 다음과 같이 정의한다.

$$F = U - TS \tag{4.167}$$

이 F를 Helmholtz의 자유에너지(Helmholtz free energy) 또는 Helmholtz 함수(Helmholtz function)라고 하며, 시량성 상태량이다. 단위질량에 대하여 표시하면 비Helmholtz 자유에너지(specific Helmholtz free energy)로 다음과 같이 나타낼 수 있다.

$$f = u - Ts \tag{4.168}$$

등온·정적 하에서의 화학반응에 의한 최대일은 Helmholtz 자유에너지의 감소량으로서 다음과 같이 표시할 수 있다.

$$(W_{ch})_{max} = F_1 - F_2 = -\Delta F \quad (T=\text{const}, \ V=\text{const}) \tag{4.169}$$

밀폐계의 엑서지와 Helmholtz 자유에너지의 관계는 식 (4.131)에 체적일정 조건을 적용하고 반드시 주위온도가 아니라도 일정온도 $T_o \to T$로 하여 첨자 $0 \to 2$로 고쳐 쓰면

$$\begin{aligned}
[E_{closed}]_{T=\text{const.}\ T_o \to T} &= (U_1 - U_2) - T(S_1 - S_2) \\
&= (U_1 - TS_1) - (U_2 - TS_2) \\
&= F_1 - F_2 = -\Delta F
\end{aligned} \tag{4.170}$$

가 된다. 그런데 실제의 화학반응은 거의 $T, P=$const의 조건에서 일어나므로 Gibbs의 자유에너지를 이용하는 것이 보통이다.

🔟 열역학 제3법칙

일반적으로 어떤 일이 일어날 확률은, 그것이 일어날 수 있는 가능성의 수에 비례한다. 압력이

나 온도 등과 같은 열역학적인 상태량도 그 물질을 구성하는 분자군의 마이크로 상태(micro state)에 따라서 정해져 간다. 이와 같은 micro 상태는 보다 안정된 방향으로 진행하므로 그에 따라 우리가 보는 마크로 상태(macro state)의 변화에도 하나의 방향성이 나타난다고 생각된다. 열역학 제2법칙은 이와 같은 방향성을 인식한 것이라고 할 수 있다.

이와 같이 방향성이 있는 현실의 여러 가지 현상에 따라서 엔트로피도 증대하므로, 엔트로피와 마이크로 상태의 수와의 사이에 관계가 있다고 생각되어 Boltzmann은 통계역학에 기초하여 양쪽의 관계를 구하였다.

또 Nernst는 온도가 내려가면 물질의 마크로 상태, 즉 물질의 분자운동은 활발성이 떨어지고 분자가 규칙적인 배치를 취한다고 하였다. 따라서 최저 극한온도인 절대 0 K에서는 모든 분자운동이 정지하며, 물질은 결정구조를 갖게 되므로 분자가 규칙적인 배치를 취한다고 생각할 수 있다.

Nernst는 이 사실로부터 엔트로피 변화 ΔS에 대하여

$$\lim_{T \to 0} \Delta S = 0$$

의 관계를 얻었으며, 이 관계로부터 절대 0 K 부근에 있어서 내부적으로 평형상태에 있는 모든 물질의 엔트로피는 일정치($s_0 = $ 정수)를 갖는 것을 알 수 있다.

1912년 Planck는 이들을 정리하여 다음과 같이 표현하였다.

"완전한 열역학적 평형에 있는 순수물질의 엔트로피는 절대영도에 접근함에 따라 0에 가까워진다."

따라서 절대영도에 있어서는 보유하는 에너지도 영으로 되며, "어떤 방법에 의해서도 물체의 온도를 절대영도로 하는 것은 불가능하다"고 할 수 있다. 이것을 열역학 제3법칙(third law of thermodynamics) 또는 Nernst의 열정리(heat theorem of Nernst)라고 한다.

연습문제

1 500℃의 고열원과 15℃의 저열원 사이에 가역 사이클을 하는 열기관이 작동한다. 매초 1.5 kJ
의 열이 공급된다면 열효율과 동력은 각각 얼마인가?

2 600℃의 고열원과 15℃의 저열원 사이에서 작동하는 열기관이 있다. 이 기관이 가역기관일 때
열효율을 구하라. 실제로는 열손실 때문에 열기관에서 작동유체의 최고 및 최저온도는 각각
565℃, 25℃가 된다면, 이 경우의 열효율은 가역기관에 비해 얼마나 감소하는가? 또 열손실에
의한 유효에너지의 감소비율을 구하라.

3 $k = 1.4$, $R = 0.2872 \text{ kJ/kgK}$의 공기 0.5 kg을 작동유체로 하는 기관이 온도 350℃에서 고온
물체로부터 열을 받아 30℃의 저온물체에 방열한다. 이 기관은 등온팽창($1 \rightarrow 2$), 등엔트로피
팽창($2 \rightarrow 3$), 등온압축($3 \rightarrow 4$) 및 정적과정($4 \rightarrow 1$)으로 이루어지는 사이클이다. 이 사이클 동
안에 작동유체의 최고 및 최저온도는 각각 350℃, 30℃이며, 또 체적이 등온팽창과정에서 2배
가 된다. 다음을 구하라. (1) 각 과정 중 기체에 가해진 열량, (2) 각 과정 중 기체가 한 일량,
(3) 각 과정 중 엔트로피 변화량, (4) 사이클의 효율

4 어떤 냉동기를 −10℃로 유지하기 위해 매시 $1.2 \times 10^5 \text{ kJ}$의 열량을 제거하고자 한다. 외기온도
가 25℃일 때 가역냉동기를 이용한다면 성적계수 및 소요동력은 각각 얼마인가?

5 어떤 냉동기를 운전하는데, 1 kW의 동력을 소비하여 7,000 kJ/h의 열을 제거할 수 있다면, 이
냉동기의 성적계수는 얼마인가? 또 이 장치를 동일조건에서 열펌프로 사용할 때 그 공급열량과
성적계수를 구하라.

6 온도가 각각 500℃ 및 20℃의 두 열원 간에 가역기관을 열펌프로 작동할 때 100 kW의 동력을
가하여 운전하는 경우, (1) 열펌프가 공급할 수 있는 열량과 성적계수를 구하라. (2) 고온측
온도가 50℃일 때 100 kW의 동력을 공급한다면 공급열량과 성적계수는 얼마인가?

7 1 kg의 물을 온도 200℃(포화압력 15.56 bar) 하에서 증발시키는 데 필요한 증발열은 1,940
kJ/kg이다. 증발을 위해 공급된 열량의 무효에너지 및 유효에너지를, 저열원의 온도가 0℃,
−10℃인 경우에 대하여 각각 구하라. 이 포화증기를 고열원(온도일정)으로 하고, 주어진 온도
의 저열원과의 사이에 행하는 가역 사이클의 효율, 열원의 엔트로피 변화를 구하라.

8 공기 3 kg이 정압 하에서 온도 T_1(℃)로부터 $T_2 = 2\,T_1$(℃)까지 가열할 때의 가열량이 1,000 kJ이면 엔트로피 증가량은 얼마인가? 단, 공기의 정압비열은 1.005 kJ/kgK이다.

9 출력 3 kW의 모터를 이용하여 물을 교반시켜 발생한 일을 15℃의 일정온도에서 마찰열로 변화시키면, 매시 엔트로피 증가량은 얼마인가?

10 어떤 물질의 정압비열이 $c_p = a + b\,T$로 주어질 때, 정압 하에서 온도 T_1으로부터 T_2까지 가열하는 경우의 단위질량당 흡수열량 및 엔트로피 변화량을 구하라.

11 보일러 내의 물이 200℃ 하에서 증발하고 있다. 외부의 연소가스는 가열에 의해서 온도가 1,050℃로부터 500℃로 떨어진다. 물의 증발열이 1,900 kJ/kg, 가스의 정압비열이 1.0 kJ/kgK 일 때 1 kg의 물이 증발하는 경우, 이 열전달에 의한 엔트로피 증가량은 얼마인가?

12 20℃의 물을 보일러에서 연소가스에 의해 가열하여, 200℃에서 증발시킨다. 연소가스의 입구 온도는 1,000℃, $c_p = 1.005$ kJ/kgK, 연소가스와 물의 질량유량비 6 : 1로 하여, 보일러에서 물 1 kg당 엔트로피 변화량을 구하라. 단, 물의 증발열은 1,942 kJ/kg이다.

13 질소 1 kg을 정압 하에서 15℃로부터 500℃까지 가열할 때 엔트로피 변화량을 구하라. 단, 질소의 정압몰비열은 다음 식과 같다. $C_p = 28.89 - 1.549 \times 10^{-3}\,T$ (kJ/kmol K)

14 $c_p = 0.519$ kJ/kgK, $c_v = 0.39$ kJ/kgK의 이상기체 0.2 kg이 단열된 실린더 내에서 팽창한다. $p_1 = 7$ bar, $V_1 = 0.015$ m³이며, $V_2 = 0.09$ m³로 증가했을 때 (1) 외부에 한 일, (2) 온도강하량, (3) 엔트로피 변화량을 구하라.

15 10 m³의 탱크 속에 400℃, 1.2 MPa의 공기가 들어 있다. 이것을 냉각하여 압력을 1/2로 강하시켰을 때 (1) 최종온도, (2) 내부의 공기량, (3) 얻은 열량, (4) 이 과정에서 공기의 엔탈피 변화량을 구하라.

16 0℃의 얼음 1 kg을 1 atm에서 가열하여 100℃의 수증기로 할 때 엔트로피의 변화량을 구하라. 단, 0℃에서 얼음의 융해열은 333.15 kJ/kg, 100℃에서 물의 증발열은 2,257 kJ/kg, 물의 비열은 4.174 kJ/kgK이다.

17 용기 내에 들어 있는 3 kg의 공기가 1 MPa의 상태로부터 대기압까지 폴리트로프 팽창하였다. $n = 1.25$일 때 이 사이의 엔트로피 변화량을 구하라. 단, 공기의 가스상수는 0.2872 kJ/kgK, 비열비는 1.4이다.

18   2 kg의 공기를 정압 하에서 온도 200℃로부터 20℃가 될 때까지 냉각한다. 이 과정의 엔탈피 및 엔트로피 변화량을 구하라. 단, 공기의 정압비열은 1.006 kJ/kgK이다.

19   최초온도 10℃인 3 kg의 공기를 정적 하에서 엔트로피 증가가 1.0 kJ/K로 되기까지 필요한 열량을 구하라.

20   온도 10℃, 압력 1.5 bar인 5 kg의 산소가 $pv^{1.15} = C$에 따라 체적이 0.05 m³로 되기까지 압축된다. (1) 산소에 가해진 열량, (2) 산소의 엔트로피 증가량을 구하라.

21   15℃의 대기 중에서 −5℃의 얼음 50 kg을 녹여 15℃의 물로 하는 경우의 엔트로피의 전 변화량을 구하라. 단, 얼음의 비열은 2.09 kJ/kgK, 융해열은 335 kJ/kg이다.

22   −10℃의 얼음 3 kg과 30℃의 물 6 kg을 혼합하여 평형상태에 달했을 때 엔트로피 및 유효에너지의 변화량을 구하라. 단, 주위온도는 20℃이며, 얼음의 융해열은 335 kJ/kg, 얼음의 비열은 2.09 kJ/kg이다.

23   70℃, 1.8 MPa의 공기가 들어 있는 3 m³의 탱크와 40℃, 0.12 MPa의 공기가 들어 있는 5 m³의 탱크를 체적이 무시될 수 있는 가는 관으로 연결하여 압력과 온도를 균일하게 하였다. 장치 전체가 단열되어 있으면, (1) 균일화된 후 공기의 온도와 압력을 구하라. (2) 균일화에 의한 엔트로피 증가는 얼마인가? 단, 비열은 일정하다.

24   0.5 kg의 공기가 일정한 압력 하에서 30℃로부터 400℃까지 가열되었다. 이때 (1) 가열량, (2) 엔트로피 변화, (3) 주위온도 10℃를 기준으로 한 경우의 무효에너지를 각각 구하라.

25   온도 25℃의 질소와 산소를 체적비율로 79% 및 21%로 혼합하여 균일조성의 혼합가스 1 kmol 이 되었다. 이 경우의 엔트로피 변화량을 구하라.

26   p_1=100 kPa, $T_1 = 20$℃의 공기로 차 있는 체적 5 m³의 용기와, $p_2 = 2$ MPa, $T_2 = 20$℃의 공기로 차 있는 체적 2 m³의 용기를 압력이 같아지도록, 1개의 가는 관으로 연결할 때 (1) 주위에 대해서는 단열되어 있고 양 용기 사이에 열교환이 있는 경우, (2) 각 용기가 독립적으로 단열되어 있고 열교환이 없는 경우에 대하여 용기 내 공기의 최종상태를 구하라. (3) (1)의 경우 압력 및 온도의 평형에 의해서 엔트로피의 증가량은 얼마인가?

27   압력 0.7 MPa, 온도 25℃의 공기 35 L가 정적하에서 323℃까지 가열되고, 다음에 등온과정으로 최초압력까지 팽창한 후 정압과정에 의해 최초상태로 되돌아간다. 이 상태변화를 $p - V$선도 및 $T - s$선도에 표시하고, 각 과정에서의 엔트로피 변화를 구하라. 단, 공기의 가스상수는 0.2872 kJ/kgK, 정적비열은 0.719 kJ/kgK, 비열비는 1.4이다.

28 10 kg의 공기를 체적 5 m³로부터 정압 하에서 4 m³가 될 때까지 냉각하였다. 최초온도를 150℃라 하면 제거해야 할 열량과 엔트로피 변화량은 각각 얼마인가? 단, 공기의 정압비열은 1.006 kJ/kgK이다.

29 700℃의 열원으로부터 매분 3,500 kJ의 비율로 200℃의 어떤 계에 열이 유입하고 있다. 이들 온도가 변치 않고, 저열원온도를 60℃로 했을 때 다음 값을 구하라. (1) 열원의 엔트로피 감소, (2) 열원을 나오는 열의 유효부분, (3) 이 전열에 따르는 엔트로피 변화, (4) 계에 이동한 열의 무효부분

30 체적 0.5 m³의 용기에 200℃, 1 MPa의 공기가 들어 있다. 정적 하에서 압력을 0.2 MPa까지 강하시키기 위해서 얼마의 열량을 제거해야 하는가? 또 이 경우 엔트로피 변화량은 얼마인가? 공기의 정적비열은 0.719 kJ/kgK, 가스상수는 0.2872 kJ/kgK이다.

31 500 kPa, 120℃의 수소 0.08 m³가 등엔트로피 변화에 의해 압력 130 kPa까지 팽창하고, 다음에 외부로부터 가열되어 정압과정을 하며, 그 후 폴리트로프 과정에 의해 최초상태로 되돌아간다. 정압과정에서의 엔트로피 변화량을 구하라. 모든 상태변화를 $p-V$ 및 $T-S$선도에 표시하라. 수소의 가스상수는 4.122 kJ/kgK, 비열비는 1.4, $n = 1.15$이다.

32 그림과 같이 한 계 내로 20℃, 1 bar의 공기가 유입하여 50℃, 1 bar의 상태로 유출한다. 이것은 계 내의 액체 속에서 fan을 회전시킴으로써 온도가 상승한 것으로, 이때의 단위질량당 엔트로피 생성률을 〔kJ/kgK〕의 단위로 구하라. 단, 이 계는 정상유동계이다.

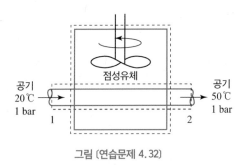

그림 〔연습문제 4.32〕

33 탱크에 $p = 1,200$ kPa, $t_1 = 10℃$의 산소가 $m = 100$ kg 들어 있다. 이 탱크를 60℃로 가열할 때 산소의 엔트로피, 엔탈피의 변화, 가열량을 구하라. 산소의 정압비열 $c_p = 912.7$ J/kgK, 정적비열 $c_v = 653.1$ J/kgK이다.

34 물 1 kg을 정압 하에서 0℃로부터 200℃까지 가열하기 위해 공급한 열량 중 유효에너지, 무효
에너지를 0℃, -10℃의 경우에 대하여 구하라. 또 고열원을 200℃의 물로 하고 저열원을 0℃,
-10℃의 일정온도의 열원으로 한 가역 사이클의 효율, 열원의 엔트로피 변화를 구하라. 단,
0℃와 200℃ 사이의 물의 평균비열은 4.262 kJ/kgK로 한다.

35 보일러에 급수한 15℃의 물 2 kg이 비등점인 200℃까지 가열하고 증발잠열 1.94 MJ/kg을 가
해 증발시키는 경우, 가열 및 증발과정에서의 전 유효에너지 증가를 구하라. 단, 주위의 온도는
10℃이다.

36 1 MPa의 공기를 0.1 MPa까지 교축한 경우의 유효에너지 변화량을 구하라. 단, 주위온도는
10℃이다.

37 압력 1 MPa, 온도 800℃의 공기 250 kg의 이론 최대일은 얼마인가? 단, 주위압력은 0.1 MPa,
주위온도는 15℃이다.

38 2 kg의 공기를 일정압력 하에서 10℃로부터 100℃로 가열하고, 다음에 일정체적 하에서 100℃로
부터 250℃까지 가열하였다. (1) 가열량, (2) 저열원온도를 10℃로 했을 때 이 열량의 유효에너지
를 각각 구하라.

39 압력 1 MPa의 공기 1 kg을 100℃로부터 200℃까지 정적가열하고 다음에 500℃까지 정압가
열할 때 (1) 전 가열량, (2) 공기의 엔탈피 변화량, (3) 가열량 중의 유효에너지, (4) 공기의
유효에너지 증가량을 구하라. 단, 주위압력은 0.1 MPa, 주위온도는 20℃로 한다.

40 연소로로부터 0.1 MPa, 450℃의 연소가스가 1 kg/s로 배출되고 있다. 이것을 열교환기로 유도
하여 유량 1.2 kg/s의 물을 15℃로부터 80℃까지 가열하는 경우, 연소가스 1 kg당 다음 값을
구하라. 단, 연소가스의 정압비열은 1.1 kJ/kgK, 주위압력은 0.1 MPa, 주위온도는 15℃로 한
다. (1) 0.1 MPa, 450℃의 연소가스가 갖는 유효에너지, (2) 열교환기에서 연소가스가 잃는 유
효에너지, (3) 열교환기에서 물이 얻는 유효에너지

41 6 MPa, 1,300℃의 공기 0.8 kg이 있다. (1) 이것이 0.1 MPa, 15℃의 주위상태와 평형한 경우
엔트로피는 얼마나 변하는가? (2) 최종상태에 있는 공기의 최대일은 얼마인가.

42 100 kPa, 300 K의 대기를 흡입하여 1 MPa, 600 K까지 압축하는 공기압축기가 있다. 이때 공
기 1 kg당 50 kJ의 열손실이 일어난다면 최대일, 비가역일을 각각 구하라. 최초 및 최종상태를
1, 2로 표시할 때 $h_1 = 300.473$ kJ/kg, $h_2 = 607.316$ kJ/kg이다.

43 열기관이 1,000 K의 고열원으로부터 $\dot{Q} = 400\,\text{kJ/s}$의 열을 받아 150 kW의 일을 하고, 300 K의 저열원에 열을 버린다. 최대동력과 비가역동력을 구하라.

44 단열탱크에 1.5 kg의 공기가 250 kPa, 20℃의 상태일 때 탱크 내에 fan을 회전시켜 내부온도가 60℃가 되었다. 주위 공기온도가 20℃일 때 (1) 최대일, (2) 비가역일을 구하라.

45 100 kPa, 25℃의 공기를 흡입하여 1 MPa, 540 K까지 압축하는 공기압축기에서 공기의 단위질량당 45 kJ/kg의 열손실이 일어난다. 이 과정에서 가역일, 비가역성을 각각 구하라. 압축전의 공기의 엔탈피 및 표준 엔트로피는 $h_1 = 298.62\,\text{kJ/kg}$, $s_1^o = 6.8629\,\text{kJ/kgK}$, 압축 후 공기의 엔탈피 및 표준 엔트로피는 $h_2 = 544.69\,\text{kJ/kg}$, $s_2^o = 7.4664\,\text{kJ/kgK}$이다.

46 내연기관 실린더 내에 배기밸브가 열리기 전에 2,450 cm³의 연소가스가 압력 7 bar, 온도 867℃이다. 연소가스를 이상기체로 보고 외기온도 및 압력은 $T_o = 300\,\text{K}$, $p_o = 1.013\,\text{bar}$일 때 비엑서지(kJ/kg)를 구하라. 내부에너지 $u = 880.35$, $u_o = 214.07\,\text{kJ/kg}$, 엔트로피 $s^o(T) = 3.11883$, $s^o(T_o) = 1.70203\,\text{kJ/kgK}$, 연소가스의 분자량은 28.97이다.

47 증기가 터빈에 유입할 때 압력은 30 bar, 온도는 400℃, 유입속도는 160 m/s이다. 터빈을 유출할 때는 포화증기로서 100℃, 유출속도 100 m/s이다. 외기온도 및 압력은 $T_o = 25℃$, $p_o = 101.3\,\text{kPa}$이다. 정미엑서지($e_{flow} = e_1 - e_2$)를 구하라. 단, 유입증기의 엔탈피 및 엔트로피는 3,230.9 kJ/kg, 6.9212 kJ/kgK, 유출증기의 엔탈피 및 엔트로피는 2676.1 kJ/kg, 7.3549 kJ/kgK이다.

자유에너지

48 1 atm, 100℃인 수증기의 엔탈피 $h = 2671.9\,\text{kJ/kg}$, 비체적 $v = 1.673\,\text{m}^3/\text{kg}$, 엔트로피 $s = 7.351\,\text{kJ/kgK}$로서 Helmholtz의 자유에너지 및 Gibbs의 자유엔탈피를 각각 구하라.

49 2 kg의 산소에 등온 하에서 50 kJ의 열이 가역적으로 가해졌다. 자유에너지와 자유엔탈피의 변화를 구하라.

50 단열탱크에 2 kg의 공기가 200 kPa, 20℃의 상태일 때 탱크 내에 fan을 회전시켜 내부온도가 70℃가 되었다. 주위 공기온도가 20℃일 때 (1) 최대일, (2) 비가역일을 구하라.

기 타

51 체적비로 산소 21%, 질소 79%의 혼합물인 20℃, 100 kPa의 공기 2 kg을 다시 산소와 질소로 분리하는데, 이론상 얼마의 일이 필요한가? 단, 분리된 후 공기의 압력과 온도는 처음과 동일하다.

1. $\eta = 0.6273$, $W = 0.94$ (kW)

2. $\eta_c = 0.67$, 2.57% 감소, 0.03836

3. (1) $Q_{12} = 62.026$ (kJ)

   $Q_{23} = 0$ (kJ)

   $Q_{34} = -108.59$ (kJ)

   $Q_{41} = 114.88$ (kJ)

   (2) $W_{12} = 62.026$ (kJ)

   $W_{23} = 114.88$ (kJ)

   $W_{34} = -108.59$ (kJ)

   $W_{41} = 0$ (kJ)

   (3) $S_2 - S_1 = 0.0995$ (kJ/K)

   $S_3 - S_2 = 0$ (kJ/K)

   $S_4 - S_3 = -0.3582$ (kJ/K)

   $S_1 - S_4 = 0.2587$ (kJ/K)

   (4) 0.3862

4. $\varepsilon_r = 7.5186$, $W = 4.443$ (kW)

5. $\varepsilon_r = 1.944$, $Q_1 = 10,600$ (kJ/h),

   $\varepsilon_h = 2.944$

6. (1) $\varepsilon_h = 1.611$, $Q_1 = 579,960$ (kJ/h)

   (2) $\varepsilon_h = 10.77$, $Q_1 = 3,877,200$ (kJ/h)

7. • 무효에너지

   0℃ : 1119.96,

   -10℃ : 1,078.96 (kJ/kg)

   • 유효에너지

   0℃ : 820.04, -10℃ : 861.04 (kJ/kg)

   • 효율

   0℃ : 0.4227, -10℃ : 0.4438

   • 엔트로피 변화

   0℃ : 4.1 (kJ/kgK),

   -10℃ : 4.1 (kJ/kgK)

8. 1.3182 (kJ/K)

9. 37.48 (kJ/hK)

10. $q_{12} = a(T_2 - T_1) + \dfrac{b}{2}(T_2{}^2 - T_1{}^2)$

   $\Delta s = a \ln \dfrac{T_2}{T_1} + b(T_2 - T_1)$

11. 2.1595 (kJ/kgK)

12. 3.5154 (kJ/kgK)

13. 27.763 (kJ/kmolK)

14. (1) 14.2 (kJ)

    (2) 181.67 (℃)

    (3) 0

15. (1) 63.425 (℃)

    (2) 62.07 (kg)

    (3) -1,4981.09 (kJ)

    (4) -30.85 (kJ/K)

16. 8.57 (kJ/kgK)

17. 0.5918 (kJ/K)

18. $\Delta H = -362.16$ (kJ),

    $\Delta S = -0.9632$ (kJ/K)

19. 360.45 (kJ)

20. (1) -1,215.42 (kJ)

    (2) 3.1606 (kJ/K)

21. 3.604 (kJ/K)

22. 0.14562 (kJ/K), -42.6746 (kJ)

23. (1) 66.74 (℃), 0.75 (MPa)

    (2) 16.352 (kJ/K)

24. (1) 185.925 (kJ)

    (2) 0.401 (kJ/K)

    (3) 113.543 (kJ)

25. 4.273 (kJ/kmolK)

26. (1) $T = 20$ (℃), $p = 642.86$ (kPa)

    (2) 1용기 : 225.71 (℃),

    2용기 : -61.19 (℃)

    (3) 17.66 (kJ/K)

27. 정적 : 0.1425 (kJ/K)

    등온 : 0.057 (kJ/K)

    정압 : -0.1995 (kJ/K)

28. -851.38 (kJ), -2.245 (kJ/K)

29. (1) -3.5966 (kJ/min)

    (2) 2,301.8 (kJ/min)

    (3) 3.801 (kJ/minK)

    (4) 2,464 (kJ/min)

30. -1,001.4 (kJ), -4.258 (kJ/K)

31. 0.07454 (kJ/K)

32. 0.098 (kJ/kgK)

33. $\Delta S = 10.62 \text{ kJ/K}$

$\Delta H = 4{,}563.5 \text{ kJ}$

$Q_{12} = 3{,}265.5 \text{ kJ}$

34. • 무효에너지

0℃ : 639.58, −10℃ : 616.17[kJ]

• 유효에너지

0℃ : 212.82, −10℃ : 236.23[kJ]

• 효율

0℃ : 0.2497, −10℃ : 0.277

• 엔트로피 변화

0℃ : 2.34, −10℃ : 2.34[kJ/K]

35. 1,931.34[kJ]

36. −187.25[kJ/kg]

37. 80.19[MJ]

38. (1) 396.03[kJ]

(2) 101.544[kJ]

39. (1) 373.21[kJ]   (2) 0.6638[kJ/K]

(3) 178.6233[kJ]   (4) 99.046[kJ]

40. (1) 186.86[kJ/kg]

(2) −159.04[kJ/kg]

(3) 32.09[kJ/kg연소가스]

41. (1) −0.424[kJ/K]

(2) 579.25[kJ]

42. −296.25[kJ/kg], 60.593[kJ/kg]

43. 280[kW], 130[kW]

44. $W_{max} = -2.693$[kJ],

$I = 40.33$[kJ]

45. $w_{max} = -263.17$[kJ/kg],

$i = 27.9$[kJ/kg]

46. 368.91[kJ/kg]

47. $e_{flow} = 691.84$[kJ/kg]

48. $f = -240.6$, $g = -71.13$[kJ/kg]

49. −50[kJ], −50[kJ]

50. (1) −5.4984[kJ]

(2) 66.2116[kJ]

51. 86.543[kJ]

Chapter

5

증기의 성질

1 증기와 가스

증기기관이나 증기터빈, 냉동기, 열펌프 등에서는 작동유체가 액상과 증기의 상변화를 반복하여 일으키며, 이때 증기는 기상이지만 이상기체가 아니므로 전술한 이상기체의 이론을 적용할 수 없다. 따라서 증기는 실제기체로서 열역학적 물성치의 변화를 고찰하여 적용할 필요가 있다. 그러나 가스와 증기를 명확히 구별하기는 쉽지 않으며, 그것은 어떤 물질의 온도와 압력을 변화시키면 증기가 될 수 있지만 가스가 될 수도 있기 때문이다.

예로서, 공기, 산소, 질소 등은 상온, 상압 하에서 가스이지만 온도를 하강시키고, 압력을 상승시켜 체적을 감소시키면 증기상태로 되며 이어서 액화된다. 또 수증기의 경우 고온 또는 저압으로 하여 체적을 증가시키면 가스의 상태로 되어 이상기체의 성질에 접근한다.

이와 같이 증기와 가스의 엄밀한 구분은 어렵지만 내연기관, 가스터빈 등의 연소가스는 작동범위에서 액화상태로 되는 경우가 없으므로 가스로 취급할 수 있으며, 증기 원동기의 수증기나, 냉동기의 냉매는 증발과 액화가 반복적으로 일어나므로 증발상태의 기체는 증기로 취급한다.

보통 가스라고 칭하는 기체는 이상기체로 취급하며, 증기는 실험결과를 기초로 하여 상태식이 이루어지고, 그 결과로부터 상태량을 산출하여 증기표 또는 증기선도를 작성하여 이용한다.

2 증기의 상변화

(1) 물질의 상변화

물질에는 고체, 액체, 기체의 세 가지 응집상태가 있으며, 넓은 의미에서 균질의 응집상태를 상(phase, 相)이라고 한다. 고상(固相)과 액상(液相) 사이의 상태변화를 변화의 방향에 따라 융해(dissolution, 融解, 고상→액상) 또는 응고(solidification, 凝固, 액상→고상)라고 한다. 또 액상과 기상 사이의 상변화는 응축(condensation, 凝縮, 기상→액상) 또는 증발(evaporization, 蒸發, 액상→기상)이라고 한다. 고상에서 기상으로의 상변화는 승화(sublimation, 昇華)라 하며, 2상 또는 3상이 공존하는 상태를 상평형(phase equilibrium, 相平衡)이라고 한다.

예를 들면, 대기압 하에서 물에 열을 가하면 100℃에서 끓고, 액체인 물로부터 수증기가 발생하는데, 이 과정에서는 기상과 액상이 공존하는 상태이므로 기액평형(gas-liquid equilibrium, 氣液平衡)이라고 한다.

그림 5.1은 압력-온도좌표($p - T$선도) 상에 물의 상변화를 나타낸 것으로서 융해곡선(물의 경우 : 곡선 FA, 일반물질의 경우 : 곡선 F′A), 증발곡선(곡선 ADC), 승화곡선(곡선 GA)과 그 선들이 교차하는 점 A, 즉 3상이 공존하는 점인 3중점(triple point, 3重点)을 표시하였다. 3중점 A에서는 물과 얼음과 증기의 3상이 공존하며, 물의 경우는 0.01℃, 0.61 kPa이다.

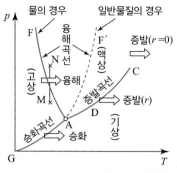

그림 5.1 $p-T$ 선도 상의 물의 상변화

3중점은 온도정점으로 이용되며, 3중점에서의 내부에너지 및 엔트로피의 값을 0으로 한다. 표 5.1에는 여러 가지 물질의 3중점에 대한 압력과 온도를 표시하였다.

기액평형(증발곡선)에 있어서 압력을 높여 가면 기체의 비체적이 작아져 공존하는 액체의 비체적에 가까워지고 결국 액체와 증기가 일치하게 된다. 기체와 액체의 비체적이 일치하면 기상과 액상의 구별이 없어지므로, 기-액평형선(증발곡선)은 그 점(점 C)에서 종료하며, 그 점을 임계점 (critical point, 臨界点)이라고 한다.

표 5.1에는 여러 가지 물질의 임계점에 대한 상태량도 표시하였다.

표 5.1 주요 물질의 물성치

물질	3중점		임계점			융점	비등점	융해열*	증발열**
	압력 kPa	온도 K	압력 MPa	온도 K	밀도 kg/m³	K	K	kJ/kg	kJ/kg
헬륨	5.035	2.18	0.228	5.2	69.6		4.2	3.5	20.3
수소	7.20	14.0	1.32	33.2	31.6	14.0	20.4	58	448
질소	12.5	63.1	3.40	126.2	314	63.2	77.4	25.7	1,365
산소	0.100	54.4	5.04	154.6	436	54.4	90.0	13.9	213
공기			3.77	132.5	313		78.8		213.3
이산화탄소	518	216.6	7.38	304.2	466		승화194.7	180.7	368
물	0.6112	273.16	22.12	647.30	315.46	273.15	373.15	333.5	2,257
암모니아	6.477	195.4	11.28	405.6	235	195.4	239.8	338	1,371
메탄	11.72	90.7	4.60	190.6	162.2	90.7	111.6	58.4	510.0
에탄	0.00113	90.3	4.87	305.3	205	90.4	184.6	95.1	489.1
메탄올			8.10	512.58	272	175.47	337.8	99.16	***1,190
에탄올			6.38	516.2	276	159.05	351.7	108.99	854.8
HCFC-22			5.00	369.3	513	113.2	232.3		233.8
HFC-32			5.777	351.3	424	136	221.5		381.9
HFC-125			3.618	339.2	568	170	224.7		163.9
HFC-134a			4.065	374.3	511	172	247.1		217.0

* 융점에서의 값, ** 끓는점에서의 값, *** 273 K에서의 값

(2) 증기의 증발과정

증기의 일반적인 성질을 이해하기 위해 그림 5.2와 같이 액체를 일정압력 하에서 가열하여 증발하는 과정을 나타내었다. 그 과정을 그림 5.3의 증기의 $p-v$ 선도, 그림 5.4의 $T-s$ 선도 상에 점선으로 표시하여 대응점을 표시하였다.

그림 5.2에서 물의 증발과정에 대하여 변화과정을 살펴본다.

대기압 하에서 액체의 위에 가동 피스톤이 있다고 생각하여 최초상태의 물(a, 가압액)이 가열함에 따라 온도가 상승하고 체적은 팽창하여 그 상태점은 그 압력의 등압선(수평선) 상에서 우측으로 이동하게 된다. 어느 상태 b에 달하면 그 압력 하에 온도가 일정한 상태가 유지되면서 액체의 일부가 증발하기 시작한다(b, 포화액). 증발이 시작되면 체적이 급격히 증가하므로 상태점은 그 등압선 상을 우측으로 이동하고, 결국 모든 액체가 증발을 완료하는 점(d, 건포화증기)에 도달한다. 액체가 증발을 시작하여 증발완료 전까지는 액체와 증기가 공존하는 영역(c, 습증기)으로 습증기상태이다. 그 후 계속 가열하면 증기가 등압가열되므로 체적이 증가하고 동시에 온도도 상승한다(e, 과열증기).

그림 5.3은 액체의 증발과정을 $p-v$ 선도 상에 나타낸 그림이다. 차가운 물을 대기압 하에서 가열하여 증발시키는 예를 들어 상태변화를 살펴보자.

상태 a는 가열하기 전의 차가운 물로서 압축액(compressed liquid, 壓縮液)이라고 하며, 포화액선(saturated liquid line, 飽和液線) 상의 상태 b(표준대기압 상태에서는 온도 100℃)에서 물이

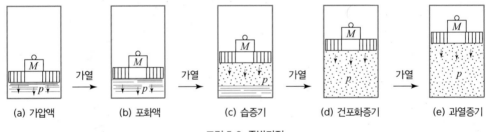

그림 5.2 증발과정

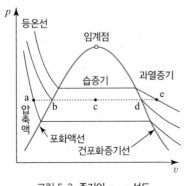

그림 5.3 증기의 $p-v$ 선도

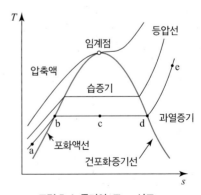

그림 5.4 증기의 $T-s$ 선도

증발하기 시작한다. 상태 c는 온도 100℃인 상태에서 증발이 진행되고 있는 상태이며, 기체와 액체가 공존하여 습증기(wet vapor, 濕蒸氣)라고 한다. 건포화증기선(dry saturated vapor line, 乾飽和蒸氣線) 상의 상태 d(온도 100℃)에서 물의 증발이 완료되어 모두 건포화증기(dry saturated vapor)로 변한다. 그 이상으로 가열하면 온도가 상승해 가며, 상태 e는 과열증기(superheated vapor, 過熱蒸氣)라고 한다.

물질이 기액평형(氣液平衡)상태에 있는 것을 포화상태(saturation state)에 있다고 하며, 이때의 압력을 포화압력(saturation pressure), 온도는 포화온도(saturation temperature)라고 한다.

압력 p와 온도 T를 상승시켜 가면 포화액선과 건포화증기선이 점차 접근하여 결국 한 점에서 만나는데, 이 점이 임계점이다.

이 과정을 온도-엔트로피선도($T-s$선도)에 나타내면 그림 5.4와 같으며, 그림 5.3의 각 점에 상응하는 점들을 표시하였다.

임의의 온도의 압축액으로부터 임의의 과열도(degree of superheat, 過熱度, 과열증기와 포화 증기의 온도차)를 갖는 과열증기까지 가열하는 데 필요한 열은 액체열(a → b, 압축액체로부터 포화액까지의 가열량), 증발잠열(b → d, 포화액으로부터 건포화증기까지의 가열량), 과열열(d → e, 건포화증기로부터 과열증기까지의 가열량)의 합으로 계산할 수 있으며, 냉각을 시키는 경우의 d → b까지의 냉각열량은 응축잠열이라고 한다.

그림 5.3 및 그림 5.4에서 임의 압력 하에서 액체를 가열할 때 각각의 압력 하에서의 증발을 시작하는 점들을 연결하여 이루는 선을 포화액선, 증발을 완료하는 점들을 연결하여 이루는 선을 건포화증기선이라고 한다. 결국 그 선들이 만나는 점이 임계점이 되며 그 점의 좌측영역은 액체 영역, 포화한계선(포화액선과 건포화증기선을 모두 일컬은 선)으로 둘러싸인 내부영역은 습증기 영역이다. 그리고 나머지 영역은 과열증기영역이다.

(3) 실제기체의 상태식

이상기체의 상태식 $pv = RT$는 가스나 극히 낮은 압력 하의 증기에 대해서만 적용할 수 있다. 본래 이 식은 기체분자의 크기가 분자간 거리에 비하여 무시할 수 있을 만큼 작고, 동시에 분자 간에는 인력이 작용하지 않는다고 가정한 경우의 식이다. 따라서 $p-v$ 선도 상의 등온선($pv =$ 일정)에서와 같이 쌍곡선이 아니며, 압력이 극히 높지 않은 과열증기의 영역에서 쌍곡선에 접근 할 뿐이다.

그림 5.5는 실제기체의 $p-v$ 선도의 예이며, 등온, 등압 하에서 액체를 가열할 때 ace선을 따라 비체적이 증가한다. 그러나 매끈한 면을 가열하는 경우 포화온도 이상에서도 비등이 일어나지 않는 경우가 있는데, ab선을 따라 변화하는 경우이다. 이 상태의 액체는 과열액(superheated liquid)이라고 하며, 어떤 자극을 주면 급격한 비등을 하게 된다. 또, 과열증기를 일정압력 하에서 냉각하면 일반적인 경우에는 eca선을 따라 응축하지만, 매끈한 면을 냉각하는 경우에는 포화온도

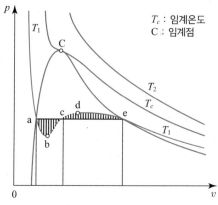

그림 5.5 Van der Waals의 식과 상태변화

이하가 되어도 응축되지 않고 ed선 상에 있는 경우가 있는데, 이 현상을 과냉각(undercooling)이라 하며, 그 증기를 과포화증기(supersaturated vapor)라고 한다. 이 경우에도 자극을 주면 급격한 응축이 일어나게 된다.

위와 같은 현상에 대한 실제기체의 상태식은 반 데르 발스(Van der Waals)에 의해서 이상기체의 상태식 중에 압력과 체적에 수정항을 부가하여, 이들의 영향을 고려한 식이 다음과 같이 제안되었다.

$$\left(p + \frac{a}{v^2}\right)(v - b) = RT \tag{5.1}$$

이 식을 Van der Waals의 상태식이라 하며, a/v^2항은 분자간에 인력이 작용하기 때문에 용기벽에 미치는 압력이 감소하는 크기를 나타낸다. 또, 단위질량의 분자자신의 체적을 b라 하면 기체분자가 자유롭게 움직일 수 있는 공간은 $(v - b)$이다.

식 (5.1)에서 상수 a와 b를 구해보자.

그림 5.5에서 임계등온선은 임계점(C점)에서 수평접선인 동시에 변곡점이므로

$$\left(\frac{\partial p}{\partial v}\right)_T = 0, \quad \left(\frac{\partial^2 p}{\partial v^2}\right)_T = 0 \tag{5.2}$$

이 되며, 식 (5.1)을 식 (5.3)과 같이 변형하여 식 (5.2)를 적용시키면 각각 식 (5.4), (5.5)와 같이 된다.

$$p = \frac{RT}{v - b} - \frac{a}{v^2} \tag{5.3}$$

$$\left(\frac{\partial p}{\partial v}\right)_T = -\frac{RT}{(v - b)^2} + \frac{2a}{v^3} = 0 \tag{5.4}$$

$$\left(\frac{\partial^2 p}{\partial v^2}\right)_T = \frac{2RT}{(v - b)^3} - \frac{6a}{v^4} = 0 \tag{5.5}$$

위의 세 식으로부터 임계상태의 상태량에 첨자 c로 표시하면 다음의 결과를 얻는다.

$$a = 3p_c v_c^2, \ b = \frac{v_c}{3}, \ R = \frac{8}{3}\frac{p_c v_c}{T_c} \tag{5.6}$$

따라서 식 (5.6)을 (5.1)에 대입하여 정리하면 다음 식을 얻는다.

$$\left[\frac{p}{p_c} + 3\left(\frac{v_c}{v}\right)^2\right]\left[3\frac{v}{v_c} - 1\right] = 8\frac{T}{T_c} \tag{5.7}$$

예제 5.1

이산화탄소 1 kg이 10 MPa 하에서 0.003 m³의 체적을 유지하고 있다. 이때의 온도를 Van der Waals의 상태식에 의하여 구하라.

풀이 표 5.1로부터 $p_c = 7.38$ MPa, $v_c = 0.002146$ m³/kg, $T_c = 304.2$ K

∴ 식 (5.6)으로부터

$$a = 3p_c v_c^2 = 3 \times 7.38 \times 10^3 \times 0.002146^2 = 0.10196 \text{ kNm}^4/\text{kg}^2$$

$$b = v_c/3 = 0.002146/3 = 7.1533 \times 10^{-4} \text{ m}^3/\text{kg}$$

$$R = \frac{8}{3}\frac{p_c v_c}{T_c} = \frac{8}{3} \times \frac{7.38 \times 10^3 \times 0.002146}{304.2} = 0.1388 \text{ kJ/kgK}$$

식 (5.1)로부터

$$T = \frac{\left(p + \dfrac{a}{v^2}\right)(v - b)}{R} = \frac{\left(10 \times 10^3 + \dfrac{0.10196}{0.003^2}\right)(0.003 - 7.1533 \times 10^{-4})}{0.1388}$$

$$= 351.08 \text{ K} = 77.93 \text{℃}$$

예제 5.2

Van der Waals의 상태식에 따르는 단위질량의 기체가 등온적으로 체적이 V_1에서 V_2로 변화할 때, 이 기체가 외부에 하는 일량을 구하라.

풀이 식 (5.1)로부터 $p = \dfrac{RT}{V - b} - \dfrac{a}{V^2}$

$$W = \int_1^2 \left(\frac{RT}{V - b} - \frac{a}{V^2}\right)dV = RT\left[\ln(V - b)\right]_1^2 + a\left[\frac{1}{V}\right]_1^2$$

$$= RT\ln\frac{V_2 - b}{V_1 - b} + a\left(\frac{1}{V_2} - \frac{1}{V_1}\right)$$

(4) 증기표와 포화액 및 건포화증기의 상태량

증기가 갖는 에너지에 관련되는 열량적 상태량은 단위질량에 대한 내부에너지 u, 엔탈피 h, 엔트로피 s가 있으며, 증기의 상태에 따라 포화액의 상태량에는 $'$를 붙여 표기하고 건포화증기의 상태량에는 $''$을 붙여 표시하기로 한다. 예로서 포화액의 상태량은 v', u', h', s' 등이며 건포화증기의 경우는 v'', u'', h'', s'' 등이다.

증기의 성질은 간단한 상태식으로 표시할 수 없으므로 실측치를 기초로 하여 작성된 증기표를 이용하며, "포화증기표"와 "압축수 및 과열증기표"가 있다(부록 8, 9, 10 참조).

- 포화증기표는 포화액 및 건포화증기의 상태량을 표시하는 것으로서 온도를 기준으로 한 온도 기준 포화증기표(부록 8)와 압력을 기준으로 한 압력기준 포화증기표(부록 9)가 있다. 이 표에는 포화액 및 건포화증기의 비체적(v), 비엔탈피(h), 비엔트로피(s)의 값이 수록되어 있으며, 비내부에너지 u는 $u = h - pv$의 식을 이용하여 구한다.

- 압축수 및 과열증기표는 부록 10에 표시한 바와 같이 압축수와 과열증기의 상태량을 각 온도와 압력에 따라 동시에 표시하고 있는데, 표 중의 가로선으로부터 하부영역은 과열증기, 상부영역은 압축수를 나타낸다.

압축액(압축수) 및 과열증기 영역을 그림 5.4에서 보면, 포화액선의 좌측영역이 압축액 상태이고 건포화증기선의 우측영역이 과열증기 영역이다. 압축액의 상태량은 압축수표로부터 구할 수 있다. 예로서 0.1 MPa, 40℃인 압축수의 상태량은 부록 10에서 $v = 0.0010078 \, \text{m}^3/\text{kg}$, $h = 167.5$ kJ/kg, $s = 0.5721$ kJ/kgK, 따라서 비내부에너지 $u = h - pv = 167.5 - 0.1 \times 10^3 \times 0.0010078 = 167.3992$ kJ/kg이 된다.

과열증기의 상태량은 과열증기표로부터 구할 수 있다. 예로서 0.1 MPa, 200℃인 과열증기의 상태량은 부록 10에서 $v = 2.172 \, \text{m}^3/\text{kg}$, $h = 2{,}875.4$ kJ/kg, $s = 7.8349$ kJ/kgK, 따라서 비내부에너지 $u = h - pv = 2{,}875.4 - 0.1 \times 10^3 \times 2.172 = 2{,}658.3$ kJ/kg이 된다.

예제 5.3

0.1 MPa의 압력 하에서 온도 40℃인 압축수의 상태량(v, h, s, u)을 포화증기표와 압축수표에서 각각 구하여 그 값을 비교하라.

풀이 (1) 포화증기표를 이용하면 40℃의 포화수의 상태량은

$$v = 0.00100781 \, \text{m}^3/\text{kg}, \quad h = 167.452 \, \text{kJ/kg}, \quad s = 0.57212 \, \text{kJ/kgK}$$
$$\therefore u = h - pv = 167.452 - 0.1 \times 10^3 \times 0.00100781 = 167.3512 \, \text{kJ/kg}$$

(2) 압축수표를 이용하면

$$v = 0.0010078 \, \text{m}^3/\text{kg}, \quad h = 167.5 \, \text{kJ/kg}, \quad s = 0.5721 \, \text{kJ/kgK}$$
$$\therefore u = h - pv = 167.5 - 0.1 \times 10^3 \times 0.0010078 = 167.3992 \, \text{kJ/kg}$$
$$\therefore \text{차이가 거의 없음을 알 수 있다.}$$

(5) 습증기와 그 성질

전술한 바와 같이 습증기는 포화액과 건포화증기가 일정온도, 일정압력 하에서 공존하고 있는 혼합물이다. 이 상태 하에서는 온도와 그 포화압력 간에는 $p_s = p_s(T)$의 관계가 성립하는데, 습증기의 열역학적 성질을 정확히 기술하기 위해서는 다른 또 하나의 물리량이 필요하다. 그리고 습증기 1 kg 중에는 건포화증기가 x〔kg〕, 포화액이 $(1-x)$〔kg〕이 함유되어 있다고 생각하여, 이 x〔kg/kg〕을 건도(dryness)라 정의하며, $(1-x)$〔kg/kg〕을 습도(wetness)라고 정의한다. 따라서 임의의 습증기의 상태점은 그림 5.6과 같이 정의할 수 있으므로, 이 상태에서의 비체적 v, 비엔탈피 h, 비내부에너지 u, 비엔트로피 s는 각각 다음의 식으로 계산할 수 있다.

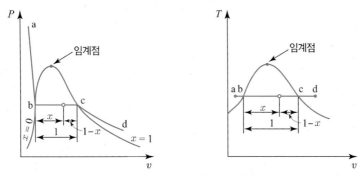

그림 5.6 습증기의 상태점 표시방법

$$v = (1-x)v' + xv'' = v' + x(v'' - v') \tag{5.8}$$

$$h = (1-x)h' + xh'' = h' + x(h'' - h') = h' + xr \tag{5.9}$$

$$u = (1-x)u' + xu'' = u' + x(u'' - u') \tag{5.10}$$

$$s = (1-x)s' + xs'' = s' + x(s'' - s') = s' + x\frac{r}{T} \tag{5.11}$$

위 식들로부터 명백하듯이 포화액 및 건포화증기의 상태량(포화증기표로부터 구함)을 알고 있는 경우, 습증기의 열역학적 성질을 알 수 있다.

다음에 습증기의 상대변화에 대하여 고찰해 보자.

우선 증발열에 대하여 생각하면, 포화액으로부터 건포화증기로 변화하는 데 필요한 열량을 증발열 r로 표시할 때 증발 시는 등온, 등압상태이므로 열역학 제1법칙 $dq = dh - vdp = dh$가 되어 다음과 같이 표시할 수 있다.

$$r = h'' - h' = (u'' - u') + p(v'' - v') \tag{5.12}$$

여기서, $\rho = u'' - u'$는 증발할 때 비내부에너지의 증가이므로 내부증발열이라 하고, $\psi = p(v'' - v')$는 증발에 의한 체적증가에 따르는 절대일을 의미하므로 외부증발열이라고 한다.

건도 x_1의 습증기 1 kg을 건도 x_2로 될 때까지 가열하는 데 필요한 열량 q_{12}는 등온·등압

하에 있으므로

$$q_{12} = h_2 - h_1 = [h_2' + x_2(h_2'' - h_2')] - [h_1' + x_1(h_1'' - h_1')] \tag{5.13}$$

$$= r(x_2 - x_1)$$

이때 비내부에너지의 증가와 외부에 대하여 하는 절대일은 각각 다음과 같다.

$$u_2 - u_1 = (x_2 - x_1)(u'' - u') = (x_2 - x_1)\rho \tag{5.14}$$

$$w_{12} = (x_2 - x_1)p_s(v'' - v') = (x_2 - x_1)\psi \tag{5.15}$$

한편 습증기의 정적변화에서는 식 (5.8)에서 $v_1 = v_2$로 하면 다음 식을 얻을 수 있다.

$$x_2 = x_1\frac{v_1'' - v_1'}{v_2'' - v_2'} + \frac{v_1' - v_2'}{v_2'' - v_2'} \tag{5.16}$$

따라서 이때 계에 가해진 열량은 다음 식으로 주어진다.

$$q_{12} = u_2 - u_1 = (u_2' - u_1') + (x_2\rho_2 - x_1\rho_1) \tag{5.17}$$

$$= (h_2 - h_1) - v_1(p_2 - p_1)$$

다음에 과열증기나 압축액을 단열팽창시키면 어느 경우에도 습증기의 상태로 변화하는데, 습증기의 상태 상호 간에서의 단열변화에서는 $s_1 = s_2$로 생각하면 되므로 식 (5.11)로부터 다음 식이 얻어진다.

$$x_2 = x_1\frac{s_1'' - s_1'}{s_2'' - s_2'} + \frac{s_1' - s_2'}{s_2'' - s_2'} \tag{5.18}$$

또 이때 외부에 하는 절대일은 다음 식으로 계산할 수 있다.

$$w_{12} = u_1 - u_2 = (u_1' - u_2') + (x_1\rho_1 - x_2\rho_2) \tag{5.19}$$

예제 5.4

포화액인 물 500 g이 101.3 kPa의 압력 하에서 완전히 증발하여 건포화증기로 된다. (1) 체적변화량, (2) 물에 가해진 열량을 구하라.

풀이 (1) $v'' - v' = 1.673 - 0.00104371 = 1.671956 \text{ m}^3/\text{kg}$

$\therefore \Delta V = m(v'' - v')$

$= 0.5 \times 1.671956 = 0.836 \text{ m}^3$

(2) $h'' - h' = r = 2,256.9 \text{ kJ/kg}$

$\therefore Q = m(h'' - h')$

$= 0.5 \times 2,256.9 = 1,128.45 \text{ kJ}$

예제 5.5

압력 2 MPa의 수증기에 대한 내부증발열$(u'' - u')$과 내부에너지 u' 및 u''을 구하라.

풀이 압력기준 포화증기표로부터 $T_s = 212.37℃$, $v' = 0.00117661 \ \text{m}^3/\text{kg}$

$v'' = 0.0995361 \ \text{m}^3/\text{kg}$, $h' = 908.588 \ \text{kJ/kg}$, $h'' = 2,797 \ \text{kJ/kg}$, $r = 1,888.6 \ \text{kJ/kg}$

외부증발열 $\quad \psi = p(v'' - v')$

$\qquad\qquad = 2 \times 10^3 \times (0.0995361 - 0.00117661) = 196.72 \ \text{kJ/kg}$

내부증발열 $\quad u'' - u' = r - \psi$

$\qquad\qquad = 1,888.6 - 196.72 = 1,691.88 \ \text{kJ/kg}$

$\qquad u' = h' - pv'$

$\qquad\quad = 908.588 - 2 \times 10^3 \times 0.00117661 = 906.235 \ \text{kJ/kg}$

$\qquad u'' = h'' - pv''$

$\qquad\quad = 2,797.2 - 2 \times 10^3 \times 0.0995361 = 2,598.13 \ \text{kJ/kg}$

예제 5.6

포화증기표를 이용하여 다음 습증기의 건도를 구하라.
(1) 포화압력 0.5 MPa, 비체적 0.25 m³/kg인 경우
(2) 증기온도 300℃, 비엔트로피 4.6 kJ/kgK인 경우

풀이 (1) 0.5 MPa의 $v' = 0.00109284$, $v'' = 0.374676 \ \text{m}^3/\text{kg}$

$\quad \therefore$ 식 (5.8)로부터 $x = \dfrac{v - v'}{v'' - v'} = \dfrac{0.25 - 0.00109284}{0.374676 - 0.00109284} = 0.666$

(2) 300℃의 $s' = 3.25517$, $s'' = 5.70812 \ \text{kJ/kgK}$

$\quad \therefore$ 식 (5.11)로부터 $x = \dfrac{s - s'}{s'' - s'} = \dfrac{4.6 - 3.25517}{5.70812 - 3.25517} = 0.548$

예제 5.7

어떤 포화액을 가열하여 습증기가 되었다. 변화 전후의 엔탈피와 엔트로피 및 증발열은 각각 다음과 같다. $h_1' = 380$, $h_2 = 510 \ \text{kJ/kg}$, $s_1' = 4.032$, $s_2 = 4.605 \ \text{kJ/kgK}$, $r = 173 \ \text{kJ/kg}$, 온도 T와 최종건도 x를 구하라.

풀이 $h_2 = h_1' + xr$, $\quad s_2 = s_1' + \dfrac{xr}{T} = s_1' + \dfrac{h_2 - h_1'}{T}$

$\quad \therefore T = \dfrac{h_2 - h_1'}{s_2 - s_1'} = \dfrac{510 - 380}{4.605 - 4.032} = 226.876 \ \text{K} = -46.274 \ ℃$

$\qquad x = \dfrac{h_2 - h_1'}{r} = \dfrac{510 - 380}{173} = 0.7514$

예제 5.8

건도 $x = 0.8$의 습증기 50 m³의 압력이 3 MPa이었다. 이 증기의 (1) 온도, (2) 질량, (3) 증기 중의 수분량과 증기량을 각각 구하라.

풀이 (1) 3 MPa의 포화온도는 233.84℃

(2) 3 MPa의 $v' = 0.00121634$, $v'' = 0.0666261$ m³/kg이므로 습증기의 비체적은 식 (5.8)에서

$$v = v' + x(v'' - v') = 0.00121634 + 0.8(0.0666261 - 0.00121634)$$
$$= 0.053544 \ \text{m}^3/\text{kg}$$

$$m = \frac{V}{v}$$

$$= \frac{50}{0.053544} = 933.81 \ \text{kg}$$

(3) 수분량 $m_w = m(1 - x)$

$$= 933.81 \times (1 - 0.8) = 186.762 \ \text{kg}$$

증기량 $m_v = mx$

$$= 933.81 \times 0.8 = 747.048 \ \text{kg}$$

(6) 과열증기

과열증기의 비엔탈피 h는 정압비열을 이용하여 다음과 같이 구할 수 있다.

$$h = h'' + q_s = h'' + \int_{T_s}^{T} c_p dT \tag{5.20}$$

이 식에서 우변의 적분항은

$$q_s = \int_{T_s}^{T} c_p dT \tag{5.21}$$

로서 과열열(heat of superheating)을 나타내며, 과열증기 영역의 등압선을 따라 1 kg의 건포화 증기는 포화온도 T_s로부터 임의의 온도 T까지의 가열량이다.

과열증기의 비엔트로피는 다음과 같이 구한다.

$$s = s'' + \int_{T_s}^{T} c_p \frac{dT}{T} \tag{5.22}$$

과열증기의 내부에너지는 엔탈피를 이용하여 $u = h - pv$로부터 구할 수 있다.

예제 5.9

5 MPa의 물의 포화온도가 263.91℃, $v'' = 0.0394285$ m³/kg이다. 이 압력 하에서 건포화증기 상태로부터 360℃로 과열시키면 비체적이 0.05316 m³/kg로 된다. 평균 정압비열을 3.39 kJ/kgK로 하여 다음을 구하라. (1) 과열열, (2) 과열에 의한 엔트로피 증가량, (3) 과열에 의한 내부에너지 증가량

풀이 (1) 식 (5.21)로부터

$$q_s = \int_{T_s}^{T} c_p dT = c_p(T - T_s) = 3.39 \times (360 - 263.91) = 325.745 \text{ kJ/kg}$$

(2) 식 (5.22)로부터

$$\Delta s = s - s'' = \int_{T_s}^{T} c_p \frac{dT}{T} = c_p \ln \frac{T}{T_s} = 3.39 \ln \frac{633.15}{537.06} = 0.558 \text{ kJ/kgK}$$

(3) $\Delta u = q_s - p(v - v'') = 325.745 - 5 \times 10^3 \times (0.05316 - 0.0394285) = 257.09 \text{ kJ/kg}$

예제 5.10

압력 0.5 MPa의 포화수 8 kg과 같은 압력의 500℃인 과열증기를 혼합하여 건포화증기가 되려면 필요한 과열증기량은 몇 kg인가?

풀이 0.5 MPa의 포화수 및 건포화증기의 엔탈피는 각각 $h_1' = 640.115$, $h_1'' = 2,747.5$ kJ/kg, 0.5 MPa, 500℃ 과열증기의 엔탈피는 $h_2 = 3,483.8$ kJ/kg이다.

과열증기가 건포화증기로 되기까지의 방출열량 Q_s는 과열증기량을 m_s라 할 때

$$Q_s = m_s(h_2 - h_1'')$$

포화수가 건포화증기로 되기까지의 가열량은

$$Q_w = 8 \times (h_1'' - h_1')$$

$Q_s = Q_w$이므로 $m_s = \dfrac{8 \times (h_1'' - h_1')}{h_2 - h_1''}$

$$= \frac{8 \times (2,747.5 - 640.115)}{3,483.8 - 2,747.5} = 22.9 \text{ kg}$$

---

3 증기선도

상태량 p, v, T, h, s 중 어느 두 개를 좌표로 취하여 몇 개의 특성곡선을 구해 놓으면 임의의 상태변화에 대한 여러 가지 성질의 변화를 직접 계산하지 않고 그들 선도로부터 쉽게 구할 수 있다. 이와 같은 선도를 증기선도(steam diagram)라 하며, 상태량의 조합에 따라 $p - v$ 선도, $T - s$ 선도, $h - s$ 선도, $p - h$ 선도, $T - h$ 선도 등이 있다. 이들 중 $T - s$ 선도와 $h - s$ 선도는

증기동력 사이클에, $T-s$ 선도와 $p-h$ 선도는 냉동 사이클(열펌프 사이클)에 자주 이용된다.

먼저 그림 5.7과 같이 엔탈피-엔트로피선도($h-s$ 선도)에서 굵은 실선은 포화액 및 건포화증기의 한계선이며, 그 내부는 습증기 영역, 좌측은 압축액, 우측은 과열증기 영역이다. 경사진 가는 실선은 정압선(습증기 영역에서는 정압선이 등온선과 일치함), 경사진 점선은 정적선이며, 수평방향의 곡선은 등온선(과열영역에서는 거의 수평선이지만 건화증기선부터 습증기 영역으로는 정압선과 일치함)을 나타낸다. 습증기 영역에는 등건도선이 표시되어 있다. 이 선도에서 임계점 C는 한계곡선의 정점에 존재하지 않고 경사선 상에 존재한다. 따라서 한계선상의 h의 최댓값은 임계점의 값보다 크다.

이 $h-s$ 선도에서는 열역학 제1법칙 $dq=dh-vdp$에서 정압변화의 경우는 $dp=0$이므로 $dq=dh$로 되며, 가열량이 엔탈피 h의 차만에 의해 주어지게 되어 그림 5.7에서 종축의 길이로부터 직접 구할 수 있다.

또 단열변화의 경우는 $dq=dh-vdp=dh+dw_t$에서 $dq=0$이므로 공업일 $dw_t=-dh$로 되어 역시 종축의 길이에 의해 주어진다. 이것이 $h-s$ 선도의 장점이 되어 널리 사용되고 있다.

그러나 $h-s$ 선도에서는 액체부분의 상태치를 읽을 수 없는 경우가 많다 이 경우는 다음과 같이 근사적으로 구하는 것이 보통이다.

액체의 경우는 일반적으로 체적변화가 작으므로 $dq=du+pdv$와 $c_v = c_p = c$로부터

$$dq = du = cdt = dh \tag{5.23}$$

따라서 어떤 온도 t에서의 엔탈피, 내부에너지, 0℃로부터 t℃까지의 가열량 q_{0t}는 다음과 같이 된다.

$$h_t = u_t = q_{0t} = ct \tag{5.24}$$

물의 경우, $c = 4.187$ kJ/kg℃이므로 각각의 값은 그 온도를 알면 용이하게 구할 수 있다.

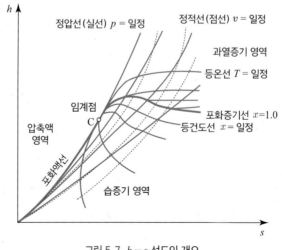

그림 5.7 $h-s$ 선도의 개요

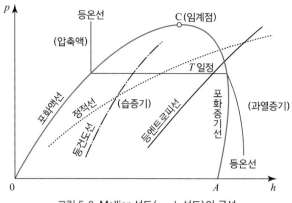

그림 5.8 Mollier 선도($p-h$ 선도)의 구성

다음에 그림 5.8은 압력-엔탈피선도($p-h$ 선도)로, $h-s$ 선도와 달리 임계점이 포화한계선의 정점에 존재한다. $T=$일정의 등온선은 습증기 영역에서 수평선으로 등온이면서 정압상태임을 나타내고 있다. 실선의 경사선은 등엔트로피선($s=$일정), 점선의 경사선은 정적선($v=$일정)을 나타내며 습증기 영역 내에 x일정의 등건도선이 1점쇄선으로 표시되어 정적선보다 기울기가 크다. 이 선도는 냉매의 선도로 잘 이용되고 있다.

예제 5.11

0.5 MPa, 습도 0.7의 습증기 1 kg이 있다. 이것을 등압 하에서 건포화증기로 하기 위해 얼마의 열량이 필요한가? $h-s$ 선도를 이용하여 구하라.

풀이 0.5 MPa의 포화온도는 $h-s$선도로부터 $t_s=152℃$, 따라서 식 (5.24)로부터

$h=4.187\times152=636.4$ kJ/kg, h''는 증기선도로부터 2,750 kJ/kg

이 증기 중에 포화수가 0.7 kg 포함되어 있으므로 이것이 모두 건포화증기로 되기 위해서 필요한 열량은 $Q=0.7\times(2,750-636.4)=1,479.52$ kJ

4 증기의 상태변화

증기의 상태변화는 이상기체의 상태변화에서의 가열량, 절대일, 공업일을 구하는 방법과 동일하지만, 습증기 영역에서는 건도의 변화를 고려하여 표시해야 한다.

그림 5.9에는 $p-v$ 선도, $T-s$ 선도, $h-s$ 선도, $p-h$ 선도 상에 포화한계선과 정압, 정적, 등온, 단열변화의 곡선을 각각 표시하였다. 즉, 1-1′선은 정압변화 곡선, 2-2′는 정적변화 곡선, 3-3′는 등온변화 곡선, 4-4′는 단열변화 곡선을 나타내며, 각 선도에서 보듯이 습증기 영역에서는 등온변화인 동시에 정압변화인 특성을 갖는다.

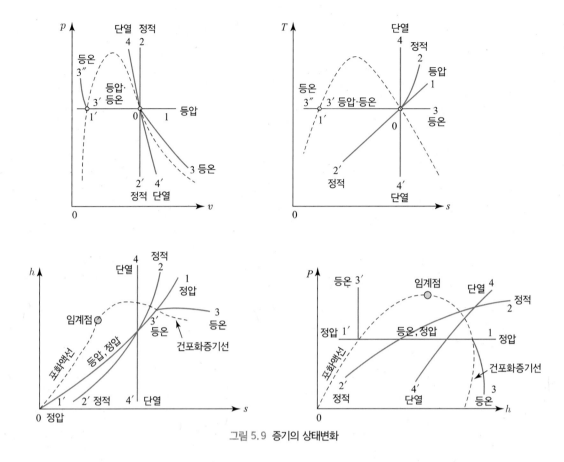

그림 5.9 증기의 상태변화

(1) 정압변화

정압 하에서 1 kg의 증기를 가열할 때 습증기 영역에서는 건도가 x_1으로부터 x_2로 증가하며, 초기상태가 압축액인 경우와 최종상태가 과열증기인 경우에는 건도의 개념은 없다.

가열량 q_{12}, 절대일 w_{12}, 공업일 w_t를 각각 다음과 같이 표시한다. 향후 변화의 전 영역에 해당하는 표시 식은 건도(x_1, x_2)가 포함되지 않으며, 건도가 포함되는 표시 식은 습증기 영역에 해당하는 표시식을 의미한다.

$$\text{가열량} : q_{12} = \int_1^2 dh = h_2 - h_1$$

$$= (h_2' + x_2 r_2) - (h_1' + x_1 r_1) = (x_2 - x_1)r \ \text{(습증기 영역)} \quad (5.25)$$

$$\text{절대일} : w_{12} = \int_1^2 pdv = p(v_2 - v_1)$$

$$= p(x_2 - x_1)(v'' - v') \ \text{(습증기 영역)} \quad (5.26)$$

$$\text{공업일} : w_t = -\int_1^2 vdp = 0 \quad (5.27)$$

예제 5.12

1.2 MPa, 건도 0.3인 습증기 2 kg이 있다. 이것을 정압 하에서 건포화증기로 하려면 얼마의 열량이 필요한가?

풀이 1.2 MPa의 $T_s = 187.96℃$, $h' = 798.43$, $h'' = 2,782.7\ kJ/kg$

수분은 $2 \times (1-0.3) = 1.4\ kg$

∴ 식 (5.25)로부터

$$Q_{12} = m(x_2 - x_1)(h'' - h')$$
$$= 2 \times (1-0.3) \times (2,782.7 - 798.43)$$
$$= 2,777.98\ kJ$$

(2) 정적변화

정적변화의 예로서 보일러와 같은 밀폐용기 내에 액체를 넣고 가열하는 경우이다. 이때 건도는 x_1으로부터 x_2로 증가하며, 계속 가열하면 건포화증기, 과열증기로 변화하는데, 과열증기 영역에서는 압력과 온도가 증가한다. 습증기 영역 내에서 정적변화하는 경우 $v_1 = v_1' + x_1(v_1'' - v_1')$, $v_2 = v_2' + x_2(v_2'' - v_2')$이므로 $v_1 = v_2$로부터 최종건도 x_2는 다음 식으로부터 구할 수 있다.

$$x_2 = x_1 \frac{v_1'' - v_1'}{v_2'' - v_2'} + \frac{v_1' - v_2'}{v_2'' - v_2'} \tag{5.28}$$

정적변화에서의 가열량, 절대일, 공업일은 각각 다음과 같다.

가열량 :
$$q_{12} = \int_1^2 du$$
$$= u_2 - u_1$$
$$= (h_2 - h_1) - v(p_2 - p_1)$$
$$= h_2' - h_1' + x_2 r_2 - x_1 r_1 - v(p_2 - p_1) \text{ (습증기 영역)} \tag{5.29}$$

절대일 :
$$w_{12} = \int_1^2 p\,dv = 0 \tag{5.30}$$

공업일 :
$$w_t = -\int_1^2 v\,dp \tag{5.31}$$
$$= -v(p_2 - p_1)$$

예제 5.13

압력 5 MPa의 건포화증기 $1\,m^3$를 정적 하에서 100℃까지 냉각한다. 최종상태에서 증기의 건도, 압력 및 방출열량을 구하라.

풀이 비체적이 일정이므로 $v = v_1'' = 0.0394285\,m^3/kg$

100℃의 포화액 및 건포화증기의 비체적은 $v_2' = 0.00104371$, $v_2'' = 1.673\,m^3/kg$

$$\therefore x_2 = \frac{v - v_2'}{v_2'' - v_2'} = \frac{0.0394285 - 0.00104371}{1.673 - 0.00104371} = 0.02296$$

100℃의 습증기의 압력은 포화증기표로부터 $p_2 = 101.325\,kPa$

5 MPa의 $h_1'' = 2794.2\,kJ/kg = h_1$

100℃에서의 엔탈피 $h_2 = h_2' + x_2 r_2 = 419.064 + 0.02296 \times 2256.9$
$$= 470.88\,kJ/kg$$

$\therefore$ 식 (5.29)로부터

$$q_{12} = (h_2 - h_1) - v(p_2 - p_1)$$
$$= (470.88 - 2{,}794.2) - 0.0394285(101.325 - 5 \times 10^3)$$
$$= -2{,}130.17\,kJ/kg$$

증기의 질량은 $m = \rho V = \dfrac{V}{v} = \dfrac{1}{0.0394285} = 25.362\,kg$

$$Q_{12} = m q_{12} = 25.362 \times (-2{,}130.17) = -54{,}025.37\,kJ$$

(3) 등온변화

습증기 영역에서는 가열에 의하여 증발이 일어나며, 건포화증기로 될 때까지는 온도와 압력의 변화가 없는 등온·정적변화이다. 그러나 압축액 영역이나 과열증기 영역에서는 등온변화가 정압상태에서 일어나지 않는다.

따라서 전 영역을 대표하는 가열량, 절대일, 공업일의 표시식에서 습증기 영역에만 해당하는 식들은 정압변화의 습증기 영역에서의 식과 동일하다.

가열량 :
$$q_{12} = \int_1^2 T ds$$
$$= T(s_2 - s_1)$$
$$= (x_2 - x_1)r \quad \text{(습증기 영역)} \tag{5.32}$$

절대일 :
$$w_{12} = \int_1^2 dq - \int_1^2 du$$
$$= T(s_2 - s_1) - (u_2 - u_1)$$
$$= p(x_2 - x_1)(v'' - v') \quad \text{(습증기 영역)} \tag{5.33}$$

$$공업일 : w_t = \int_1^2 dq - \int_1^2 dh \tag{5.34}$$

$$= T(s_2 - s_1) - (h_2 - h_1) = 0$$

예제 5.14

200℃의 과열증기가 0.5 MPa에서 0.1 MPa로 등온팽창한다. 증기에 가한 열량, 내부에너지 변화량, 절대일을 각각 구하라.

풀이 0.5 MPa, 200℃의 상태량은 과열증기표로부터

$$v_1 = 0.425 \text{ m}^3/\text{kg}, \ h_1 = 2{,}855.1 \text{ kJ/kg}, \ s_1 = 7.0592 \text{ kJ/kgK}$$

0.1MPa, 200℃의 상태량은 과열증기표로부터

$$v_2 = 2.172 \text{ m}^3/\text{kg}, \ h_2 = 2{,}875.4 \text{ kJ/kg}, \ s_2 = 7.8349 \text{ kJ/kgK}$$

$$\therefore q_{12} = T(s_2 - s_1) = 473.15 \times (7.8349 - 7.0592) = 367.022 \text{ kJ/kg}$$

$$u_2 - u_1 = (h_2 - p_2 v_2) - (h_1 - p_1 v_1) = (h_2 - h_1) - (p_2 v_2 - p_1 v_1)$$

$$= (2{,}875.4 - 2{,}855.1) - (0.1 \times 10^3 \times 2.172 - 0.5 \times 10^3 \times 0.425) = 15.6 \text{ kJ/kg}$$

$$\therefore w_{12} = q_{12} - (u_2 - u_1) = 367.022 - 15.6 = 351.422 \text{ kJ/kg}$$

(4) 단열변화

단열변화는 $T-s$ 선도나 $h-s$ 선도 상에서 수직선으로 표시된다. 그런데 과열증기를 단열팽창시키면 그림 5.9의 $T-s$ 선도 상에서 4−4′선 상을 하향으로 변화한다. 이때 점 0에서 건포화증기가 되고 더 팽창시키면 수분이 생겨 습증기로 변화하며, 건도가 점차 감소한다. 그러나 압축액(임계점의 좌측영역)의 상태로부터 단열팽창시키면 점 1′에서 포화액으로 된 후 습증기로 변화하며 건도가 증가한다. 또 최초의 상태가 임계점에 가까우면 단열팽창 시 생기는 습증기의 건도는 거의 일정하여 0.5에 가깝다.

그림 5.9의 $p-v$ 선도 또는 $T-s$ 선도 상의 습증기 영역에서 단열팽창과정은 0−4′선으로 표시되며, 그 선 상의 임의의 두 점을 1, 2로 표시할 때 각 점의 엔트로피는

$$s_1 = s_1{}' + x_1 \frac{r_1}{T_1}, \ s_2 = s_2{}' + x_2 \frac{r_2}{T_2}$$

이므로, $s_1 = s_2$이므로 최종건도 x_2는 다음 식에서 구한다.

$$x_2 = x_1 \frac{s_1{}'' - s_1{}'}{s_2{}'' - s_2{}'} + \frac{s_1{}' - s_2{}'}{s_2{}'' - s_2{}'} = \frac{x_1 r_1 / T_1 + s_1{}' - s_2{}'}{r_2 / T_2} \tag{5.35}$$

가열량 : $q_{12} = 0$ (5.36)

절대일 :
$$w_{12} = -\int_1^2 du = u_1 - u_2 = (h_1 - h_2) - (p_1 v_1 - p_2 v_2)$$
$$= (h_1' - h_2') + (x_1 r_1 - x_2 r_2) - [p_1\{v_1' + x_1(v_1'' - v_1')\}$$
$$- p_2\{v_2' + x_2(v_2'' - v_2')\}] \text{ (습증기 영역)} \qquad (5.37)$$

공업일 :
$$w_t = -\int_1^2 dh = h_1 - h_2$$
$$= (h_1' - h_2') + (x_1 r_1 - x_2 r_2) \text{ (습증기 영역)} \qquad (5.38)$$

예제 5.15

압력 3 MPa, 300℃의 과열증기가 0.1 MPa까지 단열팽창할 때 최종상태의 건도와 공업일(유동일)을 구하라.

풀이 3 MPa, 400℃의 상태량
$$v_1 = 0.08116 \text{ m}^3/\text{kg}, \ h_1 = 2,995.1 \text{ kJ/kg}, \ s_1 = 6.5422 \text{ kJ/kgK}$$

0.1 MPa의 상태량
$$h_2' = 417.51 \text{ kJ/kg}, \ h_2'' = 2,675.4 \text{ kJ/kg},$$
$$s_2' = 1.3027 \text{ kJ/kgK}, \ s_2'' = 7.35982 \text{ kJ/kgK}$$

$s_2 = s_2' + x_2(s_2'' - s_2') = s_1$ 이므로

$$x_2 = \frac{s_1 - s_2'}{s_2'' - s_2'} = \frac{6.5422 - 1.3027}{7.35982 - 1.3027} = 0.865$$

식 (5.38)로부터 $w_t = h_1 - h_2 = h_1 - [h_2' + x_2(h_2'' - h_2')]$
$$= 2,995.1 - [417.51 + 0.865(2,675.4 - 417.51)] = 624.515 \text{ kJ/kg}$$

예제 5.16

압력 5 MPa, 450℃인 상태에서 0.101325 MPa까지 수증기가 단열팽창할 때 공업일과 절대일을 각각 구하라.

풀이 공업일은 $w_t = h_1 - h_2$이며, $h - s$ 선도 상에서 5 MPa, 450℃의 교점에서 엔탈피 $h_1 = 3,318 \text{ kJ/kg}$, 비체적 $v_1 = 0.064 \text{ m}^3/\text{kg}$, 그 점으로부터 수직선 상의 0.101325 MPa의 교점의 엔탈피 $h_2 = 2,474 \text{ kJ/kg}$, 비체적 $v_2 = 1.53 \text{ m}^3/\text{kg}$이다. 따라서

공업일 $w_t = h_1 - h_2 = 3,318 - 2,474 = 844 \text{ kJ/kg}$

절대일 $w_{12} = w_t - (p_1 v_1 - p_2 v_2)$
$$= 844 - (5 \times 0.064 - 0.1 \times 1.53) \times 10^6 \times 10^{-3}$$
$$= 677 \text{ kJ/kg}$$

(5) 교축변화

유로의 도중에 오리피스 또는 밸브를 설치하여 유체가 좁은 유로를 통과할 때 외부에 대해서는 일을 하지 않고 압력이 하강하는데, 이와 같은 현상을 교축(throttling)이라고 하며, 교축 전후의 엔탈피는 일정하다.

그림 5.10의 $h-s$ 선도 상에서는 $h=$(일정)의 선은 수평선 $(1 \rightarrow 2)$로 표시되며 $p-h$ 선도 상에서는 수직선으로 표시된다.

습증기의 건도를 측정하는 장치로는 교축열량계(throttling calorimeter)가 이용되며, 이는 습증기가 교축을 받을 때 건조되는 성질을 이용하여 측정하는 것이다.

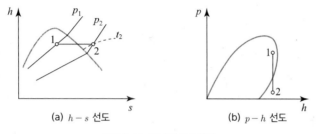

(a) $h-s$ 선도 (b) $p-h$ 선도

그림 5.10 증기의 교축변화

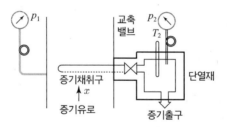

그림 5.11 교축열량계의 원리

그림 5.11은 교축열량계의 원리도로서, 증기유로를 흐르는 증기가 교축밸브를 통과하여 교축되면 증기의 습도가 크지 않은 경우에는 교축밸브를 통과한 증기가 과열증기로 되며, 그 상태의 온도 T_2와 압력 p_2를 측정하면 건도를 구할 수 있다.

교축점의 엔탈피 h_1과 교축 후의 엔탈피 h_2는 같으므로 건도 x_1은

$$h_1 = h_1{}' + x_1 r_1 = h_2$$

$$\therefore x_1 = \frac{h_2 - h_1{}'}{r_1} \tag{5.39}$$

로부터 구할 수 있다. 즉 h_2는 온도 T_2, 압력 p_2인 과열증기의 엔탈피 h_2, $h_1{}'$ 및 r_1은 압력 p_1의 포화액 엔탈피 및 증발열이며, 이들 값은 교축열량계로부터 p_1, p_2, T_2를 측정하여 증기표

로부터 구할 수 있으므로 건도 x_1의 값이 계산된다.

예제 5.17

관 내를 0.5 MPa로 흐르는 수증기를 교축열량계에 의해 측정한 결과, 압력은 0.1 MPa, 온도는 120°C이었다. 관 내 수증기의 건도는 얼마인가?

풀이 0.5 MPa의 $h_1' = 640.115$ kJ/kg, $h_1'' = 2,747.5$ kJ/kgK

0.1 MPa, 120°C의 과열증기의 $h_2 = 2,716.5$ kJ/kg

$$h_2 = h_1' + x(h_1'' - h_1')$$

$$\therefore x = \frac{h_2 - h_1'}{h_1'' - h_1'}$$

$$= \frac{2,716.5 - 640.115}{2,747.5 - 640.115} = 0.9853$$

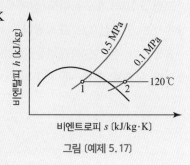

그림 (예제 5.17)

연습문제

증기표와 상태량

1   0.3 MPa, 건도 0.8인 증기 1 kg의 체적, 엔탈피, 내부에너지를 구하라.

2   포화수 1 kg이 온도 150℃에서 증발할 때의 외부증발열, 내부증발열, 비엔트로피 변화를 구하라.

3   0.5 MPa, 건도 0.95인 습증기의 내부에너지를 구하라.

4   건도 0.8인 습증기 1 kg을 일정체적의 용기에 넣었을 때 압력이 0.2 MPa이었다. 이 증기의 비체적, 가열에 의해 건포화증기로 되었을 때의 온도, 압력을 구하라.

5   14℃의 물로부터 1 MPa의 증기가 1 kg 발생할 때, 다음 각 항의 증기를 만들기 위해 가해야 할 열량을 구하라. (1) 건포화증기, (2) 건도 0.95인 습증기, (3) 300℃의 과열증기

6   체적 6 m^{3}의 용기 속에 온도 120℃의 물과 수증기가 공존하며, 물은 용기의 체적의 1/6을 차지한다. 이때의 건도를 구하라.

7   10 MPa, 600℃의 과열증기에 동일압력의 포화수를 넣어, 증기온도를 500℃까지 내리려면 증기 1 kg당 얼마의 포화수가 필요한가?

8   밀폐용기 속에 압력 2 MPa, 건도 0.95의 증기가 있다. 이것이 냉각하여 압력 1.2 MPa로 되었을 때 증기의 건도는 얼마로 되는가?

9   수증기의 온도 150℃에 대한 포화압력은 0.476 MPa이며, 증발열은 2,113.2 kJ/kg, 건포화증기를 50℃ 과열할 때의 평균 정압비열은 1.86 kJ/kgK이다. 지금, 이 압력의 건도 35%인 습증기의 엔탈피는 1,371.8 kJ/kg, 엔트로피는 3.59 kJ/kgK일 때 50℃ 과열된 증기의 엔탈피와 엔트로피를 구하라.

10 $p = 0.2$ MPa, $T = 300$℃인 과열증기의 흐름에 압력 0.2 MPa인 포화수를 주입하여 같은 압력의 건포화증기로 변화시킨다. 과열증기 1 kg당 몇 kg의 물을 주입해야 하는가?

11   체적 4 m^{3}의 보일러 내에 0.1 MPa의 기수혼합물 2,000 kg이 들어 있다. 보일러의 밸브를 닫은 상태로 가열하여 압력이 2 MPa이 되도록 하기 위해 필요한 가열량은 얼마인가?

12 $c_p = 2.1$ kJ/kgK인 액체 1 kg이 1.5 bar의 압력으로 유지될 때 온도 $-15℃$에서 고체로 되고, $65℃$에서 기체가 된다. 이 압력에서 (1) 융점으로부터 계산한 액체열, (2) 그것에 상당하는 엔트로피 증가량, (3) 만일 그 체적증가가 0.00031 m^3라면, 그것에 상당하는 액체의 내부에너지 증가량을 각각 구하라.

13 압력 1.7 MPa의 수증기에서 $v' = 0.0012$, $v'' = 0.117$ m^3/kg이다. 습도가 5%인 포화증기의 체적 $V = 25$ m^3라면 이 증기의 질량은 얼마인가?

14 0.8 MPa의 압력에서 어느 물질의 포화온도는 $170.41℃$, 건포화증기의 비체적은 0.24 m^3/kg이다. 이 압력 하에서 건포화증기로부터 $55℃$ 과열될 때 비체적은 0.277 m^3/kg이 되었다. 이때의 평균 정압비열은 2.22 kJ/kgK이다. 이 물질 1 kg에 대하여 다음을 구하라. (1) 과열열, (2) 과열 중의 내부에너지 증가량, (3) 과열에 의한 엔트로피 증가량

15 건포화증기($x_1 = 1.0$)가 압력 $p_1 = 8$ MPa로부터 $p_2 = 0.1$ MPa까지 단열팽창시킬 때 단열지수 k를 구하라. 단, 8 MPa의 $v'' = 0.0235$ m^3/kg, $s'' = 5.7471$ kJ/kgK, 0.1 MPa의 $v'' = 1.6937$ m^3/kg, $s' = 5.7471$, $s'' = 1.3027$ kJ/kgK이다.

증기의 상태변화

16 증기의 최초압력이 1 MPa, 온도가 $280℃$인 증기가 단열팽창하여 압력이 0.1 MPa로 되었다. 팽창 후의 (1) 건도, (2) 비체적, (3) 공업일을 구하라.

17 1 MPa, 건도 0.6의 습증기를 동일압력 하에서 체적이 2배로 되기까지 가열하였다. 가열량과, 가열 후 증기의 압력과 온도를 구하라.

18 압력 1 MPa의 건포화증기 1 kg이 정적변화를 하여 $60℃$가 될 때까지 열을 방출한다. 최종상태의 습증기의 건도 및 방출열량을 구하라.

19 온도 $40℃$의 건포화증기가 열교환기에 유입하여, 등압 하에서 열을 방출한 후 $20℃$인 액체로 되어 유출한다. 열교환기에 주어야 할 열량은 매시 600,000 kJ이다. 이 경우 소요유량을 구하라.

20 압력 0.6 MPa, 건도 0.8인 증기 1 kg이 정압 하에서 $320℃$까지 가열되었다. (1) 이때의 체적, (2) 이 동안의 가열량을 구하고, 건포화증기 상태일 때의 (3) 체적, (4) 온도는 각각 얼마인가. 또, 0.6 MPa, $320℃$ 상태로부터 0.05 MPa까지 단열팽창했을 때 (5) 건도, (6) 팽창에 의한 공업일을 구하라.

21 압력 0.8 MPa의 증기 5 kg이 체적 1.2 m^3를 차지한다. 이 증기를 압력 0.1 MPa까지 가역 단열 팽창시킬때 변화 전후의 상태량 v_1, v_2, h_1, h_2, s_1, s_2, u_1, u_2를 각각 구하고, 팽창에 의한 외부일을 구하라.

22 압력 5 MPa의 건포화증기를 정압 하에서 비체적이 0.05316 m³/kg의 과열증기 상태가 될 때까지 가열하였다. 이 상태의 증기온도, 과열도, 과열열, 과열에 의한 비엔트로피와 비내부에너지의 변화량을 구하라. 단, 과열증기의 평균 정압비열은 2.6 kJ/kgK이다.

23 압력 600 kPa, 온도 400℃의 과열증기가 등엔트로피 변화를 하여, 압력 30 kPa까지 팽창한다. (1) 최종건도, (2) 수증기 1 kg당 공업일과 절대일을 구하라.

24 압력 1 MPa, 온도 200℃의 증기 1 kg이 건도 98%가 될 때까지 등온압축한다. (1) 증기에 가한 열량, (2) 증기가 한 외부일을 구하라.

25 1 MPa, 300℃의 과열증기가 0.1 MPa까지 등엔트로피적 팽창을 할 때 다음을 구하라. (1) 팽창 후의 증기건도, (2) 건포화증기 상태의 압력, (3) 공업일

26 0.8 MPa의 습증기를 교축열량계로 측정할 때, 교축 후의 압력은 0.05 MPa, 온도는 120℃이었다. 원래 습증기의 건도는 얼마인가?

27 교축열량계를 이용하여, 관로 상을 흐르는 압력 0.5 MPa의 습증기를 압력 0.1 MPa까지 교축했더니, 그 온도는 120℃가 되었다. 열량계 및 관로 등으로부터의 열손실은 단위 증기유량당 1.3 kJ/kg이라면 처음 습증기의 건도는 얼마인가?

28 $c_p = 4.2$ kJ/kgK인 물 10 kg이 1.2 MPa의 등압 하에서 최초온도 10℃, 최초체적 0.01 m³로부터 완전히 증발할때까지 가열한다. 이 압력에서의 포화온도는 188℃, 포화액의 비체적은 0.00114 m³/kg, 건포화증기의 비체적은 0.1632 m³/kg, 또 증발열은 1,984.3 kJ/kg이다. 다음을 구하라. (1) 이 과정 중 가한 열량, (2) 그것에 상당하는 엔트로피 증가량, (3) 포화온도까지 가열하는 동안의 액체의 내부에너지 증가량, (4) 증발 중 내부에너지 증가량

29 긴 증기관의 한 끝에서 압력 2 MPa, 건도 0.99인 습증기가 유입하여 도중의 밸브에서 교축되며, 출구에서는 0.1 MPa이 된다. 관으로부터 방열량은 26,000 kJ/h, 증기유량은 1,500 kg/h일 때 출구 측의 증기온도를 구하라.

30 압력 $p_1 = 2.5$ MPa, 건도 $x_1 = 0.96$인 증기 25 kg을 동일압력 하에서 $t_2 = 400$℃까지 가열할 때 (1) 가열량, (2) 과열도, (3) 체적의 증가량, (4) 일량을 구하라. 단, 최초상태에서 포화온도 $t_s = 223.1$℃, $h_1{}' = 958.47$, $h_1{}'' = 2,799.75$ kJ/kg, $v_1{}' = 0.0012$, $v_1{}'' = 0.0831$ m³/kg, 최종상태에서 $h_2 = 3,240.7$ kJ/kg, $v_2 = 0.12$ m³/kg이다.

31 작동유체로 수증기를 사용하는 Carnot 사이클의 열기관이 있다. 단열팽창 초의 증기압력은 1.8 MPa, 건도는 97%이다. 또 사이클의 최저온도를 30℃로 할 때 (1) 주어진 열량, (2) 방출 열량, (3) 사이클 효율을 구하라.

32 어느 보일러로부터 압력 1 MPa의 포화수 10 kg을 대기(101.3 kPa) 중에 방출한다면, 자기증발 하는 증기량(감압에 의해 포화수로부터 발생하는 증기량)은 얼마인가?

33 증기터빈으로 유입하는 증기압력이 0.8 MPa, 온도는 220℃, 유량은 18 kg/s이고, 배출측 압력이 0.1 MPa이며, 증기에 포함된 수분량이 54.5 kg/min일 때 터빈의 출력은 얼마인가?

34 압력 1 MPa, 포화수량 10^5 kg의 증기 어큐뮬레이터 내에, 압력 1.6 MPa인 포화증기 10^3 kg을 넣으면 어큐뮬레이터 내의 압력은 얼마로 되는가? 단, 어큐뮬레이터의 증기부에 존재하는 증기의 보유열량은 무시하고, 주위로의 방열손실은 없다고 한다.

35 압력 5 MPa, 온도 500℃의 과열증기가 증기터빈에 유입하여, 압력 0.2 MPa, 건도 97%의 습증기로 되어 유출한다. 증기유량은 50 t/h일 때 이 터빈의 이론출력은 몇 kW인가? 단, 터빈의 운동 및 위치에너지와 방열손실은 무시한다.

36 압력 1 MPa의 건포화증기를 0.2 MPa까지 팽창시키는 터빈에서, 증기유량 10 t/h, 출구의 건도 0.95, 발전기 효율 0.93일 때 다음을 구하라. (1) 열낙차, (2) 발전기출력, (3) 터빈 출구 습증기의 비엔트로피, (4) 팽창과정의 비엔트로피 변화

1. $v = 0.48466 [\text{m}^3/\text{kg}]$
$h = 2,291.99 [\text{kJ/kg}]$
$u = 2,146.59 [\text{kJ/kg}]$

2. • 외부증발열 : $186.286 [\text{kJ/kg}]$
• 내부증발열 : $1,926.914 [\text{kJ/kg}]$
$\Delta s = 4.994 [\text{kJ/kgK}]$

3. $2,464.145 [\text{kJ/kg}]$

4. $v = 0.7086 [\text{m}^3/\text{kg}]$, $127.92 [℃]$, $0.25375 [\text{Pa}]$

5. (1) $2,717.446 [\text{kJ/kg}]$
(2) $2,616.77 [\text{kJ/kg}]$
(3) $2,993.346 [\text{kJ/kg}]$

6. 0.005913

7. $0.126 [\text{kg}]$

8. 0.5768

9. $2,838.38 [\text{kJ/kg}]$, $7.044 [\text{kJ/kgK}]$

10. $0.166 [\text{kg}]$

11. $1,003.628 [\text{MJ}]$

12. (1) $168 [\text{kJ/kg}]$
(2) $0.5669 [\text{kJ/kgK}]$
(3) $167.95 [\text{kJ/kg}]$

13. 증기분 : 213.58 kg
습분 : 11.241 kg

14. (1) $122.1 [\text{kJ/kg}]$
(2) $92.5 [\text{kJ/kg}]$
(3) $0.2595 [\text{kJ/kgK}]$

15. 1.273

16. (1) 0.9486
(2) $1.6067 [\text{m}^3/\text{kg}]$
(3) $449.66 [\text{kJ/kg}]$

17. $q_{12} = 977.805 [\text{kJ/kg}]$
$p = 1 [\text{MPa}]$
$T = 252.54 [℃]$

18. $x = 0.0252$
$q_{12} = -2,275.25 [\text{kJ/kg}]$

19. $240.91 [\text{kg/h}]$

20. (1) $0.4504 [\text{m}^3/\text{kg}]$
(2) $765.478 [\text{kJ/kg}]$
(3) $0.315474 [\text{m}^3/\text{kg}]$

(4) $158.84 [℃]$
(5) 0.977
(6) $510.96 [\text{kJ/kg}]$

21. $v_1 = 0.24$, $v_2 = 1.343 [\text{m}^3/\text{kg}]$
$h_1 = 2,521.24$, $h_2 = 2,207.57 [\text{kJ/kg}]$
$s_1 = s_2 = 6.10455 [\text{kJ/kgK}]$
$u_1 = 2,329.24$, $u_2 = 2,073.27 [\text{kJ/kg}]$
$W_{12} = 1,279.85 [\text{kJ}]$

22. $T = 360 [℃]$
과열도 $= 96.09 [℃]$
$q_s = 249.834 [\text{kJ/kg}]$
$\Delta s = 0.428 [\text{kJ/kgK}]$
$\Delta u = 234.7425 [\text{kJ/kg}]$

23. (1) 0.991
(2) $L_t = 666.22 [\text{kJ/kg}]$
$L_{12} = 513.526 [\text{kJ/kg}]$

24. (1) $-163.9 [\text{kJ/kg}]$
(2) $-101.4 [\text{kJ/kg}]$

25. (1) 0.9612 (2) 0.2 MPa
(3) $464.3 [\text{kJ/kg}]$

26. 0.9776

27. 0.9859

28. (1) $27,319 [\text{kJ}]$ (2) $63.515 [\text{kJ/K}]$
(3) $7,474.32 [\text{kJ}]$ (4) $17,898.28 [\text{kJ}]$

29. 약 $142.3 [℃]$

30. (1) $12,865 [\text{kJ}]$ (2) $177 [℃]$
(3) $1.0044 [\text{m}^3]$ (4) $2,511 [\text{kJ}]$

31. (1) $1,852.99 [\text{kJ/kg}]$
(2) $-1,169.65 [\text{kJ/kg}]$
(3) 0.3688

32. $1.374 [\text{kg}]$

33. $6,059.16 [\text{kW}]$

34. $1.1 [\text{MPa}]$

35. $11,020.1 [\text{kW}]$

36. (1) $179.98 [\text{kJ/kg}]$
(2) $464.99 [\text{kW}]$
(3) $6.847 [\text{kJ/kgK}]$
(4) $0.2642 [\text{kJ/kgK}]$

가스동력 사이클

어떤 작동유체를 이용하여 몇 개의 상태변화를 조합시키는 사이클을 행하면 열을 일로 변환시킬 수 있다. 그 작동유체는 가스와 증기로 대별할 수 있으며, 그에 대한 열역학적 성질은 앞에서 학습하였다.

우리는 연소에 의해 다량의 열에너지를 얻을 수 있으며, 발생한 연소가스를 작동유체로 이용하고 그것을 팽창시켜 일을 하는 장치를 만들 수 있다. 그 대표적인 예가 자동차나 비행기 등의 엔진을 들 수 있으며, 이와 같이 열에너지를 일로 변환하는 장치를 열기관(heat engine)이라고 한다.

그런데 실제 열기관에서 행해지는 사이클을 이상화하여 작동유체를 이상기체로 하고 상태변화가 가역적인 이상 사이클에 대하여 해석하게 되면, 작동유체가 상태변화를 하는 동안에 질량과 물리적 성질이 변하지 않는다고 가정하므로 해석이 용이하다. 이와 같이 실제 열기관에서 행해지는 사이클을 이상화하여 작동유체를 이상기체로 하고 상태변화를 가역적이라고 생각하는 사이클을 이상 사이클(ideal cycle)이라고 한다. 이상 사이클에서는 작동유체가 상태변화를 하는 동안에 물리적 성질과 질량이 변하지 않는다고 본다.

그러나 실제로는 작동유체가 대부분 연소가스이므로 사이클을 행하는 도중에 마찰, 와동, 열이동 등이 발생하게 되어 변화과정은 비가역변화가 된다. 작동유체로서 공기를 사용하는 경우를 공기표준 사이클(air standard cycle)이라고 한다.

열기관에는 내연기관과 외연기관이 있으며, 기관의 내부를 고온열원으로 하고 그곳에서 발생시킨 연소가스를 직접 작동유체로 이용하는 장치를 내연기관(internal combustion engine), 고온열원(연소기 또는 爐)에 의해 작동유체를 간접적으로 가열하여 그것에 의해 기계적 일을 하는 기관을 외연기관(external combustion engine)이라고 한다. 내연기관에는 가솔린기관, 가스기관, 디젤기관, 가스터빈, 제트엔진, 로켓엔진 등이 있으며, 외연기관에는 증기기관, 증기터빈, 폐쇄형 가스터빈, 스털링(Stirling)엔진 등이 있다. 또 열에너지가 운동에너지로 변환할 때, 피스톤의 왕복운동을 이용하는 왕복식 열기관, 터빈의 회전운동을 이용하는 회전식 열기관으로 대별할 수 있다.

이 장에서는 작동유체가 가스인 경우의 왕복식 열기관 사이클과 회전식 열기관 사이클, 그리고 공기를 작동유체로 하는 공기압축기에 대하여 고찰한다.

1 Carnot 사이클

Carnot 사이클(Carnot cycle)은 4장에서 논의한 바와 같이 이상적인 가역 사이클로서 4개의 가역과정으로 구성되어, 두 개의 등온과정과 두 개의 단열과정으로 이루어진다.

그림 6.1에는 $p-v$ 선도와 $T-s$ 선도 상에 Carnot 사이클을 도시하였으며, 이것은 피스톤-실린더 장치의 밀폐시스템에서 작동시킬 수 있다. 또한, 그림 6.2에 도시한 두 개의 터빈과 두 개의 압축기로 구성되는 정상유동 시스템에서도 작동시킬 수 있다.

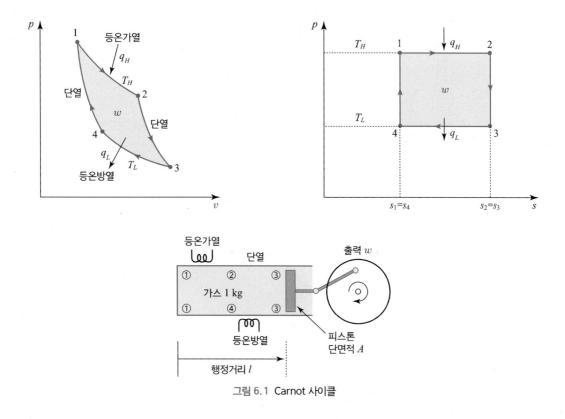

그림 6.1 Carnot 사이클

그림 6.1에서 각 과정은 $1 \rightarrow 2$: 등온가열(팽창), $2 \rightarrow 3$: 단열팽창, $3 \rightarrow 4$: 등온방열(압축), $4 \rightarrow 1$: 단열압축으로 이루어지고, 고열원의 온도를 T_H, 저열원의 온도를 T_L이라 하면 단위질량당 가열량 q_H 및 방열량 q_L은 각각 다음과 같다.

$$q_H = RT_H \ln \frac{v_2}{v_1} = T_H(s_2 - s_1) \tag{6.1}$$

$$q_L = RT_L \ln \frac{v_3}{v_4} = T_L(s_3 - s_4) = T_L(s_2 - s_1) \tag{6.2}$$

$2 \rightarrow 3$ 과정과 $4 \rightarrow 1$ 과정은 단열과정이므로

$$\frac{T_L}{T_H} = \left(\frac{v_2}{v_3}\right)^{k-1} = \left(\frac{v_1}{v_4}\right)^{k-1}$$

가 되어 다음의 관계가 성립한다.

$$\frac{v_2}{v_1} = \frac{v_3}{v_4} \tag{6.3}$$

또 그림 6.1의 $T-s$ 선도에서 보듯이 $s_1 = s_4$, $s_2 = s_3$가 되어 Carnot 사이클의 이론열효율은 다음과 같이 고열원과 저열원의 온도(K)만의 함수로 표시할 수 있다.

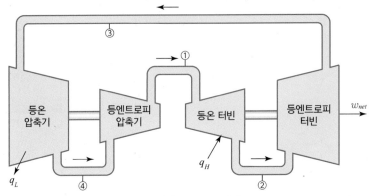

그림 6.2 정상류 Carnot 기관

$$\eta_C = \frac{q_H - q_L}{q_H} = 1 - \frac{T_L}{T_H} \tag{6.4}$$

이때 Carnot 사이클의 이론정미일은 고열원으로부터의 가열량 q_H와 저열원으로의 방출열량 q_L의 차로 표시되며, 다음과 같이 표시된다.

$$w_{net} = q_H - q_L = (T_H - T_L)(s_2 - s_1) \tag{6.5}$$

예제 6.1

1 kg의 공기가 온도 600 K와 300 K의 열원 사이에서 Carnot 사이클을 행한다. 고열원과 접하는 등온과정에서 처음 1 L이었던 공기는 최종상태에서 4 L가 되었다면, 이 사이클에서 1 kg당 가열량, 방열량, 사이클의 일량은 각각 얼마인가? 공기의 가스상수는 0.2872 kJ/kgK이다.

풀이 $q_H = RT_H \ln \frac{V_2}{V_1} = 0.2872 \times 600 \ln 4 = 238.9 \, [\text{kJ/kg}]$

$q_L = q_H \frac{T_L}{T_H} = 238.9 \times \frac{300}{600} = 119.45 \, [\text{kJ/kg}]$

$\therefore w_{net} = q_H - q_L = 119.44 \, [\text{kJ/kg}]$

2 피스톤형 열기관 사이클

실용적인 열기관은 경제성과 안정성의 관점으로부터 평가할 수 있다. 즉 열효율은 높고, 발생출력에 대한 기관의 가격은 낮으며, 유지가 용이하고 안전하여 공해문제를 발생시키지 않는 것이 좋다. 그러나 열효율은 최고이지만 발생출력에 대한 가격이 극단적으로 고가인 Carnot 사이클로 제작하는 것은 불가능하다.

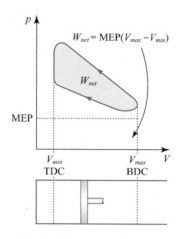

그림 6.3 왕복운동 기관의 $p - V$ 선도

현재 사용되고 있는 기관의 구조로서, 피스톤과 실린더로 이루어지는 왕복운동기관(reciproc-ating engine)과 날개차가 회전하는 터빈(turbine)으로 대별되며, 또 열을 가하는 데 실린더 내 등에서 연소하는 것을 내연기관(internal combustion engine), 기관의 외부에서 연소하는 것을 외연기관(external combustion engine)이라고 하여 구별하고 있다.

또 왕복운동 기관은 그림 6.3에 나타내었듯이 피스톤이 내부기체의 체적을 가장 작게 하는 위치를 상사점(TDC, top dead center)이라 하고, 그 반대로 가장 크게 하는 위치를 하사점(BDC, bottom dead center)이라고 한다. 이 사이를 피스톤이 움직이는 범위를 행정(stroke)이라고 한다.

피스톤이 상사점에 도달했을 때 실린더 내부의 최소체적을 틈새체적(clearance volume) V_c ($= V_{min}$), 피스톤이 하사점에서 상사점으로 이동하면서 피스톤이 밀어낸 체적을 배기체적 (displacement volume) 또는 행정체적(stroke volume) $V_s (= V_{max} - V_{min})$라 한다.

그림 6.4(a)와 같이 이 피스톤의 행정이 흡기, 압축, 팽창, 배기의 4행정을 행하여 1 사이클을 이루는 것을 4행정 사이클 기관(four stroke cycle engine)이라 하며, 2행정의 경우도 있는데(그림 6.4(b) 참조), 배기와 흡기를 1행정으로 하는 경우이며 이것을 소기(掃氣, scavenging)라고 한다.

출력을 고려한 성능을 표시할 때 사용되는 용어 중에 평균 유효압력(mean effective pressure, MEP) p_m이 있으며, 이것은 가상적인 압력으로서 만일 전 동력행정 동안 피스톤에 평균유효압력이 작용한다면 그림 6.3과 같이 실제 사이클 동안 발생되는 일(W_{net})과 동일한 양을 생성하게 하는 압력으로 정의된다. 즉 그림 6.3에서

$$W_{net} = MEP \times 피스톤\ 면적 \times 행정 = MEP \times 배기체적$$

$$\therefore MEP = p_m = \frac{W_{net}}{V_{max} - V_{min}} = \frac{W_{net}}{V_s} \tag{6.a}$$

왕복운동 기관은 실린더 내의 연소과정이 점화되는 방법에 따라 전기점화 기관(spark-ignition engine), 압축점화 기관(compression-ignition engine)으로 분류되며, 전자는 공기-연료혼합물이

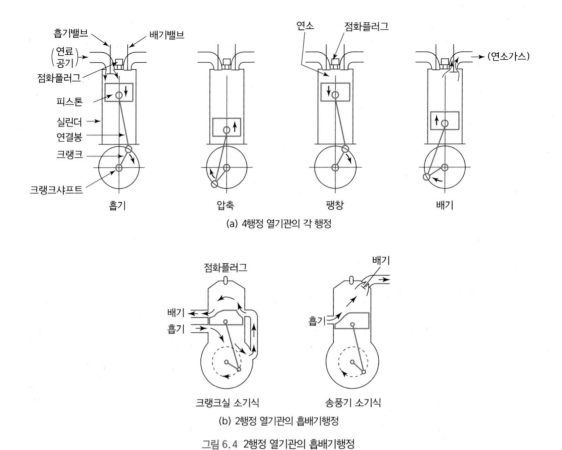

(a) 4행정 열기관의 각 행정

크랭크실 소기식   송풍기 소기식

(b) 2행정 열기관의 흡배기행정

그림 6.4 2행정 열기관의 흡배기행정

점화플러그(ignition plug)에 의해 점화되고, 후자는 공기-연료혼합물이 자기착화(self-ignition) 온도 이상으로 압축이 되면서 점화된다.

    본 장에서의 사이클은 특별히 언급하지 않는 한 이상기체의 가역변화를 행하는 열사이클을 취급한다. 이것은, 작동유체로서 공기(상온의 비열을 갖는다고 생각함)로 하는 이상적 사이클이 며, 이것을 전술한 공기표준 사이클이라고 한다.

    이상적인 열사이클을 고려하는 것은, 기본이 되는 열사이클일 뿐 아니라, 실용기관의 성능이 어느 정도인가를 비교하여 알 수 있고, 개선의 여지를 알 수 있기 때문이다.

(1) Otto 사이클

    가솔린기관이나 가스기관과 같이 연료와 공기의 혼합기를 흡입하여, 이것을 상사점 부근에서 점화하는 기관에 있어서는 연소가 급격히 행해져 짧은 시간에 종료한다. 따라서 이와 같은 기관의 기본 사이클로서는 가열이 정적 하에서 일어나는 그림 6.5와 같은 사이클을 생각하면 편리하다.

    이것은 1876년 Otto가 처음으로 이러한 가스기관을 만들어 Otto 사이클 또는 정적 사이클 (constant volume cycle)이라고 하며, 다음과 같은 변화로 구성된다.

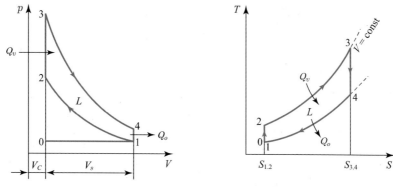

그림 6.5 Otto 사이클

- 1-2 : 흡입측과 같은 온도, 압력으로 실린더를 채우는 체적 $V_c + V_s$의 가스가 V_c까지 단열적으로 압축한다.
- 2-3 : 연소에 의해 압력이 급격히 상승하지만 외부로부터 Q_v인 열이 가해지는 정적변화이다.
- 3-4 : 단열팽창 과정이며 이 과정에서 일을 한다.
- 4-1 : 4에서 배기밸브가 열리고 가스가 배기되며, 열량 Q_o를 정적 하에서 방열한다.

또 0-1은 4사이클 기관에서만 나타나는 흡입 및 배기행정이며, 실제로 둘러싸인 면적은 작으므로 이론 사이클에서는 고려하지 않아도 된다.

그림 6.5의 V_c는 간극체적(clearance volume), V_s는 행정체적(stroke volume)이며

$$\varepsilon = \frac{V_1}{V_2} = \frac{V_c + V_s}{V_c} \tag{6.6}$$

를 압축비(compression ratio)라고 한다.

① 열효율

작동유체의 비열 c_v는 일정하다고 생각하면, m kg의 가스에 대하여

가한 열량 $Q_v = Q_{23} = mc_v(T_3 - T_2)$

방출열량 $Q_o = Q_{41} = mc_v(T_4 - T_1)$

일량 $W = Q_v - Q_o = mc_v[(T_3 - T_2) - (T_4 - T_1)]$

또 $\dfrac{V_1}{V_2} = \dfrac{V_4}{V_3} = \dfrac{V_c + V_s}{V_c} = \varepsilon$

따라서 단열변화 1-2, 3-4에 대하여 식 (3.55)로부터

$$\frac{p_2}{p_1} = \frac{p_3}{p_4} = \varepsilon^k$$

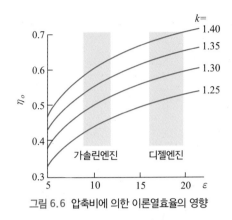

그림 6.6 압축비에 의한 이론열효율의 영향

또 식 (3.56)으로부터

$$\frac{T_2}{T_1} = \frac{T_3}{T_4} = \frac{T_3 - T_2}{T_4 - T_1} = \varepsilon^{k-1}$$

따라서 Otto 사이클의 열효율 η_o는

$$\eta_o = \frac{W}{Q_v} = 1 - \frac{Q_o}{Q_v} = 1 - \frac{T_4 - T_1}{T_3 - T_2} = 1 - \frac{T_1}{T_2} \tag{6.7}$$

$$또는 \quad \eta_o = 1 - \frac{1}{\varepsilon^{k-1}} = 1 - \left(\frac{p_1}{p_2}\right)^{(k-1)/k} \tag{6.8}$$

가 된다. 즉 Otto 사이클의 열효율은 k가 일정하다면 압축비 ε 또는 압력비 p_2/p_1만에 좌우되며, 이들이 클수록 열효율이 높아짐을 알 수 있다. 그림 6.6은 가솔린엔진과 디젤엔진의 열효율에 대한 압축비의 영향을 표시하였다.

그러나 ε을 크게 하면 노킹(knocking, 정확하게는 detonation)을 일으키고, 출력의 저하와 엔진의 손상을 일으킨다. 그러므로 현재의 실용범위는 $\varepsilon = 7 \sim 10$ 정도이다.

② 엑서지효율

식 (4.121)에서 정의한 엑서지효율은 최대가능일에 대한 유용한 일의 비이므로 가열량 Q_v에 대한 엑서지는 $Q_v \times \eta_c$인데, 이 경우의 Carnot 계수 η_c의 고온열원 온도로서는 가열기간 2~3 과정의 최고온도 T_3를 취하고, 유용한 일은 얻은 일 $Q_v \times \eta_o$이 된다.

따라서 엑서지효율 η_{II}는 다음과 같다.

$$\eta_{\mathrm{II}} = \frac{Q_v \times \eta_o}{Q_v \times \eta_c} = \frac{1 - \left(\dfrac{1}{\varepsilon^{k-1}}\right)}{1 - (T_1/T_3)} \tag{6.9}$$

만일 $\varepsilon = 9$, $k = 1.4$, $T_1 = 283\,\mathrm{K}$, $T_3 = 1{,}700\,\mathrm{K}$라 하면 $\eta_{\mathrm{II}} = 0.68$이 된다.

③ 평균 유효압력과 출력

1사이클 중에 하는 일 1234를 그림 6.7과 같이 동일한 행정에 대하여 평균화했을 때의 압력 p_m을 평균 유효압력(mean effective pressure)이라고 한다.

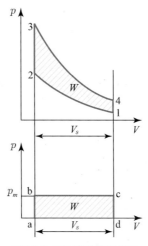

그림 6.7 평균유효압력의 설명

따라서 p_m과 1사이클 중의 일량 W와는 다음의 관계가 있다.

$$W = p_m \times V_s \tag{6.10}$$

Otto 사이클의 경우는 압력상승비 $\alpha = \dfrac{p_3}{p_2}$로 표시하면, $c_v = \dfrac{R}{k-1}$, $\dfrac{m}{V_2} = \dfrac{p_2}{RT_2}$, $p_2 = p_1 \varepsilon^k$, $(T_4 - T_1) = (T_3 - T_2)/\varepsilon^{k-1}$ 등의 관계를 이용하면

$$p_m = \frac{Q_v - Q_o}{V_1 - V_2} = \frac{mc_v[(T_3 - T_2)-(T_4 - T_1)]}{V_2(\varepsilon - 1)} = \frac{p_2(T_4 - T_1)(\varepsilon^k - \varepsilon)}{T_2 \varepsilon(k-1)(\varepsilon - 1)}$$

$$= \frac{p_1 \varepsilon^{k-1}(T_4 - T_1)(\varepsilon^k - \varepsilon)}{T_2(k-1)(\varepsilon - 1)} = p_1 \frac{(\alpha - 1)(\varepsilon^k - \varepsilon)}{(k-1)(\varepsilon - 1)} \tag{6.11}$$

그림 6.8은 압축비 ε 및 압력상승비 α가 이론 평균 유효압력에 미치는 영향에 대한 선도로서, 압축비가 증가할수록, 압력상승비가 증가할수록 평균 유효압력이 증가한다.

엔진의 출력(output) $\dot{W}$ [kW]는 평균 유효압력 p_m [MPa]을 이용하여 다음과 같이 표시할 수 있다. 피스톤의 직경을 D [cm], 행정의 길이를 S [cm], 회전수를 n [rpm]이라 하면, 4사이클의 경우

$$\dot{W} = p_m \times \left(\frac{\pi D^2}{4}\right) S \times n \times \frac{1}{2} \times \frac{1}{60}$$

$$= 8.33 \times 10^{-6} p_m \left(\frac{\pi D^2}{4}\right) S n \ \text{[kW]} \tag{6.12}$$

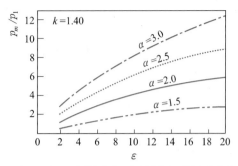

그림 6.8 Otto 사이클의 평균유효압력과 압력비의 관계

여기서 $(\pi D^2/4) \times S = V_s \,[\mathrm{cm}^3]$은 행정체적이며, 이것을 이용하면

$$\dot{W} = 8.33 \times 10^{-6} p_m V_s n \,[\mathrm{kW}] \tag{6.13}$$

만일 실린더의 수가 z라면

$$\dot{W} = 8.33 \times 10^{-6} p_m V_s z n \tag{6.14}$$
$$= 8.33 \times 10^{-6} p_m (\textstyle\sum V) n \,[\mathrm{kW}]$$

위 식의 $\sum V = z V_s$는 총배기량(total displacement)이라고 한다. 이 식으로부터 알 수 있듯이 엔진출력은 평균유효압력 p_m, 총배기량 $\sum V$ 및 회전수 n에 비례한다.

2사이클의 경우는 엔진출력이 다음과 같이 표시된다.

$$\dot{W} = 8.33 \times 10^{-6} p_m (\textstyle\sum V) n \tag{6.15}$$

예제 6.2

공기를 작동유체로 하는 Otto 기관에 있어서, 압축기의 온도가 410℃, 팽창 후의 온도가 480℃이다. 압축비 8.5인 경우 (1) 열효율, (2) 공기 1 kg당 가열량, (3) 공기 1 kg당 일량은 각각 얼마인가?

풀이 $T_2 = 410 + 273 = 683 \,\mathrm{K}, \quad T_4 = 480 + 273 = 753 \,\mathrm{K}$

$\varepsilon = v_1/v_2 = v_4/v_3 = 8.5, \quad k = 1.4, \quad c_v = 0.715 \,\mathrm{kJ/kgK}$

(1) $\eta_o = 1 - \dfrac{1}{\varepsilon^{k-1}} = 1 - \dfrac{1}{8.5^{0.4}} = 0.575$

(2) $T_3 = T_4 \varepsilon^{k-1} = 753 \times 8.5^{0.4} = 1{,}772 \,\mathrm{K}$

$\quad q_{23} = c_v(T_3 - T_2) = 0.715 \times (1{,}772 - 683) = 778.6 \,\mathrm{kJ/kg}$

(3) $w = q_{23} \times \eta_o = 778.6 \times 0.575 = 447.7 \,\mathrm{kJ/kg}$

행정체적 250 cc, 압축비 9.5인 오토바이용 4 Stroke 가솔린 단기통 엔진이 있다. 이 엔진의 $p-V$ 선도(p축은 1 cm를 1×10^5 Pa, V 축은 1 cm를 100 cc)에서 사이클의 면적이 50 cm²이었다. 작동유체는 공기($k=1.4$)로 한다. (1) 이론열효율, (2) 일과 평균 유효압력, (3) 엔진 회전수가 8,000 rpm일 때 출력은 얼마인가?

풀이 (1) $\eta_o = 1 - \left(\dfrac{1}{\varepsilon^{k-1}}\right) = 1 - \left(\dfrac{1}{9.5^{1-0.4}}\right) = 0.59$

(2) $p-V$선도에서 $1\ cm^2$는 $(1 \times 10^5) \times (100 \times 10^{-6}) = 10\ Nm = 10\ J$

일 $W = 50 \times 10 = 500\ Nm = 500\ J$

평균 유효압력 $p_m = 500/(250 \times 10^{-6}) = 2 \times 10^6\ N/m^2 = 2\ MPa$

(3) $\dot{W} = 8.33 \times 10^{-6} p_m V_s n = 8.33 \times 10^{-6} \times 2 \times 250 \times 8,000 = 33.32\ kW$

(2) Diesel 사이클

0.1 MPa(대기압과 거의 같은 압력), 25℃의 공기를 체적이 1/15로 될 때까지 단열적으로 압축하면, 온도가 약 580℃로 된다. 경유나 중유의 자기착화온도보다 훨씬 높아진다.

1893년 Diesel은 이 원리에 관심을 갖고 실린더 내에 흡입된 공기를 압축하여 그 속에 연료를 분사시켜 착화, 연소시키는 기관을 제작함으로써 오늘날 디젤기관(Diesel engine)이라 불려지는 압축착화 기관이 되었다.

이 방식에서는 연소는 연료의 혼입에 따라 점차 연소가 일어나므로 거의 정압과정이 된다. 따라서 이 부분을 그림 6.9의 2-3과 같이 정압가열로 이루어지는 기본 사이클로 하여 이것을 디젤 사이클(Diesel cycle) 또는 정압 사이클(Constant pressure cycle)이라고 한다.

① 열효율

그림 6.9에서 2-3 과정(정압과정)에서의 가열량은

$$Q_p = m c_p (T_3 - T_2)$$

정적과정 4-1에서의 방열량은

$$Q_v = m c_v (T_4 - T_1)$$

따라서 디젤 사이클의 열효율 η_d는

$$\eta_d = \frac{W}{Q_p} = \frac{Q_p - Q_v}{Q_p} \qquad\qquad (6.16)$$

$$= 1 - \frac{1}{k} \frac{T_4 - T_1}{T_3 - T_2} = 1 - \frac{1}{k} \frac{(T_4/T_3)(T_3/T_2) - (T_1/T_2)}{(T_3/T_2) - 1}$$

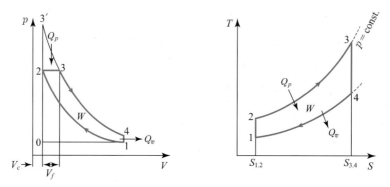

그림 6.9 Diesel 사이클

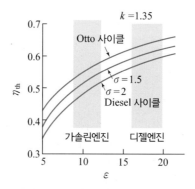

그림 6.10 압축비 및 체절비에 의한 이론 열효율의 영향

연료가 분사되는 과정 V_f에 대하여 체절비(cut off ratio)를 다음과 같이 정의하고

$$\sigma = \frac{V_3}{V_2} = \frac{V_c + V_f}{V_c} \tag{6.17}$$

4 − 3의 단열변화선을 3′까지 연장하면

$$\frac{T_1}{T_2} = \frac{T_4}{T_{3'}} = \frac{1}{\varepsilon^{k-1}}, \quad \frac{T_3}{T_2} = \frac{V_3}{V_2} = \frac{V_c + V_f}{V_c} = \sigma, \quad \frac{T_{3'}}{T_3} = \sigma^{k-1}, \quad \frac{T_{3'}}{T_2} = \frac{T_3}{T_2}\frac{T_{3'}}{T_3} = \sigma^k$$

의 관계가 얻어지므로 이들 식을 식 (6.16)에 대입하여 정리하면 다음과 같이 디젤 사이클의 열효율을 표시할 수 있다.

$$\eta_d = 1 - \frac{1}{\varepsilon^{k-1}}\left[\frac{\sigma^k - 1}{k(\sigma - 1)}\right] \tag{6.18}$$

즉, 디젤 사이클의 열효율은 압축비 ε 외에도 체절비 σ에 의해서도 변화함을 알 수 있다.

식 (6.18)은 Otto 사이클의 열효율에 $[(\sigma^k - 1)/k(\sigma - 1)]$가 첨가된 형태이다. 이 항에 k, ε, σ 등에 실제의 값을 대입해 보면 1보다 커진다. 따라서 ε이 같다면 디젤 사이클의 열효율

은 Otto 사이클보다 낮은 값을 갖게 된다. 그러나 디젤엔진에서는 노킹현상에 의한 압축비의 제한이 없으므로 압축비를 높여 실제로 Otto 사이클보다 열효율이 높다. 그 예로서 그림 6.10은 $k = 1.35$, $\sigma = 1.5$ 및 2인 경우 압축비 ε에 대한 이론열효율의 변화를 계산한 결과이며, Otto 사이클의 경우와 비교하였다.

② 이론일 및 평균 유효압력

디젤 사이클에서 단위질량의 작동유체가 하는 이론정미일 w_{net} [kJ/kg]은 $p_1 v_1 = R T_1$, $c_v = \dfrac{R}{k-1}$, $k = c_p/c_v$를 이용하면 다음과 같이 정리할 수 있다.

$$w_{net} = q_p - q_v = c_p(T_3 - T_2) - c_v(T_4 - T_1)$$

$$= \frac{p_1 v_1}{k-1}[k\epsilon^{k-1}(\sigma - 1) - (\sigma^k - 1)] \tag{6.19}$$

비행정체적은 다음과 같이 정리할 수 있다.

$$v_s = v_1 - v_2 = v_1\left(1 - \frac{1}{\varepsilon}\right) = v_1\left(\frac{\varepsilon - 1}{\varepsilon}\right)$$

따라서 이론 평균 유효압력 p_m은 다음과 같다.

$$p_m = \frac{w_{net}}{v_s} = p_1 \frac{k\varepsilon^k(\sigma - 1) - \varepsilon(\sigma^k - 1)}{(k-1)(\varepsilon - 1)} \tag{6.20}$$

이 식으로부터 k가 일정한 경우, 압축비 ε 및 체절비 σ가 클수록 평균 유효압력이 증가함을 알 수 있다.

예제 6.4

공기를 작동유체로 하는 디젤 사이클에서 흡입공기가 $p_1 = 0.101$ MPa, $t_1 = 15{}^\circ$C, 압축말의 압력 $p_2 = 4.54$ MPa, 체절비 $\sigma = v_3/v_2 = 2.53$일 때 이 사이클의 열효율을 구하라.

풀이 압축비 ε을 구한다. 1–2는 단열변화이므로

$$\left(\frac{V_2}{V_1}\right)^k = \left(\frac{1}{\varepsilon}\right)^k = \frac{p_1}{p_2}$$

$$\varepsilon = \left(\frac{p_2}{p_1}\right)^{1/k} = \left(\frac{4.54}{0.101}\right)^{1/1.4} = 15.1$$

$$\therefore \eta_d = 1 - \frac{1}{\varepsilon^{k-1}} \cdot \frac{\sigma^k - 1}{k(\sigma - 1)} = 1 - \frac{1}{15.1^{0.4}} \cdot \frac{2.53^{1.4} - 1}{1.4(2.53 - 1)} = 0.58$$

예제 6.5

압축비 17, 체절비 1.5인 디젤 사이클에서 압축초의 압력은 101.3 kPa, 온도 15℃, 체적 2,000 cc라 할 때 (1) 각 과정의 최종압력과 최종온도, (2) 사이클에 공급된 열량, (3) 일량, (4) 열효율, (5) 평균 유효 압력을 각각 구하라. 작동유체는 공기이며, $k = 1.4$, $R = 0.2872$ kJ/kgK, $c_p = 1.005$ kJ/kgK이다.

풀이 그림 6.9의 선도에서

(1) 1-2 : $T_2 = T_1 \left(\dfrac{v_1}{v_2} \right)^{k-1} = T_1 \varepsilon^{k-1} = 288.15 \times 17^{0.4} = 894.95$ K

$\qquad\qquad p_2 = p_1 \left(\dfrac{v_1}{v_2} \right)^k = p_1 \varepsilon^k = 101.3 \times 17^{1.4} = 5,348.57$ kPa

$\quad$ 2-3 : $T_3 = T_2 \dfrac{v_3}{v_2} = T_1 \varepsilon^{k-1} \sigma = 894.95 \times 1.5 = 1,342.425$ K

$\qquad\qquad p_3 = p_2 = 5,348.57$ kPa

$\quad$ 3-4 : $T_4 = T_3 \left(\dfrac{v_3}{v_4} \right)^{k-1} = T_1 \sigma^k = 288.15 \times 1.5^{1.4} = 508.33$ K

$\qquad\qquad p_4 = p_3 \left(\dfrac{v_3}{v_4} \right)^k = p_1 \sigma^k = 101.3 \times 1.5^{1.4} = 178.71$ kPa

(2) $m = \dfrac{p_1 V_1}{R T_1} = \dfrac{101.3 \times 2,000 \times 10^{-6}}{0.2872 \times 288.15} = 0.00245$ kg

$\quad \therefore Q_p = m c_p (T_3 - T_2)$
$\qquad\quad = 0.00245 \times 1.005 \times (1,342.425 - 894.95) = 1.102$ kJ

(3) $Q_v = m c_v (T_4 - T_1) = m \dfrac{c_p}{k} (T_4 - T_1)$

$\qquad = 0.00245 \times \dfrac{1.005}{1.4} \times (508.33 - 288.15) = 0.3872$ kJ

$\quad \therefore W_{net} = Q_p - Q_v = 1.102 - 0.3872 = 0.7148$ kJ

(4) $\eta_d = 1 - \dfrac{Q_v}{Q_p} = 1 - \dfrac{0.3872}{1.102} = 0.6486 = 64.86\%$

(5) $p_m = \dfrac{W_{net}}{V_1 - V_2} = \dfrac{0.7148}{(2,000 - 117.65) \times 10^{-6}} = 379.74$ kPa

$\quad (\varepsilon = V_1 / V_2 = 2,000 / V_2 = 17 \quad \therefore V_2 = 117.65$ cc$)$

(3) Sabathé 사이클

자동차용 디젤기관과 같이 회전수가 높아지면 연료의 분사시기를 빠르게 할 필요가 있으므로, 가열도 그림 6.11에 나타내었듯이 Otto식의 정적가열과 Diesel식의 정압가열로 이루어지는 사이클을 기본 사이클로 해야 한다. 이와 같은 사이클을 Sabathé 사이클 또는 복합 사이클(duel cycle)이라고 한다.

① 열효율

이 사이클에서의 압력상승비 $p_3/p_2 = \sigma$로 놓으면 가열량은 2 – 3 과정에서의 가열량 Q_v와 3 – 4 과정에서의 기열량 Q_p의 합으로 다음과 같이 표시할 수 있다.

$$
\begin{aligned}
Q = Q_v + Q_p &= mc_v(T_3 - T_2) + mc_p(T_4 - T_3) \\
&= m[c_v T_1 \varepsilon^{k-1}(\alpha - 1) + c_p T_1 \varepsilon^{k-1}\alpha(\sigma - 1)] \\
&= mc_v T_1 \varepsilon^{k-1}[(\alpha - 1) + k\alpha(\sigma - 1)]
\end{aligned}
$$

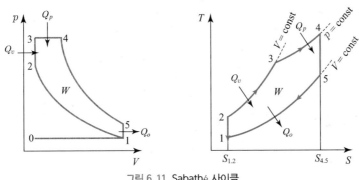

그림 6.11 Sabathé 사이클

5 – 1의 방열량은

$$
Q_o = mc_v(T_5 - T_1) = mc_v T_1(\alpha\sigma^k - 1)
$$

따라서 열효율 η_s는 다음과 같이 표시할 수 있다.

$$
\eta_s = 1 - \frac{Q_o}{Q} = 1 - \frac{\alpha\sigma^k - 1}{\varepsilon^{k-1}[(\alpha - 1) + k\alpha(\sigma - 1)]} \tag{6.21}
$$

위 식에서 Sabathé 사이클의 열효율은 압축비 ε이 증가할수록, 압력상승비 α가 증가할수록, 차단비(체절비) σ가 감소할수록 증가한다.

식 (6.21)으로부터 차단비 $\sigma = 1$인 경우는 Otto 사이클의 열효율과 같아지며, 압력상승비 $\alpha = 1$인 경우는 디젤 사이클의 열효율과 같아진다.

② 이론일 및 평균 유효압력

단위질량당 이론정미일 w_{net} [kJ/kg]은

$1 \rightarrow 2$: $T_2 = T_1 \varepsilon^{k-1}$, $p_2 = p_1 \varepsilon^k$

$$2 \rightarrow 3 \; : \; T_3 = T_2\alpha = T_1\varepsilon^{k-1}\alpha, \; p_3 = p_2\alpha = p_1\varepsilon^k\alpha$$

$$3 \rightarrow 4 \; : \; T_4 = T_3\sigma = T_1\varepsilon^{k-1}\alpha\sigma, \; p_4 = p_3 = p_1\varepsilon^k\alpha$$

$$4 \rightarrow 5 \; : \; T_5 = T_4\left(\frac{v_4}{v_5}\right)^{k-1} = T_4\left(\frac{\sigma}{\varepsilon}\right)^{k-1} = T_1\sigma^k\alpha,$$

$$p_5 = p_4\left(\frac{v_4}{v_5}\right)^k = p_4\left(\frac{\sigma}{\varepsilon}\right)^k = p_1\sigma^k\alpha$$

$c_v = \dfrac{R}{k-1}$, $k = \dfrac{c_p}{c_v}$, $pv = RT$를 이용하여 다음과 같이 표시된다.

$$\begin{aligned}
w_{net} &= q_H - q_L = (q_{Hv} + q_{Hp}) - q_L \\
&= c_v(T_3 - T_2) + c_p(T_4 - T_3) - c_v(T_5 - T_1) \\
&= \frac{p_1v_1}{k-1}[\varepsilon^{k-1}\{(\alpha-1) + k\alpha(\sigma-1)\} - (\alpha\sigma^k - 1)]
\end{aligned} \tag{6.22}$$

행정체적은

$$v_s = v_1 - v_2 = v_1\left(1 - \frac{1}{\varepsilon}\right) = v_1\left(\frac{\varepsilon-1}{\varepsilon}\right) \tag{6.23}$$

따라서 이론 평균 유효압력 p_m은 다음과 같이 표시된다.

$$p_m = \frac{w_{net}}{v_s} = p_1\frac{\varepsilon^k[(\alpha-1) + k\alpha(\sigma-1)] - \varepsilon(\alpha\sigma^k - 1)}{(k-1)(\varepsilon-1)} \tag{6.24}$$

그림 6.12에 Otto 사이클, Diesel 사이클($\sigma = 2$, $\alpha = 1$) 및 Sabathé 사이클($\sigma = 2$, $\alpha = 1.5$, 2)의 열효율을 표시하였다.

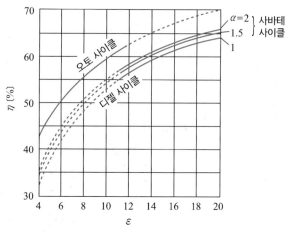

그림 6.12 오토, 디젤, 사바테 각 사이클의 열효율 비교

이 그림으로부터 Otto 사이클의 열효율이 높은 것을 알 수 있는데, 실용기관에서는 연소의 제약에 따라서 ε을 10 정도까지 밖에 올리지 못하므로 $\varepsilon = 15 \sim 23$으로 높일 수 있는 Diesel 및 Sabathé 사이클의 열효율에 미치지 못한다.

예제 6.6

공기를 작동유체($k = 1.4$)로 하는 Sabathé 사이클에 대하여 압축비 $\varepsilon = 16$, 체절비 $\sigma = 1.8$, 압력상승비 $\alpha = 1.5$일 때 이론열효율 η_s를 구하라. 또 Otto 사이클과 Diesel 사이클의 압축비 ε이, 이 Sabathé 사이클의 압축비 ε과 같은 경우, 각각의 이론열효율을 구하라.

풀이 Sabathé 사이클의 열효율 η_s는

$$
\begin{aligned}
\eta_s &= 1 - \frac{\alpha \sigma^k - 1}{\epsilon^{k-1}[(\alpha - 1) + k\alpha(\sigma - 1)]} \\
&= 1 - \frac{1.5 \times 1.8^{1.4} - 1}{16^{1.4 - 1} \times [(1.5 - 1) + 1.4 \times 1.5 \times (1.8 - 1)]} \\
&= 0.64
\end{aligned}
$$

Otto 사이클의 열효율 η_o는

$$
\eta_o = 1 - \frac{1}{\varepsilon^{k-1}} = 1 - \frac{1}{16^{1.4 - 1}} = 0.67
$$

Diesel 사이클의 열효율 η_d는

$$
\begin{aligned}
\eta_d &= 1 - \frac{1}{\varepsilon^{k-1}} \left[\frac{\sigma^k - 1}{k(\sigma - 1)} \right] \\
&= 1 - \frac{1}{16^{1.4 - 1}} \left[\frac{1.8^{1.4} - 1}{1.4 \times (1.8 - 1)} \right] = 0.62
\end{aligned}
$$

따라서 $\eta_o > \eta_s > \eta_d$이다.

예제 6.7

압축비 18, 압력비 1.5, 체절비 1.2인 Sabathé 사이클에서 (1) 각 과정의 최종온도 및 압력, (2) 사이클의 일량, (3) 열효율, (4) 평균 유효압력을 구하라. 단, 공기의 정압비열은 1.005 kJ/kgK, 비열비 1.4, 압축초의 상태는 101.3 kPa, 15℃, 2,000 cc이다.

풀이 그림 6.11에서

(1) $1 \rightarrow 2$ $\quad T_2 = T_1 \varepsilon^{k-1} = 288.15 \times 18^{0.4} = 915.65$ K

$\qquad\qquad p_2 = p_1 \varepsilon^k = 101.3 \times 18^{1.4} = 5,794.17$ kPa

$\quad 2 \rightarrow 3$ $\quad T_3 = T_2 \alpha = 915.65 \times 1.5 = 1,373.48$ K

$\qquad\qquad p_3 = p_2 \alpha = 5,794.17 \times 1.5 = 8,691.26$ kPa

(계속)

$$3 \to 4 \quad T_4 = T_3\sigma = 1,373.48 \times 1.2 = 1,648.18 \text{ K}$$

$$p_4 = p_3 = 8,691.26 \text{ kPa}$$

$$4 \to 5 \quad T_5 = T_4\left(\frac{\sigma}{\varepsilon}\right)^{k-1} = 1,648.18 \times \left(\frac{1.2}{18}\right)^{0.4} = 557.92 \text{ K}$$

$$p_5 = p_4\left(\frac{\sigma}{\varepsilon}\right)^{k} = 8,691.26 \times \left(\frac{1.2}{18}\right)^{1.4} = 196.13 \text{ kPa}$$

(2) $\displaystyle m = \frac{p_1 V_1}{R T_1} = \frac{101.3 \times 2,000 \times 10^{-6}}{0.2872 \times 288.15} = 0.00245 \text{ kg}$

$$Q_H = m(q_{Hv} + q_{Hp}) = m[c_v(T_3 - T_2) + c_p(T_4 - T_3)]$$

$$= 0.00245\left[\frac{1.005}{1.4}(1,373.48 - 915.65) + 1.005(1,648.18 - 1,373.48)\right]$$

$$= 1.4816 \text{kJ}$$

$$Q_o = mc_v(T_5 - T_1) = 0.00245 \times \frac{1.005}{1.4}(557.92 - 288.15) = 0.4745 \text{ kJ}$$

$$\therefore W_{net} = Q_H - Q_o = 1.4816 - 0.4745 = 1.007 \text{ kJ}$$

(3) $\displaystyle \eta_S = \frac{W_{net}}{Q_H} = \frac{1.0071}{1.4816} = 0.6797$ 또는 67.97%

(4) $\displaystyle \varepsilon = \frac{V_1}{V_2} = 18$

$$\therefore V_2 = \frac{V_1}{18} = \frac{2,000}{18} = 111.11 \text{ cc}$$

$$\therefore p_m = \frac{W_{net}}{V_1 - V_2} = \frac{1.0071}{(2,000 - 111.11) \times 10^{-6}} = 533.17 \text{ kPa}$$

(4) Stirling 사이클

위에서 기술한 내연기관에서는 실린더 내에서 급속한 연소에 의하여 작동가스를 가열·팽창시켜 일을 발생시키므로 고속운전이 가능해져 큰 출력을 얻을 수 있다. 그러나 간헐적 연소를 신속히 행하기 위해서는 연료의 유동성, 착화성 등이 요구되므로 사용할 수 있는 연료가 가솔린, 경유, 중유, 액화석유가스(LPG), 천연가스 등으로 제한된다.

외연기관에서는 열원으로서 석탄 등의 고체연료, 태양열, 고온폐열 등이 사용될 수 있으므로 에너지의 유효이용 측면에서 유용하다. 이것은 기관의 밖에 열을 가하는 가열기와 열을 제거하는 냉각기가 필요하며, Stirling 사이클은 가열기와 냉각기 사이에 재생기(regenerator)가 이용된다.

그 개념도는 그림 6.13과 같이 두 개의 피스톤, 냉각기, 가열기, 재생기로 구성된다. 이것은 양쪽 실린더의 피스톤이 상사점에 있을 때 피스톤 로드축선을 기준으로 크랭크축의 회전각이 우

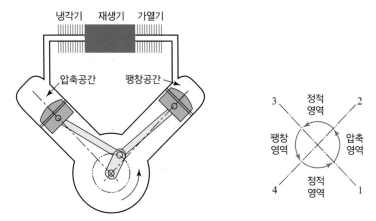

그림 6.13 Stirling 엔진의 구조

측영역에 있는 경우가 압축과정(방열), 상부 측 영역의 경우는 정적과정(우측 실린더는 팽창, 좌측 실린더는 압축), 좌측영역에 있는 경우는 팽창과정(수열), 하부 측 영역의 경우는 정적과정(좌측 실린더는 팽창, 우측 실린더는 압축)이 된다.

이 사이클은 전술한 3개의 사이클이 내연식 피스톤기관인 데 반하여 열의 수수를 기관의 밖에서 행하는 외연기관이다. 그러므로 기관의 밖에서 열을 가하는 가열기와 열을 제거하는 냉각기가 필요한 것이다. 이것은 1816년 Stirling에 의하여 그림 6.14와 같이 2개의 등온변화와 2개의 정적변화로 구성되는 사이클이 제안되었다.

이 사이클은 Carnot 사이클에 가장 가까운 사이클의 하나이며, 그림 6.14로부터 1-2 : 등온압축(방열 Q_{12}), 2-3 : 정적흡열(Q_{23}), 3-4 : 등온팽창(흡열 Q_{34}), 4-1 : 정적방열(Q_{41})로 구성된다. 여기서 4-1 과정의 Q_{41}을 재생 열교환기에 의해 2-3 과정의 Q_{23}에 그대로 이용하면, 흡열은 Q_{34}, 방열은 Q_{12}로 되며 각각 다음과 같이 표시할 수 있다.

$$Q_{34} = mRT_3 \ln\frac{V_4}{V_3} = mRT_3 \ln\frac{V_1}{V_2} \qquad\qquad Q_{12} = mRT_1 \ln\frac{V_2}{V_1}$$

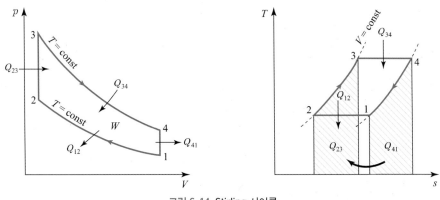

그림 6.14 Stirling 사이클

사이클의 단위질량당 이론일 w_{net}은 다음과 같다.

$$w_{net} = q_{34} - |q_{12}| = R\left(T_3 \ln\frac{V_1}{V_2} - T_1 \ln\frac{V_1}{V_2}\right) = R(T_3 - T_1)\ln\frac{V_1}{V_2} \qquad (6.25)$$

이론열효율은

$$\eta_{st} = 1 - \frac{|Q_{12}|}{Q_{34}} = 1 - \frac{mRT_3 \ln\dfrac{V_1}{V_2}}{mRT_1 \ln\dfrac{V_1}{V_2}} = 1 - \frac{T_3}{T_1} \qquad (6.26)$$

이 되어 Carnot 사이클의 열효율과 같다.

여기서 방열로 가열하는 것을 재생(generation)이라고 한다.

이 사이클에 의한 엔진은 등온변화가 어렵다는 점과, Q_{41}의 방열로 1-2의 가열을 충분히 행하기 어려우므로 실용화가 늦어지고 있지만 외연식 가열에서도 지장을 받지 않으므로 배기대책이 용이하다는 점과 고효율을 기대할 수 있으므로 주목을 받고 있다.

예제 6.8

Stirling 사이클의 열효율을 압축비 $\varepsilon = V_1/V_2$, 최고최저 온도비 $\tau = T_3/T_1 (T_3 > T_1)$, 비열비 k의 함수로 나타내어라.

풀이 그림 6.14에서 $Q_H = Q_{23} + Q_{34} = mc_v(T_3 - T_1) + mRT_3 \ln\dfrac{V_1}{V_2}$

$$Q_L = Q_{41} + Q_{12} = mc_v(T_3 - T_1) + mRT_1 \ln\frac{V_1}{V_2}$$

$$\therefore \eta_{st} = 1 - \frac{Q_L}{Q_H} = 1 - \frac{mc_v(T_3 - T_1) + mRT_1 \ln\dfrac{V_1}{V_2}}{mc_v(T_3 - T_1) + mRT_3 \ln\dfrac{V_1}{V_2}}$$

$$= 1 - \frac{\dfrac{RT_1}{k-1}(\tau - 1) + RT_1 \ln\dfrac{V_1}{V_2}}{\dfrac{RT_1}{k-1}(\tau - 1) + RT_3 \ln\dfrac{V_1}{V_2}}$$

$$= 1 - \frac{(\tau - 1) + (k-1)\ln\varepsilon}{(\tau - 1) + (k-1)\tau\ln\varepsilon}$$

$$= \frac{(k-1)(\tau - 1)\ln\varepsilon}{(\tau - 1) + (k-1)\tau\ln\varepsilon}$$

(5) Ericsson 사이클

Ericsson 사이클은 Stirling 사이클의 정적흡열 및 방열을 정압흡열 및 방열로 변화시킨 것이며, 1853년 Ericsson에 의해 고안되었다. 이 사이클은 가스터빈의 이상 사이클로서 Carnot 사이클에 가까운 사이클의 하나이다.

Ericsson 사이클로 작동하는 정상유동계를 그림 6.15에 나타내었으며 $p-V$ 선도 및 $T-s$ 선도는 그림 6.16에 표시하였다.

그림 6.16에서 1-2 : 등온압축(방열 Q_{12}), 2-3 : 정적흡열(Q_{23}), 3-4 : 등온팽창(흡열 Q_{34}), 4-1 : 정적방열(Q_{41})의 과정으로 사이클이 구성되며, 4-1의 Q_{41}을 재생열교환기에 의해 2-3에서의 Q_{23}에 그대로 이용하면 사이클의 가열량은 Q_{34}, 방열량은 Q_{12}가 되어 각각 다음과 같이 표시된다.

$$Q_{34} = mRT_3 \ln \frac{p_3}{p_4} = mRT_3 \ln \frac{p_2}{p_1}$$

$$Q_{12} = mRT_1 \ln \frac{p_1}{p_2}$$

사이클의 단위질량당 이론일 w_{net}은 다음과 같다.

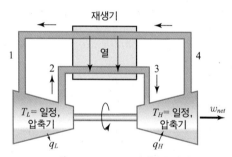

그림 6.15 Ericsson 사이클의 구성

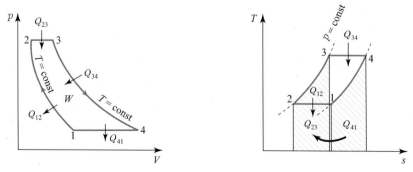

그림 6.16 Ericsson 사이클

$$w_{net} = q_{34} - |q_{12}| = RT_3 \ln \frac{p_2}{p_1} - RT_1 \ln \frac{p_2}{p_1} \tag{6.27}$$

$$= R(T_3 - T_1) \ln \frac{p_2}{p_1}$$

이론열효율은

$$\eta_E = 1 - \frac{|Q_{12}|}{Q_{34}} = 1 - \frac{mRT_3 \ln \dfrac{p_2}{p_1}}{mRT_1 \ln \dfrac{p_2}{p_1}} = 1 - \frac{T_3}{T_1} \tag{6.28}$$

로 되어 Carnot 사이클의 열효율과 같다. 그러나 등온가열이나 등온방열의 과정이 어려우므로 결국 이대로의 실현은 곤란하다.

예제 6.9

Ericsson 사이클의 열효율을 온도비 $\tau = T_3 / T_1$, 압력상승비 $\alpha = p_2 / p_1$의 함수로 유도하라.

풀이 그림 6.16에서

$$Q_H = Q_{23} + Q_{34} = mc_p(T_3 - T_1) + mRT_3 \ln \frac{p_2}{p_1}$$

$$= mc_p T_1 (\tau - 1) + mRT_3 \ln \alpha$$

$$Q_L = Q_{41} + Q_{12} = mc_p(T_3 - T_1) + mRT_1 \ln \frac{p_2}{p_1}$$

$$= mc_p T_1 (\tau - 1) + mRT_1 \ln \alpha$$

$c_p = \dfrac{kR}{k-1}$ 을 이용하면

$$\therefore \eta_E = 1 - \frac{Q_L}{Q_H} = 1 - \frac{mc_p T_1 (\tau - 1) + mRT_1 \ln \alpha}{mc_p T_1 (\tau - 1) + mRT_3 \ln \alpha}$$

$$= \frac{RT_1 (\tau - 1) \ln \alpha}{c_p T_1 (\tau - 1) + RT_3 \ln \alpha}$$

$$= \frac{(k-1)(\tau - 1) \ln \alpha}{k(\tau - 1) + (k-1)\tau \ln \alpha}$$

---

(6) 실제기관의 사이클

위에서 기술한 사이클들은 이상화시킨 것이며, 실제로 엔진에 지압계(pressure indicator)를 사용하여 얻은 사이클은 Otto 사이클을 예로서 나타낸 것이 그림 6.17과 같이 되어 이론 사이클과 상당히 다른 형태이다.

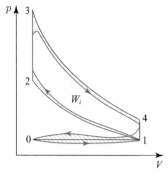

그림 6.17 실제의 Otto 사이클

이 선도의 0–1의 흡기행정에서는 공기청정기(air cleaner)나 기화기(carburetter) 등의 저항으로 인하여 흡기부압이 증가하고, 1–0의 배기행정에서는 소음기(muffler)나 배기정화 장치로 인하여 역으로 정압이 증가하여 마이너스의 펌프일이 발생한다. 12341 내에 있어서도 흡배기밸브의 저항, 방열, 가스성분의 변화, 불완전연소, 열해리(dissociation), 고온에서의 비열증가 등 때문에 유효일의 면적 W_i(도시일)는 이론 사이클의 일 W_{th}보다 상당히 작아진다. 이와 같은 일의 축소비율을

$$\eta_{dia} = \frac{W_i}{W_{th}} \tag{6.29}$$

로 표시하며, 이것을 선도효율(diagram factor 또는 cycle efficiency)이라 하며, W_i를 도시출력(indicated output)이라고 한다. 공급한 연료의 발열량에 대한 도시출력의 비율을 도시열효율(indicated thermal efficiency) η_i라고 한다.

엔진으로부터 외부에 행하는 정미출력(net output) W_{net}는 엔진 각부에서의 마찰손실이나 밸브와 그 외의 구동손실이 생겨 더 작아진다. 이들 손실의 대소는 다음에 정의되는 기계효율(mechanical efficiency) η_m으로 표시된다.

$$\eta_m = \frac{W_{net}}{W_i} \tag{6.30}$$

이 W_{net}에 의한 열효율을 정미열효율(overall thermal efficiency) 또는 제동열효율(brake thermal efficiency) η_b라고 한다. 따라서 이론열효율 η_{th}, 도시열효율 η_i, 제동열효율 η_b은 각각 다음과 같이 표시할 수 있다.

$$\eta_{th} = \frac{W_{th}}{Q_H}, \quad \eta_i = \frac{W_i}{Q_H}, \quad \eta_b = \frac{W_{net}}{Q_H} \tag{6.31}$$

또 선도효율 및 기계효율을 이용하여 이론일, 도시일, 정미일(제동일) 간의 관계를 표시하면 다

음과 같다.

$$W_i = W_{th} \cdot \eta_{dia}, \quad \eta_i = \eta_{th} \cdot \eta_{dia} \tag{6.32}$$

$$W_{net} = W_i \cdot \eta_m = W_{th} \cdot \eta_{dia} \cdot \eta_m, \quad \eta_b = \eta_{th} \cdot \eta_{dia} \cdot \eta_m \tag{6.33}$$

예제 6.9A

제동열효율 30%, 기계효율 82%인 디젤기관이 일정한 부하로 1시간 운전하는 데 1 kg의 연료가 소모되었다. 연료의 저발열량이 44,000 kJ/kg일 때 (1) 제동출력, (2) 도시출력, (3) 연료소비율을 각각 구하라.

풀이 (1) 식 (6.31)에서 $\dot{W}_{net} = \eta_b \dot{Q}_H = \eta_b \dot{m}_f H_l$

$$= 0.3 \times 1 \times 44,000/3,600$$

$$= 3.667 \text{ kW}$$

(2) 식 (6.33)에서 $\dot{W}_i = \dfrac{\dot{W}_{net}}{\eta_m} = \dfrac{3.667}{0.82} = 4.472 \text{ kW}$

(3) $f = 1,000 \dfrac{\dot{m}_f}{\dot{W}_{net}} = \dfrac{1,000 \times 1}{3.667} = 272.7 \text{ g/kWh}$

③ 회전형 열기관 사이클

(1) 가스터빈의 구성

가스터빈엔진은 고속으로 회전하는 압축기에 의해서 대량의 공기를 연속적으로 압축하여, 그 공기류에 연료를 분사하여 연소시키고, 발생된 고온의 연소가스를 터빈날개에 고속으로 분출시켜 터빈을 구동함으로써 회전일을 얻는 것이다. 일반적으로 터빈과 압축기와는 직결되어 있으며 터빈출력의 일부를 이용하여 압축기를 구동하고, 나머지를 축출력으로서 발전기, 프로펠러, 차축의 구동 등에 이용한다. 이 속도에너지를 노즐을 통해 분출시켜 운동에너지의 형태로 얻어 직접 추진에 이용하는 것이 터보제트엔진(turbojet engine)이다.

가스터빈에서 연소가스를 이용하고 배기가스는 대기 중으로 방출하는데, 공기터빈의 경우는 공기가 터빈을 나온 후에 냉각되어 동일한 공기가 순환을 반복하는 경우가 있다. 전자를 개방 사이클(open cycle)이라 하며, 후자를 밀폐 사이클(closed cycle)이라고 한다. 그림 6.18에는 단순 개방형 가스터빈의 구성도를 나타내었고, 그림 6.19에는 밀폐형 가스터빈의 구성도를 나타내었다.

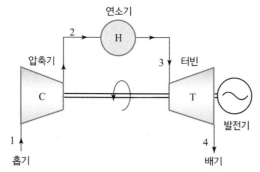

그림 6.18 개방형 가스터빈의 구성도

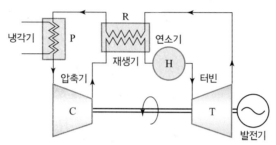

그림 6.19 밀폐형 가스터빈의 구성도

그림 6.19의 밀폐 사이클 구성도에서는 압축기에서 압축된 공기가 재생기에서 터빈으로부터 나온 배기가스와 열교환을 한 후, 연소기(또는 가열기)에서 가열되어 터빈에서 팽창하고(발전기 구동), 재생기에서 공기와 열교환을 하며 냉각기를 통과한 후 압축기로 되돌아간다.

(2) Brayton 사이클

그림 6.20은 단순 가스터빈(simple gas turbine)으로 불리는 열기관의 작동원리와 그 사이클을 나타낸다.

1-2 : 압축기(compressor) C에 의한 공기의 단열압축(압축일 w_c)

2-3 : 연소기(combustor 또는 combustion chamber) H에서의 정압가열(가열량 q_H)

3-4 : 터빈(turbine) T에서의 단열팽창(터빈일 w_t), 얻은 터빈일 중 일부는 압축기 C의 구동에 이용되며, 나머지가 발전기 등을 구동한다.

4-1 : 작동유체의 정압냉각(방열량 q_L)

이와 같이 2개의 단열변화와 2개의 정압변화로 이루어지는 사이클을 Brayton 사이클 또는 Joule 사이클이라 하며, 가스터빈의 기본 사이클이다.

이 사이클에서 단위질량당 출입하는 열량과 일은 다음의 각 식을 이용한다.

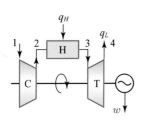 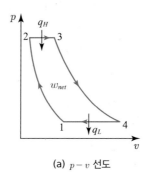 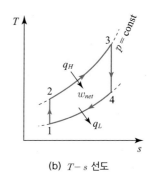

(a) $p-v$ 선도   (b) $T-s$ 선도

그림 6.20 Brayton 사이클

$$q_H = h_3 - h_2 = c_p(T_3 - T_2)$$
$$q_L = h_4 - h_1 = c_p(T_4 - T_1)$$
$$w_c = h_2 - h_1 = c_p(T_2 - T_1)$$
$$w_t = h_3 - h_4 = c_p(T_3 - T_4)$$

여기서 압력비 $\phi = \dfrac{p_2}{p_1}$ 을 정의하면

$$\frac{T_2}{T_1} = \frac{T_3}{T_4} = \frac{T_3 - T_2}{T_4 - T_1} = \left(\frac{p_2}{p_1}\right)^{(k-1)/k} = \phi^{(k-1)/k}$$

이 되며, 압축기 소요일 w_c는 다음과 같이 정리할 수 있다.

$$w_c = c_p(T_2 - T_1) = c_p T_1\left(\frac{T_2}{T_1} - 1\right) = c_p T_1[\phi^{(k-1)/k} - 1] \tag{6.34}$$

터빈일은

$$w_t = c_p(T_3 - T_4) = c_p T_3\left(1 - \frac{T_4}{T_3}\right) = c_p T_3\left[1 - \left(\frac{1}{\phi}\right)^{(k-1)/k}\right] \tag{6.35}$$

따라서 최고온도비 $\tau = \dfrac{T_3}{T_1}$ 라 할 때, 정미일 w_{net}은 다음과 같이 쓸 수 있다.

$$w_{net} = w_t - w_c = q_H - q_L = c_p[(T_3 - T_2) - (T_4 - T_1)]$$
$$= c_p T_3\left[1 - \left(\frac{1}{\phi}\right)^{(k-1)/k}\right] - c_p T_1[\phi^{(k-1)/k} - 1]$$
$$= c_p T_1\left[\tau\left\{1 - \left(\frac{1}{\phi}\right)^{(k-1)/k}\right\} - \left\{\phi^{(k-1)/k} - 1\right\}\right] \tag{6.36}$$

또 열효율 η_b는 다음과 같이 정리된다.

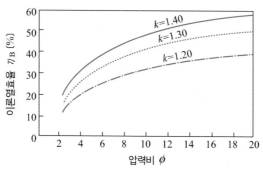

그림 6.21 Brayton 사이클의 열효율

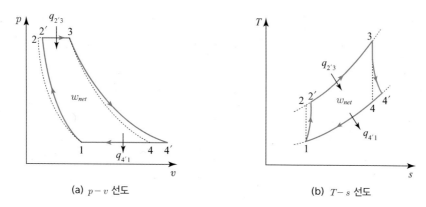

(a) $p-v$ 선도

(b) $T-s$ 선도

그림 6.22 비가역과정을 갖는 Brayton 사이클

$$\eta_b = \frac{q_H - q_L}{q_H} = 1 - \frac{T_4 - T_1}{T_3 - T_2} = 1 - \frac{T_4}{T_3} = 1 - \frac{1}{\phi^{(k-1)/k}} \tag{6.37}$$

이 식으로부터 Brayton 사이클의 열효율은 압력비 ϕ와 비열비 k의 함수이며, 비열비 k가 증가할수록, 압력비 ϕ가 증가할수록 향상된다. 그림 6.21은 그 관계를 도시한 그림이다.

그런데 실제의 가스터빈 사이클은 이상적인 Brayton 사이클과 다른 점이 있다. 우선, 가열과정($2 \rightarrow 3$)과 방열과정($4 \rightarrow 1$) 동안 약간의 압력강하가 생긴다. 그리고 마찰손실이나 열손실로 인하여 유효출력이 감소한다. 이 경우 그림 6.22와 같이 실선으로 표시한 실제의 가스터빈 사이클에서는 마찰에 의해 열이 발생하므로 엔트로피가 증가하여 이상적인 Brayton 사이클보다 압축기 소요일은 증가하고 터빈일은 감소한다. 실제 가스터빈 사이클에서 압축기 출구 및 터빈 출구는 각각 2′, 4′로 표시하였다.

이 선도에서, 압축기와 터빈의 단열효율(adiabatic efficiency)은 비열이 일정하다고 할 때 각각 η_c, η_t로서 다음과 같다.

$$\eta_c = \frac{h_2 - h_1}{h_{2'} - h_1} = \frac{T_2 - T_1}{T_{2'} - T_1} < 1 \tag{6.38}$$

$$\eta_t = \frac{h_3 - h_{4'}}{h_3 - h_4} = \frac{T_3 - T_{4'}}{T_3 - T_4} < 1 \tag{6.39}$$

따라서 실제 압축기 소요일($w_c{}'$) 및 실제 터빈일($w_t{}'$)은 각각 다음과 같다.

$$w_c{}' = \frac{1}{\eta_c} c_p T_3 [\phi^{(k-1)/k} - 1] \tag{6.40}$$

$$w_t{}' = \eta_t c_p T_3 \left[1 - \left(\frac{1}{\phi} \right)^{(k-1)/k} \right] \tag{6.41}$$

예제 6.10

공기를 작동유체로 하는 Brayton 사이클에서 압축 전의 압력이 0.11 MPa, 온도가 32℃, 압축 후의 압력이 0.52 MPa, 정압과정의 가열량이 1 kg당 470 kJ일 때 (1) 열효율, (2) 단위질량당 출력은 각각 얼마인가?

풀이 $p_1 = 0.11$ MPa, $T_1 = 32 + 273 = 305$ K, $p_2 = 0.52$ MPa, $q_{23} = 470$ kJ, $c_p = 1.00$ kJ/kgK, $k = 1.4$, $\phi = p_2/p_1 = 0.52/0.11 = 4.727$이다.

(1) $\eta_b = 1 - \left(\dfrac{1}{\phi} \right)^{(k-1)/k} = 1 - \left(\dfrac{1}{(0.52/0.11)} \right)^{0.4/1.4} = 0.358$

(2) $T_2 = T_1 \left(\dfrac{p_2}{p_1} \right)^{(k-1)/k} = 305 \times (0.52/0.11)^{0.4/1.4} = 475$ K

$q_{23} = c_p(T_3 - T_2)$ $\therefore T_3 = T_2 + \dfrac{q_{23}}{c_p} = 475 + \dfrac{470}{1.00} = 945$ K

$w_{net} = c_p T_1 \left[\dfrac{T_3}{T_1} \left(\dfrac{1}{\phi^{(k-1)/k}} - 1 \right) \right] (\phi^{(k-1)/k} - 1)$

$= 1.00 \times 305 \left[\dfrac{945}{305} \left(\dfrac{1}{4.727^{0.4/1.4}} - 1 \right) \right] (4.727^{0.4/1.4} - 1) = 170$ kJ/kg

예제 6.11

공기를 작동유체로 하는 Brayton 사이클에서 압축 초의 압력이 100 kPa, 온도 20℃, 압축 후의 압력이 600 kPa, 가열량은 1 kg당 500 kJ일 때 (1) 각 과정의 최종온도 및 압력, (2) 압축기 구동동력, (3) 터빈 출력, (4) 열효율을 각각 구하라. 단, 공기의 $k = 1.4$, $c_p = 1.005$ kJ/kgK, 공기유량은 800 m³/min이다.

풀이 그림 6.20에서

(1) $\phi = \dfrac{p_2}{p_1} = 6$

$1 \rightarrow 2$ $\dfrac{T_2}{T_1} = \left(\dfrac{p_2}{p_1} \right)^{(k-1)/k}$ $\therefore T_2 = T_1 \phi^{(k-1)/k} = 293.15 \times 6^{0.4/1.4} = 489.12$ K

$p_2 = p_1 \phi = 100 \times 6 = 600$ kPa

(계속)

$$2 \rightarrow 3 \quad q_H = c_p(T_3 - T_2) \quad \therefore T_3 = T_2 + \frac{q_H}{c_p} = 489.12 + \frac{500}{1.005} = 986.63 \text{ K}$$

$$p_3 = p_2 = 600 \text{ kPa}$$

$$3 \rightarrow 4 \quad T_3 p_3^{(1-k)/k} = T_4 p_4^{(1-k)/k}$$

$$\therefore T_4 = T_3 \left(\frac{p_4}{p_3}\right)^{(k-1)/k} = T_3 \left(\frac{p_1}{p_2}\right)^{(k-1)/k}$$

$$= 986.63 \times \left(\frac{1}{6}\right)^{0.4/1.4} = 591.32 \text{ K}$$

$$p_4 = p_1 = 100 \text{ kPa}$$

(2) $\dot{m} = \dfrac{p_1 \dot{V}_1}{R T_1} = \dfrac{100 \times 800/60}{0.2872 \times 293.15} = 15.837 \text{ kg/s}$

$$\dot{W}_c = \dot{m} c_p (T_2 - T_1) = 15.837 \times 1.005 \times (489.12 - 293.15) = 3{,}119.1 \text{ kW}$$

(3) $\dot{W}_t = \dot{m} c_p (T_3 - T_4) = 15.837 \times 1.005 \times (986.63 - 591.32) = 6{,}291.83 \text{ kW}$

(4) $\dot{Q}_H = \dot{m} c_p (T_3 - T_2) = 15.837 \times 1.005 \times (986.63 - 489.12) = 7{,}918.46 \text{ kW}$

$$\eta_B = \frac{\dot{W}_{net}}{\dot{Q}_H} = \frac{\dot{W}_t - \dot{W}_c}{\dot{Q}_H} = \frac{6{,}291.83 - 3{,}119.1}{7{,}918.46} = 0.4 \text{ 또는 } 40\%$$

$$\text{또는 } \eta_B = 1 - \left(\frac{1}{\phi}\right)^{(k-1)/k} = 1 - \left(\frac{1}{6}\right)^{0.4/1.4} = 0.4$$

예제 6.12

한 발전소가 압력비 8인 Brayton 사이클을 가동시키고 있다. 압축기의 입구온도는 300 K, 터빈 입구 온도는 1,300 K일 때 작동유체가 공기인 경우, 압축기 및 터빈의 단열효율이 각각 80%, 85%이면 (1) 압축기 소요 일량, (2) 터빈일, (3) 실제의 열효율을 구하여 이론열효율과 비교하라. 공기의 $c_p = 1.005$ kJ/kgK이다.

풀이 그림 6.22에서 $T_2 = T_1 \phi^{(k-1)/k} = 300 \times 8^{0.4/1.4} = 543.434 \text{ K}, \quad T_3 = 1{,}300 \text{ K}$

$$T_4 = T_3 \left(\frac{1}{\phi}\right)^{(k-1)/k} = 1{,}300 \times \left(\frac{1}{8}\right)^{0.4/1.4} = 717.66 \text{ K}$$

(1) $w_c = \dfrac{c_p(T_2 - T_1)}{\eta_c}$

$$= \frac{1.005 \times (543.434 - 300)}{0.8} = 305.814 \text{ kJ/kg}$$

(2) $w_t = \eta_t c_p (T_3 - T_4)$

$$= 0.85 \times 1.005 \times (1{,}300 - 717.66) = 497.464 \text{ kJ/kg}$$

(계속)

(3) 식 (6.38)에서 $T_{2'} = \dfrac{T_2 - T_1}{\eta_c} + T_1 = \dfrac{543.434 - 300}{0.8} + 300 = 604.2925$ K

$$\therefore q_{2'3} = c_p(T_3 - T_{2'}) = 1.005 \times (1{,}300 - 604.2925) = 699.186 \text{ kJ/kg}$$

실제열효율 $\eta_{act} = \dfrac{w_t - w_c}{q_{2'3}} = \dfrac{497.464 - 305.814}{699.186} = 0.274$

이론열효율 $\eta_{th} = 1 - \left(\dfrac{1}{\phi}\right)^{(k-1)/k} = 1 - \left(\dfrac{1}{8}\right)^{0.4/1.4} = 0.448$

$\therefore$ 실제열효율은 이론열효율보다 17.4% 낮다.

(3) 재생식 가스터빈 사이클

Brayton 사이클에서 터빈으로부터 나온 배기가스는 상당한 열에너지를 가지고 있으므로, 재생기(regenerator) 또는 회수 열교환기(recuperator)를 이용하여 압축기를 나와 연소기로 들어가기 전의 공기를 배기가스의 열에너지로 예열하면 배기가스의 열에너지를 회수하게 되어 사이클의 열효율을 높일 수 있다. 이와 같은 사이클을 재생 사이클(regeneration cycle)이라 하며, 그 구성도를 그림 6.23에 나타내었고 $p-v$ 선도 및 $T-s$ 선도는 그림 6.24에 표시하였다.

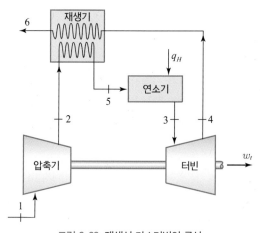

그림 6.23 재생식 가스터빈의 구성

이 사이클은 1→2의 단열압축, 2→5→3의 정압가열, 3→4의 단열팽창, 4→6→1의 정압방열과정으로 구성되며, 재생기의 효율이 100%인 이상적인 경우에는 4→6의 과정에서 배기가스로부터의 방열량 q_{46}이 압축기를 나온 공기에 모두 전달되어 q_{25}와 같게 되며 $T_5 = T_4$, $T_2 = T_6$가 된다. 따라서 사이클의 가열량은 5→3 과정의 q_H, 방출열량은 6→1 과정에서의 q_L로서 압력비 $\phi = p_2/p_1$을 이용하여 구하면 다음과 같다.

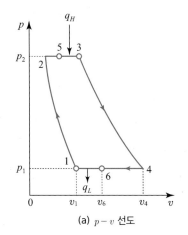

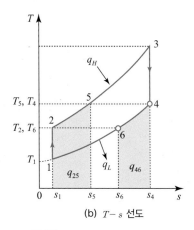

(a) $p-v$ 선도   (b) $T-s$ 선도

그림 6.24 재생 Brayton 사이클

$$q_H = h_3 - h_5 = c_p(T_3 - T_5) = c_p(T_3 - T_4) \tag{6.42}$$

$$q_L = h_6 - h_1 = c_p(T_6 - T_1) = c_p(T_2 - T_1) \tag{6.43}$$

따라서 얻어지는 기계적 일은

$$
\begin{aligned}
w &= q_H - q_L = c_p[(T_3 - T_4) - (T_2 - T_1)] \\
&= c_p\left[T_3\left(1 - \frac{1}{\phi^{(k-1)/k}}\right) - T_1(\phi^{(k-1)/k} - 1)\right] \\
&= c_p T_1\left[\tau\left(1 - \frac{1}{\phi^{(k-1)/k}}\right) - (\phi^{(k-1)/k} - 1)\right]
\end{aligned} \tag{6.44}
$$

재생 Brayton 사이클의 이론열효율은

$$
\begin{aligned}
\eta_R &= 1 - \frac{q_L}{q_H} = 1 - \frac{T_2 - T_1}{T_3 - T_4} = 1 - \frac{T_1\left(\dfrac{T_2}{T_1} - 1\right)}{T_3\left(1 - \dfrac{T_4}{T_3}\right)} \\
&= 1 - \frac{T_1\left[\left(\dfrac{p_2}{p_1}\right)^{(k-1)/k} - 1\right]}{T_3\left[1 - \left(\dfrac{p_1}{p_2}\right)^{(k-1)/k}\right]} = 1 - \frac{\phi^{(k-1)/k}}{\tau}
\end{aligned} \tag{6.45}
$$

여기서, 압력비 $\phi = p_2/p_1$, 온도비 $\tau = T_3/T_1$ 이다. 온도비가 일정하다면 압력비가 작을수록 재생의 효과가 크다. 식 (6.44)에서 알 수 있듯이 출력은 단순 가스터빈의 경우와 동일하며, 재생의 유무와 관계없다.

　재생기의 효율(재생률) η_e 는 q_{46} 에 대한 q_{25} 의 비율을 말하며, 실제로는 100%보다 작아서 $T_5 < T_4$ 가 된다. 재생률(effectiveness)은 온도효율이라고도 하며, 다음과 같이 나타낸다.

$$\eta_e = \frac{T_5 - T_2}{T_4 - T_2} < 1 \tag{6.46}$$

예제 6.13

예제 6.12에서 재생률이 80%라면 열효율은 얼마나 개선되겠는가?

[풀이] 재생률 $\eta_e = \dfrac{h_5 - h_{2'}}{h_{4'} - h_{2'}} = \dfrac{T_5 - T_{2'}}{T_{4'} - T_{2'}}$ $\cdots$ (1)

터빈의 단열효율 $\eta_t = \dfrac{h_3 - h_{4'}}{h_3 - h_4} = \dfrac{T_3 - T_{4'}}{T_3 - T_4}$

$$\therefore 0.85 = \frac{1,300 - T_{4'}}{1,300 - 717.66}$$

$$\therefore T_{4'} = 805.01 \text{ K}$$

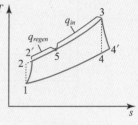

그림 [예제 6. 13]

$$\therefore \text{식 (1)은 } 0.8 = \frac{T_5 - 604.2925}{805.01 - 604.2925} \qquad \therefore T_5 = 764.87 \text{ K}$$

$$q_{in} = h_3 - h_5 = c_p(T_3 - T_5) = 1.005 \times (1,300 - 764.87) = 537.806 \text{ kJ/kg}$$

$$\therefore 699.186 - 537.806 = 161.38 \text{ kJ/kg의 가열량이 절약된다.}$$

$$\eta_R = \frac{w_{net}}{q_{in}} = \frac{w_t - w_c}{537.806} = \frac{497.464 - 305.814}{537.806} = 0.3564 \text{ 또는 } 35.64\%$$

따라서 $\eta_R - \eta_{act} = 0.3564 - 0.274 = 0.0824$, 즉 8.24% 개선

예제 6.14

공기를 작동유체로 하는 Brayton 사이클에서 압축기 입구압력 0.2 MPa, 온도 50℃, 터빈 입구압력 1.2 MPa, 온도 800℃일 때 (1) 열효율, (2) 공기 1 kg당 발생일, (3) 재생 사이클로 작동하는 경우 이론 사이클의 열효율보다 얼마나 개선되는가? 공기의 가스상수는 0.287 kJ/kgK, 비열비는 1.4, $c_p = 1.0445$ kJ/kgK이다.

[풀이] $\phi = 6$, $T_2 = T_1 \phi^{(k-1)/k} = 323.15 \times 6^{0.4/1.4} = 539.18$ K, $T_3 = 1,073.15$ K

$$T_4 = T_3 \left(\frac{1}{\phi}\right)^{(k-1)/k} = 1,073.15 \times \left(\frac{1}{6}\right)^{0.4/1.4} = 643.18 \text{ K}$$

(1) 식 (6.37)로부터 $\eta_b = 1 - \dfrac{1}{\phi^{(k-1)/k}} = 1 - \dfrac{1}{6^{0.4/1.4}} = 0.401$

(2) 식 (6.36)으로부터 $w_{net} = c_p[(T_3 - T_2) - (T_4 - T_1)]$

$$= 1.0045 \times [(1,073.15 - 539.18) - (643.18 - 323.15)] = 214.9 \text{ kJ/kg}$$

(3) 재생 사이클의 경우 $\tau = \dfrac{T_3}{T_1} = \dfrac{1,073.15}{323.15} = 3.321$

식 (6.45)로부터 $\eta_R = 1 - \dfrac{\phi^{(k-1)/k}}{\tau} = 1 - \dfrac{6^{0.4/1/4}}{3.321} = 0.4976$

$$\therefore \eta_R - \eta_b = 0.4976 - 0.401 = 0.0966 \qquad \therefore 9.66\%가 \text{ 개선됨}$$

(4) 중간냉각, 재열, 재생식 가스터빈 사이클

그림 6.25에는 두 압축기 사이에 중간냉각기, 두 터빈 사이에 재열기, 그리고 최종압축기에서 나온 작동유체와 최종터빈에서 나온 작동유체 사이에 재생기를 설치한 가스터빈의 구성도를 나타내었으며, 그림 6.26에는 그 터빈의 $p-v$ 선도와 $T-s$ 선도를 나타내었다.

그림 6.26과 같이 제1압축기 입구 1로부터 단열압축하는 도중에 작동유체를 중간냉각기 (inter-cooler)로 보내 이것을 2 - 3과 같이 정압 하에서 T_3까지 냉각하고, 제1터빈의 단열팽창의 도중에도 작동유체를 재열기(reheater)로 보내 정압 하에서 T_8까지 가열하면 1 - 4, 6 - 9가 등온선(점선으로 표시)에 근접하므로 사이클 전체가 Ericsson 사이클에 가까워진다. 따라서 여기에 재생기에서 9 - 10의 방열에 의해 4 - 5의 재생가열을 시키면 사이클이 Carnot 사이클화하여 효

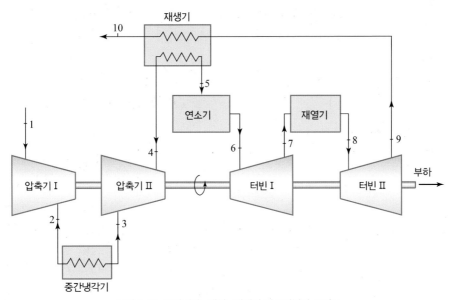

그림 6.25 중간냉각·재열·재생식 가스터빈의 구성도

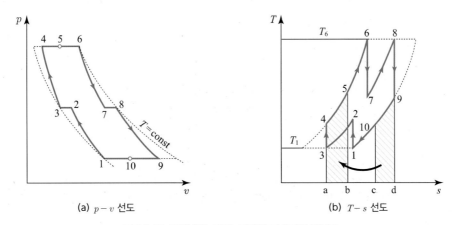

(a) $p-v$ 선도

(b) $T-s$ 선도

그림 6.26 중간냉각·재열·재생식 가스터빈 사이클

율의 향상을 도모할 수 있다. 중간냉각이나 재열의 단수가 증가할수록 사이클이 Ericsson 사이클에 근접한다는 의미인데, 실제로는 장치가 복잡해지고 손실도 증가하므로 대형장치에서도 2~3단 정도이다.

이때 압축기의 일을 최소화시키고, 터빈일을 최대화시키기 위해서 각 단계의 압력은 다음과 같이 정하여 운전한다.

$$\frac{p_2}{p_1} = \frac{p_4}{p_3} = \left(\frac{p_4}{p_1}\right)^{\frac{1}{2}}, \quad \frac{p_6}{p_7} = \frac{p_8}{p_9} = \left(\frac{p_6}{p_9}\right)^{\frac{1}{2}} = \left(\frac{p_4}{p_1}\right)^{\frac{1}{2}} \tag{6.47}$$

예제 6.15

그림과 같은 재열·중간냉각 사이클에서 전 압력비는 8이며, 제1압축기 입구상태는 100 kPa, 300 K이다. 각 터빈입구의 온도는 1,200 K일 때 (1) BWR(back work ratio : 압축일/터빈일), (2) 열효율을 구하라. (3) 만일 100%의 효율을 갖는 재생기가 있는 경우에는 열효율이 얼마나 개선되는가?

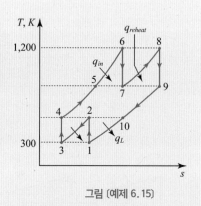

그림 (예제 6.15)

풀이 $p_2/p_1 = p_4/p_3 = \sqrt{8} = 2.83$,

$p_6/p_7 = p_8/p_9 = \sqrt{8} = 2.83$

$\therefore p_2 = 2.83 p_1 = 2.83 \times 100 = 283$ kPa

$p_6 = 800$ kPa, $p_7 = \dfrac{800}{2.83} = 282.7$ kPa

$1 \rightarrow 2 \qquad T_1 p_1^{(1-k)/k} = T_2 p_2^{(1-k)/k}$

$\therefore T_2 = T_1 \left(\dfrac{p_2}{p_1}\right)^{(k-1)/k} = 300 \times 2.83^{0.4/1.4} = 403.83$ K, $\quad T_3 = 300$ K

$3 \rightarrow 4 \qquad T_3 p_3^{(1-k)/k} = T_4 p_4^{(1-k)/k}$

$\therefore T_4 = T_3 \left(\dfrac{p_4}{p_3}\right)^{(k-1)/k} = 300 \times 2.83^{0.4/1.4} = 403.83$ K,

$T_6 = T_8 = 1,200$ K

$6 \rightarrow 7 \qquad T_6 p_6^{(1-k)/k} = T_7 p_7^{(1-k)/k}$

$\therefore T_7 = T_6 \left(\dfrac{p_7}{p_6}\right)^{(k-1)/k} = 1,200 \times \left(\dfrac{1}{2.83}\right)^{0.4/1.4} = 891.45$ K

$T_5 = T_7 = T_9 = 891.45$ K

(1) $w_c = (h_2 - h_1) + (h_4 - h_3) = c_p[(T_2 - T_1) + (T_4 - T_3)]$

$= 1.005 \times [(403.83 - 300) + (403.83 - 300)] = 208.698$ kJ/kg

(계속)

$$w_t = (h_6 - h_7) + (h_8 - h_9) = c_p [(T_6 - T_7) + (T_8 - T_9)]$$
$$= 1.005 \times [(1,200 - 891.45) + (1,200 - 891.45)] = 620.19 \text{ kJ/kg}$$

$$\therefore BWR = \frac{w_c}{w_t} = \frac{208.698}{620.19} = 0.3365 \text{ 또는 } 33.65\%$$

(2) $q_{in} = (h_6 - h_4) + (h_8 - h_7) = c_p [(T_6 - T_4) + (T_8 - T_7)]$
$$= 1.005 \times [(1,200 - 403.83) + (1,200 - 891.45)] = 1,110.24 \text{ kJ/kg}$$

$$\therefore \eta_{RH,IC} = \frac{w_t - w_c}{q_{in}} = \frac{620.19 - 208.698}{1,110.24} = 0.3706 \text{ 또는 } 37.06\%$$

(3) $q_{in} = (h_6 - h_5) + (h_8 - h_7) = c_p [(T_6 - T_5) + (T_8 - T_7)]$
$$= 1.005 \times [(1,200 - 891.45) + (1,200 - 891.45)] = 620.19 \text{ kJ/kg}$$

$$\therefore \eta_{RH,IC,RG} = \frac{w_t - w_c}{q_{in}} = \frac{620.19 - 208.698}{620.19} = 0.6635 \text{ 또는 } 66.35\%$$

∴ 29.29%의 열효율이 개선됨

(5) 제트엔진 사이클

그림 6.27은 제트엔진(jet engine)의 작동원리도이며, 이것에 대응하는 사이클을 그림 6.28에 도시하였다.

1의 상태인 외기는 비행기의 속도에 따라서 엔진 입구에서 정체압, 즉 램압(ram pressure)을 발생시켜 1-1′와 같이 단열적으로 압력이 상승한다. 그 후 압축기 C에 의해 2까지 가압되며, 연소기 C.C에 들어가 정압 하에서 2-3의 가열이 행해진다. 3에서 터빈 T에 들어간 가스는 3′까지 단열팽창하고, 그동안에 한 일로 동축 상에 있는 압축기 C를 구동한다. 터빈을 나온 가스는 엔진의 후방에서 분출하여 그 반동으로 엔진을 전방으로 민다. 4-1의 정압방열은 대기 중에서 행해진다고 생각한다.

이 사이클은 기본적으로는 Brayton 사이클과 같지만 항상 개방 사이클로 된다.

제트엔진의 내부효율은 2-3에서의 가열량에 대한 3′-4의 팽창에 의한 가스의 운동에너지 증가량과의 비가 되며, 다음과 같이 표시된다.

$$\eta_i = \frac{m(w_j^2 - w^2)}{2Q_H} \tag{6.48}$$

여기서 w_j : 분류의 속도, w : 비행기의 속도이다.

이 효율은 엔진의 성능표시로는 적합하지만 비행기가 정지하고 있을 때는 실질적인 일을 했다고 할 수 없으므로 비행기의 추진일을 고려한 효율에 대해서도 고려할 필요가 있다. 엔진이 발생

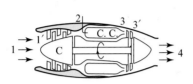

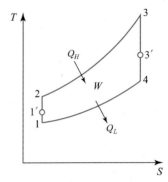

그림 6.27 제트엔진의 작동원리도   그림 6.28 제트엔진 사이클

하는 추력(thrust) P는 단위시간에 토출되는 가스량을 $\dot{m}$라 하면 운동량변화와 같으므로

$$P = \dot{m}(w_j - w) \tag{6.49}$$

추진동력은 $\dot{W}_j$는 Pw이므로 다음 식으로 표시할 때

$$\dot{W}_j = Pw = \dot{m}w(w_j - w) \tag{6.50}$$

따라서 추진효율 η_j는 운동에너지 증가량에 대한 추진일의 비로 정의하여 다음 식으로 나타낸다.

$$\eta_j = \frac{W_j}{m(w_j^2 - w^2)/2} \tag{6.51}$$

$$= \frac{mw(w_j - w)}{m(w_j^2 - w^2)/2}$$

$$= \frac{w}{(w_j + w)/2}$$

제트엔진의 전 효율(over-all efficiency)은 다음과 같이 표시된다.

$$\eta_{jo} = \frac{Pw}{Q_H} = \eta_i \eta_j \tag{6.52}$$

$$= \frac{\dot{m}w(w_j - w)}{Q_H}$$

만일 $w = 0$이나 $w = w_j$인 경우에는 전 효율이 0이 된다. 따라서 전 효율이 최대로 되는 w_j에 대한 w의 값이 존재함을 알 수 있다. 그 조건은 $w_j = 2w$로서 비행기의 속도가 분출속도의 1/2이 되는 조건이다.

예제 6.16

제트기가 공기상태 −40℃, 압력 30 kPa인 고도에서 250 m/s의 속도로 비행한다. 압축기는 압력비가 10, 터빈 입구 및 출구의 가스온도는 200℃, 840℃, 노즐출구의 온도는 340℃이다. 공기는 45 kg/s의 질량유량으로 압축기에 유입한다. 단, 공기의 $c_p = 1.005$ kJ/kgK이다. 다음을 구하라. (1) 분출속도, (2) 추진동력, (3) 추진효율

풀이 (1) 그림 6.28의 $3' - 4$ 과정에서

$$h_{3'} = h_4 + \frac{w_j^2}{2}$$

$$w_j = \sqrt{2c_p(T_{3'} - T_4)}$$
$$= \sqrt{2 \times 1,005 \times (840 - 340)} = 1,002.5 \text{ m/s}$$

(2) 식 (6.50)으로부터
$$\dot{W}_j = Pw = \dot{m}w(w_j - w)$$
$$= 45 \times 250 \times (1,002.5 - 250)/1,000$$
$$= 8,465.6 \text{ kW}$$

(3) 식 (6.51)로부터
$$\eta_j = \frac{2w}{w_j + w}$$
$$= \frac{2 \times 250}{1,002.5 + 250} = 0.3992$$

4 공기압축기 사이클

(1) 틈새 없는 압축기 사이클

피스톤이 상사점에 있을 때 실린더 내에 틈새가 전혀 없는 그림 6.29와 같은 이상적인 왕복식 압축기를 생각하자.

상사점 4에서 흡기밸브가 열리면, 일정한 흡기압력 p_1하에서 $4 - 1$을 따라 가스가 흡입된다. 하사점에서 흡기밸브는 닫히고, 가스는 $1 - 2$의 과정에 의하여 압축되며, 배출압력 p_2에 달하면 배기밸브가 열려 일정압력 p_2하에서 $2 - 3$을 따라 실린더 내의 가스는 모두 배출된다.

이때 1사이클에 대한 일은

$$W = \text{면적 } 1234 = -\int_1^2 Vdp \tag{6.53}$$

로 표시되며, 이상적인 등온압축 및 단열압축의 경우에는 다음과 같이 된다.

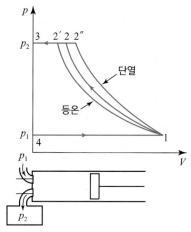

그림 6.29 틈새 없는 압축기 사이클

① 등온압축의 경우

이상기체의 상태식 $V = mRT_1/p$ 이므로 식 (6.53)에 대입하여 적분하면

$$W = -mRT_1 \ln\left(\frac{p_2}{p_1}\right) = -mRT_1 \ln\rho \qquad (6.54)$$

여기서 $p_2/p_1 = \rho$는 압력비이다. 압축 후의 온도는 $T_2 = T_1$이며, 등온압축을 하기 위해서는 압축일 W_c와 동일한 열량 Q_c를 방출시켜야 한다.

사이클일 W는 압축일 W_c, 배출일 W_d, 흡기일 W_s의 합으로 생각하면

$$W_c = -mRT_1 \ln\left(\frac{p_2}{p_1}\right)$$

이며, $W_d = -p_2 V_2$와 $W_s = p_1 V_1 = mRT_1$은 등온변화에서는 크기가 같고 부호가 반대로 되어 결국 $W = W_c$가 되며 식 (6.54)와 일치한다.

② 단열압축의 경우

단열과정의 압력과 체적의 관계에서 $pV^k = p_1 V_1^k = p_2 V_2^k$이므로 $V = V_1(p/p_1)^{-1/k}$을 식 (6.53)에 대입하여

$$W = -\int_1^2 V_1\left(\frac{p}{p_1}\right)^{-\frac{1}{k}} dp = -\frac{k}{k-1} p_1 V_1 [\rho^{(k-1)/k} - 1]$$

$$= -\frac{k}{k-1} mRT_1 [\rho^{(k-1)/k} - 1] \qquad (6.55)$$

실제의 압축기에서는 보통 단열변화에 가까운 폴리트로프 과정으로 압축이 행해진다고 생각

되며, 이 경우에는 사이클일은 식 (6.55)에 있어서 단열지수 k를 폴리트로프 지수 n으로 치환하면 된다.

그림 6.29에 있어서 등온곡선 $1-2'$는 단열곡선 $1-2''$보다 경사가 완만하므로 일의 면적 $12'$ 34는 면적 $12''34$보다 작으며, 등온의 경우가 압축일은 작다는 것을 알 수 있다.

압축이 회전하는 동익에 의해 연속적으로 행해지는 원심식 및 축류식 압축기에서는, 압축일은 결국 식 (6.55)로 표시된다. 단, 이 경우 V_1 또는 m은 각각 체적유량 $\dot{V}_1 [\mathrm{m^3/s}]$ 및 질량유량 $\dot{m} [\mathrm{kg/s}]$로 치환해야 하며, 이때의 일 $\dot{W} [\mathrm{J/s}]$는 동력을 나타낸다.

예제 6.17

온도 20℃의 공기 2 kg/s를 압력 100 kPa로부터 300 kPa까지 틈새 없는 1단압축기로 압축하는 데 필요한 동력을 다음의 각 경우에 대하여 구하라. (1) 등온압축, (2) 단열압축($k = 1.4$), (3) 폴리트로프 압축($n = 1.3$)

풀이 (1) 식 (6.54)에서 질량을 질량유량으로 치환하면

$$\dot{W} = -\dot{m}RT_1\ln\rho$$
$$= -2 \times 0.2872 \times 293.15\ln 3$$
$$= -184.99 \text{ kW}$$

(2) 식 (6.55)에서 질량을 질량유량으로 치환하면

$$\dot{W} = -\frac{k}{k-1}\dot{m}RT_1[\rho^{(k-1)/k} - 1]$$
$$= -\frac{1.4}{0.4} \times 2 \times 0.2872 \times 293.15 \times (3^{0.4/1.4} - 1)$$
$$= -217.32 \text{ kW}$$

(3) 식 (6.55)의 k를 폴리트로프 지수 $n = 1.3$으로 치환하고 질량을 질량유량으로 치환하면

$$\dot{W} = -\frac{n}{n-1}\dot{m}RT_1[\rho^{(n-1)/n} - 1]$$
$$= -\frac{1.3}{0.3} \times 2 \times 0.2872 \times 293.15 \times (3^{0.3/1.3} - 1)$$
$$= -210.55 \text{ kW}$$

---

(2) 틈새 있는 압축기 사이클

실제의 왕복식 압축기에서는 피스톤이 상사점 있는 상태에서 실린더에 어느 정도의 틈새체적이 있다. 이 경우의 사이클은 그림 6.30과 같이 된다. 여기서 압축과 팽창은 단열변화이며, 흡기와 배기는 정압변화로 행해지는 경우에 대하여 고찰한다.

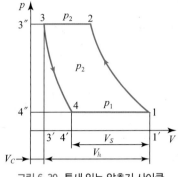

그림 6.30 틈새 있는 압축기 사이클

압축된 가스의 배기가 끝나는 상사점 3에서는 틈새체적(간극체적) V_c , 압력 p_2의 가스가 잔류한다. 이 가스는 피스톤이 상사점을 지나면 팽창하므로 압력이 흡기압력 p_1까지 강하한 4의 점으로 되었을 때 비로소 흡기가 가능해진다. 여기서 흡기밸브가 열리고 4 - 1 과정에서 흡기가 이루어진다. 따라서 행정체적 $V_h = V_1 - V_3$가 되는데, 흡기에 유효한 체적은 $V_s = V_1 - V_4$이다. 그 비를 체적효율(volumetric efficiency) η_v이라고 하며 다음 식으로 표시된다.

$$\eta_v = \frac{V_s}{V_h} = \frac{V_1 - V_4}{V_1 - V_3} \tag{6.56}$$

또 행정체적 V_h에 대한 틈새체적의 비를 틈새체적비(clearance volumetric ratio) ε_o라고 한다.

$$\varepsilon_o = \frac{V_c}{V_h} = \frac{V_3}{V_1 - V_3} \tag{6.57}$$

잔류한 가스가 $p_3(= p_2)$로부터 $p_4(= p_1)$까지 팽창하는 동안 가스는 피스톤에 일을 주므로 가스를 압축하는 데 필요한 일은

$W =$ 면적 1234 = 면적 123″4″ - 면적 344″3″

이 된다. 식 (6.55)와 마찬가지로 사이클일은

$$W = -\frac{k}{k-1}p_1 V_1(\rho^{(k-1)/k} - 1) - \frac{k}{k-1}p_1 V_4(\rho^{(k-1)/k} - 1)$$

$$= -\frac{k}{k-1}p_1(V_1 - V_4)(\rho^{(k-1)/k} - 1) = -\frac{k}{k-1}\eta_v p_1 V_h(\rho^{(k-1)/k} - 1) \tag{6.58}$$

압축 후 가스온도는 단열변화의 경우에 다음과 같이 표시할 수 있다.

$$T_2 = T_1\left(\frac{p_2}{p_1}\right)^{\frac{k-1}{k}} \tag{6.59}$$

예제 6.18

행정체적 20 L, 틈새체적비 3%인 압축기에서 100 kPa의 공기를 1.5 MPa까지 폴리트로프 압축할 때 ($n = 1.25$) (1) 체적효율, (2) 압축일, (3) 틈새 없는 압축기로 동일한 압축일을 공급하면 행정체적을 얼마나 줄일 수 있는가?

풀이

$$V_4 = V_3 \left(\frac{p_2}{p_1}\right)^{1/n} = \varepsilon_o V_h \left(\frac{p_2}{p_1}\right)^{1/n}$$

$$= 0.03 \times 20 \times \left(\frac{1.5 \times 10^3}{100}\right)^{1/1.25} = 5.236 \text{ L}$$

(1) 식 (6.56)으로부터

$$\eta_v = \frac{V_s}{V_h} = \frac{V_1 - V_4}{V_h} = \frac{V_h(1 + \varepsilon_o) - V_4}{V_h} = \frac{20 \times 1.03 - 5.236}{20} = 0.7682$$

(2) 식 (6.58)에서 $k \rightarrow n$으로 치환하면

$$W = -\frac{n}{n-1} \eta_v p_1 V_h [\rho^{(n-1)/n} - 1]$$

$$= -\frac{1.25}{0.25} \times 0.7682 \times 100 \times 20 \times 10^{-3} \times \left[\left(\frac{1.5 \times 10^3}{100}\right)^{0.25/1.25} - 1\right]$$

$$= -5.52 \text{ kJ}$$

(3) 틈새 없는 압축기의 소요일은 식 (6.55)의 k를 n으로 치환하여

$$W = -\frac{n}{n-1} p_1 V_1 [\rho^{(n-1)/n} - 1] \text{ 이므로}$$

$$V_1 = \eta_v V_h = 0.7682 \times 20 = 15.364 \text{ L}$$

$$\therefore V_h - V_1 = 20 - 15.364 = 4.636 \text{ L를 작게 할 수 있다.}$$

(3) 다단압축기 사이클

6.4.(1)절에서 설명한 바와 같이 등온압축과정에서는 단열압축 과정에서보다 압축소요일이 적다. 그러나 실제의 압축기에 있어서의 압축은 보통 단열압축에 가깝다. 그리고 요구되는 압축압력을 얻는데, 몇 개의 단계로 나누어 압축을 행한다. 그 각각의 단계에서 온도가 상승한 가스를 압축기 사이에 설치한 중간냉각기(intercooler)에 의해 냉각하고 나서 압축을 하면, 압축과정이 전체로서는 등온과정에 근접하며, 따라서 압축소요일을 감소시킬 수 있다.

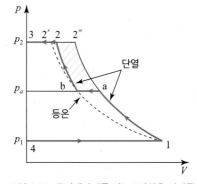

그림 6.31 중간냉각기를 갖는 2단압축 사이클

그림 6.31에 틈새 없는 압축기에서 중간냉각기를 설치한 2단압축 사이클을 나타내었다. 1 – a 는 중간압력 p_a까지의 단열압축, a – b는 최초온도 T_1까지의 중간냉각, b – 2는 최종압력 p_2로의 단열압축이며, 1 – 2′, 1 – 2″는 각각 최종압력까지의 등온압축 및 단열압축이다. 사이클의 압축일은 1단 단열압축의 경우보다 사선의 면적만큼 작아진다.

2단압축 사이클의 압축일 W_2는, $p_b = p_a$, $T_b = T_1$을 고려하여 식 (6.55)의 관계를 이용하면

$$W_2 = -\frac{k}{k-1}mRT_1\left[\left(\frac{p_a}{p_1}\right)^{(k-1)/k} - 1\right] - \frac{k}{k-1}mRT_b\left[\left(\frac{p_2}{p_b}\right)^{(k-1)/k} - 1\right]$$

$$= -\frac{k}{k-1}mRT_1\left[\left(\frac{p_a}{p_1}\right)^{(k-1)/k} + \left(\frac{p_2}{p_a}\right)^{(k-1)/k} - 2\right] \tag{6.60}$$

압축일을 최소로 하기 위한 중간압력 p_a를 구하는 데는 식 (6.60)을 p_a/p_1로 미분하여 0으로 놓으면

$$\frac{p_a}{p_1} = \frac{p_2}{p_a} = \left(\frac{p_2}{p_1}\right)^{\frac{1}{2}} = \rho^{\frac{1}{2}} \tag{6.61}$$

이 되며, 이때 식 (6.60)은 다음과 같이 된다.

$$W_2 = -\frac{2k}{k-1}mRT_1[\rho^{(k-1)/k} - 1] \tag{6.62}$$

일반적으로 최종압력비 ρ를 얻는 데 중간냉각의 z단압축을 하는 경우, 압축을 폴리트로프 변화로 생각하면 압축일을 최소로 하기 위한 각 단의 압력비 ρ_z 및 사이클의 압축일 W_z는 다음과 같이 표시할 수 있다.

$$\rho_z = \rho^{1/z} \tag{6.63}$$

$$W_z = -\frac{zn}{n-1}mRT_1[\rho^{(n-1)/zn} - 1] \tag{6.64}$$

예제 6.19

2단압축기에서 20℃의 공기를 100 kPa로부터 300 kPa까지 단열압축 후, 중간냉각기에서 30℃까지 냉각하고 2단압축기에서 900 kPa까지 단열압축 할 때 공기 1kg당 소요압축일을 구하라. 단, $k = 1.4$, $R = 0.287$ kJ/kgK 이다.

풀이 식 (6.60)으로부터

$$W = -\frac{k}{k-1}mRT_1\left[\left(\frac{p_a}{p_1}\right)^{(k-1)/k} + \left(\frac{p_2}{p_a}\right)^{(k-1)/k} - 2\right]$$

$$= -\frac{1.4}{0.4} \times 1 \times 0.287 \times 293.15 \times [3^{0.4/1.4} + 3^{0.4/1.4} - 2] = -217.164 \text{ kJ}$$

(4) 연속류 압축기 및 송풍기

왕복식 압축기에서는 유입 또는 유출하는 가스흐름은 간헐적이며, 보통 그 유속도 크지 않으므로 흐름의 운동에너지는 무시해도 지장이 없다. 그러나 연속식 압축기에서는 일반적으로 이것을 고려해야 한다. 이와 같은 계에 대해서는 정상류계의 에너지식을 적용할 수 있다.

압축기에서는 $\dot{Q}=0$이므로 압축기에 주는 일을 正의 값으로 하면, 등온압축 과정에서는

$$\dot{W} = \frac{\dot{m}}{2}(w_2^2 - w_1^2) + p\,\dot{V}_1\ln\rho = \frac{\dot{m}}{2}(w_2^2 - w_1^2) + \dot{m}RT_1\ln\rho \tag{6.65}$$

가역 단열압축 과정에서는 다음과 같이 표시할 수 있다.

$$\dot{W} = \frac{\dot{m}}{2}(w_2^2 - w_1^2) + \frac{k}{k-1}p_1\dot{V}_1[\rho^{(k-1)/k} - 1]$$

$$= \frac{\dot{m}}{2}(w_2^2 - w_1^2) + \dot{m}c_pT_1[\rho^{(k-1)/k} - 1] \tag{6.66}$$

여기서 w_1 및 w_2는 각각 압축기의 유입속도 및 유출속도이다.

일반적으로 송풍기는 기체에 유속을 주는 것을 주요목적으로 하는 경우에 이용되는데, 그 작용은 압축기와 본질적인 차이는 없으며, 얻어지는 압력비가 작은 것을 송풍기라 하여 구별하고 있다. 송풍기의 소요동력은 압축일을 근사적으로 $(p_2 - p_1)\dot{V}_1$으로 하면 다음 식으로 표시할 수 있다.

$$\dot{W} = \frac{\dot{m}}{2}(w_2^2 - w_1^2) + (p_2 - p_1)\dot{V}_1 \tag{6.67}$$

송풍기에 가해진 동력을 $\dot{W}_b$라 하면 송풍기효율은 다음과 같이 정의된다.

$$\eta_b = \frac{\dot{W}}{\dot{W}_b} \tag{6.68}$$

예제 6.20

압력 120 kPa, 온도 15°C의 천연가스를 연속류 압축기를 이용하여 배출압력 300 kPa로 매시 20,000 m³를 압송하고 있다. 압축기로의 유입속도가 10 m/s, 유출속도가 20 m/s일 때 단열압축에 필요한 이론동력을 구하라. 단, 천연가스의 가스상수는 0.52 kJ/kgK, 비열비는 1.30이다.

풀이 압력비 $\rho = 300/120 = 2.5$, $c_p = \dfrac{kR}{k-1} = \dfrac{1.3 \times 0.52}{0.3} = 2.2533$ kJ/kgK

천연가스의 밀도 $\rho_g = \dfrac{p_1}{RT_1} = \dfrac{120}{0.52 \times 288.15} = 0.801$ kg/m³

질량유량 $\dot{m} = \rho_g\dot{V} = 0.801 \times 20,000/3,600 = 4.45$ kg/s

(계속)

∴ 식 (6.66)으로부터

$$\dot{W} = \frac{\dot{m}}{2}(w_2^2 - w_1^2) + \dot{m}c_p T_1 [\rho^{(k-1)/k} - 1]$$

$$= \frac{4.45}{2,000}(20^2 - 10^2) + 4.45 \times 2.2533 \times 288.15 \times (2.5^{0.3/1.3} - 1)$$

$$= 681.02 \text{ kW}$$

1 공기에 의한 Otto 사이클이 압축비 8, 압축 초의 압력 101.3 kPa, 온도 15℃, 최고압력 6 MPa 일 때, 공기 1 kg당 가열량과 발생하는 이론일을 구하라. 단, 공기의 가스상수는 0.287 kJ/kgK, 비열비는 1.35이다.

2 공기를 매체로 하는 Otto 기관에서 압축 후의 온도가 400℃, 팽창 후의 온도가 520℃이다. 압축비가 8.5일 때 (1) 열효율, (2) 공기 1 kg당 가열량, (3) 출력을 구하라.

3 공기를 작동유체로 하는 Otto 사이클에서 압축비 8, 최저온도 20℃, 최고온도 1,600℃일 때 (1) 이것과 동일한 열효율을 갖는 Carnot 사이클의 최고온도를 구하라. 단, 최저온도는 20℃ 로 한다. (2) Otto 사이클의 팽창 후 온도를 구하라.

4 공기를 작동유체로 하는 Otto 사이클에서, 압축 초의 압력이 0.1 MPa, 온도가 15℃, 체적이 0.1 m^{3}이었다. 압축 후의 압력이 1.2 MPa이고, 그 후 정적 하에서 100 kJ이 가해진다. (1) 압축 후의 온도, (2) 정적가열 후의 온도, (3) 간극체적, (4) 열효율을 구하라.

5 압축비 16인 디젤 사이클의 열효율과, 공기 1 kg당 이론일을 구하라. 압축 초의 온도는 20℃, 최고온도는 2,000℃, $R = 0.287$ kJ/kgK, $c_p = 1.006$ kJ/kgK, $k = 1.40$이다.

6 공기디젤 사이클에서 흡입공기가 $p_1 = 100$ kPa, $T_1 = 15$℃, 압축 후의 압력 $p_2 = 4.0$ MPa, 체절비 $\sigma = 2.0$일 때 이 사이클의 열효율은 얼마인가?

7 공기를 작동유체로 하는 디젤 사이클에서, 압축비 18, 압축 초의 압력 및 온도가 각각 0.1 MPa, 15℃, 최고온도가 1,800℃일 때 이론열효율을 구하라.

8 공기의 정압비열 1.172 kJ/kgK, 압축비 16인 디젤 사이클에서 체절비를 1.5, 2.5, 3.5로 변화시킬 때 열효율을 구하라. $R = 0.287$ kJ/kgK이다.

9 압축비 15, 체절비 2.1인 디젤 사이클에서, 압축 초의 압력과 온도가 0.1 MPa, 15℃이었다. (1) 압축 후의 압력과 온도, (2) 엔진은 4사이클이며, 총배기량이 2,000 cm^3, 회전수가 3,000 rpm인 경우의 출력은 얼마인가? $k = 1.33$이다.

10   압축비 15, 행정체적 20 L, 압축 초의 압력 100 kPa, 온도 300 K의 디젤 사이클에 매회 60 kJ의 열을 공급하여 작동시킬 때, 1사이클의 일량, 이론열효율, 평균 유효압력을 구하라. 또 매분 1,000사이클로 운전했을 때 도시출력은 얼마인가? 단, 작동유체는 공기로서 $k = 1.3$이다.

11   압축 초의 온도 20℃, 압축비 15, 체절비 1.5, 압력상승비 1.8인 Sabathè 사이클의 최고온도와 이론열효율을 구하라. 작동유체는 $k = 1.4$의 공기이다.

12   공기를 작동유체로 하는 Sabathè 사이클에서, 압축 초의 압력이 0.1 MPa, 온도 20℃, 압축 전후의 체적이 각각 0.6 L 및 0.04 L, 정압과정의 초기온도 1,100℃, 최고온도 1,800℃일 때, (1) 체절비, (2) 압축비, (3) 압력상승비, (4) 이론열효율을 구하라.

13   압축비 10.1, 실린더 직경 90 cm, 행정 155 cm, 실린더수 12인 4사이클 박용디젤기관이 있다. 이것이 Sabathé 사이클에 따라 작동할 때, 도시평균 유효압력, 제동평균 유효압력, 실린더 회전수 112 rpm에서의 축출력 및 제동열효율을 구하라. 단, 압축 초의 압력 200 kPa, 온도 370 K, 최고압력 10 MPa, 공연비 20.2, 연료의 저발열량 42,000 kJ/kg, 연소효율 $\eta_c = 0.8$, 기계효율 $\eta_m = 0.85$, $c_p = 1.3$ kJ/kgK, $c_v = 1$ kJ/kgK, 압축은 $n = 1.35$, 팽창은 $n' = 1.3$의 폴리트로프 과정이다.

14   공기를 정압비열이 $c_p = 1.005 + 0.00018\,T$ [kJ/kgK](T는 섭씨온도)로 표시되는 반이상기체 라 할 때, 압축비 7.5, 압축 초의 온도 20℃, 최고온도 2,500℃의 Otto 사이클의 열효율을 구하라. 공기의 가스상수는 0.287 kJ/kgK이다.

15   열기관의 사이클을 나타내는 인디케이터선도에서, 그 사이클 내의 실측면적이 $A = 23.8\ \text{cm}^2$ 이며, 횡축의 단위길이 1 cm는 실린더 내의 체적 0.001 m³에 상당하고, 종축의 1 cm는 0.2 MPa에 상당한다고 한다(그림 참고). 이때 이 기관의 매분 회전수를 300 rpm이라 할 때, 이 기관이 발생하는 동력을 구하라.

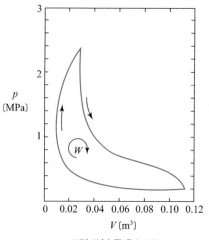

그림 (연습문제 6.15)

16 가스상수 2.079 kJ/kgK, 정압비열 5.197 kJ/kgK인 헬륨을 작동가스로 하는 Brayton 사이클이, 압력비 8, 최저온도 15℃, 최고온도 700℃에서 작동할 때의 1 kg당 이론일과 이론열효율을 구하라.

17 Brayton 사이클을 하는 가스터빈이 0.1 MPa, 10℃의 공기를 흡입하여 압축기에서 체적이 1/4로 될 때까지 압축되어 연소기로 들어간다. 이 가스터빈의 열효율은 얼마인가?

18 공기를 작동유체로 하는 가스터빈에서, 압축기 입구의 공기압력이 0.1 MPa, 온도는 38℃, 압축기의 압력이 0.34 MPa, 연소기에서의 가열 후 온도가 650℃이다. 터빈을 나온 매체는 온도가 450℃이다. 매체 1 kg당 다음을 구하라. (1) 압축기에서 행해지는 일, (2) 연소과정에서 주어지는 열량, (3) 터빈이 하는 일, (4) 열효율, 단, 고온부에서의 정압비열 $c_p = 1.86$ kJ/kgK, 비열비 $k = 1.4$이다.

19 액화메탄은 온도 −160℃에서 포화압력은 111.3 kPa, 증발잠열은 509.1 kJ/kg이다. 이 잠열을 이용하여 최저온도 −110℃, 최고온도 0℃, 압력비 2.5의 아르곤을 작동유체로 하는 비가역 Brayton 사이클로 동력을 얻으려고 한다. 매시 5×10^4 kg의 메탄을 증발시킬 때 몇 kW의 동력을 얻을 수 있는가? 압축기 및 터빈의 단열효율은 공히 0.9이며, 아르곤의 비열비는 1.66이다.

20 정압연소 단순 사이클 가스터빈에서, 흡입공기온도 15℃, 압력 0.1 MPa, 터빈 입구온도 1,200℃, 압력비 25일 때 이론열효율 및 이론비출력을 구하라. 단, $k = 1.4$, $c_p = 1.0$ kJ/kgK 이다.

21 이론 Brayton 사이클($k = 1.4$)을 하는 단순 가스터빈에서, 흡입공기의 온도 15℃, 압력 101.3 kPa, 터빈입구온도 800℃, 흡입공기 유량 300 m³/min, 연료소비량 4 kg/min일 때, 압축기의 압력비, 이론출력, 이론열효율을 구하라. 단, 연료의 발열량은 42,000 kJ/kg, 터빈 및 압축기의 단열효율은 공히 85%이다.

22 공기를 작동유체로 하는 압력비 2, 최저온도 20℃, 최고온도 800℃의 재생 Brayton 사이클의 열효율을 구하라. 압축기의 단열효율은 85%, 터빈의 단열효율은 90%이며, 열교환기의 온도차 35℃, 공기의 가스상수 0.287 kJ/kgK, 정압비열 1.089 kJ/kgK이다.

23 공기를 작동유체로 하는 Brayton 사이클이, 압력 0.1 MPa과 0.5 MPa 사이에서 작동하고 있다. 사이클의 최저온도가 20℃, 최고온도가 700℃인 경우, 매체 1 kg이 1사이클에 하는 일은 얼마인가?

24 압력비 4, 최저온도 20℃, 최고온도 800℃의 Brayton 사이클에서, 압축기는 2단이며, 중간냉각기를 이용하여 20℃까지 냉각할 때 소요동력이 최소가 되도록 한다. 공기를 작동유체로 하는 이 사이클의 열효율과 압축 및 팽창일을 구하라. $R = 0.287\,\text{kJ/kgK}$, $c_p = 1.089\,\text{kJ/kgK}$이다.

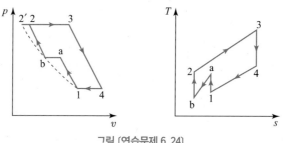

그림 (연습문제 6.24)

25 단순 사이클 가스터빈에서, 흡입공기 온도가 20℃, 터빈 입구온도가 1,000℃일 때 비출력이 최대가 되는 압력비를 구하라.

26 압력비 5, 압축기 입구온도 300 K, 터빈 입구온도 1,500 K인 Brayton 사이클의 작동가스 1 kg당 일량과 이론열효율을 구하라. 또 이상적인 열교환기에 의해서 재생 사이클로 한 경우의 열효율을 구하라. 단, 작동유체는 공기로서 $k = 1.4$이다.

27 배기터빈 과급기는 내연기관의 배기에너지를 이용하여 터빈을 회전시키고, 그 출력으로 터빈에 직결되어 있는 압축기를 회전시켜 기관을 과급하는 기계장치이며, 기관의 배기를 이용하므로 연소기는 없고, 터빈의 출력은 전부 압축기를 구동하는 데 이용되어 외부에 대해서는 일을 하지 않는다. 압축기의 흡입공기온도 20℃, 기관의 배기온도(터빈 입구온도) 400℃, 압축기와 터빈의 단열효율이 공히 75%, $k = 1.4$일 때 압축기의 압력비를 얼마로 하면 되는가?

28 공기표준 Brayton 사이클에서 공기가 0.1 MPa, 15℃의 상태로 압축기에 유입되어 1.0 MPa의 압력으로 배출된다. 사이클의 최고온도는 1,100℃이다. (1) 사이클의 각 위치에서 압력과 온도, (2) 압축기일, 터빈일, 사이클의 열효율, (3) 이 사이클에 이상적인 재생기를 설치한 경우의 열효율을 구하라.

공기압축기 사이클

29 틈새체적비 0.02, 행정체적 700 cm³인 공기압축기가 0.1 MPa, 20℃의 공기를 흡입하여 0.64 MPa로 고압측에 토출한다. 압축 및 팽창은 단열적일 때 (1) 압축 후의 온도, (2) 1사이클, 1 kg당 압축소요일량을 구하라.

30 틈새 없는 압축기에서 가역 단열압축에 의해 20℃의 표준대기압인 공기를 0.5 MPa로 압축할 때 공기 1 kg당 일량을 구하라. 공기의 가스상수는 0.287 kJ/kgK, 정압비열은 1.006 kJ/kgK이다.

31 행정체적이 $500\,cm^3$, 틈새체적비 3%, 압력비 7, 압축 초의 압력 $100\,MPa$인 왕복식 공기압축기를 매분 2,500 회전하여 작동시키려 한다.

(1) 손실이 없다고 하면 얼마의 동력이 필요한가? 단, 압축 및 팽창은 단열적이다.

(2) 압력이 토출압력에 달할 때의 체적은 얼마인가?

(3) 체적효율은 얼마인가?

32 틈새체적비 3%의 왕복식 압축기에서 $100\,kPa$, $0\,℃$의 공기를 매분 $4\,m^3_N$, $1.5\,MPa$로 압축하고자 한다. 매분 압축횟수를 800으로 할 때 행정체적은 몇 m^3로 하면 되는가? 압축은 폴리트로프 압축($n = 1.3$)이다.

33 압력 $100\,kPa$, 온도 $300\,K$인 공기를 $4\,MPa$로 압축하는데, 2단압축으로 하면 1단압축에 비해 그 소요 이론일은 몇 % 감소하는가? 단, 압축은 $pV^{1.3} =$ 일정에 따르고, 중간냉각은 완전하다고 한다. 중간냉각기에서 방출해야 할 열량은 얼마인가?

34 3%의 틈새체적비를 갖는 압축기가 $100\,kPa$의 공기를 매분 $10\,m^3$ 흡입하여, 이것을 $0.8\,MPa$까지 압축하여 송출한다. 압축 및 팽창은 폴리트로프 과정($n = 1.3$)이며, 회전수가 매분 100회일 때, (1) 행정체적, (2) 손실이 없는 경우의 소요동력은 얼마인가?

35 1사이클에 $100\,kPa$, $300\,K$의 공기 $0.1\,kg$을 압송하는 왕복식 압축기의 송출압력이 $300\,kPa$일 때 다음 값을 구하라.

(1) 압축기의 틈새체적을 무시할 때 1사이클의 단열압축일

(2) 틈새체적비 5%일 때 체적효율과 압축일(압축, 팽창 모두 단열)

(3) 틈새체적비 5%일 때는 틈새가 없을 때보다 비행정체적은 몇% 증가하는가?

36 압력 $101.3\,kPa$, 온도 $20\,℃$의 공기를 매분 $100\,m^3$ 송출시키는 송풍기가 있다. 출구압력 $5\,kPa_{gage}$, 출구에서의 유속 $80\,m/s$, 송풍기효율 65%일 때, 이 송풍기의 축입력은 몇 kW인가? 또 출구공기의 온도는 몇 $℃$인가?

37 공기압축기에 의해 $p_o = 0.1\,MPa$, $t_o = 0\,℃$의 공기를 $p = 0.6\,MPa$까지 단열압축하는 경우, 압축공기의 송출량을 $200\,m^3/h$로 하면 최초공기의 체적 V_o, 이론일 W를 구하라.

기타

38 압력 $100\,kPa$, 온도 $25\,℃$(상태 1)의 공기 $1\,kg$이, 등온 하에서 체적이 1/6로 되기까지 압축되고(상태 2), 다음에 정압상태에서 체적이 처음의 체적과 같아질 때까지 가열되며(상태 3), 다음에 정적 하에서 냉각되어 처음의 상태로 되돌아간다. 3개의 과정에서의 출입하는 열량 및 이 사이클의 열효율을 구하라. 공기는 가스상수 $0.287\,kJ/kgK$, 정압비열 $1.006\,kJ/kgK$이다.

39 대형 디젤엔진에서 발전기를 구동하여 발전함과 동시에 냉각수와 열교환을 한다. 온수를 외부에 공급하는 열병합발전소가 있다. 연료공급량을 0.25 kg/s, 엔진의 열효율 42%, 발전기로의 동력 전달 효율 98%, 발전기의 발전효율 99%, 온수를 만들기 위해 이용하는 엔진의 냉각수에 전달되는 열은 열입력의 13%, 열교환기의 효율 92%일 때, 이 발전소의 총합열효율은 얼마인가? 단, 연료의 저발열량은 $3.8×10^4$ kJ/kg이다.

• 정답 •

1. 1,260.25[kJ/kg], 651.6[kJ/kg]

2. (1) 0.575 (2) 856.04[kJ/kg]
   (3) 492.36[kJ/kg]

3. (1) 400.3[℃] (2) 542.19[℃]

4. (1) 312.93[℃] (2) 1465.4[℃]
   (3) 0.01695[m^3] (4) 0.5083

5. 0.588, 818.89[kJ/kg]

6. 0.592

7. 0.62

8. 0.5629, 0.5152, 0.4768

9. (1) 3.666[MPa], 431.1[℃]
   (2) 30.73[kW]

10. W=32.43[kJ], η=0.4282,
    p_m=1,621.5[kPa], W_i=540.5[kW]

11. 0.6425

12. (1) 1.51 (2)15
    (3) 1.5856 (4) 0.6407

13. 1,474.78[kPa] 1,253.56[kPa]
    13,844.26[kW] 0.3955

14. 0.467

15. 23.8[kW]

16. 912.905[kJ/kg], 0.5648

17. 0.4257

18. (1) 130.89[kJ/kg] (2) 896.07[kJ/kg]
    (3) 372[kJ/kg] (4) 0.2951

19. 1,021.74[kW]

20. 0.6014, 451.21[kJ/kg]

21. 10.783, 738.26[kW], 0.2637

22. 0.4695

23. 188.51[kJ/kg]

24. η=0.2926, L_c=-127.97[kJ/kg],
    L_t=357.75[kJ/kg]

25. 13.07

26. 379.66[kJ/kg], η_B=0.3686,
    η_R=0.6832

27. 2.45

28. (1) T_1=288.15[K], T_2=556.33[K],
    T_3=1373.15[K], T_4=711.22[K]
    p_1=0.1[MPa], p_2=1[MPa],
    p_3=1[MPa], p_4=0.1[MPa]
    (2) w_c=269.12[kJ/kg],
    w_t=664.25[kJ/kg], η_B=0.4821
    (3) η_R=0.5948

29. (1) 225.08[℃]
    (2) -190.94[kJ/kg]

30. -170.2[kJ/kg]

31. (1) -4.933[kW]
    (2) 128.28[cm^3]
    (3) 0.91

32. $6.337×10^{-3}$[m^3]

33. 20.96%, 159.976[kJ/kg]

34. (1) 0.11344[m^3]
    (2) -44.48[kW]

35. (1) -11.12[kJ]
    (2) 0.9404, -11.12[kJ]
    (3) 6.314% 증가

36. 22.69[kW], 28.075[℃]

37. 3.596[m^3], -168.28[MJ]

38. q_{12}=-153.32[kJ/kg]
    q_{23}=1,499.7[kJ/kg]
    q_{31}=-1,071.85[kJ/kg]
    η=0.183

39. 0.5271

증기동력 사이클과 냉동 사이클

증기원동소는 고온·고압의 증기를 이용하여, 터빈으로부터 발전기를 구동하거나 일을 하는 열기관 시스템이다. 화력발전소에서는 가압한 액체인 물을 보일러에서 가열하여 수증기로 만들고 그 고온·고압의 수증기로 증기터빈으로부터 발전기를 구동한다. 증기터빈을 나온 증기는 냉각시켜 액체로 순환시키며 밀폐 사이클로 운전한다. 증기원동소는 발생하는 연소열 등으로 외부로부터 작동유체를 가열하는 외연기관이다.

증기동력 사이클의 구성요소는 증기를 발생시키는 보일러, 증기를 팽창시켜 일을 얻는 증기터빈, 증기를 냉각하여 응축(복수)시키는 복수기, 복수기에서 응축된 물을 다시 보일러로 압송하기 위해 가압하는 급수펌프의 4개의 구성요소를 갖는 사이클이다.

한편 어떤 계로부터 열을 흡수하여 주위보다 낮은 온도를 조성하는 것을 냉동(refrigeration)이라고 한다. 냉동기는 작동유체인 냉매가 동작 중에 액화, 증발을 행하는 증기냉동 사이클, 기체의 상태만으로 동작하는 가스냉동 사이클이 있으며, 증기냉동 사이클은 압축액화에 의한 증기압축 냉동 사이클, 흡수에 의한 흡수냉동 사이클이 있다. 기본적으로 저열원으로부터 흡열하는 증발기, 고열원으로 방열하는 응축기, 압력을 저감시키는 팽창밸브와, 압력을 증가시키는 압축기 또는 흡수기와 재생기를 조합한 구성요소를 갖는다.

원자력발전소에는 여러 가지 형식이 있지만 비등수형 원자로(BWR)에서는 핵반응의 발생열에 의해 가열하여 원자로 내에서 증기를 발생시키므로 열역학적으로는 화력발전소의 보일러를 원자로로 치환한 사이클이 된다.

한편 가압수형 원자로(PWR)에서는 핵반응의 발생열에 의해 가열시켜 고온고압수(액체)를 생성하고, 이것을 증기발생기에서 복수기로부터 물을 가열하여 증기로 만드는 구조이다. 이 경우 원자로와 증기발생기가 보일러에 상당한다고 할 수 있다.

1 Rankine 사이클

Rankine 사이클은 증기동력터빈의 기본 사이클이다. 그림 7.1에 기본적인 구성요소를 나타내었으며, 보일러, 터빈, 복수기, 급수펌프로 구성되어 있다.

이 과정을 $T-s$ 선도 및 $h-s$ 선도에 표시하면 그림 7.2와 같다.

3 - 4 : 저압의 액체는 복수기 압력으로부터 펌프에 의해 고압의 보일러 압력의 압축액으로 가역 단열압축한다.

4 - 4′ - 1′ - 1 : 보일러에서 정압가열되어 압축액으로부터 포화액(4′), 포화증기(1′)를 거쳐 과열증기인 고온고압의 증기로 된다.

1 - 2 : 증기터빈에서 가역 단열팽창하여 동력을 발생시키며, 저압의 습증기로 된다.

2 - 3 : 터빈에서 유출한 습증기를 복수기에서 정압방열하여 저압의 포화액으로 된다.

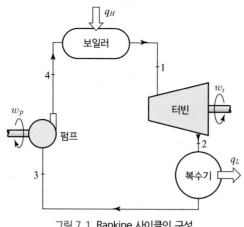

그림 7.1 Rankine 사이클의 구성

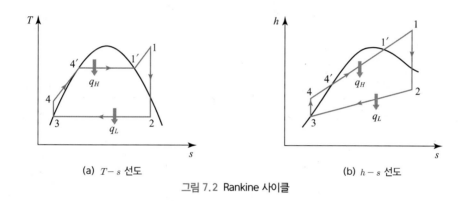

(a) $T-s$ 선도   (b) $h-s$ 선도

그림 7.2 Rankine 사이클

Rankine 사이클의 각부에서 출입하는 열량과 일량은, 각 요소의 전후에서의 엔탈피차로 표시할 수 있으므로 단위질량에 대하여 표시한다.

보일러에서의 가열량 q_H〔kJ/kg〕은 정압과정$(4-4'-1'-1)$에서 $dq = dh$이므로

$$q_H = \int_4^1 dh = h_1 - h_4 \tag{7.1}$$

복수기에서의 방열량 q_L〔kJ/kg〕도 정압과정$(2-3)$에서 $-dq = dh$이므로 엔탈피의 차로서

$$q_L = -\int_2^3 dh = h_2 - h_3 \tag{7.2}$$

또, 터빈일$(1-2)$ w_t〔kJ/kg〕 및 펌프 소요일$(3-4)$ w_p〔kJ/kg〕은 각각 단열변화과정에서

$$w_t = -\int_1^2 dh = h_1 - h_2 \tag{7.3}$$

$$w_p = \int_3^4 dh = h_4 - h_3 = v_3(p_1 - p_2), \ (v_3 \fallingdotseq v_4) \tag{7.4}$$

따라서 1사이클이 하는 정미일 w_{net}〔kJ/kg〕은

$$w_{net} = w_t - w_p = (h_1 - h_2) - (h_4 - h_3)$$
$$= (h_1 - h_4) - (h_2 - h_3) = q_H - q_L \tag{7.5}$$

이 되며, Rankine 사이클의 이론열효율은 다음과 같이 표시된다.

$$\eta_R = \frac{w_{net}}{q_H} = \frac{(h_1 - h_2) - (h_4 - h_3)}{h_1 - h_4} = \frac{(h_1 - h_2) - (h_4 - h_3)}{(h_1 - h_3) - (h_4 - h_3)} \tag{7.6}$$
$$= \frac{(h_1 - h_2) - w_P}{(h_1 - h_3) - w_P}$$

식 (7.6)의 $(h_4 - h_3) = w_P$는 급수펌프 소요일이며, 이 펌프일을 무시할 수 있는 경우, 즉 $h_3 \fallingdotseq h_4$인 경우에는 다음과 같이 된다.

$$\eta_R = \frac{h_1 - h_2}{h_1 - h_3} \tag{7.7}$$

여기서, 펌프의 가압과정 3 → 4는 단열압축 과정이지만 물을 비압축성 유체로 간주하여 정적과정($v_3 \fallingdotseq v_4$)으로 생각하면, 그림 7.2의 3 → 4 과정은 근사적으로 다음 관계가 성립한다(식 7.4 참조). 단, p_1은 터빈 입구압력, p_2는 터빈 출구압력이다.

$$w_p = \int_3^4 v dp \fallingdotseq v_3 (p_1 - p_2) \fallingdotseq (h_4 - h_3) \tag{7.8}$$

따라서 식 (7.6)은 다음과 같이 계산할 수 있다.

$$\eta_R = \frac{(h_1 - h_2) - v_3 (p_1 - p_2)}{(h_1 - h_3) - v_3 (p_1 - p_2)} = \frac{(h_1 - h_2) - w_P}{(h_1 - h_3) - w_P} \tag{7.9}$$

터빈 및 펌프에 있어서 그 변화가 비가역적인 경우에는 그림 7.3에 나타낸 것과 같이 터빈의 단열효율 η_t, 펌프의 단열효율 η_p

$$\eta_t = \frac{h_1 - h_2}{h_1 - h_{2ad}} \tag{7.10}$$

$$\eta_p = \frac{h_{4ad} - h_3}{h_4 - h_3} \tag{7.11}$$

를 이용하여 실제의 터빈출구 엔탈피 h_2와 실제 펌프출구 엔탈피 h_4는 다음 식에서 구한다.

$$h_2 = h_1 - \eta_t (h_1 - h_{2ad}) \tag{7.12}$$

$$h_4 = h_3 + \frac{1}{\eta_p}(h_{4ad} - h_3) \tag{7.13}$$

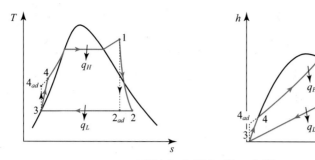

그림 7.3 비가역 Rankine 사이클

예제 7.1

터빈 입구의 증기압력이 5 MPa, 온도 500℃인 과열증기이며, 응축기온도는 30℃일 때 이상적인 Rankine 사이클의 열효율 및 증기 1 kg당 일량을 구하라. 또 터빈의 단열효율이 0.85이면 사이클의 열효율은 얼마인가?

[풀이] 그림 7.2에 의거하여 과열증기표(부록 10)로부터 $h_1 = 3{,}433.7$ kJ/kg, $s_1 = 6.977$ kJ/kgK, 30℃의 포화증기표(부록 8)로부터 $h_2' = 125.664$, $h_2'' = 2{,}556.4$ kJ/kg, $s_2' = 0.43651$, $s_2'' = 8.45456$ kJ/kgK이다.

$$\therefore \text{터빈 출구점 2의 건도 } x_2 = \frac{s_1 - s_2'}{s_2'' - s_2'} = \frac{6.977 - 0.43651}{8.45456 - 0.43651} = 0.8157$$

$$\therefore h_2 = h_2' + x_2(h_2'' - h_2')$$
$$= 125.664 + 0.8157(2{,}556.4 - 125.664) = 2{,}108.42 \text{ kJ/kg}$$

복수기 출구 3점의 $h_3 = h_3' = 125.664$ kJ/kg, $s_3 = s_3' = 0.43651$ kJ/kgK

$$v_3 = v' = 0.00100431 \text{ m}^3\text{/kg}, \quad p_3 = p_2 = 4.2415 \text{ kPa}$$

$$\therefore \text{펌프일은 } w_p = v_3(p_1 - p_2) = 0.00100431(5 \times 10^3 - 4.2415) = 5.017 \text{ kJ/kg}$$

$$\therefore \text{사이클일 } w_{net} = w_t - w_p = (h_1 - h_2) - w_p$$
$$= (3{,}433.7 - 2{,}108.42) - 5.017 = 1{,}320.263 \text{ kJ/kg}$$

열효율은 식 (7.6) $\eta_R = \dfrac{(h_1 - h_2) - w_p}{(h_1 - h_3) - w_p} = \dfrac{1{,}320.263}{(3{,}433.7 - 125.664) - 5.017} = 0.3997$

터빈의 단열효율은 식 (7.10)으로부터 $\eta_t = \dfrac{h_1 - h_2}{h_1 - h_{2ad}}$ (그림 7.3 참조, 위의 h_2가 h_{2ad}에 해당됨)

$$\therefore h_1 - h_2 = \eta_t(h_1 - h_{2ad}) = 0.85 \times (3{,}433.7 - 2{,}108.42) = 1{,}126.488 \text{ kJ/kg}$$

$$\therefore \eta_R = \frac{(h_1 - h_2) - w_p}{(h_1 - h_3) - w_p} = \frac{1{,}126.488 - 5.017}{(3{,}433.7 - 125.664) - 5.017} = 0.3395$$

예제 7.2

증기원동소에서 5 MPa, 400℃의 증기가 터빈에 공급되어 5 kPa의 복수기 입구까지 팽창할 때 (1) 이론열효율, (2) 터빈일, (3) 이것과 동일한 온도범위에서 작동하는 Carnot cycle의 열효율, (4) 1 kWh당 증기소비량을 각각 구하라.

풀이 그림 7.2에 의거하여, 과열증기표(부록 10)로부터 $h_1 = 3,198.3$ kJ/kgK, $s_1 = 6.6508$ kJ/kgK, 포화증기표(부록 9)로부터 5 kPa의 $h_2' = 137.772$, $h_2'' = 2,561.6$ kJ/kg, $s_2' = 0.47626$, $s_2'' = 8.39596$ kJ/kgK이다.

$$\therefore \text{복수기 입구건도 } x_2 = \frac{s_1 - s_2'}{s_2'' - s_2'} = \frac{6.6508 - 0.47626}{8.39596 - 0.47626} = 0.7796$$

$$\therefore h_2 = h_2' + x_2(h_2'' - h_2')$$
$$= 137.772 + 0.7796(2,561.6 - 137.772) = 2,027.39 \text{ kJ/kg}$$

5 kPa의 $h_3 = h_3' = 137.772$ kJ/kg, $v_3 = v_3' = 0.00100523$ m³/kg

$$\therefore \text{펌프일 } w_p = v_3(p_1 - p_2) = 0.00100523 \times (5 \times 10^3 - 5) = 5.02 \text{ kJ/kg}$$

(1) $$\eta_R = \frac{(h_1 - h_2) - w_p}{(h_1 - h_3) - w_p} = \frac{(3,198.3 - 2,027.39) - 5.02}{(3,198.3 - 137.772) - 5.02} = 0.382$$

(2) $w_t = h_1 - h_2 = 3,198.3 - 2,027.39 = 1,170.91$ kJ/kg

(3) 5 kPa의 포화온도는 32.9℃이므로 $\eta_c = 1 - \dfrac{T_2}{T_1} = 1 - \dfrac{306.05}{673.15} = 0.5453$

(4) 1 kJ당 증기소비량은

$$m = \frac{1}{(h_1 - h_2) - w_p} = \frac{1}{(3,198.3 - 2,027.39) - 5.02} = 8.577 \times 10^{-4} \text{ kg/kJ}$$

1 kWh=3,600kJ이므로 $\dot{m} = 8.577 \times 10^{-4} \times 3,600 = 3.088$ kg/kWh

예제 7.3

터빈 입구압력 16 MPa, 온도 600℃, 터빈의 단열효율 87%, 복수기압력 10 kPa, 펌프의 단열효율 85%일 때 (1) 사이클의 열효율, (2) 증기의 질량유량이 10 kg/s일 때 사이클의 동력을 구하라.

풀이 과열증기표로부터 $h_1 = 3,571$ kJ/kg, $s_1 = 6.6389$ kJ/kg

포화증기표에서 10 kPa의 포화액 엔탈피 $h_3 = h_2' = 191.832$ kJ/kg, 건포화증기의 엔탈피 $h_2'' = 2,584.8$ kJ/kg, $s_2' = s_3 = 0.64925$ kJ/kgK, $s_2'' = 8.15108$ kJ/kgK, $v_3 = v' = 0.00101023$ m³/kg

$$\therefore x_{2ad} = \frac{s_1 - s_2'}{s_2'' - s_2'} = \frac{6.6389 - 0.64925}{8.15108 - 0.64925} = 0.7984$$

$$\therefore h_{2ad} = h_2' + x_{2ad}(h_2'' - h_2')$$
$$= 191.832 + 0.7984(2,584.8 - 191.832) = 2,102.38 \text{ kJ/kg}$$

(계속)

$$터빈일 \ w_t = h_1 - h_2 = \eta_t(h_1 - h_{2ad})$$
$$= 0.87 \times (3{,}571 - 2{,}102.38) = 1{,}277.7 \text{ kJ/kg}$$
$$펌프일 \ w_p = v_3(p_1 - p_2)/\eta_p$$
$$= 0.00101023 \times (16 \times 10^3 - 10)/0.85 = 19 \text{ kJ/kg}$$

(1) 식 (7.9)로부터 $\eta_R = \dfrac{(h_1 - h_2) - w_p}{(h_1 - h_3) - w_p} = \dfrac{1{,}277.7 - 19}{(3{,}571 - 191.832) - 19} = 0.3746$

(2) 식 (7.5)로부터 $\dot{W}_{net} = \dot{m}(w_t - w_p) = 10 \times (1{,}277.7 - 19) = 12{,}587 \text{ kW}$

2 Rankine 사이클의 성능향상

(1) 터빈 입구온도의 영향

Rankine 사이클의 터빈 입구온도 T_1을 T_A로 변화(증가)시키는 경우의 성능에 대한 영향을 그림 7.4에 나타내었다. 최초의 사이클 12344′1′1을 터빈 입구온도의 증가로 사이클 AB 344′1′A로 변화되어 터빈의 일(w_t)이 면적 $T-s$ 선도 상에서 1AB2에 상당하는 만큼 증가하였다. 그러나 복수기에서는 방열량이 면적 2BB′2′ 만큼 증가하는데, 터빈일의 증가율이 크므로 열효율은 결과적으로 증가한다.

또한 터빈 입구온도가 증가함에 따라 터빈의 출구상태는 점 2로부터 점 B로 변하게 되므로, 증기터빈의 팽창과정이 과열영역에서 일어나는 비율이 커져 터빈 날개의 부식 등에 의한 손실이 감소되어 수명이 길어지는 이점이 있다.

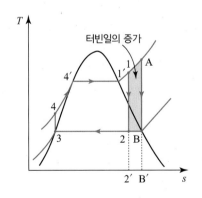

(a) 터빈 입구온도의 영향

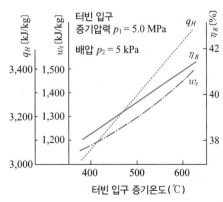

(b) 터빈 입구온도의 성능에 대한 영향

그림 7.4 터빈 입구온도의 영향

그림 7.4(b)에는 터빈 입구온도의 변화에 대한 가열량(q_H), 터빈일(w_t), 이론열효율(η_R)의 영향의 계산 예를 도시하였다. 그 결과는 터빈 입구온도가 높을수록 가열량, 터빈일, 이론열효율이 모두 증가한다.

(2) 터빈 입구압력의 영향

그림 7.5는 터빈 입구압력의 변화에 대한 사이클의 변화 및 성능의 변화를 나타낸 것이다. 그림 7.5(a)에서 최초의 사이클 12341로부터 터빈 입구압력을 p_A로 변화(증가)시켜 사이클은 AB34′A로 변화하였다. 이때 펌프일을 무시하면 보일러 공급열량(q_H)은 $(h_1 - h_3)$로부터 $(h_A - h_3)$으로 감소하며, 복수기에서의 방열량(q_L)도 면적 22′B′B에 상당하는 양만큼 감소한다. 그러나 터빈의 일(w_t)은 면적 12B1′만큼 감소하는데, 보일러의 가열량과 복수기의 방열량의 감소량이 더 크므로 결국 열효율이 증가한다.

그러나 그림 7.5(a)에서 보듯이 터빈 출구의 상태는 건도가 낮아져 수분의 함유량이 증가하므로 터빈의 수명이 짧아지는 단점이 있으며, 이 단점은 증기를 재열함에 따라 해결할 수 있다(후술).

그림 7.5(b)는 펌프일을 고려한 경우의 계산결과이며, 터빈 입구압력이 증가하면 공급열량은 감소하며 펌프일 및 열효율은 증가한다.

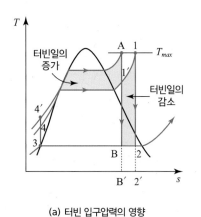

(a) 터빈 입구압력의 영향

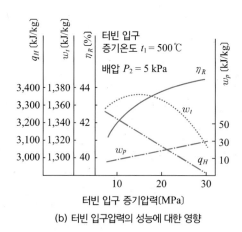

(b) 터빈 입구압력의 성능에 대한 영향

그림 7.5 터빈 입구압력의 영향

(3) 복수기압력(배압)의 영향

그림 7.6과 같이 복수기압력을 p_2로부터 $p_{2'}$로 강하시키는 경우, 사이클은 12341로부터 12′3′4′41로 변화하여 터빈일(w_t)이 $(h_1 - h_2)$로부터 $(h_1 - h_{2'})$로 증가한다. 또 펌프일(w_p)이 면적

344′3′만큼 증가하지만 그 양이 아주 작아 결국 열효율이 증가한다.

그런데 복수기압력을 강하시키면 터빈출구의 수분량이 증가하는 단점이 있지만, 터빈 입구온도를 증가시키거나 후술하는 증기의 재열을 함으로써 해결할 수 있다.

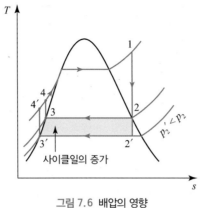

그림 7.6 배압의 영향

3 재열 사이클

Rankine 사이클에서 터빈 입구의 온도 또는 압력을 증가시킬수록 열효율이 증대하지만 터빈 입구온도에는 재료의 내열성 때문에 한계가 있으며, 압력을 너무 상승시키면 터빈 출구증기의 건도가 저하하여 증기 중에 수적이 발생하므로 터빈의 단열효율의 감소, 터빈날개의 부식 등의 문제가 생긴다.

이것을 해결하기 위해 고압터빈에서 건포화증기 이상의 영역까지 팽창시킨 후 증기를 추출하여 재열기에서 다시 가열하여 과열도를 높인 후 저압터빈으로 보내 복수기압력까지 팽창시키는 사이클을 재열 사이클(reheat cycle, 再熱사이클)이라고 한다.

사이클의 구성은 그림 7.7과 같이 터빈을 고압터빈과 저압터빈으로 나누어 고압터빈에서 추출한 증기를 보일러의 재열기(reheater)에서 재가열하고, 저압터빈으로 보내 팽창시킨다.

이 사이클을 $T-s$ 선도와 $h-s$ 선도에 표시하면 그림 7.8과 같다. 여기서 재열과정 $2 \rightarrow 3$은 정압가열과정이며, 그 밖의 과정은 Rankine 사이클과 동일하다.

그림 7.8에서 단위질량의 증기에 대하여 가열량 q_H[kJ/kg] 및 방열량 q_L[kJ/kg], 터빈일 w_t [kJ/kg], 펌프일 w_p[kJ/kg]와 열효율 η_{RH}에 대하여 고찰한다.

펌프일 w_p는 5-6의 단열압축과정(또는 정적과정)이므로 다음과 같이 엔탈피의 차로 표시된다.

$$w_p = h_6 - h_5 = v_5(p_1 - p_5) \tag{7.14}$$

터빈일 w_t는 단열팽창과정의 고압터빈 1-2와 저압터빈 3-4의 일을 합하면 되므로

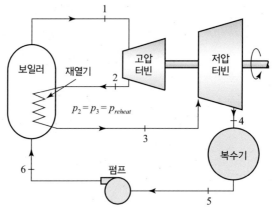

그림 7.7 재열 사이클의 구성요소

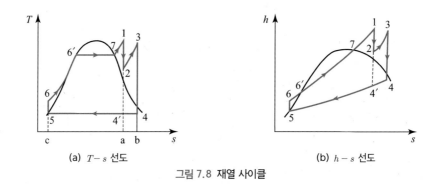

(a) $T-s$ 선도   (b) $h-s$ 선도

그림 7.8 재열 사이클

$$w_t = (h_1 - h_2) + (h_3 - h_4) \tag{7.15}$$

따라서 사이클의 정미일 w_{net}은 다음과 같다.

$$w_{net} = w_t - w_p = (h_1 - h_2) + (h_3 - h_4) - (h_6 - h_5)$$
$$= (h_1 - h_2) + (h_3 - h_4) - w_p \tag{7.16}$$

가열량 q_H는 정압과정의 보일러 가열량(6 - 1)과 재열기 가열량(2 - 3)의 합이므로 엔탈피의 차로서 다음과 같이 나타낼 수 있다.

$$q_H = (h_1 - h_6) + (h_3 - h_2) = (h_1 - h_5) + (h_3 - h_2) - (h_6 - h_5)$$
$$= (h_1 - h_5) + (h_3 - h_2) - w_p \tag{7.17}$$

복수기(정압과정)에서의 방열량 q_L은 4 - 5 과정에서 다음과 같다.

$$q_L = h_4 - h_5 \tag{7.18}$$

따라서 재열 사이클의 이론열효율은 다음 식에서 구할 수 있다.

$$\eta_{RH} = \frac{w_{net}}{q_H} = \frac{(h_1 - h_2) + (h_3 - h_4) - w_p}{(h_1 - h_5) + (h_3 - h_2) - w_p} \tag{7.19}$$

펌프일을 무시하는 경우의 이론열효율은 다음과 같다.

$$\eta_{RH} = \frac{(h_1 - h_2) + (h_3 - h_4)}{(h_1 - h_5) + (h_3 - h_2)} \tag{7.20}$$

재열 사이클의 열효율에 미치는 재열온도 및 재열압력의 영향을 그림 7.9에 표시하였다. (a)에서는 초온(고압터빈의 입구온도) 및 재열온도(저압터빈의 입구온도)의 영향으로서 초온이 높을수록, 또 동일한 초온에서는 재열온도가 높을수록 열효율이 증대하는데, 그들이 동일한 조건에서는 열효율이 최대가 되는 재열압력(저압터빈 압력)이 존재한다. 또 (b)에서는 터빈입구의 증기압력이 증가할수록 열효율이 증가하며, 역시 열효율을 최대로 하는 재열압력이 존재한다.

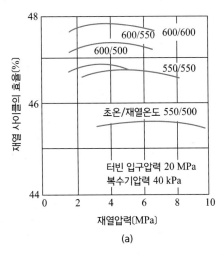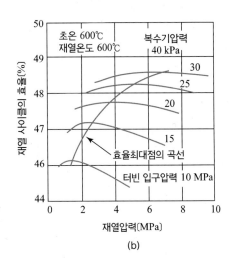

그림 7.9 재열온도, 재열압력의 영향

예제 7.4

복수기압력 0.005 MPa, 터빈 입구압력 및 온도가 16 MPa, 560℃, 재열 후 압력, 온도가 5 MPa, 560℃인 재열 사이클에서 (1) 펌프일을 무시할 때의 열효율, (2) 재열하지 않을 경우의 열효율을 구하라(펌프일 무시).

풀이 그림 7.8에서 부록 10의 과열증기표를 이용하면 $h_1 = 3{,}464.8$ kJ/kg, $s_1 = 6.5143$ kJ/kgK, 5 MPa의 과열증기표에서 $s_1 = s_2 = 6.5143$ kJ/kgK일 때의 보간법으로 온도를 구하면

$$T_2 = 360 + (380 - 360) \times \frac{6.5143 - 6.4966}{6.5762 - 6.4966} = 364.45℃$$

(계속)

$$\therefore h_2 = 3{,}097.6 + (3{,}148.8 - 3{,}097.6) \times \frac{364.45 - 360}{380 - 360} = 3{,}108.992 \text{ kJ/kg}$$

과열증기표의 5 MPa, 560℃의 $h_3 = 3{,}572$ kJ/kg, $s_3 = 7.1494$ kJ/kgK

포화증기표의 0.005 MPa의 $h_5 = h_4{'} = h{'} = 137.772$, $h_4{''} = 2{,}561.6$ kJ/kg

$$s_4{'} = 0.47626, \quad s_4{''} = 8.39596 \text{ kJ/kgK}$$

$$\therefore x_4 = \frac{s_3 - s_4{'}}{s_4{''} - s_4{'}} = \frac{7.1494 - 0.47626}{8.39596 - 0.47626} = 0.8426$$

$$\therefore h_4 = h_4{'} + x_4(h_4{''} - h_4{'})$$
$$= 137.772 + 0.8426(2{,}561.6 - 137.772) = 2{,}180.09 \text{ kJ/kg}$$

(1) 식 (7.20)으로부터

$$\eta_{RH} = \frac{(h_1 - h_2) + (h_3 - h_4)}{(h_1 - h_5) + (h_3 - h_2)}$$

$$= \frac{(3{,}464.8 - 3{,}108.992) + (3{,}572 - 2{,}180.09)}{(3{,}464.8 - 137.772) + (3{,}572 - 3{,}108.992)} = 0.461$$

(2) $\quad x_{4'} = \dfrac{s_1 - s_4{'}}{s_4{''} - s_4{'}} = \dfrac{6.5143 - 0.47626}{8.39596 - 0.47626} = 0.7624$

$\therefore h_{4'} = h_4{'} + x_{4'}(h_4{''} - h_4{'})$

$\quad = 137.772 + 0.7624(2{,}561.6 - 137.772) = 1{,}985.7 \text{ kJ/kg}$

$$\therefore \eta_R = \frac{h_1 - h_{4'}}{h_1 - h_5} = \frac{3{,}464.8 - 1{,}985.7}{3{,}464.8 - 137.772} = 0.4446$$

4 재생 사이클

증기 사이클의 열효율을 향상시키는 방법으로서, 복수기에서 냉각수로의 방열량을 줄이는 방법이 있으며, 이것은 터빈의 배기를 응축시킬 때 그 잠열을 냉각수에 방열하기 때문인데 냉각수의 온도가 정해지면 피할 수 없는 손실이다.

따라서 보일러에서의 가열량을 감소시키는 것을 고려할 수 있다. 터빈에서 팽창도중의 증기를 추기(抽氣)하여 보일러로 들어가는 급수를 가열하는 사이클을 재생 사이클(regenerative cycle)이라고 한다. 이 사이클에서는 증기를 추기함에 따라 터빈일은 감소하지만 보일러에서의 가열량의 감소효과가 커서 열효율은 향상된다.

사이클의 구성에는 그림 7.10과 같이 터빈에서 추기한 증기를 복수기로부터 제1펌프가 가압한 급수와 급수가열기에서 혼합시켜 제2펌프를 통해 보일러로 압송시키는 혼합급수 가열기형 재생 사이클과, 그림 7.11과 같이 추기한 증기를 펌프가 복수기로부터 보일러로 송수시키는 급수와

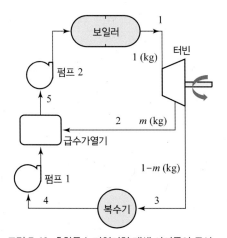

그림 7.10 혼합급수 가열기형 재생 사이클의 구성

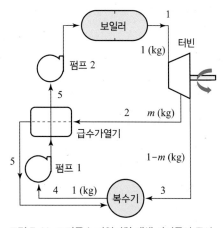

그림 7.11 표면급수 가열기형 재생 사이클의 구성

열교환기에서 열교환·응축시켜 복수기로 되돌려보내는 표면급수 가열기형 재생 사이클의 두 가지가 있다.

혼합급수 가열기형 재생 사이클의 $T-s$ 선도와 $h-s$ 선도를 그림 7.12에 표시하였다.

보일러에서 터빈 입구로 단위질량의 증기가 유입하여 단열팽창하는 도중에, 유량 m만큼 추기한다고 하면 터빈 출구의 유량은 $1-m$이다. 따라서 각 요소에서의 열 및 일량은 다음과 같이 정리할 수 있다.

보일러 가열량 $\quad q_H = h_1 - h_5$ $\qquad\qquad\qquad\qquad$ (7.21)

터빈일 $\qquad\quad w_t = h_1 - h_2 + (1-m)(h_2 - h_3)$ $\qquad$ (7.22)

복수기 방열량 $\quad q_L = (1-m)(h_3 - h_4)$ $\qquad\qquad$ (7.23)

따라서 펌프일을 무시하면 이론열효율은 다음과 같이 표시된다.

$$\eta_{RG} = \frac{h_1 - h_2 + (1-m)(h_2 - h_3)}{h_1 - h_5}$$ $\qquad\qquad$ (7.24)

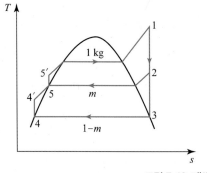

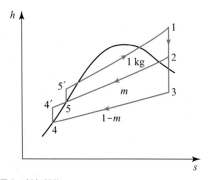

그림 7.12 재생 사이클(혼합급수 가열기형)

① 혼합급수 가열기(그림 7.10 참조)에서 에너지 평형을 고려하면 다음의 관계로 정리되며

$$mh_2 + (1-m)h_4 = h_5$$

로부터 추기량은 다음 식으로부터 구할 수 있다.

$$m = \frac{h_5 - h_4}{h_2 - h_4} \tag{7.25}$$

② 표면급수 가열기(그림 7.11 참조)에서 에너지 평형은 다음 식으로 표시할 수 있다.

$$h_5 - h_4 = m(h_2 - h_5)$$

따라서 추기량은 다음과 같이 된다.

$$m = \frac{h_5 - h_4}{h_2 - h_5} \tag{7.26}$$

표면급수 가열형의 터빈일 및 열효율은 펌프일을 무시하면 혼합급수 가열형의 경우와 동일하다. 단, 추기량 m은 식 (7.26)을 적용해야 한다.

예제 7.5

혼합식 급수가열기를 사용하는 재생 사이클에서, 증기는 15 MPa, 600℃의 상태로 터빈에 들어가서 10 kPa의 압력으로 복수기에서 응축된다. 일부의 증기가 1.2 MPa의 압력에서 터빈으로부터 추기되어 급수가열기로 들어간다. 터빈에서 추기된 증기량 m(kg)과, 이 사이클의 열효율을 구하라.

그림 [예제 7.5]

[풀이] 급수가열기의 열평형에서 $mh_2 + (1-m)h_5 = h_6$

$$\therefore m = \frac{h_6 - h_5}{h_2 - h_5} \quad \cdots \textcircled{1}$$

과열증기표에서 15 MPa, 600℃의 $h_1 = 3579.8$ kJ/kg,

$$s_1 = 6.6764 \text{ kJ/kgK}$$

1.2 MPa에서 $s_1 = s_2 = 6.6764$ kJ/kgK일 때의 엔탈피 h_2를 보간법으로 구하면

$$h_2 = 2814.4 + (2{,}864.5 - 2{,}814.4) \times \frac{6.6764 - 6.5872}{6.6909 - 6.5872}$$

$$= 2{,}857.5 \text{ kJ/kg}$$

포화증기표에서 1.2 MPa의 $h_6 = h' = 798.43$ kJ/kg, $v_6 = v' = 0.00113858$ m³/kg

포화증기표에서 10 kPa의 $h_4 = h_3' = 191.832$, $h_3'' = 2{,}584.8$ kJ/kg,

$$s_4 = s_3' = 0.64925, \quad s_3'' = 8.15108 \text{ kJ/kgK}, \quad v_4 = v_3' = 0.00101023 \text{ m}^3/\text{kg}$$

(계속)

$$\therefore x_3 = \frac{s_1 - s_3'}{s_3'' - s_3'} = \frac{6.6764 - 0.64925}{8.15108 - 0.64925} = 0.8034$$

$$\therefore h_3 = h_3' + x_3(h_3'' - h_3')$$

$$= 191.832 + 0.8034 \times (2,584.8 - 191.832) = 2,114.34 \text{ kJ/kg}$$

$$h_5 = h_4 + w_{p1} = h_4 + v_4(p_5 - p_4)$$

$$= 191.832 + 0.00101023 \times (1.2 \times 10^3 - 10) = 193.034 \text{ kJ/kg}$$

$$h_7 = h_6 + w_{p2} = h_6 + v_6(p_1 - p_6)$$

$$= 798.43 + 0.00113858 \times (15 \times 10^3 - 1.2 \times 10^3) = 814.14 \text{ kJ/kg}$$

$$\therefore \text{식 ①에서 } m = \frac{h_6 - h_5}{h_2 - h_5} = \frac{798.43 - 193.034}{2,857.5 - 193.034} = 0.2272 \text{ kg}$$

$$\eta_{RG} = \frac{(h_1 - h_3) - m(h_2 - h_3) - [(1-m)(h_5 - h_4) + (h_7 - h_6)]}{h_1 - h_7}$$

$$= \frac{(3,579.8 - 2,114.34) - 0.2272(2,857.5 - 2,114.34) - [0.7728(193.034 - 191.832) + (814.14 - 798.43)]}{3,579.8 - 814.14}$$

$$= 0.4628$$

예제 7.6

예제 7.5에서 표면식 급수가열기를 사용하는 경우의 추기량 $m(\text{kg})$과 열효율을 구하라.

풀이 표면식 급수가열기의 에너지평형은 $m(h_2 - h_6) = h_6 - h_5$이므로 추기량은

$$m = \frac{h_6 - h_5}{h_2 - h_6} = \frac{798.43 - 193.034}{2,857.5 - 798.43} = 0.294 \text{ kg}$$

열효율은

$$\eta_{RG} = \frac{(h_1 - h_3) - m(h_2 - h_3) - [(h_5 - h_4) + (h_7 - h_6)]}{h_1 - h_7}$$

$$= \frac{(3,579.8 - 2,114.34) - 0.294(2,857.5 - 2,114.34)}{3,579.8 - 814.14}$$

$$- \frac{[(193.034 - 191.832) + (814.14 - 798.43)]}{3,579.8 - 814.14} = 0.4448$$

5 증기 플랜트의 성능

(1) 열효율의 제요소

실제 증기 플랜트의 열효율은 ① 보일러에서의 제손실, ② 증기터빈의 제손실, ③ 터빈으로부터 발전기나 프로펠러에 이르기까지 마찰 등에 의한 기계적 손실, ④ 수관, 증기관 내의 압력손

실 등에 의해 전술한 바와 같은 이론열효율보다 저하한다.

보일러의 효율 η_B 및 터빈효율 η_t는 다음과 같이 정의된다.

$$\eta_B = \frac{증기의\ 가열에\ 사용된\ 열량}{연료의\ 전\ 이론발열량} \tag{7.27}$$

$$\eta_t = \frac{터빈의\ 출력에\ 상당하는\ 엔탈피\ 낙차}{터빈의\ 등엔트로피\ 변화의\ 엔탈피\ 낙차} \tag{7.28}$$

기계효율은

$$\eta_m = \frac{터빈의\ 유효출력}{터빈의\ 출력} \tag{7.29}$$

일 때, 이론열효율을 η_{th}라 하면 전체의 총합 열효율 η_o는

$$\eta_o = \eta_{th}\,\eta_B\,\eta_t\,\eta_m \tag{7.30}$$

으로 표시된다.

(2) 증기원동소의 연료소비율

발전기열효율 $\eta_G(\eta_G = \eta_o\eta_e$, η_e는 전기에너지의 변환효율), 출력 $N[\text{kW}]$인 증기원동소에서의 연료소비량 $B[\text{kg/h}]$는 연료의 발열량을 $H_l[\text{kJ/kg}]$이라 할 때

$$B = \frac{N}{\eta_G H_l} \times 3{,}600 \tag{7.31}$$

이 된다. 또 연료소비율 $f[\text{kg/kWh}]$는 다음과 같이 표시된다.

$$f = \frac{B}{N} = \frac{3{,}600}{\eta_G H_l} \tag{7.32}$$

(3) 보일러의 발열량과 증기소비율

증기원동소의 성능을 표시하는 방법으로서 보일러의 증발량 $\dot{m}[\text{kg/h}]$과 출력 1 kWh당 증기소비율 $w[\text{kg/kWh}]$가 있다.

$\dot{m}$의 값은 터빈에 있어서 각 단락(노즐과 동익의 조합)의 이론 등엔트로피 변화에 의한 엔탈피 강하의 합을 $\displaystyle\sum_n (h_{1n} - h_{2n})$이라 하면

$$\dot{m}\left[\sum_n (h_{1n} - h_{2n})\right]\eta_t\eta_m\eta_e = N$$

으로부터, 소요되는 증기유량 $\dot{m}$(kg/h)은 증기원동소의 출력을 N(kW)이라 할 때 다음과 같이 표시된다.

$$\dot{m} = \frac{3,600N}{\eta_t \eta_m \eta_e \sum_n (h_{1n} - h_{2n})} \tag{7.33}$$

여기서 h_{1n}, h_{2n}은 각각 n번째 단락의 노즐 전, 단락 직후의 엔탈피(kJ/kg)이며, η_e는 전기에너지의 변화율을 나타낸다. 또, 증기소비율 w(kg/kWh)는 다음과 같이 표시된다.

$$w = \frac{\dot{m}}{N} = \frac{3,600}{\eta_t \eta_m \eta_e \sum_n (h_{1n} - h_{2n})} \tag{7.34}$$

예제 7.7

예제 7.3에서 터빈효율 $\eta_t = 85\%$, 보일러 효율 $\eta_B = 92\%$, 기계효율 $\eta_m = 97\%$, 전기에너지 변환효율 $\eta_e = 93\%$이다. (1) 전체 총합 열효율 η_o, (2) 증기원동소가 20,000 kW의 전기출력을 내기 위한 소요증기량 $\dot{m}$(kg/h), (3) 1 kWh당의 증기소비율 w(kg/kWh), (4) 연료 중유의 발열량이 42.7 MJ/kg일 때 연료소비량 B(kg/h)를 구하라.

풀이 (1) 식 (7.30)으로부터

$$\eta_o = \eta_{th}\eta_B\eta_t\eta_m = \frac{h_1 - h_{2ad} - w_p}{h_1 - h_3 - w_p}\eta_B\eta_t\eta_m$$

$$= \frac{3,571 - 2,102.38 - 19}{3,571 - 191.832 - 19} \times 0.92 \times 0.85 \times 0.97$$

$$= 0.3272$$

(2) 식 (7.33)으로부터

$$\dot{m} = \frac{3,600N}{\eta_t \eta_m \eta_e \sum_n (h_{1n} - h_{2n})}$$

$$= \frac{3,600 \times 20,000}{0.85 \times 0.97 \times 0.93(3,571 - 2,102.38)}$$

$$= 63,936.6 \text{ kg/h}$$

(3) 식 (7.34)로부터 $w = \dfrac{\dot{m}}{N} = \dfrac{63,936.6}{20,000} = 3.197$ kg/kWh

(4) 식 (7.31)로부터 $B = \dfrac{N}{\eta_G H_l} \times 3,600 = \dfrac{N}{\eta_o \eta_e H_l} \times 3,600$

$$= \frac{20,000 \times 3,600}{0.3272 \times 0.93 \times 42.7 \times 10^3}$$

$$= 5,541.3 \text{ kg/h}$$

6 열병합발전

산업설비 중에는 동력(전기)을 생산하면서 다른 형태의 에너지를 공급해야 하는 경우가 있다. 이 경우 터빈에서 팽창도중의 증기를 추출하여 그 증기의 열에너지를 이용하고, 나머지는 터빈에서 계속 팽창시켜 동력을 생산한다. 추출된 증기는 특별공정을 작동하기 위한 목적이나, 시설 또는 어느 공간을 난방할 목적으로 사용할 수 있다. 이러한 형태로 응용하는 경우를 열병합발전(cogeneration)이라고 한다. 이 시스템이 동력과 증기 모두를 목적으로 설계된다면 열병합발전은 설비투자비 및 운영비를 크게 절감할 수 있다.

그림 7.13에는 열병합발전 시스템의 계통도를 표시하였다. 정상적인 작동 하에서, 터빈의 증기 중 일부가 중간압력(p_6)에서 터빈으로부터 추출되고, 나머지 증기는 복수기압력(p_7)까지 팽창한 후 복수기에서 냉각된다. 복수기에서 방출된 열은 사이클의 버려지는 열량이다.

공정가열부의 소요에너지량이 많은 경우는, 터빈에서 증기를 전부 추출하여 공정가열부로 보낼 수도 있다. 이 경우는 복수기로 증기가 경유하지 않으므로 버려지는 열량은 없게 된다. 그것만으로도 부족한 경우에는 보일러에서 유출하는 일부분의 열을 팽창밸브에 의해 추출압력 p_6까지 교축시켜 공정가열부로 보내 필요한 공정열을 공급할 수 있다. 그러나 공정열이 필요 없을 경우는 터빈에서 증기를 추출하지 않고 전량을 모두 팽창시켜 동력을 생산한다. 또한 이 경우에 공정열의 소요량이 적은 경우는 배기에너지를 공정열로 이용할 수 있는데, 이 경우에도 버려지는 열량이 없게 된다.

이 시스템의 입력열량 $\dot{Q}_1$〔kJ/s〕은 증기의 질량유량을 $\dot{m}$〔kg/s〕으로 표시할 때, 보일러에서 가열량으로

$$\dot{Q}_1 = \dot{m}(h_4 - h_3) \tag{7.35}$$

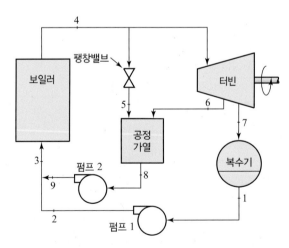

그림 7.13 열병합장치의 구성도

이 되며, 방열량 $\dot{Q}_2$[kJ/s]는 복수기에서의 방열량으로

$$\dot{Q}_2 = \dot{m}_7(h_7 - h_1) \tag{7.36}$$

이 된다. 또, 공정가열부의 공급열량 $\dot{Q}_p$[kJ/s]는

$$\dot{Q}_p = \dot{m}_5 h_5 + \dot{m}_6 h_6 - \dot{m}_8 h_8 \tag{7.37}$$

이며, 터빈에서 얻는 동력 $\dot{W}_t$[kW]는 다음과 같이 표시할 수 있다.

$$\dot{W}_t = (\dot{m}_4 - \dot{m}_5)(h_4 - h_6) + \dot{m}_7(h_6 - h_7) \tag{7.38}$$

열병합발전은 동력을 생산함과 동시에 지역난방이나 화학, 펄프, 제지, 직물, 식품가공, 오일생산 및 정제 등에 이용되고 있으며, 이러한 산업에서 공정열은 일반적으로 5~7기압, 그리고 150~200℃ 상태의 증기에 의해 공급되고 있다.

예제 7.8

그림 7.13과 같은 열병합발전소에서 보일러를 나온 과열증기(점 4)는 5 MPa, 500℃의 상태로 터빈에 들어가 5 kPa(점 7)까지 팽창한다. 그 증기는 5 kPa의 일정압력 하에서 복수기에서 응축되어(점 1) 펌프 1에서 7 MPa까지(점 2) 가압된다. 공정가열기의 공정가열이 필요할 경우는 보일러에서 나온 증기의 일부분이 500 kPa(점 5)까지 교축팽창되어 공정가열기로 들어간다. 터빈에서 팽창도중 500 kPa(점 6)에서 추기하여 그 압력 하의 포화액으로 공정가열기를 나와(점 8) 펌프 2에서 7 MPa까지 가압된다. 보일러의 질량유량이 15 kg/s이고, 펌프 및 터빈이 등엔트로피 과정일 때, (1) 공정열이 공급되지 않을 때의 터빈의 동력 $\dot{W}_t$[kW], (2) 터빈에서 추출되는 증기량이 70%, 터빈을 들어가기 전 보일러의 증기 중 10%가 팽창밸브로 추출될 때 공정가열량 $\dot{Q}_p$[kJ/s]와 터빈동력 $\dot{W}_t$[kW]를 구하라.

풀이 이 경우의 개략도 및 $T-s$ 선도는 그림과 같다.

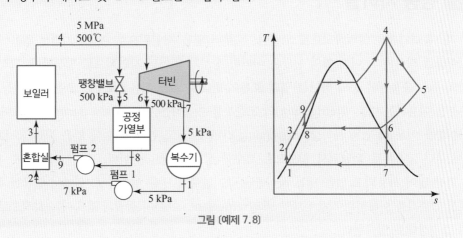

그림 (예제 7.8)

(계속)

(1) $\dot{W}_t = \dot{m}_4(h_4 - h_7)$

과열증기표에서 5 MPa, 500℃의 $h_4 = 3{,}433.7$ kJ/kg, $s_4 = 6.977$ kJ/kgK

포화증기표에서 5 kPa의 $h_1 = h_7' = 137.772$, $h_7'' = 2{,}561.6$ kJ/kg

$$s_7' = 0.47626, \quad s_7'' = 8.39596 \text{ kJ/kgK}$$

$$\therefore x_7 = \frac{s_4 - s_7'}{s_7'' - s_7'} = \frac{6.977 - 0.47626}{8.39596 - 0.47626} = 0.8208$$

$$\therefore h_7 = h_7' + x_7(h_7'' - h_7')$$

$$= 137.772 + 0.8208(2{,}561.6 - 137.772) = 2{,}127.25 \text{ kJ/kg}$$

$$\therefore \dot{W}_t = 15 \times (3{,}433.7 - 2{,}127.25) = 19{,}596.75 \text{ kW}$$

(2) $\dot{Q}_p = \dot{m}_5 h_5 + \dot{m}_6 h_6 - \dot{m}_8 h_8$, $\quad h_5 = h_4 = 3{,}433.7$ kJ/kg

과열증기표에서 500 kPa의 $s_6 = s_4 = 6.977$ kJ/kgK의 h_6를 보간법으로 구하면

$$h_6 = 2{,}811.4 + (2{,}855.1 - 2{,}811.4) \times \frac{6.977 - 6.9647}{7.0592 - 6.9647}$$

$$= 2{,}817.09 \text{ kJ/kg}$$

포화증기표에서 500 kPa의 $h_8 = h' = 640.115$ kJ/kg

$\dot{m}_5 = 1.5$ kg/s, $\dot{m}_6 = 15 \times 0.7 = 10.5$ kg/s, $\dot{m}_8 = \dot{m}_5 + \dot{m}_6 = 12$ kg/s

$$\therefore \dot{Q}_p = 1.5 \times 3{,}433.7 + 10.5 \times 2{,}817.89 - 12 \times 640.115 = 27{,}057.015 \text{ kJ/s}$$

$$\dot{W}_t = (\dot{m}_4 - \dot{m}_5)(h_4 - h_6) + (\dot{m}_4 - \dot{m}_5 - \dot{m}_6)(h_6 - h_7)$$

$$= (15 - 1.5)(3{,}433.7 - 2{,}817.09) + (15 - 1.5 - 10.5)$$

$$(2{,}817.09 - 2{,}127.25) = 10{,}393.755 \text{ kW}$$

7 냉동 사이클

가스동력기관은 열역학적으로 고열원으로부터 열을 저열원으로 이동시키면서 일을 얻어내는 사이클로 해석된다. 이때 열의 전달은 어떠한 장치가 없어도 자연적으로 발생한다. 그러나 열역학의 주요 응용분야 중의 하나는 열의 흐름이 반대로 열을 저온부로부터 고온부로 이동시켜, 저온부를 이용하는 냉동기(refrigerator)와 고온부를 이용하는 열펌프(heat pump)가 있으며, 이들이 사이클을 이룰 때 냉동 사이클(refrigerating cycle)이라고 한다. 그런데 열은 자연적으로는 저온부로부터 고온부로 전달되지 않으므로 특수한 장치를 필요로 한다.

가장 많이 사용되고 있는 냉동 사이클은 증기압축식 냉동 사이클로, 위에서 언급한 특수장치로서 압축기를 이용하며 작동유체인 냉매(refrigerant, 冷媒)의 증발과 응축이 순차적으로 일어나며 증기상태로 압축한다.

냉동 사이클은 그림 7.14(a)에 표시하는 바와 같이 저온열원으로부터 열을 흡수하여 고온열원으로 열을 방출하는 기계의 사이클이다.

이 기계는 열을 저온열원으로부터 고온열원으로 이동시키는데, 저온열원을 냉각시키는 데 목적을 두면 냉동기(refrigerator)라 하고, 고온열원을 가열하는 데 목적을 두면 열펌프(heat pump)라고 한다. 냉동기와 열펌프를 총칭하여 열펌프라 하기도 하며, 사이클의 작동원리는 어느 경우도 동일하지만 목적이 다를 뿐이다.

냉동기 또는 열펌프의 성능을 표시하는 방법은 성적계수(coefficient of performance, 成績係數)를 이용하며, 냉동목적 및 가열목적에 따라 성적계수는 각각 다음과 같이 정의된다.

$$냉동기 \quad \varepsilon_R = \frac{Q_L}{W_C} = \frac{냉각효과}{입력일량} \tag{7.39}$$

$$열펌프 \quad \varepsilon_H = \frac{Q_H}{W_C} = \frac{가열효과}{입력일량} \tag{7.40}$$

Q_L은 저온열원으로부터의 수열량, Q_H는 고온열원으로의 방열량, W_C는 냉동기 또는 열펌프로 입력되는 정미일(net work input)이다. 위 식들 중 Q_L, Q_H, W_C를 $\dot{Q}_L$, $\dot{Q}_H$, $\dot{W}_C$ 등으로 치환하여 시간개념을 포함시킬 수 있다.

식 (7.39)와 식 (7.40)을 비교할 때 Q_L, Q_H의 값이 정해진 값이라면 다음의 관계식이 성립한다.

$$\varepsilon_H = \varepsilon_R + 1 \tag{7.41}$$

이 관계식은 $\varepsilon_R > 0$이므로 $\varepsilon_H > 1$이 되며, 열펌프는 적어도 열펌프에 공급한 에너지 이상의 열에너지를 실내에 방열하는 기능을 갖는다는 의미이다. 그러나 실제로는 Q_H의 일부가 배관 및 다른 장치들을 통해 외부로 손실이 일어나고 외부온도가 너무 낮을 때 ε_H의 값이 1 이하로 될 수도 있다. 이러한 경우에는 보통 시스템이 전기난방 형태로 전환된다.

냉동 시스템의 냉방능력(cooling capacity) 또는 냉동능력은 냉동실로부터의 열제거율을 의미하며, 냉동톤(tons of refrigeration)으로 표시한다. 1냉동톤은 0℃의 물 1톤을 24시간에 0℃의

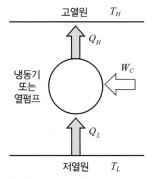

그림 7.14(a) 냉동기, 열펌프의 개념도

얼음으로 만드는 능력을 의미하며, 물의 응고열은 333.7 kJ/kg이므로 다음과 같은 값이 된다.

$$1냉동톤 = \frac{333.7 \times 1,000}{24 \times 3,600} = 3.862 \ 〔KW〕 \tag{7.42}$$

다음에는 이론적인 가역냉동 사이클인 Carnot 사이클과, 전술한 증기압축식 냉동 사이클, 사이클 전과정에 걸쳐 냉매가 기체상태로 작동하는 가스냉동 사이클, 냉매가 압축되기 전에 액체에 용해되는 흡수식(absorption) 냉동 사이클이 사용되고 있으며, 이들에 대하여 고찰한다.

(1) 이론냉동 사이클(역 Carnot 사이클)

열기관의 이상 사이클인 Carnot 사이클은 두 개의 등온과정과 두 개의 가역단열과정으로 구성된 완전 가역 사이클이다. 이 사이클은 주어진 온도의 한계 내에서 최대의 열효율을 가지며 실제 사이클과 비교할 수 있는 표준 사이클이다.

따라서 Carnot 사이클의 진행을 역방향으로 수행하게 되어도 가역과정으로 이루어지므로 열전달이나 일의 방향이 반대방향으로 이루어질 수 있음을 의미한다. 따라서 사이클의 방향을 반시계 방향으로 작동하는 사이클을 역 Carnot 사이클(reversed Carnot cycle)이라고 하며, 그림 7.14(b)에 $T-s$ 선도와 구성도를 도시하였다.

이 사이클로 작동하는 냉동기 또는 열펌프를 Carnot 냉동기 또는 Carnot 열펌프라고 한다. 이 사이클은 다음의 과정으로 이루어진다.

        1 – 2과정 : 압축기의 가역 단열압축
        2 – 3과정 : 응축기의 등온 방열과정
        3 – 4과정 : 터빈의 가역 단열팽창
        4 – 1과정 : 증발기의 등온 흡열과정

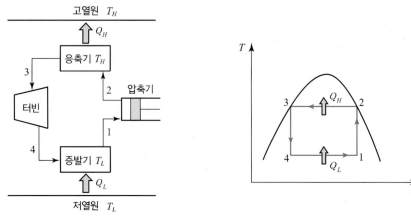

그림 7.14(b) Carnot 열펌프와 역 Carnot 사이클

증발기와 응축기에서의 등온과정은 실제로 거의 근사하게 실현시킬 수 있지만, 압축기 및 터빈의 가역 단열과정은 실현이 불가능하므로 이 사이클을 냉동기의 이상 사이클(ideal cycle)이라고 한다.

역 카르노 사이클에서 열의 수수가 일어나는 과정은 2개의 등온과정이다. 각각 저온열원으로부터 수열하여 고온열원으로 방열하며, 단위질량당 열량은 $dq = Tds$의 관계를 적분하면

$$\text{수열량} \quad q_L = T_L(s_1 - s_3) \tag{7.43}$$

$$\text{방열량} \quad q_H = T_H(s_1 - s_3) \tag{7.44}$$

이 된다. 입력일 w_C는 식 (7.44)와 식 (7.43)의 차이므로 Carnot 냉동기 및 Carnot 열펌프의 성적계수는 각각 다음과 같다.

$$\text{Carnot 냉동기} \quad \varepsilon_R = \frac{q_L}{w_C} = \frac{q_L}{q_H - q_L} = \frac{T_L}{T_H - T_L} \tag{7.45}$$

$$\text{Carnot 열펌프} \quad \varepsilon_H = \frac{q_H}{w_C} = \frac{q_H}{q_H - q_L} = \frac{T_H}{T_H - T_L} \tag{7.46}$$

로 되어 열원의 온도만으로 표시할 수 있다.

(2) 증기압축식 냉동 사이클

그림 7.15는 냉동 또는 공기조화를 위한 일반적인 증기압축식 냉동 사이클의 구성요소를 나타내었다. 압축기(compressor)를 구동시켜 응축기(condenser), 팽창밸브(expansion valve), 증발기(evaporator)의 순서로 작동물질(냉매)이 순환하면서 연속적으로 기액의 변화를 하게 된다.

기본 냉동 사이클의 $T-s$ 선도 및 $p-h$ 선도를 그림 7.15에 대응하여 그림 7.16에 도시하였다.

건포화증기의 냉매가 압축기에 흡입되어 가역 단열압축되며, 고압의 과열증기로 된다(1-2 과정). 이때 압축기를 구동하는 소요압축일이 필요하다.

다음에 그 과열증기가 응축기에 들어가 정압 하에서 냉각되어 응축되어 포화액으로 된다(2-3 과정). 이때 응축기에서는 고온열원으로 열을 방출한다.

포화액은 팽창밸브를 통과하게 되며, 이 과정에서 교축팽창(등엔탈피 변화)을 하므로 압력이 강하하여 저압에서 저온의 습증기로 된다(3-4 과정).

그 습증기는 증발기로 유입하여 정압 하에서 가열되며, 증발되므로 건포화증기로 된다(4-1 과정). 이때 증발기에서는 저온열원으로부터 열을 흡수한다.

다음에 냉매 $m\,(\text{kg})$의 질량에 대하여 출입하는 열량과 소요일을 구해보자.

응축기(condenser, 2→3)에서 고열원으로의 방열량 $Q_H\,(\text{kJ})$는 정압과정이므로 엔탈피의 차로 표시된다.

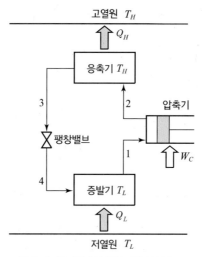

그림 7.15 증기압축식 냉동기의 구성요소

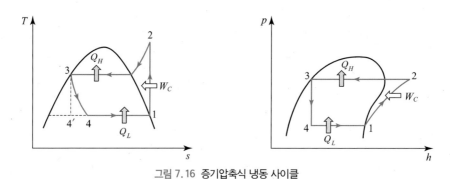

그림 7.16 증기압축식 냉동 사이클

$$Q_H = m(h_2 - h_3) \tag{7.47}$$

증발기(evaporator, $4 \rightarrow 1$)에서 저열원으로부터의 수열량은

$$Q_L = m(h_1 - h_4) = m(h_1 - h_3) \tag{7.48}$$

이 되며, 압축기(compressor, $1 \rightarrow 2$) 소요일 W_C [kJ]는 단열압축이므로 엔탈피의 차로 나타낼 수 있다.

$$W_C = m(h_2 - h_1) \tag{7.49}$$

따라서 냉동기의 성적계수 ε_R 및 열펌프의 성적계수 ε_H는 각각 다음과 같다.

$$\varepsilon_R = \frac{Q_L}{W_C} = \frac{h_1 - h_4}{h_2 - h_1} = \frac{h_1 - h_3}{h_2 - h_1} \tag{7.50}$$

$$\varepsilon_H = \frac{Q_H}{W_C} = \frac{h_2 - h_3}{h_2 - h_1} \tag{7.51}$$

실제 압축기의 압축과정에서는 가역단열이 아니므로 압축기의 단열 압축효율을 η_{ad}, 기계효율을 η_m, 냉매의 순환유량을 $\dot{m}$〔kg/s〕이라 하면 냉동기의 소요동력 $\dot{W}_C$〔kW〕는 다음과 같다.

$$\dot{W}_C = \frac{\dot{m}w_C}{\eta_{ad} \cdot \eta_m} = \frac{\dot{m}(h_2 - h_1)}{\eta_{ad} \cdot \eta_m} \tag{7.52}$$

또, 냉동기의 냉동능력(또는 냉동효과) $\dot{Q}_L$〔kJ/s〕 및 열펌프의 난방능력 $\dot{Q}_H$〔kJ/s〕는 다음과 같다.

$$\dot{Q}_L = \dot{m}q_L = \dot{m}(h_1 - h_4) \tag{7.53}$$

$$\dot{Q}_H = \dot{m}q_H = \dot{m}(h_2 - h_3) \tag{7.54}$$

증기압축식 냉동 사이클의 냉매로서, 불소탄화수소계(fluorocarbon, 弗素炭化水素系)가 사용되고 있다. 이것은 메탄 CH_4와 에탄 C_2H_6 등 탄화수소 중 수소 H는 불소 F 또는 염소 Cl로 치환한 물질의 총칭이며, 분자 중의 수소 전부를 불소 또는 염소(鹽素)로 치환한 것을 CFC라 한다. CFC는 성층권 오존층 파괴물질로서 1996년에 전폐되었다.

표 7.1 주요냉매의 열물성치

구분	냉매	화학식	비등식 (℃)	임계온도 (℃)	임계입력 (MPa)	LT (년)	ODP	GWP	가연성
순물질	CFC-11	CCl_3F	23.7	198.1	4.41	75	1.0	4,000	불연
	CFC-12	CCl_2F_2	−29.8	111.8	4.12	111	1.0	8,500	불연
	HCFC-22	$CHClF_2$	−40.8	96.2	4.99	15	0.055	1,700	불연
	HCFC-123	$CHCl_2CF_3$	27.7	183.7	3.67	1.6	0.02	93	불연
	HCFC-141b	CH_3CCl_2F	32.2	204.2	4.25	8	0.11	630	6.5~15.5
	HCFC-142b	CH_3CClF_2	−9.3	137.2	4.12	19	0.065	2,000	7.8~16.8
	HFC-23	CHF_3	−82.0	25.9	4.82	260	0	11,700	불연
	HFC-32	CH_2F_2	−51.7	78.4	5.83	5.0	0	650	13.6~28.4
	HFC-125	CHF_2CF_3	−48.5	66.3	3.63	29	0	2,800	불연
	HFC-134a	CH_2FCF_3	−26.2	101.2	4.07	13.8	0	1,300	불연
	HFC-143a	CH_3CF_3	−47.3	73.1	3.81	52	0	3,800	8.1~21.0
	HFC-152a	CH_3CHF_2	−25.0	113.5	4.49	1.4	0	140	4.0~19.6
	이산화탄소	CO_2	−78.4	31.06	7.38	−	0	1	불연
	암모니아	NH_3	−33.4	132.5	11.28	−	0	0	1.6~28
	프로판	C_3H_8	−42.1	96.7	4.25	−	0	3	2.3~9.5
	이소부탄	C_4H_{10}	−11.7	135.0	3.65	−	0	3	1.8~8.4
혼합물	R404A	HFC-125/143a/134a	−46.8	72.0	3.72	−	0	3,300	불연
	R407C	HFC-32/125/134a	−43.6	85.6	4.61	−	0	1,500	불연
	R410A	HFC-32/125	−51.6	71.5	4.92	−	0	1,700	불연

LT : 대기권의 수명
ODP(Ozone Depletion Potential) : 오존파괴 지수
GWP(Global Warming Potential) : 지구온난화 지수

탄소 외에 불소, 염소, 수소를 포함하는 것을 HCFC, 불소와 수소를 포함한 것을 HFC라 한다. 염소를 포함하는 HCFC도 성층권 오존층을 파괴하는 물질로서 국제적인 규제를 받고, 염소를 포함하지 않는 냉매 HFC로 전환이 진행되고 있다. 최근에는 순물질 냉매 외에 복수의 HFC를 혼합한 혼합냉매와 이산화탄소나 암모니아 등의 물질도 냉매로서 사용되게 되었다.

표 7.1에 주요 냉매의 기본 물성을 표시하였다. 또한 부록에는 암모니아의 포화증기표(부록 14) 및 $p-h$ 선도(부록 15), R-134a의 포화증기표(부록 11), 압축액 및 과열증기표(부록 12), $p-h$ 선도(부록 13)를 수록하였다.

예제 7.9

R-134a 냉매를 사용하는 냉동기가 증기압축식 냉동 사이클로서 0.14 MPa와 0.8 MPa 사이에서 작동하고 있다. 냉매의 질량유량이 0.08 kg/s일 때 (1) 저열원으로부터 흡수하는 열량과 압축기 입력동력, (2) 고열원으로 방출하는 열량, (3) 냉동기의 성적계수를 각각 구하라(그림 참조).

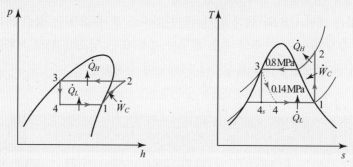

그림 〔예제 7.9〕

풀이 (부록 11)로부터 (R-134a 표)

$p_1 = 0.14\,\text{MPa} \rightarrow h_1 = h'' = 387.32\,\text{kJ/kg},\ s_1 = s'' = 1.7402\,\text{kJ/kgK}$

$p_2 = 0.8\,\text{MPa}(s_2 = s_1)$: (부록 12)로부터 보간법을 이용하면

$h_2 = 419.37 + (424.59 - 419.17) \times \dfrac{1.7402 - 1.7268}{1.7436 - 1.7268} = 423.53\,\text{kJ/kg}$

(부록 11)로부터 $p_3 = 0.8\,\text{MPa}(h_4 = h_3) \rightarrow h_3 = h' = 243.65\,\text{kJ/kg} = h_4$

(1) $\dot{Q}_L = \dot{m}q_L = \dot{m}(h_1 - h_4) = 0.08 \times (387.32 - 243.65) = 11.494\,\text{kW}$

$\dot{W}_C = \dot{m}(h_2 - h_1) = 0.08 \times (426.53 - 387.32) = 2.897\,\text{kW}$

(2) $\dot{Q}_H = \dot{m}q_H = \dot{m}(h_2 - h_3) = 0.08 \times (423.53 - 243.65) = 14.39\,\text{kW}$

또는 $\dot{Q}_H = \dot{Q}_L + \dot{W}_C = 11.494 + 2.897 = 14.391\,\text{kW}$

(3) $\varepsilon_R = \dfrac{\dot{Q}_L}{\dot{W}_C} = \dfrac{11.494}{2.897} = 3.968$

암모니아를 냉매로 하는 냉동기가 증발기의 포화온도 $-15℃$ 하에서 냉동실로부터 $10,500\ \text{kJ/h}$의 열을 흡수한다. 응축기는 냉각수에 의해 $25℃$로 유지된다고 하면 이 냉동기의 성적계수 및 압축 소요동력은 각각 얼마인가? 단, 암모니아의 압축 후의 엔탈피는 $1,660\ \text{kJ/kg}$이다.

풀이 그림 7.16의 $p-h$ 선도에서, 암모니아의 포화증기표(부록 14)로부터 $-15℃$의 $h'' = h_1 = 1,444.4\ \text{kJ/kg}$이며, 문제상에서 $h_2 = 1,660\ \text{kJ/kg}$이다. 포화증기표로부터 $25℃$의 $h' = h_3 = h_4 = 317.68\ \text{kJ/kg}$이다.

∴ 식 (7.50)으로부터 성적계수 $\varepsilon_R = \dfrac{h_1 - h_4}{h_2 - h_1} = \dfrac{1,444.4 - 317.68}{1,660 - 1,444.4} = 5.226$

암모니아의 유량

$$\dot{m} = \frac{\dot{Q}_L}{q_L} = \frac{10,500/3,600}{h_1 - h_4} = \frac{10,500/3,600}{1,444.4 - 317.68} = 2.5886 \times 10^{-3}\ \text{kg/s}$$

∴ 압축소요 동력

$$\dot{W}_C = \dot{m}(h_2 - h_1) = 2.5886 \times 10^{-3} \times (1,660 - 1,444.4) = 0.558\ \text{kW}$$

(3) 2단압축 증기압축식 냉동 사이클

냉동기에서 극저온의 냉동온도가 필요한 경우에는 압축기의 압축비가 커지며, 단단(單段)의 압축기에서는 압축말의 온도가 높아지고 체적효율이 저하하므로 냉매의 압축을 다단(多段)으로 한다. 이 경우에는 압축기를 여러 개 사용하여 그 사이에 중간냉각기를 설치하며 따라서 압축말의 온도가 낮아진다. 이와 같이 압축팽창을 여러 단으로 나누어 행하는 사이클을 다단압축 사이클(multi-stage compression cycle)이라고 한다.

그림 7.17은 2단압축 냉동 사이클의 구성도이며, 그림 7.18은 이 사이클의 $T-s$ 선도 및 $p-h$ 선도를 표시한다.

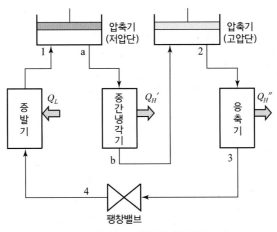

그림 7.17 2단압축(중간냉각) 냉동기의 구성도

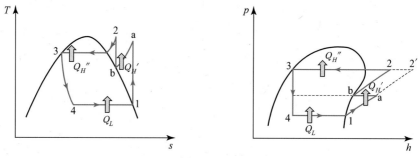

그림 7.18 2단압축(중간냉각) 냉동 사이클

그림 7.18로부터, 저압압축기에서 압력 p_1으로부터 p_a까지 압축한 후, 과열증기인 냉매를 중간냉각기에서 p_a의 정압 하에 건포화증기가 될 때까지 냉각하여 p_a로부터 p_2까지 고압압축기에서 압축한다. 이와 같이 하면 압축말(상태 2)의 과열온도가 낮아져 응축기에서의 방열량 Q_H''를 감소시키고 압축기의 소요동력이 감소하며, 따라서 성적계수가 증대한다. 이때 중간압력 p_a는 일반적으로 다음과 같이 정한다.

$$p_a = \sqrt{p_1 \cdot p_2} \qquad (7.55)$$

이 사이클에서 저열원에서의 흡열과정은 $4 \rightarrow 1$의 정압과정이며, 냉동효과 Q_L[kJ]은

$$Q_L = m(h_1 - h_4) = m(h_1 - h_3) \qquad (7.56)$$

이며, 고열원으로의 전 방열량 Q_H[kJ]은 중간냉각기($a \rightarrow b$)에서의 방열량 Q_H'와 응축기($2 \rightarrow 3$)에서의 방열량 Q_H''의 합으로 다음과 같이 표시된다.

$$Q_H = Q_H' + Q_H'' \qquad (7.57)$$
$$= m(h_a - h_b) + m(h_2 - h_3)$$

압축기 소요일 W_C[kJ]는 저압압축기($1 \rightarrow a$)와 고압압축기($b \rightarrow 2$)의 소요일의 합이므로

$$W_C = m(h_a - h_1) + m(h_2 - h_b) \qquad (7.58)$$

따라서 성적계수는 다음과 같다.

$$\varepsilon_R = \frac{Q_L}{W_C} \qquad (7.59)$$
$$= \frac{h_1 - h_4}{(h_a - h_1) + (h_2 - h_b)}$$

R-134a를 냉매로 하는 2단압축 냉동 사이클에서, 증발온도 −30℃, 응축온도 30℃인 경우의 성적계수를 구하라. 단, 중간냉각기(0.24 MPa)에서 건포화증기까지 냉각한 후 고압압축기로 들어간다.

풀이 R-134a의 포화증기표(부록 11)로부터

−30℃의 $h'' = h_1 = 380.32$ kJ/kg, $s_1 = 1.7515$ kJ/kgK

−30℃의 포화압력 $p_1 = 84.38$ kPa, 30℃의 포화압력 $p_2 = 770.2$ kPa

R-134a의 과열증기표(부록 12)에서 보간법에 의해 $p_a = 0.24$ MPa의

$$h_a = 400.11 + (404.45 - 400.11) \times \frac{1.7515 - 1.7475}{1.7633 - 1.7475} = 401.21 \text{ kJ/kg}$$

또 포화증기표에서 $p_a = 0.24$ MPa의 $h'' = h_b = 395.44$ kJ/kg, $s_b = 1.7303$ kJ/kgK

R-134a의 $p - h$ 선도에서 $s_b = 1.7303$ kJ/kgK의 등엔트로피선과 $p_2 = 0.77$ MPa의 수평선과의 교점의 $h_2 = 433.9$ kJ/kg, 포화증기표(부록 11)에서 $h_4 = h_3 = 241.72$ kJ/kg

식 (7.59)로부터 $\varepsilon_R = \dfrac{Q_H}{W_C} = \dfrac{h_1 - h_4}{(h_a - h_1) + (h_2 - h_b)}$

$$= \frac{380.32 - 241.72}{(401.21 - 380.32) + (433.9 - 395.44)} = 2.335$$

(4) 다효 증기압축식 냉동 사이클

다효 사이클(multiple effect cycle)의 구성도는 그림 7.19와 같으며, 그 사이클은 그림 7.20과 같다.

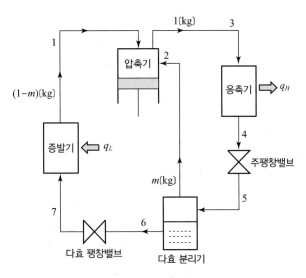

그림 7.19 다효 사이클의 구성도

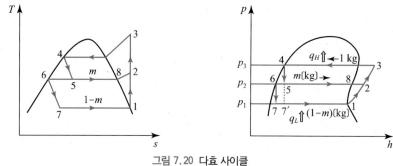

그림 7.20 다효 사이클

그림 7.20으로부터, 압축기에서 압력 p_3까지 압축된 과열증기가 응축기에서 포화액의 상태(상태 4)까지 p_3의 정압 하에서 응축($3 \rightarrow 4$)한 후, 주팽창밸브에서 중간압력 p_2까지 교축($4 \rightarrow 5$)되어 습증기상태(상태 5)가 된다. 그 습증기는 다효 분리기(multiple effect separator)에서 액체와 증기로 분리되어 액체부분 $(1-m)$[kg]은 다효 팽창밸브에서 압력 p_1까지 교축팽창($6 \rightarrow 7$)하여 증발기에서 흡열한 후 압축기로 되돌아가므로 상태 1로 된다. 한편, 다효 분리기에서 분리된 m[kg]의 기체부분은 중간압력 p_2 하에서 압축기로 되돌아가서 압축기에서 압축 중인 $(1-m)$[kg]의 증기와 혼합하여 상태 3까지 압축된다. 이 과정은 $5-8-2-3$의 과정에 해당한다.

이 사이클은 증발기로 유입하는 냉매량이 감소하지만, 증발기 입구에서의 증기건도가 감소하여 냉동효과가 증대하는 사이클이다.

이 사이클의 냉동효과 q_L[kJ/kg]은 $7 \rightarrow 1$ 과정이 정압과정이므로

$$q_L = (1-m)(h_1 - h_7) \tag{7.60}$$

이며, 압축기 소요일 w_c[kJ/kg]는 $1 \rightarrow 2$에서는 $(1-m)$[kg], $2 \rightarrow 3$에서는 1 kg의 냉매가 각각 단열압축하므로

$$w_c = (1-m)(h_2 - h_1) + (h_3 - h_2) \tag{7.61}$$

이 되므로 성적계수는 다음과 같다.

$$\varepsilon_R = \frac{q_L}{w_C} = \frac{(1-m)(h_1 - h_7)}{(1-m)(h_2 - h_1) + (h_3 - h_2)} \tag{7.62}$$

(5) 공기팽창 냉동 사이클

공기팽창 냉동기(air expansion refrigerating machine)는 고압공기를 단열팽창시켜 저온의 공기를 얻고, 그것으로 목적물을 냉각한다. 그림 7.21은 공기팽창 냉동기의 구성도, 그림 7.22는 이 냉동기의 $p-v$ 선도 및 $T-s$ 선도이다.

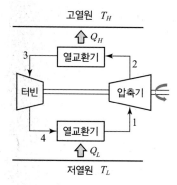

그림 7.21 공기팽창 냉동기의 구성도

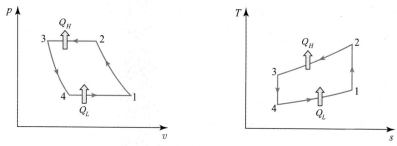

그림 7.22 공기팽창 냉동기 사이클

이 사이클은 역 Brayton 사이클이며, 다음의 과정으로 이루어진다.

    1-2 과정 : 압축기의 단열압축

    2-3 과정 : 열교환기의 정압방열

    3-4 과정 : 터빈의 단열팽창

    4-1 과정 : 열교환기의 정압흡열

압축기에서 고온, 고압으로 된 공기는 열교환기에서 열을 방출하여 온도가 강하하고, 터빈에서 팽창함으로써 온도와 압력이 떨어져 이 저온의 공기가 목적물을 냉각한다. 그 공기는 열교환기에서 열을 흡열하여 온도가 상승하며 압축기로 유입함으로써 한 사이클이 완료된다.

이 사이클의 냉동효과 Q_L[kJ]은 4-1 과정이 정압과정이므로 다음과 같다.

$$Q_L = m(h_1 - h_4) = mc_p(T_1 - T_4) \tag{7.63}$$

압축기 소요일량 W_C와 터빈일 W_T는 각각 1-2 및 3-4 과정의 일로서, 모두 단열과정이다. 따라서 각각 엔탈피의 차로 표시할 수 있다.

$$W_C = m(h_2 - h_1) = mc_p(T_2 - T_1) \tag{7.64}$$

$$W_T = m(h_3 - h_4) = mc_p(T_3 - T_4) \tag{7.65}$$

따라서 사이클에 필요한 일 W_{net}은 압축기 소요일과 터빈일의 차로서 다음과 같다.

$$W_{net} = W_T - W_C = m(h_2 - h_1) - m(h_3 - h_4)$$
$$= mc_p[(T_2 - T_1) - (T_3 - T_4)] = mc_p[(T_2 - T_3) - (T_1 - T_4)]$$
$$= Q_L\left(\frac{T_2 - T_3}{T_1 - T_4} - 1\right) = Q_L\left[\left(\frac{p_2}{p_1}\right)^{(k-1)/k} - 1\right] \tag{7.66}$$

따라서 성적계수는 다음의 식으로 표시된다.

$$\varepsilon_R = \frac{Q_L}{W_{net}} = \frac{h_1 - h_4}{(h_2 - h_1) - (h_3 - h_4)} = \frac{1}{\left(\dfrac{p_2}{p_1}\right)^{(k-1)/k} - 1} \tag{7.67}$$

예제 7.12

온도가 30℃인 주위에 방열하면서 냉동실이 5℃로 유지되도록 작동유체를 공기로 하는 공기팽창 냉동 사이클이 있다. 압축기의 압력비가 4인 경우, (1) 사이클의 최고 및 최저온도, (2) 성적계수, (3) 공기의 질량유량이 0.1 kg/s일 때 냉동능력을 구하라.

[풀이] 그림 7.22에서 터빈 입구온도 $T_3 = 30℃$, 압축기 입구온도 $T_1 = 5℃$이다.

(1) 최고온도 $T_2 = T_1\left(\dfrac{p_2}{p_1}\right)^{(k-1)/k} = 278.15 \times 4^{0.4/1.4} = 413.33 \text{ K} = 140.18℃$

최저온도 $T_4 = T_3\left(\dfrac{p_2}{p_1}\right)^{(1-k)/k} = 303.15 \times 4^{-0.4/1.4} = 204 \text{ K} = -69.15℃$

(2) 식 (7.67)로부터 $\varepsilon_R = \dfrac{1}{(p_2/p_1)^{(k-1)/k} - 1} = \dfrac{1}{4^{0.4/1.4} - 1} = 2.0576$

(3) $\dot{Q}_L = \dot{m}(h_1 - h_4) = \dot{m}c_p(T_1 - T_4)$
$= 0.1 \times 1.005 \times (5 + 69.15) = 7.4521 \text{ kJ/s}$

(6) 흡수식 냉동 사이클

증기압축식 냉동기에서는 압축기에 압축일(전기에 의한 구동)을 공급하여 냉매를 저압으로부터 고온, 고압의 증기로 변환하는데, 이러한 압축일을 열에너지에 의해 공급하여 압축기를 구동시키는 냉동기를 흡수식 냉동기(absorption refrigerator)라고 한다.

그림 7.23은 증기압축식 냉동기의 구성이며, 그림 7.24는 흡수식 냉동기의 구성요소로서 증기압축식 냉동기의 압축기 대신에 흡수식 냉동기에서는 흡수기, 재생기, 액펌프, 열교환기가 그 역할을 하고 있다. 즉 흡수식 냉동기에서는 냉매증기를 액체상태의 흡수제로 흡수시켜 액펌프로

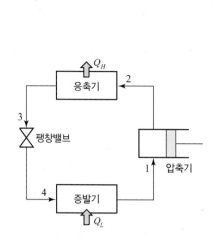

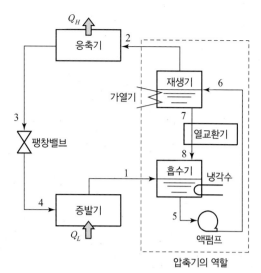

그림 7.23 증기압축식 냉동기의 구성   그림 7.24 단효용 흡수냉동기의 구성

가압한다. 이 액체의 순환경로를 순환하는 물질을 흡수제(absorbent)라고 하며, 예로서 암모니아
-물계는 냉매가 암모니아, 흡수제가 물이다. 또한 물-취화리튬계에서는 물이 냉매, 취화리튬이
흡수제이다.

암모니아-물계(물-취화리튬계)의 흡수냉동기에서 순환의 경로에 대해서 기술한다.

- 재생기에 있어서 암모니아 가스(수증기)를 흡수한 물(취화리튬)을 가열함에 따라 물(취화리
  튬)과 암모나아가스(수증기)를 분리한다. 이와 같이 하여 고압, 고온의 암모니아가스(수증기)
  를 발생시킨다.
- 발생한 고온, 고압의 암모니아가스(수증기)를 응축기에서 냉각하여 액화한다.
- 액화한 고압 암모니아액(취화리튬)을 팽창밸브에서 교축하여 저압으로 하고, 그 후에 증발기
  에서 증발시킨다. 이때의 증발열을 냉동열로 이용한다.
- 증발한 저압의 암모니아가스(수증기)를 흡수기로 보내서, 그곳에서 가스(수증기)를 물(취화
  리튬)에 흡수시킨다.
- 암모니아가스(수증기)를 흡수한 물(취화리튬)은 액펌프에 의해 재생기로 보낸다.
- 재생기에서 생긴 물(취화리튬)은 흡수기로 돌아간다. 이와 같이 하여 사이클을 완료한다.

앞에서 언급한 바와 같이 흡수 냉동 사이클에 이용되는 작동물질에는, 물-취화리튬계, 암모니
아-물계가 있다. 물-취화리튬계에서는 물이 냉매, 취화리튬이 흡수제의 역할을 하며, 대형건물
의 냉방전용기로 널리 이용되고 있다. 물은 0℃ 이하에서는 응고되므로(얼음) 0℃ 이하가 되는
외기로부터 흡열하는 열펌프로서는 사용할 수 없다. 열펌프로서 이용하기 위해서는 암모나아-물
계 등의 0℃ 이하에서도 빙결하지 않는 냉매를 작동물질로 이용해야 한다.

그림 7.25는 물-취화리튬계의 압력-온도선도를 나타낸다. 취화리튬의 농도에 따라 끓는점
상승의 정도가 다르므로 선도 내에는 취화리튬의 농도선이 그려져 있다.

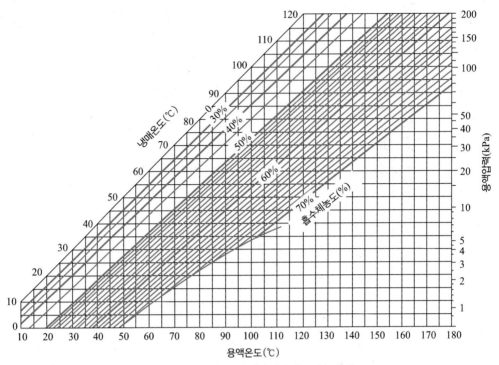

그림 7.25 취화리튬 수용액의 압력-온도-농도곡선

그림 7.26에 단효용 흡수냉동 사이클의 압력-온도선도의 대표적인 예를 나타낸다.
상태점은 아래와 같이 정의한다.

    1 : 증발기 출구   2 : 응축기 입구   3 : 응축기 출구

    4 : 증발기 입구   5 : 흡수기 출구   6 : 재생기 입구

    7 : 재생기 출구   8 : 흡수기 입구

용액순환비 α를 응축기, 증발기를 흐르는 냉매유량에 대한 흡수기로부터 재생기로 흐르는 흡
수용액 유량의 비로 정의하여, 흡수기에서 흡수제의 질량보존을 고려하면 단위냉매 유량에 대하

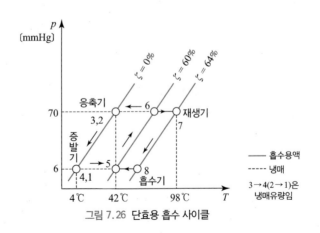

그림 7.26 단효용 흡수 사이클

여 흡수기에 유입하는 흡수용액 유량은 $\alpha - 1$, 흡수기로부터 유출하는 흡수용액 유량은 α이므로

$$(\alpha - 1)\zeta_7 = \alpha\zeta_5$$

로 표시된다. 단, 희용액 농도를 ζ_5, 농용액 농도를 ζ_7로 표시하였다. 농도란 흡수용액 중에 흡수제 질량농도를 말한다. α에 대해 정리하면 다음과 같다.

$$\alpha = \frac{\zeta_7}{\zeta_7 - \zeta_5} \tag{7.68}$$

증발기에서 단위냉매 증발량에 대하여 열량을 고려하면 증발기의 냉동효과는

$$q_{41} = h_1 - h_4 \tag{7.69}$$

이다. 한편, 재생기에 공급할 열에너지의 양은 증기의 발생과 용액의 농축고온화의 양쪽을 고려해야 하므로

$$q_{67} = h_2 - h_6 + (\alpha - 1)(h_7 - h_6) \tag{7.70}$$

따라서 냉방성적 계수는 다음과 같이 나타낼 수 있다.

$$\varepsilon_R = \frac{q_{41}}{q_{67}} = \frac{h_1 - h_4}{h_2 - h_6 + (\alpha - 1)(h_7 - h_6)} \tag{7.71}$$

암모니아의 3중점은 $-77℃$이므로 난방 시에 응고할 우려는 없어서 열펌프로서도 사용할 수 있지만, 물-취화리튬계에 비해 냉방성적 계수가 낮은 단점이 있다.

연습문제

Rankine 사이클

1   터빈 입구 증기압력 3 MPa, 온도 360℃, 증기량 30 t/h, 복수기압력 10 kPa의 이상적인 Rankine 사이클에서, (1) 열효율, (2) 출력, (3) 터빈의 단열효율이 0.85일 때 열효율을 각각 구하라. 단, 펌프일은 무시한다.

2   Rankine 사이클에서 터빈 입구 증기가 1.6 MPa의 건포화증기이며, 복수기 내의 압력이 0.1 MPa인 경우, 터빈에서 팽창 후 증기의 (1) 건도, (2) 온도, (3) 이 사이클의 열효율을 구하라.

3   Rankine 사이클에서 증기가 5 MPa, 400℃로 증기터빈에 공급된다. 복수기압력은 4 kPA이며, 이 압력의 포화수의 비체적이 0.001 m³/kg일 때, (1) 증기 1 kg당 얻어지는 에너지, (2) 이 에너지와 Rankine 사이클의 정미일의 차, (3) 사이클의 효율을 구하라.

4   최고 증기온도가 400℃인 Rankine 사이클에서, 증기압력이 3 MPa인 경우와 5 MPa인 경우의 열효율을 비교하여라. 단, 복수기의 온도는 50℃이다.

5   Rankine 사이클에서, 터빈을 나온 증기가 50℃의 복수기에 들어가며, 그때의 건도는 0.85이다. 증기의 단열팽창 전의 온도가 350℃라 하면, (1) 팽창 전의 증기압력, (2) 팽창 전 증기의 비체적, (3) 증기량이 135 t/h일 때의 출력, (4) 사이클의 열효율을 구하라.

6   증기의 초압 22 MPa, 초온 650℃, 복수기압력 5 kPa의 증기원동소가 Rankine 사이클로 작동할 때, (1) 보일러 가열량, (2) 터빈일, (3) 복수기 방열량, (4) 펌프일, (5) 사이클의 열효율을 구하라.

7   보일러로부터 터빈에 2 MPa의 건포화증기를 공급하고, 터빈은 7 kPa에서 증기를 배출한다. 이 배기압에 상당하는 포화수의 비체적은 0.001 m³/kg일 때 Rankine 사이클로 작동하면, (1) 증기 1 kg당 정미일, (2) 이 사이클의 열효율, (3) 이것이 Carnot 사이클로 작동할 때 증기 1 kg당 정미일과 열효율을 구하라.

8   증기원동소에서 1.2 MPa, 과열도 90℃의 증기가 터빈에 들어가 팽창일을 하고, 0.01 MPa의 압력이 되어 복수기로 유입한다. 펌프일을 무시할 때, (1) 팽창일, (2) 이 원동소의 열효율, (3) 팽창 후 증기의 건도, (4) 보일러의 가열량을 구하라.

9 어떤 증기원동소에서 32.9℃의 물을 매시 10,000 kg 공급하여 10 MPa, 500℃의 과열증기를 발생한다. 증기는 터빈효율 85%의 터빈에서 5 kPa까지 팽창하고 복수기에서 응축된다. 이 복수는 32.9℃로 다시 보일러에 공급된다. 이때, (1) 보일러에서의 공급열량, (2) 복수기에서의 방열량, (3) 복수기의 건도, (4) 터빈에서 얻는 동력[kW], (5) kWh당 증기소비율을 구하라. 단, 터빈의 기계효율은 95%이다.

재열 사이클

10 과열증기 압력 15 MPa, 온도 460℃, 재열증기 압력 1.2 MPa, 재열온도 460℃, 복수기압력 10 kPa의 재열 사이클의 열효율을 구하라.

11 재열 사이클에서 압력 20 MPa, 600℃의 증기가 고압터빈에 공급되어, 2 MPa까지 팽창한다. 그 후 이 증기는 최초온도까지 재열되어 저압터빈 내에서 팽창하여 복수기압력 0.005 MPa로 된다. (1) 출력 1 kWh를 발생하는 데 필요한 증기량, (2) 이 사이클의 열효율을 구하라. 단, 펌프일은 무시한다.

12 증기 초압력 20 MPa, 복수기압력 5 kPa, 또 증기온도와 재열온도가 공히 540℃로 하여, 재열압력이 5 MPa일 때 열효율을 구하라.

13 보일러에서 20 MPa, 540℃의 증기를 발생시켜, 터빈에서 3 MPa까지 팽창시키고 다시 540℃까지 재열한 후, 복수기압력 5 kPa까지 팽창시키는 재열사이클의 이론 증기소비율(kg/kWh)을 구하라. 단, 펌프일은 무시한다.

14 증기터빈 입구압력 18 MPa, 580℃의 증기가 10 MPa까지 팽창한 후 520℃로 재열된다. 복수기압력이 3 kPa일 때, (1) 이 재열 사이클의 열효율, (2) 재열하지 않는 경우의 열효율을 구하라.

15 터빈입구 증기압력 15 MPa, 온도 600℃, 재열증기온도 600℃, 복수기온도 44℃의 재열 사이클에서, 저압터빈 배기의 건도가 0.9로 되게 재열압력을 결정하여라. 또, 이 사이클의 열효율을 구하라.

재생 사이클

16 증기압력 20 MPa, 온도 600℃, 복수기압력 5 kPa의 2단추기 재생 사이클(혼합 급수가열기)에서 이론열효율을 구하라. 펌프일은 무시한다.

17 수증기가 작동유체인 재생 사이클에서 터빈 입구에서 4 MPa, 400℃로 들어가서 400 kPa까지 팽창 후 증기의 일부를 추출하여 급수가열기로 보낸다. 급수가열기의 압력은 400 kPa이고 출구상태는 400 kPa의 포화액 상태이다. 터빈에서 추출하고 남은 증기는 10 kPa까지 팽창할 때 열효율을 구하라. 증기 추출점의 건도 0.9752, 팽창말의 건도 0.8159이다.

18 문제 7.6에서 출력 1 GW를 얻기 위해서 보일러의 매시 증기발생량 및 연료소비량은 얼마인가? 단, 연료의 발열량은 42 MJ/kg, 보일러 효율 0.9, 터빈의 내부효율 0.85, 터빈의 기계효율 0.99, 전기에너지 변환효율 0.99, 급수펌프 효율 0.80이다.

19 보일러에서 발생하는 증기의 압력 10 MPa, 온도 560℃, 또 복수기압력 5 kPa의 조건에서, 터빈 효율(내부효율×기계효율)은 79%, 발전기 전기변환 효율은 95%, 보일러 효율이 90%일 때 발전기출력은 80,000 kW로 한다. 이 발전소를 1일 운전하기 위해서 필요한 중유(발열량 43,000 kJ/kg)의 소요량(kg)을 구하라. 펌프일은 무시한다.

20 증기터빈의 출구압력이 常壓보다 높고, 그 배출증기를 다른 용도에 이용하는 것을 배압터빈이라고 한다. 압력 1 MPa의 증기를 100 t/h 사용하는 공장에서, 압력 5 MPa, 온도 540℃의 배압터빈을 사용하면 몇 kW의 전력을 얻을 수 있는가? 터빈의 단열효율은 0.9, 발전기효율은 100%이며 펌프동력은 무시한다.

21 R12를 냉매로 하여 증발온도 -15℃, 응축온도 30℃로 하는 냉동 사이클의 (1) 냉동효과, (2) 필요한 압축일, (3) 성적계수를 구하라.

22 얼음의 융해열은 0℃에서 334 kJ/kg이다. 25℃의 온도인 실내를 고열원으로 하는 Carnot 냉동기에 의해서 25℃의 물로부터 1 ton의 0℃의 얼음을 만들려고 한다. 전력이 몇 kWh 필요한가?

23 암모니아를 냉매로 하는 2단압축 1단팽창 사이클에서 증발온도 -30℃, 응축온도 30℃로 하는 경우의 성적계수를 구하라.

24 그림과 같이 냉매 R-134a가 0.14 MPa, -10℃ 상태로 0.08 kg/s의 유량이 과열증기 상태로 냉동기의 압축기로 유입하여 0.8 MPa, 50℃로 유출하며, 응축기에서 25℃, 0.7 MPa의 냉매액으로 된 후 0.15 MPa로 교축시킨다. (1) 저열원으로부터 흡수하는 열량과 압축기 입력동력 (2) 압축기의 단열효율 (3) 냉동기의 성적계수를 각각 구하라.

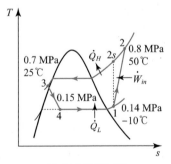

그림 〔연습문제 7.24〕

25 　R-134a를 냉매로 하는 증기압축식 냉동 사이클이 그림과 같이 증발기 온도 0℃, 응축기온도 30℃이다. 냉매유량은 0.08 kg/s일 때 (1) 압축기 소요동력[kW], (2) 냉동능력(냉동톤), (3) 성적계수, (4) 0℃와 30℃ 사이에서 작동하는 역 Carnot 냉동 사이클의 성적계수를 각각 구하라.

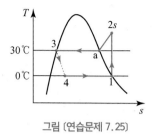

그림 〔연습문제 7.25〕

26 　그림과 같은 증기압축식 냉동 사이클에서 작동유체는 R-134a이고 물을 40℃로부터 12℃까지 냉각시키고 있다. 압축기의 등엔트로피 효율은 82%이며 압축기 입구에 냉매의 체적유량 5.0 m³/min가 유입된다. 응축기압력은 1.2 MPa, 증발기압력은 0.24 MPa이다. 압축기 입구의 상태는 과열도 5℃인 과열증기이며, 복수기의 출구냉매는 5℃의 과냉각도를 갖는 상태이다. (1) 냉각기에서 냉각될 수 있는 물의 유량[kg/s], (2) 사이클의 성적계수를 구하라.

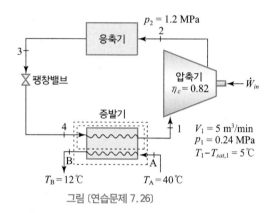

그림 〔연습문제 7.26〕

27 　R-134a를 냉매로 하여 증발온도 −14℃, 응축온도 30℃로 하는 냉동 사이클의 (1) 냉동효과, (2) 필요한 압축일, (3) 성적계수를 구하라.

1. (1) 0.3364
   (2) 8267.5(kW)
   (3) 0.286
2. (1) 0.8444
   (2) 99.63[℃]
   (3) 0.2146
3. (1) 1,206.76[kJ/kg]
   (2) 4.996[kJ/kg]
   (3) 0.3886
4. 3 MPa의 경우 : 0.3369
   5 MPa의 경우 : 0.3585
5. (1) 1.93[MPa]   (2) 0.145[m³/kg]
   (3) 33,946.1[kW] (4) 0.3084
6. (1) 3,496.22[kJ/kg]
   (2) 1,644.47[kJ/kg]
   (3) 1,873.86[kJ/kg]
   (4) 22.11[kJ/kg]
   (5) 0.464
7. (1) 828.287[kJ/kg]
   (2) 0.3147
   (3) 열효율 : 0.357,
       정미일 : 1,001.43[kJ/kg]
8. (1) 823.93[kJ/kg] (2) 0.2936
   (3) 0.82854   (4) 2,806.6[kJ/kg]
9. (1) $3.227×10^7$[kJ/h]
   (2) $1.874×10^7$[kJ/h]
   (3) 0.8575
   (4) 3,056.66[kW]
   (5) 3.272[kg/kWh]
10. 0.411

11. (1) 1.805[kg/kWh]
    (2) 0.4742
12. 0.4606
13. 1.993[kg/kWh]
14. (1) 0.4644
    (2) 0.459
15. 3.6365[MPa], 0.4477
16. 0.4638
17. 0.3746
18. $\dot{m}$=2,681.32[t/h], B=246.379[t/h]
19. $5.54×10^5$[kg]
20. 12,291[kW]
21. (1) 116.58[kJ/kg]
    (2) 25.31[kJ/kg]
    (3) 4.606
22. 11.153[kWh]
23. 3.1486
24. (1) 12.796[kW], 3.227[kW]
    (2) 0.938
    (3) 3.965
25. (1) 1.712[kW]
    (2) 3.25[ton]
    (3) 7.33
    (4) 9.105
26. (1) 1.171[kg/s]
    (2) 3.366
27. (1) 148.52[kJ/kg]
    (2) 32.51[kJ/kg]
    (3) 4.57

Chapter

8

기체의 흐름

1 열역학에서의 기체흐름

열역학 상태량이나 유속 등이 시간적으로 변화하지 않는 정상류(steady flow)를 생각하자. 기체의 유동성질은 3차원적이지만 간단히 하기 위해 1차원유동(one dimensional flow)을 취급한다. 이 경우에는 하나의 수직단면상에서는 상태가 일정하다는 것이다.

열기관에서의 흐름은 터빈이나 로켓 등과 같이 흐름이 주로 고정된 벽으로 둘러싸인 관로 내의 유동(internal flow)이며, 따라서 유선이 거의 관축에 평행하여 흐름 전체가 하나의 유관으로 볼 수 있다. 또 한 수직단면상에서 흐름이 비균일성을 갖더라도 실제로 측정하는 유동 특성치는 에너지로 이용할 때 단면 내의 평균값으로 해석한다.

이 장에서는 고온, 고압에서의 기체유동을 취급하므로 기체를 압축성 유체로 취급하며, 이 경우에 음속이라는 상태가 중요한 역할을 하게 되는데, 즉 마하수(Mach number)가 흐름의 성질을 결정하는 변수가 된다.

흐름의 여러 가지 상태량들은, 1차원 유동에서 관을 따라 거리 x〔m〕만의 함수이다. 관의 단면적을 A〔m^2〕, 유체의 밀도 ρ〔kg/m^3〕, 비체적 v〔m^3/kg〕, 압력 p〔kPa〕, 비엔탈피 h〔kJ/kg〕, 비엔트로피 s〔kJ/kgK〕, 온도 T〔K〕, 유속을 w〔m/s〕로 한다.

2 흐름의 기초식

그림 8.1과 같은 관로의 두 단면 1, 2 사이에는 기체의 유동이 근사적으로 1차원유동으로 볼 수 있다고 하면 다음과 같은 3개의 기초식이 성립한다.

(1) 연속방정식

흐름이 정상류라 할 때 단위시간에 단면 1에 유입하는 질량유량 $\dot{m}$〔kg/s〕은 단면 2에서 유출하는 질량유량과 같으므로 다음의 관계식이 성립한다.

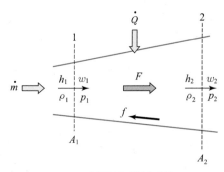

그림 8.1 관 내 흐름

$$\dot{m} = \rho_1 A_1 w_1 = \rho_2 A_2 w_2 \tag{8.1}$$

위 식을 미분하면

$$\frac{d\rho}{\rho} + \frac{dw}{w} + \frac{dA}{A} = 0 \tag{8.2}$$

식 (8.1), (8.2)를 연속방정식(continuity equation)이라고 한다.

(2) 에너지식

기체의 흐름에서는 위치에너지의 변화가 작으므로 이것을 생략하여 단위질량의 기체에 대하여 다음의 에너지 관계식이 성립한다.

$$h_1 + \frac{1}{2}w_1^2 + q = h_2 + \frac{1}{2}w_2^2 + L \tag{8.3}$$

q는 단면 1, 2 사이의 유체에 단위시간, 단위질량당 공급되는 열량[kJ/kg·s], L은 단위시간, 단위질량의 유체가 외부에 한 일량이다.

식 (8.3)을 미분형태로 표시하면 다음과 같이 된다.

$$dh + wdw - dq + dL = 0 \tag{8.4}$$

식 (8.3), (8.4)를 에너지식(energy equation)이라고 한다.

식 (8.4)에서 비압축성 유체($\rho = $const)의 경우, 외부에 일을 하지 않는다면 $dq = dh - vdp$ $= dh - \dfrac{dp}{\rho}$ 를 이용하면

$$dp + \rho d\left(\frac{w^2}{2}\right) = 0$$

이 되며, 단면 1로부터 단면 2까지 적분하면 다음의 식을 얻을 수 있다.

$$p_1 + \frac{1}{2}\rho w_1^2 = p_2 + \frac{1}{2}\rho w_2^2 = 일정 \tag{8.5a}$$

이 식은 베르누이의 식(Bernoulli's equation)이라고 하며, 위치에너지를 무시한 경우의 식이다. 위치에너지를 고려한다면 식 (8.5)의 좌우변에 각각 $\rho g z_1$과 $\rho g z_2$의 항이 추가되어 다음과 같이 표시된다.

$$p_1 + \frac{1}{2}\rho w_1^2 + \rho g z_1 = p_2 + \frac{1}{2}\rho w_2^2 + \rho g z_2 \tag{8.5b}$$

여기서 p는 정압(static pressure), $\frac{1}{2}\rho w^2$은 동압(dynamic pressure), 정압과 동압의 합을 전압 (total pressure)이라고 한다.

(3) 운동방정식

관의 수직단면에 작용하는 압력에 의한 힘 pA, 그곳을 통과할 때의 운동량 $\dot{m}w$ 및 2개의 단면 간의 유체에 작용하는 힘(관 벽면의 압력, 마찰력, 전자력 등의 체적력) F를 고려할 때, 단면 1과 2 사이에서 다음과 같이 운동량 보존의 법칙이 성립한다.

$$p_1 A_1 + \dot{m}w_1 + F = p_2 A_2 + \dot{m}w_2 \tag{8.6}$$

F는 흐름의 방향을 정(+)으로 한다.

양 단면을 가깝게 한 극한에서는 다음의 미분형을 얻을 수 있다.

$$\frac{dp}{dx} + \rho w \frac{dw}{dx} + f = 0 \tag{8.7}$$

f는 유체의 단위체적당 작용하는 마찰력, 체적력 등의 합〔N/m³〕을 나타내며, 관례적으로 흐름과 반대방향으로 작용할 때 정(+)의 값으로 취한다(그림 8.1 참조). 식 (8.7)을 운동방정식(equation of motion)이라고 하며, 이 식에서 $f = 0$으로 놓고 x에 대하여 적분하면 베르누이식을 얻을 수 있다.

예제 8.1

공기압축기의 입구온도 $T_1 = 293\,\text{K}$, 속도 $w_1 = 100\,\text{m/s}$이다. 이 압축기는 공기에 90 kJ/kg의 일을 하고, 열손실은 5 kJ/kg이며 출구온도가 380 K이다. 정상유동을 할 때 출구속도를 구하라. 공기의 정압비열은 1.005 kJ/kgK이다.

풀이 식 (8.3)에서

$$\frac{1}{2}w_2^2 = h_1 - h_2 - L + \frac{1}{2}w_1^2 + q = c_p(T_1 - T_2) - L + \frac{1}{2}w_1^2 + q$$

$$= 1,005 \times (293 - 380) + 90,000 + \frac{1}{2} \times 100^2 - 5,000 = 2,565 \text{ J/kg}$$

$$\therefore w_2 = 71.624 \text{ m/s}$$

3 음속과 마하수

압축성 유체의 유동에서 압력파가 이동하는 속도, 즉 음속(velocity of sound)은 중요한 인자이며, 압력파는 국부적인 압력상승을 일으키는 작은 교란에 의해 발생한다.

유체 중의 음속 a〔m/s〕는 유체의 열역학적 성질에서 다음 식으로 주어진다.

$$a = \sqrt{\left(\frac{\partial p}{\partial \rho}\right)_s} = \sqrt{-v^2\left(\frac{\partial p}{\partial v}\right)_s} \tag{8.8}$$

등엔트로피 변화에서 $pv^k = c$, 기체의 상태식 $pv = RT$, $v = \frac{1}{\rho}$ 을 이용하여 위 식을 정리하면

$$a = \sqrt{k\frac{p}{\rho}} = \sqrt{kRT} \tag{8.9}$$

가 된다. 따라서 음속은 유체의 물성치 및 온도만에 관계된다.

음속에 대한 유속의 비를 마하수(Mach number) M이라 한다.

$$M = \frac{w}{a} \tag{8.10}$$

마하수는 흐름의 성질을 나타내는 양이며, 기체의 유동에서는 중요한 변수이다. $M < 1$인 유동은 아음속유동(subsonic flow), $M > 1$인 유동을 초음속유동(supersonic flow)이라고 한다.

예제 8.2

연소장치의 배기관 내 음속을 구하라. 연소가스는 1,200℃의 공기이며, 배기관 내에서 압력 0.2 MPa로 일정하다고 한다. 공기의 비열, 비열비 및 가스상수는 각각 1.2 kJ/kgK, 1.2, 0.28 kJ/kgK이다.

풀이 음속 $a = \sqrt{kRT}$
$$= \sqrt{1.2 \times 0.28 \times 10^3 \times 1,473.15} = 703.5 \text{ m/s}$$

4 단열흐름

(1) 전온도 및 전압

관로의 두 단면 간에 단열상태이며, 일을 하지 않는 경우에 에너지식은 식 (8.3)으로부터 다음과 같이 표시된다.

$$h_1 + \frac{1}{2}w_1{}^2 = h_2 + \frac{1}{2}w_2{}^2 = h_o \tag{8.11}$$

여기서, h_o는 흐름을 단열적으로 정지시키는 경우($w = 0$) 얻을 수 있는 비엔탈피로서, 전엔탈피 (total enthalpy)라 하며, 열의 출입이 없는 유동에서는 관을 따라 일정한 값이 된다.

이상기체에서는 $h = c_p T$의 관계를 식 (8.11)에 적용하면 다음과 같이 표시할 수 있다.

$$T_1 + \frac{1}{2}\frac{w_1^2}{c_p} = T_2 + \frac{1}{2}\frac{w_2^2}{c_p} = T_o \tag{8.12}$$

정압비열 $c_p = \dfrac{k}{k-1}R$ 과 마하수 $M = \dfrac{w}{a}$ 를 위 식에 적용하면

$$T_1\left(1 + \frac{k-1}{2}M_1^2\right) = T_2\left(1 + \frac{k-1}{2}M_2^2\right) = T_o \tag{8.13}$$

가 된다. 여기서 T_o는 흐름을 단열적으로 정지시키는 경우에 얻어지는 온도이며, 전온도(total temperature)라고 한다. 또, 흐름을 정지시켰을 때 온도상승 $\dfrac{1}{2}\dfrac{w^2}{c_p}$ 또는 $\dfrac{k-1}{2}M^2 T$ 를 동온도 (dynamic temperature)라고 한다.

또, 가역단열변화의 관계를 이용하면 압력에 대한 다음의 식이 얻어진다.

$$p_1\left(1 + \frac{k-1}{2}M_1^2\right)^{\frac{k}{k-1}} = p_2\left(1 + \frac{k-1}{2}M_2^2\right)^{\frac{k}{k-1}} = p_o \tag{8.14}$$

여기서 p_o는 전압(total pressure)이다.

예제 8.3

그림과 같이 터보제트기가 마하수 1.5로 고도 10,000 m(압력 26.5 kPa, 온도 −50℃)를 비행할 때 압축기 입구온도 및 압력을 구하라.

풀이 식 (8.13)으로부터

$$T_o = T_1\left(1 + \frac{k-1}{2}M_1^2\right)$$

$$= 223.15 \times \left(1 + \frac{0.4}{2} \times 1.5^2\right) = 323.57 \text{ K} = 50.42℃$$

식 (8.14)로부터

$$p_o = p_1\left(1 + \frac{k-1}{2}M_1^2\right)^{\frac{k}{k-1}} = 26.5 \times \left(1 + \frac{0.4}{2} \times 1.5^2\right)^{\frac{1.4}{0.4}}$$

$$= 97.282 \text{ kPa}$$

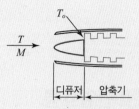

그림 (예제 8.3)

(2) 유로의 형상과 유동특성

관로 내의 흐름을 아음속 내에서 단열적으로 감속하면 압력, 온도, 엔탈피 등이 증가하고, 가속하면 이들이 감소한다. 그러나 초음속유동에서는 이들의 변화가 단면적의 변화에 따라 어떻게 변화하는지 고찰한다.

연속방정식 $\dot{m} = \rho A w = \text{const}$를 미분형으로 표시하면 다음과 같이 쓸 수 있다.

$$\frac{dA}{A} = -\frac{d\rho}{\rho} - \frac{dw}{w} \tag{8.15}$$

미분형의 에너지식에서, 단열상태에서 외부에 일을 하지 않는 경우에 식 (8.4)로부터 $dh = -wdw$ 이며, 열역학 제1법칙 $dq = dh - \frac{dp}{\rho} = 0$이므로 $dh = \frac{dp}{\rho}$이며, 따라서

$$\frac{dp}{\rho} = -wdw \tag{8.16}$$

이다. 단열변화의 식 $p/\rho^k = C$를 미분하고 식 (8.9)의 음속 $a = \sqrt{kRT}$를 적용하면 $dp = a^2 d\rho$ 가 되어, 이것을 식 (8.16)에 대입하면

$$\frac{d\rho}{\rho} = -\frac{w}{a^2}dw \tag{8.17}$$

따라서 식 (8.17)을 식 (8.15)에 대입하여 정리하면 다음 식이 얻어진다.

$$\frac{dA}{A} = (M^2 - 1)\frac{dw}{w} \tag{8.18}$$

또한 $p/\rho^k = C$를 미분하여 정리하면

$$\frac{d\rho}{\rho} = \frac{dp}{kp} \tag{8.19}$$

가 되며, 식 (8.17)과 식 (8.19)를 이용하면

$$\frac{dw}{w} = -\frac{d\rho}{\rho}\frac{a^2}{w^2} = -\frac{d\rho}{\rho}\frac{1}{M^2} = -\frac{dp}{kp}\frac{1}{M^2} \tag{8.20}$$

이 되며, 식 (8.19) 및 식 (8.20)을 식 (8.15)에 대입하면 다음 식이 얻어진다.

$$\frac{dA}{A} = \frac{1}{k}\left(\frac{1}{M^2} - 1\right)\frac{dp}{p} \tag{8.21}$$

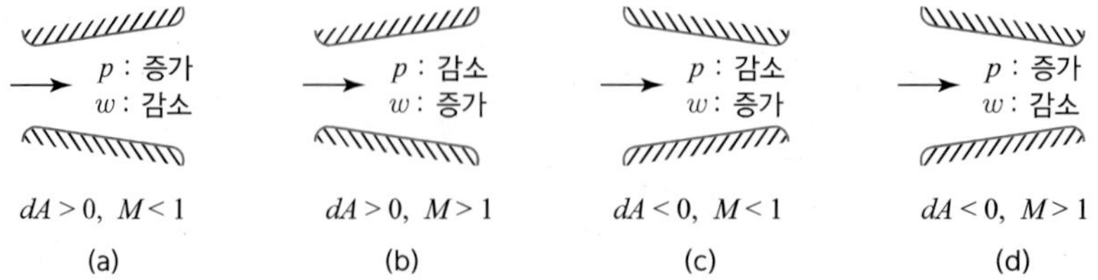

p : 증가
w : 감소
dA > 0, M < 1
(a)
p : 감소
w : 증가
dA > 0, M > 1
(b)
p : 감소
w : 증가
dA < 0, M < 1
(c)
p : 증가
w : 감소
dA < 0, M > 1
(d)

그림 8.2 유로형상에 의한 속도, 압력의 변화

식 (8.18)과 식 (8.21)로부터 아음속유동($M < 1$)과 초음속유동($M > 1$)에 대하여, 유로의 형상에 의한 속도 및 압력의 변화를 그림 8.2에 표시하였다. 이 그림으로부터 $M < 1$의 경우와 $M > 1$의 경우에는 유체의 유동특성이 상반됨을 알 수 있다.

(3) 노즐 내 유동

관로의 입구와 출구 사이에 압력강하가 일어나며, 흐름이 가속되는 관로를 노즐(nozzle)이라 한다. 그림 8.3과 같이 관로의 단면적이 축소되는 노즐을 축소노즐(convergent nozzle)이라 한다.

w1
h1
T1
w2
h2
T2

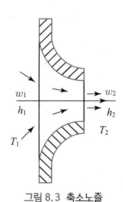

그림 8.3 축소노즐

① 무마찰, 단열흐름

노즐의 벽면마찰 및 외부와의 열의 출입이 없다고 하면 에너지식은 다음과 같이 표시할 수 있다.

$$h_1 - h_2 = \frac{1}{2}({w_2}^2 - {w_1}^2) \tag{8.22}$$

따라서 노즐의 출구유속 w_2는

$$w_2 = \sqrt{2(h_1 - h_2) + {w_1}^2} \tag{8.23}$$

가 되며, 노즐의 입구과 출구의 단열열낙차(adiabatic heat drop) $(h_1 - h_2)$에 관계된다. 노즐에서는 입구유속이 출구유속에 비해 작으므로 w_1은 무시하는 경우가 많으며, 이 경우에는 식 (8.23)을 다음과 같이 표시할 수 있다.

$$w_2 = \sqrt{2(h_1 - h_2)} \tag{8.24}$$

단열열낙차를 $h-s$ 선도 상에 표시하면 그림 8.4와 같으며, 1-2의 엔탈피 강하량은 이론적인 단열적 무마찰의 값이지만, 마찰이 있는 경우에는 1-2′의 열낙차 $(h_1 - h_{2'})$가 된다.

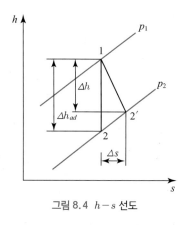

그림 8.4 $h-s$ 선도

에너지식 (8.3)에서 단열흐름의 경우 외부에 일을 하지 않는 경우, 즉 $q=0$, $L=0$를 적용하고, $h = \dfrac{k}{k-1}RT$, $\dfrac{T_2}{T_1} = \left(\dfrac{p_2}{p_1}\right)^{(k-1)/k}$ 의 관계를 이용하면 출구유속은 다음 식으로 나타낼 수 있다.

$$
\begin{aligned}
w_2 &= \sqrt{\frac{2k}{k-1}RT_1\left[1-\left(\frac{p_2}{p_1}\right)^{(k-1)/k}\right] + w_1^2} \\
&= \sqrt{\frac{2k}{k-1}p_1 v_1\left[1-\left(\frac{p_2}{p_1}\right)^{(k-1)/k}\right] + w_1^2}
\end{aligned} \tag{8.25}
$$

따라서 노즐의 유출유량은 다음과 같이 된다.

$$\dot{m} = \rho_2 A_2 w_2 \tag{8.26}$$

② 마찰이 있는 노즐흐름

실제의 노즐흐름에서는 마찰에 의한 운동량손실과 열의 발생으로 엔트로피가 증가하므로 그림 8.4와 같이 열낙차가 $h_1 - h_{2'}$로서 $h_1 - h_2$보다 작아진다. 따라서 실제의 노즐 출구속도는 다음과 같다.

$$w_{2'} = \sqrt{2(h_1 - h_{2'})} \tag{8.27}$$

동일한 압력비 p_2/p_1인 경우, 실제의 노즐과 마찰이 없다고 가정한 이상적인 노즐의 운동에너지의 비를 노즐효율(nozzle efficiency) η_n이라 한다.

$$\eta_n = \frac{w_{2'}^2}{w_2^2} = \frac{h_1 - h_{2'}}{h_1 - h_2} = \frac{\Delta h}{\Delta h_{ad}} \tag{8.28}$$

또, 노즐의 속도계수 ψ를 다음과 같이 표시한다.

$$\psi = \frac{w_{2'}}{w_2} = \sqrt{\eta_n} \tag{8.29}$$

예제 8.4

압력 0.3 MPa, 온도 300 K인 저장탱크의 공기를 0.1 MPa의 대기 중으로 노즐을 통해 분사하였다. 노즐의 속도계수는 0.95인 경우 공기의 노즐 출구속도를 구하라.

풀이 공기의 비열비 $k = 1.4$, 공기의 가스상수 $R = 287$ J/kgK, 노즐 입구속도를 무시한 이론 출구속도는 식 (8.25)로부터

$$w_2 = \sqrt{\frac{2k}{k-1} RT_1 \left[1 - \left(\frac{p_2}{p_1}\right)^{(k-1)/k}\right]}$$

$$= \sqrt{\frac{2 \times 1.4}{1.4 - 1} \times 287 \times 300 \left[1 - \left(\frac{1}{3}\right)^{0.4/1.4}\right]} = 403 \text{ m/s}$$

따라서 실제 노즐 출구속도는 식 (8.29)로부터 $w_{2'} = \psi w_2 = 0.95 \times 403 = 382$ m/s

축소노즐의 유량계수는 실제 노즐의 유량과 이상적인 노즐유량의 비로 다음과 같이 정의한다.

$$\mu = \frac{\rho_2 A_2 w_{2'}}{\rho_2 A_2 w_2} = \frac{\dot{m}'}{\dot{m}} \tag{8.30}$$

예제 8.5

입구압력 180 kPa, 온도 30℃로 출구압력 100 kPa인 공기노즐의 출구유속 및 유량(단면적 1 cm²당)을 구하라. 단, 노즐효율은 0.95, 유량계수는 0.90이다.

풀이 식 (8.25)의 $1 - (p_2/p_1)^{(k-1)/k} = 1 - (100/180)^{0.4/1.4} = 0.15434$

$\therefore$ 이론 출구유속 $w_2 = \sqrt{\frac{2k}{k-1} RT_1 \left[1 - \left(\frac{p_2}{p_1}\right)^{(k-1)/k}\right]}$

$$= \sqrt{\frac{2 \times 1.4}{1.4 - 1} \times 287 \times 303.15 \times 0.15434} = 306.61 \text{ m/s}$$

(계속)

실제 출구유속 $\quad w_{2'} = \sqrt{\eta_n} \times w_2 = \sqrt{0.95} \times 306.61 = 298.85$ m/s

$$v_1 = \frac{RT_1}{p_1} = \frac{0.287 \times 303.15}{180} = 0.4834 \text{ m}^3/\text{kg}$$

$$\therefore v_2 = v_1\left(\frac{p_1}{p_2}\right)^{1/k} = 0.4834 \times \left(\frac{180}{100}\right)^{1/1.4} = 0.7356 \text{ m}^3/\text{kg}$$

$$\therefore \rho_2 = \frac{1}{v_2} = \frac{1}{0.7356} = 1.3594 \text{ kg/m}^3$$

이상적인 질량유량 $\dot{m} = \rho_2 A_2 w_2 = 1.3594 \times 1 \times 10^{-4} \times 306.61 = 0.0417$ kg/s

실제 질량유량 $\quad \dot{m'} = \mu\dot{m} = 0.9 \times 0.0417 = 0.03753$ kg/s

③ 축소노즐의 임계유동

전온도, 전압력, 그에 대응하는 비체적 등을 입구상태 1을 이용하여 표시하면 식 (8.13)과 (8.14)와 함께 $v_o = v_1\left(\dfrac{p_o}{p_1}\right)^{-1/k}$ 의 관계로부터

$$T_o = T_1\left(1 + \frac{k-1}{2}M_1^2\right) \tag{8.31a}$$

$$p_o = p_1\left(1 + \frac{k-1}{2}M_1^2\right)^{k/(k-1)} \tag{8.31b}$$

$$v_o = v_1\left(1 + \frac{k-1}{2}M_1^2\right)^{-1/(k-1)} \tag{8.31c}$$

이 되며, 노즐 내에서 등엔트로피 변화가 이루어질 때

$$v_2 = v_o\left(\frac{p_o}{p_2}\right)^{1/k} = v_1\left(\frac{p_1}{p_2}\right)^{1/k}$$

의 관계를 이용하면 $w_1 = 0$으로 생각할 때 입구에서의 상태치는 각각 전온도, 전압력, 그에 대응하는 비체적이므로 출구유속 w_2는 식 (8.25)로부터

$$w_2 = \sqrt{\frac{2k}{k-1}p_o v_o\left[1 - \left(\frac{p_2}{p_o}\right)^{(k-1)/k}\right]}$$

$$= \sqrt{\frac{2k}{k-1}RT_o\left[1 - \left(\frac{p_2}{p_o}\right)^{(k-1)/k}\right]} \tag{8.32}$$

또 $\rho_2/\rho_o = (p_2/p_o)^{1/k}$의 관계를 이용하면, 유출유량 $\dot{m}$ (kg/s)은 다음과 같이 된다.

$$\dot{m} = \rho_2 A_2 w_2 = A_2 \sqrt{\frac{2k}{k-1} \frac{p_o}{v_o} \left[\left(\frac{p_2}{p_o} \right)^{2/k} - \left(\frac{p_2}{p_o} \right)^{(k+1)/k} \right]} \tag{8.33}$$

마하수가 1인 위치에서 유체의 흐름을 임계흐름이라 하며, 그 상태에서의 유체의 상태량을 임계 상태량이라고 한다. 임계상태량에는 하첨자 c를 붙여서 표시하면 임계온도, 임계압력, 임계비체적은 식 (8.31a), (8.31b), (8.31c)에서 $M_1 = 1$로 취하여 다음과 같이 표시할 수 있다.

$$\frac{T_c}{T_o} = \frac{2}{k+1} \tag{8.34}$$

$$\frac{p_c}{p_o} = \left(\frac{2}{k+1} \right)^{k/(k-1)} \tag{8.35}$$

$$\frac{v_c}{v_o} = \left(\frac{2}{k+1} \right)^{-1/(k-1)}, \quad \frac{\rho_c}{\rho_o} = \left(\frac{2}{k+1} \right)^{1/(k-1)} \tag{8.36}$$

임계유속, 즉 마하수 1의 유속은 식 (8.35)를 식 (8.32)에 적용하면

$$w_c = \sqrt{\frac{2k}{k+1} RT_o} = \sqrt{kRT_c} = a_c \tag{8.37}$$

가 되어 음속이 됨을 알 수 있다.

임계유량 $\dot{m}_c$는 $\dot{m}_c = \rho_c A_c w_c$이므로 식 (8.36), (8.37)을 적용하면 다음의 식을 얻을 수 있다.

$$\dot{m}_c = \rho_c A_c w_c = A_c \sqrt{k \left(\frac{2}{k+1} \right)^{(k+1)/(k-1)}} \cdot \frac{p_o}{\sqrt{RT_o}} \tag{8.38}$$

음속은 미소압력 교란이 매체 속을 전파하는 속도이므로, 노즐이 출구에서 임계상태로 되어 음속으로 되면, 노즐출구 후류의 압력변화는 노즐입구에 전해지지 않는다. 따라서 배압 p_2가 p_c 이하로 떨어져도 노즐출구의 압력은 p_c를 유지하므로 노즐 내의 유동상태는 출구의 압력 p_c에 대응하는 상태로 일정하게 유지된다.

예제 8.6

탱크 내에 압력 1,000 kPa, 온도 500 K인 공기가 들어 있다. 그 탱크에 축소형 노즐을 설치하여 노즐 출구에서 임계압력에 달했다고 한다. 출구에서의 속도 및 질량유량을 구하라. 단, 노즐 출구면적은 10 cm²이다.

풀이 식 (8.35)에서 임계압력

$$p_c = p_o \left(\frac{2}{k+1} \right)^{k/(k-1)} = 1,000 \times \left(\frac{2}{2.4} \right)^{1.4/0.4} = 528.28 \text{ kPa}$$

(계속)

식 (8.34)에서 임계온도

$$T_c = T_o \frac{2}{k+1} = 500 \times \frac{2}{2.4} = 416.67 \text{ K}$$

식 (8.37)로부터

$$w_2 = w_c = \sqrt{kRT_c} = \sqrt{1.4 \times 287.2 \times 416.67} = 409.31 \text{ m/s}$$

식 (8.38)로부터

$$\dot{m}_c = \rho_c A_c w_c = A_c \sqrt{k\left(\frac{2}{k+1}\right)^{(k+1)/(k-1)}} \cdot \frac{p_o}{\sqrt{RT_o}}$$

$$= 10 \times 10^{-4} \sqrt{1.4 \times \left(\frac{2}{2.4}\right)^{2.4/0.4}} \cdot \frac{1,000 \times 10^3}{\sqrt{287.2 \times 500}} = 1.807 \text{ kg/s}$$

④ 축소확대노즐의 흐름

축소노즐의 출구에서 임계압력에 도달한 후에는 노즐을 나온 기체가 급격히 팽창과 압축이 반복되어 충격파(shock wave)를 발생시킨다. 충격파는 압력이 약간 높아진 음파가 다수 겹쳐서 압력이 높아진 것이다.

그림 8.5에 표시하듯이 축소노즐에서 음속에 도달한 후, 기체를 적당히 팽창하도록 노즐의 유로 단면적을 확대시키면 초음속(supersonic velocity)으로 된다. 이러한 형태의 노즐을 확대노즐 (divergent nozzle)이라고 한다. 축소노즐과 접속하여 축소확대노즐(convergent-divergent nozzle) 을 그림 8.5에 나타내었는데 De Laval 노즐이라고 한다.

이 노즐의 최소단면을 목(throat)이라 하며, 목에서 임계속도로 된다. 목 이후의 노즐은 유속이 초음속이 되어도 질량유량이 증가하지 않으며, 목부의 질량유량으로 결정된다.

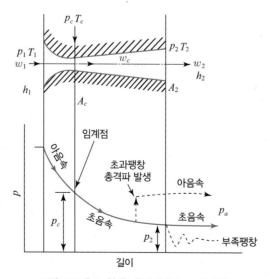

그림 8.5 축소-확대노즐의 흐름(p_a : 외기압)

이 노즐에서 단위면적당 질량유량 $\dot{m}/A$는 연속방정식으로부터 다음의 관계식으로 나타낼 수 있다.

$$\frac{\dot{m}}{A} = \rho w = \frac{p}{RT} w \sqrt{\frac{kT_o}{kT_o}} = \frac{p}{\sqrt{kRT}} w \sqrt{\frac{k}{R}} \sqrt{\frac{T_o}{T}} \sqrt{\frac{1}{T_o}}$$

$$= \frac{pM}{\sqrt{T_o}} \sqrt{\frac{k}{R}} \sqrt{1 + \frac{k-1}{2} M^2} \tag{8.39}$$

식 (8.31b)(첨자 1을 임의의 값으로 하기 위해 첨자 없앰)를 식 (8.39)에 대입하면 다음과 같이 단위면적당 질량유량의 관계식을 얻는다.

$$\frac{\dot{m}}{A} = \frac{p_o}{\sqrt{T_o}} \sqrt{\frac{k}{R}} \times \frac{M}{\left[1 + \dfrac{k-1}{2} M^2 \right]^{(k+1)/2(k-1)}} \tag{8.40}$$

목부에서는 $M = 1$이다. 따라서 목부에서의 단위면적당 질량유량 $\dot{m}/A_c$은 식 (8.40)에서 $M = 1$로 하여 다음과 같이 구할 수 있다.

$$\frac{\dot{m}}{A_c} = \frac{p_o}{\sqrt{T_o}} \sqrt{\frac{k}{R}} \times \frac{1}{\left[\dfrac{k+1}{2} \right]^{(k+1)/2(k-1)}} \tag{8.41}$$

목부단면적에 대한 마하수가 M인 단면적의 비 A/A_c는 식 (8.40)을 식 (8.41)로 나누어 다음과 같이 구할 수 있다.

$$\frac{A}{A_c} = \frac{1}{M} \left[\left(\frac{2}{k+1} \right) \left(1 + \frac{k-1}{2} M^2 \right) \right]^{(k+1)/2(k-1)} \tag{8.42}$$

그림 8.6은 A/A_c와 M의 관계를 나타내며, 아음속 노즐은 축소형이고 초음속 노즐은 확대형임을 알 수 있다. 단면을 확대하는 비율은 확대각을 8~10° 이하로 하여 박리현상이 일어나지 않게 한다.

목부유속에 대한 출구유속의 비 w_2/w_c는 식 (8.32)를 식 (8.37)로 나누어 다음과 같이 정리된다.

$$\frac{w_2}{w_c} = \sqrt{\frac{k+1}{k-1} \left[1 - \left(\frac{p_2}{p_1} \right)^{(k-1)/k} \right]} \tag{8.43}$$

지금 확대노즐 출구압력이 외기압 p_a와 다르면, 그림 8.5에 나타낸 바와 같이 된다. 그러나 외기압이 변해도 목부의 압력이 p_c인 한 질량유량의 변화는 없다.

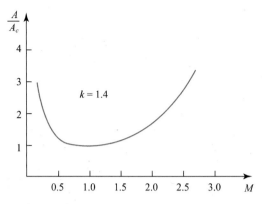

그림 8.6 가역 단열노즐에서의 단면적비와 Mach수의 관계

확대노즐 내의 흐름이 $p_2 > p_a$인 경우, 노즐출구에 있어서 p_2로부터 p_a까지 노즐 밖에서 기체가 팽창하여 진동흐름으로 되며, 이것을 부족팽창(under expansion)이라고 한다. 또 $p_2 < p_a$인 경우, 확대노즐 내에서 초과팽창(over expansion)하여 출구에서 충격파를 동반하여 압축되며 진동흐름으로 되지만 p_a가 커지면 노즐 내에서 수직충격파(normal shock wave)가 발생하고, 그 후는 압축되어 음속 이하의 흐름으로 된다.

예제 8.7

축소확대노즐의 입구압력 1 MPa, 온도 800 K인 공기가 유입하여 등엔트로피 유동을 한다. 출구의 마하수는 2이고, 목부의 단면적은 20 cm²이다. 입구속도는 무시하고 $k = 1.4$일 때 (1) 목부의 압력, 온도, 밀도, (2) 노즐을 통과하는 질량유량, (3) 출구의 단면적을 구하라.

[풀이] (1) 식 (8.35)로부터 $p_c = p_o\left(\dfrac{2}{k+1}\right)^{k/(k-1)} = 1 \times \left(\dfrac{2}{2.4}\right)^{1.4/0.4} = 0.5283$ MPa

식 (8.34)로부터 $T_c = T_o\left(\dfrac{2}{k+1}\right) = 800 \times \dfrac{2}{2.4} = 666.67$ K

$$\rho_o = \frac{p_o}{RT_o} = \frac{1 \times 10^3}{0.2872 \times 800} = 4.3524 \text{ kg/m}^3$$

∴ 식 (8.36)으로부터

$$\rho_c = \rho_o\left(\frac{2}{k+1}\right)^{1/(k-1)} = 4.3254 \times \left(\frac{2}{2.4}\right)^{1/0.4} = 2.759 \text{ kg/m}^3$$

(2) $w_c = a = \sqrt{kRT_c}$
    $= \sqrt{1.4 \times 287.2 \times 666.67} = 517.74$ m/s

$\dot{m} = \rho_c A_c w_c = 2.759 \times 20 \times 10^{-4} \times 517.74 = 2.857$ kg/s

(계속)

(3) 식 (8.31a)로부터 $T_o = T_e \left(1 + \dfrac{k-1}{2} M_e{}^2\right)$

$$\therefore T_e = \frac{T_o}{1 + \dfrac{k-1}{2} M_e{}^2} = \frac{800}{1 + \dfrac{0.4}{2} \times 2^2} = 444.44 \text{ K}$$

$$p_e = p_o \left(\frac{T_o}{T_e}\right)^{k/(1-k)} = 1 \times \left(\frac{800}{444.44}\right)^{-1.4/0.4} = 0.1278 \text{ MPa}$$

$$\rho_e = \frac{p_e}{RT_e} = \frac{0.1278 \times 10^3}{0.2872 \times 444.44} = 1.0012 \text{ kg/m}^3$$

출구유속 $w_e = 2M_e = 2\sqrt{kRT_e}$

$$= 2\sqrt{1.4 \times 287.2 \times 444.44} = 845.46 \text{ m/s}$$

$$\therefore A_e = \frac{\dot{m}}{\rho_e w_e} = \frac{2.857}{1.0012 \times 845.46} = 3.375 \times 10^{-3} \text{ m}^2 = 33.75 \text{ cm}^2$$

1   500℃의 공기가 300 m/s의 속도로 유동할 때 마하수를 구하라.

2   압력 1 MPa과 3 MPa의 건포화증기의 음속을 구하라. 단, $k = 1.135$이다.

3   연소장치 배기관 내의 음속을 구하라. 연소가스는 1,200℃의 공기로서 배기관 내에서 일정하며, 압력도 0.2 MPa로 일정하다. 공기의 비열비 및 가스상수는 각각 1.2, 0.28 kJ/kgK이다.

4   램제트엔진에서 마하수 1.5, 0℃의 기류가 120 m/s까지 감속하여 연소실로 들어간다. 열손실이 없다면 이 과정에서 온도는 얼마나 상승하는가?

5   인공위성이 마하수 7로 대기권에 재돌입하였다. 대기압은 30 kPa, 온도는 −100℃일 때, 위성선단의 정체점온도를 구하라.

6   유량 5 kg/s, 엔탈피 3,000 J/kg의 유체가 노즐에 유입한다. 출구의 엔탈피가 2,100 J/kg, 비체적이 1.25 m³/kg이었을 때 출구면적을 얼마로 하면 되는가? 단, 노즐의 유입속도 및 위치에너지를 무시하고, 도중에서 열의 수수 및 외부일은 없다.

7   노즐을 통해 증기를 팽창시켜 250 m/s의 분출속도를 얻고 싶은 경우, 얼마의 열낙차가 필요한가?

8   압력 1 MPa의 건포화증기($v_1 = 0.194293$ m³/kg)가 노즐에 의해서 압력 0.2 MPa까지 팽창하였다. 이때 출구에서 (1) 임계압력, (2) 임계비체적을 구하라. 단, $k = 1.135$이다.

9   15℃, $101.33\,kPa$의 공기를 음속까지 단열적으로 팽창·가속시킬 때, 그 온도, 압력, 유속을 구하라.

10   1 MPa, 20℃의 공기가 들어 있는 탱크로부터, 단면적 2 cm²인 목부를 갖는 구멍을 통해 공기를 임계상태로 분출시킨다. (1) 유량, 목부의 (2) 압력, (3) 온도, (4) 유속을 구하라.

11 15 MPa, 600℃의 과열증기($k = 1.3$의 이상기체로 취급)를 음속까지 단열적으로 가속했을 때 온도, 유속, 목부 단면적 1 cm²당 유량(kg/s)을 구하라. 단, 이 과열증기의 가스상수는 $R = 461.51$ J/kgK이다.

12 압력 1.5 MPa, 비체적 0.08 m³/kg의 가스가 노즐로부터 분출하여 0.12 MPa, 0.38 m³/kg으로 되었다. 최초와 최종온도가 134.46℃와 -118.26℃라고 하면 유출속도는 얼마인가? 단, 유입 속도와 열손실은 무시하고, 가스의 정적비열 $c_v = 0.7$ kJ/kgK이다.

13 최소단면적이 5 cm²인 노즐을 통해, 표준상태의 공기가 팽창한다. 임계유량을 구하라.

14 터보제트기의 노즐에서 터빈 출구(노즐 입구)온도는 600℃, 노즐 출구 분출속도는 500 m/s일 때, 노즐의 압력비는 얼마인가? 단, 노즐 효율은 0.95, 연소가스는 공기의 물성치로 간주한다.

15 속도 450 m/s로 노즐로부터 공기가 분출하기 위해 압력이 대기압, 온도 20℃의 공기가 필요하다. 노즐의 속도계수는 0.93일 때 노즐에 유입하기 전의 공기온도 및 압력을 구하라.

16 압력 $p_1 = 0.5$ MPa, 온도 $t_1 = 80$℃의 압축공기를 대기 중으로 분출할 때 얻을 수 있는 최대 분출속도, 분출하는 공기의 온도를 구하라. 공기의 가스상수는 $R = 0.287$ kJ/kgK, 정압비열 $c_p = 1.009$ kJ/kgK, 대기압 $p_2 = 0.1$ MPa이며, 단열흐름이다.

17 압력 $p_o = 1.2$ MPa인 포화증기가 분출할 때 임계압력과 임계속도를 구하라. 포화증기의 단열지수 $k = 1.135$, 포화증기의 비체적은 0.1662 m³/kg이다.

18 축소노즐로 유입되는 공기의 정체압력은 1,000 kPa, 정체온도는 360 K이다. 배압 800 kPa, 528 kPa, 300 kPa에 대한 질량유량을 각각 구하라. 흐름은 단열흐름이며, 노즐 출구면적은 500 mm²이다.

축소-확대노즐 내 유동

19 압력 500 kPa, 온도 20℃의 공기를 200 kPa까지 축소-확대노즐에서 팽창시키는 경우, 이론 분출속도와 분출 끝 마하수를 구하라. $k = 1.4$이다.

20 문제 19에서 노즐의 유입속도가 100 m/s일 때, 분출속도 및 분출 끝 마하수를 구하라.

21 압력 700 kPa, 온도 500 K의 공기가 압력 150 kPa까지 축소-확대노즐에서 단열팽창할 때 목부에서의 (1) 압력, 온도, 속도를 구하라. 또 (2) 분출속도, 유량, 단면적의 확대비를 구하라.

22 유량 5 kg/s의 공기를 압력 1 MPa, 온도 15℃의 상태로부터 노즐을 이용하여 0.1 MPa까지 단열팽창시키려 한다. 노즐 목부에서의 (1) 압력, (2) 온도, (3) 단면적, (4) 단면확대율(노즐 출구 단면적/목부단면적), (5) 노즐 출구의 이론 분출속도를 구하라.

23 $p_o = 1.0\,\text{MPa}$, $T_o = 800\,\text{K}$의 저속인 공기가 축소-확대노즐로 유입한다. 흐름은 단열유동이며 $k = 1.4$, 출구 마하수는 2이며 목 면적은 20 cm^{2}이다. (1) 목에서의 압력, 온도, 밀도, 유속, (2) 출구에서의 상태량, (3) 질량유량을 구하라.

• 정답 •
---

1. 0.538

2. 1 MPa : 469.6〔m/s〕,
   3 MPa : 476.3〔m/s〕

3. 703.55〔m/s〕

4. 122.94〔℃〕

5. 1,596.87〔℃〕

6. 0.1473〔m^2〕

7. 31.25〔kJ/kg〕

8. (1) 0.5774〔MPa〕
   (2) 0.3152〔m^3/kg〕

9. −33.025〔℃〕, 53.53〔kPa〕$_{abs}$,
   310.72〔m/s〕

10. (1) 0.464〔kg/s〕   (2) 0.5283〔MPa〕
    (3) −28.86〔℃〕   (4) 313.4〔m/s〕

11. 486.11〔℃〕, 674.93〔m/s〕,
    1.577〔kg/s〕

12. 653.35〔m/s〕

13. 0.124〔kg/s〕

14. 0.5664

15. 120.75〔℃〕, 345.82〔kPa〕

16. $w_2 = 511.37$〔m/s〕, $T_2 = -50.18$℃

17. $p_c = 0.693$〔MPa〕, $w_c = 460.5$〔m/s〕

18. 0.8712〔kg/s〕, 1.0646〔kg/s〕,
    1.0646〔kg/s〕

19. 368.44〔m/s〕, 1.223

20. 381.77〔m/s〕, 1.2675

21. (1) 369.8〔kPa〕, 143.52〔℃〕,
    409.31〔m/s〕
    (2) 598.245〔m/s〕, 1,264.86〔kg/s·m^2〕,
    1.3034

22. (1) 0.5283〔MPa〕   (2) −33.025〔℃〕
    (3) 21.006〔cm^2〕   (4) 1.931
    (5) 528.383〔m/s〕

23. (1) $p_c = 0.5283$〔MPa〕,
    $T_c = 666.6$〔K〕,
    $\rho_c = 2.761$〔kg/m^3〕,
    $V_c = 517.5$〔m/s〕
    (2) $p_2 = 0.1278$〔MPa〕,
    $T_2 = 444.5$〔K〕,
    $\rho_2 = 1.002$〔kg/m^3〕,
    $A_2 = 33.75$〔cm^2〕,
    $V_2 = 845.2$〔m/s〕
    (3) $\dot{m} = 2.858$〔kg/s〕

Chapter

9

습공기와 공기조화

1 습공기의 성질

공업상 중요한 혼합기체의 하나인 습공기(moist air)는, 수분을 포함한 공기이다. 이에 대하여 수분을 포함하지 않는 공기를 건공기(dry air) 또는 단순히 공기라고 한다.

건공기는 표 9.1과 같이 질소, 산소, 아르곤 등을 포함하는 다성분계 혼합기체인데, 그 조성은 거의 일정하다. 그 때문에 습공기를 건공기와 수증기의 2성분계 혼합기체라고 생각하고, 더욱이 수증기로서의 분압이 비교적 낮고, 습공기의 전압력이 약 1MPa 이하라면 습공기를 이상기체의 혼합물로서 취급할 수 있다.

표 9.1 건공기의 성분

구 분	질소	산소	아르곤	이산화탄소
체적조성	0.7809	0.2095	0.0093	0.0003
질량조성	0.7553	0.2314	0.0128	0.0005

그러나 습공기 중의 수증기량은 공기의 온도에 따라서 정해지는 어떤 한계가 있으며, 그 한계 이상으로 수증기를 혼합하면 그 일부가 액화하여 이슬이 되고, 경우에 따라서는 고체화하여 서리 또는 얼음으로 되기 때문에 이러한 성질을 갖는다는 것을 잊어서는 안된다. 이 액화의 한계를 주는 온도를 이슬점(dew point)이라고 한다. 즉 공기가 일정한 압력 하에서 냉각될 때 응축이 일어나는 온도이며, 증기압 p_v에서의 물의 포화온도이다.

습공기 중의 수분의 상태는 과열증기, 건포화증기, 이슬, 서리, 눈 등 여러 가지가 있지만 건공기는 변하지 않으므로 습공기의 열역학적 제 상태량은 건공기 1 kg당으로 취하는 것이 편리하다. 그 양을 표시하기 위해서, 예를 들면 습공기의 비체적을 m³/kg[DA]와 같이 표시한다.

2 습도

건공기와 수증기의 혼합비율을 표시하는 양을 습도(humidity)라고 한다. 일반적으로 다음에 표시하는 3종류의 습도가 사용되고 있다.

1 kg의 건공기 중에 포함되는 수증기량이 x[kg]일 때, 이 x를 절대습도(absolute humidity) 라고 한다. 일정량의 습공기 중의 건공기량 및 수증기량을 m_a[kg] 및 m_w[kg], 그들의 밀도를 각각 ρ_a[kg/m³] 및 ρ_w[kg/m³], 그들의 비체적을 각각 v_a[m³/kg], v_w[m³/kg], Dalton의 분압을 각각 p_a[Pa], p_w[Pa], 전압력을 p[Pa]라 하면 절대습도 x는 정의에 따라

$$x = \frac{m_w}{m_a} = \frac{\rho_w}{\rho_a} = \frac{v_a}{v_w} = \frac{R_a}{R_w}\frac{p_w}{p_a} = 0.622\frac{p_w}{p_a} = 0.622\frac{p_w}{p - p_w} \ [\text{kg/kg[DA]}] \quad (9.1)$$

의 관계가 성립한다. 여기서 R_a, R_w는 각각 건공기 및 수증기의 가스상수이다.

공기의 온도에 대한 건포화증기의 증기압(포화압력)을 p_s [Pa], 밀도를 ρ_s [kg/m³]라 하면, $p_w = p_s$로 되기까지 수증기를 혼합할 수 있으며, 이 한계에 달한 공기를 포화습공기(saturated moist air) 또는 포화공기(saturated air)라고 한다. 포화공기의 절대습도(포화습도 또는 최대습도)를 x_s라 하면, 상대습도(relative humidity) ω 및 비교습도 또는 포화도(percentage humidity 또는 saturated ratio) φ를 다음과 같이 정의한다.

$$\omega = \frac{p_w}{p_s} = \frac{\rho_w}{\rho_s} = \frac{v_s}{v_w} = \frac{x}{0.622 + x}\frac{p}{p_s} \tag{9.2}$$

$$\varphi = \frac{x}{x_s} = \omega\frac{p - p_s}{p - \omega p_s} \tag{9.3}$$

이들 습도는 어느 것도 [%]로 표시되며, 이슬점에 있어서는 $\omega = 1$ 즉 100%, $\varphi = 1$ 즉 100%로 된다.

가장 일반적으로 공기 중의 습도를 구하는 방법은, 건습계에 의해 건구온도(dry bulb temperature)(기온) t [℃]와 습구온도(wet bulb temperature) t' [℃]를 측정하고, 공기 중의 수증기분압 p_w [kPa]를 반이론식 (半理論式), 예를 들면 Carrier의 식

$$p_w = p_s' - \frac{(p - p_s')(t - t')}{1508 - 1.28t'} \tag{9.4}$$

등에 의해 계산하여, 식 (9.1), (9.2) 또는 식 (9.3)으로부터 각 습도를 구한다. 단, 식 (9.4)의 p_s'는 온도 t'에 대한 수증기의 포화증기 압력이다. 그러나 습공기선도(부록 20 참조) 등을 이용하여 구하는 것이 간편하다.

습공기의 전압을 p [kPa], 건구온도를 t [℃](T [K]), 비체적을 v [m³/kgDA], 비엔탈피를 h [kJ/kgDA], 정압비열을 c_p [kJ/kgDA K]라 하면, 다음의 관계가 성립한다.

$$x = 0.622\frac{\omega p_s}{p - \omega p_s} \tag{9.5}$$

$$v = 0.4616(0.622 + x)\frac{T}{p} \tag{9.6}$$

$$h = 1.005t + x(2{,}501.6 + 1.846t) \tag{9.7}$$

$$c_p = 1.005 + 1.846x \tag{9.8}$$

습공기를 가열 또는 냉각하는 과정을 그림 9.1과 같이 건공기 1 kg에 대하여 생각하면, 가열량을 Q, 손실열량을 Q_r이라 할 때 에너지식은

$$h_1 + (x_2 - x_1)h_w + Q = h_2 + Q_r \tag{9.9}$$

$$또는 \quad Q = h_2 - h_1 - (x_2 - x_1)h_w + Q_r \tag{9.10}$$

이 된다.

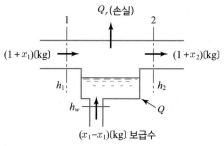

그림 9.1 습공기의 가열, 냉각

이 과정을 단열적으로 행하면 $Q=0$, $Q_r=0$이므로 다음과 같이 된다.

$$h_1 = h_2 - (x_2 - x_1)h_w \qquad (9.11)$$

또, 다량의 물(또는 얼음)과 접촉하면서 긴 유로를 흐르며, 물의 온도는 변하지 않고 그것과 접하고 있는 습공기의 온도가 수온과 같아져 포화공기로 되는 온도를 단열포화 온도(adiabatic saturation temperature)라고 한다. 습구온도를 측정할 때 감열부에 닿는 공기의 유속이 5 m/s 이하라면 습구온도는 단열포화 온도를 나타낸다고 생각해도 된다.

그림 9.1의 상태 2에 있어서 단열포화 온도를 표시하는 경우에는 습공기의 온도가 습구온도와 같으므로 $x_2 = x_s{}'$, $h_2 = h_s{}'$ 및 $h_w = h_w{}'$가 되어 식 (9.11)은 다음과 같이 된다.

$$h_1 = h_s{}' - (x_s - x_1)h_w{}' \qquad (9.12)$$

예제 9.1

건구온도 27℃, 습구온도 22℃인 습공기의 수증기분압, 절대습도, 상대습도, 비교습도, 비체적, 엔탈피를 각각 구하라.

풀이 포화습공기표(부록 19)에서 27℃의 포화증기압 $p_s = 3.5674$ kPa, $t' = 22$℃의 포화증기압은 2.6448 kPa, 식 (9.4)로부터 수증기분압은

$$p_w = p_s{}' - \frac{(p - p_s{}')(t - t')}{1{,}508 - 1.28t'} = 2.6448 - \frac{(101.325 - 2.6448) \times (27 - 22)}{1{,}508 - 1.28 \times 22}$$

$$= 2.3114 \text{ kPa}$$

식 (9.1)로부터 절대습도는

$$x = 0.622\frac{p_w}{p - p_w} = 0.622 \times \frac{2.3114}{101.325 - 2.3114} = 0.01452 \text{ kg/kgDA}$$

식 (9.2)로부터 상대습도는

$$\omega = \frac{p_w}{p_s} = \frac{2.3114}{3.5764} = 0.6463 = 64.63\%$$

(계속)

식 (9.3)으로부터 비교습도는

$$\varphi = \frac{x}{x_s} = \omega \frac{p - p_s}{p - \omega p_s}$$

$$= 0.6463 \times \frac{101.325 - 3.5764}{101.325 - 0.6463 \times 3.5764} = 0.638 = 63.8\%$$

식 (9.6)으로부터

$$v = 0.4616(0.622 + x)\frac{T}{p}$$

$$= 0.4616 \times (0.622 + 0.01452) \times \frac{27 + 273.15}{101.325} = 0.8704 \ \text{m}^3/\text{kgDA}$$

식 (9.7)로부터 비엔탈피는

$$h = 1.005t + x(2501.6 + 1.846t)$$

$$= 1.005 \times 27 + 0.01452 \times (2,501.6 + 1.846 \times 27) = 64.18 \ \text{kJ/kgDA}$$

예제 9.2

$5 \ \text{m} \times 5 \ \text{m} \times 4 \ \text{m}$인 방의 공기온도는 25℃, 압력은 100 kPa, 상대습도는 70%이다. 다음을 구하라.
(1) 건공기의 분압 p_a (2) 절대습도 x
(3) 습공기의 비엔탈피   (4) 건공기의 질량 m_a와 수증기질량 m_w

풀이 포화습공기표(부록 19)로부터 25℃의 포화증기압은 3.1693 kPa

(1) $p_a = p - p_w = p - \omega p_s = 100 - 0.70 \times 3.1693 = 97.78 \ \text{kPa}$

(2) $x = \dfrac{0.622 p_w}{p - p_w} = \dfrac{0.622 \omega p_s}{p - \omega p_s} = \dfrac{0.622 \times 0.7 \times 3.1693}{100 - 0.7 \times 3.1693} = 0.01411 \ \text{kg/kgDA}$

(3) 식 (9.7)로부터

$h = 1.005t + x(2,501.6 + 1.846t)$

$= 1.005 \times 25 + 0.01411(2,501.6 - 1.846 \times 25) = 59.77 \ \text{kJ/kgDA}$

(4) $m_a = \dfrac{p_a V_a}{R_a T} = \dfrac{97.78 \times (5 \times 5 \times 4)}{0.2872 \times 298.15} = 114.19 \ \text{kg}$

$m_w = \dfrac{p_w V_w}{R_w T} = \dfrac{0.7 \times 3.1693 \times (5 \times 5 \times 4)}{0.4615 \times 298.15} = 1.6123 \ \text{kg}$

3 습공기선도

공기조화와 건조 등의 과정에서 생기는 문제를 해결하는 방법으로서, 전 절에서 나타낸 각종 관계식을 사용하는 외에 습공기선도(psychrometric chart)를 사용하는 방법이 있다. 습공기선도

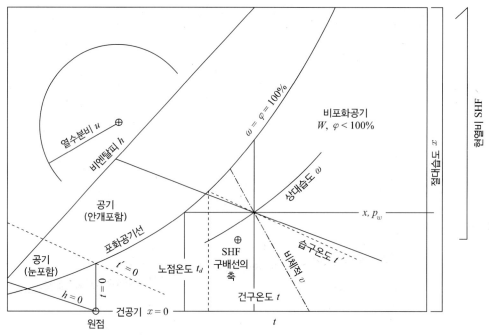

그림 9.2 습공기선도($h-x$ 선도)의 구성

는 습공기의 제 성질을 선도에 표시한 것이며, $h-x$ 선도, $x-t$ 선도 등 여러 종류의 선도가 있다. 부록 20의 습공기선도는 전압 101.325 kPa에 있어서 습공기의 상태량의 관계를, 20℃의 등온선이 절대습도선(x선)과 수직으로 되도록 작도한 $h-x$ 선도이다. 습공기선도의 주요부분은 그림 9.2와 같다.

이 선도는 t(건구온도선)선이 거의 수직이 되도록 경사좌표계인 h좌표와 x좌표의 관계가 결정된다. 원점($h=0$, $x=0$)은 0℃의 건공기이다. 단, 비엔탈피 h의 눈금은 경사선 상에, 절대습도 x[kg/kgDA]의 눈금은 우측 수직선 상에 투영하여 기록되어 있다. 건구온도 t[℃]선은 수평축에 거의 등간격으로 표기되어 있다.

$\omega = \varphi = 100\%$의 선은 포화공기선이며, 포화공기선과 종축 및 횡축 내의 영역은 비포화영역으로서 수증기분압은 $p_w < p_s$이다.

$h-x$ 선도에는 그림 9.2와 같이 $\omega = 100\%$의 포화공기선, 그 하부의 비포화공기의 영역에 습구온도 일정인 t'(℃)선(파선), 상대습도 일정인 ω(%)선(실선), 비체적 일정인 v[m³/kg](일점쇄선) 등이 그려져 있다. 포화공기선의 상부는 이슬이 포함된 공기(포화공기에 수적이 혼재한 상태) 또는 눈이 포함된 공기(포화공기에 얼어 있는 눈의 입자가 혼재한 상태)의 영역이다.

또 이 선도에는 현열비(SHF, sensible heat factor)가 우측 종축 상에 기울기를 표시한 눈금으로 표시되어 있으며, 열수분비(enthalpy-humidity difference ratio 또는 수분비 moisture ratio)는 반원형의 원주 상에 표시되어 있고, 그 원주중심이 표시되어 있다.

현열비 SHF는 습공기가 상태변화를 함에 따라 전 열량의 변화에 대한 현열량의 비를 의미하며, 다음 식으로 표시된다.

$$SHF = \frac{\text{현열량의 변화}}{\text{전 열량의 변화}} = \frac{c_{pa}\Delta t}{\Delta h} = \frac{\Delta h - (x_2 - x_1) \times 2{,}500}{\Delta h} \qquad (9.13)$$

열수분비(熱水分比) 또는 수분비(水分比) u는 습공기의 상태변화에 따라 수분의 증가에 대한 엔탈피의 증가비율을 나타낸다.

$$\text{열수분비} \quad u = \frac{h_2 - h_1}{x_2 - x_1} \quad \text{또는} \quad u = \frac{dh}{dx} \qquad (9.14)$$

따라서 현열비와 열수분비와의 사이에는 어떤 관계가 있으며, 열량변화를 동반하는 상태변화에는 중요한 양이다. 그 관계를 식으로 표시하면 다음과 같다.

$$SHF = 1 - \frac{2{,}500}{u} \qquad (9.15)$$

부록 20의 공기선도는 전압력 $p_o = 101.325$ kPa(표준대기압)의 경우이지만, 전압력이 p〔kPa〕인 습공기의 상태량은 이상기체 상태로 근사시킬 수 있는 범위에 있어서는, 다음과 같이 구할 수 있다.

전압력 p_o(표준대기압)일 때의 습공기의 상태량을 온도 t_o, 비엔탈피 h_o, 절대습도 x_o, 상대습도 ω_o 및 비체적 v_o라 하면, t_o 및 x_o가 같은 전압력 p의 습공기의 상태량은

$$\omega = \omega_o \frac{p}{p_o} \quad \text{및} \quad v = v_o \frac{p_o}{p}$$

에서 구할 수 있다. 단, h는 이상기체에서는 온도만에 의존하며 압력에는 관계없으므로 p_o의 경우와 같다.

습공기선도의 사용방법에 대하여 설명한다.

부록 20의 습공기선도($h - x$)에서 건구온도 $t = 26$℃, 습구온도 $t' = 24$℃인 상태의 습공기상태량을 구해보자.

그림 9.3과 같이 비엔탈피, 절대습도, 비체적을 차례로 구하기 위해 횡축의 온도눈금에서 건구온도 $t = 26$℃인 점 A로부터 $t =$(일정)의 수직선을 긋고, 다음에 포화공기 곡선의 온도눈금에서 습구온도 $t' = 24$℃인 점 B에서 우측하향의 $t' =$(일정)인 선(점선으로 표시)과의 교점 C가 구하는 상태점이다. 점 C를 지나는 절대습도 $x =$(일정)의 수평선을 그어 종축과의 교점 D를 구하면 절대습도 $x = 0.018$〔kg/kgDA〕을 구할 수 있다.

점 C에서 $x =$(일정)의 수평선을 포화공기곡선 방향으로 연장하여 포화공기 곡선과의 교점 F를 구하고, 그 점으로부터 하향수직선을 그어 횡축과의 교점 F′를 구하면 그 점의 온도가 이슬점(노점)온도 $t_d \fallingdotseq 23$℃가 된다.

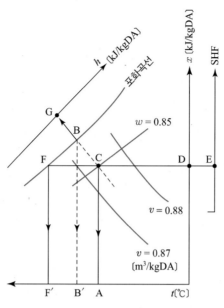

그림 9.3 습공기선도 상의 점과 상태량

또, 점 C로부터 좌상방향으로 등엔탈피의 선을 그어 비엔탈피를 나타내는 경사축과의 교점 G의 비엔탈피 $h ≒ 72.0$ kJ/kgDA가 된다. 점 C를 지나는 우상방향의 상대습도 곡선의 값을 읽으면 상대습도 $w ≒ 0.85$임을 읽을 수 있다.

그리고 우하방향의 비체적곡선군에서 C를 지나는 곡선의 비체적은 $v = 0.88$과 $v = 0.87$ 사이에 그 간격을 비례배분하여 $v ≒ 0.873$ m³/kgDA임을 알 수 있다.

이때 점 B, F에서 각각 수직선을 그어 횡축과의 교점 B′, F′의 온도눈금이 포화공기 곡선 상의 온도눈금과 각각 일치한다.

예제 9.3

습공기선도를 이용하여 다음을 구하라.
 (1) 대기온도 0℃ 및 20℃에서 상대습도가 모두 80%일 때의 수증기함유량
 (2) 압력 101.325 kPa, 기온 16℃, 상대습도 30%인 습증기의 엔탈피

풀이 (1) 0℃의 경우 : $x = 0.00301$ kg/kgDA
　　　　 20℃의 경우 : $x = 0.0117$ kg/kgDA
　　 (2) $h = 25$ kJ/kgDA

실내공기가 표준대기압, 온도 35℃, 상대습도 40%이다. 습공기선도를 이용하여 (1) 절대습도, (2) 엔탈피 (3) 습구온도, (4) 이슬점온도, (5) 비체적을 각각 구하라.

풀이 (1) $x = 0.0142 \text{kg/kgDA}$

(2) $h = 71.5 \text{kJ/kgDA}$

(3) $t' = 24℃$

(4) $t_d = 19.4℃$ (35℃의 $p_s = 5.628 \text{ kPa}$

$\therefore p_w = \omega p_s = 0.4 \times 5.628 = 2.2512 \text{ kPa}$의 포화온도가 이슬점온도이므로)

(5) $v = 0.893 \text{ m}^3/\text{kgDA}$, 이 값은 부록 20의 습공기선도를 이용하였으며, 그림을 참고하기 바란다.

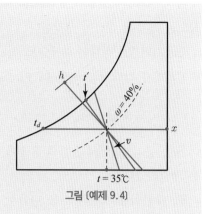

그림 (예제 9.4)

4 습공기의 에너지 보존 및 수분질량 보존

요구되는 온도와 습도의 생활공간 또는 산업설비를 위하여 습공기를 가열, 냉각, 가습, 제습을 통하여 원하는 환경을 만드는 과정이 필요하며, 그 과정을 공기조화(air conditioning)라고 한다. 이 과정은 위의 과정 중 한 가지를 변화시키는 경우도 있지만 두 가지를 동시에 변화시켜야 하는 경우도 있다.

그림 9.4에는 습공기선도 상에 위의 과정들을 표시하였다. 이 선도에서 가열이나 냉각과정은 수평선의 변화로 표시되며, 가습이나 제습과정은 수직선의 변화로 표시된다. 그러나 그 외의 방향의 변화는 두 가지 과정이 동시에 행해지는 경우이다.

그림 9.5에 표시한 개방계에서 습공기가 건공기 질량유량 $\dot{m}_a \text{[kg/s]}$로 정상유동할 때 외부로

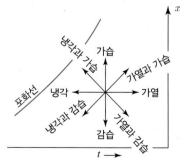

그림 9.4 공기조화의 진행방향

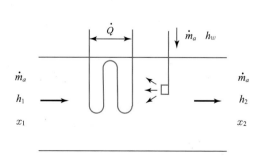

그림 9.5 공기의 온도 및 습도변화 과정

부터 $\dot{Q}$〔kJ/s〕의 열량이 공급되고, 비엔탈피 h_w〔kJ/kgDA〕인 수분 $\dot{m}_w$〔kg/s〕가 습공기류에 공급되는 경우에 대하여 생각한다.

습공기의 입구상태는 절대습도 x_1〔kg/kgDA〕, 비엔탈피 h_1〔kJ/kgDA〕, 출구상태는 절대습도, 비엔탈피가 각각 x_2, h_2일 때 이 흐름에 대한 에너지 보존식은 다음과 같이 표시할 수 있다.

$$\dot{m}_a h_1 + \dot{Q} + \dot{m}_w h_w = \dot{m}_a h_2 \tag{9.16}$$

여기서, 공기조화에서 흐름의 유속이 그다지 빠르지 않고 기체이므로 운동에너지 및 위치에너지는 생략하였다.

또, 수분질량 보존의 식은 다음과 같다.

$$\dot{m}_a x_1 + \dot{m}_w = \dot{m}_a x_2 \tag{9.17}$$

열량 $\dot{Q}$ 및 수분질량 $\dot{m}_w$는 공기흐름 중으로 들어가는 방향을 正으로 하고, 외부로 나오는 경우는 負의 값으로 한다.

5 습공기의 혼합

그림 9.6과 같이 건구온도 t_1〔℃〕, 비엔탈피 h_1〔kJ/kg〕인 점 1의 습공기 $\dot{m}_1$〔kg/s〕과 건구온도 t_2〔℃〕, 비엔탈피 h_2〔kJ/kg〕인 점 2의 습공기 $\dot{m}_2$〔kg/s〕가 외부와 단열상태에서 혼합하는 경우, 3의 상태를 구해 보자.

수분질량의 보존에서 $\dot{m}_1 x_1 + \dot{m}_2 x_2 = (\dot{m}_1 + \dot{m}_2) x_3$이므로 혼합습공기의 절대습도 x_3는 다음식으로 표시할 수 있다.

$$x_3 = \frac{\dot{m}_1 x_1 + \dot{m}_2 x_2}{\dot{m}_1 + \dot{m}_2} \tag{9.18}$$

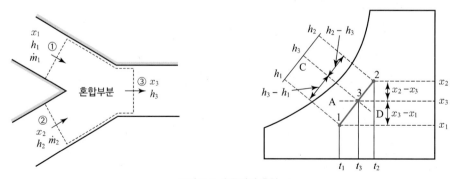

그림 9.6 습공기의 혼합

또 에너지 보존의 식으로부터 $\dot{m_1}h_1 + \dot{m_2}h_2 = (\dot{m_1} + \dot{m_2})h_3$이므로 혼합습공기의 엔탈피 h_3는 다음의 식으로 표시된다.

$$h_3 = \frac{\dot{m_1}h_1 + \dot{m_2}h_2}{\dot{m_1} + \dot{m_2}} \tag{9.19}$$

식 (9.18)과 (9.19)로부터

$$\frac{\dot{m_1}}{\dot{m_2}} = \frac{x_2 - x_3}{x_3 - x_1} = \frac{h_2 - h_3}{h_3 - h_1} \tag{9.20}$$

따라서 그림 9.6에서 혼합상태점 3은 선분 $\overline{12}$를 $\dot{m_2} : \dot{m_1}$으로 내분하는 점이 된다.

예제 9.5

상태 1의 온도 30℃, 상대습도 70%인 습공기 150 kg과 상태 2의 온도 12℃, 상대습도 50%인 습공기 50 kg을 혼합하면 절대습도와 온도는 각각 얼마인가?

풀이 포화습공기표(부록 19)로부터 $t_1 = 30$℃의 포화증기압 $p_{s1} = 4.2462$ kPa, $t_2 = 12$℃의 포화증기압

$p_{s2} = 1.4026$ kPa

∴ 각각의 수증기분압은 $p_{w1} = \omega_1 p_{s1} = 0.7 \times 4.2462 = 2.972$ kPa

$p_{w2} = \omega_2 p_{s2} = 0.5 \times 1.4026 = 0.7013$ kPa

식 (9.1)로부터 $x_1 = 0.622 \dfrac{p_{w1}}{p - p_{w1}}$

$$= 0.622 \times \frac{2.972}{101.325 - 2.972} = 0.0188 \text{ kg/kgDA}$$

$$x_2 = 0.622 \frac{p_{w2}}{p - p_{w2}}$$

$$= 0.622 \times \frac{0.7013}{101.325 - 0.7013} = 0.00434 \text{ kg/kgDA}$$

∴ 식 (9.18)로부터 $x_3 = \dfrac{\dot{m_1}x_1 + \dot{m_2}x_2}{\dot{m_1} + \dot{m_2}}$

$$= \frac{150 \times 0.0188 + 50 \times 0.00434}{150 + 50} = 0.0152 \text{ kg/kgDA}$$

혼합된 상태점 3은 $\overline{12}$의 선분에 대하여 점 1로부터 $50 : 150 = 1 : 3$으로 내분하는 점이므로

$$t_3 = 12 + \frac{3}{4} \times (30 - 12) = 25.5℃$$

∴ 온도 25.5℃, 절대습도 0.0152 kg/kgDA인 습공기로 된다.

예제 9.6

그림과 같이 상태 1인 14℃, 50 m³/min의 포화습공기와 상태 2의 32℃, 상대습도 60%인 외기 20 m³/min가 단열적으로 표준대기압 하에서 혼합될 때, 이 혼합물의 (1) 절대습도, (2) 건구온도, (3) 상대습도, (4) 체적유량을 구하라.

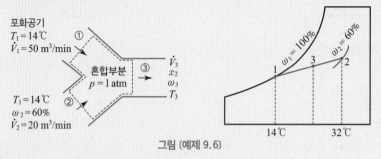

그림 [예제 9.6]

풀이 혼합상태점은 그림으로부터 점 3으로 표시된다.

(1) 포화습공기표(부록 19)에서 $t_1 = 14℃$의 포화증기압 $p_{s1} = 1.5987$ kPa, $\omega_1 = 1$,

$t_2 = 32℃$의 포화증기압, $p_{s2} = 4.7586$ kPa, $\omega_2 = 0.6$

$$\therefore \text{수증기분압} \quad p_{w1} = \omega_1 p_{s1} = 1 \times 1.5987 = 1.5987 \text{ kPa}$$

$$p_{w2} = \omega_2 p_{s2} = 0.6 \times 4.7586 = 2.8552 \text{ kPa}$$

$$\therefore x_1 = \frac{0.622 p_{w1}}{p - p_{w1}} = \frac{0.622 \times 1.5987}{101.325 - 1.5987} = 0.00997 \text{ kg/kgDA}$$

$$x_2 = \frac{0.622 p_{w2}}{p - p_{w2}} = \frac{0.622 \times 2.8552}{101.325 - 2.8552} = 0.018 \text{ kg/kgDA}$$

식 (9.6)으로부터

$$v_1 = 0.4616(0.622 + x_1)\frac{T_1}{p} = 0.4616(0.622 + 0.00997) \times \frac{14 + 273.15}{101.325}$$

$$= 0.8267 \text{ m}^3/\text{kgDA}$$

$$v_2 = 0.4616(0.622 + x_2)\frac{T_2}{p} = 0.4616(0.622 + 0.018) \times \frac{32 + 273.15}{101.325}$$

$$= 0.8897 \text{ m}^3/\text{kgDA}$$

$$\therefore \dot{m}_{a1} = \frac{\dot{V}_1}{v_1} = \frac{50}{0.8267} = 60.48 \text{ kg/min},$$

$$\dot{m}_{a2} = \frac{\dot{V}_2}{v_2} = \frac{20}{0.8897} = 22.48 \text{ kg/min}$$

$$\therefore x_3 = \frac{\dot{m}_{a1} x_1 + \dot{m}_{a2} x_2}{\dot{m}_{a1} + \dot{m}_{a2}}$$

$$= \frac{60.48 \times 0.00997 + 22.48 \times 0.018}{60.48 + 22.48} = 0.012146 \text{ kg/kgDA}$$

(계속)

(2) $t_3 \fallingdotseq \dfrac{\dot{m}_{a1}t_1 + \dot{m}_{a2}t_2}{\dot{m}_{a1} + \dot{m}_{a2}} = \dfrac{60.48 \times 14 + 22.48 \times 32}{60.48 + 22.48} = 18.88\,℃$

(3) $t_3 = 18.88\,℃$ 의 포화증기압 $p_{s3} = 2.1819\,\text{kPa}$, 식 (9.2)로부터

$$\therefore \omega_3 = \left(\dfrac{x_3}{0.622 + x_3}\right)\dfrac{p}{p_{s3}}$$

$$= \left(\dfrac{0.012146}{0.622 + 0.012146}\right) \times \dfrac{101.325}{2.1819} = 0.88946 \ \text{ or } \ 88.946\%$$

(4) 식 (9.2)로부터

$$v_3 = 0.4616(0.622 + x_3)\dfrac{T_3}{p}$$

$$= 0.4616(0.622 + 0.012146) \times \dfrac{18.88 + 273.15}{101.325}$$

$$= 0.84366\,\text{m}^3/\text{kgDA}$$

$$\therefore \dot{V}_3 = \dot{m}_{a3}v_3 = (\dot{m}_{a1} + \dot{m}_{a2})v_3$$

$$= (60.48 + 22.48) \times 0.84366 = 69.99\,\text{m}^3/\text{min}$$

6 공기조화의 과정

(1) 가열과정

전기가열기, 온수가열기, 증기가열기 등과 같이 건조한 전열면과 접촉하여 공기가 가열되는 경우에는, 절대습도 x는 변화하지 않는다. 단, 그림 9.7에 나타내었듯이 가열($1 \rightarrow 2$)에 의한 건구온도의 상승에 따라 상대습도 ω는 저하한다. 수분의 공급은 없으므로 $\dot{m}_w = 0$이며, 단위시간당 가열열량 $\dot{Q}$는 공기유량을 $\dot{m}_a$라 하면 다음과 같이 된다.

$$\dot{Q} = \dot{m}_a(h_2 - h_1) = \dot{m}_a c_p (T_2 - T_1) \tag{9.21}$$

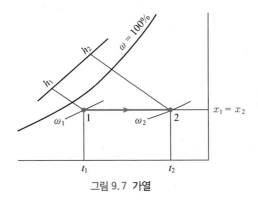

그림 9.7 가열

(2) 냉각과정

공기냉각기의 냉각코일의 표면온도가 입구공기의 이슬점(노점)온도보다 높은 경우에는, 코일은 표면이 건조한 채로 건코일로 되며, 공기는 냉각되지만 절대습도 x는 변화하지 않는다. 따라서 $h - x$선도 상에서는 그림 9.7에서 역방향($2 \rightarrow 1$)의 변화가 되며, 상대습도 ω는 상승한다.

역시 수분의 공급이 없는 상황이며, 단위시간당 냉각열량 $\dot{Q}$는 공기유량을 $\dot{m}_a$라 하면 다음과 같이 된다.

$$\dot{Q} = \dot{m}_a(h_1 - h_2) = \dot{m}_a c_p (T_1 - T_2) \tag{9.22}$$

예제 9.7

건구온도 $t_1 = 15°C$, 상대습도 $\omega_1 = 75\%$의 공기를 $t_2 = 30°C$까지 가열하는 데 필요한 열량을 구하라. 단, 풍량 $\dot{V}_a = 1{,}000 \ \text{m}^3/\text{h}$이다.

풀이 (그림 9.7 참조)

포화습공기표로부터 온도 $15°C$의 포화공기의 수증기분압은 $p_{ws1} = 1.7055 \ \text{kPa}$이다.

$$p_{w1} = p_{w2} = 1.7055 \times 0.75 = 1.28 \ \text{kPa}$$

식 (9.1)로부터

$$x_1 = x_2 = 0.622 \times \frac{1.28}{101.325 - 1.28} = 0.00796 \ \text{kg/kgDA}$$

식 (9.7)로부터

$$h_2 - h_1 = 1.005 \times (30 - 15) + 0.00796 \times [1.846 \times (30 - 15)]$$
$$= 15.295 \ \text{kJ/kgDA}$$

공기의 질량유량 $\dot{m}_a$(kgDA/h)는 풍량 $\dot{V}_a$(m³/h)와 비체적의 기준치 $v_o = 0.83 \ \text{m}^3/\text{kgDA}$로부터

$$\dot{m}_a = \dot{V}_a / v_o = 1{,}000 / 0.83 = 1{,}204.8 \ \text{kgDA/h}$$

필요한 가열량 $\dot{Q} = \dot{m}_a(h_2 - h_1)/3{,}600$

$$= 1{,}204.8 \times 15.295 / 3{,}600 = 5.12 \ \text{kW}$$

(3) 냉각·감습과정

공기냉각기의 코일 표면온도가 입구공기의 이슬점보다 낮은 경우에는 코일 표면에 결로가 생겨 습코일로 되며, 절대습도는 감소하여 냉각·감습된다.

直膨式 냉매코일과 같이 관 내 유체온도가 일정하고, 코일의 전 표면이 일정온도 t_L의 수막으로 덮여 있는 경우에는, 그것과 접하는 공기는 같은 온도의 포화공기로 되어 있으며, 출구공기는 입구공기에 그 포화공기가 혼합하는 것으로 생각할 수 있다. 따라서 그림 9.8에 표시하였듯이

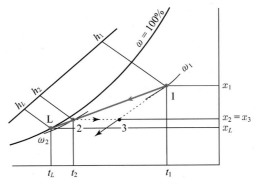

그림 9.8 이슬점온도 이하의 공기냉각기에 의한 냉각(1 → 2) 및 재열(2 → 3)

출구공기의 상태점 2는 입구공기의 상태점 1과 온도 t_L의 포화공기의 상태점 L을 연결하는 직선 1-L상에 있다.

에어워셔(공기세정기, air washer) 등에서, 공기를 이슬점온도 이하의 대량의 냉수와 직접 접촉시키는 경우도 있다.

그림 9.8에 있어서 공기가 온도 t_L의 물과 충분히 접촉하면, 점 2는 점 L에 가까워지며, 실제의 장치에서 얻어지는 $\overline{12}/\overline{1L}$의 값을 conduct factor, $\overline{2L}/\overline{1L}$의 값은 bypass factor라고 한다.

또, 장치의 온도 t_L이 입구공기의 이슬점온도보다 낮을 때 그 온도 t_L을 장치 이슬점온도 (apparatus dew point, ADP)라고 한다. 또, 공기 1을 상태 3으로 하고자 하는 경우, 직선 1-3은 포화공기선과 교차하지 않으므로 얼마의 ADP를 내려도 직접 그 상태로 할 수 없으므로 냉각·감습(1 → 2) 후에 재열(2 → 3)이 필요하다.

예제 9.8

건구온도 $t_1 = 32℃$, 상대습도 $\omega_1 = 60\%$의 공기 1,000 m³/min를 공기냉각 코일로 냉각·감습한다. 코일의 표면온도가 일정하게 10℃이며, 코일의 bypass factor가 20%로서, 이 코일에서 제거되는 전열량 $\dot{Q}$ (kW)와 수분량 $\dot{m}_w$ (kg/h)을 각각 구하라.

풀이 (그림 9.8 참조)

입구공기의 절대습도 x_1과 비엔탈피 h_1, 표면온도 10℃에 상당하는 포화공기의 절대습도 x_L과 비엔탈피 h_L은 각각, $x_1 = 0.018$ kg/kgDA, $h_1 = 78.3$ kJ/kgDA, $x_L = 0.0077$ kg/kgDA, $h_L = 29.4$ kJ/kgDA이다.

코일의 bypass factor는 0.2이므로 출구공기의 절대습도 x_2와 비엔탈피 h_2는 각각

$$x_2 = 0.0077 + (0.018 - 0.0077) \times 0.2 = 0.0098 \text{ kg/kgDA}$$

$$h_2 = 29.4 + (78.3 - 29.4) \times 0.2 = 39.2 \text{ kJ/kgDA}$$

공기의 질량유량 $\dot{m}_a$ (kgDA/h)는 $\dot{m}_a = 1,000 \times 60 / 0.83 = 72,300$ kgDA/h

공기의 질량유량 $\dot{m}_a$ (kgDA/h)는 $\dot{m}_a = 1,000 \times 60/0.83 = 72,300$ kgDA/h

제거되는 전 열량

$$\dot{Q} = \dot{m}_a(h_1 - h_2)/3,600 = 72,300 \times (78.3 - 39.2)/3,600 = 785 \ \text{kW}$$

제거되는 수분량

$$\dot{m}_w = \dot{m}_a(x_1 - x_2) = 72,300 \times (0.018 - 0.0098) = 592.86 \ \text{kg/h}$$

(4) 가열·가습과정

그림 9.9와 같이 공기를 먼저 가열코일을 통과시킨 후(1 → 2), 가습기를 통과시키는 경우(2 → 3)에는 가열된 공기에 가습을 함으로써 단순가열의 문제점인 상대습도의 저하를 해결할 수 있다.

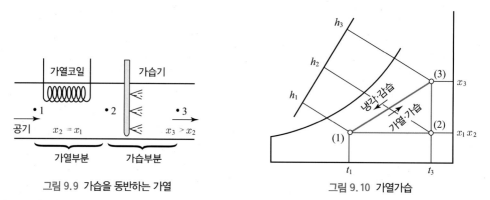

| 그림 9.9 가습을 동반하는 가열 | 그림 9.10 가열가습 |

상태 3의 상황은 가습이 어떻게 행해졌는가에 따라 달라진다. 만일 가습기로부터 뜨거운 증기를 이용하게 되면 가습과 아울러 가열효과도 있게 되어 $t_3 > t_2$가 될 것이다.

그러나 가습기에서 공기에 물을 분무시켰다면 물의 일부가 증발하면서 잠열의 일부를 공기로부터 흡수하므로 공기온도가 낮아져 $t_3 < t_2$가 될 것이다. 이 경우 가습기에서 냉각되는 만큼 가열기에서 보충해 주어야 한다. 이 과정을 $h - x$ 선도에 표시하면 그림 9.10과 같다.

이 계에서 건공기 1 kg당 가열코일로부터 열량 $q = \dot{Q}/\dot{m}_a$ (kJ/kg)을 가하고 가습기에서 수분 $m_w = \dot{m}_w/\dot{m}_a$ (kg/kg)을 가한다고 하면 수분의 질량보존, 에너지 보존으로부터 다음의 식이 성립한다.

$$x_3 = x_1 + m_w \tag{9.23}$$
$$h_3 = h_1 + q + m_w h_w = h_1 + q + (x_3 - x_1)h_w \tag{9.24}$$

이 경우 습공기의 상태변화는 그림 9.10에서 1 → 3과 같이 표시된다. 여기서 가열량

$q(= h_3 - h_1)$는 습공기의 온도를 높이기 위해서 가하는 열량 $q_s = (h_2 - h_1)$과 가습에 의한 가열량 $q_L = (h_3 - h_2) = (x_3 - x_1)r$의 두 가지로 나눌 수 있다. 여기서 r〔kJ/kg〕은 증발잠열이다. 이때 점 1에서 3까지의 공급열량 q 중에서 현열분 q_s는 현열이동만의 상태변화 $1 \rightarrow 2$에 상당하는 부분이므로 현열비(SHF : sensible heat factor)는 다음과 같이 표시된다.

$$SHF = \frac{q_s}{q} = \frac{h_2 - h_1}{h_3 - h_1} \tag{9.25}$$

한편, 습공기의 엔탈피 증가량과 수분증가량의 비인 열수분비 u〔kJ/kg〕는 다음과 같이 된다.

$$u = \frac{dh}{dx} = \frac{h_3 - h_1}{x_3 - x_1} = \frac{q + m_w h_w}{m_w} \tag{9.26}$$

계산된 SHF에서 중앙부의 +점을 통하는 직선과 최종상태의 건구온도 t_3인 수직선과의 교점이 상태 3이다. 마찬가지로 열수분비 u의 값에서 좌측 +점을 통하는 선과 t_3의 수직선과의 교점이 상태 3이다.

예제 9.9

12℃, 상대습도 30%인 외기를 40 m³/min로 유입하여 25℃, 상대습도 65%로 만드는 공기조화 시스템이 있다. 외기는 가열코일에 의해 22℃로 가열되고 가습기에 의해 수증기 분무방식으로 가습된다. 모든 과정이 100 kPa의 압력 하에서 수행될 때 다음을 구하라(그림 참조).

  (1) 가열량

  (2) 가습량(질량유량)

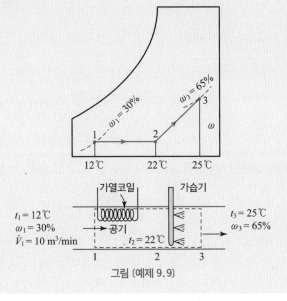

그림 〔예제 9.9〕

(계속)

풀이 (1) 12℃의 포화압력 $p_{s1} = 1.4026\,\text{kPa}$

25℃의 포화압력 $p_{s3} = 3.1693\,\text{kPa}$

$p_{w1} = \omega_1 p_{s1} = 0.3 \times 1.4026 = 0.4208\,\text{kPa}$

$p_{a1} = p_1 - p_{w1} = 100 - 0.4208 = 99.5792\,\text{kPa}$

$v_1 = \dfrac{R_{a1} T_1}{p_{a1}} = \dfrac{0.2872 \times 285.15}{99.5792}$

$\quad = 0.8224\,\text{m}^3/\text{kgDA}$

$\therefore\ \dot{m}_a = \dfrac{\dot{V}_1}{v_1} = \dfrac{40}{0.8224} = 48.64\,\text{kg/min}$

$x_1 = \dfrac{0.622 p_{w1}}{p - p_{w1}} = \dfrac{0.622 \times 0.4208}{100 - 0.4208} = 0.00263\,\text{kg/kgDA} = x_2$

식 (9.7)로부터

$h_1 = 1.005 t_1 + x_1 (2{,}501.6 + 1.846 t_1)$

$\quad = 1.005 \times 12 + 0.00263(2{,}501.6 + 1.846 \times 12) = 18.697\,\text{kJ/kgDA}$

$h_2 = 1.005 t_2 + x_2 (2{,}501.6 + 1.846 t_2)$

$\quad = 1.005 \times 22 + 0.00263(2{,}501.6 + 1.846 \times 22) = 28.796\,\text{kJ/kgDA}$

$\therefore\ \dot{Q} = \dot{m}_a (h_2 - h_1) = 48.64 \times (28.796 - 18.697) = 491.22\ \text{kJ/min}$

(2) 가습부에서의 물의 질량보존식은

$\dot{m}_{a2} x_2 + \dot{m}_w = \dot{m}_{a3} x_3$

여기서 $\dot{m}_w = \dot{m}_a (x_3 - x_2)$

$x_3 = \dfrac{0.622 \omega_3 p_{s3}}{p_3 - \omega_3 p_{s3}} = \dfrac{0.622 \times 0.65 \times 3.1693}{100 - 0.65 \times 3.1693} = 0.01308\,\text{kg/kgDA}$

$\therefore\ \dot{m}_w = 48.64 \times (0.01308 - 0.00263) = 0.5083\,\text{kg/min}$

예제 9.10

냉방 시의 현열부하 $q_s = 60\,\text{kW}$, 잠열부하 $q_L = 20\,\text{kW}$일 때, 실내온도 $t_r = 25℃$, 상대습도 $\omega_r = 60\%$를 유지하기 위해서 필요한 불어넣을 공기의 절대습도 x_a와 그 풍량 $\dot{m}_a$를 구하라. 단, 온도차를 10℃로 한다.

풀이 불어넣을 공기온도 $t_a = t_r - 10 = 25 - 10 = 15℃$

현열비 $SHF = 60/(60 + 20) = 0.75$

따라서 그림의 습공기 $h - x$ 선도 상의 실내공기의 상태점 $R(t_r, \omega_r)$로부터 경사 0.75의 SHF선 R-A를 긋고, 15℃의 t선과의 교점 A를 구하면 $x_a = 0.0106\,\text{kg/kgDA}$가 얻어진다.

(계속)

또, 풍량 $\dot{m}_a = \dfrac{3{,}600 q_s}{c_a|t_r - t_a|} = \dfrac{3{,}600 \times 60}{1.2 \times 10} = 18{,}000 \text{ m}^3/\text{h}$

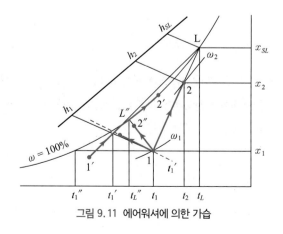

그림 (예제 9.10) SHF선과 공기상태

(5) 에어워셔에 의한 가열·가습 및 냉각·가습과정

에어워셔에 의해 대량의 온수를 분무하여 가습하는 경우에는 공기가 가습과 동시에 가열되며, 상대습도 ω도 상승한다. 이때 출구공기의 상태는 그림 9.11과 같이 입구공기의 상태점 1과, 온수와 같은 온도 t_L의 포화공기의 상태점 L을 연결하는 직선 1−L상의 점 2로 표시된다. 단, 입구공기의 상태와 온수온도와의 관계에서, 예를 들면 그림 중 1′−L과 같이 그 직선이 포화공기선을 가로지를 때는 공기가 포화상태에 달한 후 포화공기선에 따라서 변화하여 점 2′의 상태에 이른다.

또, 수온 t_{L}''가 입구공기의 건구온도 t_1보다 낮고, 이슬점온도 t_1''보다 높은 경우에는, 공기가 냉각·가습되어 출구공기의 상태는 직선 1−L''상의 점 2″로 표시된다. 에어워셔에서 분무수를 순환사용하는 경우는 수온이 입구공기의 습구온도 t_1'와 같아져 공기는 습구온도 일정의 선 상에서 변화하며, 냉각·가습된다.

그림 9.11 에어워셔에 의한 가습

그림과 같이 에어워셔용 물이 냉각탑으로 유입 시 온도는 34℃, 유량은 120 kg/s이다. 냉각탑에서 물은 공기에 의해 23℃로 냉각된다. 그 공기는 1기압, 20℃, 상대습도 60%이며 30℃의 포화공기가 되어 나간다.

(1) 냉각탑으로 들어가는 공기의 체적유량
(2) 소요되는 보충수의 질량유량을 구하라.

그림 (예제 9.11)

풀이 (1) h_3는 34℃의 $h' = h_3 = 142.379 \text{ kJ/kg}$

h_4는 23℃의 $h' = h_4 = 96.406 \text{ kJ/kg}$

습공기선도(부록 20)에서

$x_1 = 0.0087$

$x_2 = 0.0273 \text{ kg/kgDA}$

$\therefore h_1 = 1.005t + x_1(2{,}501.6 + 1.846t_1)$

$= 1.005 \times 20 + 0.0087(2{,}501.6 + 1.846 \times 20)$

$= 42.18 \text{ kJ/kgDA}$

$h_2 = 1.005t_2 + x_2(2{,}501.6 + 1.846t_2)$

$= 1.005 \times 30 + 0.0273(2{,}501.6 + 1.846 \times 30) = 99.96 \text{ kJ/kgDA}$

건공기의 질량평형 : $\dot{m}_{a1} = \dot{m}_{a2} = \dot{m}_a$

물의 질량평형 : $\dot{m}_3 + \dot{m}_{a1} = \dot{m}_4 + \dot{m}_{a2}x_2$ or $\dot{m}_3 - \dot{m}_4 = \dot{m}_a(x_2 - x_1) = \dot{m}_{makeup}$

에너지 평형 : $\displaystyle\sum_{in} \dot{m}h = \sum_{out} \dot{m}h$ or $\dot{m}_{a1}h_1 + \dot{m}_3 h_3 = \dot{m}_{a2}h_2 + \dot{m}_4 h_4$

or $\dot{m}_3 h_3 = \dot{m}_a(h_2 - h_1) + (\dot{m}_3 - \dot{m}_{makeup})h_4$

$$\therefore \dot{m}_a = \frac{\dot{m}_3(h_3 - h_4)}{(h_2 - h_1) - (x_2 - x_1)h_4}$$

$$= \frac{120 \times (142.379 - 96.406)}{(99.96 - 42.18) - (0.0273 - 0.0087) \times 96.406}$$

$= 98.54 \text{ kg/s}$

$\therefore$ 식 (9.6)으로부터

$$v_1 = 0.4616(0.622 + x_1)\frac{T_1}{p_1}$$

$$= 0.4616(0.622 + 0.0087) \times \frac{293.15}{101.325} = 0.8423 \text{ m}^3/\text{kg}$$

$\therefore \dot{V}_1 = \dot{m}_a(x_2 - x_1) = 98.54 \times 0.8423 = 83 \text{ m}^3/\text{s}$

(2) $\dot{m}_{makeup} = \dot{m}_a(x_2 - x_1)$

$= 98.54 \times (0.0273 - 0.0087) = 1.833 \text{ kg/s}$

(6) 가습 및 감습방법

① 수분무 가습기에 의한 가습

공기 중에 작은 수적을 분무하는 수분무 가습기의 경우, 가습량을 Δx (kg/kgDA), 분무수의 비엔탈피를 h_L (kJ/kg)이라 하면 공기의 비엔탈피는 $\Delta h = h_L \Delta x$만큼 증가한다. 따라서

$$u = \Delta h / \Delta x = h_L \tag{9.27}$$

여기서 분무수의 온도를 t_L, 비열을 c_L이라 하면, $h_L = c_L t_L$이다.

이 h_L의 값은 작으므로 그림 9.12의 1 → 2와 같이 근사적으로 습구온도 일정의 변화로 볼 수 있다. 이 경우 공기가 갖는 현열이 분무수의 증발열로 사용되므로 공기의 건구온도는 하강한다.

② 증기가습기에 의한 가습

수증기를 공기 중에 분사하는 증기 가습기의 경우에는 수증기의 비엔탈피를 h_s라 하면, 공기의 상태변화 방향은 다음 식으로 표시된다.

$$u = \frac{\Delta h}{\Delta x} = h_s \tag{9.28}$$

수증기의 온도나 분사량에 따라 조금 다르지만, 이 변화는 그림 9.12의 1 → 3과 같이 거의 건구온도 일정의 변화라고 보아도 된다.

③ 감습제에 의한 화학적 감습

감습(제습)의 방법으로서는, 전술한 공기냉각기 등에 의한 냉각감습법 외에 고체흡착제나 액체흡수제에 의한 화학적 감습법이 있다.

실리카겔을 이용한 고체흡착 감습장치의 경우, 수분 1 kg에 약 3,000 kJ의 상당히 큰 흡착열을 발생하여, 그것이 공기에 전해지므로, 공기의 상태는 그림 9.13의 1 → 2와 같이 $u = \Delta h / \Delta x = -3,000$ kJ/kg의 방향($\Delta x < 0$, $\Delta h > 0$)으로 변화하며, 건구온도와 습구온도가 상승한다.

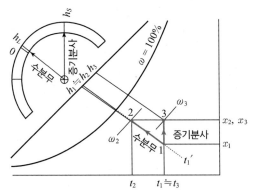

그림 9.12 수분무가습(1 → 2)과 증기가습(1 → 3)

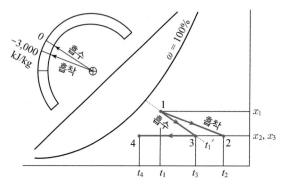

그림 9.13 고체흡착 감습(1 → 2)과 액체흡수 감습(1 → 3)

염화리튬 수용액 등을 이용한 액체흡수 감습장치의 경우에도, 수분을 흡수할 때 응축열과 용해열(혼합열)이 발생하여 그것이 공기에 전달되는데, 용해열은 작으므로 응축수의 비엔탈피를 h_L이라 하면 $u = \Delta h/\Delta x \fallingdotseq -h_L$로 되며, 공기는 그림 9.13의 1 → 3과 같이 거의 습구온도 일정의 선 상에서 변화하며, 건구온도가 상승한다. 단, 실제의 장치에서는 흡수용액은 재생기에서 가열농축되며, 흡수기에서는 이 열과 응축열을 제거하여 흡수능력을 유지하기 위해 코일에 냉각수를 통하고 있고, 공기는 감습됨과 동시에 냉각되므로 출구공기는 점 4의 상태로 된다.

예제 9.12

온도 36℃, 상대습도 60%인 습공기를 10℃의 많은 물로 세척하여 상대습도 80%의 공기로 만든 후, 이것을 다시 20℃까지 재열할 때, (1) 상태변화를 $t-x$선도에 표시하라. (2) 필요한 냉각열량, (3) 재열량을 구하라.

풀이 (1) $t-x$선도는 다음과 같다.

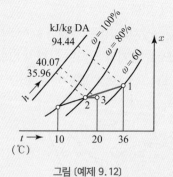

그림 [예제 9.12]

(2) $q = h_1 - h_2$
$$= 94.44 - 35.96 = 58.48 \text{ kJ/kg}$$

(3) $q_{RH} = h_3 - h_2$
$$= 40.07 - 35.96 = 4.11 \text{ kJ/kg}$$

연습문제

습공기의 성질

1   압력 101.325 kPa, 온도 20℃인 대기의 이슬점온도가 15℃이었다. 대기의 상대습도 및 절대습도를 구하라.

2   표준대기압 하에서 건구온도 34℃, 습구온도 24℃일 때, (1) 상대습도, (2) 절대습도, (3) 이슬점온도, (4) 비체적을 구하라.

3   온도가 각각 0℃, 20℃, 40℃에 있어서 상대습도가 공히 0.6인 대기의 절대습도를 비교하라.

4   표준대기압, 건구온도 30℃, 습구온도 18℃일 때, 이 습공기의 비체적을 구하라. 단, 건공기 및 수증기의 가스상수는 각각 0.287, 0.4616 kJ/kgK로 한다.

5   기온 28℃의 밀폐된 실내에 수조로부터 실내의 공기가 포화할 때까지 증발시킬 때 물의 증발량과 최종압력을 구하라. 실내의 체적은 150 m³이며, 최초 공기의 상대습도는 70%, 압력은 101.325 kPa, 28℃의 수증기의 포화증기압은 3.7782 kPa이며, 건공기 및 수증기의 가스상수는 각각 0.287, 0.4616 kJ/kgK이다.

6   체적비율로 수소 90%, 수증기 10%인 혼합기체가 전압 150 kPa로 유지되고 있을 때 이상기체로 취급하여 (1) 이슬점온도, (2) 20℃로 냉각했을 때 수소와 수증기의 혼합조성을 구하라.

습공기의 혼합

7   온도 30℃, 상대습도 60%의 습공기 100 kg과 온도 10℃, 상대습도 100%인 포화습공기를 혼합하여 온도 20℃의 습공기로 만들려고 한다. (1) 온도 10℃의 습공기량, (2) 온도 20℃의 습공기의 절대습도, 상대습도, 비체적을 구하라.

8   온도 10℃, 상대습도 80%의 외기 2 kg/s와 온풍로로부터 온도 40℃, 상대습도 10%의 공기 1 kg/s를 혼합한다. 혼합후의 공기온도 및 상대습도를 구하라.

9   온도 12℃, 상대습도 100%인 포화습공기 200 m³와 온도 30℃, 상대습도 60%인 습공기 400 m³를 혼합하여 온도조절을 하려 한다. 혼합 후 공기의 상태, 즉 절대습도, 엔탈피, 온도, 상대습도, 비체적을 구하라.

10 건구온도 4℃, 습구온도 2℃인 상태 1의 습공기 8,000 m³/h와 건구온도 25℃, 상대습도 50% 인 상태 2의 습공기 25,000 m³/h를 혼합시킬 때 혼합공기 3의 건구온도와 습구온도를 구하라.

11 습공기 A($\omega_A = 50\%$, $t_A = 32℃$, $m_A = 1$ kg)와 습공기 B($\omega_B = 25\%$, $t_B = 15℃$, $m_B = 0.5$ kg)를 혼합할 때 혼합 후 습공기의 상태량(건도, 엔탈피, 건구온도, 상대습도)을 구하라.

공기조화의 과정

12 표준대기압, 온도 20℃인 포화습공기가 있다. 이 공기를 일정압력 하에서 가열하여 상대습도를 80%로 하기 위해서는 몇 도까지 가열해야 하는가? 또 가열에 필요한 열량은 얼마인가?

13 실내를 난방하기 위해 온도 10℃, 습구온도 6℃인 외기를 매시 1,000 m³의 비율로 20℃까지 가열한다. 가열열량과 가열 후의 상대습도를 구하라.

14 표준대기압, 기온 26℃, 상대습도 70%인 습공기 20 m³를 압축하여 300 kPa로 하고, 다시 26℃까지 등압냉각한다. 이때 응축되는 수량을 구하라. 단, 건공기와 수증기의 분자량을 각각 28.96, 18.02로 하고 일반가스상수는 8.314 kJ/kmol K로 한다.

15 온도 0℃에서 포화상태에 있는 외기를 실내로 유입하여 온도 25℃, 상대습도 60%로 공기조화 하기 위해 필요한 가열량과 물의 분사량은 얼마인가? 건공기 1 kg당의 값으로 구하라.

16 온도 30℃, 상대습도 30%의 공기에, 온수 또는 수증기를 분사하여 습도를 조절하려 한다. 건공기 1 kg당 (1) 80℃의 온수를 5 g 분사하는 경우, (2) 100℃의 포화증기를 5 g 분사하는 경우에 대해서, 조절 후의 공기의 온도와 상대습도를 습공기선도로부터 구하라.

17 온도 30℃, 비교습도 70%의 공기 1,000 m³를 냉각하여 10℃의 포화습공기로 하기 위해 방출 해야 하는 열량과 탈수량을 구하라.

18 습공기 A($\omega_A = 50\%$, $t_A = 20℃$)에 100℃의 포화공기 $h_c = 2674.528$ kJ/kg을 주입하여 포 화습증기를 만드는 경우에 필요한 증기량과 최종상태치를 구하라.

19 습공기 A($t_A = 35℃$, $\omega_A = 50\%$) 중에 상온의 냉각수(증발잠열 2,500 kJ/kg)를 분무시켜 냉 각하고 포화습공기로 하는 데 건공기 1 kg당 분무수량 w는 얼마로 하면 되는가?

1. 73.056〔%〕, 0.01066〔kg/kgDA〕

2. (1) 43.45〔%〕
   (2) 0.0145〔kg/kgDA〕
   (3) 19.5〔℃〕
   (4) 0.8906〔m³/kgDA〕

3. 0.00226, 0.00873, 0.0284〔kg/kgDA〕

4. 0.8698〔m³/kgDA〕

5. 1.223〔kg〕, 102.46〔kPa〕

6. (1) 53.955〔℃〕
      수소 : 0.984, 수증기 : 0.016

7. (1) 100〔kg〕
   (2) 0.0118〔kg/kgDA〕, 80.7〔%〕,
       0.844〔m³/kgDA〕

8. 20〔℃〕, 38.6〔%〕

9. 0.01346〔kg/kgDA〕, 58.12〔kJ/kgDA〕,
   24〔℃〕, 71.97〔%〕, 0.8602〔m³/kgDA〕

10. 19.5℃, 14.6℃

11. $x_M = 0.0113$, $h_M = 55,000$ J/kg,
    $t_M = 27$℃, $\omega_M = 50\%$

12. 23.64〔℃〕, 3.757〔kJ/kgDA〕

13. 3.483〔kJ/s〕, 28.4〔%〕

14. 0.1783〔kg〕

15. 46〔kJ/kg〕, 8.13〔g/kgDA〕

16. (1) 19〔℃〕, 93〔%〕
    (2) 31〔℃〕, 46〔%〕

17. 56,387〔kJ〕, 12.995〔kg〕

18. 0.0086〔kg/kgDA〕,
    $x_B = 0.016$, $t_B = 21$℃

19. 0.0032〔kg/kgDA〕

연 소

1 연료

열기관의 고열원 또는 가열장치에서 필요한 에너지의 대부분은 연료(fuel)의 연소(combustion)에 의해 얻어진다. 일반적으로 사용되고 있는 연료는 기체연료, 액체연료, 고체연료로 분류된다.

기체연료(gaseous fuel)에는, 석탄이나 석유를 원료로 하는 제조가스, 천연산인 천연가스(natural gas)로서 수소나 아세틸렌 등의 순 성분가스 등이 있다. 제조가스에는 수소, 일산화탄소, 탄화수소(hydrocarbon)류, 탄산가스, 질소 등의 성분이 포함되어 있다. 천연가스는 주성분이 메탄이며, 근래에는 액화천연가스(LNG, liquefied natural gas)가 많이 사용되고 있다.

액체연료(liquid fuel)는 원유(crude oil)를 분류정제하여 얻을 수 있는 휘발유(gasoline), 등유(kerosene), 경유(gas oil, diesel oil), 중유(heavy oil)가 주를 이루며, 이들 모두 탄화수소의 혼합물이다. 이들은 품질이 안정되고, 취급이 용이한 연료로서 수요가 많다. 따라서 석유 대신에 액체연료로서 석탄액화유와 식물유 또는 알코올 등의 사용이 고려되고 있다.

고체연료(solid fuel)는 석탄(coal)이 주를 이루며, 그 외에 코크스(coke), 목재(wood) 등이 있다. 석탄의 품질은 산지에 따라 다르며, 코크스화하기 쉬운 성질의 석탄을 점결탄, 그렇지 않은 것을 부점결탄이라고 한다.

표 10.1~10.3에 연료의 종류와 그 특성을 나타내었다.

표 10.1 고체연료의 종류 및 용도

연료의 종류	주성분	고발열량 H_h (MJ/m^3_N)	저발열량 H_l (MJ/m^3_N)	용도
석탄	C, H, O, N, S	19~35	17~34	보일러, 가정용 코크스 제조
코크스	C, H, O, S	27~30	26~30	제철, 용선
목탄	C, H, O	28~31	28~31	난방, 주방
목재	C, H, O	12~21	12~15	난방, 주방
탄소	C	33.91	33.91	
유황	S	9.25	9.25	

표 10.2 액체연료의 종류 및 용도

연료의 종류	주성분	고발열량 H_h (MJ/m^3_N)	저발열량 H_l (MJ/m^3_N)	용도
가솔린	C, H	약 48	약 47	가솔린기관
등유	C, H	약 45	약 43	가정용
경유	C, H	약 44	약 42	고속 Diesel 기관
중유	C, H	약 44	약 42	저속 Diesel 기관, 보일러
메탄올	CH$_3$OH	22.68	19.92	
에탄올	C$_2$H$_5$OH	29.67	26.81	

표 10.3 기체연료의 종류 및 용도

연료의 종류	주성분	고발열량 H_h (MJ/m^3_N)	저발열량 H_l (MJ/m^3_N)	용도
천연가스 (건성가스)	CH(98~99%) : C_2H_6, CO_2	약 45	약 41	도시가스, 전력용, 엔진연료
액화석유가스	C_3H_8, C_4H_{10}, C_4H_8, C_3H_6 등	13~40	12~37	도시가스, 공업용, 엔진연료
석탄가스	H_2, C_nH_{2n+2}, CO 등	약 21	약 19	도시가스, 보일러용
발생로가스 (고로)	CO, H_2, N_2 등	약 11	약 10	공업로용, 도시가스
수소		12.75	10.79	
일산화탄소		12.62	12.62	
프로판		99.03	91.18	

2 연소반응

연소반응은 극히 많은 소반응(素反應)으로부터 연쇄반응에 의한 것으로 알려져 있으며, 활성 입자의 수가 증가하는 연쇄분기반응의 존재가 연료와 산화제의 반응을 짧은 시간에 진행시키고, 주로 그들의 재결합(연쇄정지)반응에 의해서 안정된 연소생성물로 될 때 에너지가 방출된다.

반응은 분자들의 충돌에 의해서 일어나므로 그 빠르기는 단위시간당 충돌횟수에 비례하지만, 충돌해도 반응하기 위해서는 분자 등이 어떤 값 이상의 에너지를 가져야 하며, 그 값을 그 반응 에 대한 활성화 에너지라고 한다. 어느 온도에 있어서 분자가 갖는 에너지는 Maxwell의 분포에 따르고, 활성화 에너지 E 이상의 에너지를 갖는 분자의 비율은 근사적으로 $\exp(-E/RT)$로 주어진다. 따라서 반응속도는 반응물질의 농도와 반응속도 정수 $k = A\exp(-E/RT)$에 비례하 며, 절대온도에 대하여 거의 지수함수적으로 변화한다. 이 식을 Arrhenius의 식이라고 한다. 단, R은 일반기체상수이며 A는 빈도인자라고 한다.

반응에 있어서 물질이나 에너지의 변환이 일어날 때 도중의 각각의 素反應에는 관계없이 반응 의 초기와 최종의 관계를 나타내는 총괄반응만으로 결정되므로, 화학평형상태에 있는 연소(생성) 가스의 조성이나 온도는 계산으로 구할 수 있다. 화학평형이라는 것은 정반응과 역반응의 속도가 같고 조성이 시간적으로 변화하지 않는 상태를 말한다. 총괄반응의 속도는 素反應 중에서 가장 느린 것에 강하게 의존하게 된다.

3 발열량

단위질량의 연료를 완전히 연소시켜 최초의 온도, 압력으로 환원시키는 동안에 계의 밖으로 방출하는 열량을 발열량(heating value)이라고 한다. 연료에는 수소가 함유되어 있는 것이 많으며, 수소의 연소에 의해 발생하는 수증기는 응축할 때 다량의 잠열을 방출하므로 물의 응축잠열을 포함시킨 열량을 고발열량(higher heating value) H_h, 응축잠열을 포함시키지 않은 열량을 저발열량(lower heating value) H_l이라고 한다.

실제 연소장치에서는 수증기가 응축되지 않고 그대로 배출되는 경우가 대부분이므로 응축잠열이 포함되지 않는 저발열량이 사용된다. 저발열량은 연소에 의해 발생하는 수증기량과 수증기의 응축잠열을 알면 고발열량으로부터 계산할 수 있다. 예로서 25℃에서의 응축잠열 2,443kJ/kg을 사용하면, 수소의 질량비율을 h, 수분의 질량비율을 w라 할 때 고체 및 액체연료에서는 다음식으로부터 저발열량을 구할 수 있다.

$$H_l = H_h - 2,443(9h + w) \quad \text{(kJ/kg 연료)} \tag{10.1}$$

기체연료에서는

$$H_l = H_h - 1,963\left[(h_2) + \frac{1}{2}\sum n(c_m h_n)\right] \quad \text{(kJ/m$_N^3$ 연료)} \tag{10.2}$$

의 식에서 구할 수 있다.

발열량의 값은 연료의 조성을 안다면 계산에 의해 근사적으로 구할 수 있으며, 고체 및 액체의 연료에서는 연료조성의 질량비율을 탄소 : c, 수소 : h, 유황 : s, 산소 : o라 할 때 각각의 발열량을 이용하여 다음 식으로 계산할 수 있다.

표 10.4 기체연료의 발열량

연료	분자량 M	물체적 [1 atm 0℃] m$_N^3$/kmol	고발열량 H_h			저발열량 H_l			H_h/H_l
			MJ/kmol	MJ/kg	MJ/m$_N^3$	MJ/kmol	MJ/kg	MJ/m$_N^3$	
수소(H$_2$)	2.0156	22.43	286	142.0	12.77	241	119.6	10.76	0.84
일산화탄소(CO)	28	22.40	283	10.13	12.64	283	10.13	12.64	1
암모니아(NH$_3$)	17.031	22.08	381	22.4	17.25	313	18.42	14.19	0.82
황화수소(H$_2$S)	34.08	22.14	569	16.70	25.7	524	15.41	23.7	0.92
메탄(CH$_4$)	16.03	22.36	891	55.6	39.9	801	49.9	35.8	0.90
아세틸렌(C$_2$H$_2$)	26.02	22.22	1,310	50.4	59.0	1,265	48.7	56.9	0.96
에틸렌(C$_2$H$_4$)	28.03	22.24	1,424	50.8	64.0	1,333	47.6	60.0	0.94
에탄(C$_2$H$_6$)	30.05	22.16	1,561	52.0	70.4	1,426	47.4	64.4	0.91
프로필렌(C$_3$H$_6$)	42.05	21.96	2,070	49.3	94.4	1,937	46.1	88.2	0.93
프로판(C$_3$H$_8$)	44.06	21.82	2,220	50.4	101.8	2,040	46.3	93.6	0.92
부틸렌(C$_4$H$_8$)	56.06	22.4	2,730	48.7	121.9	2,550	45.5	113.8	0.93
부탄(C$_4$H$_{10}$)	58.08	21.49	2,880	49.6	134.0	2,650	45.7	123.6	0.92
이소부탄(C$_4$H$_{10}$)	58.08	21.77	2,870	49.5	132.0	2,650	45.6	121.6	0.92
벤젠(C$_6$H$_6$)	78.05	22.4	3,310	42.4	147.8	3,180	40.7	141.8	0.96

$$H_h = 33,900c + 142,000\left(h - \frac{o}{8}\right) + 9,200s \quad \text{(kJ/kg연료)} \qquad (10.3)$$

기체연료의 경우는 연료의 조성을 이루는 각 기체의 체적비율을 안다면 표 10.4의 값을 곱해 합산하여 구한다.

예제 10.1

질량비율 C=0.72, H_2=0.044, S=0.016, O_2=0.036, N_2=0.014, 수분 0.09, 회분 0.09인 석탄의 고발열량과 저발열량을 구하라.

풀이 식 (10.3)으로부터

$$H_h = 33,900c + 142,000\left(h - \frac{o}{8}\right) + 9,200s$$

$$= 33,900 \times 0.72 + 142,000\left(0.044 - \frac{0.036}{8}\right) + 9,200 \times 0.016$$

$$= 30,164.2 \text{ kJ/kg연료} = 30.164 \text{ MJ/kg연료}$$

식 (10.1)로부터

$$H_l = H_h - 2,443(9h + w) = 30,164.2 - 2,443 \times (9 \times 0.044 + 0.09)$$

$$= 28,976.9 \text{ kJ/kg연료} = 28.977 \text{ MJ/kg연료}$$

예제 10.2

메탄(CH_4)과 수소(H_2)의 혼합가스에서 28 MJ의 저발열량을 얻으려면 체적비를 얼마로 해야 되는가? 또 이때 고발열량을 구하라.

풀이 표 10.4로부터 $H_l(CH_4)$=35.8 MJ/m^3_N, $H_l(H_2)$=10.76 MJ/m^3_N

체적비율을 $CH_4 : x$, $H_2 : (1-x)$로 하면 혼합가스 1 m^3_N당 발열량은

$$35.8x + 10.76(1-x) = 28 \qquad \therefore x = 0.6885$$

$\therefore$ 체적비는 $V_{CH_4} : V_{H_2} = 0.6885 : 0.3115 = 1 : 0.4524$

또 $H_l(CH_4)$=39.9 MJ/m^3_N, $H_h(H_2)$=12.77 MJ/m^3_N이므로

고발열량은

$$39.9x + 12.77(1-x) = 39.9 \times 0.6885 + 12.77 \times (1 - 0.6885)$$

$$= 31.45 \text{ MJ/m}^3_N$$

---

4 가연원소와 연소열

연료 중에 포함되어 있는 원소 중에서 탄소, 수소 및 유황은 가연원소(combustible element)라 하며, 산소와의 급격한 연소반응에 의해 연소열(heat of combustion) $\Delta_c H$를 발생한다. 연소반

응의 결과, 반응물(reactants)은 연소생성물(products)로 변화한다. 완전연소에 있어서 가연원소의 연소반응은 다음의 반응식으로 표시된다.

	반응물			연소생성물		연소열	
	연료	산화제					
	C	$+$ O_2	$=$	CO_2	$+$	393.8 MJ/kmol	(10.4)
	H_2	$+$ $\frac{1}{2}O_2$	$=$	H_2O(액)	$+$	286.0 MJ/kmol	(10.5)
	S	$+$ O_2	$=$	SO_2	$+$	296.1 MJ/kmol	(10.6)

탄소의 연소반응식 (10.4)는 탄소 1 kmol, 즉 12 kg으로 393 MJ의 열을 발생하는 것을 의미한다. 다음에, 만일 산소가 부족하면 탄소는 다음의 반응에 따라 CO로 된다.

$$C + \frac{1}{2}O_2 = CO + 110.6 \ \text{MJ/kmol} \tag{10.7}$$

이와 같이 연료의 산화가 불완전한 상태에서 연소반응이 끝나는 것을 불완전연소라 한다. CO는 다음 식에 의해 완전연소한다.

$$C + \frac{1}{2}O_2 = CO_2 + 283.2 \ \text{MJ/kmol} \tag{10.8}$$

따라서 탄소 C가 불완전연소 과정에서의 CO의 연소생성물과 함께 나오는 연소열(식 10.7 참조)과 CO가 완전연소하여 CO_2를 생성하면서 연소열 식 (10.8)과 합산하면 결국 식 (10.4)에 나타낸 연소열이 됨을 알 수 있다. 이와 같이 화학반응에 있어서 생성(또는 흡수)되는 열은 반응의 경로에 의존하지 않는다. 이것을 Hess의 법칙이라고 한다.

다음에 반응에 의해 수수되는 열을 반응 엔탈피 또는 반응열(heat of reaction) $\Delta_r H$라 한다. 계가 외부로부터 열을 흡수하는 흡열반응의 경우, $\Delta_r H$을 正으로 한다. 연소는 발열반응이므로 $\Delta_r H$는 負의 값으로 된다. 다시 말하면, 연소생성물의 온도를 반응 전의 온도로 되돌리기 위해서는 연소열 $\Delta_c H (=-\Delta_r H)$를 그 계로부터 방출시켜야 한다.

H_2, O_2, N_2, C (그라파이트) 및 S인 표준물질로부터 임의의 물질 1 kmol이 생성된다고 했을 때의 반응 엔탈피를 생성 엔탈피라 하며, 표준상태(101.3 kPa, 25℃)에 있어서 그 값을 표준생성 엔탈피(standard enthalpy of formation) $\Delta_f H^o$라고 한다. 표 10.5에는 여러 가지 물질에 대한 표준생성 엔탈피 및 표준생성 Gibbs 자유에너지와 엔트로피 그리고 고발열량 및 저발열량을 나타내었다. 여기서 표준물질 H_2, O_2, N_2, C(그라파이트) 및 S는 표준물질로부터 표준물질을 생성하므로 $\Delta_f H^o$는 0이다.

또한 표 10.6에는 표준대기압 하에서 임의의 온도에 대한 표준생성 엔탈피 $\Delta_f H^o$를 몇 가지 물질에 대하여 표시하였다.

표 10.5 여러 가지 물질의 열물성치(1 atm, 298 K)

물 질	화학 기호	분자량 M [kg/kmol]	표준생성엔탈피 $\Delta_f H°$ [kJ/kmol]	표준생성 Gibbs 자유에너지 $\Delta_f G°$ [kJ/kmol]	절대 엔트로피 S_o [kJ/kmol·K]	발열량	
						고발열량 [kJ/kg]	저발열량 [kJ/kg]
Carbon	C(s)	12.01	0	0	5.74	32,770	32,770
Hydrogen	H$_2$(g)	2.016	0	0	130.57	141,790	119,950
Nitrogen	N$_2$(g)	28.01	0	0	191.50	–	–
Oxygen	O$_2$(g)	32.00	0	0	205.03	–	–
Carbon monoxide	CO(g)	28.01	−110,530	−137,150	197.54	–	–
Carbon dioxide	CO$_2$(g)	44.01	−393,520	−394,380	213.69	–	–
Water vapar	H$_2$O(g)	18.02	−241,820	−228,590	188.72	–	–
Water	H$_2$O(l)	18.02	−285,830	−237,180	69.95	–	–
Hydrogen peroxide	H$_2$O$_2$(g)	34.02	−136,310	−105,600	232.63	–	–
Ammonia	NH$_3$(g)	17.03	−46,190	−16,590	192.33	–	–
Oxygen	O(g)	16.00	249,170	231,770	160.95	–	–
Hydrogen	H(g)	1.008	218,000	203,290	114.61	–	–
Nitrogen	N(g)	14.01	472,680	455,510	153.19	–	–
Hydroxyl	OH(g)	17.01	39,460	34,280	183.75	–	–
Methane	CH$_4$(g)	16.04	−74,850	−50,790	186.16	55,150	50,020
Acetylene	C$_2$H$_2$(g)	26.04	226,730	209,170	200.85	49,910	48,220
Ethylene	C$_2$H$_4$(g)	28.05	52,280	68,120	219.83	50,300	47,160
Ethane	C$_2$H$_6$(g)	30.07	−84,680	−32,890	229.49	51,870	47,480
Propylene	C$_3$H$_6$(g)	42.08	20,410	62,720	266.94	48,920	45,780
Propane	C$_3$H$_8$(g)	44.09	−103,850	−23,490	269.91	50,350	46,360
Butane	C$_4$H$_{10}$(g)	58.12	−126,150	−15,710	310.03	49,500	45,720
Pentane	C$_5$H$_{12}$(g)	72.15	−146,440	−8,200	348.40	49,010	45,350
Octane	C$_8$H$_{18}$(g)	114.22	−208,450	17,320	463.67	48,260	44,790
Octane	C$_6$H$_{18}$(l)	114.22	−249,910	6,610	360.79	47,900	44,430
Benzene	C$_6$H$_6$(g)	78.11	82,930	129,660	269.20	42,270	40,580
Mcthyl alcohol	CH$_3$OH(g)	32.04	−200,890	−162,140	239.70	23,850	21,110
Mcthyl alcohol	CH$_3$OH(l)	32.04	−238,810	−166,290	126.80	22,670	19,920
Ethyl alcohol	C$_2$H$_5$OH(g)	46.07	−235,310	−168,570	282.59	30,590	27,720
Ethyl alcohol	C$_2$H$_5$OH(l)	46.07	−277,690	174,890	160.70	29,670	26,800

* source : Based on JANAF Thermochemical Tables, NSRDS-NBS-37, 1971; *Selected Values of Chemical Thermodynamic Properties*, NBS Tech. Note 270-3, 1968; and *API Research Project 44*, Carnegie Press, 1953, Heating values calculated.

표 10.6 표준생성 엔탈피 $\Delta_f H°$[kJ/mol]

온도[K]	CH$_4$	CO	CO$_2$	C$_2$H$_2$	H	H$_2$
298.15	−74.873	−110.527	−393.522	226.731	217.999	0
500	−80.802	−110.003	−393.666	226.227	219.254	0
1,000	−89.849	−111.983	−394.623	223.669	222.248	0
1,500	−92.553	−115.229	−395.668	221.507	224.836	0
2,000	−92.709	−118.896	−396.784	219.933	226.898	0

(계속)

온도(K)	CH$_4$	CO	CO$_2$	C$_2$H$_2$	H	H$_2$
2,500	−92.174	−122.994	−398.222	218.528	228.518	0
3,000	−91.705	−127.457	−400.111	217.032	229.790	0

온도(K)	H$_2$O(g)	NO	N$_2$	OH	O$_2$	C
298.15	−241.826	90.291	0	38.987	0	0
500	−243.826	90.352	0	38.995	0	0
1,000	−247.857	90.437	0	38.230	0	0
1,500	−250.265	90.518	0	37.381	0	0
2,000	−251.575	90.494	0	36.685	0	0
2,500	−252.379	90.295	0	35.992	0	0
3,000	−253.024	89.899	0	35.194	0	0

이 값들을 이용하면 임의의 반응에 있어서 반응 엔탈피 $\Delta_r H$를 다음과 같이 구할 수 있다.

$$\Delta_r H = \sum_{product} n_p \Delta_f H_i^o - \sum_{react} n_r \Delta_f H_i^o \tag{10.9}$$

이 식에서 우변 첫 항은 모든 생성물의 $\Delta_f H^o$이며, 둘째 항은 모든 반응물의 $\Delta_f H^o$이다. 그리고 n_p는 생성물의 분자수, n_r은 반응물의 분자수이다.

예로서 다음의 흡열반응에서 반응 엔탈피(반응열)를 구해 보자.

$$CH_4 + H_2O \ \rightarrow \ CO + 3H_2$$

표 10.5로부터 $\Delta_f H_{CH_4}^o = -74,850 \, kJ/kmol$, $\Delta_f H_{H_2O}^o = -241,820 \, kJ/kmol$, $\Delta_f H_{CO}^o = -110,530$ kJ/kmol, $\Delta_f H_{H_2}^o = 0 \, kJ/kmol$이므로 이 값들을 식 (10.9)에 적용하면

$$\Delta_r H^o = (\Delta_f H_{CO}^o + 3\Delta_f H_{H_2}^o) - (\Delta_f H_{CH_4}^o + \Delta_f H_{H_2O}^o)$$
$$= (-110,530 + 3 \times 0) - (-74,850 - 241,820)$$
$$= 206,140 \, kJ/kmol \ CH_4$$

이와 같이 화학반응에서 나타나는 반응열과 생성물의 표준생성 엔탈피를 구할 수 있으며, 생성물의 표준생성 엔탈피의 합으로부터 반응물의 표준생성 엔탈피의 합을 뺌으로서 반응열을 이론적으로 산출할 수 있다.

메탄 CH_4를 완전연소시켰을 때의 연소열을 구하라. 단, 메탄의 반응식은 다음과 같다.

$$CH_4 + 2O_2 = CO_2 + 2H_2O$$

풀이 표 10.5로부터 $\Delta_f H^o_{CH_4} = -74{,}850 \ \text{kJ/kmol}$, $\Delta_f H^o_{O_2} = 0 \ \text{kJ/kmol}$, $\Delta_f H^o_{CO_2} = -393{,}520$ kJ/kmol, $\Delta_f H^o_{H_2O} = -285{,}830 \ \text{kJ/kmol}$이므로 식 (10.9)에 따라

$$\begin{aligned}
\Delta_r H^o &= (\Delta_f H^o_{CO_2} + 2\Delta_f H^o_{H_2O}) - (\Delta_f H^o_{CH_4} + 2\Delta_f H^o_{O_2}) \\
&= -393{,}520 + 2(-285{,}830) - (-74{,}850 + 2 \times 0) \\
&= -890{,}330 \ \text{kJ/kmol}
\end{aligned}$$

다음의 연소반응에서 공기비 λ가 1.0, 1.2, 1.4인 각 경우에 대하여 반응열 $\Delta_r H^0$를 구하라.

$$CH_4 + \lambda \times 2(O_2 + 3.76N_2) \rightarrow CO_2 + 2H_2O + (2\lambda - 2)O_2 + \lambda \times 7.52N_2$$

풀이 식 (10.9)에 따라

$$\Delta_r H = \sum_{product} n_p \Delta_f H^o_i - \sum_{react} n_r \Delta_f H^o_i$$

반응식을 변형하면

$$CH_4 + 2O_2 + [(2\lambda - 2)O_2 + 7.52\lambda N_2) \rightarrow CO_2 + 2H_2O + [(2\lambda - 2)O_2 + 7.52\lambda N_2]$$

$$\therefore CH_4 + 2O_2 \rightarrow CO_2 + 2H_2O$$

$$\begin{aligned}
\therefore \Delta_r H^0 &= [\Delta_f H^0_{CO_2} + 2\Delta_f H^0_{H_2O}] - [\Delta_f H^0_{CH_4} + 2\Delta_f H^0_{O_2}] \\
&= [-393.522 + 2 \times (-241.826)] - [-74.873 + 2 \times 0] \\
&= -802.301 \ \text{kJ/mol(표 10.6 이용)}
\end{aligned}$$

반응열은 공기비에 의존하지 않는다.

5 이론공기량 및 연소가스량

연소반응은 연료와 산소에 의해 일어나며, 일반적으로 공기 중의 산소가 연소반응에 이용된다. 공기 중에는 표 10.7과 같이 체적비율로 산소가 약 21%, 질소가 약 78%이고 나머지는 아르곤, 이산화탄소 등이 함유되어 있다. 질소는 연소반응에 직접 관계되지 않지만, 산소의 약 3.76배의 비율로 연소반응이 일어나는 곳에 존재하므로 발생한 연소열을 흡수하는 흡열원으로서 작용한다.

표 10.7 건공기의 성분

구 분	질 소	산 소	아르곤	이산화탄소
체적조성	0.7809	0.2095	0.0093	0.0003
질량조성	0.7553	0.2314	0.0128	0.0005

(1) 고체 및 액체연료의 이론공기량 및 연소가스량

① 이론공기량

고체 및 액체연료에는 연소에 관여하는 탄소 C, 수소 H_2, 유황 S, 질소 N_2, 산소 O_2의 5원소와, 연소에 관여하지 않고 남게 되는 회분과 수분이 함유되어 있다. 연료가 완전연소할 때 5원소에 대한 연소반응식은 다음과 같다.

$$탄소 : \quad C \quad + \quad O_2 \quad = \quad CO_2 \qquad\qquad (10.10)$$
$$12 \qquad\quad 32 \qquad\qquad 44 \quad (kg)$$
$$22.4 \qquad\quad 22.4 \quad (m^3_N)$$

$$수소 : \quad H_2 \quad + \quad \frac{1}{2}O_2 \quad = \quad H_2O \qquad\qquad (10.11)$$
$$2 \qquad\quad 16 \qquad\quad 18 \quad (kg)$$
$$11.2 \qquad\quad 22.4 \quad (m^3_N)$$

$$유황 : \quad S \quad + \quad O_2 \quad = \quad SO_2 \qquad\qquad (10.12)$$
$$32 \qquad\quad 32 \qquad\quad 64 \quad (kg)$$
$$22.4 \qquad\quad 22.4 \quad (m^3_N)$$

$$질소 : \quad N_2 \qquad\qquad = \quad N_2 \qquad\qquad (10.13)$$
$$28 \qquad\qquad\quad 28 \quad (kg)$$
$$22.4 \quad (m^3_N)$$

$$산소 : \quad O_2 \qquad\qquad = \quad O_2 \qquad\qquad (10.14)$$
$$32 \qquad\qquad\quad 32 \quad (kg)$$
$$22.4 \quad (m^3_N)$$

여기서 첨자 N은 표준상태, 즉 101.3 kPa, 25℃의 상태를 의미한다.

연료에 함유되어 있는 5원소의 질량비율을 탄소는 c, 수소는 h, 유황은 s, 질소는 n, 산소는 o라 하고 수분은 w, 회분은 a라 할 때 연료 1 kg을 연소시키기 위하여 필요한 최소한의 산소량, 즉 이론산소량(theoretical amount of oxygen)은 질량(m_{O_2})과 체적(V_{O_2}) 량으로 각각 다음 식으로부터 산출할 수 있다.

$$m_{O_2} = \frac{8}{3}c + 8h + s - o \quad \text{[kg/kg연료]} \tag{10.15}$$

$$V_{O_2} = \frac{22.4}{12}c + \frac{11.2}{2}h + \frac{22.4}{32}s - \frac{22.4}{32}o$$

$$= 1.867c + 5.6h + 0.7(s - o)$$

$$= 1.867c + 5.6\left(h - \frac{o}{8}\right) + 0.7s \quad \text{[m}^3\text{N/kg연료]} \tag{10.16}$$

실제 연소에는 공기 중의 산소가 이용되므로 연소에 필요한 공기량으로 계산한다. 건공기 중에 함유되어 있는 산소의 비율은 표 10.7과 같으며, 이것을 이용하여 다음과 같이 1 kg의 연료를 연소시키는 데 필요한 이론공기량(theoretical amount of air)을 질량(m_{ath})과 체적(V_{ath})으로 각각 다음과 같이 계산할 수 있다.

$$m_{ath} = \frac{m_{O_2}}{0.231} = 11.54c + 34.63h + 4.33(s - o) \quad \text{[kg/kg연료]} \tag{10.17}$$

$$V_{ath} = \frac{V_{O_2}}{0.21} = 8.89c + 26.7\left(h - \frac{o}{8}\right) + 3.33s \quad \text{[m}^3\text{N/kg연료]} \tag{10.18}$$

이론공기량은 연료를 연소시키기 위해 필요한 최소한의 공기량이지만, 연료와 더불어 공기 중의 산소를 전부 소비하는 것은 불가능하며 좀 더 많은 양의 공기를 공급하지 않으면 완전연소가 어렵다. 따라서 실제로 공급하는 체적공기량(V_a)을 이론 체적공기량(V_{ath})보다 많이 공급하게 되며, 후자에 대한 전자의 비를 공기과잉률(excess air factor) 또는 공기비(air ratio) λ라 하며 다음과 같이 표시된다.

$$\lambda = \frac{V_a}{V_{ath}} \tag{10.19}$$

연소과정에서 연료의 질량에 대한 소요된 공기의 질량비를 공연비(air-fuel ratio, 空燃比) A/F라 하며, 그 역수는 연공비(fuel-air ratio, 燃空比) F/A로서 각각 다음과 같이 나타낸다.

$$A/F = \frac{m_{air}}{m_{fuel}} \tag{10.20}$$

$$F/A = \frac{m_{fuel}}{m_{air}} \tag{10.21}$$

또 이론연공비에 대한 실제연공비의 비를 당량비(equivalence ratio, 當量比) ϕ라 하며, 다음 식으로 표시된다.

$$\phi = \frac{(F/A)_a}{(F/A)_{th}} \tag{10.22}$$

$\phi < 1$인 경우는 연료가 희박한 상태이며, 역으로 $\phi > 1$인 경우는 연료가 과농상태를 의미한다. 공기비 λ를 공연비로 나타내면, 이론공연비에 대한 실제공연비의 비로 나타내기도 한다.

$$\lambda = \frac{(A/F)_a}{(A/F)_{th}} \tag{10.23}$$

② 연소가스량

연소에 의해서 발생하는 연소가스량 m_g(질량) 또는 V_g(체적량, 습연소가스량)는 가연원소의 연소에 의하여 생성된 가스와 공기 중의 질소 및 과잉공기량을 합산한 것으로 다음과 같이 각각 연료 1 kg당 질량 또는 체적량으로 표시된다.

$$m_g = \lambda m_{ath} + 1 - a \quad \text{(kg/kg연료)} \tag{10.24}$$

$$V_g = 0.79 \lambda V_{ath} + 0.21(\lambda - 1)V_{ath} + \frac{22.4}{12}c + \frac{22.4}{2}h + \frac{22.4}{32}s + \frac{22.4}{28}n + 1.24w$$

$$= (\lambda - 0.21)V_{ath} + 1.867c + 11.2h + 0.7s + 0.8n + 1.24w \quad \text{(m}^3_\text{N}\text{/kg연료)} \tag{10.25}$$

여기서 계산된 연소가스량은 건공기로 연소시킨 경우이며 실제로는 습공기를 사용하므로 공기 중의 수분량을 더할 필요가 있다. 식 (10.24)의 우변 제1항은 공급한 공기량, 제2항은 연료, 제3항은 회분을 표시한다. 또한 식 (10.25)의 첫 식 우변의 제1항은 N_2(과잉산소＋공기 중의 질소), 제2항은 CO_2(c의 연소에 의한 CO_2), 제3항은 H_2O(H의 연소에 의한 H_2O), 제4항은 SO_2(S의 연소에 의한 SO_2), 제5항은 N_2(N이 N_2로 된 연료분), 제6항은 수분이 수증기로 된 양(수분 $w$kg은 $1.24w$ m^3_N의 수증기로 됨)의 연소체적을 표시한다.

연소가스 중에는 수소의 연소에 의해서 발생한 수분과 공기 중의 수분이 포함되어 있지만, 연소가스의 조성을 분석할 때는 이들의 수분을 제외시키는 경우가 많다. 연소가스로부터 수분을 제외시킨 것을 건연소가스량(乾燃燒가스량) V_g'라 하며, 다음 식으로 표시한다.

$$V_g' = (\lambda - 0.21)V_{ath} + 1.867c + 0.7s + 0.8n \quad \text{(m}^3_\text{N}\text{/kg연료)} \tag{10.26}$$

$$= V_g - (11.2h + 1.24w)$$

수분을 포함한 연소가스는 식 (10.25)로 표시하였으며, 습연소가스량(濕燃燒가스량) V_g라 한다.

(2) 기체연료의 이론공기량 및 연소가스량

기체연료는 일산화탄소 CO, 수소 H_2, 각종 탄화수소 $C_m H_n$의 혼합물이며, 이들의 연소반응식은 다음과 같다.

$$CO + \frac{1}{2}O_2 = CO_2 \tag{10.27}$$

$$H_2 + \frac{1}{2}O_2 = H_2O \tag{10.28}$$

$$C_mH_n + \left(m + \frac{n}{4}\right)O_2 = mCO_2 + \frac{n}{2}H_2O \tag{10.29}$$

기체연료의 조성은 일반적으로 체적비율로 표시되는데, CO, H_2, CO_2, O_2, N_2의 체적비율을 각각 (co), (h_2), (co_2), (o_2), (n_2)로 표기하고 각종 탄화수소의 비율을 (c_mh_n)으로 표기하면, 표준상태 단위체적(m^3_N)당의 체적비율로서 이론공기량 V_{ath}, 연소가스량(습연소가스량) V_g 및 건연소가스량 V_g'는 각각 다음 식으로 표시할 수 있다.

$$V_{ath} = \frac{1}{0.21}\left[\frac{1}{2}(co) + \frac{1}{2}(h_2)\right.$$
$$\left. + \Sigma\left(m + \frac{n}{4}\right)(c_mh_n) - (o_2)\right] \quad \text{(}m^3_N/m^3_N\text{연료)} \tag{10.30}$$

$$V_g = (co) + \Sigma m(c_mh_n) + (co_2) + (h_2) + \Sigma\frac{n}{2}(c_mh_n)$$
$$(\qquad\qquad CO_2 \qquad\qquad)\ (\qquad\quad H_2O \qquad\quad)$$
$$+ 0.21(\lambda - 1)V_{ath} + (n_2) + 0.79\lambda V_{ath}$$
$$(\qquad\quad O_2 \qquad\quad)\ (\qquad\quad N_2 \qquad\quad)$$
$$= 1 + \lambda V_{ath} - \frac{1}{2}(co) - \frac{1}{2}(h_2) + \Sigma\left(\frac{n}{4} - 1\right)(c_mh_n) \quad \text{(}m^3_N/m^3_N\text{연료)} \tag{10.31}$$

$$V_g' = V_g - (h_2) - \Sigma\frac{n}{2}(c_mh_n) \quad \text{(}m^3_N/m^3_N\text{연료)} \tag{10.32}$$

예제 10.5

메탄올 CH_3OH를 연소시키기 위한 이론공기량을 구하라.

풀이 우선 메탄올 1 kg 중에 각 원소의 질량비율을 구한다. 메탄올 1 kmol은 32 kg이므로

$c = 12/32 = 0.375$ kg/kg, $h = 4/32 = 0.125$ kg/kg, $o = 16/32 = 0.5$ kg/kg

식 (10.18)로부터

$$V_{ath} = \frac{V_{O_2}}{0.21}$$
$$= 8.89c + 26.7\left(h - \frac{o}{8}\right) + 3.33s$$
$$= 8.89 \times 0.375 + 26.7(0.125 - 0.5/8) + 3.33 \times 0$$
$$= 5.0 \text{ m}^3_N/\text{kg}$$

예제 10.6

어떤 연료가 탄소 : 0.8, 수소 : 0.12, 질소 ; 0.04, 산소 : 0.04의 질량비율로 조성되어 있다. 이 연료 1kg을 공기비 1.25로 완전연소시키는 데 (1) 필요한 공기량, (2) 건연소가스량과 습연소가스량을 구하라.

[풀이] (1) 이론공기량은 식 (10.18)로부터

$$V_{ath} = 8.89c + 26.7\left(h - \frac{o}{8}\right) + 3.33s$$

$$= 8.89 \times 0.8 + 26.7\left(0.12 - \frac{0.04}{8}\right) = 10.1825 \ \text{m}^3_\text{N}/\text{kg연료}$$

∴ 실제 공기량은 식 (10.19)로부터
$$V_a = \lambda V_{ath} = 1.25 \times 10.1825 = 12.73 \ \text{m}^3_\text{N}/\text{kg연료}$$

(2) 건연소가스량은 식 (10.26)으로부터
$$V_g' = (\lambda - 0.21)V_{ath} + 1.867c + 0.7s + 0.8n$$
$$= (1.25 - 0.21) \times 10.1825 + 1.867 \times 0.8 + 0.8 \times 0.04$$
$$= 12.115 \ \text{m}^3_\text{N}/\text{kg연료}$$

습연소가스량은 식 (10.25)로부터
$$V_g = (\lambda - 0.21)V_{ath} + 1.867c + 11.2h + 0.7s + 0.8n$$
$$= (1.25 - 0.21) \times 10.1825 + 1.867 \times 0.8 + 11.2 \times 0.12 + 0.8 \times 0.04$$
$$= 13.46 \ \text{m}^3_\text{N}/\text{kg연료}$$

예제 10.7

옥탄(C_8H_{18}) 1 kmol이 18 kmol의 O_2를 포함하고 있는 공기와 연소한다(그림 참조). 생성물은 CO_2, H_2O, O_2, N_2만 있다고 가정하고 생성물에 포함된 각 가스의 몰수와 공기-연료비(공연비) A/F를 구하라.

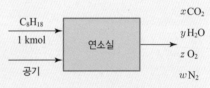

그림 (예제 10.7)

[풀이] 이 연소과정에 대한 화학식은 산소 1 mol에 대하여
질소는 0.79/0.21＝3.76 mol의 질소를 동반하므로
$$C_8H_{18} + 18(O_2 + 3.76N_2) \rightarrow xCO_2 + yH_2O + zO_2 + wN_2$$

∴ C : $8 = x \rightarrow x = 8$ H : $18 = 2y \rightarrow y = 9$

    O : $36 = 2x + y + 2z \rightarrow z = 5.5$ N_2 : $18 \times 3.76 = w \rightarrow w = 67.68$

∴ 이것들을 위 식에 대입하면(공기는 몰비율 또는 체적비율로 O_2 : N_2=21 : 79이므로)
$$C_8H_{18} + 18(O_2 + 3.76N_2) \rightarrow 8CO_2 + 9H_2O + 5.5O_2 + 67.68N_2$$

이 식에서 공기의 몰수는 산소의 몰수 18, 질소의 몰수 18×3.76의 합이고, 공기의 분자량은 28.97 kg/kmol이므로 식 (10.20)으로부터

$$A/F = \frac{m_{air}}{m_{fuel}} = \frac{m_{air}}{m_\text{C} + m_{\text{H}_2}} = \frac{18(1 + 3.76) \times 28.97}{8 \times 12 + 9 \times 2} = 21.77 \ \text{kg/kg연료}$$

6 연소가스의 조성

연소가스 성분의 농도는 연소가스에 대한 각 성분의 체적비율(몰분율)로 표시된다. 예를 들면, 단위연료에서 생기는 CO_2량 V_{CO_2}는 1.867 cm^3_N/kg연료이므로 습연소가스 중의 CO_2의 농도는

$$\frac{V_{CO_2}}{V_g} = \frac{1.867c}{V_g} \ \ m^3_N/m^3_N \ (습연소가스) \tag{10.33}$$

가 된다. 수증기비율은 마찬가지 방법으로

$$\frac{V_{H_2O}}{V_g} = \frac{11.2h + 1.24w}{V_g} \ \ m^3_N/m^3_N \ (습연소가스) \tag{10.34}$$

건연소가스에 대해서는 V_g 대신에 $V_g{}'$에 대한 비에 의해 농도를 표시한다. CO_2 농도는

$$\frac{V_{CO_2}}{V_g{}'} = \frac{1.867c}{V_g{}'} \equiv (CO_2) \ \ m^3_N/m^3_N \ (건연소가스) \tag{10.35}$$

일반적으로 연소가스 분석은 건연소가스에 대하여 하므로, 가스분석의 결과는 위에 나타낸 바와 같이 건연소가스 중의 각 성분의 농도로 표시된다.

완전연소인 경우의 건연소가스 성분농도의 관계식을 표 10.8에 나타내었다.

표 10.8 연소가스 성분의 체적비율 m^3_N/m^3_N(건연소가스)

연소가스성분	액체·고체연료	기체연료
$CO_2 = \dfrac{V_{CO_2}}{V_g{}'}$	$\dfrac{1.867c}{V_g{}'}$	$\dfrac{co + co_2 + mc_mh_n}{V_g{}'}$
$(O_2) = \dfrac{V_{O_2}}{V_g{}'}$	$\dfrac{0.21(\lambda - 1)V_{ath}}{V_g{}'}$	$\dfrac{0.21(\lambda - 1)V_{ath}}{V_g{}'}$
$(N_2) = \dfrac{V_{N_2}}{V_g{}'}$	$\dfrac{0.8n + 0.79\lambda \, V_{ath}}{V_g{}'}$	$\dfrac{n_2 + 0.79\lambda \, V_{ath}}{V_g{}'}$
$(SO_2) = \dfrac{V_{SO_2}}{V_g{}'}$	$\dfrac{0.7s}{V_g{}'}$	$-$
$(CO_2) + (O_2) + (N_2) + (SO_2) = 1$		

예제 10.8

C : 82%, H : 4%, O : 5%, S : 1%, N : 1%, H_2O : 2%, 회분 5%의 조성을 갖는 석탄을 이론공기량으로 완전연소시켰다고 가정할 때, 건배기가스 중의 SO_2 농도는 몇 ppm이 되는가? 단, 유황 S는 전부 SO_2로 된다고 한다.

풀이 연료조성으로부터 식 (10.18)에 적용하면

$$V_{ath} = \frac{V_{O_2}}{0.21} = 8.89c + 26.7\left(h - \frac{o}{8}\right) + 3.33s$$

$$= 8.89 \times 0.82 + 26.7(0.04 - 0.05/8) + 3.33 \times 0.01 = 8.224 \ m^3_N/kg$$

식 (10.26)으로부터

$$V_g' = (1 - 0.21)V_{ath} + 1.867c + 0.7s + 0.8n$$

$$= 0.79 \times 8.224 + 1.867 \times 0.82 + 0.7 \times 0.01 + 0.8 \times 0.01$$

$$= 8.043 \ m^3_N/kg$$

따라서 SO_2 농도는

$$(SO_2) = \frac{V_{SO_2}}{V_g'} = \frac{0.7s}{V_g'} = \frac{0.7 \times 0.01}{8.043} = 0.00087 \ m^3_N/m^3_N = 870 \ ppm$$

예제 10.9

예제 10.6에서 탄소, 수소, 질소, 산소의 조성을 (1) 건연소가스의 체적비율, (2) 습연소가스의 체적비율로 각각 구하라.

풀이 (1) 표 10.8을 이용하여

$$(CO_2) = \frac{V_{CO_2}}{V_g'} = \frac{1.867c}{V_g'} = \frac{1.867 \times 0.8}{12.115} = 0.123 \ m^3_N/m^3_N건연소가스$$

$$(O_2) = \frac{V_{O_2}}{V_g'} = \frac{0.21(\lambda - 1)V_{ath}}{V_g'}$$

$$= \frac{0.21(1.25 - 1) \times 10.1825}{12.115} = 0.044 \ m^3_N/m^3_N건연소가스$$

$$(N_2) = \frac{0.8n + 0.79\lambda V_{ath}}{V_g'}$$

$$= \frac{0.8 \times 0.04 + 0.79 \times 1.25 \times 10.1825}{12.115} = 0.8326 \ m^3_N/m^3_N건연소가스$$

(2) $$(CO_2) = \frac{V_{CO_2}}{V_g} = \frac{1.867c}{V_g} = \frac{1.867 \times 0.8}{13.46} = 0.111 \ m^3_N/m^3_N습연소가스$$

$$(O_2) = \frac{V_{O_2}}{V_g} = \frac{0.21(\lambda - 1)V_{ath}}{V_g}$$

$$= \frac{0.21(1.25 - 1) \times 10.1825}{13.46} = 0.0397 \ m^3_N/m^3_N습연소가스$$

(계속)

$$(H_2O) = \frac{V_{H_2O}}{V_g} = \frac{11.2h}{V_g} = \frac{11.2 \times 0.12}{13.46} = 0.1 \ m^3{}_N/m^3{}_N \text{습연소가스}$$

$$(N_2) = \frac{0.8n + 0.79\lambda V_{ath}}{V_g}$$

$$= \frac{0.8 \times 0.04 + 0.79 \times 1.25 \times 10.1825}{13.46} = 0.7494 \ m^3{}_N/m^3{}_N \text{습연소가스}$$

예제 10.10

메탄(CH_4)을 공기로 연소시킬 때 생성물을 건연소가스 기준으로 분석한 결과가 몰비율로서 다음과 같다.

$$CO_2 : 10\%, \ O_2 : 2.37\%, \ CO : 0.53\%, \ N_2 : 87.1\%$$

공연비와 이론공기량을 계산하고 연소방정식을 구하라.

풀이 생성물을 100 kmol의 건조생성물에 대한 방정식으로 표현하면

$$aCH_4 + b(O_2 + 3.76N_2) \ \rightarrow \ 10CO_2 + 0.53CO + 2.37O_2 + cH_2O + 87.1N_2$$

탄소 : $a = 10 + 0.53 = 10.53$

질소 : $3.76b = 87.1$

$$\therefore b = 23.16$$

수소 : $4a = 2c$

$$\therefore c = 2a = 2 \times 10.53 = 21.06$$

∴ 위 식은

$$10.53CH_4 + 23.16(O_2 + 3.76N_2) \ \rightarrow$$

$$10CO_2 + 0.53CO + 2.37O_2 + 21.06H_2O + 87.1N_2$$

∴ 양변을 10.53으로 나누면 1 kmol의 연료에 대한 연소방정식이 다음과 같이 얻어진다.

$$CH_4 + 2.2O_2 + 8.27N_2 \ \rightarrow \ 0.95CO_2 + 0.05CO + 0.225O_2 + 2H_2O + 8.27N_2$$

∴ 몰기준 공기연료비는 $2.2 + 8.27 = 10.47$ kmol공기/kmol연료

질량기준으로 하면(분자량 도입, 공기의 분자량은 28.97 kg/kmol임)

$$A/F = \frac{10.47 \times 28.97}{16}$$

$$= 18.97 \ \text{kg공기/kg연료}$$

이론공연비는 이론공기량으로 연소시키는 경우의 연소방정식으로부터 다음과 같이 구한다.

$$CH_4 + 2O_2 + 2(3.76)N_2 \ \rightarrow \ CO_2 + 2H_2O + 7.52N_2$$

$$\therefore (A/F)_{th} = \frac{(2 + 7.52) \times 28.97}{16}$$

$$= 17.23 \ \text{kg공기/kg연료}$$

7 단열 화염온도

연료를 연소시킬 때 고온의 연소가스가 발생한다. 이때 연소가스의 온도는 연소 전후의 에너지의 평형으로부터 구할 수 있다. 연료의 저발열량을 H_l, 연료의 비엔탈피를 h_f, 공기의 비엔탈피를 h_a, 공기의 질량을 m_a, 연소가스 중의 각 기체의 질량 및 비엔탈피를 m_i, h_i, 외부로의 손실열량을 Q_l이라 하면 다음식이 성립한다.

$$H_l + h_f + m_a h_a = \sum m_i h_i + Q_l \tag{10.36}$$

각종 연소 관련기체의 엔탈피는 표 10.9에 제시되어 있으며, 연료의 저발열량도 표 10.4에서 구할 수 있다. 단, 연소에 의해 발생하는 연소가스의 온도가 미지수이므로 h_i를 시행오차법에 의해 구하여 표 10.9에서 연소가스의 온도를 구할 수 있다.

엔탈피 대신에 정압비열(표 10.10 참조)을 이용하여 계산할 때는 다음 식을 이용한다.

$$H_l + \overline{c_{pf}}(T_f - T_o) + m_a \overline{c_{pa}}(T_a - T_o) = \sum m_i \overline{c_{pi}}(T_b - T_o) + Q_l \tag{10.37}$$

표 10.9 101. 325 kPa에서 각종 기체의 비엔탈피(MJ/kg) (25℃ 기준)

온도 [K]	N_2	O_2	H_2O	CO_2	CO	H_2	SO_2	NO	공기	공기 (산소를 제외)
298	0	0	0	0	0	0	0	0	0	0
300	0.0019	0.0017	0.0035	0.0015	0.0019	0.027	0.0012	0.0018	0.0019	0.0019
400	0.1060	0.0947	0.1917	0.0911	0.1063	1.468	0.0664	0.1014	0.1028	0.1055
500	1.2112	0.1904	0.3844	0.1890	0.2118	2.920	0.1368	0.2020	0.2051	0.2100
600	0.3176	0.2892	0.5831	0.2937	0.3194	4.374	0.2115	0.3050	0.3088	0.3154
700	0.4264	0.3910	0.7979	0.4038	0.4294	5.832	0.2897	0.4105	0.4151	0.4244
800	0.5374	0.4954	0.9993	0.5188	0.5421	7.298	0.3705	0.5185	0.5234	0.5331
900	0.6509	0.6019	1.218	0.6376	0.6572	8.776	0.4533	0.6288	0.6347	0.6462
1,000	0.7666	0.7101	1.443	0.7595	0.8714	10.27	0.5378	0.7413	0.7478	0.7612
1,100	0.7767	0.8199	1.676	0.8844	0.8943	11.78	0.6235	0.8554	0.8637	0.8792
1,200	1.004	0.9308	1.915	1.011	1.016	13.30	0.7101	0.9711	0.9797	0.9970
1,300	1.125	1.043	2.161	1.140	1.138	14.84	0.7977	1.088	1.098	1.117
1,400	1.248	1.156	2.413	1.271	1.262	16.41	0.8859	1.206	1.216	1.237
1,500	1.372	1.270	2.671	1.403	1.388	18.00	0.9747	1.325	1.337	1.361
1,600	1.497	1.385	2.935	1.537	1.514	19.62	1.064	1.445	1.459	1.486
1,700	1.623	1.500	3.204	1.671	1.641	21.25	1.154	1.565	1.582	1.611

(계속)

온도 (K)	N₂	O₂	H₂O	CO₂	CO	H₂	SO₂	NO	공기	공기 (산소를 제외)
1,800	1.750	1.616	3.478	1.806	1.784	22.91	1.244	1.686	1.705	1.736
1,900	1.877	1.734	3.755	1.942	1.898	24.58	1.334	1.808	1.829	1.863
2,000	2.005	1.851	4.037	2.079	2.027	26.27	1.425	1.929	1.952	1.988
2,100	2.134	1.970	4.323	2.217	2.157	27.98	1.516	2.052	2.079	2.117
2,200	2.264	2.089	4.612	2.355	2.287	29.71	1.608	2.175	2.205	2.246
2,300	2.394	2.209	4.904	2.494	2.418	31.45	1.699	2.298	2.334	2.377
2,400	2.524	2.330	5.199	2.633	2.549	33.21	1.791	2.421	2.458	2.503
2,500	2.655	2.451	4.497	2.772	2.680	34.99	1.883	2.545	2.585	2.632
2,600	2.786	2.573	5.797	2.912	2.812	36.78	1.975	2.669	2.714	2.763
2,700	2.917	2.696	6.100	3.053	2944	38.58	2.068	2.793	2.842	2.895
2,800	3.049	2.819	6.404	3.193	3.076	40.39	2.160	2.918	2.970	3.024
2,900	3.180	2.943	6.710	3.334	3.209	42.21	2.253	3.042	3.099	3.154
3,000	3.313	3.068	7.019	3.476	3.342	44.05	2.346	3.167	3.229	3.286

표 10.10 101.325 kPa에서 각종 기체의 정압비열(kJ/kgK)

온도(K)	N₂	O₂	CO₂	H₂O	CO	H₂	NO	SO₂	공기
298.15	1.040	0.9194	0.8442	1.865	1.043	14.31	0.9952	0.6228	1.004
300	1.040	0.9189	8.8463	1.865	1.041	14.32	0.9951	0.6239	1.004
400	1.045	0.9415	0.9396	1.902	1.048	14.49	0.9986	0.6793	1.013
500	1.057	0.9723	1.015	1.956	1.064	14.52	1.017	0.7275	1.030
600	1.075	1.004	1.076	2.016	1.088	14.56	1.042	0.7661	1.051
700	1.099	1.031	1.127	2.081	1.114	14.61	1.068	0.7960	1.075
800	1.123	1.055	1.169	2.149	1.140	14.72	1.093	0.8190	1.098
900	1.146	1.074	1.205	2.219	1.164	14.84	1.115	0.8369	1.121
1,000	1.169	1.091	1.235	2.289	1.185	14.99	1.133	0.8510	1.141
1,100	1.187	1.104	1.260	2.359	1.210	15.16	1.149	0.8622	1.159
1,200	1.205	1.116	1.281	2.427	1.221	15.35	1.163	0.8715	1.174
1,300	1.220	1.126	1.299	2.492	1.235	15.56	1.175	0.8790	1.189
1,400	1.233	1.135	1.314	2.553	1.247	15.78	1.185	0.8854	1.200
1,500	1.245	1.143	1.327	2.610	1.258	16.03	1.193	0.8909	1.211
1,600	1.255	1.151	1.339	2.664	1.268	16.25	1.201	0.8956	1.220
1,700	1.264	1.159	1.349	2.713	1.276	16.45	1.207	0.08997	1.229

(계속)

온도[K]	N_2	O_2	CO_2	H_2O	CO	H_2	NO	SO_2	공기
1,800	1.272	1.167	1.357	2.758	1.283	16.65	1.213	0.9033	1.237
1,900	1.279	1.174	1.365	2.800	1.289	16.84	1.218	0.9066	1.244
2,000	1.285	1.181	1.372	2.838	1.295	17.02	1.222	0.9095	1.250
2,100	1.291	1.189	1.378	2.874	1.300	17.19	1.226	0.9122	1.256
2,200	1.296	1.196	1.384	2.906	1.305	17.36	1.230	0.9146	1.261
2,300	1.301	1.203	1.389	2.936	1.309	17.52	1.233	0.9169	1.267
2,400	1.305	1.210	1.394	2.964	1.313	17.67	1.236	0.9190	1.271
2,500	1.309	1.217	1.398	2.989	1.316	17.81	1.239	0.9210	1.276
2,600	1.312	1.224	1.402	3.013	1.319	17.94	1.241	0.9227	1.280
2,700	1.315	1.231	1.405	3.035	1.322	18.07	1.243	0.9247	1.284
2,800	1.318	1.237	1.409	3.055	1.325	18.19	1.246	0.9264	1.288
2,900	1.321	1.243	1.412	3.074	1.327	18.30	1.247	0.9280	1.292
3,000	1.323	1.250	1.415	3.092	1.330	18.40	1.249	0.9296	1.295

여기서 $\overline{c_{pf}}$, $\overline{c_{pa}}$, $\overline{c_\pi}$ 는 각각 연료, 공기, 연소가스 중의 각 성분의 평균 정압비열, T_f, T_a는 각각 연료 및 공기의 온도, T_b, T_o는 각각 연료가스온도 및 기준온도이다. 식 (10.37)로부터 연소가스온도 T_b는 다음과 같이 된다.

$$T_b = \frac{H_l + \overline{c_{pf}}\,(T_f - T_o) + m_a \overline{c_{pa}}\,(T_a - T_o) - Q_l}{\sum m_i \overline{c_{pi}}} + T_o \tag{10.38}$$

손실열량이 없는 상태, 즉 단열의 경우에 대하여 식 (10.38)에서 $Q_l = 0$으로 취하여 계산한 온도를 단열 화염온도(adiabatic flame temperature)라고 한다. 실제의 연소실에서는 노벽 등으로의 방열이 일어나며, 따라서 연소온도는 단열 화염온도보다 상당히 낮아진다.

연소가 정적 하에서 일어나는 경우는 외부에 일을 하지 않으므로, 연소열은 내부에너지의 변화가 된다. 연소가스온도 T_b는 $\lambda = 1$의 부근에서 최대가 된다.

예제 10.11

수소와 산소의 혼합기가 체적비율로서 1 : 9이다. 초기온도가 25°C인 경우 이 혼합기를 연소시킬 때 단열 화염온도를 구하라.

풀이 반응식 $H_2 + \frac{1}{2}O_2 = H_2O$

∴ 수소 1 m^3_N당 산소 0.5 m^3_N이 소비되며 8.5 m^3_N의 산소는 그대로 연소가스로 된다.

(계속)

$$\therefore \text{연소 전 } H_2 : 1 \, m^3{}_N/m^3{}_N\text{연료} \times \frac{2}{22.4} = 0.08929 \, kg/m^3{}_N\text{연료}$$

$$O_2 : 9 \, m^3{}_N/m^3{}_N\text{연료} \times \frac{32}{22.4} = 12.86 \, kg/m^3{}_N\text{연료}$$

$$\text{연소 후 } H_2O : 1 \, m^3{}_N/m^3{}_N\text{연료} \times \frac{18}{22.4} = 0.8036 \, kg/m^3{}_N\text{연료}$$

$$O_2 : 8.5 \, m^3{}_N/m^3{}_N\text{연료} \times \frac{32}{22.4} = 12.14 \, kg/m^3{}_N\text{연료}$$

식 (10.36)으로부터 25℃에서의 H_2 및 O_2의 비엔탈피와 공기의 비엔탈피는 0(표 10.9 참조)이므로 좌변은 연료(수소)의 저발열량의 값만 적용된다.

연소 후의 엔탈피는 연소가스온도를 1,000 K로 가정하여 식 (10.36)의 우변을 표 10.9의 엔탈피를 이용하면

$$0.8036 \times 1.443 + 12.14 \times 0.7101 = 9.78 \, MJ/m^3{}_N\text{연료}$$

수소의 저발열량은 표 10.4로부터 10.76 $MJ/m^3{}_N$이므로, 연소가스온도의 가정치를 변화시켜 1,100 K로 가정하면

$$0.8036 \times 1.676 + 12.14 \times 0.8199 = 11.3 \, MJ/m^3{}_N\text{연료}$$

$\therefore$ 보간법을 이용하여 단열 화염온도를 구하면 다음과 같다.

$$T_b = 1,000 + \left(100 \times \frac{10.76 - 9.78}{11.3 - 9.78} \right) = 1,064.5 \, K = 791.32℃$$

8 연소효율

불완전연소로 인하여 연소가스 중에 CO, H_2, 미연소 연료성분, 그을음(soot) 등이 생기는 경우에는, 이들 미연소 성분이 갖는 연소열은 이용하지 못하게 된다. 그리하여 연료의 단위량당 실제로 발생한 열량 Q_R과 연료가 완전연소한 경우의 발생열량(H_l)과의 비를 연소효율(combustion efficiency) η_{comb}이라고 하며, 이것에 의해 연소의 정도를 판단한다.

$$\eta_{comb} = \frac{Q_R}{H_l} \tag{10.39}$$

$1 - \eta_{comb}$는 미연손실 비율이다. 열기관의 열효율을 높이기 위해서는 우선적으로 사용연료의 연소효율을 높이는 것이 필요하다. 불완전연소 성분은 대기오염(air pollution) 물질이므로 대기오염 방지를 위해서도 연소효율을 높여야 한다.

실제 발생열량 Q_R의 값은 연소가스 분석을 하여 미연소성분의 농도로부터 구한다. 일반적으로 연소효율은 98% 이상이지만, 과농 또는 공기량 부족, 연료와 공기의 혼합의 불충분, 화염의 냉각이 현저한 경우 등에 의해 연소효율이 저하한다.

예제 10.12

저발열량 24 MJ/kg, 회분 13%인 석탄을 연소시켰더니 연소가스 중에 연료 1 kg당 CO가 0.1 kg이 함유되어 있고, 타고 남은 재에는 30%의 미연탄소가 남아 있었다. 이때의 연소효율을 구하라.

풀이 연료 중 회분을 a〔kg/kg연료〕라 하고, 타고 남은 재 중의 탄소량을 m_C〔kg/kg연료〕라 하면

$$m_C = \frac{0.3}{0.7} \times a = \frac{0.3}{0.7} \times 0.13 = 0.0557 \, \text{kg/kg연료}$$

가연성분의 발열량은 각각 식 (10.4), 식 (10.8)를 이용하면

$$\text{C} : \text{H}_{l,\text{C}} = \frac{393.8 \, \text{MJ/kmol}}{12 \, \text{kg/kmol}} = 32.82 \, \text{MJ/kg}$$

$$\text{CO} : \text{H}_{l,\text{CO}} = \frac{283.2 \, \text{MJ/kmol}}{28 \, \text{kg/kmol}} = 10.11 \, \text{MJ/kg}$$

연료 1 kg당 미연손실 열량을 Q_l이라 하면

$$Q_l = m_C H_{l,\text{C}} + m_{\text{CO}} H_{l,\text{CO}}$$
$$= 0.0557 \times 32.82 + 0.1 \times 10.11 = 2.839 \, \text{MJ/kg연료}$$

∴ 식 (10.39)로부터

$$\eta_{comb} = \frac{Q_R}{H_l} = \frac{H_l - Q_l}{H_l} = \frac{24 - 2.839}{24} = 0.8817$$

9 표준생성 Gibbs 자유에너지와 에너지 변환

4장에서 기술한 Gibbs의 자유에너지 $G = H - TS$가 반응에 의해 화학적 조직이 변화하는 경우에 대하여 생각하자.

화학조성의 변화가 없는 계에서는, 상태변화 전후의 Gibbs 자유에너지 변화 ΔG는 그 상태변화에서 얻을 수 있는 최대일이 된다. 화학반응에 의해 조성이 변화하는 경우는 화학반응의 전후에서 온도와 압력이 변화하지 않는 간단한 계에서, 반응 전의 $(H_2 + 1/2 \, O_2)$와 반응 후의 (H_2O)의 Gibbs 자유에너지의 변화는 $\Delta G = \Delta H - T\Delta S - S\Delta T$로부터 온도가 일정한 조건이 $\Delta T = 0$이므로 다음 식으로 표시되며, 이것이 최대일이 된다.

$$\Delta G = \Delta H - T\Delta S \tag{10.40}$$

ΔH는 반응 전과 반응 후의 엔탈피차이며, 반응열이다. $-T\Delta S$는 가역과정에서의 엔트로피 변화 $\Delta S = Q_{rev}/T$를 생각하면 $-Q_{rev}$, 즉 가역과정의 열의 출입량이며 열로서 빠져나가는 최소량이다. 즉 식 (10.40)은 반응 전후의 엔탈피차 ΔH로부터 열로서 계로부터 빠져나가는 최소량 $T\Delta S$를 뺀 것이 얻을 수 있는 전기에너지 또는 일의 최대치 ΔG를 의미한다.

반응에 의해 직접 일을 얻을 수 있는 최대치는 ΔG이며, $-T\Delta S$는 최소한의 빠져나가는 열

량을 표시하므로, ΔG를 어떻게 크게 얻는가, 반대로 빠져나가는 열량을 어떻게 $-T\Delta S$에 근접시키는가가 에너지의 유효이용을 고려하는 경우의 한 지침이 된다.

전술한 바와 같이 화학반응에서 얻을 수 있는 최대일은 반응 전후에서의 Gibbs 자유에너지의 차 ΔG이며, 이것을 구하는 방법에 대하여 알아보자.

표준물질로부터 어떤 물질을 생성할 때 요구되는 Gibbs 자유에너지를 표준생성 Gibbs 자유에너지(standard Gibbs free energy of formation)라고 한다. 이것은 $\Delta_f G^0$라고 표시하고, 다음 식으로 나타낸다.

$$\Delta_f G^0 = \Delta_f H^0 - T\Delta S^0 \tag{10.41}$$

$\Delta_f G^0$는 $\Delta_f H^0$와 마찬가지로 25℃, 1기압(101.3 kpa)에서 안정된 표준물질(H_2, O_2, C, S N_2 등)을 기준으로서 $\Delta_f G^0 = 0$으로 하고 있다. 다른 화학물질에 대한 값은 이들 표준물질과의 차를 나타낸다.

표 10.11에는 대표적인 물질의 표준생성 Gibbs 자유에너지($\Delta_f G^0$〔kJ/mol〕), 표 10.12에는 절대 엔트로피 S^0〔J/mol·K〕를 나타내었다.

표 10.11 표준생성 Gibbs 자유에너지 $\Delta_f G^o$〔kJ/mol〕

온도〔K〕	CH$_4$	CO	CO$_2$	C$_2$H$_2$	H	H$_2$
298.15	−50.768	−137.163	−394.389	209.200	203.278	0
500	−32.741	−155.414	−374.939	197.453	192.957	0
1,000	19.492	−200.275	−395.886	169.607	165.485	0
1,500	74.918	−243.740	−396.288	143.080	136.522	0
2,000	130.802	−286.034	−396.333	117.183	106.760	0
2,500	186.622	−327.356	−396.062	91.661	76.530	0
3,000	242.332	−367.816	−395.461	66.423	46.007	0
온도〔K〕	H$_2$O〔g〕	NO	N$_2$	OH	O$_2$	C
298.15	−228.582	86.600	0	34.277	0	0
500	−219.051	84.079	0	31.070	0	0
1,000	−192.590	77.775	0	23.391	0	0
1,500	−164.376	71.425	0	16.163	0	0
2,000	−135.528	65.050	0	9.197	0	0
2,500	−106.416	58.720	0	2.404	0	0
3,000	−77.163	52.439	0	−4.241	0	0

* 출처: 熱力學, 日本機械学會, 2002

표 10.12 절대 엔트로피 S^o [J/(mol·K)]

온도(K)	CH$_4$	CO	CO$_2$	C$_2$H$_2$	H	H$_2$
298.15	186.251	197.653	213.795	200.958	114.716	130.680
500	207.014	212.831	234.901	226.610	125.463	145.737
1,000	247.549	234.538	269.299	269.192	139.871	166.216
1,500	279.763	248.426	292.199	298.567	148.299	175.846
2,000	305.853	258.714	309.293	321.335	154.278	188.418
2,500	327.431	266.854	322.890	339.918	158.917	196.243
3,000	345.690	273.605	334.169	335.600	162.706	202.891
온도(K)	H$_2$O(g)	NO	N$_2$	OH	O$_2$	C
298.15	188.834	210.758	191.609	183.708	205.147	5.740
500	206.534	226.263	206.739	199.066	220.693	11.662
1,000	232.738	248.536	228.170	219.736	243.578	24.457
1,500	250.620	262.703	241.880	232.602	258.068	33.718
2,000	264.769	273.128	252.074	242.327	268.748	40.771
2,500	276.503	281.363	260.176	250.202	277.290	46.464
3,000	286.504	288.165	266.891	256.824	284.466	51.253

* 출처: 熱力學, 日本機械学會, 2002

식 (10.41)에 표시한 관계는, $\Delta_f G^0$의 $\Delta_f H^0$와 ΔS^0의 관계를 나타내고 있으며, 보통 $\Delta_f G^0$는 표 10.11에 제시되어 있으므로 식 (10.41)을 이용하는 경우는 별로 없다.

298.15 K에서 메탄 CH$_4$에 대하여 표준물질인 C와 H$_2$로부터 생성되는 CH$_4$(C + 2H$_2$ → CH$_4$)를 고려하면, 표 10.11, 표 10.5, 표 10.12로부터 $\Delta_f G^0 = -50.790$ kJ/mol, $\Delta_f H^0 = -74.850$ kJ/mol, $\Delta S^0 = S^0_{CH_4} - (S^0_C + 2S^0_{H_2}) = 186.251 - (5.74 + 2 \times 130.68) = -80.75$ J/mol K이다. 따라서

$$\Delta_f H^0 - T\Delta S^0 = -74.850 - 298.15 \times (-80.85) \times 10^{-3}$$
$$= -50.745 \text{ kJ/mol}$$

이 되어, 식 (10.41)의 좌변 $\Delta_f G^0$와 우변의 $\Delta_f H^0 - T\Delta S^0$는 같음을 알 수 있다. 절대 엔트로피 S^0는 절대 0도에서 $S^0 = 0$이라는 것으로부터 구해지고 있다.

H$_2$의 화학반응에서 반응이 25℃, 1 atm의 일정온도, 압력에서 진행하는 경우에 연료전지에 의해 얼마만큼의 전기에너지를 얻을 수 있는가를 생각한다.

$$H_2 + \frac{1}{2}O_2 \rightarrow H_2O \tag{10.42}$$

전기에너지는 100% 일로 변환할 수 있으므로 전기에너지와 일은 등가(等價)이다.

반응에 의한 Gibbs 자유에너지 변화 ΔG는 일반적으로 얻을 수 있는 일량을 표시하는데, 이것은 전기에너지를 얻을 수 있다는 것과 같다.

여기서는 방열이 충분히 빨리 진행되어 일정한 온도에서 화학반응이 일어나는 경우를 생각하자. 이 반응식의 양변에 나타나는 물질 H_2, O_2, H_2O를 표준물질로부터 생성하는 다음의 반응은, 온도 T_o(298.15K)에서 H_2, O_2, H_2O의 표준생성 Gibbs 자유에너지 $\Delta_f G^0(T_o)$가 주어진 표 10.11로부터 구할 수 있다.

H_2, O_2는 표준물질로부터 표준물질을 생성하는 반응이므로 $\Delta_f G^0(T_o) = 0$ 이 된다.

$$H_2 \rightarrow H_2 \ : \ \Delta_f G^0_{H_2}(T_o) = 0 \ \text{kJ/mol} \tag{10.43}$$

$$O_2 \rightarrow O_2 \ : \ \Delta_f G^0_{O_2}(T_o) = 0 \ \text{kJ/mol} \tag{10.44}$$

$$H_2 + \frac{1}{2}O_2 \ \rightarrow \ H_2O \ : \ \Delta_f G^0_{H_2O}(T_o) = -228.582 \ \text{kJ/mol} \tag{10.45}$$

이므로 반응 전후에 Gibbs 자유에너지 변화 ΔG는

$$\Delta G(T_o) = [\Delta_f G^0_{H_2O}(T_o)] - [\Delta_f G^0_{H_2}(T_o) + \frac{1}{2}\Delta_f G^0_{O_2}(T_o)]$$

$$= -228.582 \ \text{kJ/mol } H_2 \tag{10.46}$$

가 된다. 즉 H_2 1 mol당 최대 228.582 kJ의 일을 얻을 수 있다. 전술한 바와 같이 이 일은 연료전지를 이용하여 직접 일로 변화하는 경우의 일량이다.

다른 방법으로서, 수소 H_2를 연소시킨 후 일로 변환하는 경우에 대하여 구해보자. 예로서 수소가 공기비 1.4에서 다음과 같은 연소반응을 한다.

$$H_2 + 1.4 \times \frac{1}{2} \times (O_2 + 3.76 \times N_2) \tag{10.47}$$

$$\rightarrow \ H_2O + 0.2O_2 + 0.7 \times 3.76N_2$$

이때의 이론 화염온도는 $T_{bt} = 2,061$ K이며, 식 (10.42)의 우변으로 표시한 연소생성물을 일로 변환하는 경우를 생각하자. 간단히 하기 위해 $T_{bt} = 2,000$ K로 하고, 온도 T_{bt}의 가스가 환경온도 T_o로 되기까지 얻을 수 있는 최대일은 표 10.13의 $H(T) - H(T_o)$와 표 10.12에 표시한 엔트로피 S^0를 이용하여 4장에서 기술한 엑서지 E를 다음과 같이 구할 수 있다.

표 10.13 $298(T_o)$K~ T(K)의 온도범위에서 평균 정압비열 C_p(J/(mol·K))와 T(K)와 $298(T_o)$K의 엔탈피차 $H(T)-H(T_o)$ 〔kJ/(mol)〕

T	C_p				$H(T)-H(T_o)$			
	CO_2	H_2O	N_2	O_2	CO_2	H_2O	N_2	O_2
1,000	47.564	37.008	30.576	32.352	33.397	26.000	21.463	22.703
1,200	49.324	38.232	31.164	32.992	44.473	34.506	28.109	29.761
1,400	50.732	39.438	31.696	33.536	55.896	43.493	34.936	36.957
1,600	51.876	40.608	32.172	34.016	67.569	52.908	41.904	44.266
1,800	52.888	41.706	32.592	34.400	79.431	62.693	48.978	51.673
2,000	53.724	42.732	32.984	34.784	91.439	72.790	56.137	59.175
2,200	54.428	43.686	33.292	35.104	103.562	83.153	63.361	66.769
2,400	55.088	44.568	33.600	35.424	115.779	93.741	70.640	74.453
2,600	55.616	45.360	33.852	35.712	128.073	104.520	77.963	82.224
2,800	56.100	46.116	34.076	36.000	140.433	115.464	85.323	90.079
3,000	56.540	46.800	34.300	36.288	152.852	126.549	92.715	98.013

* 출처: 熱力學, 日本機械学會, 2002

$$
\begin{aligned}
E &= \sum_{prod}[H(T_{bt})-H(T_o)]_{H_2O} - T_o\sum_{prod}[S(T_{bt})-S(T_o)] \\
&= [H(T_{bt})-H(T_o)]_{H_2O} - T_o[S(T_{bt})-S(T_o)]_{H_2O} + 0.2[H(T_{bt})-H(T_o)]_{O_2} \\
&\quad - 0.2\,T_o[S(T_{bt})-S(T_o)]_{O_2} + 0.7\times3.76[H(T_{bt})-H(T_o)]_{N_2} \\
&\quad - 0.7\times3.76\,T_o[S(T_{bt})-S(T_o)]_{N_2} \\
&= 72.79 - 298.15\times(0.264769-0.188834) + 0.2\times(59.175) \\
&\quad - 0.2\times298.15\times(0.268748-0.205147) + 0.7\times3.76\times(56.137) \\
&\quad - 0.7\times3.76\times298.15\times(0.252074-0.191609) \\
&= 161.49 \text{ kJ/mol H}_2
\end{aligned}
\tag{10.48}
$$

따라서 Gibbs 자유에너지의 차 $-\Delta G$에 대한 연소생성물의 엑서지의 비는 연료 H_2로부터 직접 일을 얻는 경우에 비하여 연소를 시켜 일을 얻는 비율을 의미하므로

$$
\frac{E}{-\Delta G} = \frac{161.49}{228.582} = 0.707
\tag{10.49}
$$

따라서 70.7%로 변화한 것을 알 수 있다.

수소 H_2로부터 에너지를 얻는 경우에 대하여 연소보다도 연료전지를 이용하는 편이 효율이 좋다는 것을 나타내고 있지만, 이것은 이론치를 나타낼 뿐이며, 실제 에너지의 유효이용을 생각하는 데는 각종 손실이나 에너지 수송까지 포함되는 전체의 시스템으로서 평가해야 한다.

예제 10.13

온도 $T = 25℃$, 압력 $p = 1$ atm의 상태에서 탄소 C와 산소 O_2가 연소반응하여 CO_2를 생성한다. 연소가 완전하다고 가정할 때 탄소 1 mol당 최대일을 구하라.

풀이 $C + O_2 \rightarrow CO_2$

식 (10.41)로부터 표 10.6을 이용하면 $\Delta_f H^0_{CO_2} = -393.522$ kJ/mol

표 10.12를 이용하여

$$\Delta S^0 = S^0_{CO_2} - (S^0_C + S^0_{O_2}) = 213.795 - (5.740 + 205.147) = 2.908 \text{ J/mol}$$

$$\therefore \Delta_f G^0 = \Delta_f H^0 - T\Delta S^0 = -393.52 - 298.15 \times (2.908 \times 10^{-3})$$

$$= -394.39 \text{ kJ/mol} \cdot C$$

즉 탄소 1 mol당 최대 394.39 kJ의 일을 얻을 수 있다.

예제 10.14

그림과 같이 25℃, 0.1 MPa 상태의 기체 에텐(C_2H_4)을 25℃, 0.1 MPa 상태의 400% 이론공기량으로 연소시킬 때 완전 연소하여 생성물이 그 조건의 온도, 압력상태로 배출된다고 한다. 이 과정에서 최대로 얻을 수 있는 가역일을 구하라. 화학반응식은 다음과 같다. 생성물 중 물은 기체상태로 한다. 단, C_2H_4의 $\Delta_f H^0 = 52.467$ kJ/mol, $S^0 = 219.33$ J/molK이다.

$$C_2H_4 + 3(4)O_2 + 3(4)(3.76)N_2 \rightarrow 2CO_2 + 2H_2O + 9O_2 + 45.1N_2$$

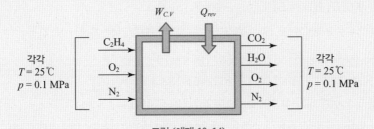

그림 [예제 10.14]

풀이 $-\Delta_f G^0 = W_{rev}, \quad -\Delta_f G^0 = \Delta_f H^0 - T\Delta S^0 \quad \cdots$ (a)

위 반응식에서 45.1 N_2는 상쇄, 12 O_2 중 9 O_2가 상쇄된다.

표 10.5로부터 산소 및 질소는 $\Delta_f H^0 = 0$이므로(C_2H_4의 $\Delta_f H^0 = 52.467$ kJ/mol임)

$$\Delta_f H^0 = 2\Delta_f H^0_{CO_2} + 2\Delta_f H^0_{H_2O} - \Delta_f H^0_{C_2H_4}$$

$$= 2 \times (-393.522) + 2 \times (-241.826) - 52.467$$

$$= -1,323.163 \text{ kJ/mol}$$

표 10.12로부터(C_2H_4의 $S^0 = 219.330$ J/molK임)

$$\Delta S^0 = 2S^0_{CO_2} + 2S^0_{H_2O} - S^0_{C_2H_4} - 3S^0_{O_2}$$

$$= 2(213.795) + 2(188.834) - (219.330) - 3(205.147)$$

$$= -29.513 \text{ J/molK}$$

(계속)

$\therefore$ 식 (a)는

$$-\Delta_f G^0 = -1,323.163 - 298.15(-29.513 \times 10^{-3})$$
$$= -1,314,364 \text{ kJ/mol } C_2H_4$$
$$= -1,314.364 \text{ kJ/kmol } C_2H_4$$

$$\therefore W_{rev} = \frac{1,314,364}{28.054} = 46,851 \text{ kJ/kg}$$

예제 10.15

25℃, 1 atm 상태에서 공기비 1.3으로 메탄(CH_4)을 연소시켰을 때 화염온도는 1,960 K이며 연소반응식은 다음과 같다.

$$CH_4 + 1.3 \times 2[O_2 + 3.76N_2] \rightarrow CO_2 + 2H_2O + 0.6O_2 + (2.6 \times 3.76)N_2$$

이 연소에 의한 엑서지(유효에너지)를 구하라.

풀이 표 10.12와 표 10.13을 이용하여

$$E = \sum_{prod}[H(T_{bt}) - H(T_o)] - T_o \sum_{prod}[S(T_{bt}) - S(T_o)]$$
$$= [H(T_{bt}) - H(T_o)]_{CO_2} - T_o[S(T_{bt}) - S(T_o)]_{CO_2}$$
$$\quad + 2[H(T_{bt}) - H(T_o)]_{H_2O} - 2T_o[S(T_{bt}) - S(T_o)]_{H_2O}$$
$$\quad + 0.6[H(T_{bt}) - H(T_o)]_{O_2} - 0.6T_o[S(T_{bt}) - S(T_o)]_{O_2}$$
$$\quad + 2.6 \times 3.76[H(T_{bt}) - H(T_o)]_{N_2} - 2 \times 3.76T_o[S(T_{bt}) - S(T_o)]_{N_2}$$
$$= 89.04 - 298.15(307.93 - 213.795) \times 10^{-3}$$
$$\quad + 2 \times 70.77 - 2 \times 298.15(263.64 - 188.834) \times 10^{-3}$$
$$\quad + 0.6 \times 57.67 - 0.6 \times 298.15(267.89 - 205.147) \times 10^{-3}$$
$$\quad + 2.6 \times 3.76 \times 54.71 - 2.6 \times 3.76 \times 298.15(251.26 - 191.609) \times 10^{-3}$$
$$= 542.264 \text{ kJ/mol } C_2H_4$$

연습문제

발열량

1 다음과 같은 체적조성을 갖는 혼합가스(도시가스)의 발열량(MJ/m^3_N)을 구하라.

   CO : 5%, H_2 : 46%, CH_4 : 22%, C_2H_4 : 5%, CO_2 : 10%, N_2 : 10%, O_2 : 2%.

2 메탄(CH_4)과 프로판(C_3H_8)의 혼합기로 $70\ MJ/m^3_N$의 고발열량을 얻기 위해서는 체적비를 얼마로 해야 하는가?

3 메탄(CH_4)과 수소(H_2)의 혼합가스에서 $20\ MJ$의 저발열량을 얻으려면 체적비를 얼마로 해야 되는가? 또 이때 고발열량을 구하라.

가연원소와 연소열

4 프로판(C_3H_8)을 완전연소시켰을 때 연소열을 구하라.

5 $CO_2 + C \rightarrow 2CO$가 되는 반응열을 구하라.

6 다음 반응식에서 공기비 $\alpha = 1.0, 1.2, 1.4$로 변화시키면서 연소할 때 각각의 반응열 $\Delta_r H^o$를 구하라.

$$CH_4 + \alpha \times 2(O_2 + 3.76N_2) \rightarrow CO_2 + 2H_2O + (2\alpha - 2)O_2 + \alpha \times 7.52N_2$$

이론공기량 및 연소가스량

7 부탄(C_4H_{10})과 공기를 체적비 $1 : 40$으로 혼합했을 때의 공기비를 구하라.

8 분자식 C_nH_{2n}으로 표시되는 탄화수소 연료의 이론공기량을 구하라.

9 옥탄(C_8H_{18}) $1\ kg$을 공기비 1.3으로 연소시킬 때 공급해야 할 공기량(m^3_N)을 구하라.

10 $n-$핵산(C_6H_{14}), $n-$옥탄(C_8H_{18})의 이론공기량을 구하라.

11 가솔린의 조성은 옥탄 C_8H_{18}로 대표할 수 있다. 옥탄의 이론공연비를 구하라.

12 어느 석탄을 건식기준으로 질량조성이 유황 : 0.6%, 수소 : 5.7%, 탄소 : 79.2%, 산소 : 10%, 질소 : 1.5%, 회분 : 3%이었다. 이 석탄에 30%의 과잉공기를 공급하여 완전연소시킬 때 질량기준의 공기-연료비를 구하라.

13 다음과 같은 질량조성을 갖는 중유를 공기비 1.3으로 연소시킬 때 소요공기량(연료 1 kg당 표준상태 체적)을 구하라. C : 85%, H : 13%, S : 2%.

14 프로판(C_3H_8)의 건연소가스 중에 CO_2가 10% 함유되어 있다. 완전연소한다고 할 때 공기비를 구하라.

연소가스의 조성

15 문제 1의 도시가스와 공기의 이론혼합기로부터 생기는 연소가스의 체적조성을 구하라.

16 문제 13에서 연소가스 중의 아황산가스 농도를 [ppm]으로 구하라.

17 C : 86%, H : 12%, S : 2%의 질량비율을 갖는 중유를 과잉공기로 완전연소시켜서 배기가스 분석을 하였더니 CO_2 : 10%이었다. 이때 O_2, N_2, SO_2의 농도는 각각 얼마인가?

18 CO_2 : 17%, CO : 24%, H_2 : 3%, N_2 : 56%인 기체연료를 공기량 0.67 m^3_N/m^3으로 완전연소시켰을 때 공기비 및 건연소가스 조성을 구하라.

19 프로판(C_3H_8)·공기 이론혼합기의 단열 화염온도와 연소가스 체적조성을 구하라.
반응식은 $C_3H_8 + 5O_2 = 3CO_2 + 4H_2O$와 같다.

연소효율

20 제트기가 평균추력 300 kN, 1,000 km/h로 5시간 비행하기 위해 필요한 연료의 질량을 구하라. 단, 연료의 저발열량은 42 MJ/kg, 엔진의 총합효율은 0.7로 한다.

21 어떤 증기원동소에서 12.5 MPa, 200℃인 물이 보일러 내로 시간당 325,000 kg 공급된다. 보일러를 나오는 수증기의 상태는 9 MPa, 500℃이며, 터빈의 출력은 81,000 kW이다. 석탄은 26,700 kg/h의 비율로 공급되며, 석탄의 고발열량은 33,250 kJ/kg이다. 보일러의 효율과 원동소의 총합효율을 구하라. 증기원동소에서 보일러 및 원동소의 총합효율은 모두 연료의 고발열량을 기준으로 한다.

1. $H_h = 18.484 (\text{MJ/m}^3_\text{N})$

   $H_l = 16.521 (\text{MJ/m}^3_\text{N})$

2. 1.058 : 1

3. 1 : 1.71, 22.78 (MJ/m^3_N)

4. 2,221.57 (MJ/kmol)

5. 172.59 (MJ/kmol)

6. $-802.302 (\text{kJ/mol})$

7. $\lambda = 1.292$

8. 14.842 (kg/kg연료),

   11.437 $(\text{m}^3_\text{N}/\text{kg연료})$

9. 15.213 $(\text{m}^3_\text{N}/\text{kg연료})$

10. • 헥산

   15.3 (kg/kg연료),

   11.79 $(\text{m}^3_\text{N}/\text{kg연료})$,

   45.24 $(\text{m}^3_\text{N}/\text{m}^3_\text{N}연료)$

   • 옥탄

   15.19 (kg/kg연료),

   11.704 $(\text{m}^3_\text{N}/\text{kg연료})$,

   59.524 $(\text{m}^3_\text{N}/\text{m}^3_\text{N}연료)$

11. 15.12 (kg/kg연료)

12. 13.92 (kg/kg연료)

13. 14.422 $(\text{m}_\text{N}^3/\text{kg연료})$

14. 1.344

15. $CO_2 = 10.056\%$,

   $H_2O = 21.4\%$

   $N_2 = 68.55\%$

16. 건연소가스 : 1,022.4 (ppm)

   습연소가스 : 924 (ppm)

17. 7.603%, 82.31%, 0.0872%

18. 1.042, $CO_2 = 27.25\%$,

   $O_2 = 0.377\%$, $N_2 = 72.38\%$

19. 2,179.45 (℃),

   $CO_2 : H_2O : N_2 = 11.62\%$

   : 15.5% : 72.88%

20. 51.02 (ton)

21. 92.6%, 32.8%

열의 이동

열에너지의 발생기구에 대해서는 연소분야에서 다루고, 여기에서는 열에너지의 이용방법에 대하여 다룬다.

열에너지는 에너지의 한 형태이지만, 열로서 존재하는 것만으로는 공학적, 공업적으로 이용가치가 거의 없다. 열은 기계적 일이나 전기에너지 등으로 변환시키든가, 또는 높은 에너지 순으로부터 낮은 에너지의 순위, 즉 고온에서 저온으로 열을 이동시켜 가열 또는 냉각함에 따라 비로소 열에너지의 이용이 가능해지기 때문이다. 이 열의 이동을 열이동 또는 열전달(heat transfer)이라고 한다.

에너지의 유효이용이라는 면에서는 열에너지를 짧은 시간에 많이 이동시킬 필요가 있는 경우가 많으며, 한편으로는 열이동량을 적게 하여 에너지의 손실을 방지하는 것이 필요한 경우도 있다. 어느 경우에도 이 열이동현상을 충분히 이해한다면 해결해야 할 열에너지의 이용문제에 대해서도 좀 더 적합한 방법을 선택할 수 있을 것이다.

1 열이동의 기본 3형태

열을 교환하는 열교환기에서 일어나고 있는 기본적인 열이동의 형태를 그림 11.1에 나타내었다. 열교환기에서 일어나고 있는 열의 이동현상은 다음과 같은 것이 있다.

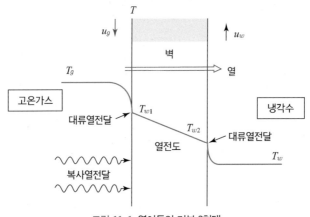

그림 11.1 열이동의 기본 3형태

벽을 사이에 두고 고온의 가스와 저온의 물이 흐르고 있으며, 열은 고온가스(온도 T_g, 유속 u_g)로부터 한쪽의 벽면(표면온도 T_{w1})으로, 그리고 벽의 내부를 이동하여 벽의 다른 쪽 벽면(표면온도 T_{w2})에 이르며, 그로부터 저온의 물(온도 T_w, 유속 u_w)로 이동한다.

온도 T_g의 고온가스와 표면온도 T_{w1}인 벽 사이 및 표면온도 T_{w2}의 벽과 온도 T_w인 저온냉각수 사이의 두 부분에서는 대류열전달(convective heat transfer)이라 부르는 열이동현상이 일어나고 있다.

또, 그 경계에 있는 벽의 내부(온도 T_{w1}과 T_{w2}의 사이)에서는 열전도(heat conduction)라 불리는 열이동현상이 일어나고 있다. 게다가 온도 T_g의 고온가스와 온도 T_{w1}의 벽과의 사이에는 열전달과는 별도로 고온가스로부터 열복사선에 의해 직접 벽에 열을 전하는 복사열전달(radiation heat transfer)이라고 하는 현상도 일어나고 있다.

이 예에서 보듯이 열이동현상은 공학적인 취급을 할 때 다음의 세 가지 기본형태로 분류된다.

① 열전도

일반적으로는 고체 내부에서의 열이동현상인 경우가 많다. 열전도에 의한 열의 이동은, 물질내의 원자나 분자가 평균위치의 주위에 진동하고 있고, 인접하는 원자나 분자에 열에너지를 전하는 현상이다. 금속의 경우는 자유전자도 열이동에 기여하며, 액체나 기체에서도 열전도는 발생한다. 기체의 경우에는 분자운동의 평균자유행로는 크지만, 분자끼리의 충동빈도는 낮으므로 열전도에 의한 열이동은 고체에 비하여 훨씬 적다.

② 대류열전달

공학적인 취급에서는 유체와 고체 간의 열이동현상을 일컫는 경우가 많다. 이 경우 고체와 유체의 경계면에서의 열이동은 기본적으로는 열전도에 의한 것이므로 열이동현상의 기본형태로서 포함시키지 않을 수도 있지만, 공학적으로는 이용가치가 높아서 열이동의 한 형태로 취급한다. 흐르고 있는 유체와 고체벽 사이의 열전달현상은 그림 11.2에 나타내듯이 정지한 유체와 벽면의 열전도에 의한 열이동량에 비하여, 유체가 이동함에 따라서 유체의 벽 부근의 온도구배가 커지며 열이동이 활발해진다. 이 유체가 열을 운반(또는 고체로 열을 줌)하는 전열현상을 포함하여 총합적으로 열전달이라고 한다.

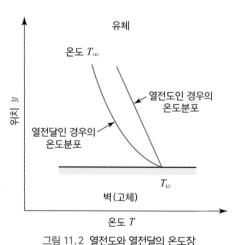

그림 11.2 열전도와 열전달의 온도장

③ 복사열전달

복사열전달은 고체 간, 기체 간, 또는 고체와 기체 간의 열이동현상을 말하는 경우가 많다. 열전도나 열전달과 달리 열이동이 열복사선에 의해 일어난다. 따라서 2개의 물질 사이에 열을 이동시키는 물질(열매체)이 존재하지 않는 경우에도 열이동은 일어난다.

이들 기본 3형태 이외에도 예를 들면, 액체로부터 기체로의 상변화를 동반하는 열이동이나, 유체성분의 농도차에 의해 기체 등의 성분이 이동하기도 하고 혼합하기도 하는 물질확산을 동반하는 열이동현상도 있다. 여기에서는 주로 앞에서 언급한 기본 3형태에 대하여 설명한다.

(1) 열전도의 기본법칙

열전도는, 기본적으로는 고체 내 또는 고체 간에 일어나는 열이동현상이다. 열이동량을 결정하는 중요한 인자는 공간적인 온도차인 온도구배(temperature gradient)이다.

그림 11.3에 표시한 바와 같이 온도분포가 어떤 장소(온도장)에서 생기는 열이동은, 두 점 간의 거리를 Δx〔m〕, 두 점 간의 온도차를 ΔT〔K〕라 하면 단위길이당 온도변화인 온도구배는 $\Delta T/\Delta x$〔K/m〕이며, 열유속(열통과 면적당 단위시간당 열이동량) q〔W/m^2〕는 온도구배에 비례한다.

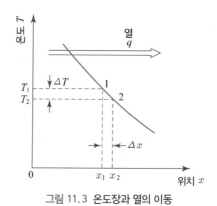

그림 11.3 온도장과 열의 이동

$$q \propto \frac{\Delta T}{\Delta x} \tag{11.1}$$

식 (11.1)의 비례상수를 k〔W/m·K〕라 하고, 이것을 열전도율(thermal conductivity)이라고 한다. 열전도율은 밀도 등과 마찬가지로 주로 물질에 따라서 결정되는 성질이며, 따라서 이와 같은 값을 물성치라고 한다.

열유속 q는 이 열전도율과 온도구배를 미분형으로 표시하여 다음 식으로 주어진다.

$$q = -k\frac{dT}{dx} \tag{11.2}$$

여기서, 우변의 −부호는, k가 물성치로서 正의 값이며, 온도구배가 負의 경우에 열은 x축의 正의 방향으로 이동하므로 좌표축의 正방향과 열유속의 正방향을 일치시키기 위한 것이다. 이와 같이 정의해 두면 q의 正負와 x축의 正負의 방향이 일치하여 열이동의 현상을 고려한 경우에 이해가 보다 쉬워진다.

이 법칙을 Fourier의 법칙(Fourier's law)이라고 한다. 이것이 1차원의 열전도에 있어서 열이 동량을 결정하는 중요한 관계식이다. 이 식으로부터 알 수 있듯이 열전도에 의한 열유속은 온도 구배와 열전도율에 비례한다.

(2) 대류열전달의 기본법칙

대류열전달은, 주로 고체와 유체 간에 일어나는 열이동현상이다. 고체와 유체 간의 전열현상도 기본적으로는 열전도라는 것을 전술하였다. 유체가 이동하고 있는 경우에는 벽면 부근에서의 온도구배가 급해지며, 유체가 이동하지 않는 경우에 비하여 열이동량이 증가한다. 이 효과를 포함하고 동시에 열이동에 영향을 주는 인자가 온도차인 것을 고려하여 열이동을 다음과 같이 취급한다. 예를 들면 유체의 온도를 T_f라 하고, 고체의 표면온도를 T_w라 하면, 열유속 q는

$$q \propto (T_w - T_f) \quad 단, \quad T_w > T_f \tag{11.3}$$

로 표시된다. 이 경우의 비례상수를 $h\,[\mathrm{W/m^2 \cdot K}]$라 하면 열전달의 경우에 열유속은 다음과 같이 표시할 수 있으며, 이 식을 Newton의 냉각법칙(Newton's law of cooling)이라고 한다.

$$q = h(T_w - T_f) \quad 단, \quad T_w > T_f \tag{11.4}$$

이 비례상수 h를 열전달계수(heat transfer coefficient)라 하며, 열전도율과 달리 h는 물성치가 아니다. 이것은 주로 유체의 흐름의 상황에 따라서 크게 변화하는 인자이다.

(3) 복사열전달의 기본법칙

복사에 의한 열이동현상이 앞에서 설명한 두 현상과 다른 것은, 열이 이동하는 경우에 열 이동을 행하는 열매체를 필요로 하지 않는다는 것이다. 복사열전달에서는 열이동이 열방사선에 의해 행해진다. 이로 인해 열이동이 일어나는 두 개의 물체 사이에 아무것도 존재하지 않아도 되며, 결국 진공 중에서도 열이동이 일어난다.

복사열전달은 "고체-고체 간", "고체-유체 간", "유체-유체 간"의 어느 경우에도 일어날 수 있다. 물체로부터 복사에너지가 온도의 4승에 비례하는 것으로부터 열전달량은 다음과 같이 표시된다.

$$Q = \varepsilon \sigma A (T_1^4 - T_2^4) \tag{11.5}$$

여기서, ε은 방사율, σ는 물리상수인 볼츠만 상수$[\mathrm{W/m^2 \cdot K^4}]$, A는 열전달 면적$[\mathrm{m^2}]$, T_1, T_2는 각각 고온 및 저온 측의 물체의 절대온도$[\mathrm{K}]$이다. A는 관습적으로 고온 측의 면적이 사용된다. 또 방사율 ε은 그 물질이 무엇인가, 또 표면상태가 어떤가 등에 따라서 변하는 계수이며,

0과 1 사이의 값이다.

그림 11.1에 나타내었듯이 온도차가 있는 두 물체 간의 열이동에서는 앞에서 서술한 열이동의 기본 3형태가 모두 존재한다. 복사에 의한 열이동은, 특히 고온에 있어서 현저한 현상이므로 열전달 문제로서는 고온의 기체상태의 복사가 취급되는 경우가 많다.

■2 열전도

(1) 열전도의 일반식

가열물체를 냉각하기도 하고, 물체 내부에서 발열이 있는 경우에는 물체의 온도상태나 열유속이 시간과 더불어 변화한다. 이와 같은 열전도는 자연현상을 비롯하여 공업기기에 있어서 더욱 일반적으로 볼 수 있으며, 비정상열전도(unsteady heat conduction)라고 한다.

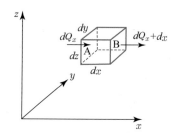

그림 11.4 물체 내에 가상적인 미소 직육면체

지금 임의의 점(x, y, z)에 있어서 시각 t의 온도를 $T(x, y, z, t)$, 그림 11.4와 같이 물체 내에서 변의 길이가 dx, dy, dz인 미소 직육면체를 생각한다. 처음에 x방향성분의 열류를 고려하면, 시간 dt 사이에 A면으로부터 유입하는 열량 dQ_x는 Fourier의 법칙 식 (11.2)을 이용하여

$$dQ_x = -\left(k\frac{\partial T}{\partial x}\right)dydzdt$$

가 된다. 여기서 $\partial T/\partial x$는 온도 T의 x방향의 구배를 나타낸다. 또, B면으로부터 유출하는 열량 dQ_{x+dx}는

$$dQ_{x+dx} = -\left(k\frac{\partial T}{\partial x}\right)_{x+dx} dydzdt = -\left[\left(k\frac{\partial T}{\partial x}\right) + \frac{\partial}{\partial x}\left(k\frac{\partial T}{\partial x}\right)dx\right]dydzdt$$

가 된다. 위 식 [ ] 내의 제2항은 A면에 대한 B면에 있어서의 열유속의 증가분을 나타낸다.

따라서, 유입열량과 유출열량의 차는

$$dQ_x - dQ_{x+dx} = \frac{\partial}{\partial x}\left(k\frac{\partial T}{\partial x}\right)dxdydzdt$$

마찬가지로 y방향과 z방향의 열량의 차는 각각 다음과 같이 표시할 수 있다.

$$dQ_y - dQ_{y+dy} = \frac{\partial}{\partial y}\left(k\frac{\partial T}{\partial y}\right)dxdydzdt$$

$$dQ_z - dQ_{z+dz} = \frac{\partial}{\partial z}\left(k\frac{\partial T}{\partial z}\right)dxdydzdt$$

이들 세 개의 식을 더하면 dt시간 중에 직육면체 내에 축적하는 열량으로 된다.

한편, 물체 내에서 단위체적, 단위시간당 q'〔W/m³〕의 열이 발생한다고 하면 dt시간의 전 발생열량은 $q'dxdydzdt$이다.

이 결과 직육면체의 온도는 dT만큼 상승하고, 그에 필요한 열량은 $c\rho dTdxdydz$(c : 물체의 비열〔J/kg·K〕, ρ : 밀도〔kg/m³〕)가 되므로 열량의 평형으로부터 각 식을 정리하여 표시하면 다음과 같이 된다.

$$c\rho\frac{\partial T}{\partial t} = \frac{\partial}{\partial x}\left(k\frac{\partial T}{\partial x}\right) + \frac{\partial}{\partial y}\left(k\frac{\partial T}{\partial y}\right) + \frac{\partial}{\partial z}\left(k\frac{\partial T}{\partial z}\right) + q'$$

위 식에서 $\partial T/\partial t$는 단위시간당 온도변화를 나타낸다.

균질, 등방성물체에서 $k=$const로 하면 다음과 같은 비정상열전도 방정식이 얻어진다.

$$\frac{\partial T}{\partial t} = \alpha\left(\frac{\partial^2 T}{\partial x^2} + \frac{\partial^2 T}{\partial y^2} + \frac{\partial^2 T}{\partial z^2}\right) + \frac{q'}{\rho c} \tag{11.6}$$

여기서 $\alpha \equiv \dfrac{k}{\rho c}$〔m²/s〕는 온도전도율 또는 온도확산율(thermal diffusivity)이라 하며, 물질 고유의 값으로서 온도전도의 양부를 결정한다.

물체 내의 온도분포가 시간적으로 변화하지 않는 경우를 정상열전도(steady heat conduction)이라 하며, $\partial T/\partial t = 0$로 된다. 또 물체 내에서 열발생이 없다면 $q' = 0$으로 식 (11.6)은 다음 식으로 표시된다.

$$\frac{\partial^2 T}{\partial x^2} + \frac{\partial^2 T}{\partial y^2} + \frac{\partial^2 T}{\partial z^2} = 0 \tag{11.7}$$

(2) 평판의 열전도

① 단층평판

그림 11.5와 같이 열전달면적 A〔m²〕, 두께 L〔m〕, 열전도율 k〔W/mK〕인 평판의 표면온도를 각각 T_1〔K〕, T_2〔K〕, 열유속(단위시간당, 단위면적당 열전달량) q〔W/m²〕라 하면 1차원 정상열전도인 경우 식 (11.7)은 다음과 같이 표시할 수 있다.

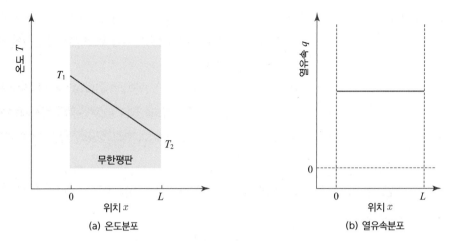

(a) 온도분포   (b) 열유속분포

그림 11.5 내부발열이 없는 경우의 온도와 열유속

$$\frac{d^2 T}{dx^2} = 0 \tag{11.8}$$

위 식을 두 번 적분하면

$$T = c_1 x + c_2 \tag{11.9}$$

경계조건 $x = 0 : T = T_1$, $x = L : T = T_2$을 식 (11.9)에 적용하면 $c_2 = T_1$, $c_1 = \dfrac{T_2 - T_1}{L}$이

되어 식 (11.9)는 다음 식으로 표시된다.

$$T = \frac{T_2 - T_1}{L} x + T_1 \tag{11.10}$$

식 (11.10)을 미분하면 $\dfrac{dT}{dx} = \dfrac{T_2 - T_1}{L}$이 되므로 이것을 식 (11.2)에 대입하면 열유속은 다음

과 같이 된다.

$$q = -k \frac{T_2 - T_1}{L} \tag{11.11}$$

여기서 L/k을 열저항이라고 한다.

② 다층평판

■ 열전도만의 열이동

　그림 11.6과 같이 여러 매의 평판을 합친 다층평판에서도 순수한 열전도만에 의한 열이동의 경우 열전도방정식은 마찬가지이다. 또, 정상상태, 1차원이며, 내부의 발열이 없다면 열류에 수직방향 단면에서는 열유속이 어디에서도 같다.

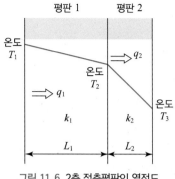

평판 1 평판 2

그림 11.6 2층 적층평판의 열전도

여기서, 2매의 평판을 합판한 경우의 열전도를 생각한다.

판 1 및 판 2의 두께를 각각 L_1, L_2, 열전도율을 k_1, k_2라 한다. 벽표면 온도 및 접합면의 온도를 각각 T_1, T_2, T_3라 하면 판 1, 2를 통과하는 열유속 q_1, q_2는 각각

$$q_1 = k_1 \frac{T_1 - T_2}{L_1} \tag{11.12}$$

$$q_2 = k_2 \frac{T_2 - T_3}{L_2} \tag{11.13}$$

이므로 이들로부터 T_2를 소거하면 다음 식으로 된다.

$$q_1 \frac{L_1}{k_1} + q_2 \frac{L_2}{k_2} = T_1 - T_2 \tag{11.14}$$

여기서, $q_1 = q_2$이므로 이것을 q라 하여 이 q를 구하면

$$q = \frac{1}{\dfrac{L_1}{k_1} + \dfrac{L_2}{k_2}} (T_1 - T_2) \tag{11.15}$$

가 얻어진다.

결국, 다층합판 2매의 두께와 각각의 열전도율 및 합판의 외측의 온도가 주어져 있다면 식 (11.15)로부터 열유속을 구할 수 있다. 또, 접합면의 온도 T_2를 구하는 경우는 식 (11.15)에서 q를 구하고, 식 (11.12) 또는 식 (11.13)에 대입하면 T_2를 구할 수 있다.

열전도뿐 아니라 후술하게 되는 열전달(대류열전달 및 복사열전달)을 포함하는 열이동현상의 경우에도 총합적으로

$$q = K(T_1 - T_3) \tag{11.16}$$

로 표시하고, 이 K를 열통과율이라고 한다. T_1, T_3는 앞에서 나타낸 바와 같이 다층판의 각

최 외면의 표면온도이다. 이렇게 생각하면 내부의 상황은 판단할 수 없지만 전체의 열이동현상을 평가하기에는 계산이 간편하다. 또 열통과율의 역수 $R = 1/K$을 열저항(thermal resistance)이라고 한다. 이것은 열의 전달이 어려움을 표시하는 인덱스로서 이용된다.

위의 예에서 열통과율 K는 다음 식으로 표시된다.

$$K = \cfrac{1}{\cfrac{L_1}{k_1} + \cfrac{L_2}{k_2}} \tag{11.17}$$

일반적으로 n매의 다층판에서는 다음 식으로 구할 수 있다.

$$K = \cfrac{1}{\cfrac{L_1}{k_1} + \cfrac{L_2}{k_2} + \cdots \cfrac{L_n}{k_n}} \tag{11.18}$$

▪ 대류열전달을 포함하는 다층판의 경우

대류열전달을 포함하는 열이동에 있어서 열통과율을 구해 보자. 그림 11.7과 같이 2층 구조의 판의 한 방향으로 온도 T_g의 고온가스, 다른 쪽으로 온도 T_w의 냉각수가 흐르고 있으며, 가스 쪽의 열전달계수를 h_g, 냉각수 쪽의 열전달계수를 h_w라고 한다.

가스 쪽 및 냉각수 쪽의 열유속 q_g, q_w는

$$q_g = h_g(T_g - T_1) \tag{11.19}$$
$$q_w = h_w(T_3 - T_w) \tag{11.20}$$

이며, $q_g = q_1 = q_2 = q_w$이며, 이것을 q로 놓으면 열통과율은 다음 식으로 표시할 수 있다.

$$K = \cfrac{1}{\cfrac{1}{h_g} + \cfrac{L_1}{k_1} + \cfrac{L_2}{k_2} + \cfrac{1}{h_w}} \tag{11.21}$$

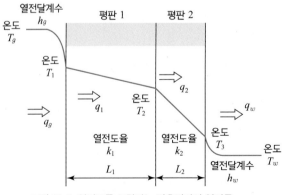

그림 11.7 열전도를 포함하는 적층평판의 열이동

따라서 열유속 q는 식 (11.16)을 적용하여 다음과 같이 구한다.

$$q = K(T_g - T_w) = \cfrac{1}{\cfrac{1}{h_g} + \cfrac{L_1}{k_1} + \cfrac{L_2}{k_2} + \cfrac{1}{h_w}}(T_g - T_w) \tag{11.22}$$

여기서 열저항 $R = \dfrac{1}{h_g} + \dfrac{L_1}{k_1} + \dfrac{L_2}{k_2} + \dfrac{1}{h_w}$ 로서 $R = \dfrac{1}{K}$ 의 관계가 있다.

(3) 원통의 열전도

① 단원통

그림 11.8에 나타낸 바와 같이 내측반경 r_1, 외측반경 r_2, 길이 L인 긴 원통단면을 단위시간 당 반경방향으로 일정하게 흐르는 열량 Q(W)는 반경 r에 관계없이 일정하므로 Fourier의 법칙을 적용하면

$$q = \frac{Q}{A} = \frac{Q}{2\pi rL} = -k\frac{dT}{dr} \quad \therefore dT = -\frac{Q}{2\pi kL}\frac{dr}{r}$$

경계조건은 $r = r_1 : T = T_1$, $r = r_2 : T = T_2$ 이므로 위 식을 적분하여 경계조건을 적용하면 다음 식이 얻어진다.

$$Q = \frac{2\pi kL}{\ln(r_2/r_1)}(T_1 - T_2) \tag{11.23}$$

이 식에서 열저항 $R = \dfrac{\ln(r_2/r_1)}{2\pi kL}$ 이다.

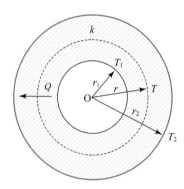

그림 11.8 단원통의 정상열전도

② 다중원통

식 (11.23)에서 열저항 $R = \dfrac{\ln(r_2/r_1)}{2\pi kL}$ 이므로, 그림 11.9와 같은 다중원통의 열저항은 다음과 같이 표시할 수 있다.

$$R = \frac{1}{2\pi L}\sum_{i=1}^{n}\frac{\ln(r_{i+1}/r_i)}{k_i} \tag{11.24}$$

따라서 열이동량은 다음과 같이 된다.

$$Q = \frac{2\pi L(T_1 - T_{n+1})}{\displaystyle\sum_{i=1}^{n}\frac{\ln(r_{i+1}/r_i)}{k_i}} \tag{11.25}$$

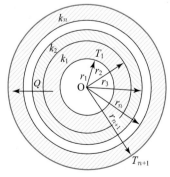

그림 11.9 다중원통의 정상열전도

(4) 구

그림 11.8을 구로 생각하면 반경 r인 구면을 단위시간당 통과하는 열유속은 Fourier의 법칙을 적용하면 다음과 같다.

$$q = \frac{Q}{4\pi r^2} = -k\frac{dT}{dr}$$

경계조건은 $r = r_1 : T = T_1$, $r = r_2 : T = T_2$를 적용하여 위 식을 적분하면 다음 식이 얻어진다.

$$Q = \frac{4\pi k}{\left(\dfrac{1}{r_1}\right) - \left(\dfrac{1}{r_2}\right)}(T_1 - T_2) \tag{11.26}$$

예제 11.1

두께 50 mm인 동판의 한 면은 300℃, 다른 면은 50℃로 유지된다면, 이 동판을 통과하는 열량(열유속)을 구하라. 단, 175℃에서의 동의 열전도율은 375 W/mK이다.

풀이 식 (11.2)로부터

$$q = -k\frac{dT}{dx} = -375 \times \frac{50 - 300}{50 \times 10^{-3}} = 1,875,000 \text{ W/m}^2 = 1.875 \text{ MW/m}^2$$

예제 11.2

두께 40 cm의 내화벽으로 둘러싸인 로가 있다. 로 내의 연소가스 온도 및 외기온도는 각각 1,200℃, 30℃, 또 벽 내외의 열전달계수는 각각 50 W/m²K, 10 W/m²K이다. 벽의 열전도율이 0.2 W/mK라 하면 벽을 통과하는 열량과 벽의 내외 표면온도는 각각 얼마인가?

풀이 식 (11.22)에서 $T_g = T_1 = 1,200$℃, $T_w = T_2 = 30$℃, $h_g = h_1 = 50$ W/m²K, $h_w = h_2 = 10$ W/m²K, $k_1 = 0.2$ W/mK, $L_1 = 0.4$ m이며, $k_2 = 0$, $L_2 = 0$이다. 따라서 열통과율은

$$K = \frac{1}{1/50 + 0.4/0.2 + 1/10} = 0.4717 \text{ W/m}^2\text{K}$$

$$\therefore \text{ 열유속 } q = K(T_1 - T_2) = 0.4717 \times (1,200 - 30) = 551.9 \text{ W/m}^2$$

내측의 열유속은 $q = h_1(T_1 - T_{w1})$

$$\therefore T_{w1} = T_1 - \frac{q}{h_1} = 1,200 - \frac{551.9}{50} = 1,189℃$$

외측의 열유속은 $q = h_2(T_{w2} - T_2)$

$$\therefore T_{w2} = T_2 + \frac{q}{h_2} = 30 + \frac{551.9}{10} = 85.19℃$$

예제 11.3

외경 200 mm, 외측 표면온도 400℃의 증기가 흐르는 관로에서, 열전도율 0.06 W/mK인 보온재를 두께 80 mm로 둘러쌌다. 보온재의 표면온도가 50℃이었다면 이 관로로부터 단위길이당 열손실량은 얼마인가?

풀이 식 (11.23)으로부터

$$\frac{Q}{L} = \frac{2\pi k}{\ln(r_2/r_1)}(T_1 - T_2)$$

$$= \frac{2\pi \times 0.06}{\ln(180/100)} \times (400 - 50) = 224.8 \text{ W/m}$$

예제 11.4

예제 11.3의 관로(외경 200 mm, 외측 표면온도 400℃의 증기가 흐름)에서 보온재를 두께 60 mm (열전도율 0.06 W/mK)와 두께 20 mm(열전도율 0.15 W/mK)로 총 80 mm의 두께로 둘러싼 경우에 단위길이당 열손실량을 구하라. 보온재의 표면온도는 50℃이다.

풀이 식 (11.25)로부터

$$\frac{Q}{L} = \frac{2\pi(T_1 - T_2)}{\dfrac{1}{k_1}\ln\dfrac{r_2}{r_1} + \dfrac{1}{k_2}\ln\dfrac{r_3}{r_2}} = \frac{2\pi(400 - 50)}{\dfrac{1}{0.06}\ln\dfrac{160}{100} + \dfrac{1}{0.15}\ln\dfrac{180}{160}} = 255.16 \text{ W/m}$$

3 대류열전달

고체면으로부터 기체나 액체 등의 유체로의 열이동은 유체가 정지하고 있으면 열전도에 의해 열이동이 일어나지만, 유체에 운동(대류)이 있으면 그것에 의한 열의 수송이 더해지며, 열전도와는 다른 열이동의 형태로 된다. 이것을 열전달 또는 대류열전달이라고 한다.

열전달은 흐름의 양상과 밀접하게 관계되며, 부력에 의한 자연대류(natural convection)와 기계적으로 유체를 구동하는 강제대류(forced convection)와는 열이동의 크기가 상당히 다르다. 여기에서는 그 기초적인 사항과 주요이론 및 실험결과를 소개하기로 한다.

(1) 열전달계수

그림 11.10에 나타낸 바와 같이 고온물체의 주위를 저온의 유체가 흐르며, 물체표면으로부터 유체로 열이 이동한다고 하자.

물체 표면의 온도는 T_w로 일정하다고 할 때, 물체 표면의 열유속은 식 (11.4)를 이용하면 다음 식이 된다.

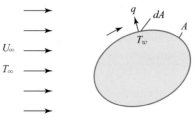

그림 11.10 물체주위의 유동과 열전달

$$q = h(T_w - T_\infty) \tag{11.27}$$

여기서 h는 열전달계수이다. 흐름의 양상은 물체면을 따라 변화해 가므로 열전달계수 h는 장소에 따라 다른 값을 갖는다. 따라서 물체의 전표면으로부터 유체로 전달되는 열량 Q는

$$Q = \int_A h(T_w - T_\infty)dA = (T_w - T_\infty)\int_A hdA \tag{11.28}$$

로 표시된다. 단, A는 물체의 표면적이다. 지금, 물체표면의 평균열유속 q_m은

$$q_m = \frac{Q}{A} = h_m(T_w - T_\infty) \tag{11.29}$$

와 같이 표시할 때, h_m을 평균 열전달계수(averaged heat transfer coefficient)라고 한다.

$$h_m = \frac{1}{A}\int_A hdA \tag{11.30}$$

식 (11.27)의 열전달계수 h는 물체표면의 국소적인 위치에서 정의되는 것으로 국소 열전달계수(local heat transfer coefficient)라고 한다. 열전달계수는 열전도율이나 온도전도율과 달리 물체의 물성만으로는 정해지지 않으며, 이하에 서술하듯이 물체의 형상이나 흐름의 조건에 의존하게 된다.

(2) 경계층

① 속도경계층과 온도경계층

그림 11.11에서 보는바와 같이 물체면을 따라 흐르는 흐름은 물체면에서 유속이 0이며, 물체로부터 떨어짐에 따라 점차 주류의 속도에 근접하는데, 유속은 속도경계층(velocity boundary layer)이라 하는 좁은 범위에서 급격히 변화한다. 유체의 온도도 온도경계층(thermal boundary layer)이라 하는 좁은 범위에서 급격히 변화한다.

유체의 유속이나 온도의 변화는 엄밀하게는 경계층 내뿐만 아니라 물체표면으로부터 그 이상의 위치에까지도 일어나는데, 경계층은 유속이나 온도가 주류의 값의 99%가 되는 점으로 정의된다. 즉, 속도경계층의 두께 δ, 온도경계층의 두께 δ_t는 각각 다음과 같이 주어진다.

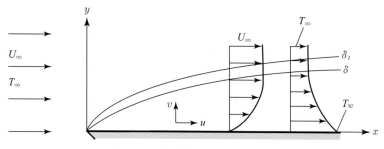

그림 11.11 평판을 흐르는 층류와 열전달

$$y = \delta \text{에서} \quad \frac{u}{U_\infty} = 0.99, \quad y = \delta_t \text{에서} \quad \frac{T_w - T}{T_w - T_\infty} = 0.99 \tag{11.31}$$

② 층류와 난류

▪ 평판상의 흐름

그림 11.12는 평판상의 흐름인데, 선단부근의 경계층은 층류(laminar flow)이며, 하류에서는 난류(turbulent flow)로 된다. 양자 사이에는 층류로부터 난류로 흐름의 상태가 변화하는 천이영역(transition region)이 존재한다.

층류경계층 내의 흐름은 분자점성에 지배되며, 평판에 수직인 방향의 유속분포는 포물선모양으로 된다. 그리고 유속분포에 대응한 전단응력이 x방향으로 작용하고 있으며, 그 크기는

$$\tau = \mu \frac{\partial u}{\partial y} \quad \text{또는} \quad \frac{\tau}{\rho} = \nu \frac{\partial u}{\partial y} \tag{11.32}$$

단 $\nu = \dfrac{\mu}{\rho}$이며, 여기서 ρ는 유체의 밀도[kg/m³], μ는 점도(점성계수)[Ns/m²], ν는 동점도(동점성계수)[m²/s]이다. 식 (11.32)를 Newton의 점성법칙이라고 한다.

고체표면에 있어서의 전단응력(벽면 전단응력) τ_w는 다음과 같이 주어진다.

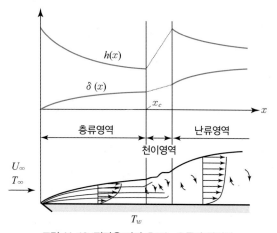

그림 11.12 평판을 따라 흐르는 유동과 열전달

$$\frac{\tau_w}{\rho} = \nu \left(\frac{\partial u}{\partial y} \right)_{y=0} \tag{11.33}$$

여기서, $\sqrt{\tau_w/\rho}$ 는 속도의 차원[m/s]을 갖는다.

물체의 표면에서는 유체의 분자가 고체면에 구속되어 있다. 결국 고체면의 유속은 0이다. 따라서 고체면에서는 Fourier의 법칙이 성립하여, 열유속은 다음과 같이 주어진다.

$$q = \lim_{y \to 0} \left(-k \frac{\partial T}{\partial y} \right) = -k \left(\frac{\partial T}{\partial y} \right)_{y=0} \tag{11.34}$$

여기서 k 는 유체의 열전도율이다. 식 (11.34)와 (11.27)로부터 열전달계수는 다음과 같이 표시할 수 있다.

$$h = -k \frac{(\partial T/\partial y)_{y=0}}{T_w - T_\infty} \tag{11.35}$$

이것으로부터 알 수 있듯이 열전달계수는 고체표면에 있어서 유체의 온도구배에 의해 정해지는데, 이 온도구배는 유체의 운동에 관련되어 정해진다.

그림 11.12의 층류영역의 한계, 결국 천이영역으로 들어가는 평판의 위치 x_c 는 주로 유체의 점성과 주류의 속도에 의해 정해진다. 후술하듯이 유체의 운동방정식은 레이놀즈수(Reynolds number) $Re(= ux/\nu)$ 의 무차원 파라미터로 특징이 표현되며, 평판을 따라 흐르는 경우, 보통

$$Re_c = \frac{u_\infty x_c}{\nu} = 5 \times 10^5 \tag{11.36}$$

에서 층류로부터 난류로 천이한다. 이 레이놀즈수 Re_c 를 임계 레이놀즈수(critical Reynolds number)라고 한다. 임계 레이놀즈수의 값은 평판선단의 형상이나 주류에 포함되어 있는 난류의 크기, 벽면의 거칠기 등에 따라서 달라지며, 식 (11.36)은 하나의 기준일 뿐이다.

난류경계층에서는 여러 가지 크기의 유체덩어리가 복잡하게 운동하고 있으며, 유속은 불규칙하게 변화한다. 그러나 벽면근방에서는 변동도 작고, 유속은 직선분포에 가깝다. 그 외측부분에서는 유체덩어리의 혼합에 의해서 유속분포가 평탄해진다. 난류경계층은 층류경계층에 비하여 두껍고, 열이나 운동량의 수송도 크다. 그림 11.12에는 경계층 두께의 변화와 열전달의 변화모양을 나타내고 있다.

▪ 원관 내의 흐름

그림 11.13에 나타내었듯이 원관 내의 흐름에서는 관벽을 따라 발달하는 속도경계층이 층류인 채로 중심에 이르는가 난류로 천이한 후 중심에 이르는가에 따라서 하류의 발달한 흐름이 층류로 되는가 난류로 되는가가 결정된다.

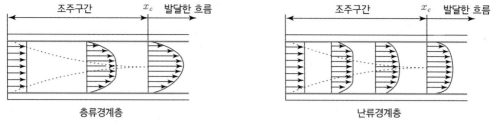

그림 11.13 원관 내의 흐름과 경계층의 발달

관 입구로부터 흐름이 발달하기까지의 영역을 조주구간(entrance length)이라고 한다. 발달한 흐름에서는 관 입구로부터의 거리는 중요하지 않으며, 유속분포 등에 관계하는 것은 관직경(d)이다. 그리고 관직경을 대표길이로 취하여 정의된 레이놀즈수가 보통 다음의 값(임계 레이놀즈수)를 넘으면 난류로 된다.

$$Re_c = \left(\frac{u_m d}{\nu}\right)_c = 2,300 \tag{11.37}$$

여기서 u_m은 관단면의 평균유속이다.

식 (11.36)에 표시한 임계 레이놀즈수의 값은, 관 입구의 형상이나 관벽의 거칠기, 유입하는 유체의 난류정도 등에 따라서 달라진다. 또, 조주구간의 길이 x_c는 다음과 같다.

층류의 경우 : $x_c/d = 0.05 Re$, 단 $Re = u_m d/\nu$
난류의 경우 : $10 \leq x_c/d < 60$ (11.38)

(3) 대류열전달의 무차원량

대류열전달에서는 현상에 관여하는 물리량이 대단히 많다. 그러나 대류와 열이동의 상사성에 주목하여 차원해석(dimensional analysis)에 의해 이들의 물리량 간의 관계를 정리하면 다음과 같은 상호독립적인 주요물리량을 정의할 수 있다.

$$\text{Nusselt수} \quad Nu \equiv \frac{hD}{k} = \frac{qD}{k(T_\infty - T_w)} \tag{11.39}$$

여기서 k[W/mK]는 유체의 열전도율, D[m]는 대표길이, Nusselt수(Nusselt number)는 대류열전달의 상사성을 나타내는 무차원수로서 어떤 유체층을 통과하는 전도에 의해 일어나는 열전달의 크기에 대한, 같은 유체층을 통과하는 대류에 의해 일어나는 열전달의 크기의 비이다.

Reynolds수(Reynolds number)는 강제대류의 상사성을 나타내는 무차원수로서 점성력에 대한 관성력의 비를 나타낸다.

$$\text{Reynolds수} \quad Re \equiv \frac{uD}{\nu} \tag{11.40}$$

Grashof수는 자연대류의 상사성을 나타내는 무차원수로서 점성력에 대한 부력의 비를 나타낸다.

$$\text{Grashof수} \quad Gr \equiv \frac{g\beta(T_\infty - T_w)D^3}{\nu^2} \tag{11.41}$$

여기서 $g\,[\text{m/s}^2]$는 중력가속도, $\beta\,[1/\text{K}]$는 체적팽창률이다.

Prandtl수는 물성치에 대한 상사성을 나타내는 무차원수이다.

$$\text{Prandtl수} \quad Pr \equiv \frac{\rho c\nu}{k} = \frac{\nu}{\alpha} \tag{11.42}$$

따라서 대류열전달은 위에 열거한 4개의 대표적인 무차원수 간의 관계식으로 표시되며, $Nu = f(Re, Gr, Pr)$로 쓸 수 있다. 강제대류에서는 중력의 영향을 무시할 수 있으므로 $Nu = f(Re, Pr)$이 되고, 자연대류에서는 $Nu = f(Gr, Pr)$이 된다.

4 강제대류 열전달

기본적인 형상의 물체에 대해서 이론과 실험으로부터 구한 강제대류 열전달의 관계식을 열거하면 다음과 같다.

(1) 평판흐름의 열전달

그림 11.12에서 평판상(균일온도)의 층류영역에서 위치 x에서의 국소 Nusselt수 Nu_x 및 전체 평판(길이 L)에 대한 평균 Nusselt수 Nu는 해석적 결과를 다음과 같이 나타낼 수 있다.

$$\text{층류} \quad Nu_x = \frac{h_x x}{k} = 0.332 Re_x^{0.5} Pr^{1/3} \quad (Pr > 0.6) \tag{11.43}$$

$$Nu = \frac{hL}{k} = 0.664 Re_L^{0.5} \text{Pr}^{1/3} \quad (Re_L < 5 \times 10^5) \tag{11.44}$$

평판선단부터 난류인 경우에는 다음과 같다.

$$\text{난류} \quad Nu_x = \frac{h_x x}{k} = 0.0296 Re_x^{0.8} Pr^{1/3} \tag{11.45}$$

$$(Pr = 0.6 \sim 60, \ Re_x = 5 \times 10^5 \sim 10^7)$$

$$Nu = \frac{hL}{k} = 0.037 Re_L^{0.8} Pr^{1/3} \quad (Pr = 0.6 \sim 60, \ Re_L = 5 \times 10^5 \sim 10^7) \quad (11.46)$$

평판선단으로부터 층류영역이 무시할 수 있을 정도로 작아서 난류가 대부분의 영역을 차지하는 경우에는 평판 전체에 대한 평균 Nusselt수는 두 영역을 고려하여 다음 식으로 표시할 수 있다.

$$Nu = \frac{hL}{k} = (0.037 \, Re_L^{0.8} - 871) \, Pr^{1/3} \quad\quad\quad\quad (11.47)$$

$$(Pr = 0.6 \sim 60, \ Re_L = 5 \times 10^5 \sim 10^7)$$

평판 상에 열유속이 일정하게 주어지는 경우에는 국소 Nusselt수가 층류 및 난류에서 각각 다음 식이 이용된다.

$$\text{층류} \quad Nu_x = 0.453 \, Re_x^{0.5} \, Pr^{1/3} \quad\quad\quad\quad (11.48)$$

$$\text{난류} \quad Nu_x = 0.0308 \, Re_x^{0.8} \, Pr^{1/3} \quad\quad\quad\quad (11.49)$$

평판 상의 국소열전달에서 단열조건의 식 (11.43)과 열유속이 주어지는 식 (11.48)을 비교하면 후자가 전자의 경우보다 층류에서는 36%, 난류에서는 4% 더 큰 값을 나타낸다.

(2) 원관흐름의 열전달

원관흐름의 층류열전달에 대해서는 다음의 결과가 잘 이용되고 있다. 여기서 Nu, Re의 대표 길이는 관의 직경 d이다.

① 원관층류 열전달

■ 충분히 발달한 흐름의 경우

원관 내의 흐름이 충분히 발달한 영역에서는 일정한 표면온도의 경우 Nu가 일정치로 된다. 위치 x에서의 국소 Nusselt수는 다음과 같다.

$$Nu = \frac{hd}{k} = 3.65 \quad \left(\frac{x}{d} \frac{1}{Re_d Pr} > 0.03 \right) \quad\quad\quad (11.50)$$

관 입구로부터 길이 L까지의 평균 Nu_L은

$$Nu_L = 1.62 \left(Re \, Pr \frac{d}{L} \right)^{1/3} \quad \left(Re \, Pr \frac{d}{L} > 10 \right) \quad\quad\quad (11.51)$$

일정한 열유속의 조건에서는 다음 식으로 표시된다.

$$Nu = \frac{hd}{k} = 4.36 \quad\quad\quad\quad (11.52)$$

▪ 관 입구부근의 경우

관의 입구로부터 열전달이 일어나고 있는 경우는, 입구부근에서는 속도 조주구간이며 속도 경계층과 온도경계층 모두 얇다. 그러므로 그림 11.14에 나타내었듯이 입구부근에서의 열전달계수는 일반적으로 그 후의 평균적인 열전달계수보다 상당히 큰 값을 갖는 경우가 많다. 단, 입구의 형상이나 온도에 따라서 이 경향은 변화한다.

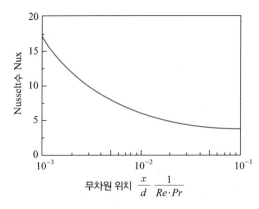

그림 11.14 관 입구부근의 Nusselt수

위치 x인 국소 Nusselt수 Nu의 일례는

$$Nu = 3.6 + \frac{0.55}{\left[(x/d)\left(\dfrac{1}{Re}Pr\right)\right]^{0.8}} \qquad \left(\frac{x}{d}\frac{1}{RePr} < 1\right) \tag{11.53}$$

또 위치 L까지의 평균 Nusselt수는 다음과 같다.

$$Nu = 3.65 + \frac{0.104\,(d/L)\,Re\,Pr}{1 + 0.016\,[(d/L)\,Re\,Pr]^{0.8}} \tag{11.54}$$

② 원관난류 열전달

원관 내 흐름에 있어서 임계 레이놀즈수는 약 2,300이며, 그 이상의 레이놀즈수에서는 난류상태라고 생각해도 된다. 발달한 흐름에서의 난류열전달에 대해서는 실험식들이 제시되고 있다. Dittus-Boelter의 실험식으로서 국소 Nusselt수는

$$Nu_d = 0.023\,Re_d^{0.8}\,Pr^{0.4}$$

$$(Pr의 \ 지수 : 유체를 \ 가열 \ 시 \rightarrow 0.4, \ 냉각 \ 시 \rightarrow 0.3) \tag{11.55}$$

Colburn의 식으로서 평균 Nusselt수를 다음과 같이 표시하였다.

$$Nu = 0.023\,Re_d^{0.8}\,Pr^{1/3}$$

$$(2\times 10^3 < Re_d < 1.2\times 10^7,\ 0.7 < Pr < 120\,) \qquad (11.56)$$

Gnielinski는 매끈한 관 내의 난류유동에 대하여 다음의 식을 제안하였다.

$$Nu = 0.0214\,(Re^{0.8} - 100)\,Pr^{0.4}$$

$$(0.5 < Pr < 1.5,\ 10^4 < Re < 5\times 10^6) \qquad (11.57\text{a})$$

$$Nu = 0.012\,(Re^{0.287} - 280)\,Pr^{0.4}$$

$$(1.5 < Pr < 500,\ 3{,}000 < Re < 10^6) \qquad (11.57\text{b})$$

Re와 Nu의 대표길이는 관직경 d이고, μ_w는 관의 벽온도에서의 점성계수로 할 때 Sieder-Tate의 실험식은 다음과 같다.

$$Nu_d = 0.027\,Re_d^{0.8}\,Pr^{1/3}\left(\frac{\mu}{\mu_w}\right)^{0.14}$$

$$(2\times 10^3 < Re_d < 1.2\times 10^7,\ 0.7 < Pr < 120) \qquad (11.58)$$

(3) 원통을 가로지르는 유동의 열전달

그림 11.15에 나타낸 원통외면에서의 Nusselt수는 다음 식으로 표시된다.

$$Nu_{\ d} = CRe_d^{\ m}\,Pr^{1/3} \qquad (11.59)$$

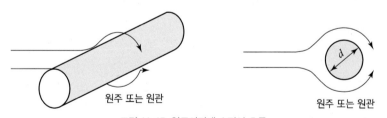

그림 11.15 원주외면에 수직인 흐름

여기서 Re_d, Nu_d의 대표길이는 원통의 직경 d이며, 정수 C 및 Re_d의 지수 m은 Re_d에 따라서 표 11.1과 같이 구할 수 있다.

표 11.1 Re 수 및 정수 C, m의 관계(식 11.59와 관련)

Re_d	C	m
$4 \times 10^{-1} \sim 4$	0.989	0.330
$4 \sim 4 \times 10$	0.911	0.385
$4 \times 10 \sim 4 \times 10^3$	0.683	0.466
$4 \times 10^3 \sim 4 \times 10^4$	0.193	0.618
$4 \times 10^4 \sim 4 \times 10^5$	0.027	0.805

일반적으로 많이 사용되는 $10^3 < Re < 5 \times 10^5$ 범위에서는 다음의 식이 이용된다.

$$Nu_d = 0.27 \, Re_d^{0.6} \, Pr^{1/3} \tag{11.60}$$

(4) 구를 가로지르는 유동의 열전달

구를 가로지르는 유동의 경우 포괄적인 상관식은 다음과 같다.

$$Nu_d = 2 + [0.4Re_d^{1/2} + 0.06Re_d^{2/3}] \, Pr^{0.4} \left(\frac{\mu_\infty}{\mu_w} \right)^{1/4} \tag{11.61}$$

예제 11.5

흐름에 평행으로 흐름방향의 길이가 2 m인 판이 있다. 이 판을 따라 공기가 0.5 m/s의 유속으로 흐를 때, 이 판의 평균 열전달계수를 구하라. 단, 공기의 동점성계수는 0.185×10^{-4} m²/s, 열전도율은 0.0261 W/mK, 프란틀수는 0.71이다.

풀이 $Re = \dfrac{uL}{\nu} = \dfrac{0.5 \times 2.0}{0.185 \times 10^{-4}}$

$\qquad\qquad = 5.41 \times 10^4$

이 흐름은 층류이다. 따라서 식 (11.44)를 이용하면

$$Nu = \frac{hL}{k} = 0.664 Re_L^{0.5} Pr^{1/3}$$

$$= 0.664 \times (5.41 \times 10^4)^{0.5} \times 0.71^{1/3}$$

$$= 137.8$$

$$\therefore h = Nu \, \frac{k}{L} = 137.8 \times \frac{0.0261}{2.0}$$

$$= 1.8 \text{ W/m}^2\text{K}$$

예제 11.6

고도 1.6 km 상공에서 국소대기압은 83.4 kPa이다. 그 상태에서 20°C의 공기가 온도 140°C인 평판 1.5×6 m 위를 8 m/s의 속도로 흐른다. 이때 판으로부터 열전달량을 구하라. 단, 공기의 열전도율 $k = 0.02953$ W/mK, 프란틀수 $Pr = 0.7154$, 동점성계수 $\nu = 2.548 \times 10^{-5}$ m²/s이다.

[풀이] 판의 끝에서의 레이놀즈수는

$$Re_L = \frac{uL}{\nu} = \frac{8 \times 6}{2.548 \times 10^{-5}} = 1.884 \times 10^6$$

따라서 임계 레이놀즈수보다 크므로 층류유동과 난류유동이 조합된 유동형태이므로 판 전체의 평균 Nusselt수는 식 (11.47)에 의해

$$Nu = \frac{hL}{k} = (0.037 Re_L^{0.8} - 871) Pr^{1/3}$$

$$= [0.037(1.884 \times 10^6)^{0.8} - 871] \times 0.7154^{1/3} = 2{,}687$$

$$\therefore h = Nu \frac{k}{L} = 2{,}687 \times \frac{0.02953}{6}$$

$$= 13.2 \text{ W/m}^2\text{K}$$

열전달 표면적 $A = 1.5 \times 6 = 9$ m²

$$\therefore \text{열전달량} \quad Q = hA(T_w - T_\infty)$$

$$= 13.2 \times 9 \times (140 - 20) = 1.43 \times 10^4 \text{ W}$$

예제 11.7

압력 100 kPa, 온도 300 K인 공기가 직경 3 cm인 원관 내를 10 m/s로 흐르면서 가열된다. 관벽의 온도는 항상 30°C만큼 높을 때 단위길이당 가열량을 구하라. 단, 300 K의 공기의 동점성계수는 15.69×10^{-6} m²/s, 열전도율은 0.02624 W/mK, Pr수는 0.708이다.

[풀이] $Re_d = \dfrac{ud}{\nu} = \dfrac{10 \times 0.03}{15.69 \times 10^{-6}} = 19{,}120.46$

난류이므로 식 (11.56)에 의해

$$Nu = 0.023 Re_d^{0.8} Pr^{1/3}$$

$$= 0.023 \times 19{,}120.46^{0.8} \times 0.708^{1/3}$$

$$= 54.568$$

$$\therefore \text{평균 열전달계수} \quad h = Nu \frac{k}{d} = 54.568 \times \frac{0.02624}{0.03}$$

$$= 47.73 \text{ W/m}^2\text{K}$$

$$\therefore \frac{Q}{L} = h\pi d(T_w - T_\infty) = 47.73 \times \pi \times 0.03 \times 30$$

$$= 134.95 \text{ W/m}$$

5 자연대류 열전달

강제대류 열전달은 펌프 등의 압력에 의해서 강제적으로 흐름을 발생시킨 장에서 일어나는 열이동인 것에 대하여, 자연대류 열전달(natural convective heat transfer)에서는 열의 이동에 의해서 유체에 밀도변화가 생기고, 밀도차가 원동력이 되어 흐름이 발생하며, 이 대류에 의해 일어나는 열이동현상이다.

구체적인 예로서는, 송풍기를 갖지 않는 난방기에 의한 공기의 가열이나, 냉난방기의 실외기와 실내기를 연결하는 배관의 도중에 관으로부터 주위의 유체로 방열하기도 하며, 또는 역으로 열을 흡수하기도 하는 열이동이 자연대류 열전달이다. 강제대류 열전달에 비하여 그 열전달량은 작으므로 열에너지의 이동을 활발히 하려는 공업적 예는 많지 않다.

그러나 열교환을 하는 공간에 제한이 있을 수 있고, 공간의 절약이나 비용절감을 위해 펌프 등의 유체의 구동장치를 생략하는 경우에 한 방법으로서 자연대류 열전달을 이용한다.

(1) 자연대류의 무차원수

11.3.3절에서 언급했듯이 Grashof수는 자연대류의 상사성을 나타내는 무차원수로서 점성력에 대한 부력의 비를 나타낸다. 자연대류에서 유동형태는 Grashof수라 불리는 무차원수에 따라 달라지며, 유체유동이 층류인지, 난류인지 결정하는 주요 판단기준이 된다.

$$Gr \equiv \frac{g\beta(T_w - T_\infty)L^3}{\nu^2} \tag{11.62}$$

여기서, β : 체적팽창 계수[1/K] T_w : 벽의 표면온도[℃]

T_∞ : 표면에서 충분히 떨어진 유체의 온도[℃] L : 물체의 기하학적 특성길이[m]

ν : 유체의 동점성계수[m²/s]이다.

또 하나의 무차원수는 Rayleigh수로서 Grashof수와 Prandtl수의 곱이다.

$$Ra = Gr \cdot Pr = \frac{g\beta(T_w - T_\infty)L^3}{\nu^2}Pr \tag{11.63}$$

예로서 수직평판에서는 임계 Grashof수가 약 10^9이 되며, 따라서 Grashof수가 10^9보다 크면 난류가 된다.

(2) 수직평판의 자연대류 열전달

그림 11.16과 같이 정지유체 중에 가열시킨 평판을 수직으로 놓으면, 평판에 가까운 유체는 가열되어 밀도가 감소하므로 상승하기 시작한다. 가열된 유체가 상승한 후에는 그 부분으로 주위

로부터 차가운 유체가 유입하며, 다시 가열되어 상승한
다. 이와 같이 고온벽의 주위에는 밀도차에 의해 자연
대류가 발생하므로 강제대류의 경우와 마찬가지로 벽
면 근처에 속도경계층과 온도경계층이 형성된다.

수직평판의 자연대류에 의한 열전달의 실험관계식은
다음과 같다.

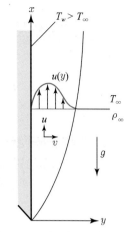

그림 11.16 수직가열 평판에서의 자연대류

① 층류인 경우

$$Nu_L = 0.59 Ra_L^{1/4} \ (10^4 \leq Ra_L \leq 10^9)$$

$$(11.64)$$

② 난류인 경우

$$Nu_L = 0.1 Ra_L^{1/3} \ (10^9 \leq Ra_L \leq 10^{13})$$

$$(11.65)$$

③ Ra_L의 전영역에서의 열전달

$$Nu_L = \left[0.825 + \frac{0.387 Ra_L^{1/6}}{[1 + (0.492/Pr)^{9/16}]^{8/27}} \right]^2$$

$$(11.66)$$

모든 물성치는 막온도(film temperature) $T_f = (T_w + T_\infty)/2$에서의 값이다.

(3) 수평판의 자연대류 열전달

수평표면으로 또는 표면으로부터의 열전달은 열전달 표면이 상면인지 하면인지에 따라 달라
진다. 수평판의 가열표면이 위로 향하는 경우에는 가열되는 주위의 유체가 그림 11.17에서 보는
바와 같이 자연대류가 효과적인 열전달을 하면서 상승한다. 그러나 가열표면이 아래쪽으로 향하
게 되면 판이 가열된 유체의 상승을 가로막아 열전달이 방해를 받을 것이다.

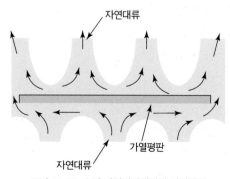

그림 11.17 수평 가열평판에서의 자연대류

수평판의 자연대류 평균열전달의 실험상관식은 다음과 같다.

① 가열면이 위로 향하는 경우

$$Nu_L = 0.54 \, Ra_L^{1/4} \quad (10^4 \le Ra_L \le 10^7) \tag{11.67}$$

$$Nu_L = 0.15 \, Ra_L^{1/3} \quad (10^7 \le Ra_L \le 10^{11}) \tag{11.68}$$

② 가열면이 아래로 향하는 경우

$$Nu_L = 0.27 Ra_L^{1/4} \quad (10^5 \le Ra_L \le 10^{10}) \tag{11.69}$$

예제 11.8

30℃인 방안에 놓여 있는 0.6×0.6 m의 얇은 정사각형판을 한쪽면은 90℃로 유지하고 반대면은 단열시켰을 때 이 판을 (1) 수직, (2) 뜨거운 면이 위로 향하는 수평으로 놓이게 하는 경우에 각각 판으로부터 자연대류에 의한 열전달량을 구하라. 단, 막온도 (90+30)/2＝60℃＝333 K에서의 공기물성치는 $k = 0.02808$ W/mK, $Pr = 0.7202$, $\nu = 1.896 \times 10^{-5}$ m²/s, $\beta = 1/T_f = 1/333$

풀이 (1) $Ra = Gr \cdot Pr = \dfrac{g\beta(T_w - T_\infty)L^3}{\nu^2} Pr$

$$= \frac{9.81 \times (1/333) \times (90 - 30) \times 0.6^3}{(1.896 \times 10^{-5})^2} \times 0.7202 = 7.656 \times 10^8$$

식 (11.66)으로부터

$$Nu_L = \left[0.825 + \frac{0.387 Ra_L^{1/6}}{[1 + (0.492/Pr)^{9/16}]^{8/27}} \right]^2$$

$$= \left[0.825 + \frac{0.387 \times (7.656 \times 10^8)^{1/6}}{[1 + (0.492/0.7202)^{9/16}]^{8/27}} \right]^2 = 113.4$$

$$\therefore h = Nu_L \frac{k}{L} = 113.4 \times \frac{0.02808}{0.6} = 5.306 \text{ W/m}^2\text{K},$$

$$A = L^2 = 0.6^2 = 0.36 \text{ m}^2$$

$$\therefore Q = hA(T_w - T_\infty) = 5.306 \times 0.36 \times (90 - 30) = 115 \text{ W}$$

(2) 특성길이 $L_s = A/P = L^2/4L = L/4 = 0.6/4 = 0.15$ m

$$Ra = Gr \cdot Pr = \frac{g\beta(T_w - T_\infty)L_s^3}{\nu^2} Pr$$

$$= \frac{9.81(1/333)(90 - 30) \times 0.15^3}{(1.896 \times 10^{-5})^2} \times 0.7202 = 1.196 \times 10^7$$

식 (11.68)로부터

$$Nu_L = 0.15 \, Ra_L^{1/3} = 0.15 \times (1.196 \times 10^7)^{1/3} = 34.3$$

$$\therefore h = Nu_L \frac{k}{L_s} = 34.3 \times \frac{0.02808}{0.15} = 6.421 \text{ W/m}^2\text{K},$$

$$A = L^2 = 0.6^2 = 0.36 \text{ m}^2$$

$$\therefore Q = hA(T_w - T_\infty) = 6.421 \times 0.36 \times (90 - 30) = 138.7 \text{ W}$$

(4) 수평원통의 자연대류 열전달

가열된 수평원통에서는 경계층이 밑면으로부터 원주를 따라 증가하여 간다. 따라서 Nusselt수는 층류인 경우에 밑면에서 가장 높고 윗면에서 가장 낮다. 전체 표면에 대한 평균 Nusselt수는 다음과 같다.

$$Nu_D = \left[0.6 + \frac{0.387 Ra_D^{1/6}}{[1 + (0.559/Pr)^{9/16}]^{8/27}} \right]^2 \tag{11.70}$$

(5) 밀폐공간의 자연대류 열전달

그림 11.18과 같이 사각단면의 수직 밀폐공간의 한 면이 고온이고 다른 면이 저온인 경우의 자연대류 열전달은 종횡비(H/L)에 따라 다음과 같이 구한다.

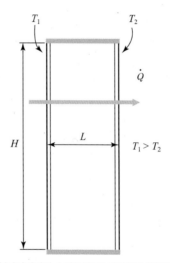

그림 11.18 밀폐공간(사각단면의 수직공간)의 자연대류 열전달(표면단열)

$$Nu_L = 0.18 \left(\frac{Pr}{0.2 + Pr} Ra_L \right)^{0.29}$$
$$(1 < H/L < 2, \ Ra_L Pr / (0.2 + Pr) > 10^3) \tag{11.71}$$

$$Nu_L = 0.22 \left(\frac{Pr}{0.2 + Pr} Ra_L \right)^{0.29} \left(\frac{H}{L} \right)^{-1/4}$$
$$(2 < H/L < 10, \ Ra_L < 10^{10}) \tag{11.72}$$

$$Nu_L = 0.42 Ra_L^{1/4} Pr^{0.012} \left(\frac{H}{L} \right)^{-0.3}$$

$$(10 < H/L < 40, \ \ 1 < Pr < 2\times10^4, \ \ 10^4 < Ra_L < 10^7) \tag{11.73}$$

$$Nu_L = 0.46 Ra_L^{1/3}$$

$$(1 < H/L < 40, \ \ 1 < Pr < 20, \ \ 10^6 < Ra_L < 10^9) \tag{11.74}$$

모든 유체의 물성치는 평균온도 $(T_1 + T_2)/2$에서의 값으로 한다.

예제 11.9

그림과 같이 높이 0.8 m, 폭 2 m의 수직 이중유리창이 대기압의 공기에 의해 2 cm만큼 떨어진 두 장의 유리로 되어 있다. 공기층을 향한 유리면의 온도가 각각 12℃, 2℃일 때 유리창을 통한 열전달량을 구하라.

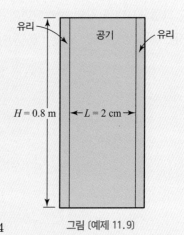

그림 [예제 11.9]

풀이 평균온도는 $(12+2)/2 = 7℃ = 280$ K이며, 1기압에서 공기의 물성치는 $k = 0.02416$ W/mK, $Pr = 0.7344$, $\nu = 1.399 \times 10^{-5}$ m²/s, $\beta = 1/T_{ave} = 1/280(1/K)$

$$Ra_L = \frac{g\beta(T_1 - T_2)L^3}{\nu^2}Pr$$

$$= \frac{9.81 \times (1/280)(12-2) \times 0.02^3}{(1.399 \times 10^{-5})^2} \times 0.7344$$

$$= 1.051 \times 10^4$$

형상의 종횡비 $H/L = 0.8/0.02 = 40$

∴ 식 (11.73)으로부터

$$Nu_L = 0.42 Ra_L^{1/4} Pr^{0.012} \left(\frac{H}{L} \right)^{-0.3}$$

$$= 0.42(1.051 \times 10^4)^{1/4}(0.7344)^{0.012}\left(\frac{0.8}{0.02} \right)^{-0.3}$$

$$= 1.401$$

$$A = H \times W$$

$$= 0.8 \times 2 = 1.6 \text{ m}^2$$

∴ 열전달량 $Q = hA(T_1 - T_2) = kNu_L A \dfrac{T_1 - T_2}{L}$

$$= 0.02416 \times 1.401 \times 1.6 \times \frac{12-2}{0.02}$$

$$= 27.1 \text{ W}$$

6 복사열전달

복사열전달(radiation heat transfer)은 열복사선에 의해 열에너지를 전달하는 열전달의 현상이며, 열이동을 하는 열복사선은 가시광선이나 전파와 마찬가지로 파장이 약 $0.1 \sim 100\ \mu\text{m}$의 범위에 있는 전자파(電磁波)의 일종이다. 이 파장역은 가시광선($0.4 \sim 0.7\ \mu\text{m}$)을 포함하며 대부분은 적외영역이다.

복사열전달은 열방사선에 의한 열전달이므로 열전도나 대류열전달과 달리 고체나 액체, 기체 등의 열을 전달하는 물질, 즉 열매체가 필요 없으며 결국 진공 중에서도 열이동이 일어난다.

물체표면에 도달하는 복사에너지는 그 일부가 흡수되고, 나머지는 반사되거나 투과된다. 입사에너지에 대한 각각의 비율을 흡수율(absorptivity) α, 반사율(reflectivity) ρ, 투과율(transmissivity) τ라 하며, $\alpha + \rho + \tau = 1$의 관계가 있다.

(1) 흑체와 흑체로부터의 복사

입력되는 모든 열복사선을 흡수할 수 있는 가상의 물체를 흑체(black body)라고 한다. 흑체는 열복사선을 전혀 반사하지 않고 흑체 자체는 그 온도에 대응하는 열복사선을 방출한다. 한편, 흑체로부터 방사되는 열에너지는 그 온도만에 의해 결정된다. 열복사선의 파장은 대략 $0.3 \sim 50\ \mu\text{m}$이다.

물체표면의 단위면적으로부터 단위시간당, 단위파장당 방사되는 열에너지를 단색방사도(monochromatic emissive power) $E_\lambda\,[\text{W/m}^2]$라고 한다. 여기서 첨자 λ는 "그 파장에 있어서"라는 의미이다. 흑체의 단색방사도와 파장의 관계는 온도에 따라 그림 11.19와 같이 변화한다.

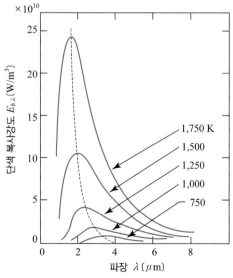

그림 11.19 단색 복사강도와 파장, 온도의 관계

흑체의 진공 중에서의 단색방사도 $E_{b\lambda}$(흑체인 경우에 첨자는 b임)는, 온도를 T, 파장을 λ라 하면 다음의 플랭크의 식(Planck's radiation equation)으로 표시된다.

$$E_{b\lambda} = \frac{C_1 \lambda^{-5}}{e^{C_2/\lambda T} - 1} \tag{11.75}$$

여기서 $\lambda [\mu m]$는 파장, $T [K]$는 절대온도, $C_1 = 3.74 \times 10^{-16} [W \cdot m^2]$, $C_2 = 1.439 \times 10^{-2} [m \cdot K]$이다.

흑체로부터 단위시간당 복사열유속 q_b는 식 (11.75)를 전 파장구간에서 적분하여

$$q_b = \int_0^\infty E_{b\lambda} d\lambda = \sigma T^4 \tag{11.76}$$

가 되며, 이 식을 스테판-볼츠만의 법칙(Stefan-Boltzmann's law)이라고 한다. 여기서 σ는 스테판 볼츠만 상수(Stefan-Boltzmann constant)이다.

$$\sigma = 5.67 \times 10^{-8} [W/m^2 \, K^4] \tag{11.77}$$

(2) 윈의 변위칙

플랭크의 식 (11.75)를 이용하여, 단색방사도가 최대로 되는 파장을 λ_m, 그때의 온도를 T라 하면

$$\lambda_m T = 2.898 \times 10^{-3} [K \cdot m] \tag{11.78}$$

의 관계를 얻을 수 있다. 이것은 흑체의 온도가 높아짐에 따라 단색방사도의 최대치를 주는 파장이 짧아지는 것을 나타내고 있다. 이 경우, 각각의 온도에 있어서 단색방사도의 최대치도 온도의 상승과 더불어 커진다(그림 11.19 참조).

단색방사도(에너지)의 파장에 의한 분포는 그림 11.19에 표시했지만 여러 온도의 조건에 있어서 단색방사도의 최대치를 연결하면 그림 11.19 중에 나타낸 파선과 같이 되며, 이 관계가 식 (11.78)이다. 이 경향 또는 이 식을 Wien의 변위칙(Wien's displacement law)이라고 한다.

열복사선의 에너지의 많은 것은 가시영역보다 긴 파장 쪽에 포함되는데, 가시영역에도 포함되어 있다.

예제 11.10

태양으로부터의 단색방사도를 측정했더니 파장 0.5 μm에서 최대치를 나타냈다. 지구의 공기층에서
열복사선은 흡수되지 않는다고 하고, 태양을 흑체로 볼 수 있다고 할 때 태양의 표면온도를 구하라.

풀이 열복사선의 파장에 의한 최대강도와 온도 사이에는 윈의 변위칙이 성립하므로 태양의 표
면온도를 T,최대강도의 파장을 λ_m이라 하면

$$\lambda_m T = 2.898 \times 10^{-3} \text{ [K} \cdot \text{m]}$$

$$\therefore \ T = \frac{2.898 \times 10^{-3}}{0.5 \times 10^{-6}} = 5.796 \times 10^3 \text{[K]}$$

(3) 흑체 간의 복사열전달

① Lambert의 법칙

그림 11.20에서 면 dA_1으로부터의 방사에너지를 생각한다. 그곳으로부터의 열방사선은 각 방
향(반구면의 모든 방향)으로 방사된다. 이 경우에 면 dA_1을 중심으로 한 반경 $r=1$의 기준반구
면을 생각하자.

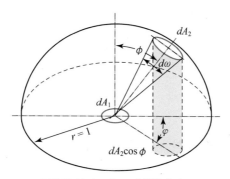

그림 11.20 Lambert의 법칙의 사고

그 반구면 상에 어떤 미소면적 dA_2로의 단위시간당 복사에너지 dQ는 dA_1과 dA_2를 연결한
선과 dA_2의 법선이 이루는 각도를 ϕ라 하고, dA_1의 중심으로부터 dA_2를 보는 입체각 $d\omega$와의
비례정수 I에 의해 다음 식으로 표시된다.

$$dQ = I dA_1 \cos \phi \, d\omega \tag{11.79}$$

이 식을 Lambert의 법칙(Lambert's law)이라고 한다.

또 입체각은 구체의 반경의 2승인 면적에 대한 주목하는 구체표면 부분의 면적의 비로 정의되
므로

$$d\omega = \frac{dA_2}{r^2} \tag{11.80}$$

여기서 구체의 반경을 단위반경($r = 1$)으로 하였으므로 다음과 같이 된다.

$$dω = \frac{dA_2}{r^2} = dA_2 \tag{11.81}$$

여기서 I는 단위면적당 단위입체각당 복사에너지로서, 복사강도(radiation intensity)라고 하며, 재질, 상태, 온도 등에 따라서 결정되는 값이다.

이것을 반구 전체에 걸쳐 적분하면 다음의 관계를 얻을 수 있다.

$$I = \frac{1}{π}E \tag{11.82}$$

여기서 E는 다음 식으로 표시된다.

$$E = \int_0^∞ E_λ dλ \tag{11.83}$$

E는 어느 온도의 물체표면의 단위면적으로부터 단위시간에 방사되는 복사에너지이며, 방사도(emissive power) 또는 전복사(total radiation)라고 한다. 흑체의 경우는

$$E_b = σT^4 \tag{11.84}$$

따라서 유한한 표면 간의 복사열전달량은 식 (11.79)에 식 (11.82)를 대입하여

$$dQ = \frac{E}{π}dA_1 \cos φ \, dω \tag{11.85}$$

일반적으로는 여러 가지 물체에 대하여 스테판-볼츠만의 식 (11.76)과 뒤에 설명하는 방사율(emissivity) $ε$(물체와 그 상태, 온도 등에 따라서 결정되는 값)을 이용하여

$$dQ = \frac{ε}{π}σT_1^4 \, dA_1 \cos φ \, dω \tag{11.86}$$

가 된다.

② 흑체 간의 복사열전달

복사열전달의 일반적인 상태로서는, 그림 11.21에 표시하는 바와 같이 면 dA_1과 dA_2가 r만큼 떨어져 있고, 두 개의 면은 어떤 기울기를 갖는다. 여기서, r은 두 면 간의 중심 간의 거리이다. 또, 중심을 연결하는 선과 각 면의 법선과의 이루는 각을 $φ_1$, $φ_2$라 한다.

면 dA_1으로부터 dA_2로 복사되는 에너지 dQ_2는 Lambert의 법칙으로부터

$$dQ_2 = I_1 dA_1 \cos φ_1 dω_1 \tag{11.87}$$

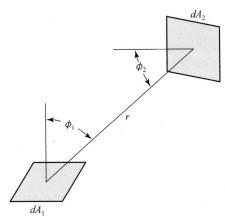

그림 11.21 흑체 간의 복사열전달의 사고

여기서, dw_1은 dA_1의 중심으로부터 dA_2를 본 입체각이며, 그 정의로부터

$$dw_1 = \frac{dA_2 \cos \phi_2}{r^2} \tag{11.88}$$

이다. 따라서

$$dQ_2 = I_1 \frac{\cos \phi_1 \cos \phi_2}{r^2} dA_1 dA_2 \tag{11.89}$$

마찬가지로 dA_2로부터 dA_1으로의 복사에너지 dQ_1은

$$dQ_1 = I_2 \frac{\cos \phi_1 \cos \phi_2}{r^2} dA_1 dA_2 \tag{11.90}$$

이다. 따라서 열전달량 dQ는 양자의 차이므로

$$dQ = (I_1 - I_2) \frac{\cos \phi_1 \cos \phi_2}{r^2} dA_1 dA_2 \tag{11.91}$$

식 (11.84)를 이용하여 I를 E로 표시하면

$$dQ = \frac{1}{\pi}(E_1 - E_2) \frac{\cos \phi_1 \cos \phi_2}{r^2} dA_1 dA_2 \tag{11.92}$$

여기서, E에 식 (11.84) 및 볼츠만 상수를 대입하면

$$dQ = 5.67 \frac{1}{\pi} \left[\left(\frac{T_1}{100} \right)^4 - \left(\frac{T_2}{100} \right)^4 \right] \frac{\cos \phi_1 \cos \phi_2}{r^2} dA_1 dA_2 \tag{11.93}$$

여기서, dA_1으로부터 모든 방향으로 방사된 에너지(dA_1E_1)에 대한 dA_2가 받는 에너지 dQ_2의 비율을 dA_2에 대한 dA_1의 형태계수(geometric factor, shape factor)라고 한다. 이것을 dF_{12}로 표시하면

$$dF_{12} = \frac{dQ_2}{dA_1E_1} \tag{11.94}$$

$$= \frac{\cos\phi_1\cos\phi_2}{\pi r^2}dA_2 = \frac{1}{\pi}\cos\phi_1\,d\omega_1$$

마찬가지로 dA_1에 대한 dA_2의 형태계수 dF_{21}은 다음과 같이 된다.

$$dF_{21} = \frac{dQ_1}{dA_2E_2} \tag{11.95}$$

$$= \frac{\cos\phi_1\cos\phi_2}{\pi r^2}dA_1 = \frac{1}{\pi}\cos\phi_2\,d\omega_2$$

만일 평행한 평면이라면 열전달량을 나타내는 식은 간단해져서 식 (11.93)으로부터

$$Q_b = 5.67\left[\left(\frac{T_1}{100}\right)^4 - \left(\frac{T_2}{100}\right)^4\right] \ [\text{W/m}^2] \tag{11.96}$$

으로 된다. 여기서 식 (11.96)을 변형하면 다음과 같이 된다.

$$Q_b = 5.67\left[\left(\frac{T_1}{100}\right)^2 + \left(\frac{T_2}{100}\right)^2\right] \times \left[\left(\frac{T_1}{100}\right) + \left(\frac{T_2}{100}\right)\right] \times \left[\left(\frac{T_1}{100}\right) - \left(\frac{T_2}{100}\right)\right] \tag{11.97}$$

예제 11.11

한 변의 길이가 1 m인 정방형의 2개의 흑체판 A, B가 있다. A, B의 중심 간 거리는 2 m, A에 대한 B의 각도(면의 법선과 중심을 연결한 선과 이루는 각도)는 45°이고, B에 대한 A의 각도도 동일하다. 이때 형태계수를 구하라.

풀이 이 경우는 A에 대한 형태계수와 B에 대한 형태계수가 같다.
식 (11.94)로부터

$$dF_{12} = \frac{\cos\phi_1\cos\phi_2}{\pi r^2}dA_2$$

$$= \frac{\cos 45°\cos 45°}{\pi \times 2^2} \times 1 \times 1 = 0.0398$$

형태계수는 약 0.04이다. 결국 서로 다른 흑체의 복사되는 에너지의 약 4%밖에 받지 못하게 된다.

예제 11.12

평행으로 놓인 흑체로 볼 수 있는 2매의 판 A, B가 있다. 온도는 A가 300 K, B가 400 K일 때 단위 면적당 열이동량을 구하라.

풀이 식 (11.96)으로부터

$$Q_b = 5.67 \left[\left(\frac{400}{100} \right)^4 - \left(\frac{300}{100} \right)^4 \right]$$

$$= 5.67 \times (256 - 81)$$

$$= 992.3 \text{ W/m}^2$$

(4) 방사율

실제의 물체는 흑체가 아니며, 그 단색복사강도는 정확히는 플랑크의 식을 만족하지 못한다. 이 실제의 물질의 방사도 E를 흑체의 방사도 $E_{b\lambda}$를 이용하여 다음 식과 같이 표시한다.

$$E = \varepsilon E_{b\lambda} \tag{11.98}$$

이 계수 ε을 방사율(emissivity)이라고 한다. ε은 0과 1 사이의 수치이다. 실제의 물질은 이 방사율을 이용하여 계산하는 경우가 대부분이다. 방사율은 물질이나 그 상태 및 온도에 따라서 변화하는 값이지만, 취급이 곤란한 경우도 있으며, 공학상으로는 이 방사율을 일정하다고 생각하는 경우가 많다. 방사율이 일정하다고 보거나 가정한 물질을 회색체(gray body)라고 한다.

이와 같이 나타내면, 전 복사에너지(방사도)는 스테판-볼츠만의 식을 이용하여 다음과 같이 표시할 수 있다.

$$E = \varepsilon E_b$$

$$= 5.67 \varepsilon \left(\frac{T}{100} \right)^4 \text{ (W/m}^2) \tag{11.99}$$

방사율은 물질이나 파장, 온도에 따라서 변화한다. 그 예로서 주로 고체에 대하여 몇 개의 변화하는 예를 살펴보자.

① 재질에 따르는 방사율

재질에 따른 방사율의 예를 표 11.2에 나타내었다. 온도조건은 주로 100~200℃ 정도이지만, 고온의 조건인 것도 있다. 표면상태는 비교적 평탄하고 매끄러운 조건이다.

표 11.2 재질에 따른 방사율

재질	방사율 ε	재질	방사율 ε
철	0.13~0.38	벽돌	0.3~0.9
강	0.07~	점토	0.75
동	0.05	塗裝面(백색)	0.91
쇠	0.02~0.03	塗裝面(흑색)	0.97
은	0.02~0.03	목재	0.91
백금	0.05~0.10	종이	0.93
알루미늄	0.039	유리	0.95~0.85
니켈	0.045	얼음	0.96
탄소	0.53	물	0.95~0.963

② 표면상태에 따른 방사율의 변화

표면상태에 따라서 방사율은 변화하지만 동과 철을 예로 표면상태에 의한 차를 표 11.3에 나타내었다.

표 11.3 표면상태에 따른 방사율의 변화

재질 : 동		재질 : 철	
상태	방사율 ε	상태	방사율 ε
연마(잘 연마된)상태	0.030	연마상태	0.14
연마(보통 연마)상태	0.052	酸化상태(다소 정밀한 상태)	0.61
연삭, 市販상태	0.070	酸化상태(아주 정밀한 상태)	0.85
短時間 산화	0.57		
酸化상태	0.76~0.78		

③ 온도에 따른 방사율의 변화

온도에 따라서도 방사율은 변화한다. 철(순철, 표면연마)의 데이터를 표 11.4에 표시하였다.

표 11.4 온도에 따른 방사율의 변화(재질 : 철(純鐵, 표면연마))

온도℃	방사율 ε	온도℃	방사율 ε
38	0.06	538	0.15
149	0.07	1,093	0.22
260	0.09	(2,760) (용융)	0.35

④ 파장에 따른 방사율의 변화

텅스텐의 경우, 방사율의 온도 의존성을 표 11.5에 나타내었으며, 기준온도는 1,600 K이다.

표 11.5 파장에 따른 방사율의 변화(재질 : 텅스텐, 기준온도 : 1,600 K)

파장 $\lambda[\mu\text{m}]$	방사율 ε	파장 $\lambda[\mu\text{m}]$	방사율 ε
0.25	0.46	0.70	0.44
0.30	0.48	1.00	0.38
0.40	0.48	1.50	0.28
0.50	0.47	2.00	0.21

(5) 복사열교환

① 흑체 간 복사열교환

일반적으로 표면들 사이의 복사열교환은 반사로 인하여
복잡해진다. 표면이 반사가 없는 흑체라면 열교환의 해석은
단순해질 수 있다.

그림 11.22에 나타낸 바와 같이 균일온도 T_1과 T_2인 임
의 형상의 흑체표면을 생각하자.

흑체표면에서는 단위표면적당 $E_b = \sigma T^4$의 방사에너지가
떠나고 표면 1을 떠나 표면 2에 도달하는 복사비율을 형태
계수 F_{12}로 나타낼 때 표면 1로부터 표면 2로의 복사열전달
량은 다음과 같이 표시할 수 있다.

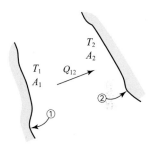

그림 11.22 임의 형상의 흑체표면

$$Q_{12} = A_1 E_{b1} F_{12} - A_2 E_{b2} F_{21} \ [\text{W}] \qquad (11.100)$$

형태계수 간에는 상호성 법칙 $A_1 F_{12} = A_2 F_{21}$이 성립하며, 이것을 적용하면 위 식은 다음과 같다.

$$Q_{12} = A_1 F_{12} \sigma (T_1^4 - T_2^4) \ [\text{W}] \qquad (11.101)$$

Q_{12}가 음(−)의 값을 갖는 경우는 복사열전달이 표면 2로부터 표면 1로 전달됨을 뜻한다.

어떤 주어진 온도로 유지되는 N개의 흑체표면으로 구성된 밀폐용기에서는 임의의 표면 i로부
터 밀폐용기의 각 표면까지의 복사열전달을 합하여 구할 수 있다.

$$Q_i = \sum_{j=1}^{N} Q_{ij} = \sum_{j=1}^{N} A_i F_{ij} \sigma (T_i^4 - T_j^4) \ [\text{W}] \qquad (11.102)$$

② 회색체 간 복사열교환

회색체의 경우에는 표면으로부터 방사되는 복사에너지는 다른 면에 도달하여 일부는 흡수되지만 나머지는 반사되며, 반사에너지는 원래의 면으로 되돌아가 흡수와 반사로 나뉘어진다. 따라서 회색체로부터 방사되는 에너지는, 그 면 자신으로부터의 복사에너지와 외부로부터의 입사에너지가 그 면에서 반사되는 에너지의 합으로 주어지므로, 열전달의 계산은 한층 복잡해진다. 여기서는 간단한 회색체 간의 복사열전달에 대한 결과를 표시한다.

무한히 넓은 평행인 두 평면 간(그림 11.23(a))의 복사열교환량은 다음과 같다.

$$\frac{Q_{12}}{A_1} = -\frac{Q_{21}}{A_2} = \sigma(T_1^4 - T_2^4)\frac{1}{\dfrac{1}{\varepsilon_1} + \dfrac{1}{\varepsilon_2} - 1} \quad [\text{W/m}^2] \tag{11.103}$$

1개의 凸면의 주위를 다른 면이 완전히 둘러싸는 경우(그림 11.23(b))의 복사열교환량은 다음과 같다.

$$Q_{12} = -Q_{21} = \sigma(T_1^4 - T_2^4)\frac{A_1}{\dfrac{1}{\varepsilon_1} + \dfrac{A_1}{A_2}\left(\dfrac{1}{\varepsilon_2} - 1\right)} \quad [\text{W}] \tag{11.104}$$

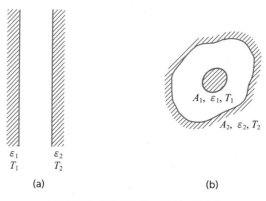

(a)   (b)

그림 11.23 회색체 두 면 간의 복사열전달

예제 11.13

25×25 cm의 수직으로 놓여 있는 강판의 온도는 400 K이다. 주위의 공기온도를 300 K라 하면, 이 강판의 한쪽면으로부터 방사에 의한 복사열교환량은 얼마인가? 단, 강판의 방사율은 0.70이다.

풀이 강판면을 1, 이것을 둘러싸는 온도 300 K의 가상면을 2라 하면 형태계수 $F_{12} = 1$이다. 따라서 식 (11.103)으로부터

$$Q_{12} = \sigma\varepsilon_1(T_1^4 - T_2^4)A_1F_{12}$$
$$= 5.67 \times 10^{-8} \times 0.7 \times (400^4 - 300^4) \times 0.25^2 \times 1 = 43.41 \text{ W}$$

예제 11.14

직경 150 mm, 높이 350 mm인 원통형 난로가 큰 실내에 설치되어 있다. 이 난로의 표면온도는 450℃, 방사율은 0.85이고 실내온도는 20℃로 일정하다. 이때 난로의 측면으로부터 단위시간당 방사되는 정미 복사열교환량을 구하라.

[풀이] 난로의 측면적을 A_1, 실내의 표면적을 A_2라 하면, 식 (11.104)를 이용할 수 있다.

$A_1 = \pi \times 0.15 \times 0.35 = 0.165 \text{ m}^2$, 식 중 A_1/A_2은 무시할 수 있으므로

$$Q_{12} = \sigma(T_1^{\,4} - T_2^{\,4})\frac{A_1}{1/\varepsilon_1}$$

$$= 5.7 \times 10^{-8}(723.15^4 - 293.15^4) \times \frac{0.165}{1/0.85}$$

$$= 2{,}127.17 \text{ W}$$

$$= 2.127 \text{ kW}$$

Chapter 11 연습문제

Chapter 11

열전도

1 가열로벽(열전도율 0.76 W/mK)의 외측표면으로부터 깊이 30 mm와 70 mm 위치에서 벽온도를 측정했더니 각각 70℃와 200℃이었다. 노벽을 평판으로 가정하여 노벽에서 외부로의 열유속을 구하라.

2 내경 150 mm, 외경 160 mm의 증기가 흐르는 관로가 보온재로 싸여 있다. 보온층은 30 mm이며, 관로 및 보온재의 열전도율은 각각 50 W/mK, 0.15 W/mK, 증기관로의 내면과 보온재의 외면온도가 각각 200℃, 50℃라면 증기관로의 길이 1 m당 손실열량과 증기관로의 외면온도를 구하라.

3 단열재의 열전도율이 온도 $t(℃)$의 함수로서 $k = 0.045 + 0.00014t(\text{W/m/K})$이다. 두께 80 mm의 평판형 단열벽의 양 표면온도가 각각 100℃, 20℃로서 벽의 두께방향으로의 열유속을 구하라.

4 내경 d_1, 외경 d_2의 중공구에서, 그 내면 및 외면온도가 각각 T_1, $T_2(T_1 > T_2)$, 열전도율이 k일 때 이동열량을 구하라.

5 두께 50 mm의 벽돌(열전도율 0.85 W/m/K)의 외측을 두께 20 mm의 단열재(열전도율 0.056 W/m/K)로 피복한 노벽이 있다. 벽돌의 로 측 표면온도를 800℃, 단열재의 외기 쪽 표면온도를 40℃라 할 때, 노벽에서의 손실열유속 및 벽돌과 단열재의 경계온도를 구하라.

6 두께 30 mm의 큰 철판(무한평판)에서 한쪽 벽면의 표면온도가 100℃, 또 한쪽의 벽면 표면온도는 90℃로 유지되고 있다. 두께방향의 중앙위치의 온도와, 그 위치에서의 열유속을 구하라. 철판의 열전도율은 40 W/m/K이다.

7 두께 60 mm의 콘크리트벽(열전도율 $k = 1.1$ W/m/K)이 있다. 한편, 두께 15 mm의 목재판(열전도율 0.91 W/m/K)의 양쪽에 각각 15 mm의 단열재(열전도율 0.049 W/m/K)로 피복한 벽(전체 두께는 60 mm)이 있다. 이 두 개의 벽에 대한 단열효과를 비교하라.

8 내경 50 mm, 두께 5 mm인 강관 내를 온도 250℃의 증기가 흐를 때, 외기온도는 15℃이며, 길이 2 m인 관의 표면으로부터 단위시간당 방열량을 구하라. 단, 증기와 관벽 간의 열전달계수는 58 W/m²/K, 관의 열전도율은 60 W/m/K, 관 표면의 열전달계수는 8.5 W/m²/K이며 복사열은 무시한다.

9 온도 $T_\infty = 30℃$, 속도 $w = 10$ m/s의 공기 중에 온도 $T_w = 120℃$의 가열평판이 수평으로 놓여 있을 때, 평판선단으로부터 $x = 200$ mm의 위치에서의 열전달계수 h_x와 열유속 q_x를 구하라. 단, 공기의 $k = 0.029$ W/mK, $\nu = 0.24 \times 10^{-4}$ m²/s, $Pr = 0.7$이다.

10 공기가 평판을 따라 흐르면서 열이동이 일어나고 있다. Reynolds 수는 2,000일 때 평판의 선단으로부터 30 cm인 위치에서 국소 열전달계수를 구하라. 단, 공기의 열전도율은 0.0261 W/mK, Pr은 0.71이다.

11 내경 50 mm의 원관 내를 유량 600 kg/h의 물이 흐르고 있다. 관 입구 및 출구의 수온은 14℃와 26℃이다. 관 내 표면온도가 80℃로 유지되고 있을 때, Colburn의 실험식을 이용하여 원관의 평균 열전달계수를 구하라. 단, 물의 밀도 $\rho = 998.2$ kg/m³, 동점성계수 $\nu = 0.56 \times 10^{-6}$ m²/s, 열전도율 $k = 0.59$ W/mK, $Pr = 7.11$이다.

12 상온의 공기가 내경 25 mm의 관 내를 유속 15 m/s로 흐르고 있다. 이 경우 열전달계수를 구하라. 단, 공기의 물성치는 동점성계수 $\nu = 15.68 \times 10^{-6}$ m²/s, 열전도율 $k = 0.02624$ W/mK, 프란틀수 $Pr = 0.708$이다.

13 외경 20 cm, 표면온도 380 K인 수평관이 있다. (1) 바람이 불지 않는 경우, 관길이 1 m당 방열량을 구하라. (2) 관과 직각으로 5 m/s의 바람이 부는 경우, 관길이 1 m당 방열량을 구하라. 단, 공기의 온도는 300 K이다. 그리고 $\beta = 1/T_\infty$, $\nu = 20.15 \times 10^{-6}$ m²/s, $k = 0.029$ W/mK, $Pr = 0.7178$이다.

14 온도 20℃의 공기 중에 폭 1 m, 길이 2 m이고 온도 200℃인 평판이 길이방향에 수직으로 세워져 있다. 이 경우 판으로부터 열전달량을 구하라. 단, 공기의 물성치는 동점성계수 $\nu = 0.196 \times 10^{-4}$ m²/s, 열전도율 $k = 0.0287$ W/mK, $Pr = 0.71$, 체적팽창 계수 $\beta = \dfrac{1}{333}\dfrac{1}{K}$이다.

15 표면온도가 150℃, 직경이 120 mm, 길이가 5 m인 원관이 30℃의 공기 중에 수평으로 놓여 있다. 자연대류 상태로서 이 원관으로부터 방열되는 열량을 구하라. 공기의 물성치는 동점성계수 $\nu = 0.217 \times 10^{-4}\, \text{m}^2/\text{s}$, 열전도율 $k = 0.0302\, \text{W/mK}$, 프란틀수 $Pr = 0.7$, 체적팽창 계수 $\beta = \dfrac{1}{353}\, \dfrac{1}{K}$ 이다.

복사열전달

16 두 평행평판의 온도가 각각 100℃, 15℃이다. 평판의 단위면적당 복사열전달량을 구하라. 단, 두 평면의 면적은 대단히 크고 복사율은 모두 0.15이다.

17 큰 로 내의 연소상태를 관찰하기 위해서 노벽에 직경 25 mm의 구멍을 뚫었다. 로 내 온도가 1,000℃일 때, 이 구멍으로부터 방사되는 복사에너지를 구하라.

18 외경 15 cm, 복사율 0.8, 온도 400℃의 원관에서 길이 1 m당 방사에 의한 방열량을 구하라. (1) 내경 30 cm, 복사율 0.5, 50℃인 원관 내에 있는 경우, (2) 온도 20℃의 외기에 있는 경우

19 흑체로서 동일한 표면적을 갖는 2매의 판 A, B가 평행하게 진공 중에 세워져 있다. 이 사이에 두께를 무시할 수 있는 얇은 판 n개를 평행으로 끼워 넣었다. 2매의 흑체판 A, B의 온도를 T_A, T_B $(T_A > T_B)$라 할 때 판 A로부터 판 B로 전달되는 열량을 구하라. 단, 얇은 판도 흑체이다.

• 정답 •

1. 2.47〔kW/m^2〕
2. 827.52〔J/s〕, 199.83〔℃〕
3. 53.4〔W/m^2〕
4. $Q = \dfrac{2\pi k}{\dfrac{1}{d_1} - \dfrac{1}{d_2}}(T_1 - T_2)$
5. 1,827.07〔W/m^2〕, 692.53〔℃〕
6. 95℃, 13333.33 W/m^2
7. 목재계합 성벽이 콘크리트벽보다 단열효과가 큼
8. 656.4〔J/s〕
9. $h_x = 12.34$〔W/m^{2}K〕, $q_x = 1,110.6$〔W/m^2〕

10. 1.1524〔W/m^{2}K〕
11. 663.33〔W/m^{2}K〕
12. 66.94〔W/m^{2}K〕
13. (1) 301.24〔J/s〕
    (2) 1,157.4〔J/s〕
14. 4,416.48〔W〕
15. 17,167.61〔W〕
16. 57.43〔W/m^2〕
17. 79.08〔J/s〕
18. (1) 2,967.95〔J/s〕
    (2) 4,230.35〔J/s〕
19. $q = \sigma \dfrac{(T_A{}^4 - T_B{}^4)}{(n+1)}$

부 록

1 포화수(물)의 물성치

온도 T, ℃	포화 압력 P_{sat}, kPa	밀도 ρ, kg/m³		증발 잠열 h_{fg}, kJ/kg	정압비열 c_p, J/kg·K		열전도율 κ, W/m·K		점성계수 μ, kg/m·s		프란틀수 Pr		체적팽창계수 β, 1/K
		Liquid	Vapor		Liquid	Vapor	Liquid	Vapor	Liquid	Vapor	Liquid	Vapor	Liquid
0.01	0.6113	999.8	0.0048	2,501	4,217	1,854	0.561	0.0171	1.792×10^{-3}	0.922×10^{-5}	13.5	1.00	-0.068×10^{-3}
5	0.8721	999.9	0.0068	2,490	4,205	1,857	0.571	0.0173	1.519×10^{-3}	0.934×10^{-5}	11.2	1.00	0.015×10^{-3}
10	1.2276	999.7	0.0094	2,478	4,194	1,862	0.580	0.0176	1.307×10^{-3}	0.946×10^{-5}	9.45	1.00	0.733×10^{-3}
15	1.7051	999.1	0.0128	2,466	4,186	1,863	0.589	0.0179	1.138×10^{-3}	0.959×10^{-5}	8.09	1.00	0.138×10^{-3}
20	2.339	998.0	0.0173	2,454	4,182	1,867	0.598	0.0182	1.002×10^{-3}	0.973×10^{-5}	7.01	1.00	0.195×10^{-3}
25	3.169	997.0	0.0231	2,442	4,180	1,870	0.607	0.0186	0.891×10^{-3}	0.987×10^{-5}	6.14	1.00	0.247×10^{-3}
30	4.246	996.0	0.0304	2,431	4,178	1,875	0.615	0.0189	0.798×10^{-3}	1.001×10^{-5}	5.42	1.00	0.294×10^{-3}
35	5.628	994.0	0.0397	2,419	4,178	1,880	0.623	0.0192	0.720×10^{-3}	1.016×10^{-5}	4.83	1.00	0.337×10^{-3}
40	7.384	992.1	0.0512	2,407	4,179	1,885	0.631	0.0196	0.653×10^{-3}	1.031×10^{-5}	4.32	1.00	0.377×10^{-3}
45	9.593	990.1	0.0655	2,395	4,180	1,892	0.637	0.0200	0.596×10^{-3}	1.046×10^{-5}	3.91	1.00	0.415×10^{-3}
50	12.35	988.1	0.0831	2,383	4,181	1,900	0.644	0.0204	0.547×10^{-3}	1.062×10^{-5}	3.55	1.00	0.451×10^{-3}
55	15.76	985.2	0.1045	2,371	4,183	1,908	0.649	0.0208	0.504×10^{-3}	1.077×10^{-5}	3.25	1.00	0.484×10^{-3}
60	19.94	983.3	0.1304	2,359	4,185	1,916	0.654	0.0212	0.467×10^{-3}	1.093×10^{-5}	2.99	1.00	0.517×10^{-3}
65	25.03	980.4	0.1614	2,346	4,187	1,926	0.659	0.0216	0.433×10^{-3}	1.110×10^{-5}	2.75	1.00	0.548×10^{-3}
70	31.19	977.5	0.1983	2,334	4,190	1,936	0.663	0.0221	0.404×10^{-3}	1.126×10^{-5}	2.55	1.00	0.578×10^{-3}
75	38.58	974.7	0.2421	2,321	4,193	1,948	0.667	0.0225	0.378×10^{-3}	1.142×10^{-5}	2.38	1.00	0.607×10^{-3}
80	47.39	971.8	0.2935	2,309	4,197	1,962	0.670	0.0230	0.355×10^{-3}	1.159×10^{-5}	2.22	1.00	0.653×10^{-3}
85	57.83	968.1	0.3536	2,296	4,201	1,977	0.673	0.0235	0.333×10^{-3}	1.176×10^{-5}	2.08	1.00	0.670×10^{-3}
90	70.14	965.3	0.4235	2,283	4,206	1,993	0.675	0.0240	0.315×10^{-3}	1.193×10^{-5}	1.96	1.00	0.702×10^{-3}
95	84.55	961.5	0.5045	2,270	4,212	2,010	0.677	0.0246	0.297×10^{-3}	1.210×10^{-5}	1.85	1.00	0.716×10^{-3}
100	101.33	957.9	0.5978	2,257	4,217	2,029	0.679	0.0251	0.282×10^{-3}	1.227×10^{-5}	1.75	1.00	0.750×10^{-3}
110	143.27	950.6	0.8263	2,230	4,229	2,071	0.682	0.0262	0.255×10^{-3}	1.261×10^{-5}	1.58	1.00	0.798×10^{-3}
120	198.53	943.4	1.121	2,203	4,244	2,120	0.683	0.0275	0.232×10^{-3}	1.296×10^{-5}	1.44	1.00	0.858×10^{-3}
130	270.1	934.6	1.496	2,174	4,263	2,177	0.684	0.0288	0.213×10^{-3}	1.330×10^{-5}	1.33	1.01	0.913×10^{-3}
140	361.3	921.7	1.965	2,145	4,286	2,244	0.683	0.0301	0.197×10^{-3}	1.365×10^{-5}	1.24	1.02	0.970×10^{-3}
150	475.8	916.6	2.546	2,114	4,311	2,314	0.682	0.0316	0.183×10^{-3}	1.399×10^{-5}	1.16	1.02	1.025×10^{-3}
160	617.8	907.4	3.256	2,083	4,340	2,420	0.680	0.0331	0.170×10^{-3}	1.434×10^{-5}	1.09	1.05	1.145×10^{-3}
170	791.7	897.7	4.119	2,050	4,370	2,490	0.677	0.0347	0.160×10^{-3}	1.468×10^{-5}	1.03	1.05	1.178×10^{-3}
180	1,002.1	887.3	5.153	2,015	4,410	2,590	0.673	0.0364	0.150×10^{-3}	1.502×10^{-5}	0.983	1.07	1.210×10^{-3}
190	1,254.4	876.4	6.388	1,979	4,460	2,710	0.669	0.0382	0.142×10^{-3}	1.537×10^{-5}	0.947	1.09	1.280×10^{-3}
200	1,553.8	864.3	7.852	1,941	4,500	2,840	0.663	0.0401	0.134×10^{-3}	1.571×10^{-5}	0.910	1.11	1.350×10^{-3}
220	2,318	840.3	11.60	1,859	4,610	3,110	0.650	0.0442	0.122×10^{-3}	1.641×10^{-5}	0.865	1.15	1.520×10^{-3}
240	3,344	813.7	16.73	1,767	4,760	3,520	0.632	0.0487	0.111×10^{-3}	1.712×10^{-5}	0.836	1.24	1.720×10^{-3}
260	4,688	783.7	23.69	1,663	4,970	4,070	0.609	0.0540	0.102×10^{-3}	1.788×10^{-5}	0.832	1.35	2.000×10^{-3}
280	6,412	750.8	33.15	1,544	5,280	4,835	0.581	0.0605	0.094×10^{-3}	1.870×10^{-5}	0.854	1.49	2.380×10^{-3}
300	8,581	713.8	46.15	1,405	5,750	5,980	0.548	0.0695	0.086×10^{-3}	1.965×10^{-5}	0.902	1.69	2.950×10^{-3}
320	11,274	667.1	64.57	1,239	6,540	7,900	0.509	0.0836	0.078×10^{-3}	2.084×10^{-5}	1.00	1.97	
340	14,586	610.5	92.62	1,028	8,240	1,1870	0.469	0.110	0.070×10^{-3}	2.255×10^{-5}	1.23	2.43	
360	18,651	528.3	144.0	720	14,690	25,800	0.427	0.178	0.060×10^{-3}	2.571×10^{-5}	2.06	3.73	
374.14	22,090	317.0	317.0	0	–	–	–	–	0.043×10^{-3}	4.313×10^{-5}			

Note 1: Kinematic viscosity ν and thermal diffusivity α can be calculated from their definitions, $\nu = \mu/\rho$ and $\alpha = k/\rho c_p = \nu/Pr$. The temperatures 0.001°, 100℃, and 374.14℃ are the tripe-, boiling-, and critical-point temperatures of water, respectively. The properties listed above (except the vapor densit can be used at any pressure with negligible error except at temperaturese near the critical-point value.
Note 2: The unit kJ/jg·℃ for specific heat is equivalent to kJ/kg·K, and the unit W/m·℃ for thermal conductivity is equivalent to W/m·K.
출처: Fluid Mechanics Fundamentals and Applications, Yunus A, CENGEL, JOHN M. CIMBALA, NcGRAW-HiLL. 2006

2 액체의 물성치

구분	온도 T, ℃	밀도 ρ, kg/m³	정압비열 c_p, J/kg·K	열전도율 κ, W/m·K	열확산계수 α, m²/s	점성계수 μ, kg/m·s	동점성계수 ν, m²/s	프란틀수 Pr	체적팽창계수 β, 1/K
메탄 (Methane, CH₄)	−160	420.2	3,492	0.1863	1.270×10^{-7}	1.133×10^{-4}	2.699×10^{-7}	2.126	0.00352
	−150	405.0	3,580	0.1703	1.174×10^{-7}	9.169×10^{-5}	2.264×10^{-7}	1.927	0.00391
	−140	388.8	3,700	0.1550	1.077×10^{-7}	7.551×10^{-5}	1.942×10^{-7}	1.803	0.00444
	−130	371.1	3,875	0.1402	9.749×10^{-8}	6.288×10^{-5}	1.694×10^{-7}	1.738	0.00520
	−120	351.4	4,146	0.1258	8.634×10^{-8}	5.257×10^{-5}	1.496×10^{-7}	1.732	0.00637
	−110	328.8	4,611	0.1115	7.356×10^{-8}	4.377×10^{-5}	1.331×10^{-7}	1.810	0.00841
	−100	301.0	5,578	0.0967	5.761×10^{-8}	3.577×10^{-5}	1.188×10^{-7}	2.063	0.01282
	−90	261.7	8,902	0.0797	3.423×10^{-8}	2.761×10^{-5}	1.055×10^{-7}	3.082	0.02922
메탄올 (Methanol, CH₃(OH))	20	788.4	2,515	0.1987	1.002×10^{-7}	5.857×10^{-4}	7.429×10^{-7}	7.414	0.00118
	30	779.1	2,577	0.1980	9.862×10^{-8}	5.088×10^{-4}	6.531×10^{-7}	6.622	0.00120
	40	769.6	2,644	0.1972	9.690×10^{-8}	4.460×10^{-4}	5.795×10^{-7}	5.980	0.00123
	50	760.1	2,718	0.1965	9.509×10^{-8}	3.942×10^{-4}	5.185×10^{-7}	5.453	0.00127
	60	750.4	2,798	0.1957	9.320×10^{-8}	3.510×10^{-4}	4.677×10^{-7}	5.018	0.00132
	70	740.4	2,885	0.1950	9.128×10^{-8}	3.146×10^{-4}	4.250×10^{-7}	4.655	0.00137
이소부탄 (Isobutane, R600a)	−100	683.8	1,881	0.1383	1.075×10^{-7}	9.305×10^{-4}	1.360×10^{-6}	12.65	0.00142
	−75	659.3	1,970	0.1357	1.044×10^{-7}	5.624×10^{-4}	8.531×10^{-7}	8.167	0.00150
	−50	634.3	2,069	0.1283	9.773×10^{-8}	3.769×10^{-4}	5.942×10^{-7}	6.079	0.00161
	−25	608.2	2,180	0.1181	8.906×10^{-8}	2.688×10^{-4}	4.420×10^{-7}	4.963	0.00177
	0	580.6	2,306	0.1068	7.974×10^{-8}	1.993×10^{-4}	3.432×10^{-7}	4.304	0.00199
	25	550.7	2,455	0.0956	7.069×10^{-8}	1.510×10^{-4}	2.743×10^{-7}	3.880	0.00232
	50	517.3	2,640	0.0851	6.233×10^{-8}	1.155×10^{-4}	2.233×10^{-7}	3.582	0.00286
	75	478.5	2,896	0.0757	5.460×10^{-8}	8.785×10^{-5}	1.836×10^{-7}	3.363	0.00385
	100	429.6	3,361	0.0669	4.634×10^{-8}	6.483×10^{-5}	1.509×10^{-7}	3.256	0.00628
글리세린 (Glycerin)	0	1,276	2,262	0.2820	9.773×10^{-8}	10.49	8.219×10^{-3}	84,101	
	5	1,273	2,288	0.2835	9.732×10^{-8}	6.730	5.287×10^{-3}	54,327	
	10	1,270	2,320	0.2846	9.662×10^{-8}	4.241	3.339×10^{-3}	34,561	
	15	1,267	2,354	0.2856	9.576×10^{-8}	2.496	1.970×10^{-3}	20,570	
	20	1,264	2,386	0.2860	9.484×10^{-8}	1.519	1.201×10^{-3}	12,671	
	25	1,261	2,416	0.2860	9.388×10^{-8}	0.9934	7.878×10^{-4}	8,392	
	30	1,258	2,447	0.2860	9.291×10^{-8}	0.6582	5.232×10^{-4}	5,631	
	35	1,255	2,478	0.2860	9.195×10^{-8}	0.4347	3.464×10^{-4}	3,767	
	40	1,252	2,513	0.2863	9.101×10^{-8}	0.3073	2.455×10^{-4}	2,697	
엔진오일 (Engine Oil, (unused))	0	899.0	1,797	0.1469	9.097×10^{-8}	3.814	4.424×10^{-3}	46,636	0.00070
	20	888.1	1,881	0.1450	8.680×10^{-8}	0.8374	9.429×10^{-4}	10,863	0.00070
	40	876.0	1,964	0.1444	8.391×10^{-8}	0.2177	2.485×10^{-4}	2,962	0.00070
	60	863.9	2,048	0.1404	7.934×10^{-8}	0.07399	8.565×10^{-5}	1,080	0.00070
	80	852.0	2,132	0.1380	7.599×10^{-8}	0.03232	3.794×10^{-5}	499.3	0.00070
	100	840.0	2,220	0.1367	7.330×10^{-8}	0.01718	2.046×10^{-5}	279.1	0.00070
	120	828.9	2,308	0.1347	7.042×10^{-8}	0.01029	1.241×10^{-5}	176.3	0.00070
	140	816.8	2,395	0.1330	6.798×10^{-8}	0.006558	8.029×10^{-6}	118.1	0.00070
	150	810.3	2,441	0.1327	6.708×10^{-8}	0.005344	6.595×10^{-6}	98.31	0.00070

출처: 부록 1과 동일

3 액체 및 고체의 밀도와 비열

(1) 액체

물질	비등(1 atm)		응고		액체 물성치		
	비등점 [℃]	증발잠열 h_{fg} [kJ/kg]	응고점 [℃]	융해잠열 h_{if} [kJ/kg]	온도 [℃]	밀도 ρ [kg/m³]	비열 c_p [kJ/kg·℃]
Ammonia	−33.3	1,357	−77.7	322.4	−33.3	682	4.43
					−20	665	4.52
					0	639	4.60
					25	602	4.80
Argon	−185.9	161.6	−189.3	28	−185.6	1,394	1.14
Benzene	80.2	394	5.5	126	20	879	1.72
Brine (20% sodium chloride by mass)	103.9	−	−17.4	−	20	1,150	3.11
n-Butane	−0.5	385.2	−138.5	80.3	−0.5	601	2.31
Carbon dioxide	−78.4*	230.5(at 0℃)	−56.6		0	298	0.59
Ethanol	78.2	838.3	−114.2	109	25	783	2.46
Ethyl alcohol	78.6	855	−156	108	20	789	2.84
Ethylene glycol	198.1	800.1	−10.8	181.1	20	1,109	2.84
Glycerine	179.9	974	18.9	200.6	20	1,261	2.32
Helium	−268.9	22.8	−	−	−268.9	146.2	22.8
Hydrogen	−252.8	445.7	−259.2	59.5	−252.8	70.7	10.0
Isobutane	−11.7	367.1	−160	105.7	−11.7	593.8	2.28
Kerosene	204-293	251	−24.9	−	20	820	2.00
Mercury	356.7	294.7	−38.9	11.4	25	13,560	0.139
Methane	−161.5	510.4	−182.2	58.4	−161.5	423	3.49
					−100	301	5.79
Methanol	64.5	1,100	−97.7	99.2	25	787	2.55
Nitrogen	−195.8	198.6	−210	25.3	−195.8	809	2.06
					−160	596	2.97
Octane	124.8	306.3	−57.5	180.7	20	703	2.10
Oil(light)					25	910	1.80
Oxygen	−183	212.7	−218.8	13.7	−183	1,141	1.71
Petroleum	−	203-384			20	640	2.0
Propane	−42.1	427.8	−187.7	80.0	−42.1	581	2.25
					0	529	2.53
					50	449	3.13

(계속)

물질	비등(1 atm)		응고		액체 물성치		
	비등점 [℃]	증발잠열 h_{fg} [kJ/kg]	응고점 [℃]	융해잠열 h_{if} [kJ/kg]	온도 [℃]	밀도 ρ [kg/m³]	비열 c_p [kJ/kg·℃]
Refrigerant-134a	−26.1	216.8	−96.6		−50	1,443	1.23
					−26.1	1,374	1.27
					0	1,294	1.34
					25	1,206	1.42
Water	100	2,257	0.0	333.7	0	1,000	4.23
					25	997	4.18
					50	988	4.18
					75	975	4.19
					100	958	4.22

* 승화온도(이산화탄소, 즉 Carbon dioxide는 3중점의 압력인 518 kPa 미만의 압력 하에서는 고체 또는 기체상태로 존재한다. 또한 빙점은 3중점 온도인 −56.5℃이다.)
출처: 부록 1과 동일

(2) 고체

물질	밀도 ρ [kg/m³]	비열 c_p [kJ/kg·℃]	물질	밀도 ρ [kg/m³]	비열 c_p [kJ/kg·℃]
금속			비금속		
Aluminum			Asphalt	2,110	0.920
200 K		0.797	Brick, common	1,922	0.79
250 K		0.859	Brick, fireclay(500℃)	2,300	0.960
300 K	2,700	0.902	Concrete	2,300	0.653
350 K		0.929	Clay	1,000	0.920
400 K		0.949	Diamond	2,420	0.616
450 K		0.973	Glass, window	2,700	0.800
500 K		0.997	Glass, pyrex	2,230	0.840
Bronze(76% Cu, 2% Zn, 2% Al)	8,280	0.400	Graphite	2,500	0.711
Brass, yellow(65% Cu, 35% Zn)	8,310	0.400	Granite	2,700	1.017
Copper			Gypsum or plaster board	800	1.09
−173℃		0.254	Ice		
−100℃		0.342	200 K		1.56
−50℃		0.367	220 K		1.71
0℃		0.381	240 K		1.86
27℃	8,900	0.386	260 K		2.01
100℃		0.393	273 K	921	2.11
200℃		0.403	Limestone	1,650	0.909
Iron	7,840	0.45	Marble	2,600	0.880
Lead	11,310	0.128	Plywood(Douglas Fir)	545	1.21
Magnesium	1,730	1.000	Rubber(soft)	1,100	1.840
Nickel	8,890	0.440	Rubber(hard)	1,150	2.009
Silver	10,470	0.235	Sand	1,520	0.800
Steel, mild	7,830	0.500	Stone	1,500	0.800
Tungsten	19,400	0.130	Woods, hard(maple, oak, etc.)	721	1.26
			Woods, soft(fir, pine, dtc.)	513	1.38

출처: Fundamentals of Thermal-Fluid Sciences, Yunus A. Çengel, Robert H. Rurner, McGraw Hill. 2001.

4 공기(표준대기압)의 물성치

온도 T, ℃	밀도 ρ, kg/m³	정압비열 c_p, J/kg·K	열전도율 κ, W/m·K	열확산계수 α, m²/s	점성계수 μ, kg/m·s	동점성계수 ν, m²/s	프란틀수 Pr
−150	2.866	983	0.01171	4.158×10^{-6}	8.636×10^{-6}	3.013×10^{-6}	0.7246
−100	2.038	966	0.01582	8.036×10^{-6}	1.189×10^{-6}	5.837×10^{-6}	0.7263
−50	1.582	999	0.01979	1.252×10^{-5}	1.474×10^{-5}	9.319×10^{-6}	0.7440
−40	1.514	1,002	0.02057	1.356×10^{-5}	1.527×10^{-5}	1.008×10^{-5}	0.7436
−30	1.451	1,004	0.02134	1.465×10^{-5}	1.579×10^{-5}	1.087×10^{-5}	0.7425
−20	1.394	1,005	0.02211	1.578×10^{-5}	1.630×10^{-5}	1.169×10^{-5}	0.7408
−10	1.341	1,006	0.02288	1.696×10^{-5}	1.680×10^{-5}	1.252×10^{-5}	0.7387
0	1.292	1,006	0.02364	1.818×10^{-5}	1.729×10^{-5}	1.338×10^{-5}	0.7362
5	1.269	1,006	0.02401	1.880×10^{-5}	1.754×10^{-5}	1.382×10^{-5}	0.7350
10	1.246	1,006	0.02439	1.944×10^{-5}	1.778×10^{-5}	1.426×10^{-5}	0.7336
15	1.225	1,007	0.02476	2.009×10^{-5}	1.802×10^{-5}	1.470×10^{-5}	0.7323
20	1.204	1,007	0.02514	2.074×10^{-5}	1.825×10^{-5}	1.516×10^{-5}	0.7309
25	1.184	1,007	0.02551	2.141×10^{-5}	1.849×10^{-5}	1.562×10^{-5}	0.7296
30	1.164	1,007	0.02588	2.208×10^{-5}	1.872×10^{-5}	1.608×10^{-5}	0.7282
35	1.145	1,007	0.02625	2.277×10^{-5}	1.895×10^{-5}	1.655×10^{-5}	0.7268
40	1.127	1,007	0.02662	2.346×10^{-5}	1.918×10^{-5}	1.702×10^{-5}	0.7255
45	1.109	1,007	0.02699	2.416×10^{-5}	1.941×10^{-5}	1.750×10^{-5}	0.7241
50	1.092	1,007	0.02735	2.487×10^{-5}	1.963×10^{-5}	1.798×10^{-5}	0.7228
60	1.059	1,007	0.02808	2.632×10^{-5}	2.008×10^{-5}	1.896×10^{-5}	0.7202
70	1.028	1,007	0.02881	2.780×10^{-5}	2.052×10^{-5}	1.995×10^{-5}	0.7177
80	0.9994	1,008	0.02953	2.931×10^{-5}	2.096×10^{-5}	2.097×10^{-5}	0.7154
90	0.9718	1,008	0.03024	3.086×10^{-5}	2.139×10^{-5}	2.201×10^{-5}	0.7132
100	0.9458	1,009	0.03095	3.243×10^{-5}	2.181×10^{-5}	2.306×10^{-5}	0.7111
120	0.8977	1,011	0.03235	3.565×10^{-5}	2.264×10^{-5}	2.522×10^{-5}	0.7073
140	0.8542	1,013	0.03374	3.898×10^{-5}	2.345×10^{-5}	2.745×10^{-5}	0.7041
160	0.8148	1,016	0.03511	4.241×10^{-5}	2.420×10^{-5}	2.975×10^{-5}	0.7014
180	0.7788	1,019	0.03646	4.593×10^{-5}	2.504×10^{-5}	3.212×10^{-5}	0.6992
200	0.7459	1,023	0.03779	4.954×10^{-5}	2.577×10^{-5}	3.455×10^{-5}	0.6974
250	0.6746	1,033	0.04104	5.890×10^{-5}	2.760×10^{-5}	4.091×10^{-5}	0.6946
300	0.6158	1,044	0.04418	6.871×10^{-5}	2.934×10^{-5}	4.765×10^{-5}	0.6935
350	0.5664	1,056	0.04721	7.892×10^{-5}	3.101×10^{-5}	5.475×10^{-5}	0.6937
400	0.5243	1,069	0.05015	8.951×10^{-5}	3.261×10^{-5}	6.219×10^{-5}	0.6948
450	0.4880	1,081	0.05298	1.004×10^{-4}	3.415×10^{-5}	6.997×10^{-5}	0.6965
500	0.4565	1,093	0.05572	1.117×10^{-4}	3.563×10^{-5}	7.806×10^{-5}	0.6986
600	0.4042	1,115	0.06093	1.352×10^{-4}	3.846×10^{-5}	9.515×10^{-5}	0.7037
700	0.3627	1,135	0.06581	1.598×10^{-4}	4.111×10^{-5}	1.133×10^{-4}	0.7092
800	0.3289	1,153	0.07037	1.855×10^{-4}	4.362×10^{-5}	1.326×10^{-4}	0.7149
900	0.3008	1,169	0.07465	2.122×10^{-4}	4.600×10^{-5}	1.529×10^{-4}	0.7206
1,000	0.2772	1,184	0.07868	2.398×10^{-4}	4.826×10^{-5}	1.741×10^{-4}	0.7260
1,500	0.1990	1,234	0.09599	3.908×10^{-4}	5.817×10^{-5}	2.922×10^{-4}	0.7478
2,000	0.1553	1,264	0.11113	5.664×10^{-4}	6.630×10^{-5}	4.270×10^{-4}	0.7539

Note: For ideal gases, the properties c_p, k, μ, and Pr are independent of pressure. The properties ρ, ν, and α at a pressure P(in atm) other than I atm are determined by multiplying the values of ρ at the given temperature by P and by dividing ν and α by P.

출처: 부록 1과 동일

구분	온도 T, ℃	밀도 ρ, kg/m³	정압비열 c_p, J/kg·K	열전도율 κ, W/m·K	열확산계수 α, m²/s	점성계수 μ, kg/m·s	동점성계수 ν, m²/s	프란틀수 Pr
이산화탄소 (Carbon Dioxide, CO₂)	−50	2.4035	746	0.01051	5.860×10^{-6}	1.129×10^{-5}	4.699×10^{-6}	0.8019
	0	1.9635	811	0.01456	9.141×10^{-6}	1.375×10^{-5}	7.003×10^{-6}	0.7661
	50	1.6597	866.6	0.01858	1.291×10^{-5}	1.612×10^{-5}	9.714×10^{-6}	0.7520
	100	1.4373	914.8	0.02257	1.716×10^{-5}	1.841×10^{-5}	1.281×10^{-5}	0.7464
	150	1.2675	957.4	0.02652	2.186×10^{-5}	2.063×10^{-5}	1.627×10^{-5}	0.7445
	200	1.1336	995.2	0.03044	2.698×10^{-5}	2.276×10^{-5}	2.008×10^{-5}	0.7442
	300	0.9358	1,060	0.03814	3.847×10^{-5}	2.682×10^{-5}	2.866×10^{-5}	0.7450
	400	0.7968	1,112	0.04565	5.151×10^{-5}	3.061×10^{-5}	3.842×10^{-5}	0.7458
	500	0.6937	1,156	0.05293	6.600×10^{-5}	3.416×10^{-5}	4.924×10^{-5}	0.7460
	1,000	0.4213	1,292	0.08491	1.560×10^{-4}	4.898×10^{-5}	1.162×10^{-4}	0.7455
	1,500	0.3025	1,356	0.10688	2.606×10^{-4}	6.106×10^{-5}	2.019×10^{-4}	0.7745
	2,000	0.2359	1,387	0.11522	3.521×10^{-4}	7.322×10^{-5}	3.103×10^{-4}	0.8815
일산화탄소 (Carbon Monoxide, CO)	−50	1.5297	1,081	0.01901	1.149×10^{-5}	1.378×10^{-5}	9.012×10^{-6}	0.7840
	0	1.2497	1,048	0.02278	1.739×10^{-5}	1.629×10^{-5}	1.303×10^{-5}	0.7499
	50	1.0563	1,039	0.02641	2.407×10^{-5}	1.863×10^{-5}	1.764×10^{-5}	0.7328
	100	0.9148	1,071	0.02992	3.142×10^{-5}	2.080×10^{-5}	2.274×10^{-5}	0.7239
	150	0.8067	1,049	0.03330	3.936×10^{-5}	2.283×10^{-5}	2.830×10^{-5}	0.7191
	200	0.7214	1,060	0.03656	4.782×10^{-5}	2.472×10^{-5}	3.426×10^{-5}	0.7164
	300	0.5956	1,085	0.04277	6.619×10^{-5}	2.812×10^{-5}	4.722×10^{-5}	0.7134
	400	0.5071	1,111	0.04860	8.628×10^{-5}	3.111×10^{-5}	6.136×10^{-5}	0.7111
	500	0.4415	1,135	0.05412	1.079×10^{-4}	3.379×10^{-5}	7.653×10^{-5}	0.7087
	1,000	0.2681	1,226	0.07894	2.401×10^{-4}	4.557×10^{-5}	1.700×10^{-4}	0.7080
	1,500	0.1925	1,279	0.10458	4.246×10^{-4}	6.321×10^{-5}	3.284×10^{-4}	0.7733
	2,000	0.1502	1,309	0.13833	7.034×10^{-4}	9.826×10^{-5}	6.543×10^{-4}	0.9302
메탄 (Methane, CH₄)	−50	0.8761	2,243	0.02367	1.204×10^{-5}	8.564×10^{-6}	9.774×10^{-6}	0.8116
	0	0.7158	2,217	0.03042	1.917×10^{-5}	1.028×10^{-5}	1.436×10^{-5}	0.7494
	50	0.6050	2,302	0.03766	2.704×10^{-5}	1.191×10^{-5}	1.969×10^{-5}	0.7282
	100	0.5240	2,443	0.04534	3.543×10^{-5}	1.345×10^{-5}	2.567×10^{-5}	0.7247
	150	0.4620	2,611	0.05344	4.431×10^{-5}	1.491×10^{-5}	3.227×10^{-5}	0.7284
	200	0.4132	2,791	0.06194	5.370×10^{-5}	1.630×10^{-5}	3.944×10^{-5}	0.7344
	300	0.3411	3,158	0.07996	7.422×10^{-5}	1.886×10^{-5}	5.529×10^{-5}	0.7450
	400	0.2904	3,510	0.09918	9.727×10^{-5}	2.119×10^{-5}	7.297×10^{-5}	0.7501
	500	0.2529	3,836	0.11933	1.230×10^{-4}	2.334×10^{-5}	9.228×10^{-5}	0.7502
	1,000	0.1536	5,042	0.22562	2.914×10^{-4}	3.281×10^{-5}	2.136×10^{-4}	0.7331
	1,500	0.1103	5,701	0.31857	5.068×10^{-4}	4.434×10^{-5}	4.022×10^{-4}	0.7936
	2,000	0.0860	6,001	0.36750	7.120×10^{-4}	6.360×10^{-5}	7.395×10^{-4}	1.0386
수소 (Hydrogen, H₂)	−50	0.11010	12,635	0.1404	1.009×10^{-4}	7.293×10^{-6}	6.624×10^{-5}	0.6562
	0	0.08995	13,920	0.1652	1.319×10^{-4}	8.391×10^{-6}	9.329×10^{-5}	0.7071
	50	0.07603	14,349	0.1881	1.724×10^{-4}	9.427×10^{-6}	1.240×10^{-4}	0.7191
	100	0.06584	14,473	0.2095	2.199×10^{-4}	1.041×10^{-5}	1.582×10^{-4}	0.7196
	150	0.05806	14,492	0.2296	2.729×10^{-4}	1.136×10^{-5}	1.957×10^{-4}	0.7174
	200	0.05193	14,482	0.2486	3.306×10^{-4}	1.228×10^{-5}	2.365×10^{-4}	0.7155
	300	0.04287	14,481	0.2843	4.580×10^{-4}	1.403×10^{-5}	3.274×10^{-4}	0.7149
	400	0.03650	14,540	0.3180	5.992×10^{-4}	1.570×10^{-5}	4.302×10^{-4}	0.7179
	500	0.03178	14,653	0.3509	7.535×10^{-4}	1.730×10^{-5}	5.443×10^{-4}	0.7224
	1,000	0.01930	15,577	0.5206	1.732×10^{-3}	2.455×10^{-5}	1.272×10^{-3}	0.7345
	1,500	0.01386	16,553	0.6581	2.869×10^{-3}	3.099×10^{-5}	2.237×10^{-3}	0.7795
	2,000	0.01081	17,400	0.5480	2.914×10^{-3}	3.690×10^{-5}	3.414×10^{-3}	1.1717

(계속)

구분	온도 T, ℃	밀도 ρ, kg/m³	정압비열 c_p, J/kg·K	열전도율 κ, W/m·K	열확산계수 α, m²/s	점성계수 μ, kg/m·s	동점성계수 ν, m²/s	프란틀수 Pr
질소 (Nitrogen, N₂)	−50	1.5299	957.3	0.02001	1.366×10^{-5}	1.390×10^{-5}	9.091×10^{-6}	0.6655
	0	1.2498	1,035	0.02384	1.843×10^{-5}	1.640×10^{-5}	1.312×10^{-5}	0.7121
	50	1.0564	1,042	0.02746	2.494×10^{-5}	1.874×10^{-5}	1.774×10^{-5}	0.7114
	100	0.9149	1,041	0.03090	3.244×10^{-5}	2.094×10^{-5}	2.289×10^{-5}	0.7056
	150	0.8068	1,043	0.03416	4.058×10^{-5}	2.300×10^{-5}	2.851×10^{-5}	0.7025
	200	0.7215	1,050	0.03727	4.921×10^{-5}	2.494×10^{-5}	3.457×10^{-5}	0.7025
	300	0.5956	1,070	0.04309	6.758×10^{-5}	2.849×10^{-5}	4.783×10^{-5}	0.7078
	400	0.5072	1,095	0.04848	8.727×10^{-5}	3.166×10^{-5}	6.242×10^{-5}	0.7153
	500	0.4416	1,120	0.05358	1.083×10^{-4}	3.451×10^{-5}	7.816×10^{-5}	0.7215
	1,000	0.2681	1,213	0.07938	2.440×10^{-4}	4.594×10^{-5}	1.713×10^{-4}	0.7022
	1,500	0.1925	1,266	0.11793	4.839×10^{-4}	5.562×10^{-5}	2.889×10^{-4}	0.5969
	2,000	0.1502	1,297	0.18590	9.543×10^{-4}	6.426×10^{-5}	4.278×10^{-4}	0.4483
산소 (Oxygen, O₂)	−50	1.7475	984.4	0.02067	1.201×10^{-5}	1.616×10^{-5}	9.246×10^{-6}	0.7694
	0	1.4277	928.7	0.02472	1.865×10^{-5}	1.916×10^{-5}	1.342×10^{-5}	0.7198
	50	1.2068	921.7	0.02867	2.577×10^{-5}	2.194×10^{-5}	1.818×10^{-5}	0.7053
	100	1.0451	931.8	0.03254	3.342×10^{-5}	2.451×10^{-5}	2.346×10^{-5}	0.7019
	150	0.9216	947.6	0.03637	4.164×10^{-5}	2.694×10^{-5}	2.923×10^{-5}	0.7019
	200	0.8242	964.7	0.04014	5.048×10^{-5}	2.923×10^{-5}	3.546×10^{-5}	0.7025
	300	0.6804	997.1	0.04751	7.003×10^{-5}	3.350×10^{-5}	4.923×10^{-5}	0.7030
	400	0.5793	1,025	0.05463	9.204×10^{-5}	3.744×10^{-5}	6.463×10^{-5}	0.7023
	500	0.5044	1,048	0.06148	1.163×10^{-4}	4.114×10^{-5}	8.156×10^{-5}	0.7010
	1,000	0.3063	1,121	0.09198	2.678×10^{-4}	5.732×10^{-5}	1.871×10^{-4}	0.6986
	1,500	0.2199	1,165	0.11901	4.643×10^{-4}	7.133×10^{-5}	3.243×10^{-4}	0.6985
	2,000	0.1716	1,201	0.14705	7.139×10^{-4}	8.417×10^{-5}	4.907×10^{-4}	0.6873
수증기 (Water Vapor, H₂O)	−50	0.9839	1,892	0.01353	7.271×10^{-6}	7.187×10^{-6}	7.305×10^{-6}	1.0047
	0	0.8038	1,874	0.01673	1.110×10^{-5}	8.956×10^{-6}	1.114×10^{-5}	1.0033
	50	0.6794	1,874	0.02032	1.596×10^{-5}	1.078×10^{-5}	1.587×10^{-5}	0.9944
	100	0.5884	1,887	0.02429	2.187×10^{-5}	1.265×10^{-5}	2.150×10^{-5}	0.9830
	150	0.5189	1,908	0.02861	2.890×10^{-5}	1.456×10^{-5}	2.806×10^{-5}	0.9712
	200	0.4640	1,935	0.03326	3.705×10^{-5}	1.650×10^{-5}	3.556×10^{-5}	0.9599
	300	0.3831	1,997	0.04345	5.680×10^{-5}	2.045×10^{-5}	5.340×10^{-5}	0.9401
	400	0.3262	2,066	0.05467	8.114×10^{-5}	2.446×10^{-5}	7.498×10^{-5}	0.9240
	500	0.2840	2,137	0.06677	1.100×10^{-4}	2.847×10^{-5}	1.002×10^{-4}	0.9108
	1,000	0.1725	2,471	0.13623	3.196×10^{-4}	4.762×10^{-5}	2.761×10^{-4}	0.8639
	1,500	0.1238	2,736	0.21301	6.288×10^{-4}	6.411×10^{-5}	5.177×10^{-4}	0.8233
	2,000	0.0966	2,928	0.29183	1.032×10^{-3}	7.808×10^{-5}	8.084×10^{-4}	0.7833

Note: For ideal gases, the properties c_p, k, μ, and Pr are independent of pressure. The properties ρ, ν, and α at a pressure P(in atm) other than 1 atm are determined by multiplying the values of ρ at the given temperature by P and by dividing ν and α by P.

출처: 부록 1과 동일

6 기체의 가스상수 및 비열(25℃, 100 kPa)

기체	화학식	분자량 M	가스상수 R kJ/kg·K	밀도 ρ kg/m³	정압비열 c_{po} kJ/kg·K	정적비열 c_{vo} kJ/kg·K	비열비 k
수증기	H_2O	18.015	0.4615	0.0231	1.872	1.410	1.327
아세틸렌	C_2H_2	26.038	0.3193	1.05	1.699	1.380	1.231
공기	–	28.97	0.287	1.169	1.004	0.717	1.400
암모니아	NH_3	17.031	0.4882	0.694	2.130	1.642	1.297
아르곤	Ar	39.948	0.2081	1.613	0.520	0.312	1.667
부탄	C_4H_{10}	58.124	0.1430	2.407	1.716	1.573	1.091
일산화탄소	CO	28.01	0.2968	1.13	1.041	0.744	1.399
이산화탄소	CO_2	44.01	0.1889	1.775	0.842	0.653	1.289
에탄	C_2H_6	30.07	0.2765	1.222	1.766	1.490	1.186
에탄올	C_2H_5OH	46.069	0.1805	1.883	1.427	1.246	1.145
에틸렌	C_2H_4	28.054	0.2964	1.138	1.548	1.252	1.237
헬륨	He	4.003	2.0771	0.1615	5.193	3.116	1.667
수소	H_2	2.016	4.1243	0.0813	14.209	10.085	1.409
메탄	CH_4	16.043	0.5183	0.648	2.254	1.736	1.299
메탄올	CH_3OH	32.042	0.2595	1.31	1.405	1.146	1.227
네온	Ne	20.183	0.4120	0.814	1.03	0.618	1.667
일산화질소	NO	30.006	0.2771	1.21	0.993	0.716	1.387
질소	N_2	28.013	0.2968	1.13	1.042	0.745	1.400
아산화질소	N_2O	44.013	0.1889	1.775	0.879	0.690	1.274
n-옥탄	C_8H_{18}	114.23	0.07279	0.092	1.711	1.638	1.044
산소	O_2	31.999	0.2598	1.292	0.922	0.662	1.393
프로판	C_3H_8	44.094	0.1886	1.808	1.679	1.490	1.126
R-12	CCl_2F_2	120.914	0.06876	4.98	0.616	0.547	1.126
R-22	$CHClF_2$	86.469	0.09616	3.54	0.658	0.562	1.171
R-134a	CF_3CH_2F	102.03	0.08149	4.20	0.852	0.771	1.106
이산화항	SO_2	64.059	0.1298	2.618	0.624	0.494	1.263
삼산화항	SO_3	80.053	0.10386	3.272	0.635	0.531	1.196

출처: Fundamentals of Thermodynamics, 5th Edition, Richard E. Sonntag, Claus Borgnakke. Gordon J. Van Wylen, John Wiley & Sons, Inc. 1998.
박영무 외 3인 공역 (주)사이텍미디어, 2000.

7 공기의 엔탈피, 내부에너지, 엔트로피

T K	h kJ/kg	P_r	u kJ/kg	V_r	s^0 kJ/kg·K	T K	h kJ/kg	P_r	u kJ/kg	V_r	s^0 kJ/kg·K
200	199.97	0.3363	142.56	1,707.0	1.29559	580	586.04	14.38	419.55	115.7	2.37348
210	209.97	0.3987	149.69	1,512.0	1.34444	590	596.52	15.31	427.15	110.6	2.39140
220	219.97	0.4690	156.82	1,346.0	1.39105	600	607.02	16.28	434.78	105.8	2.40902
230	230.02	0.5477	164.00	1,205.0	1.43557	610	617.53	17.30	442.42	101.2	2.42644
240	240.02	0.6355	171.13	1,084.0	1.47824	620	628.07	18.36	450.09	96.92	2.44356
250	250.05	0.7329	178.28	979.0	1.51917	630	638.63	19.84	457.78	92.84	2.46048
260	260.09	0.8405	185.45	887.8	1.55848	640	649.22	20.64	465.50	88.99	2.47716
270	270.11	0.9590	192.60	808.0	1.59634	650	659.84	21.86	473.25	85.34	2.49364
280	280.13	1.0889	199.75	738.0	1.63279	660	670.47	23.13	481.01	81.89	2.50985
285	285.14	1.1584	203.33	706.1	1.65055	670	681.14	24.46	488.81	78.61	2.52589
290	290.16	1.2311	206.91	676.1	1.66802	680	691.82	25.85	496.62	75.50	2.54175
295	295.17	1.3068	210.49	647.9	1.68515	690	702.52	27.29	504.45	72.56	2.55731
298	298.18	1.3543	212.64	631.9	1.69528	700	713.27	28.80	512.33	69.76	2.57277
300	300.19	1.3860	214.07	621.2	1.70203	710	724.04	30.38	520.23	67.07	2.58810
305	305.22	1.4686	217.67	596.0	1.71865	720	734.82	32.02	528.14	64.53	2.60319
310	310.24	1.5546	221.25	572.3	1.73498	730	745.62	33.72	536.07	62.13	2.61803
315	315.27	1.6442	224.85	549.8	1.75106	740	756.44	35.50	544.02	59.82	2.63280
320	320.29	1.7375	228.42	528.6	1.76690	750	767.29	37.35	551.99	57.63	2.64737
325	325.31	1.8345	232.02	508.4	1.78249	760	778.18	39.27	560.01	55.54	2.66176
330	330.34	1.9352	235.61	489.4	1.79783	780	800.03	43.35	576.12	51.64	2.69013
340	340.42	2.149	242.82	454.1	1.82790	800	821.95	47.75	592.30	48.08	2.71787
350	350.49	2.379	250.02	422.2	1.85708	820	843.98	52.59	608.59	44.84	2.74504
360	360.58	2.626	257.24	393.4	1.88543	840	866.08	57.60	624.95	41.85	2.77170
370	370.67	2.892	264.46	367.2	1.91313	860	888.27	63.09	641.40	39.12	2.79783
380	380.77	3.176	271.69	343.4	1.94001	880	910.56	68.98	657.95	36.61	2.82344
390	390.88	3.481	278.93	321.5	1.96633	900	932.93	75.29	674.58	34.31	2.84856
400	400.98	3.806	286.16	301.6	1.99194	920	955.38	82.05	691.28	32.18	2.87324
410	411.12	4.153	293.43	283.3	2.01699	940	977.92	89.28	708.08	30.22	2.89748
420	421.26	4.522	300.69	266.6	2.04142	960	1,000.55	97.00	725.02	28.40	2.92128
430	431.43	4.915	307.99	251.1	2.06533	980	1,023.25	105.2	741.98	26.73	2.94468
440	441.61	5.332	315.30	236.8	2.08870	1,000	1,046.04	114.0	758.94	25.17	2.96770
450	451.80	5.775	322.62	223.6	2.11161	1,020	1,068.89	123.4	776.10	23.72	2.99034
460	462.02	6.245	329.97	211.4	2.13407	1,040	1,091.85	133.3	739.36	23.29	3.01260
470	472.24	6.742	337.32	200.1	2.15604	1,060	1,114.86	143.9	810.62	21.14	3.03449
480	482.49	7.268	344.70	189.5	2.17760	1,080	1,137.89	155.2	827.88	19.98	3.05608
490	492.74	7.824	352.08	179.7	2.19876	1,100	1,161.07	167.1	845.33	18.896	3.07732
500	503.02	8.411	359.49	170.6	2.21952	1,120	1,184.28	179.7	862.79	17.886	3.09825
510	513.32	9.031	366.92	162.1	2.23993	1,140	1,207.57	193.1	880.35	16.946	3.11883
520	523.63	9.684	374.36	154.1	2.25997	1,160	1,230.92	207.2	897.91	16.064	3.13916
530	533.98	10.37	381.84	146.7	2.27967	1,180	1,254.34	222.2	915.57	15.241	3.15916
540	544.35	11.10	389.34	139.7	2.29906	1,200	1,277.79	238.0	933.33	14.470	3.17888
550	555.74	11.86	396.86	133.1	2.31809	1,220	1,301.31	254.7	951.09	13.747	3.19834
560	565.17	12.66	404.42	127.0	2.33685	1,240	1,324.93	272.3	968.95	13.069	3.21751
570	575.59	13.50	411.97	121.2	2.35531						

(계속)

T K	h kJ/kg	P_r	u kJ/kg	V_r	s^0 kJ/kg·K	T K	h kJ/kg	P_r	u kJ/kg	V_r	s^0 kJ/kg·K
1,260	1,348.55	290.8	986.90	12.435	3.23638	1,600	1,757.57	791.2	1,298.30	5.804	3.52364
1,280	1,372.24	310.4	1,004.76	11.835	3.25510	1,620	1,782.00	834.1	1,316.96	5.574	3.53879
1,300	1,395.97	330.9	1,022.82	11.275	3.37345	1,640	1,806.46	878.9	1,335.72	5.355	3.55381
1,320	1,419.76	352.5	1,040.88	10.747	3.29160	1,660	1,830.96	925.6	1,354.48	5.147	3.56867
1,340	1,443.60	375.3	1,058.94	10.247	3.30959	1,680	1,855.50	974.2	1,373.24	4.949	3.58335
1,360	1,467.49	399.1	1,077.10	9.780	3.32724	1,700	1,880.1	1,025	1,392.7	4.761	3.5979
1,380	1,491.44	424.2	1,095.26	9.337	3.34474	1,750	1,941.6	1,161	1,439.8	4.328	3.6336
1,400	1,515.42	450.5	1,113.52	8.919	3.36200	1,800	2,003.3	1,310	1,487.2	3.994	3.6684
1,420	1,539.44	478.0	1,131.77	8.526	3.37901	1,850	2,065.3	1,475	1,534.9	3.601	3.7023
1,440	1,563.51	506.9	1,150.13	8.153	3.39586	1,900	2,127.4	1,655	1,582.6	3.295	3.7354
1,460	1,587.63	537.1	1,168.49	7.801	3.41247	1,950	2,189.7	1,852	1,630.6	3.022	3.7677
1,480	1,611.79	568.8	1,186.95	7.468	3.42892	2,000	2,252.1	2,068	1,678.7	2.776	3.7994
1,500	1,635.97	601.9	1,205.41	7.152	3.44516	2,050	2,314.6	2,303	1,726.8	2.555	3.8303
1,520	1,660.23	636.5	1,223.87	6.854	3.46120	2,100	2,377.7	2,559	1,775.3	2.356	3.8605
1,540	1,684.51	672.8	1,242.43	6.569	3.47712	2,150	2,440.3	2,837	1,823.8	2.175	3.8901
1,560	1,708.82	710.5	1,260.99	6.301	3.49276	2,200	2,503.2	3,138	1,872.4	2.012	3.9191
1,580	1,733.17	750.0	1,279.65	6.046	3.50829	2,250	2,566.4	3,464	1,921.3	1.864	3.9474

Note: The properties P_r (relative pressure) and ν_r (relative specific volume) are dimensionless quantities used in the analysis of isentropic processes, and should not be confused with the properties pressure and specific volume.

출처: Thermodynamics, An Engineering Approach, 5th Edition in SI Units, YUNUS A. ÇENGEL, MICHAEL A. BOLES, McGRAW-HiLL. 2006.

8 수증기의 포화증기표(온도기준)

온도 [℃]	포화압력 [MPa]	[mmHg]	비체적 [m3/kg]		비엔탈피 [kJ/kg]			비엔트로피 [kJ/(kg·K)]		온도 [℃]
t	P		v'	v''	h'	h''	r	s'	s''	t
*0	0.0006108	4.6	0.00100022	206.305	−0.042	2,501.6	2,501.6	−0.00015	9.15773	0
0.01	0.0006112	4.6	0.00100022	206.163	0.001	2,501.6	2,501.6	0.00000	9.15746	0.01
2	0.0007055	4.3	0.00100009	179.923	8.387	2,505.2	2,496.8	0.03059	9.10467	2
4	0.0008129	6.1	0.00100003	157.272	16.803	2,508.9	2,492.1	0.06106	9.05258	4
6	0.0009345	7.0	0.00100004	137.779	25.208	2,512.6	2,487.4	0.09128	9.00145	6
8	0.0010720	8.0	0.00100012	120.966	33.605	2,516.2	2,482.6	0.12126	8.95125	8
10	0.0012270	9.2	0.00100025	106.430	41.994	2,519.9	2,477.9	0.15099	8.90196	10
12	0.0014014	10.5	0.00100044	93.8354	50.377	2,523.6	2,473.2	0.18049	8.85355	12
14	0.0015973	12.0	0.00100069	82.8997	58.754	2,527.2	2,468.5	0.20976	8.80602	14
16	0.0018168	13.6	0.00100099	73.3842	67.127	2,530.9	2,463.8	0.23882	8.75933	16
18	0.0020624	15.5	0.00100133	65.0873	75.496	2,534.5	2,459.0	0.26766	8.71346	18
20	0.0023366	17.5	0.00100172	57.8383	83.862	2,538.2	2,454.3	0.29630	8.66840	20
22	0.0026422	19.8	0.00100216	51.4923	92.225	2,541.8	2,449.6	0.32473	8.62413	22
24	0.0029821	22.4	0.00100264	45.9260	100.587	2,545.5	2,444.9	0.35296	8.58062	24
26	0.0033597	25.2	0.00100316	41.0343	108.947	2,549.1	2,440.2	0.38100	8.53787	26
28	0.0037782	28.3	0.00100371	36.7276	117.305	2,552.7	2,435.4	0.40885	8.49586	28
30	0.0042415	31.8	0.00100431	32.9289	125.664	2,556.4	2,430.7	0.43651	8.45456	30
32	0.0047534	35.7	0.00100494	29.5724	134.021	2,560.0	2,425.9	0.46399	8.41396	32
34	0.0053180	39.9	0.00100561	26.6013	142.379	2,563.6	2,421.2	0.49128	8.37405	34
36	0.0059400	44.6	0.00100631	23.9671	150.736	2,567.2	2,416.4	0.51840	8.33480	36
38	0.0066240	49.7	0.00100704	21.6275	159.094	2,570.8	2,411.7	0.54535	8.29621	38
40	0.0073750	55.3	0.00100781	19.5461	167.452	2,574.4	2,406.9	0.57212	8.25826	40
42	0.0081985	61.5	0.00100861	17.6915	175.811	2,577.9	2,402.1	0.59873	8.22093	42
44	0.0091001	68.3	0.00100944	16.0365	184.171	2,581.5	2,397.3	0.62517	8.18421	44
46	0.010086	75.6	0.00101030	14.5572	192.531	2,585.1	2,392.5	0.65144	8.14809	46
48	0.011162	83.7	0.00101119	13.2329	200.893	2,588.6	2,387.7	0.67756	8.11255	48
50	0.012335	92.5	0.00101211	12.0457	209.256	2,592.2	2,382.9	0.70351	8.07757	50
52	0.013613	102.1	0.00101306	10.9798	217.620	2,595.7	2,378.1	0.72931	8.04316	52
54	0.015002	112.5	0.00101404	10.0215	225.985	2,599.2	2,373.2	0.75496	8.00929	54
56	0.016511	123.8	0.00101505	9.15871	234.352	2,602.7	2,368.4	0.78045	7.97595	56
58	0.018147	136.1	0.00101608	8.38082	242.721	2,606.2	2,363.5	0.80579	7.94312	58
60	0.019920	149.4	0.00101714	7.67853	251.091	2,609.7	2,358.6	0.83099	7.91081	60
62	0.021838	163.8	0.00101823	7.04368	259.463	2,613.2	2,353.7	0.85604	7.87899	62
64	0.023912	179.4	0.00101935	6.46904	267.837	2,616.6	2,348.8	0.88094	7.84766	64
66	0.026150	196.1	0.00102049	5.94824	276.213	2,620.1	2,343.9	0.90571	7.81680	66
68	0.028563	214.2	0.00102166	5.47564	284.592	2,623.5	2,338.9	0.93033	7.78641	68

(계속)

온도 [°C]	포화압력 [MPa]	[mmHg]	비체적 [m3/kg]		비엔탈피 [kJ/kg]			비엔트로피 [kJ/(kg·K)]		온도 [°C]
t	P		v'	v''	h'	h''	r	s'	s''	t
70	0.031162	233.7	0.00102285	5.04627	292.972	2,626.9	2,334.0	0.95482	7.75647	70
72	0.033958	254.7	0.00102407	4.65568	301.356	2,630.3	2,329.0	0.97917	7.72697	72
74	0.036964	277.3	0.00102531	4.29998	309.741	2,633.7	2,324.0	1.00338	7.69791	74
76	0.040191	301.5	0.00102658	3.97566	318.130	2,637.1	2,318.9	1.02747	7.66926	76
78	0.043652	327.4	0.00102787	3.67962	326.521	2,640.4	2,313.9	1.05142	7.64104	78
80	0.047360	355.2	0.00102919	3.40909	334.916	2,643.8	2,308.8	1.07525	7.61322	80
82	0.051329	385.0	0.00103053	3.16160	343.314	2,647.1	2,303.8	1.09895	7.58579	82
84	0.055573	416.8	0.00103190	2.93495	351.715	2,650.4	2,298.6	1.12253	7.55875	84
86	0.060108	450.8	0.00103329	2.72716	360.119	2,653.6	2,293.5	1.14598	7.53209	86
88	0.064948	487.1	0.00103471	2.53647	368.527	2,656.9	2,288.4	1.16932	7.50580	88
90	0.070109	525.9	0.00103615	2.36130	376.939	2,660.1	2,283.2	1.19253	7.47987	90
92	0.075607	567.1	0.00103761	2.20021	385.356	2,663.4	2,278.0	1.21562	7.45430	92
94	0.081461	611.0	0.00103910	2.05192	393.776	2,666.5	2,272.8	1.23861	7.42907	94
96	0.087686	657.7	0.00104061	1.91530	402.201	2,669.7	2,267.5	1.26147	7.40418	96
98	0.094301	707.3	0.00104215	1.78931	410.630	2,672.9	2,262.2	1.28423	7.37962	98
100	0.101325	760.0	0.00104371	1.67300	419.064	2,676.0	2,256.9	1.30687	7.35538	100
102	0.10878	815.9	0.00104529	1.56553	427.504	2,679.1	2,251.6	1.32940	7.33146	102
104	0.11668	875.1	0.00104690	1.46615	435.948	2,682.2	2,246.3	1.35183	7.30785	104
106	0.12504	937.9	0.00104853	1.37417	444.398	2,685.3	2,240.9	1.37416	7.28454	106
108	0.13390	1,004.3	0.00105019	1.28895	452.854	2,688.3	2,235.4	1.39637	7.26152	108
110	0.14327	1,074.6	0.00105187	1.20994	461.315	2,691.3	2,230.0	1.41849	7.23880	110
112	0.15316	1,148.8	0.00105357	1.13661	469.783	2,694.3	2,224.5	1.44051	7.21636	112
114	0.16362	1,227.2	0.00105530	1.06852	478.257	2,697.2	2,219.0	1.46242	7.19419	114
116	0.17465	1,310.0	0.00105705	1.00522	486.738	2,700.2	2,213.4	1.48424	7.17229	116
118	0.18628	1,397.2	0.00105883	0.946340	495.225	2,703.1	2,207.9	1.50596	7.15066	118
120	0.19854	1,489.2	0.00106063	0.891524	503.719	2,706.0	2,202.2	1.52759	7.12928	120
122	0.21145	1,586.0	0.00106246	0.840452	512.221	2,708.8	2,196.6	1.54913	7.10816	122
124	0.22504	1,687.9	0.00106431	0.792833	520.730	2,711.6	2,190.9	1.57057	7.08728	124
126	0.23933	1,795.1	0.00106619	0.748399	529.247	2,714.4	2,185.2	1.59192	7.06664	126
128	0.25435	1,907.8	0.00106809	0.706908	537.772	2,717.2	2,179.4	1.61319	7.04624	128
130	0.27013	2,026.2	0.00107002	0.668136	546.305	2,719.9	2,173.6	1.63436	7.02606	130
140	0.36138	2,710.6	0.00108006	0.508493	589.104	2,733.1	2,144.0	1.73899	6.92844	140

(계속)

온도 [℃]	압력 [MPa]	비체적 [m3/kg]		비엔탈피 [kJ/kg]			비엔트로피 [kJ/(kg·K)]		온도 [℃]
t	P	v'	v''	h'	h''	r	s'	s''	t
150	0.47600	0.00109078	0.392447	632.149	2,745.4	2,113.2	1.84164	6.83578	150
160	0.61806	0.00110223	0.306756	675.474	2,756.7	2,081.3	1.94247	6.74749	160
170	0.79202	0.00111446	0.242553	719.116	2,767.1	2,047.9	2.04164	6.66303	170
180	1.0027	0.00112752	0.193800	763.116	2,776.3	2,013.1	2.13929	6.58189	180
190	1.2551	0.00114151	0.156316	807.517	2,784.3	1,976.7	2.23558	6.50361	190
200	1.5549	0.00115650	0.127160	852.371	2,790.9	1,938.6	2.33066	6.42776	200
210	1.9077	0.00117260	0.104239	897.734	2,796.2	1,889.5	2.42467	6.35393	210
220	2.3198	0.00118996	0.0860378	943.673	2,799.9	1,856.2	2.51779	6.28172	220
230	2.7976	0.00120872	0.0714498	990.265	2,802.0	1,811.7	2.61017	6.21074	230
240	3.3478	0.00122908	0.0596544	1,037.60	2,802.2	1,764.6	2.70200	6.14059	240
260	3.9776	0.00125129	0.0500374	1,085.78	2,800.4	1,714.7	2.79348	6.07083	250
260	4.6943	0.00127563	0.0421338	1,134.94	2,796.4	1,661.5	2.88485	6.00097	260
270	5.5058	0.00130250	0.0355880	1,185.23	2,789.9	1,604.6	2.97635	5.93045	270
280	6.4202	0.00133239	0.0301260	1,236.84	2,780.4	1,543.6	3.06830	5.85863	280
290	7.4461	0.00136595	0.0255351	1,290.01	2,767.6	1,477.6	3.16108	5.78478	290
300	8.5927	0.00140406	0.0216487	1,345.05	2,751.0	1,406.0	3.25517	5.70812	300
310	9.8700	0.00144797	0.0183339	1,402.39	2,730.0	1,327.6	3.35119	5.62776	310
320	11.289	0.00149950	0.0154798	1,462.60	2,703.7	1,241.1	3.45000	5.54233	320
330	12.863	0.00156147	0.0129894	1,526.52	2,670.2	1,143.6	3.55283	5.44901	330
340	14.605	0.00163872	0.0107804	1,595.47	2,626.2	1,030.7	3.66162	5.34274	340
350	16.535	0.00174112	0.0087991	1,671.94	2,567.7	895.7	3.78004	5.21766	350
352	16.945	0.0017661	0.0084205	1,689.3	2,553.5	864.2	3.80707	5.18929	352
354	17.364	0.0017937	0.0080453	1,707.5	2,538.4	830.9	3.83487	5.15959	354
356	17.792	0.0018241	0.0076741	1,725.9	2,522.1	796.2	3.86295	5.12835	356
358	18.229	0.0018580	0.0073061	1,744.7	2,504.6	759.9	3.89155	5.09529	358
360	18.675	0.0018959	0.0069398	1,764.2	2,485.4	721.3	3.92102	5.06003	360
362	19.131	0.0019388	0.0065727	1,784.6	2,464.4	679.8	3.95182	5.02202	362
364	19.596	0.0019882	0.0062010	1,806.4	2,440.9	634.6	3.98462	4.98042	364
366	20.072	0.0020464	0.0058186	1,830.2	2,414.1	583.9	4.02048	4.93389	366
368	20.557	0.0021181	0.0054157	1,857.3	2,382.4	525.1	4.06127	4.88012	368
370	21.054	0.0022136	0.0049728	1,890.2	2,342.8	452.6	4.11080	4.81439	370
372	21.562	0.0023636	0.0044389	1,935.6	2,287.0	351.4	4.17942	4.72403	372
374	22.081	0.0028427	0.0034659	2,046.7	2,156.2	109.5	4.34934	4.51853	374
374.15	22.120	0.0031700	0.0031700	2,107.4	2,107.4	0.0	4.44286	4.44286	374.15

9 수증기의 포화증기표(압력기준)

압력 [MPa]	[mmHg]	온도 [℃]	비체적 [m³/kg]		비엔탈피 [kJ/kg]			비엔트로피 [kJ/(kg·K)]		압력 [MPa]
P		t	v'	v''	h'	h''	r	s'	s''	P
0.001	7.5	6.983	0.00100007	129.209	29.335	2,514.4	2,485.0	0.10604	8.97667	0.001
0.002	15.0	17.513	0.00100124	67.0061	73.457	2,533.6	2,460.2	0.26065	8.72456	0.002
0.003	22.5	24.100	0.00100266	45.6673	101.003	2,545.6	2,444.6	0.35436	8.57848	0.003
0.004	30.0	28.983	0.00100400	34.8022	121.412	2,554.5	2,433.1	0.42246	8.47548	0.004
0.005	37.5	32.90	0.00100523	28.1944	137.772	2,561.6	2,423.8	0.47626	8.39596	0.005
0.006	45.0	36.18	0.00100637	23.7410	151.502	2,567.5	2,416.0	0.52088	8.33124	0.006
0.007	52.5	39.02	0.00100743	20.5310	163.376	2,572.6	2,409.2	0.55909	8.27669	0.007
0.008	60.0	41.53	0.00100842	18.1046	173.865	2,577.1	2,403.2	0.59255	8.22956	0.008
0.009	67.5	43.79	0.00100935	16.2043	183.279	2,581.1	2,397.9	0.62235	8.18810	0.009
0.010	75.0	45.83	0.00101023	14.6746	191.832	2,584.8	2,392.9	0.64925	8.15108	0.010
0.012	90.0	49.45	0.00101186	12.3619	206.938	2,591.2	2,384.3	0.69634	8.08721	0.012
0.014	105.0	52.57	0.00101334	10.6942	220.022	2,596.7	2,376.7	0.73669	8.03338	0.014
0.016	120.0	55.34	0.00101471	9.43314	231.595	2,601.6	2,370.0	0.77207	7.98687	0.016
0.018	135.0	57.83	0.00101599	8.44521	241.994	2,605.9	2,363.9	0.80360	7.94595	0.018
0.020	150.0	60.09	0.00101719	7.64977	251.453	2,609.9	2,358.4	0.83207	7.90943	0.020
0.022	165.0	62.16	0.00101832	6.99514	260.139	2,613.5	2,353.3	0.85805	7.87645	0.022
0.024	180.0	64.08	0.00101939	6.44669	268.180	2,616.8	2,348.6	0.88196	7.84639	0.024
0.026	195.0	65.87	0.00102041	5.98034	275.673	2,619.9	2,344.2	0.90411	7.81878	0.026
0.028	210.0	67.55	0.00102139	5.57879	282.693	2,622.7	2,340.0	0.92476	7.79326	0.028
0.030	225.0	69.12	0.00102232	5.22930	289.302	2,625.4	2,336.1	0.94411	7.76953	0.030
0.032	240.0	70.61	0.00102322	4.92227	295.549	2,628.0	2,332.4	0.96232	7.74736	0.032
0.034	255.0	72.03	0.00102408	4.65036	301.476	2,630.4	2,328.9	0.97952	7.72655	0.034
0.036	270.0	73.37	0.00102492	4.40779	307.116	2,632.6	2,325.5	0.99582	7.70696	0.036
0.038	285.0	74.66	0.00102573	4.19003	312.500	2,634.8	2,322.3	1.01132	7.68844	0.038
0.040	300.0	75.89	0.00102651	3.99342	317.650	2,636.9	2,319.2	1.02610	7.67089	0.040
0.042	315.0	77.06	0.00102726	3.81500	322.589	2,638.9	2,316.3	1.04022	7.65421	0.042
0.044	330.0	78.19	0.00102800	3.65232	327.335	2,640.7	2,313.4	1.05374	7.63832	0.044
0.046	345.0	79.28	0.00102872	3.50338	331.904	2,642.6	2,310.7	1.06672	7.62315	0.046
0.048	360.0	80.33	0.00102941	3.36649	336.309	2,644.3	2,308.0	1.07919	7.60864	0.048
0.050	375.0	81.35	0.00103009	3.24022	340.564	2,646.0	2,305.4	1.09121	7.59472	0.050
0.054	405.0	83.27	0.00103140	3.01494	348.665	2,649.2	2,300.5	1.11399	7.56852	0.054
0.058	435.0	85.09	0.00103266	2.81984	356.280	2,652.1	2,295.9	1.13529	7.54422	0.058
0.060	450.0	85.95	0.00103326	2.73175	359.925	2,653.6	2,293.6	1.14544	7.53270	0.060
0.064	480.0	87.62	0.00103444	2.57162	366.923	2,656.3	2,289.4	1.16487	7.51079	0.064
0.068	510.0	89.20	0.00103557	2.42976	373.566	2,658.8	2,285.3	1.18324	7.49022	0.068
0.070	525.0	89.96	0.00103612	2.36473	376.768	2,660.1	2,283.3	1.19205	7.48040	0.070
0.074	555.0	91.43	0.00103719	2.24490	382.949	2,662.4	2,279.5	1.20903	7.46157	0.074
0.078	585.0	92.83	0.00103823	2.13699	388.860	2,664.7	2,275.8	1.22520	7.44375	0.078
0.080	600.0	93.51	0.00103874	2.08696	391.722	2,665.8	2,274.0	1.23301	7.43519	0.080
0.084	630.1	94.83	0.00103973	1.99383	397.274	2,667.9	2,270.6	1.24812	7.41869	0.084
0.088	660.1	96.10	0.00104069	1.90891	402.613	2,669.9	2,267.3	1.26259	7.40297	0.088

(계속)

압력 [MPa]	[mmHg]	온도 [℃]	비체적 [m³/kg]		비엔탈피 [kJ/kg]			비엔트로피 [kJ/(kg·K)]		압력 [MPa]
P		t	v'	v''	h'	h''	r	s'	s''	P
0.090	675.1	96.71	0.00104116	1.86919	425.207	2,670.9	2,265.6	1.26960	7.39538	0.090
0.094	705.1	97.91	0.00104208	1.79467	410.257	2,672.7	2,262.5	1.28322	7.38070	0.094
0.098	735.1	99.07	0.00104298	1.72605	415.133	2,674.6	2,259.4	1.29633	7.36663	0.098
0.100	750.1	99.63	0.00104342	1.69373	417.510	2,675.4	2,257.9	1.30271	7.35982	0.100
0.101325	760.0	100.00	0.00104371	1.67300	419.064	2,676.0	2,256.9	1.30687	7.35538	0.101325
0.110	825.1	102.32	0.00104554	1.54924	428.843	2,679.6	2,250.8	1.33297	7.32769	0.110
0.120	900.1	104.81	0.00104755	1.42813	439.362	2,683.4	2,244.1	1.36087	7.29839	0.120
0.130	975.1	107.13	0.00104947	1.32509	449.188	2,687.0	2,237.8	1.38676	7.27146	0.130
0.140	1,050.1	109.32	0.00105129	1.23633	458.417	2,690.3	2,231.9	1.41093	7.24655	0.140
0.150	1,125.1	111.37	0.00105303	1.15904	467.125	2,693.4	2,226.2	1.43361	7.22337	0.150
0.160	1,200.1	113.32	0.00105471	1.09111	475.375	2,696.2	2,220.9	1.45498	7.20169	0.160
0.170	1,275.1	115.17	0.00105632	1.03093	483.217	2,699.0	2,215.7	1.47520	7.18134	0.170
0.180	1,350.1	116.93	0.00105788	0.977227	490.696	2,701.5	2,210.8	1.49439	7.16217	0.180
0.190	1,425.1	118.62	0.00105938	0.928999	497.846	2,704.0	2,206.1	1.51265	7.14403	0.190
0.200	1,500.1	120.23	0.00106084	0.885441	504.700	2,706.3	2,201.6	1.53008	7.12683	0.200
0.210	1,575.1	121.78	0.00106226	0.845900	511.284	2,708.5	2,197.2	1.54676	7.11047	0.210
0.220	1,650.1	123.27	0.00106363	0.809839	517.622	2,710.6	2,193.0	1.54275	7.09487	0.220
0.230	1,725.1	124.71	0.00106497	0.776813	523.732	2,712.6	2,188.9	1.57811	7.07997	0.230
0.240	1,800.1	126.09	0.00106628	0.746451	529.634	2,714.5	2,184.9	1.59289	7.06571	0.240
0.250	1,875.1	127.43	0.00106755	0.718439	535.343	2,716.4	2,181.0	1.60714	7.05202	0.250
0.300	2,250.2	133.54	0.00107350	0.605562	561.429	2,724.7	2,163.2	1.67164	6.99090	0.300
0.400	3,000.2	143.62	0.00108387	0.462224	604.670	2,737.6	2,133.0	1.77640	6.89433	0.400
0.500	3,750.3	151.84	0.00109284	0.374676	640.115	2,747.5	2,107.4	1.86036	6.81919	0.500
0.600	4,500.4	158.84	0.00110086	0.315474	670.422	2,755.5	2,085.0	1.93083	6.75754	0.600
0.700		164.96	0.00110819	0.272681	697.061	2,762.0	2,064.9	1.99181	6.70518	0.700
0.800		170.41	0.00111498	0.240257	720.935	2,767.5	2,046.5	2.04572	6.65960	0.800
1.000		179.88	0.00112737	0.194293	762.605	2,776.2	2,013.6	2.13817	6.58281	1.000
1.200		187.96	0.00113858	0.163200	798.430	2,782.7	1,984.3	2.21606	6.51936	1.200
1.400		195.04	0.00114893	0.140721	830.073	2,787.8	1,957.7	2.28366	6.46509	1.400
1.600		201.37	0.00115864	0.123686	858.561	2,791.7	1,933.2	2.34361	6.41753	1.600
1.800		207.11	0.00116783	0.110317	884.573	2,794.8	1,910.3	2.39762	6.37507	1.800
2.00		212.37	0.00117661	0.0995361	908.588	2,797.2	1,888.6	2.44686	6.33665	2.00
2.20		217.24	0.00118504	0.0906516	930.953	2,799.1	1,868.1	2.49221	6.30148	2.20
2.40		221.78	0.00119320	0.0831994	951.929	2,800.4	1,848.5	2.53430	6.26899	2.40
2.60		226.04	0.00120111	0.0768560	971.719	2,801.4	1,829.6	2.57364	6.23874	2.60
2.80		230.05	0.00120881	0.0713887	990.484	2,802.0	1,811.5	2.61060	6.21041	2.80
3.00		233.84	0.00121634	0.0666261	1,008.35	2,802.3	1,793.9	2.64550	6.18372	3.00
3.50		242.54	0.00123454	0.0570255	1,049.76	2,802.0	1,752.2	2.72527	6.12285	3.50
4.00		250.33	0.00125206	0.0497493	1,087.40	2,800.3	1,712.9	2.79652	6.06851	4.00
4.50		257.41	0.00126911	0.0440371	1,122.11	2,797.7	1,675.6	2.86119	6.01909	4.50

(계속)

압력 [MPa] [mmHg]		온도 [℃]	비체적 [m³/kg]		비엔탈피 [kJ/kg]			비엔트로피 [kJ/(kg·K)]		압력 [MPa]
P		t	v'	v''	h'	h''	r	s'	s''	P
5.0		263.91	0.00128582	0.0394285	1,154.47	2,794.2	1639.7	2.92060	5.97349	5.0
6.0		275.55	0.00131868	0.0324378	1,213.69	2,785.0	1571.3	3.02730	5.89079	6.0
7.0		285.79	0.00135132	0.0273733	1,267.41	2,773.5	1506.0	3.12189	5.81616	7.0
8.0		294.97	0.00138424	0.0235253	1,317.10	2,759.9	1442.8	3.20762	5.74710	8.0
9.0		303.31	0.00141786	0.0204953	1,363.73	2,744.6	1380.9	3.28666	5.68201	9.0
10.0		301.96	0.00145256	0.0180413	1,408.04	2,727.7	1319.7	3.36055	5.61980	10.0
12.0		324.65	0.00152676	0.0142830	1,491.77	2,689.2	1197.4	3.49718	5.50022	12.0
14.0		336.64	0.00161063	0.0114950	1,571.64	2,642.4	1070.7	3.62424	5.38026	14.0
16.0		347.33	0.00171031	0.0093075	1,650.54	2,584.9	934.3	3.74710	5.25314	16.0
18.0		356.96	0.0018399	0.0074977	1,734.8	2,513.9	779.1	3.87654	5.11277	18.0
20.0		365.70	0.0020370	0.0058765	1,826.5	2,418.3	591.9	4.01487	4.94120	20.0
21.0		369.78	0.0022015	0.0050234	1,886.2	2,347.6	461.3	4.10483	4.82230	21.0
22.0		373.69	0.0026709	0.0037265	2,011.0	2,195.4	184.4	4.29451	4.57957	22.0
22.12		374.15	0.0031700	0.0031700	2,107.4	2,107.4	0.0	4.44286	4.44286	22.12

⑩ 압축수 및 과열증기표

t ℃	0.001 MPa(0.01 bar) t_s=6.983℃			0.005 MPa(0.05 bar) t_s=32.90℃			0.01 MPa(0.10 bar) t_s=45.83℃		
	v [m³/kg]	h [kJ/kg]	s [kJ/kg·K]	v [m³/kg]	h [kJ/kg]	s [kJ/kg·K]	v [m³/kg]	h [kJ/kg]	s [kJ/kg·K]
* 0	0.0010002	−0.0	−0.0002	0.0010002	−0.0	−0.0002	0.0010002	−0.0	−0.0002
10	130.604	2,520.0	8.9966	0.0010003	42.0	0.1510	0.0010002	42.0	0.1510
20	135.228	2,538.6	9.0611	0.0010017	83.9	0.2963	0.0010017	83.9	0.2963
40	144.472	2,575.9	9.1842	28.854	2,574.9	8.4390	0.0010078	167.5	0.5721
60	153.713	2,613.3	9.3001	30.711	2,612.6	8.5555	15.336	2,611.6	8.2334
80	162.951	2,650.9	9.4096	32.565	2,650.3	8.6655	16.266	2,649.5	8.3439
100	172.187	2,688.6	9.5136	34.417	2,688.1	8.7698	17.195	2,687.5	8.4486
120	181.421	2,726.5	9.6125	36.267	2,726.1	8.8690	18.123	2,725.6	8.5481
140	190.655	2,764.6	9.7070	38.117	2,764.3	8.9636	19.050	2,763.9	8.6430
160	199.888	2,802.9	9.7975	39.966	2,802.6	9.0542	19.975	2,802.3	8.7337
180	209.120	2,841.4	9.8843	41.814	2,841.2	9.1412	20.900	2,840.9	8.8208
200	218.352	2,880.1	9.9679	43.661	2,879.9	9.2248	21.825	2,879.6	8.9045
220	227.584	2,919.0	10.0484	45.509	2,918.8	9.3054	22.750	2,918.6	8.9852
240	236.815	2,958.1	10.1262	47.356	2,957.9	9.3832	23.674	2,957.8	9.0630
260	246.046	2,997.4	10.2014	49.203	2,997.3	9.4584	24.598	2,997.2	9.1383
280	255.277	3,037.0	10.2743	51.050	3,036.9	9.5313	25.521	3,036.8	9.2113
300	264.508	3,076.8	10.3450	52.896	3,076.7	9.6021	26.445	3,076.6	9.2820
320	273.739	3,116.9	10.4137	54.743	3,116.8	9.6708	27.369	3,116.7	9.3508
340	282.969	3,157.2	10.4805	56.590	3,157.1	9.7377	28.292	3,157.0	9.4177
360	292.200	3,197.8	10.5457	58.436	3,197.7	9.8028	29.216	3,197.6	9.4828
380	301.431	3,238.6	10.6091	60.283	3,238.6	9.8663	30.139	3,238.5	9.5463
400	310.661	3,279.7	10.6711	62.129	3,279.7	9.9283	31.062	3,279.6	9.6083
420	319.892	3,321.1	10.7317	63.975	3,321.0	9.9888	31.986	3,321.0	9.6689
440	329.122	3,362.7	10.7909	65.822	3,362.7	10.0480	32.909	3,362.6	9.7281
460	338.353	3,404.6	10.8488	67.668	3,404.6	10.1060	33.832	3,404.5	9.7860
480	347.583	3,446.8	10.9056	69.514	3,446.7	10.1627	34.756	3,446.7	9.8428
500	356.813	3,489.2	10.9612	71.360	3,489.2	10.2184	35.679	3,489.1	9.8984
520	366.044	3,531.9	11.0157	73.207	3,531.9	10.2729	36.602	3,531.9	9.9530
540	375.274	3,574.9	11.0693	75.053	3,574.9	10.3265	37.525	3,574.9	10.0065
560	384.505	3,618.2	11.1218	76.899	3,618.2	10.3790	38.448	3,618.1	10.0591
580	393.735	3,661.8	11.1735	78.745	3,661.7	10.4307	39.372	3,661.7	10.1108
600	402.965	3,705.6	11.2243	80.591	3,705.6	10.4815	40.295	3,705.5	10.1616
650	426.041	3,816.4	11.3476	85.207	3,816.3	10.6048	42.603	3,816.3	10.2849
700	449.117	3,928.9	11.4663	89.822	3,928.8	10.7235	44.910	3,928.8	10.4036
750	472.193	4,043.0	11.5807	94.438	4,043.0	10.8379	47.218	4,042.9	10.5180
800	495.269	4,158.7	11.6911	99.053	4,158.7	10.9483	49.526	4,158.7	10.6284

(계속)

t ℃	0.05 MPa(0.50 bar) $t_s=81.35℃$			0.10 MPa(1.00 bar) $t_s=99.63℃$			0.20 MPa(2.0 bar) $t_s=120.23℃$		
	v [m³/kg]	h [kJ/kg]	s [kJ/kg·K]	v [m³/kg]	h [kJ/kg]	s [kJ/kg·K]	v [m³/kg]	h [kJ/kg]	s [kJ/kg·K]
0	0.0010002	−0.0	−0.0002	0.0010002	0.1	−0.0001	0.0010001	0.2	−0.0001
10	0.0010002	42.0	0.1510	0.0010002	42.1	0.1510	0.0010002	42.2	0.1510
20	0.0010017	83.9	0.2963	0.0010017	84.0	0.2963	0.0010016	84.0	0.2963
40	0.0010078	167.5	0.5721	0.0010078	167.5	0.5721	0.0010077	167.6	0.5720
60	0.0010171	251.1	0.8310	0.0010171	251.2	0.8309	0.0010171	251.2	0.8309
80	0.0010292	334.9	1.0753	0.0010292	335.0	1.0752	0.0010291	335.0	1.0752
100	3.418	2,682.6	7.6953	1.696	2,676.2	7.3618	0.0010437	419.1	1.3068
120	3.607	2,721.6	7.7972	1.793	2,716.5	7.4670	0.0010606	503.7	1.5276
140	3.796	2,760.6	7.8940	1.889	2,756.4	7.5662	0.9349	2,747.8	7.2298
160	3.983	2,799.6	7.9861	1.984	2,796.2	7.6601	0.9840	2,789.1	7.3275
180	4.170	2,838.6	8.0742	2.078	2,835.8	7.7495	1.032	2,830.0	7.4196
200	4.356	2,877.7	8.1587	2.172	2,875.4	7.8349	1.080	2,870.5	7.5072
220	4.542	2,917.0	8.2399	2.266	2,915.0	7.9169	1.128	2,910.8	7.5907
240	4.728	2,956.4	8.3182	2.359	2,954.6	7.9958	1.175	2,951.1	7.6707
260	4.913	2,995.9	8.3939	2.453	2,994.4	8.0719	1.222	2,991.4	7.7477
280	5.099	3,035.7	8.4671	2.546	3,034.4	8.1454	1.269	3,031.7	7.8219
300	5.284	3,075.7	8.5380	2.639	3,074.5	8.2166	1.316	3,072.1	7.8937
320	5.469	3,115.9	8.6070	2.732	3,114.8	8.2857	1.363	3,112.6	7.9632
340	5.654	3,156.3	8.6740	2.824	3,155.3	8.3529	1.410	3,153.3	8.0307
360	5.839	3,196.9	8.7392	2.917	3,196.0	8.4183	1.456	3,194.2	8.0964
380	6.024	3,237.8	8.8028	3.010	3,237.0	8.4820	1.503	3,235.4	8.1603
400	6.209	3,279.0	8.8649	3.102	3,278.2	8.5442	1.549	3,276.7	8.2226
420	6.394	3,320.4	8.9255	3.195	3,319.7	8.6049	1.596	3,318.3	8.2835
440	6.579	3,362.1	8.9848	3.288	3,361.4	8.6642	1.642	3,360.1	8.3429
460	6.764	3,404.0	9.0428	3.380	3,403.4	8.7223	1.688	3,402.1	8.4011
480	6.949	3,446.2	9.0996	3.473	3,445.6	8.7791	1.735	3,444.5	8.4581
500	7.133	3,488.7	9.1552	3.565	3,488.1	8.8348	1.781	3,487.0	8.5139
520	7.318	3,531.4	9.2098	3.658	3,530.9	8.8894	1.828	3,529.9	8.5686
540	7.503	3,574.5	9.2634	3.750	3,674.0	8.9431	1.874	3,573.0	8.6223
560	7.688	3,617.8	9.3160	3.843	3,617.3	8.9957	1.920	3,616.4	8.6750
580	7.873	3,661.3	9.3677	3.935	3,660.9	9.0474	1.967	3,660.0	8.7268
600	8.057	3,705.2	9.4185	4.028	3,704.8	9.0982	2.013	3,704.0	8.7776
650	8.519	3,816.0	9.5419	4.259	3,815.7	9.2217	2.129	3,815.0	8.9012
700	8.981	3,928.5	9.6606	4.490	3,928.2	9.3405	2.244	3,927.6	9.0201
750	9.443	4,042.7	9.7750	4.721	4,042.5	9.4549	2.360	4,041.9	9.1346
800	9.904	4,158.5	9.8855	4.952	4,158.3	9.5654	2.475	4,157.8	9.2452

(계속)

t ℃	0.50 MPa(5.0 bar) $t_s = 151.84℃$			0.60 MPa(6.0 bar) $t_s = 158.84℃$			0.80 MPa(8.0 bar) $t_s = 170.41℃$		
	v [m³/kg]	h [kJ/kg]	s [kJ/kg·K]	v [m³/kg]	h [kJ/kg]	s [kJ/kg·K]	v [m³/kg]	h [kJ/kg]	s [kJ/kg·K]
0	0.0010000	0.5	−0.0001	0.0009999	0.6	−0.0001	0.0009998	0.8	−0.0001
10	0.0010000	42.5	0.1509	0.0010000	42.6	0.1509	0.0009999	42.8	0.1509
20	0.0010015	84.3	0.2962	0.0010015	84.4	0.2962	0.0010014	84.6	0.2961
40	0.0010076	167.9	0.5719	0.0010075	168.0	0.5719	0.0010075	168.2	0.5718
60	0.0010169	251.5	0.8307	0.0010169	251.6	0.8307	0.0010168	251.7	0.8306
80	0.0010290	335.3	1.0750	0.0010289	335.4	1.0749	0.0010288	335.5	1.0748
100	0.0010435	419.4	1.3066	0.0010434	419.4	1.3065	0.0010433	419.6	1.3063
120	0.0010605	503.9	1.5273	0.0010604	504.0	1.5272	0.0010603	504.1	1.5270
140	0.0010800	589.2	1.7388	0.0010799	589.3	1.7387	0.0010798	589.4	1.7385
160	0.3835	2,766.4	6.8631	0.3165	2,758.2	6.7640	0.0011021	675.6	1.9423
180	0.4045	2,811.4	6.9647	0.3346	2,804.8	6.8691	0.2471	2,791.1	6.7122
200	0.4250	2,855.1	7.0592	0.3520	2,849.7	6.9662	0.2608	2,838.6	6.8148
220	0.4450	2,898.0	7.1478	0.3690	2,893.5	7.0567	0.2740	2,884.2	6.9094
240	0.4647	2,940.1	7.2317	0.3857	2,936.4	7.1419	0.2869	2,928.6	6.9976
260	0.4841	2,981.9	7.3115	0.4021	2,978.7	7.2228	0.2995	2,972.0	7.0806
280	0.5034	3,023.4	7.3879	0.4183	3,020.6	7.3000	0.3119	3,014.9	7.1595
300	0.5226	3,064.8	7.4614	0.4344	3,062.3	7.3740	0.3241	3,057.3	7.2348
320	0.5416	3,106.1	7.5322	0.4504	3,103.9	7.4454	0.3363	3,099.4	7.3070
340	0.5606	3,147.4	7.6008	0.4663	3,145.4	7.5143	0.3483	3,141.4	7.3767
360	0.5795	3,188.8	7.6673	0.4821	3,187.0	7.5810	0.3603	3,183.4	7.4441
380	0.5984	3,230.4	7.7319	0.4979	3,228.7	7.6459	0.3723	3,225.4	7.5094
400	0.6172	3,272.1	7.7948	0.5136	3,270.6	7.7090	0.3842	3,267.5	7.5729
420	0.6359	3,314.0	7.8561	0.5293	3,312.6	7.7705	0.3960	3,309.7	7.6347
440	0.6547	3,356.1	7.9160	0.5450	3,354.8	7.8305	0.4078	3,352.1	7.6950
460	0.6734	3,398.4	7.9745	0.5606	3,397.2	7.8891	0.4196	3,394.7	7.7539
480	0.6921	3,441.0	8.0318	0.5762	3,439.8	7.9465	0.4314	3,437.5	7.8115
500	0.7108	3,483.8	8.0879	0.5918	3,482.7	8.0027	0.4432	3,480.5	7.8678
520	0.7294	3,526.8	8.1428	0.6074	3,525.8	8.0577	0.4549	3,523.7	7.9230
540	0.7481	3,570.1	8.1967	0.6230	3,569.1	8.1117	0.4666	3,567.2	7.9771
560	0.7667	3,613.6	8.2496	0.6386	3,612.7	8.1647	0.4783	3,610.9	8.0302
580	0.7853	3,657.4	8.3016	0.6541	3,656.6	8.2167	0.4900	3,654.8	8.0824
600	0.8039	3,701.5	8.3526	0.6696	3,700.7	8.2678	0.5017	3,699.1	8.1336
650	0.8504	3,812.8	8.4766	0.7084	3,812.1	8.3919	0.5309	3,810.7	8.2579
700	0.8968	3,925.8	8.5957	0.7471	3,925.1	8.5111	0.5600	3,923.9	8.3773
750	0.9432	4,040.3	8.7105	0.7858	4,039.8	8.6259	0.5891	4,038.7	8.4923
800	0.9896	4,156.4	8.8213	0.8245	4,155.9	8.7368	0.6181	4,155.0	8.6033

(계속)

t °C	1.00 MPa(10.0 bar) t_s =179.88℃			1.20 MPa(12.0 bar) t_s =187.96℃			2.00 MPa(20.0 bar) t_s =212.37℃		
	v [m³/kg]	h [kJ/kg]	s [kJ/kg·K]	v [m³/kg]	h [kJ/kg]	s [kJ/kg·K]	v [m³/kg]	h [kJ/kg]	s [kJ/kg·K]
0	0.0009997	1.0	−0.0001	0.0009996	1.2	−0.0001	0.0009992	2.0	0.0000
10	0.0009998	43.0	0.1509	0.0009997	43.2	0.1509	0.0009993	43.9	0.1508
20	0.0010013	84.8	0.2961	0.0010012	85.0	0.2960	0.0010008	85.7	0.2959
40	0.0010074	168.3	0.5717	0.0010073	168.5	0.5717	0.0010069	169.2	0.5713
60	0.0010167	251.9	0.8305	0.0010166	252.1	0.8304	0.0010162	252.7	0.8299
80	0.0010287	335.7	1.0746	0.0010286	335.8	1.0745	0.0010282	336.5	1.0740
100	0.0010432	419.7	1.3062	0.0010431	419.9	1.3060	0.0010427	420.5	1.3054
120	0.0010602	504.3	1.5269	0.0010601	504.4	1.5267	0.0010596	505.0	1.5260
140	0.0010796	579.5	1.7383	0.0010795	589.6	1.7381	0.0010790	590.2	1.7373
160	0.0011019	675.7	1.9420	0.0011018	675.8	1.9418	0.0011012	676.3	1.9408
180	0.1944	2,776.5	6.5835	0.0011273	763.2	2.1390	0.0011267	763.6	2.1379
200	0.2059	2,826.8	6.6922	0.1692	2,814.4	6.5872	0.0011560	852.6	2.3300
220	0.2169	2,874.6	6.7911	0.1788	2,864.5	6.6909	0.1021	2,819.9	6.3829
240	0.2276	2,920.6	6.8825	0.1879	2,912.2	6.7858	0.1084	2,875.9	6.4943
260	0.2379	2,965.2	6.9680	0.1968	2,958.2	6.8738	0.1144	2,928.1	6.5941
280	0.2480	3,009.0	7.0485	0.2054	3,003.0	6.9562	0.1200	2,977.5	6.6852
300	0.2580	3,052.1	7.1251	0.2139	3,046.9	7.0342	0.1255	3,025.0	6.7696
320	0.2678	3,094.9	7.1984	0.2222	3,090.3	7.1085	0.1308	3,071.2	6.8487
340	0.2776	3,137.3	7.2689	0.2304	3,133.2	7.1798	0.1360	3,116.3	6.9235
360	0.2873	3,179.7	7.3368	0.2386	3,176.0	7.2484	0.1411	3,160.8	6.9950
380	0.2969	3,222.0	7.4027	0.2467	3,218.7	7.3147	0.1461	3,204.9	7.0635
400	0.3065	3,264.4	7.4665	0.2547	3,261.3	7.3790	0.1511	3,248.7	7.1295
420	0.3160	3,306.9	7.5287	0.2627	3,304.0	7.4415	0.1561	3,292.4	7.1935
440	0.3256	3,349.5	7.5893	0.2707	3,346.8	7.5024	0.1610	3,336.0	7.2555
460	0.3350	3,392.2	7.6484	0.2787	3,389.7	7.5618	0.1659	3,379.7	7.3159
480	0.3445	3,435.1	7.7062	0.2866	3,432.8	7.6198	0.1707	3,423.4	7.3748
500	0.3540	3,478.3	7.7627	0.2945	3,476.1	7.6765	0.1756	3,467.3	7.4323
520	0.3634	3,521.6	7.8181	0.3024	3,519.6	7.7320	0.1804	3,511.3	7.4885
540	0.3728	3,565.2	7.8724	0.3103	3,563.3	7.7864	0.1852	3,555.5	7.5435
560	0.3822	3,609.0	7.9256	0.3181	3,607.2	7.8398	0.1900	3,599.8	7.5974
580	0.3916	3,653.1	7.9779	0.3260	3,651.4	7.8922	0.1947	3,644.4	7.6503
600	0.4010	3,697.4	8.0292	0.3338	3,695.8	7.9436	0.1995	3,689.2	7.7022
650	0.4244	3,809.3	8.1537	0.3534	3,807.8	8.0684	0.2114	3,802.1	7.8279
700	0.4477	3,922.7	8.2734	0.3729	3,921.4	8.1882	0.2232	3,916.5	7.9485
750	0.4710	4,037.6	8.3885	0.3923	4,036.5	8.3036	0.2349	4,032.2	8.0645
800	0.4943	4,154.1	8.4997	0.4118	4,153.1	8.4148	0.2467	4,149.4	8.1763

(계속)

t °C	3.0 MPa(30 bar) t_s =233.84℃			5.0 MPa(50 bar) t_s =263.91℃			10 MPa(100 bar) t_s =310.96℃		
	v [m³/kg]	h [kJ/kg]	s [kJ/kg·K]	v [m³/kg]	h [kJ/kg]	s [kJ/kg·K]	v [m³/kg]	h [kJ/kg]	s [kJ/kg·K]
0	0.0009987	3.0	0.0001	0.0009777	5.1	0.0002	0.0009953	10.1	0.0005
10	0.0009988	44.9	0.1507	0.0009979	46.9	0.1505	0.0009956	51.7	0.1501
20	0.0010004	86.7	0.2957	0.0009995	88.6	0.2952	0.0019972	93.2	0.2942
40	0.0010065	170.1	0.5709	0.0010056	171.9	0.5702	0.0010034	176.3	0.5682
60	0.0010158	253.6	0.8294	0.0010149	255.3	0.8283	0.0010127	259.4	0.8257
80	0.0010278	337.3	1.0733	0.0010268	338.8	1.0720	0.0010245	342.8	1.0687
100	0.0010422	421.2	1.3046	0.0010412	422.7	1.3030	0.0010386	426.5	1.2992
120	0.0010590	505.7	1.5251	0.0010579	507.1	1.5233	0.0010551	510.6	1.5188
140	0.0010783	590.8	1.7362	0.0010771	592.1	1.7342	0.0010739	595.4	1.7291
160	0.0011005	676.9	1.9396	0.0010990	678.1	1.9373	0.0010954	681.0	1.9315
180	0.0011258	764.1	2.1366	0.0011241	765.2	2.1339	0.0011199	767.8	2.1272
200	0.0011550	853.0	2.3284	0.0011530	853.8	2.3253	0.0011480	855.9	2.3176
220	0.0011891	943.9	2.5165	0.0011866	944.4	2.5129	0.0011805	945.9	2.5039
240	0.06816	2,822.9	6.2241	0.0012264	1,037.8	2.6984	0.0012188	1,038.4	2.6877
260	0.07283	2,885.1	6.3432	0.0012750	1,134.9	2.8840	0.0012648	1,134.2	2.8709
280	0.07712	2,942.0	6.4479	0.04222	2,856.9	6.0886	0.0013221	1,235.0	3.0563
300	0.08116	2,995.1	6.5422	0.04530	2,925.5	6.2105	0.0013979	1,343.4	3.2488
320	0.08500	3,045.4	6.6285	0.04810	2,987.2	6.3163	0.01926	2,783.5	5.7145
340	0.08871	3,093.9	6.7088	0.05070	3,044.1	6.4106	0.02147	2,883.4	5.8803
360	0.09232	3,140.9	6.7844	0.05316	3,097.6	6.4966	0.02331	2,964.8	6.0110
380	0.09584	3,187.0	6.8561	0.05551	3,148.8	6.5762	0.02493	3,035.7	6.1213
400	0.09931	3,232.5	6.9246	0.05779	3,198.3	6.6508	0.02641	3,099.9	6.2182
420	0.1027	3,277.5	6.9906	0.06001	3,246.5	6.7215	0.02779	3,159.7	6.3056
440	0.1061	3,322.3	7.0543	0.06218	3,294.0	6.7890	0.02911	3,216.2	6.3861
460	0.1095	3,367.0	7.1160	0.06431	3,340.9	6.8538	0.03036	3,270.5	6.4612
480	0.1128	3,411.6	7.1760	0.06642	3,387.4	6.9164	0.03158	3,323.2	6.5321
500	0.1161	3,456.2	7.2345	0.06849	3,433.7	6.9770	0.03276	3,374.6	6.5994
520	0.1194	3,500.9	7.2916	0.07055	3,479.8	7.0360	0.03391	3,425.1	6.6640
540	0.1226	3,545.7	7.3474	0.07259	3,525.9	7.0934	0.03504	3,475.1	6.7261
560	0.1259	3,590.6	7.4020	0.07461	3,572.0	7.1494	0.03615	3,524.5	6.7863
580	0.1291	3,635.7	7.4554	0.07662	3,618.2	7.2042	0.03724	3,573.7	6.8446
600	0.1323	3,681.0	7.5079	0.07862	3,664.5	7.2578	0.03832	3,622.7	6.9013
650	0.1404	3,795.0	7.6349	0.08356	3,780.7	7.3872	0.04096	3,744.7	7.0373
700	0.1483	3,910.3	7.7564	0.08845	3,897.9	7.5108	0.04355	3,866.8	7.1660
750	0.1562	4,026.8	7.8732	0.09329	4,016.1	7.6292	0.04608	3,989.1	7.2886
800	0.1641	4,144.7	7.9857	0.09809	4,135.3	7.7431	0.04858	4,112.0	7.4058

(계속)

t ℃	15 MPa(150 bar) t_s =342.13℃			16 MPa(160 bar) t_s =347.33℃			18 MPa(180 bar) t_s =356.96℃		
	v [m^3/kg]	h [kJ/kg]	s [kJ/kg·K]	v [m^3/kg]	h [kJ/kg]	s [kJ/kg·K]	v [m^3/kg]	h [kJ/kg]	s [kJ/kg·K]
0	0.0009928	15.1	0.0007	0.0009923	16.1	0.0008	0.0009914	18.1	0.0008
10	0.0009933	56.5	0.1495	0.0009928	57.5	0.1494	0.0009919	59.4	0.1491
20	0.0009950	97.9	0.2931	0.0009946	98.8	0.2928	0.0009937	100.7	0.2924
40	0.0010013	180.7	0.5663	0.0010009	181.6	0.5659	0.0010000	183.3	0.5651
60	0.0010105	263.6	0.8230	0.0010100	264.5	0.8225	0.0010092	266.1	0.8215
80	0.0010221	346.8	1.0655	0.0010217	347.6	1.0648	0.0010208	349.2	1.0636
100	0.0010361	430.3	1.2954	0.0010356	431.0	1.2946	0.0010346	432.5	1.2931
120	0.0010523	514.2	1.5144	0.0010518	514.9	1.5136	0.0010507	516.3	1.5118
140	0.0010709	598.7	1.7241	0.0010703	599.4	1.7231	0.0010691	600.7	1.7212
160	0.0010919	684.0	1.9258	0.0010913	684.6	1.9247	0.0010899	685.9	1.9225
180	0.0011159	770.4	2.1208	0.0011151	771.0	2.1195	0.0011136	772.0	2.1170
200	0.0011433	858.1	2.3102	0.0011423	858.6	2.3087	0.0011405	859.5	2.3058
220	0.0011748	947.6	2.4953	0.0011736	947.9	2.4936	0.0011714	948.6	2.4903
240	0.0012115	1,039.2	2.6775	0.0012102	1,039.4	2.6755	0.0012074	1,039.8	2.6716
260	0.0012553	1,134.0	2.8585	0.0012535	1,133.9	2.8561	0.0012500	1,133.9	2.8514
280	0.0013090	1,232.9	3.0407	0.0013065	1,232.6	3.0377	0.0013018	1,231.9	3.0319
300	0.0013779	1,338.3	3.2278	0.0013743	1,337.4	3.2238	0.0013673	1,335.7	3.2162
320	0.0014736	1,454.3	3.4267	0.0014674	1,452.4	3.4210	0.0014558	1,448.8	3.4101
340	0.0016324	1,593.3	3.6571	0.0016176	1,588.3	3.6462	0.0015920	1,579.7	3.6269
360	0.01256	2,770.8	5.5677	0.01104	2,716.5	5.4634	0.008104	2,569.1	5.2002
380	0.01428	2,887.7	5.7497	0.01287	2,851.1	5.6729	0.01040	2,766.6	5.5079
400	0.01566	2,979.1	5.8876	0.01427	2,951.3	5.8240	0.01191	2,890.3	5.6947
420	0.01686	3,057.0	6.0016	0.01546	3,034.2	5.9455	0.01311	2,985.8	5.8345
440	0.01794	3,126.9	6.1010	0.01653	3,107.5	6.0497	0.01416	3,066.8	6.9498
460	0.01895	3,191.5	6.1904	0.01751	3,174.5	6.1425	0.01510	3,139.4	6.0502
480	0.01989	3,252.4	6.2724	0.01842	3,237.4	6.2270	0.01597	3,206.5	6.1405
500	0.02080	3,310.6	6.3487	0.01929	3,297.1	6.3054	0.01678	3,269.6	6.2232
520	0.02166	3,366.8	6.4204	0.02013	3,354.6	6.3787	0.01756	3,329.8	6.3000
540	0.02250	3,421.4	6.4885	0.02093	3,410.3	6.4481	0.01831	3,387.8	6.3722
560	0.02331	3,475.0	6.5535	0.02171	3,464.8	6.5143	0.01903	3,444.1	6.4407
580	0.02411	3,527.7	6.6160	0.02246	3,518.3	6.5777	0.01972	3,499.2	6.5061
600	0.02488	3,579.8	6.6764	0.02320	3,571.0	6.6389	0.02040	3,553.4	6.5688
650	0.02677	3,708.3	6.8195	0.02499	3,700.9	6.7835	0.02204	3,686.1	6.7166
700	0.02859	3,835.4	6.9536	0.02672	3,829.1	6.9188	0.02360	3,816.5	6.8542
750	0.03036	3,962.1	7.0806	0.02839	3,956.7	7.0466	0.02512	3,945.8	6.9838
800	0.03209	4,088.6	7.2013	0.03002	4,084.0	7.1681	0.02659	4,074.6	7.1067

(계속)

t ℃	20 MPa(200 bar) t_s =365.70℃			22 MPa(220 bar) t_s =373.69℃			22.5 MPa(225 bar)		
	v [m³/kg]	h [kJ/kg]	s [kJ/kg·K]	v [m³/kg]	h [kJ/kg]	s [kJ/kg·K]	v [m³/kg]	h [kJ/kg]	s [kJ/kg·K]
0	0.0009904	20.1	0.0008	0.0009895	22.1	0.0009	0.0009892	22.6	0.0009
10	0.0009910	61.3	0.1489	0.0009901	63.2	0.1486	0.0009899	63.7	0.1486
20	0.0009929	102.5	0.2919	0.0009920	104.4	0.2914	0.0009918	104.8	0.2913
40	0.0009992	185.1	0.5643	0.0009983	186.8	0.5635	0.0009981	187.3	0.5633
60	0.0010083	267.8	0.8204	0.0010075	269.5	0.8194	0.0010073	269.9	0.8191
80	0.0010199	350.8	1.0623	0.0010190	352.4	1.0610	0.0010188	352.8	1.0607
100	0.0010337	434.0	1.2916	0.0010327	435.6	1.2902	0.0010325	435.9	1.2898
120	0.0010497	517.7	1.5101	0.0010486	519.2	1.5084	0.0010483	519.5	1.5080
140	0.0010679	602.0	1.7192	0.0010667	603.4	1.7173	0.0010664	603.7	1.7168
160	0.0010886	687.1	1.9203	0.0010872	688.3	1.9181	0.0010869	688.6	1.9175
180	0.0011120	773.1	2.1145	0.0011105	774.2	2.1120	0.0011101	774.5	2.1114
200	0.0011387	860.4	2.3030	0.0011369	861.4	2.3001	0.0011365	861.6	2.2994
220	0.0011693	949.3	2.4869	0.0011671	950.0	2.4837	0.0011666	950.2	2.4829
240	0.0012047	1,040.3	2.6677	0.0012021	1,040.7	2.6639	0.0012015	1,040.8	2.6630
260	0.0012466	1,134.0	2.8468	0.0012432	1,134.0	2.8423	0.0012424	1,134.1	2.8412
280	0.0012971	1,231.4	3.0262	0.0012927	1,230.9	3.0207	0.0012916	1,230.8	3.0193
300	0.0013606	1,334.3	3.2089	0.0013543	1,332.9	3.2018	0.0013527	1,332.6	3.2000
320	0.0014451	1,445.6	3.3998	0.0014351	1,442.8	3.3901	0.0014328	1,442.1	3.3877
340	0.0015704	1,572.4	3.6100	0.0015516	1,566.2	3.5947	0.0015473	1,564.8	3.5911
360	0.001827	1,742.9	3.8835	0.001762	1,722.0	3.8449	0.001749	1,717.9	3.8370
380	0.008246	2,660.2	5.3165	0.006111	2,504.4	5.0559	0.005492	2,445.1	4.9606
400	0.009947	2,820.5	5.5585	0.008251	2,738.8	5.4102	0.007858	2,716.0	5.3704
420	0.01120	2,932.9	5.7232	0.009588	2,874.6	5.6091	0.009224	2,859.0	5.5799
440	0.01224	3,023.7	5.8523	0.01064	2,977.5	5.7556	0.01029	2,965.4	5.7314
460	0.01315	3,102.6	5.9616	0.01155	3,064.0	5.8753	0.01119	3,054.1	5.8539
480	0.01399	3,174.4	6.0581	0.01237	3,141.0	5.9789	0.01201	3,132.5	5.9595
500	0.01477	3,241.1	6.1456	0.01312	3,211.7	6.0716	0.01275	3,204.2	6.0535
520	0.01551	3,304.2	6.2262	0.01382	3,278.0	6.1563	0.01345	3,271.4	6.1393
540	0.01621	3,364.7	6.3015	0.01449	3,341.0	6.2347	0.01411	3,335.1	6.2186
560	0.01688	3,423.0	6.3724	0.01512	3,401.6	6.3083	0.01473	3,396.2	6.2928
580	0.01753	3,479.9	6.4398	0.01574	3,460.2	6.3779	0.01534	3,455.3	6.3630
600	0.01816	3,535.5	6.5073	0.01633	3,517.4	6.4441	0.01592	3,512.9	6.4297
650	0.01967	3,671.1	6.6554	0.01774	3,656.1	6.5986	0.01731	3,652.3	6.5850
700	0.02111	3,803.8	6.7953	0.01907	3,791.1	6.7410	0.01862	3,787.9	6.7281
750	0.02250	3,935.0	6.9267	0.02036	3,924.1	6.8743	0.01988	3,921.3	6.8618
800	0.02385	4,065.3	7.0511	0.02160	4,055.9	7.0001	0.02110	4,053.6	6.9880

(계속)

t °C	25 MPa(250 bar)			50 MPa(500 bar)			100 MPa(1,000 bar)		
	v [m³/kg]	h [kJ/kg]	s [kJ/kg·K]	v [m³/kg]	h [kJ/kg]	s [kJ/kg·K]	v [m³/kg]	h [kJ/kg]	s [kJ/kg·K]
0	0.0009881	25.1	0.0009	0.0009767	49.3	−0.0002	0.0009565	95.9	−0.0067
10	0.0009888	66.1	0.1482	0.0009781	89.5	0.1441	0.0009586	134.5	0.1323
20	0.0009907	107.1	0.2907	0.0009804	129.9	0.2843	0.0009616	174.0	0.2692
40	0.0009971	189.4	0.5623	0.0009872	211.2	0.5525	0.0009690	253.8	0.5325
60	0.0010062	272.0	0.8178	0.0009961	292.8	0.8052	0.0009779	334.0	0.7808
80	0.0010177	354.8	1.0591	0.0010071	374.7	1.0438	0.0009882	414.4	1.0152
100	0.0010313	437.8	1.2879	0.0010200	456.8	1.2701	0.0009999	495.1	1.2373
120	0.0010470	521.3	1.5059	0.0010347	539.4	1.4856	0.0010132	576.0	1.4486
140	0.0010650	605.4	1.7144	0.0010514	622.4	1.6915	0.0010279	657.2	1.6502
160	0.0010853	690.2	1.9148	0.0010701	705.9	1.8890	0.0010443	738.9	1.8431
180	0.0011083	775.9	2.1083	0.0010910	790.2	2.0793	0.0010623	820.9	2.0283
200	0.0011343	862.8	2.2959	0.0011144	875.4	2.2632	0.0010821	903.5	2.2067
220	0.0011640	951.2	2.4789	0.0011407	961.6	2.4417	0.0011039	986.7	2.3789
240	0.0011983	1,041.4	2.6583	0.0011703	1,049.2	2.6158	0.0011279	1,070.7	2.5458
260	0.0012384	1,134.2	2.8357	0.0012040	1,138.5	2.7864	0.0011543	1,155.6	2.7081
280	0.0012863	1,230.3	3.0126	0.0012426	1,229.8	2.9545	0.0011833	1,241.5	3.8663
300	0.0013453	1,331.1	3.1916	0.0012874	1,323.7	3.1213	0.0012155	1,328.6	3.0210
320	0.0014214	1,438.9	3.3764	0.0013406	1,421.0	3.2882	0.0012514	1,416.9	3.1723
340	0.0015273	1,558.3	3.5743	0.0014055	1,523.0	3.4572	0.0012921	1,505.9	3.3200
360	0.001698	1,701.1	3.8036	0.001486	1,633.9	3.6355	0.001339	1,603.4	3.4767
380	0.002240	1,941.0	4.1757	0.001589	1,746.8	3.8110	0.001390	1,696.3	3.6211
400	0.006014	2,582.0	5.1455	0.001729	1,877.7	4.0083	0.001446	1,797.6	3.7738
420	0.007580	2,774.1	5.4271	0.001938	2,026.6	4.2262	0.001511	1,899.0	3.9223
440	0.008696	2,901.7	5.6078	0.002269	2,199.7	4.4723	0.001587	2,000.3	4.0664
460	0.009609	3,002.3	5.7479	0.002747	2,387.2	4.7316	0.001675	2,102.7	4.2079
480	0.01041	3,088.5	5.8640	0.003308	2,564.9	4.9709	0.001777	2,207.7	4.3492
500	0.01113	3,165.9	5.9655	0.003882	2,723.0	5.1782	0.001893	2,316.1	4.4913
520	0.01180	3,237.4	6.0568	0.004408	2,854.9	5.3466	0.002024	2,427.2	4.6331
540	0.01242	3,304.7	6.1405	0.004888	2,968.9	5.4886	0.002168	2,538.6	4.7719
560	0.01301	3,368.7	6.2183	0.005328	3,070.7	5.6124	0.002326	2,648.2	4.9050
580	0.01358	3,430.2	6.2913	0.005734	3,163.2	5.7221	0.002493	2,754.5	5.0311
600	0.01413	3,489.9	6.3604	0.006111	3,248.3	5.8207	0.002668	2,857.5	5.1505
650	0.01542	3,633.4	6.5203	0.006960	3,438.9	6.0330	0.003106	3,105.3	5.4267
700	0.01663	3,771.9	6.6664	0.007720	3,610.2	6.2138	0.003536	3,324.4	5.6579
750	0.01779	3,907.7	6.8025	0.008420	3,770.9	6.3749	0.003952	3,526.0	5.8600
800	0.01891	4,041.9	6.9306	0.009076	3,925.3	6.5222	0.004341	3,714.3	6.0397

11 R-134a의 포화증기표

(1) 온도기준

t_s	P	ρ'	ρ''	h'	r	h''	s'	s''	c_P'	c_P''
[℃]	[kPa]	[kg/m³]		[kJ/kg]			[kJ/kg·K]		[kJ/kg·K]	
−103.30[a)]	0.39	1,591.1	0.0282	71.46	263.49	334.94	0.4126	1.9639	1.184	0.585
−102	0.45	1,587.7	0.0323	72.99	262.70	335.69	0.4216	1.9565	1.184	0.588
−100	0.56	1,582.4	0.0397	75.36	261.49	336.85	0.4354	1.9456	1.184	0.593
−98	0.69	1,577.1	0.0485	77.73	260.29	338.02	0.4490	1.9351	1.185	0.598
−96	0.85	1,571.8	0.0589	80.10	259.09	339.19	0.4625	1.9250	1.186	0.603
−94	1.04	1,566.5	0.0712	83.47	257.90	340.38	0.4758	1.9154	1.187	0.608
−92	1.26	1,561.2	0.0856	84.85	256.72	341.56	0.4890	1.9061	1.188	0.612
−90	1.52	1,555.8	0.1024	87.23	255.53	342.76	0.5020	1.8972	1.189	0.617
−88	1.83	1,550.5	0.1219	89.61	254.35	343.96	0.5149	1.8887	1.191	0.622
−86	2.20	1,545.1	0.1444	91.99	253.18	345.17	0.5277	1.8805	1.192	0.627
−84	2.62	1,539.8	0.1704	94.38	252.01	346.38	0.5404	1.8727	1.194	0.632
−82	3.11	1,534.4	0.2002	96.77	250.83	347.60	0.5530	1.8652	1.196	0.637
−80	3.67	1,529.0	0.2343	99.16	249.67	348.83	0.5654	1.8580	1.198	0.642
−78	4.32	1,523.6	0.2731	101.56	248.50	350.06	0.5778	1.8512	1.200	0.647
−76	5.07	1,518.2	0.3171	103.96	247.33	351.29	0.5900	1.8446	1.202	0.652
−74	5.92	1,512.8	0.3668	106.37	246.16	352.53	0.6022	1.8382	1.205	0.656
−72	6.88	1,507.3	0.4228	108.78	244.99	353.77	0.6142	1.8322	1.207	0.662
−70	7.98	1,501.9	0.4857	111.20	243.82	355.02	0.6262	1.8264	1.210	0.667
−68	9.22	1,496.4	0.5561	113.62	242.65	356.27	0.6381	1.8209	1.212	0.672
−66	10.62	1,490.9	0.6347	116.05	241.48	357.53	0.6498	1.8155	1.215	0.677
−64	12.19	1,485.4	0.7222	118.48	240.30	358.79	0.6615	1.8105	1.217	0.682
−62	13.94	1,479.9	0.8193	120.92	239.13	360.05	0.6731	1.8056	1.220	0.687
−60	15.91	1,474.3	0.9268	123.36	237.95	361.31	0.6846	1.8010	1.223	0.692
−58	18.09	1,468.8	1.0454	125.81	236.76	362.58	0.6961	1.7965	1.226	0.698
−56	20.52	1,463.2	1.1762	128.27	235.57	363.84	0.7074	1.7922	1.229	0.703
−54	23.21	1,457.6	1.3198	130.73	234.38	365.11	0.7187	1.7882	1.232	0.709
−52	26.18	1,452.0	1.4773	133.20	233.18	366.38	0.7299	1.7843	1.235	0.714
−50	29.45	1,446.3	1.6496	135.67	231.98	367.65	0.7410	1.7806	1.238	0.720
−48	33.05	1,440.6	1.8377	138.15	230.77	368.92	0.7521	1.7770	1.241	0.725
−46	37.00	1,434.9	2.0427	140.64	229.55	370.19	0.7631	1.7736	1.245	0.731
−44	41.33	1,429.2	2.2655	143.14	228.33	371.46	0.7740	1.7704	1.248	0.737
−42	46.06	1,423.5	2.5074	145.64	227.10	372.73	0.7848	1.7673	1.251	0.743
−40	51.21	1,417.7	2.7695	148.14	225.86	374.00	0.7956	1.7643	1.255	0.749
−38	56.82	1,411.9	3.0529	150.66	224.61	375.27	0.8063	1.7615	1.258	0.755
−36	62.91	1,406.1	3.3590	153.18	223.35	376.54	0.8170	1.7588	1.262	0.761

(계속)

t_s	P	ρ'	ρ''	h'	r	h''	s'	s''	c_P'	c_P''
[℃]	[kPa]	[kg/m³]		[kJ/kg]			[kJ/kg·K]		[kJ/kg·K]	
−34	69.51	1,400.2	3.6890	155.71	222.09	377.80	0.8276	1.7563	1.265	0.768
−32	76.66	1,394.3	4.0441	158.25	220.81	379.06	0.8381	1.7538	1.269	0.774
−30	84.38	1,388.4	4.4259	160.79	219.53	380.32	0.8486	1.7515	1.273	0.781
−28	92.70	1,382.4	4.8356	163.34	218.23	381.57	0.8591	1.7492	1.277	0.788
−26	101.67	1,376.5	5.2748	165.90	216.92	382.82	0.8694	1.7471	1.281	0.794
−24	111.30	1,370.4	5.7450	168.47	215.60	384.07	0.8798	1.7451	1.285	0.801
−22	121.65	1,364.4	6.2477	171.05	214.27	385.32	0.8900	1.7432	1.289	0.809
−20	132.73	1,358.3	6.7845	173.64	212.92	386.55	0.9002	1.7413	1.293	0.816
−18	144.60	1,352.1	7.3571	176.23	211.56	387.92	0.9104	1.7396	1.297	0.823
−16	157.28	1,345.9	7.9673	178.83	210.18	389.02	0.9205	1.7379	1.302	0.831
−14	170.82	1,339.7	8.6168	181.44	208.79	390.24	0.9306	1.7363	1.306	0.838
−12	185.24	1,333.4	9.3074	184.07	207.39	391.46	0.9407	1.7348	1.311	0.846
−10	200.60	1,327.1	10.041	186.70	205.97	392.66	0.9506	1.7334	1.316	0.854
−8	216.93	1,320.8	10.820	189.34	204.53	393.87	0.9606	1.7320	1.320	0.863
−6	234.28	1,314.3	11.646	191.99	203.08	395.06	0.9705	1.7307	1.325	0.871
−4	252.68	1,307.9	12.521	194.65	201.60	396.25	0.9804	1.7294	1.330	0.880
−2	272.17	1,301.4	13.448	197.32	200.11	397.43	0.9902	1.7282	1.336	0.888
0	292.80	1,294.8	14.428	200.00	198.60	398.60	1.0000	1.7271	1.341	0.897
2	314.62	1,288.1	15.465	202.69	197.07	399.77	1.0098	1.7260	1.347	0.906
4	337.66	1,281.4	16.560	205.40	195.52	400.92	1.0195	1.7250	1.352	0.916
6	361.98	1,274.7	17.717	208.11	193.95	402.06	1.0292	1.7240	1.358	0.925
8	387.61	1,267.9	18.938	210.84	192.36	403.20	1.0388	1.7230	1.364	0.935
10	414.61	1,261.0	20.226	213.58	190.74	404.32	1.0485	1.7221	1.370	0.945
12	443.01	1,254.0	21.584	216.33	189.10	405.43	1.0581	1.7212	1.377	0.956
14	472.88	1,246.9	23.015	219.09	187.43	406.53	1.0677	1.7204	1.383	0.967
16	504.25	1,239.8	24.522	221.87	185.74	407.61	1.0772	1.7196	1.390	0.978
18	537.18	1,232.6	26.109	224.66	184.03	408.69	1.0867	1.7188	1.397	0.989
20	571.71	1,225.3	27.780	227.47	182.28	409.75	1.0962	1.7180	1.405	1.001
22	607.89	1,218.0	29.539	230.29	180.51	410.79	1.1057	1.7173	1.413	1.013
24	645.78	1,210.5	31.389	233.12	178.70	411.82	1.1152	1.7166	1.421	1.025
26	685.43	1,202.9	33.335	235.97	176.87	412.84	1.1246	1.7159	1.429	1.038
28	726.88	1,195.2	35.382	238.84	175.00	413.84	1.1341	1.7152	1.437	1.052
30	770.20	1,187.5	37.535	241.72	173.10	414.82	1.1435	1.7145	1.446	1.065
32	815.43	1,179.6	39.799	244.62	171.16	415.78	1.1529	1.7138	1.456	1.080
34	862.63	1,171.6	42.180	247.54	169.18	416.72	1.1623	1.7131	1.466	1.095
36	911.85	1,163.4	44.683	250.48	167.17	417.65	1.1717	1.7124	1.476	1.111
38	963.15	1,155.1	47.316	253.43	165.12	418.55	1.1811	1.7118	1.487	1.127
40	1,016.5	1,146.7	50.085	256.41	163.02	419.43	1.1905	1.7111	1.498	1.145
42	1,072.2	1,138.2	52.998	259.41	160.88	420.28	1.1999	1.7103	1.510	1.163
44	1,130.1	1,129.5	56.064	262.43	158.69	241.11	1.2092	1.7096	1.523	1.182
46	1,190.3	1,120.6	59.292	265.47	156.45	421.92	1.2186	1.7089	1.537	1.202
48	1,252.8	1,111.5	62.690	268.53	154.16	422.69	1.2280	1.7081	1.551	1.223
50	1,317.9	1,102.3	66.272	271.62	151.81	423.44	1.2375	1.7072	1.566	1.246
52	1,385.4	1,092.9	70.047	274.74	149.41	424.15	1.2469	1.7064	1.582	1.270
54	1,455.4	1,083.2	74.030	277.89	146.94	424.83	1.2563	1.7055	1.600	1.296

(계속)

t_s	P	ρ'	ρ''	h'	r	h''	s'	s''	$c_P{}'$	$c_P{}''$
[°C]	[kPa]	[kg/m³]		[kJ/kg]			[kJ/kg · K]		[kJ/kg · K]	
56	1,528.2	1,073.4	78.235	281.06	144.41	425.47	1.2658	1.7045	1.618	1.324
58	1,603.6	1,063.2	82.679	284.27	141.80	426.07	1.2753	1.7035	1.638	1.354
60	1,681.7	1,052.9	87.379	287.50	139.12	426.63	1.2848	1.7024	1.660	1.387
62	1,762.8	1,042.2	92.358	290.78	136.36	427.14	1.2944	1.7013	1.684	1.422
64	1,846.7	1,031.2	97.637	294.09	133.52	427.61	1.3040	1.7000	1.710	1.461
66	1,933.6	1,020.0	103.24	297.44	130.57	428.02	1.3137	1.6987	1.738	1.504
68	2,023.6	1,008.3	109.21	300.84	127.53	428.36	1.3234	1.6972	1.769	1.552
70	2,116.8	996.25	115.57	304.28	124.37	428.65	1.3332	1.6956	1.804	1.605
72	2,213.2	983.76	122.37	307.78	121.09	428.86	1.3430	1.6939	1.843	1.665
74	2,312.9	970.78	129.65	311.33	117.67	429.00	1.3530	1.6920	1.887	1.734
76	2,416.1	957.25	137.48	314.94	114.10	429.04	1.3631	1.6899	1.938	1.812
78	2,522.8	943.10	145.93	318.63	110.36	428.98	1.3733	1.6876	1.996	1.904
80	2,633.2	928.24	155.08	322.39	106.42	428.81	1.3836	1.6850	2.065	2.012
82	2,747.3	912.56	165.05	326.24	102.27	428.51	1.3942	1.6821	2.147	2.143
84	2,865.3	895.91	175.97	330.20	97.85	428.05	1.4049	1.6789	2.247	2.303
86	2,987.3	878.10	188.05	334.28	93.13	427.42	1.4159	1.6752	2.373	2.504
88	3,113.5	858.86	201.52	338.51	88.04	426.55	1.4273	1.6710	2.536	2.766
90	3,244.1	837.83	216.76	342.93	82.49	425.42	1.4390	1.6662	2.756	3.121
92	3,379.3	814.43	234.31	347.59	76.33	423.92	1.4514	1.6604	3.072	3.630
94	3,519.3	787.75	255.08	352.58	69.34	421.92	1.4645	1.6534	3.567	4.426
96	3,664.4	756.09	280.73	358.07	61.11	419.18	1.4789	1.6445	4.460	5.848
98	3,815.2	715.51	315.13	364.47	50.67	415.14	1.4957	1.6322	6.574	9.140
100	3,972.3	651.18	373.01	373.30	34.39	407.68	1.5188	1.6109		
101.06[b)]	4,059.2	511.95	511.95	389.64	0.00	389.64	1.5621	1.5621		

a) 3중점 ′ : 포화액, ″ : 포화증기, $r = h'' - h'$(증발잠열)
b) 임계점 ′ : 포화액, ″ : 포화증기, $r = h'' - h'$(증발잠열)

(2) 압력기준

P	t_s	ρ'	ρ''	h'	r	h''	s'	s''	c_P'	c_P''
[kPa]	[℃]	[kg/m³]			[kJ/kg]		[kJ/kg · K]		[kJ/kg · K]	
1.0	−94.37	1,567.5	0.0687	82.04	258.12	340.16	0.4733	1.9171	1.186	0.607
1.1	−93.40	1,564.9	0.0752	83.18	257.55	340.73	0.4797	1.9123	1.187	0.609
1.2	−92.51	1,562.5	0.0816	84.24	257.02	341.26	0.4856	1.9084	1.188	0.611
1.3	−91.68	1,560.3	0.0880	85.23	256.53	341.76	0.4911	1.9046	1.188	0.613
1.4	−90.90	1,558.2	0.0944	86.15	256.07	342.22	0.4961	1.9012	1.189	0.615
1.6	−89.48	1,554.5	0.1071	87.84	255.23	343.07	0.5054	1.8950	1.190	0.619
1.8	−88.20	1,551.0	0.1197	89.36	254.47	343.84	0.5136	1.8896	1.191	0.622
2.0	−87.04	1,547.9	0.1322	90.74	253.79	344.54	0.5211	1.8848	1.191	0.624
2.2	−85.98	1,545.1	0.1446	92.01	253.17	345.18	0.5279	1.8805	1.192	0.627
2.4	−85.00	1,542.5	0.1570	93.19	252.59	345.78	0.5341	1.8766	1.193	0.629
2.6	−84.08	1,540.0	0.1693	94.28	252.05	346.33	0.5399	1.8730	1.194	0.632
2.8	−83.22	1,537.7	0.1815	95.31	251.55	346.86	0.5453	1.8698	1.195	0.634
3.0	−82.41	1,535.5	0.1937	96.27	251.08	347.35	0.5504	1.8667	1.196	0.636
3.2	−81.65	1,533.5	0.2058	97.18	250.63	347.81	0.5552	1.8639	1.196	0.638
3.4	−80.93	1,531.5	0.2179	98.05	250.21	348.26	0.5597	1.8613	1.197	0.639
3.6	−80.24	1,529.7	0.2299	98.87	249.81	348.68	0.5640	1.8589	1.198	0.641
3.8	−79.58	1,527.9	0.2419	99.66	249.42	349.08	0.5680	1.8566	1.199	0.643
4.0	−78.96	1,526.2	0.2539	100.41	249.05	349.47	0.5719	1.8544	1.199	0.644
4.5	−77.50	1,522.3	0.2836	102.16	248.20	350.37	0.5809	1.8495	1.201	0.648
5.0	−76.17	1,518.7	0.3131	103.76	247.43	351.19	0.5890	1.8451	1.202	0.651
5.5	−74.95	1,515.4	0.3424	105.23	246.71	351.94	0.5964	1.8412	1.204	0.654
6.0	−73.82	1,512.3	0.3716	106.59	246.05	352.64	0.6033	1.8377	1.205	0.657
6.5	−72.76	1,509.4	0.4006	107.86	245.44	353.30	0.6096	1.8345	1.206	0.660
7.0	−71.78	1,506.7	0.4294	109.05	244.86	353.91	0.6156	1.8315	1.207	0.662
7.5	−70.85	1,504.2	0.4581	110.17	244.32	354.49	0.6211	1.8288	1.209	0.664
8.0	−69.97	1,501.8	0.4867	111.24	243.80	355.04	0.6264	1.8263	1.210	0.667
9.0	−68.34	1,497.3	0.5435	113.21	242.85	356.06	0.6360	1.8218	1.212	0.671
10.0	−66.86	1,493.3	0.6000	115.01	241.98	356.99	0.6448	1.8178	1.214	0.675
11.0	−65.49	1,489.5	0.6560	116.67	241.18	357.85	0.6528	1.8142	1.215	0.678
12.0	−64.23	1,486.0	0.7117	118.21	240.44	358.64	0.6602	1.8110	1.217	0.681
13.0	−63.05	1,482.8	0.7671	119.64	239.74	359.39	0.6670	1.8081	1.219	0.684
14.0	−61.94	1,479.7	0.8223	120.99	239.09	360.08	0.6735	1.8055	1.220	0.687
16.0	−59.91	1,474.1	0.9318	123.47	237.89	361.37	0.6851	1.8007	1.223	0.693
18.0	−58.08	1,469.0	1.0405	125.72	236.81	362.53	0.6956	1.7967	1.226	0.698
20.0	−56.41	1,464.3	1.1484	127.77	235.82	363.58	0.7051	1.7931	1.228	0.702
22.0	−54.87	1,460.0	1.2555	129.66	234.90	364.56	0.7138	1.7899	1.231	0.706
24.0	−53.45	1,456.0	1.3620	131.41	234.05	365.46	0.7218	1.7871	1.233	0.710
26.0	−52.11	1,452.3	1.4680	133.06	233.25	366.31	0.7293	1.7845	1.235	0.714
28.0	−50.86	1,448.7	1.5735	134.61	232.50	367.10	0.7362	1.7822	1.237	0.717
30.0	−49.68	1,445.4	1.6784	136.07	231.79	367.85	0.7428	1.7800	1.239	0.721

(계속)

P	t_s	ρ'	ρ''	h'	r	h''	s'	s''	$c_P{}'$	$c_P{}''$
[kPa]	[℃]	[kg/m^3]		[kJ/kg]			[kJ/kg·K]		[kJ/kg·K]	
32.0	−48.56	1,442.2	1.7830	137.45	231.11	368.56	0.7490	1.7780	1.240	0.724
34.0	−47.50	1,439.2	1.8871	138.77	230.47	369.24	0.7548	1.7762	1.242	0.727
36.0	−46.49	1,436.3	1.9908	140.03	229.85	369.88	0.7604	1.7744	1.244	0.730
38.0	−45.52	1,433.6	2.0942	141.24	229.26	370.50	0.7657	1.7728	1.245	0.733
40.0	−44.60	1,430.9	2.1973	142.39	228.69	371.09	0.7707	1.7713	1.247	0.735
45.0	−42.43	1,424.7	2.4536	145.10	227.36	372.46	0.7825	1.7679	1.250	0.742
50.0	−40.45	1,419.0	2.7082	147.57	226.14	373.72	0.7932	1.7650	1.254	0.748
55.0	−38.63	1,413.7	2.9613	149.87	225.01	374.87	0.8030	1.7624	1.257	0.753
60.0	−36.93	1,408.8	3.2131	152.00	223.94	375.94	0.8120	1.7601	1.260	0.758
65.0	−35.35	1,404.2	3.4637	154.00	222.94	376.95	0.8205	1.7580	1.263	0.763
70.0	−33.86	1,399.8	3.7133	155.89	222.00	377.89	0.8283	1.7561	1.266	0.768
75.0	−32.45	1,395.7	3.9619	157.68	221.10	378.78	0.8358	1.7543	1.268	0.773
80.0	−31.12	1,391.7	4.2096	159.37	220.25	379.62	0.8428	1.7528	1.271	0.777
90.0	−28.63	1,384.3	4.7028	162.54	218.64	381.18	0.8558	1.7499	1.276	0.785
100.0	−26.36	1,377.5	5.1932	165.44	217.16	382.60	0.8676	1.7475	1.280	0.793
101.325[a]	−26.07	1,376.7	5.2581	165.81	216.97	382.78	0.8690	1.7472	1.281	0.794
110.0	−24.26	1,371.2	5.6814	168.14	215.77	383.91	0.8784	1.7454	1.284	0.800
120.0	−22.31	1,365.3	6.1677	170.65	214.47	385.12	0.8884	1.7435	1.288	0.807
130.0	−20.48	1,359.7	6.6522	173.01	213.24	386.26	0.8978	1.7418	1.292	0.814
140.0	−18.76	1,354.5	7.1353	175.24	212.08	387.32	0.9066	1.7402	1.296	0.820
160.0	−15.59	1,344.7	8.0979	179.37	209.90	389.27	0.9226	1.7376	1.303	0.832
180.0	−12.71	1,335.7	9.0566	183.13	207.89	391.02	0.9371	1.7353	1.309	0.843
200.0	−10.08	1,327.4	10.012	186.60	206.02	392.62	0.9503	1.7334	1.315	0.854
220.0	−7.64	1,319.6	10.966	189.82	204.27	394.09	0.9624	1.7317	1.321	0.864
240.0	−5.37	1,312.3	11.918	192.83	202.61	395.44	0.9736	1.7303	1.327	0.874
260.0	−3.24	1,305.4	12.869	195.67	201.04	396.70	0.9871	1.7290	1.332	0.883
280.0	−1.23	1,298.8	13.820	198.35	199.53	397.89	0.9940	1.7278	1.338	0.892
300.0	0.67	1,292.6	14.770	200.90	198.09	399.00	1.0033	1.7267	1.343	0.900
320.0	2.48	1,286.5	15.721	203.34	196.71	400.04	1.0121	1.7257	1.348	0.909
340.0	4.20	1,280.8	16.671	205.66	195.37	401.03	1.0204	1.7249	1.353	0.917
360.0	5.84	1,275.2	17.623	207.90	194.08	401.97	1.0284	1.7240	1.358	0.925
380.0	7.42	1,269.9	18.575	210.04	192.82	402.87	1.0360	1.7233	1.362	0.932
400.0	8.93	1,264.7	19.529	212.11	191.61	403.72	1.0433	1.7226	1.367	0.940
450.0	12.48	1,252.3	21.918	216.99	188.71	405.69	1.0604	1.7210	1.378	0.958
500.0	15.73	1,240.8	24.317	221.50	185.97	407.47	1.0759	1.7197	1.389	0.976
550.0	18.75	1,229.9	26.729	225.72	183.37	409.09	1.0903	1.7185	1.400	0.993
600.0	21.57	1,219.5	29.155	229.68	180.89	410.57	1.1037	1.7175	1.411	1.010
650.0	24.22	1,209.7	31.596	233.43	178.50	411.94	1.1162	1.7165	1.421	1.027
700.0	26.71	1,200.2	34.054	236.99	176.20	413.20	1.1280	1.7156	1.432	1.043
750.0	29.08	1,191.1	36.530	240.39	173.98	414.37	1.1392	1.7148	1.442	1.059
800.0	31.33	1,182.2	39.025	243.65	171.81	415.46	1.1497	1.7140	1.453	1.075
850.0	33.47	1,173.7	41.541	246.77	169.71	416.48	1.1598	1.7133	1.463	1.091
900.0	35.53	1,165.4	44.078	249.78	167.65	417.43	1.1695	1.7126	1.474	1.107
950.0	37.50	1,157.2	46.638	252.69	165.64	418.32	1.1787	1.7119	1.484	1.123
1,000.0	39.39	1,149.3	49.222	255.50	163.67	419.16	1.1876	1.7113	1.495	1.139

(계속)

P	t_s	ρ'	ρ''	h'	r	h''	s'	s''	c_P'	c_P''
[kPa]	[℃]	[kg/m³]		[kJ/kg]			[kJ/kg·K]		[kJ/kg·K]	
1,100.0	42.97	1,134.0	54.465	260.87	159.82	420.69	1.2044	1.7100	1.517	1.172
1,200.0	46.31	1,119.2	59.815	265.95	156.09	422.04	1.2201	1.7087	1.539	1.205
1,300.0	49.46	1,104.8	65.280	270.78	152.46	423.24	1.2349	1.7075	1.562	1.240
1,400.0	52.42	1,090.9	70.870	275.40	148.89	424.30	1.2489	1.7062	1.586	1.276
1,500.0	55.23	1,077.2	76.595	279.84	145.39	425.23	1.2622	1.7049	1.611	1.313
1,600.0	57.91	1,063.7	82.464	284.11	141.93	426.04	1.2748	1.7036	1.637	1.353
1,700.0	60.46	1,050.5	88.489	288.25	138.50	426.75	1.2870	1.7022	1.665	1.395
1,800.0	62.90	1,037.3	94.682	292.26	135.10	427.36	1.2987	1.7007	1.695	1.439
1,900.0	65.23	1,024.3	101.06	296.15	131.71	427.87	1.3100	1.6992	1.727	1.487
2,000.0	67.48	1,011.4	107.63	299.95	128.33	428.28	1.3209	1.6976	1.761	1.539
2,100.0	69.64	998.43	114.41	303.67	124.94	428.60	1.3314	1.6959	1.797	1.595
2,200.0	71.73	985.47	121.42	307.30	121.54	428.84	1.3417	1.6941	1.837	1.657
2,300.0	73.74	972.47	128.69	310.87	118.11	428.98	1.3517	1.6922	1.881	1.724
2,400.0	75.69	959.38	136.24	314.38	114.66	429.04	1.3615	1.6902	1.929	1.799
2,500.0	77.58	946.15	144.09	317.84	111.16	429.01	1.3711	1.6881	1.983	1.883
2,600.0	79.41	932.74	152.28	321.26	107.61	428.88	1.3805	1.6858	2.043	1.978
2,700.0	81.18	919.11	160.85	324.65	104.00	428.65	1.3898	1.6833	2.111	2.086
2,800.0	82.90	905.19	169.84	328.01	100.31	428.33	1.3990	1.6807	2.190	2.210
3,000.0	86.20	876.21	189.35	334.70	92.63	427.34	1.4171	1.6748	2.388	2.527
3,200.0	89.33	845.09	211.44	341.43	84.40	425.83	1.4350	1.6679	2.674	2.989
3,400.0	92.30	810.67	237.19	348.31	75.34	423.65	1.4533	1.6595	3.132	3.726
3,600.0	95.12	770.79	268.69	355.58	64.93	420.50	1.4724	1.6487	3.992	5.105
3,800.0	97.80	720.15	311.11	363.77	51.86	415.63	1.4939	1.6336	6.243	8.632
4,000.0	100.34	632.87	390.23	375.57	29.81	405.38	1.5247	1.6046		
4,059.2[b]	101.06	511.95	511.95	389.64	0.00	389.64	1.5621	1.5621		

a) 3중점 ′ : 포화액, ″ : 포화증기, 표준비등점, $r = h'' - h'$ (증발잠열)
b) 임계점 ′ : 포화액, ″ : 포화증기, $r = h'' - h'$ (증발잠열)

출처: Thermodynamic Properties of pure and Blended Hydrofluorocarbon(HFC) Refrigrtants, R. Tillner-Roth, Jin Li, Akimichi Yokozeki, Haruki Sato, Koichi Watanabe, Japan Society of Refrigerating and Air Conditioning Engineers, Tokyo. 1998.

12 R-134a의 압축액 및 과열증기표

t [°C]	P=60 kPa ρ [kg/m³]	h [kJ/kg]	s [kJ/kg·K]	P=100 kPa ρ [kg/m³]	h [kJ/kg]	s [kJ/kg·K]	P=101.325 kPa ρ [kg/m³]	h [kJ/kg]	s [kJ/kg·K]
-85	1,542.6	93.21	0.5340	1,542.6	93.22	0.5340	1,542.6	93.23	0.5340
-80	1,529.1	99.18	0.5654	1,529.2	99.20	0.5653	1,529.2	99.20	0.5653
-75	1,515.6	105.19	0.5961	1,515.6	105.21	0.5960	1,515.6	105.21	0.5960
-70	1,502.0	111.22	0.6261	1,502.0	111.24	0.6261	1,502.0	111.24	0.6261
-65	1,488.2	117.28	0.6556	1,488.3	117.30	0.6556	1,488.3	117.30	0.6556
-60	1,474.4	123.38	0.6846	1,474.5	123.40	0.6845	1,474.5	123.40	0.6845
-55	1,460.5	129.51	0.7130	1,460.5	129.53	0.7130	1,460.5	129.53	0.7130
-50	1,446.4	135.69	0.7410	1,446.5	135.70	0.7409	1,446.5	135.70	0.7409
-45	1,432.1	141.90	0.7685	1,432.2	141.91	0.7684	1,432.2	141.91	0.7684
-40	<u>1,417.7</u>	<u>148.15</u>	<u>0.7986</u>	1,417.8	148.16	0.7955	1,417.8	148.16	0.7955
-35	3.1836	377.41	1.7663	1,403.2	154.46	0.8223	1,403.2	154.46	0.8223
-30	3.1105	381.22	1.7821	<u>1,388.4</u>	<u>160.80</u>	<u>0.8486</u>	<u>1,388.4</u>	<u>160.80</u>	<u>0.8486</u>
-25	3.0412	385.05	1.7977	5.1594	383.68	1.7519	5.2310	383.63	1.7506
-20	2.9755	388.91	1.8131	5.0401	387.65	1.7677	5.1097	387.61	1.7665
-15	2.9129	392.80	1.8283	4.9275	391.63	1.7833	4.9953	391.59	1.7821
-10	2.8532	396.73	1.8434	4.8208	395.64	1.7986	4.8870	395.60	1.7975
-5	2.7961	400.69	1.8583	4.7196	399.67	1.8138	4.7842	399.63	1.8127
0	2.7415	404.69	1.8730	4.6232	403.73	1.8288	4.6863	403.70	1.8277
5	2.6892	408.73	1.8877	4.5312	407.82	1.8437	4.5929	407.79	1.8425
10	2.6390	412.81	1.9022	4.4433	411.95	1.8584	4.5037	411.92	1.8572
15	2.5907	416.92	1.9166	4.3591	416.11	1.8730	4.4183	416.90	1.8718
20	2.5444	421.08	1.9310	4.2784	420.31	1.8874	4.3364	420.29	1.8863
25	2.4997	425.28	1.9452	4.2010	424.55	1.9017	4.2578	424.53	1.9006
30	2.4567	429.52	1.9593	4.1265	428.82	1.9160	4.1823	428.80	1.9148
35	2.4152	433.80	1.9733	4.0549	433.14	1.9301	4.1097	433.11	1.9289
40	2.3752	438.12	1.9872	3.9860	437.49	1.9441	4.0397	437.47	1.9429
45	2.3365	442.48	2.0010	3.9195	441.88	1.9580	3.9723	441.86	1.9568
50	2.2991	446.88	2.0147	3.8554	446.60	1.9718	3.9073	446.28	1.9707
55	2.2630	451.33	2.0284	3.7935	450.77	1.9855	3.8445	450.75	1.9844
60	2.2280	455.81	2.0419	3.7336	455.28	1.9991	3.7837	455.26	1.9980
65	2.1941	460.33	2.0554	3.6758	459.82	2.0127	3.7251	459.81	2.0116
70	2.1613	464.90	2.0688	3.6198	464.41	2.0261	3.6683	464.39	2.0250
75	2.1294	469.50	2.0821	3.5655	469.03	2.0395	3.6133	469.02	2.0384
80	2.0986	474.15	2.0954	3.5130	473.70	2.0528	3.5601	473.68	2.0517
85	2.0686	478.84	2.1085	3.4621	478.40	2.0660	3.5084	478.38	2.0649
90	2.0395	483.56	2.1217	3.4126	483.14	2.0792	3.4583	483.13	2.0781
95	2.0112	488.33	2.1347	3.3647	487.92	2.0923	3.4097	487.91	2.0912
100	1.9837	493.14	2.1477	3.3181	492.74	2.1053	3.3624	492.73	2.1042
105	1.9570	497.89	2.1606	3.2728	497.60	2.1182	3.3165	497.59	2.1171
110	1.9310	502.87	2.1734	3.2288	502.50	2.1311	3.2719	502.49	2.1300
115	1.9057	507.80	2.1862	3.1860	507.44	2.1439	3.2286	507.43	2.1428
120	1.8811	512.76	2.1989	3.1444	512.42	2.1566	3.1863	512.41	2.1555
125	1.8571	517.77	2.2115	3.1038	517.43	2.1693	3.1453	517.42	2.1682
130	1.8337	522.81	2.2541	3.0644	522.49	2.1819	3.1053	522.48	2.1808
135	1.8109	527.89	2.2366	3.0259	527.58	2.1845	3.0663	527.57	2.1934
140	1.7887	533.02	2.2491	2.9885	532.71	2.2070	3.0283	532.70	2.2059
145	1.7670	538.18	2.2615	2.9519	537.88	2.2194	2.9913	537.87	2.2183
150	1.7459	543.38	2.2739	2.9163	543.09	2.2318	2.9552	543.08	2.2307
155	1.7252	548.61	2.2862	2.8816	548.33	2.2441	2.9199	548.32	2.2430
160	1.7051	553.89	2.2985	2.8476	553.62	2.2564	2.8856	553.61	2.2553

(계속)

t [℃]	$P=140$ kPa			$P=200$ kPa			$P=240$ kPa		
	ρ [kg/m³]	h [kJ/kg]	s [kJ/kg·K]	ρ [kg/m³]	h [kJ/kg]	s [kJ/kg·K]	ρ [kg/m³]	h [kJ/kg]	s [kJ/kg·K]
−85	1,542.7	93.24	0.5339	1,542.7	93.27	0.5339	1,542.8	93.29	0.5338
−80	1,529.2	99.22	0.5653	1,529.3	99.25	0.5652	1,529.4	99.26	0.5652
−75	1,515.7	105.22	0.5960	1,515.8	105.25	0.5969	1,515.9	105.27	0.5969
−70	1,502.1	111.25	0.6260	1,502.2	111.28	0.6260	1,502.3	111.20	0.6269
−65	1,488.4	117.32	0.6555	1,488.5	117.34	0.6554	1,488.6	117.36	0.6554
−60	1,474.6	123.41	0.6845	1,474.7	123.44	0.6844	1,474.7	123.46	0.6843
−55	1,460.6	129.55	0.7129	1,460.7	129.57	0.7128	1,460.8	129.59	0.7128
−50	1,446.5	135.72	0.7409	1,446.7	135.74	0.7408	1,446.7	135.76	0.7407
−45	1,432.3	141.93	0.7684	1,432.4	141.95	0.7683	1,432.5	141.96	0.7682
−40	1,417.9	148.18	0.7955	1,418.0	148.20	0.7954	1,418.1	148.21	0.7953
−35	1,403.3	154.47	0.8222	1,403.5	154.49	0.8221	1,403.6	154.51	0.8220
−30	1,388.5	160.81	0.8485	1,388.7	160.83	0.8484	1,388.8	160.85	0.8484
−25	1,373.5	167.20	0.8745	1,373.7	167.22	0.8744	1,373.8	167.23	0.8744
−20	1,358.3	173.64	0.9220	1,358.5	173.66	0.9001	1,358.6	173.67	0.9001
−15	7.0075	390.40	1.7523	1,342.9	180.15	0.9255	1,343.1	180.16	0.9255
−10	6.8467	394.50	1.7680	10.009	392.68	1.7337	1,327.3	186.71	0.9506
−5	6.6951	398.61	1.7835	9.7669	396.94	1.7497	11.896	395.76	1.7315
0	6.5517	402.74	1.7987	9.5410	401.20	1.7654	11.605	400.11	1.7474
5	6.4156	406.90	1.8138	9.3286	405.45	1.7808	11.334	404.45	1.7633
10	6.2861	411.08	1.8287	9.1281	409.73	1.7961	11.079	418.79	1.7787
15	6.1625	415.29	1.8434	8.9381	414.02	1.8111	10.839	413.14	1.7940
20	6.0445	419.53	1.8580	8.7577	418.33	1.8259	10.612	417.51	1.8090
25	5.9316	423.81	1.8725	8.5859	422.67	1.8406	10.397	421.89	1.8238
30	5.8234	428.12	1.8868	8.4220	427.04	1.8551	10.192	426.30	1.8385
35	5.7195	432.46	1.9010	8.2652	431.44	1.8695	9.9966	430.74	1.8530
40	5.6197	436.84	1.9151	8.1152	435.87	1.8838	9.8102	435.20	1.8674
45	5.5237	441.26	1.9291	7.9713	440.33	1.8979	9.6318	449.70	1.8816
50	5.4312	445.72	1.9430	7.8331	444.83	1.9120	9.4609	444.22	1.8957
55	5.3421	450.21	1.9568	7.7003	459.36	1.9259	9.2969	458.78	1.9097
60	5.2561	454.74	1.9705	7.5725	453.92	1.9397	9.1393	453.37	1.9236
65	5.1731	459.31	1.9841	7.4493	458.52	1.9534	8.9877	458.00	1.9374
70	5.0928	463.91	1.9977	7.3305	463.16	1.9670	8.8417	462.65	1.9511
75	5.0152	468.56	2.0111	7.2159	467.83	1.9805	8.7010	467.35	1.9646
80	4.9401	473.24	2.0244	7.1051	472.54	1.9939	8.5651	472.08	1.9781
85	4.8673	477.96	2.0377	6.9980	477.29	2.0073	8.4340	476.84	1.9915
90	4.7968	482.72	2.0509	6.9844	482.07	2.0206	8.3072	481.64	2.0048
95	4.7285	487.51	2.0640	6.7940	486.89	2.0337	8.1845	486.48	2.0181
100	4.6621	492.35	2.0771	6.6967	491.75	2.0468	8.0658	491.35	2.0312
105	4.5977	497.22	2.0900	6.6024	496.64	2.0599	7.9507	496.26	2.0443
110	4.5351	502.13	2.1029	6.5109	501.57	2.0728	7.8392	501.20	2.0573
115	4.4743	507.08	2.1158	6.4221	506.54	2.0857	7.7310	506.18	2.0702
120	4.4152	512.07	2.1286	6.3359	511.55	2.0985	7.6260	511.20	2.0830
125	4.3577	517.10	2.1413	6.2520	516.59	2.1113	7.5240	516.25	2.0958
130	4.3017	522.16	2.1539	6.1705	521.67	2.1239	7.4249	521.34	2.1085
135	4.2472	527.26	2.1665	6.0912	526.79	2.1366	7.3286	526.47	2.1211
140	4.1942	532.41	2.1790	6.0140	531.94	2.1491	7.2349	531.64	2.1337
145	4.1425	537.58	2.1915	5.9389	537.14	2.1616	7.1436	536.84	2.1462
150	4.0920	542.80	2.2039	5.8657	542.37	2.1740	7.0548	542.08	2.1578
155	4.0429	548.05	2.2162	5.7943	547.63	2.1864	6.9683	547.35	2.1711
160	3.9949	553.35	2.2285	5.7248	552.94	2.1987	6.8840	552.66	2.1834

(계속)

t [℃]	P=300 kPa ρ [kg/m³]	h [kJ/kg]	s [kJ/kg·K]	P=350 kPa ρ [kg/m³]	h [kJ/kg]	s [kJ/kg·K]	P=400 kPa ρ [kg/m³]	h [kJ/kg]	s [kJ/kg·K]
−85	1,542.9	93.31	0.5338	1,543.0	93.33	0.5337	1,543.0	93.36	0.5336
−80	1,529.5	99.29	0.5651	1,529.5	99.31	0.5650	1,529.6	99.33	0.5650
−75	1,516.0	105.29	0.5958	1,516.0	105.31	0.5957	1,516.1	105.33	0.5957
−70	1,502.4	111.32	0.6258	1,502.4	111.34	0.6258	1,502.5	111.36	0.6257
−65	1,488.7	117.38	0.6553	1,488.8	117.40	0.6553	1,488.8	117.43	0.6552
−60	1,474.9	123.48	0.6843	1,474.9	123.50	0.6842	1,475.0	123.52	0.6841
−55	1,460.9	129.61	0.7127	1,461.0	129.63	0.7126	1,461.1	129.65	0.7126
−50	1,446.9	135.78	0.7406	1,447.0	135.80	0.7406	1,447.1	135.82	0.7405
−45	1,432.7	141.99	0.7682	1,432.8	142.01	0.7681	1,432.9	142.02	0.7680
−40	1,418.3	148.24	0.7953	1,418.4	148.25	0.7952	1,418.5	148.27	0.7951
−35	1,403.7	154.53	0.8220	1,403.8	154.55	0.8219	1,404.0	154.56	0.8218
−30	1,389.0	160.87	0.8483	1,389.1	160.88	0.8482	1,389.2	160.90	0.8481
−25	1,374.0	167.25	0.8743	1,374.1	167.27	0.8742	1,374.3	167.29	0.8741
−20	1,358.8	173.69	0.9000	1,358.9	173.70	0.8999	1,359.1	173.72	0.8998
−15	1,343.3	180.18	0.9254	1,343.4	180.19	0.9253	1,343.6	180.21	0.9252
−10	1,327.5	186.72	0.9505	1,327.6	186.74	0.9504	1,327.8	186.75	0.9503
−5	1,311.3	193.33	0.9753	1,311.5	193.34	0.9752	1,311.7	193.36	0.9751
0	1,294.8	200.00	1.0000	1,295.0	200.01	0.9999	1,295.2	200.02	0.9998
5	14.447	402.88	1.7408	1,278.1	206.75	1.0243	1,278.3	206.76	1.0242
10	14.098	407.34	1.7567	16.708	406.06	1.7407	19.415	404.72	1.7261
15	13.773	411.79	1.7722	16.300	410.61	1.7566	18.911	409.38	1.7425
20	13.467	416.24	1.7876	15.920	415.14	1.7722	18.446	414.01	1.7584
25	13.179	420.70	1.8027	15.564	419.67	1.7875	18.012	418.62	1.7740
30	12.907	425.17	1.8175	15.228	424.21	1.8026	17.607	423.22	1.7893
35	12.648	429.67	1.8323	14.911	428.76	1.8175	17.225	427.83	1.8044
40	12.402	434.19	1.8468	14.611	433.33	1.8322	16.865	432.45	1.8192
45	12.168	438.73	1.8612	14.325	437.92	1.8467	16.525	437.08	1.8339
50	11.944	443.31	1.8755	14.054	442.53	1.8611	16.201	441.74	1.8484
55	11.730	447.91	1.8896	13.794	447.16	1.8753	15.893	446.41	1.8628
60	11.525	452.53	1.9036	13.546	451.83	1.8895	15.600	451.11	1.8770
65	11.328	457.19	1.9175	13.309	456.52	1.9034	15.319	455.83	1.8911
70	11.138	461.89	1.9312	13.081	461.24	1.9173	15.050	460.58	1.9050
75	10.956	466.61	1.9449	12.862	465.99	1.9310	14.793	465.36	1.9188
80	10.781	471.37	1.9585	12.652	470.77	1.9447	14.546	470.17	1.9325
85	10.612	476.16	1.9719	12.450	475.59	1.9582	14.308	475.01	1.9461
90	10.449	480.99	1.9853	12.254	480.44	1.9717	14.080	479.88	1.9597
95	10.291	485.85	1.9986	12.066	485.32	1.9850	13.860	484.78	1.9731
100	10.139	490.74	2.0118	11.885	490.23	1.9983	13.647	499.72	1.9864
105	9.9914	495.67	2.0249	11.709	495.18	2.0114	13.442	494.68	1.9996
110	9.8486	500.63	2.0380	11.539	500.16	2.0245	13.244	499.68	2.0127
115	9.7103	505.63	2.0510	11.375	505.15	2.0375	13.053	504.71	2.0258
120	9.5762	510.67	2.0638	11.215	510.23	2.0505	12.867	519.78	2.0387
125	9.4460	515.74	2.0767	11.061	515.31	2.0633	12.688	514.88	2.0516
130	9.3197	520.85	2.0894	10.911	520.43	2.0761	12.513	520.02	2.0645
135	9.1970	525.99	2.1021	10.765	525.59	2.0888	12.345	525.19	2.0772
140	9.0777	531.17	2.1147	10.624	530.78	2.1014	12.181	530.39	2.0899
145	8.9617	536.39	2.1273	10.487	536.01	2.1140	12.022	535.63	2.1025
150	8.8489	541.64	2.1397	10.353	541.27	2.1265	11.867	540.91	2.1150
155	8.7391	546.93	2.1522	10.224	546.57	2.1390	11.717	546.21	2.1275
160	8.6321	552.25	2.1645	10.097	551.91	2.1514	11.570	551.56	2.1399

(계속)

t [℃]	$P=500$ kPa			$P=600$ kPa			$P=700$ kPa		
	ρ [kg/m³]	h [kJ/kg]	s [kJ/kg·K]	ρ [kg/m³]	h [kJ/kg]	s [kJ/kg·K]	ρ [kg/m³]	h [kJ/kg]	s [kJ/kg·K]
−85	1,543.2	93.40	0.5335	1,543.3	93.44	0.5334	1,543.5	93.49	0.5333
−80	1,529.8	99.37	0.5649	1,529.9	99.42	0.5648	1,530.1	99.46	0.5646
−75	1,516.3	105.38	0.5955	1,516.4	105.42	0.5954	1,516.6	105.46	0.5953
−70	1,502.7	111.41	0.6256	1,502.9	111.45	0.6255	1,503.0	111.49	0.6254
−65	1,489.0	117.47	0.6551	1,489.2	117.51	0.6549	1,489.4	117.55	0.6548
−60	1,475.2	123.56	0.6840	1,475.4	123.60	0.6839	1,475.6	123.64	0.6837
−55	1,461.3	129.69	0.7124	1,461.5	129.73	0.7123	1,461.7	129.77	0.7122
−50	1,447.3	135.86	0.7404	1,447.5	135.90	0.7402	1,447.7	135.94	0.7401
−45	1,433.1	142.06	0.7679	1,433.3	142.10	0.7677	1,433.5	142.14	0.7676
−40	1,418.7	148.31	0.7950	1,419.0	148.35	0.7948	1,419.2	148.38	0.7947
−35	1,404.2	154.60	0.8217	1,404.5	154.64	0.8215	1,404.7	154.67	0.8214
−30	1,389.5	160.94	0.8480	1,389.7	160.97	0.8478	1,390.0	161.00	0.8477
−25	1,374.5	167.32	0.8740	1,374.8	167.35	0.8738	1,375.1	167.38	0.8737
−20	1,359.4	173.75	0.8996	1,359.6	173.78	0.8995	1,359.9	173.81	0.8993
−15	1,343.9	180.24	0.9250	1,344.2	180.27	0.9248	1,344.5	180.30	0.9247
−10	1,328.1	186.78	0.9501	1,328.5	186.81	0.9499	1,328.8	186.84	0.9497
−5	1,312.1	193.38	0.9750	1,312.4	193.41	0.9748	1,312.8	193.43	0.9746
0	1,295.6	200.05	0.9996	1,296.0	200.07	0.9994	1,296.4	200.09	0.9992
5	1,278.7	206.78	1.0240	1,279.1	206.80	1.0238	1,279.6	206.82	1.0236
10	1,261.4	213.59	1.0483	1,261.8	213.61	1.0481	1,262.3	213.62	1.0478
15	1,243.5	220.48	1.0724	1,244.0	220.49	1.0722	1,244.5	220.51	1.0719
20	23.744	411.61	1.7339	1,225.5	227.47	1.0962	1,226.0	227.48	1.0959
25	23.125	416.40	1.7501	28.573	414.01	1.7291	1,206.9	234.55	1.1198
30	22.554	421.16	1.7659	27.790	418.96	1.7455	33.371	416.60	1.7269
35	22.022	425.90	1.7814	27.073	423.86	1.7616	32.418	421.69	1.7436
40	21.526	430.63	1.7967	26.409	428.73	1.7772	31.549	426.72	1.7598
45	21.059	435.37	1.8117	25.792	433.58	1.7926	30.750	431.71	1.7756
50	20.619	440.11	1.8265	25.215	438.43	1.8077	30.010	436.67	1.7910
55	20.202	444.87	1.8411	24.672	443.28	1.8226	29.320	441.62	1.8062
60	19.808	449.64	1.8555	24.161	448.13	1.8373	28.674	446.57	1.8212
65	19.432	454.43	1.8698	23.677	453.00	1.8518	28.066	451.52	1.8359
70	19.074	459.25	1.8839	23.218	457.88	1.8661	27.493	456.47	1.8505
75	18.732	464.09	1.8979	22.782	462.78	1.8803	26.950	461.44	1.8649
80	18.406	468.95	1.9118	22.366	467.70	1.8943	26.435	466.42	1.8791
85	18.092	473.84	1.9256	21.969	472.64	1.9082	25.945	471.42	1.8931
90	17.792	478.76	1.9392	21.589	477.61	1.9220	25.478	476.44	1.9070
95	17.503	483.70	1.9527	21.226	482.60	1.9356	25.032	481.48	1.9208
100	17.225	488.68	1.9661	20.877	487.62	1.9492	24.605	486.54	1.9345
105	16.958	493.68	1.9795	20.541	492.66	1.9626	24.196	491.63	1.9480
110	16.700	498.72	1.9927	20.219	497.74	1.9759	23.804	496.74	1.9615
115	16.451	503.78	2.0058	19.908	500.84	1.9892	23.426	501.88	1.9748
120	16.211	508.88	2.0189	19.609	507.97	2.0023	23.064	507.05	1.9880
125	15.978	514.01	2.0318	19.320	513.13	2.0154	22.714	512.24	2.0011
130	15.753	519.18	2.0447	19.040	518.33	2.0283	22.377	517.47	2.0142
135	15.535	524.37	2.0575	18.770	523.55	2.0412	22.052	522.72	2.0271
140	15.324	529.60	2.0703	18.509	528.81	2.0540	21.737	528.01	2.0400
145	15.119	534.87	2.0829	18.256	534.10	2.0667	21.433	533.32	2.0528
150	14.921	540.17	2.0955	18.011	549.42	2.0794	21.139	538.67	2.0655
155	14.728	545.50	2.1081	17.773	544.77	2.0920	20.853	544.05	2.0781
160	14.540	550.86	2.1205	17.542	550.16	2.1045	20.577	549.45	2.0907

(계속)

t [°C]	P=800 kPa ρ [kg/m³]	h [kJ/kg]	s [kJ/kg·K]	P=1,000 kPa ρ [kg/m³]	h [kJ/kg]	s [kJ/kg·K]	P=1,200 kPa ρ [kg/m³]	h [kJ/kg]	s [kJ/kg·K]
−85	1,543.6	93.53	0.5332	1,543.9	93.62	0.5330	1,544.2	93.70	0.5327
−80	1,530.2	99.50	0.5645	1,530.5	99.59	0.5643	1,530.8	99.68	0.5641
−75	1,516.7	105.50	0.5952	1,517.1	105.59	0.5950	1,517.4	105.67	0.5947
−70	1,503.2	111.53	0.6252	1,503.5	111.62	0.6250	1,503.8	111.70	0.6248
−65	1,489.5	117.59	0.6547	1,489.9	117.67	0.6545	1,490.2	117.76	0.6542
−60	1,475.8	123.68	0.6836	1,476.1	123.76	0.6834	1,476.5	123.85	0.6831
−55	1,461.9	129.81	0.7120	1,462.3	129.89	0.7118	1,462.7	129.97	0.7115
−50	1,447.9	135.97	0.7400	1,448.3	136.05	0.7397	1,448.7	136.13	0.7394
−45	1,433.7	142.18	0.7675	1,434.2	142.25	0.7672	1,434.6	142.33	0.7669
−40	1,419.4	148.42	0.7945	1,419.9	148.50	0.7942	1,420.3	148.57	0.7940
−35	1,404.9	154.71	0.8212	1,405.4	154.78	0.8209	1,405.9	154.85	0.8206
−30	1,390.3	161.04	0.8475	1,390.8	161.11	0.8472	1,391.3	161.18	0.8469
−25	1,375.4	167.42	0.8735	1,375.9	167.48	0.8732	1,376.5	167.55	0.8729
−20	1,360.2	173.85	0.8991	1,360.8	173.91	0.8988	1,361.4	173.97	0.8985
−15	1,344.8	180.33	0.9245	1,345.5	180.39	0.9241	1,346.1	180.45	0.9238
−10	1,329.2	186.86	0.9496	1,329.8	186.92	0.9492	1,330.5	186.98	0.9489
−5	1,313.1	193.46	0.9744	1,313.9	193.51	0.9740	1,314.6	193.56	0.9736
0	1,296.8	200.12	0.9990	1,297.5	200.16	0.9986	1,298.3	200.21	0.9982
5	1,280.0	206.84	1.0234	1,280.8	206.88	1.0230	1,281.6	206.93	1.0226
10	1,262.7	213.64	1.0476	1,263.6	213.68	1.0472	1,264.5	213.71	1.0467
15	1,245.0	220.52	1.0717	1,246.0	220.55	1.0712	1,246.9	220.57	1.0708
20	1,226.6	227.49	1.0957	1,227.7	227.50	1.0952	1,228.8	227.52	1.0947
25	1,207.5	234.55	1.1196	1,208.7	234.56	1.1190	1,209.9	234.57	1.1185
30	1,187.7	241.72	1.1434	1,189.0	241.72	1.1428	1,190.3	241.71	1.1423
35	38.115	419.37	1.7268	1,168.3	249.00	1.1667	1,169.8	248.98	1.1660
40	36.988	424.59	1.7436	49.004	419.86	1.7135	1,148.3	256.37	1.1899
45	35.966	429.74	1.7599	47.349	425.44	1.7312	1,125.4	263.93	1.2138
50	35.030	434.84	1.7758	45.879	430.88	1.7482	58.136	426.71	1.7223
55	34.166	439.91	1.7914	44.556	436.24	1.7646	56.120	432.17	1.7400
60	33.363	444.95	1.8067	43.350	441.53	1.7806	54.335	437.79	1.7570
65	32.612	449.99	1.8217	42.243	446.78	1.7962	52.732	443.31	1.7735
70	31.908	455.03	1.8365	41.218	452.00	1.8116	51.276	448.76	1.7895
75	31.245	460.07	1.8510	40.264	457.21	1.8266	49.942	454.16	1.8051
80	30.619	465.12	1.8654	39.372	462.40	1.8414	48.710	459.53	1.8204
85	30.026	470.18	1.8797	38.535	467.59	1.8561	47.566	464.88	1.8354
90	29.462	475.25	1.8937	37.746	472.79	1.8705	46.499	470.22	1.8502
95	28.926	480.34	1.9076	37.001	477.99	1.8847	45.499	475.55	1.8648
100	28.414	485.45	1.9214	36.295	483.21	1.8988	44.558	480.78	1.8792
105	27.925	490.58	1.9351	35.624	488.43	1.9127	43.670	486.21	1.8934
110	27.457	495.74	1.9486	34.985	493.67	1.9264	42.830	491.54	1.9074
115	27.008	500.91	1.9621	34.375	498.93	1.9401	42.033	496.89	1.9213
120	26.578	506.12	1.9754	33.792	504.21	1.9536	41.275	502.25	1.9350
125	26.163	511.34	1.9886	33.234	509.51	1.9670	40.552	507.63	1.9486
130	25.764	516.60	2.0017	32.699	514.53	1.9803	39.862	513.03	1.9621
135	25.380	521.88	2.0147	32.186	220.18	1.9934	39.201	518.44	1.9754
140	25.009	527.20	2.0277	31.692	525.55	2.0065	38.569	523.87	1.9886
145	24.651	532.54	2.0405	31.216	530.95	2.0195	37.962	529.33	2.0018
150	24.305	537.91	2.0533	30.758	536.37	2.0304	37.379	534.81	2.0148
155	23.970	543.31	2.0660	30.316	541.82	2.0452	36.817	540.31	2.0277
160	23.946	548.74	2.0786	29.889	547.30	2.0579	36.277	545.84	2.0405

(계속)

t [℃]	$P=1,400$ kPa			$P=1,600$ kPa			$P=2.000$ kPa		
	ρ [kg/m³]	h [kJ/kg]	s [kJ/kg·K]	ρ [kg/m³]	h [kJ/kg]	s [kJ/kg·K]	ρ [kg/m³]	h [kJ/kg]	s [kJ/kg·K]
−85	1,544.4	93.79	0.5325	1,544.7	93.88	0.5323	1,545.3	94.06	0.5319
−80	1,531.1	99.76	0.5638	1,531.4	99.85	0.5636	1,532.0	100.02	0.5632
−75	1,517.7	105.76	0.5945	1,518.0	105.85	0.5943	1,518.6	106.02	0.5938
−70	1,504.2	111.78	0.6245	1,504.5	111.87	0.6243	1,505.1	112.04	0.6238
−65	1,490.6	117.84	0.6540	1,490.9	117.92	0.6537	1,491.6	118.09	0.6532
−60	1,476.9	123.93	0.6829	1,477.2	124.01	0.6826	1,478.0	124.17	0.6821
−55	1,463.0	130.05	0.7113	1,463.4	130.13	0.7110	1,464.2	130.29	0.7105
−50	1,449.1	136.21	0.7392	1,449.5	136.29	0.7389	1,450.3	136.44	0.7384
−45	1,435.0	142.41	0.7666	1,435.4	142.48	0.7664	1,436.3	142.64	0.7658
−40	1,420.8	148.64	0.7937	1,421.2	148.72	0.7934	1,422.1	148.87	0.7928
−35	1,406.4	154.92	0.8203	1,406.9	155.00	0.8200	1,407.8	155.14	0.8195
−30	1,391.8	161.25	0.8466	1,392.3	161.32	0.8463	1,393.3	161.46	0.8457
−25	1,377.0	167.62	0.8725	1,377.5	167.69	0.8722	1,378.6	167.82	0.8716
−20	1,362.0	174.04	0.8982	1,362.6	174.10	0.8987	1,363.7	174.23	0.8972
−15	1,346.7	180.51	0.9235	1,347.3	180.57	0.9231	1,348.5	180.69	0.9225
−10	1,331.1	187.03	0.9485	1,331.8	187.09	0.9481	1,333.1	187.21	0.9474
−5	1,315.3	193.61	0.9733	1,316.0	193.67	0.9729	1,317.4	193.77	0.9722
0	1,299.1	200.26	0.9978	1,299.8	200.31	0.9974	1,301.3	200.40	0.9967
5	1,282.5	206.97	1.0222	1,283.3	207.01	1.0218	1,284.9	207.10	1.0209
10	1,265.4	213.75	1.0463	1,266.3	213.78	1.0459	1,268.1	213.86	1.0450
15	1,247.9	220.60	1.0703	1,248.9	220.63	1.0699	1,250.8	220.69	1.0690
20	1,229.8	227.54	1.0942	1,230.9	227.56	1.0937	1,233.0	227.61	1.0928
25	1,211.1	234.57	1.1180	1,212.3	234.59	1.1175	1,214.6	234.61	1.1164
30	1,191.6	241.71	1.1417	1,192.9	241.71	1.1412	1,195.5	241.71	1.1401
35	1,171.3	248.96	1.1654	1,172.7	248.94	1.1648	1,175.6	248.92	1.1636
40	1,149.9	256.34	1.1892	1,151.5	256.31	1.1885	1,154.7	256.25	1.1872
45	1,127.3	263.87	1.2131	1,129.2	263.82	1.2123	1,132.8	263.72	1.2109
50	1,103.2	271.59	1.2371	1,105.3	271.51	1.2363	1,109.5	271.35	1.2347
55	69.314	427.54	1.7161	1,079.7	279.41	1.2606	1,084.5	279.18	1.2588
60	66.643	433.62	1.7345	80.824	428.84	1.7120	1,057.5	287.26	1.2832
65	64.322	439.50	1.7520	77.387	435.25	1.7311	1,027.6	295.64	1.3082
70	62.267	445.25	1.7689	74.458	441.40	1.7491	104.46	432.03	1.7086
75	60.421	450.90	1.7853	71.900	447.37	1.7664	99.207	439.12	1.7291
80	58.745	456.48	1.8012	69.628	453.22	1.7831	94.886	445.77	1.7481
85	57.210	462.02	1.8167	67.582	458.97	1.7993	91.208	452.17	1.7660
90	55.794	467.52	1.8320	65.722	464.66	1.8150	88.003	458.38	1.7833
95	54.480	472.99	1.8470	64.017	470.30	1.8305	85.163	464.47	1.7999
100	53.254	478.45	1.8617	62.443	475.91	1.8456	82.612	470.45	1.8160
105	52.107	483.90	1.8762	60.982	481.49	1.8605	80.298	476.36	1.8318
110	51.028	489.34	1.8905	59.619	487.06	1.8751	78.182	482.21	1.8471
115	50.011	494.79	1.9046	58.343	492.61	1.8895	76.232	488.02	1.8622
120	49.049	500.24	1.9186	57.143	498.16	1.9037	74.426	493.80	1.8770
125	48.136	505.70	1.9324	56.011	503.71	1.9177	72.744	499.56	1.8916
130	47.269	511.17	1.9460	54.941	509.27	1.9316	71.171	505.31	1.9059
135	46.442	516.66	1.9596	53.925	514.83	1.9453	69.695	511.04	1.9201
140	45.653	522.16	1.9730	52.960	520.40	1.9589	68.304	516.78	1.9340
145	44.899	527.68	1.9862	52.040	525.99	1.9723	66.990	522.51	1.9478
150	44.177	533.21	1.9994	51.162	531.59	1.9856	65.745	528.24	1.9614
155	43.483	538.77	2.0125	50.323	537.21	1.9988	64.563	533.99	1.9749
160	42.817	544.35	2.0254	49.519	542.84	2.0119	63.437	539.74	1.9883

출처: Thermodynamic Properties of pure and Blended Hydrofluorocarbon(HFC) Refrigrtants, R. Tillner-Roth, Jin Li, Akimichi Yokozeki, Haruki Sato, Koichi Watanabe, Japan Society of Refrigerating and Air Conditioning Engineers, Tokyo. 1998.

13 R-134a의 *P-h* 선도

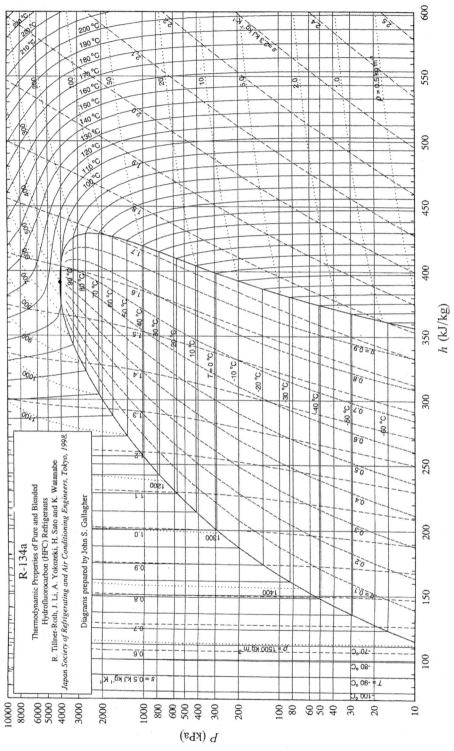

출처: 부록 11, 12와 동일

14 암모니아 포화증기표 (온도기준)

온도(℃)	압력(Mpa)	비체적(m³/kg)		밀도(kg/m³)		비엔탈피(kJ/kg)			비엔트로피(kJ/kg·K)	
t	P	액체 v'	증기 v''	액체 ρ'	증기 ρ''	액체 h'	증기 h''	잠열 $h''-h'$	액체 s'	증기 s''
−60	0.021894	0.0014013	4.7056	713.63	0.21251	−68.058	1,373.7	1,441.8	−0.1041	6.6602
−59	0.023372	0.0014035	4.4268	712.49	0.22590	−63.751	1,375.5	1,439.3	−0.0839	6.5370
−58	0.024933	0.0014058	4.1671	711.36	0.23997	−59.438	1,377.3	1,436.7	−0.0638	6.6140
−57	0.026580	0.0014080	3.9253	710.21	0.25476	−55.120	1,379.1	1,434.2	−0.0438	6.5913
−56	0.028316	0.0014103	3.6998	709.07	0.27028	−50.795	1,380.8	1,431.6	−0.0239	6.5689
−55	0.030146	0.0014126	3.4895	707.91	0.28657	−46.465	1,382.6	1,429.0	−0.00397	6.5467
−54	0.032073	0.0014149	3.2931	706.76	0.30366	−42.130	1,384.3	1,426.4	0.0158	6.5248
−53	0.034102	0.0014172	3.1097	705.60	0.32158	−37.788	1,386.0	1,423.8	0.0356	6.5032
−52	0.036236	0.0014196	2.9382	704.43	0.34034	−33.441	1,387.8	1,421.2	0.0553	6.4817
−51	0.038480	0.0014219	2.7778	703.26	0.35999	−29.088	1,389.5	1,418.6	0.0749	6.4606
−50	0.040837	0.0014243	2.6277	702.09	0.38056	−24.730	1,391.2	1,415.9	0.0945	6.4396
−49	0.043313	0.0014267	2.4871	700.92	0.40207	−20.366	1,392.9	1,413.3	0.1140	6.4189
−48	0.045912	0.0014291	2.3554	699.73	0.42456	−15.996	1,394.6	1,410.6	0.1334	6.3985
−47	0.048637	0.0014315	2.2318	698.55	0.44806	−11.621	1,396.3	1,407.9	0.1528	6.3782
−46	0.051495	0.0014340	2.1159	697.36	0.47261	−7.2397	1,397.9	1,405.2	0.1721	6.3582
−45	0.054490	0.0014364	2.0071	696.17	0.49824	−2.8533	1,399.6	1,402.5	0.1914	6.3384
−44	0.057627	0.0014389	1.9048	694.97	0.52498	1.5385	1,401.3	1,399.7	0.2105	6.3188
−43	0.060910	0.0014414	1.8087	693.77	0.55287	5.9359	1,402.9	1,397.0	0.2297	6.2994
−42	0.064345	0.0014439	1.7184	692.57	0.58194	10.339	1,404.5	1,394.2	0.2487	6.2803
−41	0.067937	0.0014464	1.6333	691.36	0.61224	14.747	1,406.2	1,391.4	0.2677	6.2613
−40	0.071692	0.0014490	1.5533	690.15	0.64380	19.160	1,407.8	1,388.6	0.2867	6.2425
−39	0.075615	0.0014515	1.4779	688.93	0.67665	23.579	1,409.4	1,385.8	0.3056	6.2240
−38	0.079711	0.0014541	1.4068	687.71	0.71084	28.004	1,411.0	1,383.0	0.3244	6.2056
−37	0.083986	0.0014567	1.3397	686.49	0.74642	32.433	1,412.5	1,380.1	0.3432	6.1874
−36	0.088447	0.0014593	1.2765	685.26	0.78340	36.868	1,414.1	1,377.2	0.3619	6.1694
−35	0.093098	0.0014619	1.2168	684.03	0.82184	41.309	1,415.7	1,374.4	0.3806	6.1516
−34	0.097946	0.0014646	1.1604	682.80	0.86178	45.754	1,417.2	1,371.5	0.3992	6.1339
−33.326	0.101325	0.0014664	1.1241	681.96	0.88957	48.753	1,418.3	1,369.5	0.4117	6.1221
−33	0.10300	0.0014672	1.1071	681.56	0.90326	50.205	1,418.8	1,368.6	0.4177	6.1164
−32	0.10826	0.0014699	1.0567	680.32	0.94633	54.661	1,420.3	1,365.6	0.4362	6.0992
−31	0.11373	0.0014726	1.0091	679.07	0.99102	59.122	1,421.8	1,362.7	0.4546	6.0820
−30	0.11943	0.0014753	0.96396	677.82	1.0374	63.589	1,423.3	1,359.7	0.4730	6.0651
−29	0.12535	0.0014780	0.92126	676.57	1.0855	68.060	1,424.8	1,356.7	0.4913	6.0483
−28	0.13151	0.0014808	0.88082	675.31	1.1353	72.537	1,426.3	1,353.7	0.5096	6.0316
−27	0.13792	0.0014836	0.84248	674.05	1.1870	77.019	1,427.7	1,350.7	0.5278	6.0152
−26	0.14457	0.0014864	0.80614	672.79	1.2405	81.506	1,429.2	1,347.7	0.5459	5.9989
−25	0.15147	0.0014892	0.77166	671.52	1.2959	85.999	1,430.6	1,344.6	0.5640	5.9827
−24	0.15864	0.0014920	0.73895	670.25	1.3533	90.496	1,432.1	1,341.6	0.5821	5.9667
−23	0.16608	0.0014948	0.70790	668.97	1.4126	94.999	1,433.5	1,338.5	0.6001	5.9508
−22	0.17379	0.0014977	0.67840	667.70	1.4741	99.506	1,434.9	1,335.4	0.6180	5.9351
−21	0.18179	0.0015006	0.65037	666.41	1.5376	104.02	1,436.3	1,332.3	0.6359	5.9195

(계속)

온도[℃]	압력[Mpa]	비체적[m³/kg]		밀도[kg/m³]		비엔탈피[kJ/kg]			비엔트로피[kJ/kg·K]	
		액체	증기	액체	증기	액체	증기	잠열	액체	증기
t	P	v'	v''	ρ'	ρ''	h'	h''	$h''-h'$	s'	s''
−20	0.19008	0.0015035	0.62372	665.13	1.6033	108.54	1,437.7	1,329.1	0.6537	5.9041
−19	0.19867	0.0015064	0.59838	663.84	1.6712	113.06	1,439.0	1,326.0	0.6715	5.8888
−18	0.20756	0.0015093	0.57427	662.54	1.7413	117.59	1,440.4	1,322.8	0.6892	5.8736
−17	0.21677	0.0015123	0.55133	661.24	1.8138	122.12	1,441.7	1,319.6	0.7069	5.8586
−16	0.22630	0.0015153	0.52948	659.94	1.8886	126.66	1,443.0	1,316.4	0.7245	5.8437
−15	0.23617	0.0015183	0.50867	658.64	1.9659	131.20	1,444.4	1,313.1	0.7421	5.8289
−14	0.24637	0.0015213	0.48884	657.33	2.0457	135.75	1,445.6	1,309.9	0.7596	5.8142
−13	0.25691	0.0015244	0.46993	656.02	2.1280	140.31	1,446.9	1,306.6	0.7771	5.7997
−12	0.26781	0.0015274	0.45191	654.70	2.2128	144.89	1,448.2	1,303.3	0.7945	5.7853
−11	0.27908	0.0015305	0.43471	653.38	2.3004	149.43	1,449.5	1,300.0	0.8119	5.7710
−10	0.29071	0.0015336	0.41829	652.05	2.3907	154.00	1,450.7	1,296.7	0.8293	5.7568
−9	0.30273	0.0015368	0.40262	650.72	2.4837	158.58	1,451.9	1,293.3	0.8465	5.7427
−8	0.31513	0.0015399	0.38765	649.39	2.5796	163.16	1,453.1	1,290.0	0.8638	5.7288
−7	0.32793	0.0015431	0.37335	648.05	2.6784	167.74	1,454.3	1,286.6	0.8810	5.7150
−6	0.34114	0.0015463	0.35969	646.71	2.7802	172.34	1,455.5	1,283.2	0.8981	5.7012
−5	0.35476	0.0015495	0.34663	645.36	2.8850	176.93	1,456.7	1,279.7	0.9152	5.6876
−4	0.36880	0.0015528	0.33413	644.02	2.9929	181.53	1,457.8	1,276.3	0.9323	5.6741
−3	0.38327	0.0015560	0.32217	642.66	3.1039	186.14	1,458.9	1,272.8	0.9493	5.6607
−2	0.39819	0.0015593	0.31073	641.30	3.2182	190.76	1,460.0	1,269.3	0.9662	5.6473
−1	0.41356	0.0015626	0.29978	639.94	3.3358	195.38	1,461.1	1,265.8	0.9831	5.6341
0	0.42939	0.0015660	0.28929	638.57	3.4568	200.00	1,462.2	1,262.2	1.0000	5.6210
1	0.44568	0.0015694	0.27924	637.20	3.5812	204.63	1,463.3	1,258.7	1.0168	5.6080
2	0.46246	0.0015728	0.26961	635.82	3.7091	209.27	1,464.3	1,255.1	1.0336	5.5950
3	0.47972	0.0015762	0.26037	634.44	3.8406	213.91	1,465.4	1,251.5	1.0504	5.5822
4	0.49748	0.0015796	0.25152	633.06	3.9758	218.56	1,466.4	1,247.8	1.0671	5.5694
5	0.51575	0.0015831	0.24303	631.67	4.1147	223.21	1,467.4	1,244.2	1.0837	5.5567
6	0.53454	0.0015866	0.23488	630.27	4.2574	227.87	1,468.4	1,240.5	1.1003	5.5441
7	0.55385	0.0015901	0.22706	628.87	4.4041	232.54	1,469.3	1,236.8	1.1169	5.5316
8	0.57370	0.0015937	0.21955	627.47	4.5547	237.21	1,470.3	1,233.1	1.1335	5.5192
9	0.59409	0.0015973	0.21234	626.06	4.7093	241.89	1,471.2	1,229.3	1.1500	5.5069
10	0.61505	0.0016009	0.20542	624.65	4.8681	246.57	1,472.1	1,225.5	1.1664	5.4946
11	0.63657	0.0016046	0.19876	623.23	5.0312	251.26	1,473.0	1,221.7	1.1828	5.4824
12	0.65867	0.0016082	0.19237	621.80	5.1984	255.96	1,473.9	1,217.9	1.1992	5.4703
13	0.68135	0.0016119	0.18621	620.37	5.3702	260.67	1,474.7	1,214.0	1.2155	5.4582
14	0.70463	0.0016157	0.18030	618.94	5.5463	265.38	1,475.5	1,210.2	1.2319	5.4463
15	0.72853	0.0016194	0.17461	617.50	5.7271	270.10	1,476.4	1,206.3	1.2481	5.4344
16	0.75304	0.0016232	0.16913	616.05	5.9125	274.82	1,477.2	1,202.3	1.2644	5.4225
17	0.77818	0.0016271	0.16386	614.60	6.1027	279.55	1,477.9	1,198.4	1.2805	5.4108
18	0.80395	0.0016309	0.15879	613.14	6.2977	284.29	1,478.7	1,194.4	1.2967	5.3991
19	0.83039	0.0016348	0.15390	611.68	6.4977	289.04	1,479.4	1,190.4	1.3128	5.3874
20	0.85748	0.0016388	0.14919	610.21	6.7028	293.79	1,480.1	1,186.4	1.3289	5.3759
21	0.88524	0.0016427	0.14466	608.74	6.9129	298.55	1,480.8	1,182.3	1.3450	5.3643
22	0.91369	0.0016468	0.14029	607.26	7.1283	303.32	1,481.5	1,178.2	1.3610	5.3529
23	0.94283	0.0016508	0.13607	605.77	7.3491	308.10	1,482.2	1,174.1	1.3770	5.3415
24	0.97268	0.0016549	0.13201	604.28	7.5753	312.88	1,482.8	1,169.9	1.3930	5.3301
25	1.0032	0.0016590	0.12809	602.78	7.8071	317.68	1,483.4	1,165.8	1.4089	5.3189
26	1.0345	0.0016631	0.12431	601.27	8.0446	322.48	1,484.0	1,161.5	1.4248	5.3076
27	1.0666	0.0016673	0.12066	599.76	8.2877	327.29	1,484.6	1,157.3	1.4407	5.2964
28	1.0993	0.0016716	0.11714	598.24	8.5369	332.10	1,485.1	1,153.0	1.4565	5.2853
29	1.1329	0.0016758	0.11374	596.71	8.7921	336.93	1,485.7	1,148.7	1.4723	5.2742

(계속)

온도(℃)	압력(Mpa)	비체적(m³/kg)		밀도(kg/m³)		비엔탈피(kJ/kg)			비엔트로피(kJ/kg·K)	
		액체	증기	액체	증기	액체	증기	잠열	액체	증기
t	P	v'	v''	ρ'	ρ''	h'	h''	$h''-h'$	s'	s''
30	1.1672	0.0016802	0.11046	595.18	9.0534	341.76	1,486.2	1144.4	1.4881	5.2632
31	1.2023	0.0016845	0.10728	593.64	9.3210	346.61	1,486.7	1140.0	1.5039	5.2522
32	1.2382	0.0016889	0.10422	592.09	9.5951	351.46	1,487.1	1135.7	1.5196	5.2412
33	1.2749	0.0016934	0.10126	590.54	9.8755	356.32	1,487.5	1131.2	1.5353	5.2303
34	1.3124	0.0016979	0.098399	588.98	10.163	361.20	1,488.0	1126.8	1.5510	5.2194
35	1.3508	0.0017024	0.095632	587.41	10.457	366.08	1,488.3	1122.3	1.5666	5.2086
36	1.3900	0.0017070	0.092958	585.83	10.758	370.97	1,488.7	1117.7	1.5823	5.1978
37	1.4300	0.0017116	0.090370	584.25	11.066	375.87	1,489.1	1113.2	1.5979	5.1871
38	1.4709	0.0017163	0.087868	582.66	11.381	380.78	1,489.4	1108.6	1.6135	5.1763
39	1.5127	0.0017210	0.085446	581.06	11.703	385.70	1,489.7	1104.0	1.6290	5.1657
40	1.5554	0.0017258	0.083102	579.45	12.033	390.64	1,489.9	1099.3	1.6446	5.1550
41	1.5990	0.0017306	0.080833	577.83	12.371	395.58	1,490.2	1094.6	1.6601	5.1444
42	1.6435	0.0017355	0.078637	576.20	12.717	400.54	1,490.4	1089.8	1.6756	5.1338
43	1.6890	0.0017404	0.076509	574.57	13.070	405.50	1,490.6	1085.1	1.6911	5.1232
44	1.7353	0.0017454	0.074449	572.92	13.432	410.48	1,490.7	1080.2	1.7066	5.1127
45	1.7827	0.0017505	0.072452	571.27	13.802	415.47	1,490.9	1075.4	1.7220	5.1021
46	1.8309	0.0017556	0.070518	569.61	14.181	420.48	1,491.0	1070.5	1.7374	5.0916
47	1.8802	0.0017608	0.068643	567.63	14.568	425.49	1,491.0	1065.6	1.7529	5.0812
48	1.9305	0.0017660	0.066826	566.25	14.964	430.52	1,491.1	1060.6	1.7683	5.0707
49	1.9817	0.0017713	0.065063	564.56	15.370	435.56	1,491.1	1055.6	1.7837	5.0602
50	2.0340	0.0017766	0.063354	562.86	15.784	440.61	1,491.1	1050.5	1.7990	5.0498
51	2.0873	0.0017821	0.061696	561.15	16.208	445.68	1,491.1	1045.4	1.8144	5.0394
52	2.1417	0.0017876	0.060088	559.42	16.642	450.76	1,491.0	1040.2	1.8297	5.0290
53	2.1971	0.0017931	0.058527	557.69	17.086	455.86	1,490.9	1035.0	1.8451	5.0186
54	2.2536	0.0017987	0.057013	555.94	17.540	460.97	1,490.8	1029.8	1.8604	5.0082
55	2.3111	0.0018044	0.055542	554.19	18.004	466.09	1,490.6	1024.5	1.8758	4.9978
56	2.3698	0.0018102	0.054115	552.42	18.479	471.24	1,490.4	1019.2	1.8911	4.9875
57	2.4295	0.0018161	0.052728	550.64	18.965	476.39	1,490.2	1013.8	1.9064	4.9771
58	2.4904	0.0018220	0.051382	548.85	19.462	481.56	1,489.9	1008.4	1.9217	4.9667
59	2.5524	0.0018280	0.050074	547.04	19.971	486.75	1,489.6	1002.9	1.9370	4.9564
60	2.6156	0.0018341	0.048803	545.22	20.491	491.96	1,489.3	997.35	1.9523	4.9460
61	2.6799	0.0018403	0.047568	543.39	21.023	497.18	1,488.9	991.77	1.9676	4.9356
62	2.7454	0.0018465	0.046367	541.55	21.567	502.42	1,488.6	986.13	1.9829	4.9252
63	2.8121	0.0018529	0.045200	539.69	22.124	507.68	1,488.1	980.43	1.9982	4.9148
64	2.8800	0.0018594	0.044065	537.82	22.694	512.96	1,487.6	974.69	2.0135	4.9045
65	2.9491	0.0018659	0.042961	535.94	23.277	518.25	1,487.1	968.88	2.0288	4.8940
66	3.0195	0.0018725	0.041887	534.04	23.874	523.57	1,486.6	963.02	2.0441	4.8836
67	3.0911	0.0018793	0.040843	532.12	24.484	528.90	1,486.0	957.09	2.0594	4.8732
68	3.1639	0.0018861	0.039827	530.19	25.109	534.26	1,485.4	951.11	2.0747	4.8627
69	3.2381	0.0018931	0.038837	528.24	25.749	539.64	1,484.7	945.06	2.0901	4.8522
70	3.3135	0.0019001	0.037884	526.28	26.403	545.04	1,484.0	938.95	2.1054	4.8417
71	3.3902	0.0019073	0.036936	524.30	27.074	550.46	1,483.2	932.78	2.1207	4.8311
72	3.4683	0.0019146	0.036024	522.30	27.760	555.90	1,482.4	926.53	2.1361	4.8205
73	3.5476	0.0019220	0.035134	520.29	28.462	561.37	1,481.6	920.22	2.1515	4.8099
74	3.6284	0.0019295	0.034268	518.26	29.182	566.86	1,480.7	913.84	2.1669	4.7993
75	3.7105	0.0019372	0.033424	516.20	29.919	572.37	1,479.8	907.39	2.1823	4.7886
76	3.7939	0.0019450	0.032602	514.13	30.673	577.91	1,478.8	900.87	2.1977	4.7779
77	3.8788	0.0019530	0.031800	512.04	31.446	583.48	1,477.7	894.27	2.2132	4.7671
78	3.9651	0.0019610	0.031019	509.93	32.239	589.07	1,476.7	887.59	2.2286	4.7563
79	4.0528	0.0019693	0.030257	507.80	33.051	594.70	1,475.5	880.83	2.2441	4.7454
80	4.1420	0.0019777	0.029514	505.65	33.883	600.35	1,474.3	873.99	2.2596	4.7345

출처: 冷凍, vol.71, No.826. 1996.

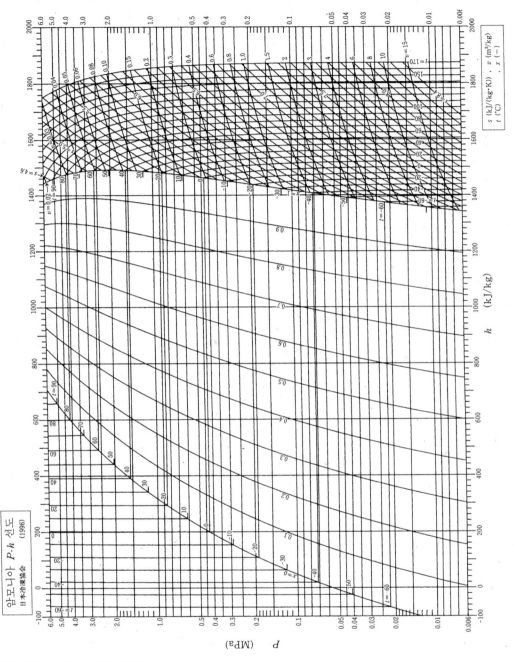

출처: 冷凍, vol.71, No.826. 1996.

16 포화증기표(R-11, R-12, R-13, R-22, 탄산가스)

(1) R-11의 포화증기표

Temp [℃]	Prressure [MPa]	Volume Vapor [m³/kg]	Density Liquid [kg/m³]	Enthalpy		Entropy	
				Liquid [kJ/kg]	Vapor [kJ/kg]	Liquid [kJ/kg·K]	Vapor [kJ/kg·K]
− 70	0.000568	21.645	1,687.3	153.58	355.53	0.80862	1.8065
− 65	0.000861	14.616	1,676.1	154.60	357.90	0.81356	1.7928
− 60	0.001277	10.088	1,664.9	156.31	360.30	0.82169	1.7804
− 55	0.001855	7.1055	1,653.9	158.58	362.73	0.83222	1.7691
− 50	0.002643	5.0997	1,643.0	161.30	365.18	0.84454	1.7588
− 45	0.003698	3.7244	1,632.2	164.38	367.65	0.85816	1.7495
− 40	0.005088	2.7642	1,621.3	167.74	370.14	0.87273	1.7411
− 35	0.006892	2.0826	1,610.5	171.33	372.66	0.88796	1.7334
− 30	0.009200	1.5910	1,599.7	175.10	375.18	0.90363	1.7265
− 25	0.012117	1.2314	1,588.8	179.02	377.73	0.91958	1.7203
− 20	0.015756	0.96457	1,577.9	183.06	380.28	0.93568	1.7147
− 15	0.020247	0.76412	1,567.0	187.19	382.85	0.95184	1.7097
− 10	0.025730	0.61170	1,555.9	191.40	385.43	0.96798	1.7053
− 5	0.032359	0.49450	1,544.9	195.68	388.01	0.98405	1.7013
0	0.040301	0.40341	1,533.7	200.00	390.59	1.0000	1.6978
2	0.043885	0.37276	1,529.2	201.74	391.63	1.0063	1.6965
4	0.047719	0.34489	1,524.7	203.49	392.67	1.0127	1.6952
6	0.051815	0.31952	1,520.1	205.24	393.70	1.0190	1.6941
8	0.056187	0.29639	1,515.6	207.00	394.74	1.0252	1.6930
10	0.060847	0.27527	1,511.0	208.77	395.77	1.0315	1.6919
12	0.065808	0.25596	1,506.4	210.53	396.81	1.0377	1.6909
14	0.071083	0.23828	1,501.8	212.31	397.84	1.0439	1.6900
16	0.076686	0.22206	1,497.2	214.08	398.88	1.0500	1.6891
18	0.082631	0.20718	1,492.6	215.87	399.91	1.0561	1.6883
20	0.088933	0.19351	1,487.9	217.65	400.94	1.0622	1.6875
22	0.095605	0.18092	1,483.2	219.44	401.97	1.0683	1.6868
23.63	0.101325	0.17140	1,479.4	220.90	402.81	1.0732	1.6862
24	0.10266	0.16932	1,478.5	221.23	403.00	1.0744	1.6861
26	0.11012	0.15862	1,473.8	223.03	404.03	1.0804	1.6854
28	0.11799	0.14874	1,469.0	224.83	405.06	1.0863	1.6848
30	0.12630	0.13961	1,464.3	226.63	406.08	1.0923	1.6842
32	0.13505	0.13115	1,459.5	228.44	407.10	1.0982	1.6837
34	0.14426	0.12332	1,454.6	230.25	408.12	1.1041	1.6832
36	0.15395	0.11605	1,449.8	232.06	409.14	1.1100	1.6828
38	0.16413	0.10930	1,444.9	233.88	410.16	1.1158	1.6823
40	0.17483	0.10303	1,440.0	235.70	411.17	1.1216	1.6819
42	0.18605	0.09720	1,435.1	237.52	412.18	1.1274	1.6816
44	0.19781	0.09176	1,430.1	239.35	413.19	1.1331	1.6813
46	0.21014	0.08670	1,425.1	241.18	414.19	1.1389	1.6810
48	0.22305	0.08197	1,420.1	243.01	415.19	1.1445	1.6807

(계속)

Temp [°C]	Prressure (MPa)	Volume Vapor [m³/kg]	Density Liquid [kg/m³]	Enthalpy		Entropy	
				Liquid (kJ/kg)	Vapor (kJ/kg)	Liquid (kJ/kg · K)	Vapor (kJ/kg · K)
50	0.23655	0.07756	1,415.0	244.85	416.19	1.1502	1.6804
55	0.27303	0.06774	1,402.3	249.45	418.67	1.1643	1.6799
60	0.31361	0.05940	1,389.3	254.08	421.12	1.1782	1.6796
65	0.35860	0.05228	1,376.1	258.73	423.54	1.1919	1.6793
70	0.40828	0.04618	1,362.6	263.41	425.93	1.2056	1.6792
75	0.46294	0.04092	1,348.9	268.11	428.28	1.2191	1.6791
80	0.52289	0.03637	1,334.9	272.84	430.59	1.2324	1.6791
85	0.58844	0.03241	1,320.6	277.61	432.86	1.2457	1.6792
90	0.65991	0.02896	1,306.0	282.41	435.08	1.2588	1.6792
95	0.73763	0.02593	1,291.1	287.24	437.25	1.2719	1.6793
100	0.82192	0.02327	1,275.8	292.12	439.36	1.2849	1.6795
105	0.91313	0.02092	1,260.0	297.03	441.40	1.2978	1.6795
110	1.0116	0.01884	1,243.9	302.00	443.38	1.3106	1.6796
115	1.1177	0.01699	1,227.2	307.01	445.28	1.3234	1.6796
120	1.2318	0.01534	1,210.0	312.08	447.09	1.3361	1.6795
125	1.3542	0.01387	1,192.3	317.21	448.82	1.3488	1.6794
130	1.4855	0.01254	1,173.9	322.40	450.43	1.3615	1.6791
135	1.6259	0.01135	1,154.8	327.67	451.93	1.3742	1.6787
140	1.7759	0.01028	1,134.8	333.02	453.30	1.3869	1.6781
145	1.9360	0.009299	1,113.9	338.46	454.53	1.3997	1.6772
150	2.1066	0.008411	1,092.0	344.01	455.58	1.4125	1.6762
155	2.2882	0.007599	1,068.8	349.68	456.43	1.4254	1.6748
160	2.4812	0.006855	1,044.1	355.50	457.06	1.4385	1.6730
165	2.6863	0.006169	1,017.5	361.48	457.41	1.4518	1.6707
170	2.9039	0.005533	988.61	367.69	457.42	1.4654	1.6678
175	3.1345	0.004937	956.55	374.17	456.99	1.4794	1.6642
180	3.3787	0.004372	920.00	381.06	455.98	1.4941	1.6594
185	3.6371	0.003823	876.28	388.56	454.11	1.5099	1.6530
190	3.9102	0.003263	818.40	397.28	450.72	1.5281	1.6435
*198.0	4.410	0.00180	557.	426.3	426.3	1.589	1.589

*Critical Point

(2) R-12의 포화증기표

Temp [℃]	Prressure [MPa]	Volume Vapor [m³/kg]	Density Liquid [kg/m³]	Enthalpy		Entropy	
				Liquid [kJ/kg]	Vapor [kJ/kg]	Liquid [kJ/kg·K]	Vapor [kJ/kg·K]
−100	0.001174	10.122	1,678.0	112.69	306.46	0.60441	1.7235
−95	0.001851	6.6005	1,665.0	116.92	308.67	0.62845	1.7048
−90	0.002836	4.4264	1,651.9	121.14	310.90	0.65182	1.6879
−85	0.004230	3.0449	1,638.7	125.36	313.16	0.67457	1.6727
−80	0.006160	2.1438	1,625.5	129.59	315.44	0.69673	1.6589
−75	0.008774	1.5416	1,612.1	133.82	317.74	0.71835	1.6465
−70	0.012246	1.1301	1,598.7	138.06	320.05	0.73948	1.6353
−65	0.016776	0.84332	1,585.2	142.32	322.38	0.76015	1.6252
−60	0.022591	0.63956	1,571.5	146.58	324.71	0.78040	1.6161
−55	0.029944	0.49230	1,557.8	150.87	327.05	0.80025	1.6079
−50	0.039115	0.38415	1,543.9	155.18	329.40	0.81974	1.6005
−45	0.050408	0.30355	1,529.9	159.51	331.74	0.83890	1.5938
−40	0.064152	0.24264	1,515.7	163.86	334.09	0.85775	1.5879
−35	0.080701	0.19603	1,501.4	168.25	336.43	0.87632	1.5825
−30	0.10043	0.15993	1,486.9	172.67	338.76	0.89462	1.5777
−29.79	0.101325	0.15861	1,486.3	172.85	338.86	0.89538	1.5775
−25	0.12373	0.13166	1,472.3	177.12	341.08	0.91269	1.5734
−20	0.15101	0.10929	1,457.4	181.61	343.39	0.93053	1.5696
−15	0.18272	0.09142	1,442.4	186.14	345.69	0.94817	1.5662
−10	0.21928	0.07702	1,427.1	190.72	347.96	0.96561	1.5632
−5	0.26117	0.06531	1,411.5	195.33	350.22	0.98289	1.5605
0	0.30885	0.05571	1,395.6	200.00	352.44	1.0000	1.5581
2	0.32966	0.05236	1,389.2	201.88	353.32	1.0068	1.5572
4	0.35150	0.04925	1,382.7	203.77	354.20	1.0136	1.5564
6	0.37441	0.04637	1,376.2	205.66	355.07	1.0203	1.5556
8	0.39842	0.04369	1,369.6	207.57	355.93	1.0271	1.5548
10	0.42356	0.04119	1,363.0	209.48	356.79	1.0338	1.5541
12	0.44986	0.03887	1,356.2	211.40	357.65	1.0405	1.5533
14	0.47737	0.03670	1,349.5	213.33	358.49	1.0472	1.5527
16	0.50610	0.03468	1,342.6	215.27	359.33	1.0538	1.5520
18	0.53610	0.03279	1,335.7	217.22	360.16	1.0605	1.5514
20	0.56740	0.03102	1,328.7	219.18	360.98	1.0671	1.5508
22	0.60003	0.02937	1,321.6	221.14	361.80	1.0737	1.5502
24	0.63403	0.02782	1,314.5	223.12	362.60	1.0803	1.5497
26	0.66943	0.02637	1,307.3	225.11	363.40	1.0868	1.5491
28	0.70626	0.02500	1,299.9	227.10	364.19	1.0934	1.5486
30	0.74457	0.02372	1,292.5	229.11	364.96	1.0999	1.5481
32	0.78439	0.02252	1,285.0	231.12	365.73	1.1064	1.5476
34	0.82574	0.02138	1,277.4	233.15	366.48	1.1130	1.5471
36	0.86868	0.02032	1,269.7	235.18	367.22	1.1195	1.5466
38	0.91324	0.01931	1,261.9	237.23	367.95	1.1259	1.5461

(계속)

Temp [℃]	Pressure [MPa]	Volume Vapor [m³/kg]	Density Liquid [kg/m³]	Enthalpy		Entropy	
				Liquid [kJ/kg]	Vapor [kJ/kg]	Liquid [kJ/kg · K]	Vapor kJ/(kg · K)
40	0.95944	0.01836	1,253.9	239.29	368.67	1.1324	1.5456
42	1.0073	0.01746	1,245.9	241.36	369.37	1.1389	1.5451
44	1.0570	0.01662	1,237.7	243..44	370.06	1.1453	1.5446
46	1.1084	0.01581	1,229.3	245.54	370.73	1.1518	1.5441
48	1.1616	0.01506	1,220.9	247.64	371.38	1.1582	1.5435
50	1.2167	0.01434	1,212.2	249.76	372.02	1.1647	1.5430
52	1.2736	0.01366	1,203.5	251.90	372.64	1.1711	1.5425
54	1.3325	0.01301	1,194.5	254.04	373.24	1.1776	1.5419
56	1.3934	0.01239	1,185.4	256.21	373.82	1.1840	1.5413
58	1.4562	0.01181	1,176.1	258.38	374.38	1.1904	1.5407
60	1.5212	0.01126	1,166.6	260.58	374.91	1.1969	1.5301
62	1.5883	0.01073	1,156.9	262.79	375.42	1.2033	1.5394
64	1.6575	0.01023	1,146.9	265.02	375.90	1.2098	1.5387
66	1.7289	0.009746	1,136.7	267.27	376.36	1.2162	1.5379
68	1.8026	0.009289	1,126.3	269.54	376.78	1.2227	1.5371
70	1.8786	0.008852	1,115.6	271.83	377.17	1.2292	1.5362
72	1.9570	0.008434	1,104.6	274.15	377.53	1.2357	1.5353
74	2.0378	0.008034	1,093.3	276.49	377.85	1.2423	1.5343
76	2.1210	0.007651	1,081.6	278.86	378.13	1.2489	1.5332
78	2.2069	0.007283	1,069.6	281.27	378.36	1.2555	1.5320
80	2.2953	0.006931	1,057.2	283.70	378.54	1.2622	1.5308
85	2.5282	0.006106	1,024.1	289.97	378.75	1.2792	1.5271
90	2.7790	0.005350	987.60	296.56	378.52	1.2968	1.5225
95	3.0490	0.004648	946.44	303.58	377.67	1.3152	1.5165
100	3.3399	0.003980	898.55	311.26	375.88	1.3351	1.5083
105	3.6538	0.003311	839.10	320.08	372.41	1.3576	1.4960
110	3.9943	0.002517	746.58	331.91	364.02	1.3875	1.4713
*111.80	4.125	0.00179	558.	348.4	348.4	1.430	1.430

*Critical Point

(3) R-13의 포화증기표

Temp [℃]	Prressure [MPa]	Volume Vapor [m³/kg]	Density Liquid [kg/m³]	Enthalpy		Entropy	
				Liquid [kJ/kg]	Vapor [kJ/kg]	Liquid [kJ/kg·K]	Vapor [kJ/kg·K]
−120	0.006988	1.7339	1,661.6	84.310	250.08	0.45943	1.5418
−115	0.010751	1.1611	1,644.2	88.240	252.17	0.48467	1.5212
−110	0.016055	0.79969	1,626.5	92.233	254.28	0.50951	1.5027
−105	0.023338	0.56491	1,608.7	96.294	256.38	0.53400	1.4861
−100	0.033107	0.40825	1,590.7	100.43	258.48	0.55818	1.4710
−98	0.037837	0.36061	1,583.4	102.10	259.32	0.56778	1.4654
−96	0.043095	0.31954	1,576.1	103.79	260.15	0.57734	1.4600
−84	0.048922	0.28400	1,568.7	105.49	260.99	0.58686	1.4548
−92	0.055362	0.25314	1,561.3	107.20	261.82	0.59634	1.4499
−90	0.062458	0.22627	1,553.8	108.93	262.64	0.60578	1.4451
−88	0.070257	0.20279	1,546.3	110.66	263.46	0.61519	1.4405
−86	0.078805	0.18221	1,538.8	112.41	264.28	0.62457	1.4360
−84	0.088151	0.16412	1,531.2	114.18	265.09	0.63391	1.4318
−82	0.098346	0.14818	1,523.6	115.95	265.90	0.64322	1.4277
−81.45	0.101325	0.14410	1,521.4	116.45	266.12	0.64579	1.4266
−80	0.10944	0.13409	1,515.9	117.74	266.70	0.65249	1.4237
−78	0.12148	0.12160	1,508.1	119.55	267.50	0.66173	1.4199
−76	0.13453	0.11051	1,500.3	121.36	268.29	0.67094	1.4162
−74	0.14864	0.10063	1,492.4	123.19	269.07	0.68012	1.4126
−72	0.16386	0.09182	1,484.5	125.03	269.84	0.68926	1.4092
−70	0.18025	0.08393	1,476.5	126.88	270.61	0.69838	1.4059
−68	0.19788	0.07686	1,468.5	128.75	271.37	0.70746	1.4027
−66	0.21678	0.07050	1,460.4	130.63	272.12	0.71651	1.3996
−64	0.23703	0.06477	1,452.2	132.52	272.86	0.72552	1.3966
−62	0.25868	0.05961	1,443.9	134.42	273.59	0.73451	1.3936
−60	0.28180	0.05494	1,435.6	136.33	274.32	0.74346	1.3908
−58	0.30644	0.05071	1,427.2	138.26	275.03	0.75238	1.3881
−56	0.33267	0.04687	1,418.6	140.20	275.73	0.76126	1.3854
−54	0.36054	0.04338	1,410.1	142.15	276.42	0.77012	1.3828
−52	0.39012	0.04020	1,401.4	144.12	277.10	0.77894	1.3803
−50	0.42147	0.03730	1,392.6	146.09	277.76	0.78773	1.3778
−48	0.45465	0.03465	1,383.7	148.08	278.42	0.79649	1.3754
−46	0.48973	0.03223	1,374.7	150.08	279.06	0.80521	1.3730
−44	0.52677	0.03001	1,365.6	152.09	279.69	0.81390	1.3707
−42	0.56584	0.02797	1,356.4	154.11	280.30	0.82257	1.3685
−40	0.60699	0.02609	1,347.1	156.15	280.90	0.83121	1.3663
−38	0.65030	0.02436	1,337.6	158.19	281.48	0.83981	1.3641
−36	0.69583	0.02277	1,328.0	160.25	282.04	0.84838	1.3620
−34	0.74364	0.02130	1,318.3	162.32	282.59	0.85693	1.3598
−32	0.79380	0.01994	1,308.4	164.41	283.13	0.86545	1.3578

(계속)

Temp [℃]	Prressure [MPa]	Volume Vapor [m³/kg]	Density Liquid [kg/m³]	Enthalpy		Entropy	
				Liquid [kJ/kg]	Vapor [kJ/kg]	Liquid [kJ/kg·K]	Vapor [kJ/kg·K]
− 30	0.84637	0.01868	1,298.3	166.50	283.64	0.87394	1.3557
− 28	0.90143	0.01751	1,288.1	168.61	284.14	0.88241	1.3536
− 26	0.95904	0.01643	1,277.7	170.74	284.61	0.89085	1.3516
− 24	1.0193	0.01542	1,267.1	172.88	285.06	0.89928	1.3496
− 22	1.0822	0.01448	1,256.4	175.03	285.50	0.90768	1.3475
− 20	1.1479	0.01361	1,245.3	177.20	285.90	0.91607	1.3455
− 18	1.2164	0.01279	1,234.1	179.38	286.29	0.92445	1.3434
− 16	1.2878	0.01203	1,222.6	181.58	286.64	0.93281	1.3414
− 14	1.3622	0.01132	1,210.8	183.80	286.97	0.94117	1.3393
− 12	1.4396	0.01065	1,198.8	186.04	287.27	0.94953	1.3372
− 10	1.5202	0.01002	1,186.4	188.30	287.54	0.95798	1.3350
− 8	1.6040	0.009434	1,173.7	190.59	287.77	0.96627	1.3328
− 6	1.6911	0.008881	1,160.6	192.90	287.97	0.97465	1.3305
− 4	1.7815	0.008360	1,147.1	195.23	288.13	0.98306	1.3282
− 2	1.8754	0.007869	1,133.1	197.60	288.24	0.99151	1.3258
0	1.9729	0.007405	1,118.7	200.00	288.31	1.0000	1.3233
2	2.0741	0.006965	1,103.6	202.44	288.32	1.0085	1.3207
4	2.1790	0.006549	1,087.9	204.92	288.27	1.0172	1.3179
6	2.2878	0.006153	1,071.5	207.45	288.16	1.0259	1.3150
8	2.4006	0.005775	1,054.3	210.04	287.98	1.0347	1.3119
10	2.5176	0.005415	1,036.1	212.70	287.71	1.0437	1.3086
12	2.6389	0.005069	1,016.7	215.43	287.34	1.0529	1.3051
14	2.7646	0.004735	996.01	218.27	286.86	1.0623	1.3012
16	2.8950	0.004412	973.57	221.24	286.23	1.0721	1.2969
18	3.0303	0.004097	948.97	224.36	285.42	1.0823	1.2920
20	3.1708	0.003785	921.51	227.71	284.38	1.0932	1.2865
22	3.3168	0.003472	890.04	231.38	283.02	1.1050	1.2799
24	3.4690	0.003149	852.38	235.56	281.18	1.1183	1.2718
26	3.6280	0.002793	803.49	240.74	278.47	1.1347	1.2608
28	3.7955	0.002322	723.19	248.98	273.40	1.1605	1.2415
*28.9	3.870	0.00173	578.	264.7	264.7	1.209	1.209

*Critical Point

(4) R-22의 포화증기표

Temp T [K]	Pressure P_s [MPa]	Density		Enthalpy		Entropy	
		ρ'	ρ''	h'	h''	s'	s''
		[kg/m³]		[kJ/kg]		[kJ/kg·K]	
170	0.001441	1,576.2	0.08833	82.368	357.855	0.4585	2.0790
180	0.003638	1,550.9	0.21093	94.764	362.676	0.5293	2.0177
190	0.008162	1,525.1	0.44955	106.726	367.531	0.5940	1.9667
200	0.016613	1,498.7	0.87307	118.330	372.388	0.6535	1.9238
210	0.031194	1,471.7	1.5707	129.656	377.213	0.7087	1.8876
215	0.041643	1,458.0	2.0559	135.241	379.601	0.7350	1.8715
220	0.054738	1,444.1	2.6525	140.787	381.968	0.7604	1.8567
225	0.070932	1,429.9	3.3775	146.304	384.309	0.7852	1.8430
230	0.090720	1,415.6	4.2494	151.804	386.619	0.8093	1.8302
232.332	0.101325	1,408.9	4.7118	154.366	387.685	0.8203	1.8246
235	0.11463	1,401.1	5.2879	157.296	388.895	0.8328	1.8184
240	0.14323	1,386.4	6.5145	162.791	391.131	0.8559	1.8073
245	0.17711	1,371.4	7.9520	168.298	393.323	0.8785	1.7970
250	0.21690	1,356.1	9.6253	173.828	395.465	0.9007	1.7873
255	0.26327	1,340.6	11.561	179.391	397.554	0.9226	1.7782
260	0.31690	1,324.8	13.788	184.995	399.583	0.9442	1.7696
265	0.37851	1,308.6	16.337	190.650	401.548	0.9656	1.7614
270	0.44882	1,292.1	19.244	196.365	403.440	0.9868	1.7537
273.15	0.49792	1,281.5	21.276	200.000	404.593	1.0000	1.7490
275	0.52859	1,275.2	22.546	202.148	405.255	1.0078	1.7463
280	0.61860	1,257.9	26.286	208.009	406.984	1.0286	1.7392
285	0.71964	1,240.1	30.510	213.954	408.619	1.0494	1.7324
290	0.83252	1,221.8	35.273	219.993	410.150	1.0701	1.7258
300	1.0972	1,183.5	46.668	232.380	412.856	1.1113	1.7129
310	1.4194	1,142.3	61.096	245.240	414.989	1.1526	1.7001
320	1.8066	1,097.4	79.452	258.660	416.391	1.1941	1.6870
330	2.2666	1,047.4	103.12	272.780	416.816	1.2362	1.6727
340	2.8083	989.98	134.50	287.858	415.844	1.2796	1.6560
350	3.4424	920.12	178.51	304.459	412.635	1.3258	1.6349
360	4.1829	823.84	249.10	324.216	404.871	1.3790	1.6031
369.30	4.9880	513.0	513.0	368.14	368.14	1.4959	1.4959

(5) 탄산가스(CO_2)의 포화증기표

온도 t (℃)	포화압력 P (bar)	밀도(kg/m³)		비체적(m³/kg)		엔탈피(kJ/kg)		증발열 r (kJ/kg)	엔트로피(kJ/kg·K)	
		ρ'	ρ''	v'	v''	h'	h''		s'	s''
−60	4.09918	*1,522.0	11.0	*0.000657	0.0912	*99.227	649.373	550.146	*2.7863	5.3671
−55	5.55056	1,172.0	14.8	0.000853	0.0676	304.380	649.791	345.411	3.7334	5.3172
−50	6.83524	1,153.5	18.1	0.000867	0.05541	314.05	651.340	337.289	3.7765	5.2883
−45	8.32585	1,134.5	21.8	0.000881	0.04581	323.64	652.680	329.041	3.8184	5.2607
−40	10.05182	1,115.0	26.2	0.000897	0.03816	333.23	653.853	320.625	3.8594	5.2348
−35	12.02295	1,094.9	31.2	0.000913	0.03201	342.48	655.774	311.958	3.8996	5.2096
−30	14.26868	1,075.2	37.0	0.000931	0.02700	352.49	655.485	302.999	3.9389	5.1854
−25	16.80862	1,052.6	43.8	0.000950	0.02289	362.28	655.946	293.662	3.9779	5.1615
−20	19.67214	1,029.9	51.4	0.000971	0.01967	372.32	656.407	283.823	4.0168	5.1380
−15	22.88872	1,006.1	60.2	0.000994	0.01661	382.84	656.072	273.231	4.0570	5.1154
−10	26.46815	980.8	70.5	0.001019	0.01419	393.94	655.653	261.717	4.0976	5.0924
−5	30.44965	953.8	82.4	0.001048	0.01214	405.74	654.857	249.115	4.1407	5.0698
0	34.85283	924.8	96.3	0.001081	0.01083	418.68	653.685	235.005	4.1868	5.0472
5	39.71693	893.1	113.0	0.001120	0.00885	431.66	650.838	219.179	4.2299	5.0179
10	45.06186	858.0	133.0	0.001166	0.00752	445.89	647.237	201.343	4.2781	4.9894
15	50.92593	817.9	158.0	0.001223	0.00632	460.97	641.292	180.325	4.3292	4.9551
20	57.32968	771.1	189.8	0.001297	0.00527	477.30	632.625	155.330	4.3827	4.9128
25	64.32182	709.5	236.3	0.001409	0.00423	497.39	616.841	119.449	4.4497	4.8504
30	71.92197	595.1	335.7	0.001680	0.00298	527.12	590.129	63.011	4.5444	4.7524
31 (임계점)	73.51065	463.9	436.9	0.002156	0.00217	558.94	558.938	0	4.6465	4.6465

㈜ 이 표의 엔탈피 및 엔트로피의 수치는 0℃에서의 $h'=100$ kcal/kg, $s'=1.0000$ kcal/kg·K로 정하고 있다.
  * 표는 고형탄산의 상태량 ρ''', v''', h''', s'''의 값을 표시한다.

17 Mollier 선도(R-11, R-12, R-13, R-22)

(1) R-11의 Mollier 선도

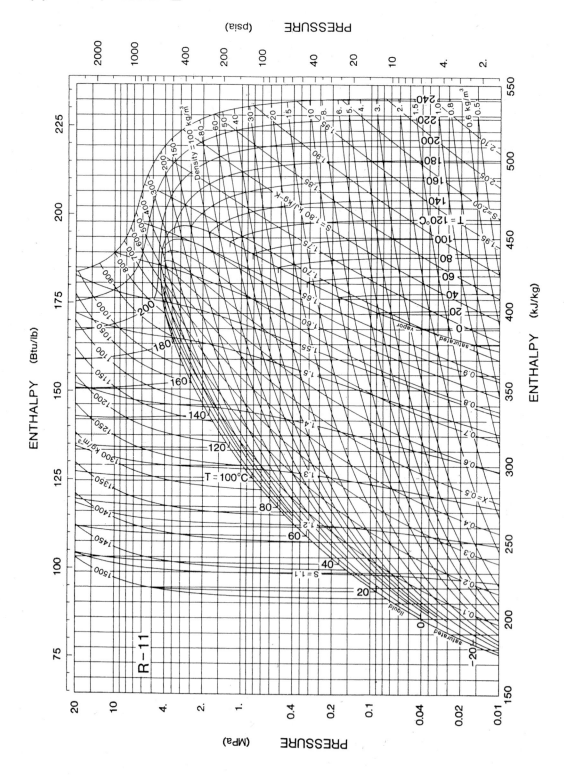

(2) R-12의 Mollier 선도

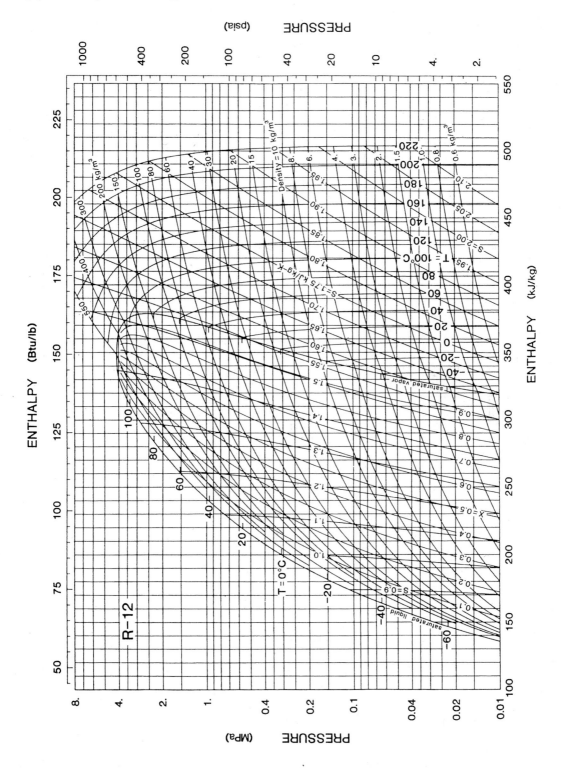

(3) R-13의 Mollier 선도

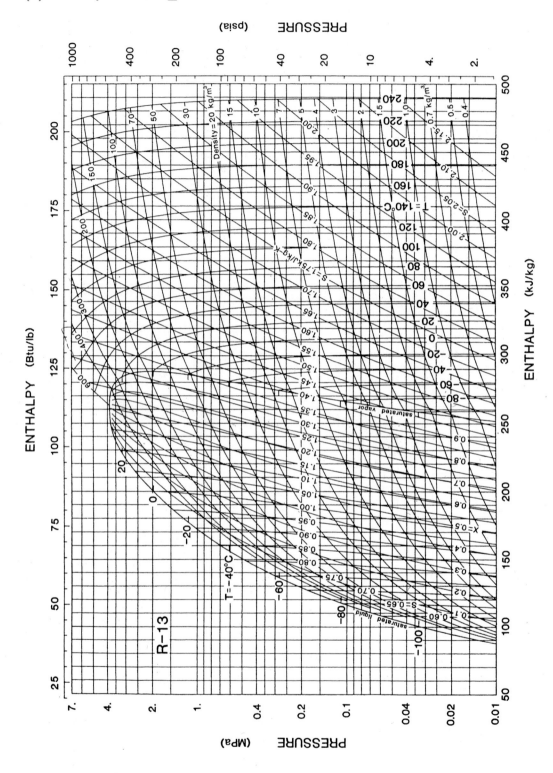

(4) R-22의 Mollier 선도

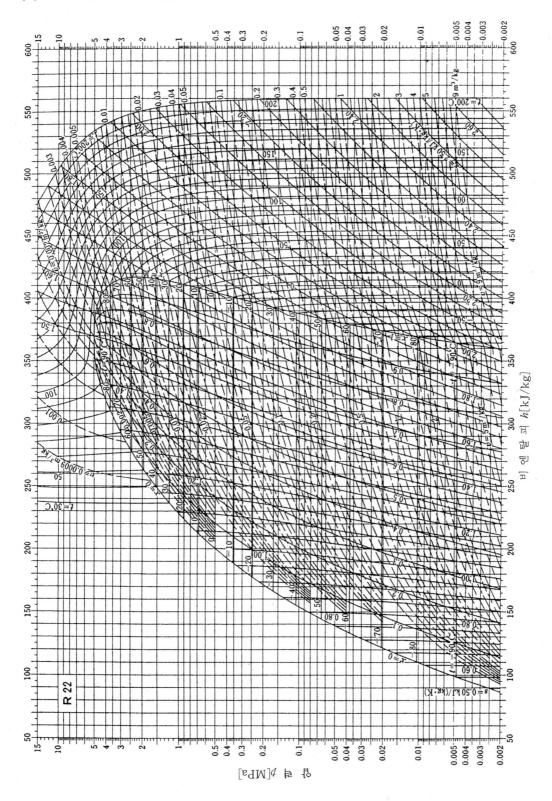

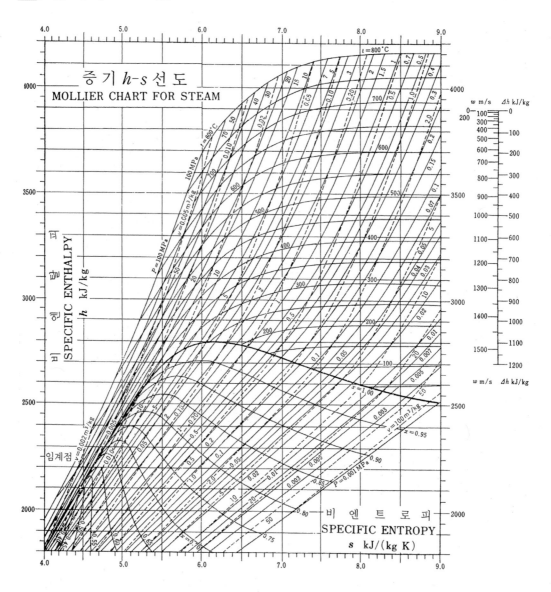

19 포화습공기표(1 atm, 0℃)

온도(℃)	절대습도(kg/kg′)	체적(m³/kg′)	엔탈피(kJ/kg′)	엔트로피(kJ/kg′·K)	압력(kPa)
−30	0.0002346	0.6884	−29.597	−0.1145	0.03802
−29	0.0002602	0.6912	−28.529	−0.1101	0.04217
−28	0.0002883	0.6941	−27.454	−0.1057	0.04673
−27	0.0003193	0.6970	−26.372	−0.1013	0.05175
−26	0.0003533	0.6999	−25.282	−0.0969	0.05725
−25	0.0003905	0.7028	−24.184	−0.0924	0.06329
−24	0.0004314	0.7057	−23.078	−0.0880	0.06991
−23	0.0004762	0.7086	−21.961	−0.0835	0.07716
−22	0.0005251	0.7115	−20.834	−0.0790	0.08510
−21	0.0005787	0.7144	−19.695	−0.0745	0.09378
−20	0.0006373	0.7173	−18.545	−0.0699	0.10326
−19	0.0007013	0.7202	−17.380	−0.0653	0.11362
−18	0.0007711	0.7231	−16.201	−0.0607	0.12492
−17	0.0008473	0.7261	−15.006	−0.0560	0.13725
−16	0.0009303	0.7290	−13.793	−0.0513	0.15068
−15	0.0010207	0.7320	−12.562	−0.0465	0.16530
−14	0.0011191	0.7349	−11.311	−0.0416	0.18122
−13	0.0012262	0.7379	−10.039	−0.0367	0.19852
−12	0.0013425	0.7409	−8.742	−0.0318	0.21732
−11	0.0014690	0.7439	−7.421	−0.0267	0.23775
−10	0.0016062	0.7469	−6.072	−0.0215	0.25991
−9	0.0017551	0.7499	−4.693	−0.0163	0.28395
−8	0.0019166	0.7530	−3.283	−0.0110	0.30999
−7	0.0020916	0.7560	−1.838	−0.0055	0.33821
−6	0.0022811	0.7591	−0.357	−0.0000	0.36874
−5	0.0024862	0.7622	1.164	−0.0057	0.40178
−4	0.0027081	0.7653	2.728	−0.0115	0.43748
−3	0.0029480	0.7685	4.336	−0.0175	0.47606
−2	0.0032074	0.7717	5.995	−0.0236	0.51773
−1	0.0034874	0.7749	7.706	−0.0299	0.56268
0	0.0037895	0.7781	9.473	0.0364	0.61117
0*	0.003789	0.7781	9.473	0.0364	0.6112
1	0.004076	0.7813	11.203	0.0427	0.6571
2	0.004381	0.7845	12.982	0.0492	0.7060
3	0.004707	0.7878	14.811	0.0559	0.7581
4	0.005054	0.7911	16.696	0.0627	0.8135
5	0.005424	0.7944	18.639	0.0697	0.8725
6	0.005818	0.7978	20.644	0.0769	0.9353
7	0.006237	0.8012	22.713	0.0843	1.0020
8	0.006683	0.8046	24.852	0.0919	1.0729
9	0.007157	0.8081	27.064	0.0997	1.1481
10	0.007661	0.8116	29.352	0.1078	1.2280

(계속)

온도(℃)	절대습도(kg/kg′)	체적(m³/kg′)	엔탈피(kJ/kg′)	엔트로피(kJ/kg′ · K)	압력(kPa)
11	0.008197	0.8152	31.724	0.1162	1.3128
12	0.008766	0.8188	34.179	0.1248	1.4026
13	0.009370	0.8225	36.726	0.1337	1.4979
14	0.010012	0.8262	39.370	0.1430	1.5987
15	0.010692	0.8300	42.113	0.1525	1.7055
16	0.011413	0.8338	44.963	0.1624	1.8185
17	0.012178	0.8377	47.926	0.1726	1.9380
18	0.012989	0.8147	51.008	0.1832	2.0643
19	0.013848	0.8457	54.216	0.1942	2.1979
20	0.014758	0.8498	57.555	0.2057	2.3389
21	0.015721	0.8540	61.035	0.2175	2.4878
22	0.016741	0.8583	64.660	0.2298	2.6448
23	0.017821	0.8627	68.440	0.2426	2.8105
24	0.018963	0.8671	72.385	0.2559	2.9852
25	0.020170	0.8717	76.500	0.2698	3.1693
26	0.021448	0.8764	80.798	0.2842	3.3633
27	0.022798	0.8811	85.285	0.2992	3.5674
28	0.024226	0.8860	89.976	0.3148	3.7823
29	0.025735	0.8910	94.878	0.3311	4.0084
30	0.027329	0.8962	100.006	0.3481	4.2462
31	0.029014	0.9015	105.369	0.3658	4.4961
32	0.030793	0.9069	110.979	0.3842	4.7586
33	0.032674	0.9125	116.857	0.4035	5.0345
34	0.034660	0.9183	123.011	0.4236	5.3245
35	0.036756	0.9242	129.455	0.4446	5.6280
36	0.038971	0.9303	136.209	0.4666	5.9468
37	0.041309	0.9366	143.290	0.4895	6.2812
38	0.043778	0.9431	150.713	0.5135	6.6315
39	0.046386	0.9498	158.504	0.5386	6.9988
40	0.049141	0.9568	166.683	0.5649	7.3838
41	0.052049	0.9640	175.265	0.5923	7.7866
42	0.055119	0.9714	184.275	0.6211	8.2081
43	0.058365	0.9792	193.749	0.6512	8.6495
44	0.061791	0.9872	203.699	0.6828	9.1110
45	0.065411	0.9955	214.164	0.7159	9.5935
46	0.069239	1.0042	225.179	0.7507	10.0982
47	0.073282	1.0132	236.759	0.7871	10.6250
48	0.077556	1.0226	248.955	0.8253	11.1754
49	0.082077	1.0323	261.803	0.8655	11.7502
50	0.086858	1.0425	275.345	0.9077	12.3503
51	0.091918	1.0532	289.624	0.9521	12.9764
52	0.097272	1.0643	304.682	0.9988	13.6293
53	0.102948	1.0760	320.596	1.0480	14.3108
54	0.108954	1.0882	337.388	1.0998	15.0205
55	0.115321	1.1009	355.137	1.1544	15.7601

(계속)

온도(℃)	절대습도(kg/kg′)	체적(m³/kg′)	엔탈피(kJ/kg′)	엔트로피(kJ/kg′·K)	압력(kPa)
56	0.122077	1.1143	373.922	1.2120	16.5311
57	0.129243	1.1284	393.798	1.2728	17.3337
58	0.136851	1.1432	414.850	1.3370	18.1691
59	0.144942	1.1588	437.185	1.4050	19.0393
60	0.15354	1.1752	460.863	1.4768	19.9439
61	0.16269	1.1926	486.036	1.5530	20.8858
62	0.17244	1.2109	512.798	1.6337	21.8651
63	0.18284	1.2303	541.266	1.7194	22.8826
64	0.19393	1.2508	571.615	1.8105	23.9405
65	0.20579	1.2726	603.995	1.9074	25.0397
66	0.21848	1.2958	638.571	2.0106	26.1810
67	0.23207	1.3204	675.566	2.1208	27.3664
68	0.24664	1.3467	715.196	2.2385	28.5967
69	0.26231	1.3749	757.742	2.3646	29.8471
70	0.27916	1.4049	803.448	2.4996	31.1986
71	0.29734	1.4372	852.706	2.6448	32.5734
72	0.31698	1.4719	905.842	2.8010	33.9983
73	0.33824	1.5093	963.323	2.9696	35.4759
74	0.36130	1.5497	1,025.603	3.1518	37.0063
75	0.38641	1.5935	1,093.375	3.3496	38.5940
76	0.41377	1.6411	1,167.172	3.5644	40.2369
77	0.44372	1.6930	1,247.881	3.7987	41.9388
78	0.47663	1.7498	1,336.483	4.0553	43.7020
79	0.51284	1.8121	1,433.918	4.3368	45.5248
80	0.55295	1.8810	1,541.781	4.6477	47.4135
81	0.59751	1.9572	1,661.552	4.9921	49.3670
82	0.64724	2.0422	1,795.148	5.3753	51.3680
83	0.70311	2.1373	1,945.158	5.8045	53.4746
84	0.76624	2.2446	2,114.603	6.2882	55.6337
85	0.83812	2.3666	2,307.436	6.8373	57.8658
86	0.92062	2.5062	2,528.677	7.4658	60.1727
87	1.01611	2.6676	2,784.666	8.1914	62.5544
88	1.12800	2.8565	3,084.551	9.0393	65.0166
89	1.26064	3.0800	3,439.925	10.0419	67.5581
90	1.42031	3.3488	3,867.599	11.2455	70.1817

* 준평형의 과냉각액

출처: 熱力學, 日本機械学會, JSME Textbook Series. 2003.

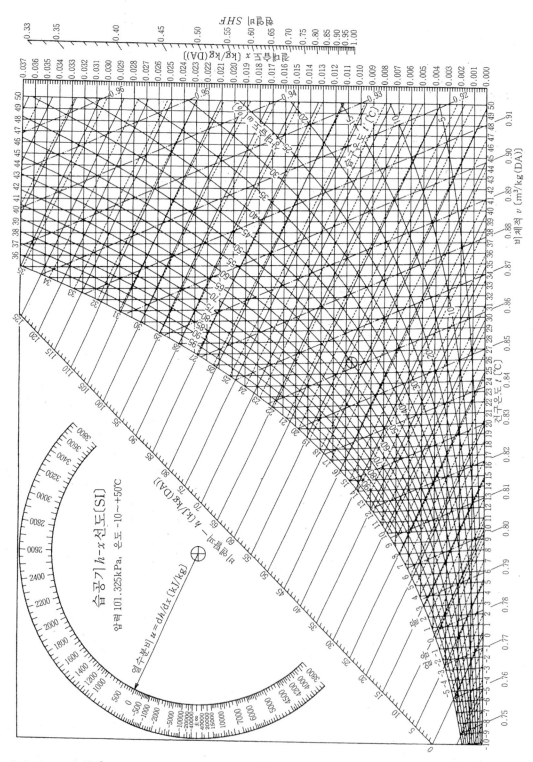

출처: 부록 19와 동일

21 기체의 비열 및 비열비

Temperature [K]	c_p [kJ/kg·K]	c_v [kJ/kg·K]	k	c_p [kJ/kg·K]	c_v [kJ/kg·K]	k	c_p [kJ/kg·K]	c_v [kJ/kg·K]	k
	Air			Carbon dioxide, CO_2			Carbon monoxide, CO		
250	1.003	0.716	1.401	0.791	0.602	1.314	1.039	0.743	1.400
300	1.005	0.718	1.400	0.846	0.657	1.288	1.040	0.744	1.399
350	1.008	0.721	1.398	0.895	0.706	1.268	1.043	0.746	1.398
400	1.013	0.726	1.395	0.939	0.750	1.252	1.047	0.751	1.395
450	1.020	0.733	1.391	0.978	0.790	1.239	1.054	0.757	1.392
500	1.029	0.742	1.387	1.014	0.825	1.229	1.063	0.767	1.387
550	1.040	0.753	1.381	1.046	0.857	1.220	1.075	0.778	1.382
600	1.051	0.764	1.376	1.075	0.886	1.213	1.087	0.790	1.376
650	1.063	0.776	1.370	1.102	0.913	1.207	1.100	0.803	1.370
700	1.075	0.788	1.364	1.126	0.937	1.202	1.113	0.816	1.364
750	1.087	0.800	1.359	1.148	0.959	1.197	1.126	0.829	1.358
800	1.099	0.812	1.354	1.169	0.980	1.193	1.139	0.842	1.353
900	1.121	0.834	1.344	1.204	1.015	1.186	1.163	0.866	1.343
1,000	1.142	0.855	1.336	1.234	1.045	1.181	1.185	0.888	1.335
	Hydrogen, H_2			Nitrogen, N_2			Oxygen, O_2		
250	14.051	9.927	1.416	1.039	0.742	1.400	0.913	0.653	1.398
300	14.307	10.183	1.405	1.039	0.743	1.400	0.918	0.658	1.395
350	14.427	10.302	1.400	1.041	0.744	1.399	0.928	0.668	1.389
400	14.476	10.352	1.398	1.044	0.747	1.397	0.941	0.681	1.382
450	14.501	10.377	1.398	1.049	0.752	1.395	0.956	0.696	1.373
500	14.513	10.389	1.397	1.056	0.759	1.391	0.972	0.712	1.365
550	14.530	10.405	1.396	1.065	0.768	1.387	0.988	0.728	1.358
600	14.546	10.422	1.396	1.075	0.778	1.382	1.003	0.743	1.350
650	14.571	10.447	1.395	1.086	0.789	1.376	1.017	0.758	1.343
700	14.604	10.480	1.394	1.098	0.801	1.371	1.031	0.771	1.337
750	14.645	10.521	1.392	1.110	0.813	1.365	1.043	0.783	1.332
800	14.695	10.570	1.390	1.121	0.825	1.360	1.054	0.794	1.327
900	14.822	10.698	1.385	1.145	0.849	1.349	1.074	0.814	1.319
1,000	14.983	10.859	1.380	1.167	0.870	1.341	1.090	0.830	1.313

Source: Kenneth Wark, Thermodynamics, 4th ed. (New York: McGraw-Hill, 1993). P. 783. Table A-4M, Originally published in Tables of Thermal Properties of Gases, NBS Circular 564. 1955.

저자 소개

엄기찬

1978년 인하대학교 공과대학 기계공학과 졸업(공학사)

1982년 인하대학교 공과대학원 기계공학과 졸업(공학석사)

1987년 인하대학교 공과대학원 기계공학과 졸업(공학박사)

1991년 동경농공대학 기계시스템공학과(Post. Doc.)

현재 인하공업전문대학 교수

최신 공업열역학

2014년 8월 10일 1판 1쇄 펴냄 | 2020년 1월 31일 1판 3쇄 펴냄
지은이 엄기찬
펴낸이 류원식 | **펴낸곳 (주)교문사(청문각)**

편집부장 김경수 | **본문편집** 김미진 | **표지디자인** 유선영
제작 김선형 | **홍보** 김은주 | **영업** 함승형 · 박현수 · 이훈섭

주소 (10881) 경기도 파주시 문발로 116(문발동 536-2)
전화 1644-0965(대표) | **팩스** 070-8650-0965
등록 1968. 10. 28. 제406-2006-000035호
홈페이지 www.cheongmoon.com | E-mail genie@cheongmoon.com
ISBN 978-89-6364-208-6 (93570) | **값** 25,000원

* 잘못된 책은 바꿔 드립니다.

청문각은 ㈜교문사의 출판 브랜드입니다.